Massimo Bergamini
Graziella Barozzi
Anna Trifone

4B Matematica.verde

Seconda edizione

Matematica e arte

Ellsworth Kelly di Emanuela Pulvirenti

Che cos'è quella strana macchia verde in copertina? Difficile crederlo, ma è un quadro: un'opera di Ellsworth Kelly dal titolo *Green Panel*. Certo, ha una forma anomala, dimensioni esagerate, non presenta immagini né disegni astratti, non si capisce quale sia il significato... eppure è un dipinto a tutti gli effetti. E come tutti i dipinti, anche quelli più essenziali, nasce dall'esigenza di rappresentare un aspetto della realtà. Nel caso di Kelly, artista americano morto a dicembre del 2015 all'età di 92 anni, quell'aspetto è la forma che hanno le cose, soprattutto quelle della natura e delle piante a lungo disegnate negli anni della formazione.

"Non sono interessato alla struttura di una roccia ma alla sua ombra", amava dire Kelly.

I contorni delle cose, dunque, sono per Kelly più importanti di quello che ci sta dentro; la sagoma del quadro è più interessante del colore con cui è riempito. Si tratta quindi di un'esplorazione precisa e paziente delle infinite geometrie del quadro. Un'operazione di reinvenzione del mondo attraverso un linguaggio "pulito" e astratto. Talmente rigoroso e oggettivo che l'opera deve quasi sembrare essersi fatta da sé, senza l'intervento della volontà dell'artista.

La sua produzione è vicina al movimento del *Hard Edge Painting*, la pittura realizzata con campiture uniformi accostate in modo netto, ed è affine al *Minimalismo*, la corrente artistica che si esprime con elementi geometrici semplici e basilari. Eppure la sua opera sfugge a queste definizioni, perché riduce la tavolozza a pochi colori base, per di più usati separatamente, e poi perché le sue tele, con quelle forme originali e non classificabili, possiedono un dinamismo estraneo all'arte minimalista.

Le sue sagome colorate parlano lo stesso linguaggio essenziale ed esatto della matematica, sono formule visive che raccontano, proprio come fa questo libro, un universo misterioso tutto da scoprire.

Ellsworth Kelly, *Green Panel*, 1996
olio su tela
161,6 × 141,6 cm

Per saperne di più vai **su.zanichelli.it/copertine-bergamini**

PER IL COMPUTER E PER IL TABLET

L'eBook multimediale

1 REGÌSTRATI A MYZANICHELLI

Vai su **my.zanichelli.it** e regìstrati come studente

2 SCARICA BOOKTAB

- Scarica **Booktab** e installalo
- Lancia l'applicazione e fai login

3 ATTIVA IL TUO LIBRO

- Clicca su **Attiva il tuo libro**
- Inserisci il **codice di attivazione** che trovi sul **bollino argentato adesivo** in questa pagina

4 CLICCA SULLA COPERTINA

Scarica il tuo libro per usarlo offline

ZANICHELLI

Realizzazione editoriale:
- Coordinamento editoriale: Giulia Laffi
- Redazione: Silvia Gerola, Marinella Lombardi
- Collaborazione redazionale: Massimo Armenzoni, Parma
- Segreteria di redazione: Deborah Lorenzini, Rossella Frezzato
- Progetto grafico: Byblos, Faenza
- Composizione e impaginazione: Litoincisa, Bologna
- Disegni: Livia Marin; Luca Pacchiani; Francesca Ponti; Dario Zannier; Graffito, Cusano Milanino
- Ricerca iconografica: Silvia Basso; Anna Boscolo; Byblos, Faenza; Silvia Gerola; Marinella Lombardi; Ilaria Lovato; Damiano Maragno

Contributi:
- Revisione dei testi e degli esercizi: Silvia Basso, Anna Boscolo, Annalisa Castellucci, Ilaria Lovato, Damiano Maragno, Federico Munini
- Coordinamento degli esercizi Realtà e modelli: Luca Malagoli
- Stesura delle schede di approfondimento: Daniela Cipolloni, Adriano Demattè, Daniele Gouthier, Chiara Manzini, Elisa Menozzi, Ilaria Pellati, Antonio Rotteglia
- Rilettura dei testi: Marco Giusiano, Luca Malagoli, Lorenzo Meneghini, Francesca Anna Riccio
- Stesura degli esercizi: Chiara Ballarotti, Anna Maria Bartolucci, Davide Bergamini, Andrea Betti, Cristina Bignardi, Francesco Biondi, Daniela Boni, Silvana Calabria, Lisa Cecconi, Roberto Ceriani, Daniele Cialdella, Chiara Cinti, Paolo Maurizio Dieghi, Daniela Favaretto, Francesca Ferlin, Rita Fortuzzi, Ilaria Fragni, Lorenzo Ghezzi, Chiara Lucchi, Mario Luciani, Chiara Lugli, Francesca Lugli, Armando Magnavacca, Luca Malagoli, Elisa Menozzi, Luisa Morini, Monica Prandini, Tiziana Raparelli, Laura Recine, Daniele Ritelli, Antonio Rotteglia, Giuseppe Sturiale, Renata Tolino, Maria Angela Vitali, Alessandro Zagnoli, Alessandro Zago, Lorenzo Zordan
- Stesura degli esercizi Realtà e Modelli: Riccardo Avigo, Arcangela Bennardo, Andrea Betti, Daniela Boni, Silvia Bruno, Roberto Ceriani, Paolo Maurizio Dieghi, Maria Falivene, Marco Ferrigo, Lorenzo Ghezzi, Giovanna Guidone, Nicola Marigonda, Marcello Marro, Lorenzo Meneghini, Nadia Moretti, Marta Novati, Francesco Parigi, Marta Parroni, Marco Petrella, Pasquale Ronca, Marco Sgrignoli, Giulia Signorini, Enrico Sintoni, Claudia Zampolini
- Stesura dei Listen to it: Silvia Basso, Fabio Bettani, Anna Boscolo, Beatrice Franzolini, Ilaria Lovato
- Stesura degli esercizi in lingua inglese: Anna Baccaglini-Frank, Andrea Betti
- Revisione dei Listen to it e degli esercizi in lingua inglese: Jessica Halpern, Luisa Doplicher
- Coordinamento della correzione degli esercizi: Francesca Anna Riccio
- Correzione degli esercizi: Silvano Baggio, Francesco Benvenuti, Davide Bergamini, Angela Capucci, Elisa Capucci, Lisa Cecconi, Barbara Di Fabio, Elisa Garagnani, Daniela Giorgi, Erika Giorgi, Cristina Imperato, Francesca Incensi, Chiara Lugli, Francesca Lugli, Elisa Menozzi, Elena Meucci, Monica Prandini, Francesca Anna Riccio, Daniele Ritelli, Renata Schivardi, Elisa Targa, Ambra Tinti

Realizzazione dell'eBook multimediale:

Booktab Z:
- Progettazione esecutiva e sviluppo software: duDAT srl, Bologna
- Revisione: CHIARA comunicazione, Parma

Video:
- Coordinamento redazionale: Fabio Bettani, Elena Zaninoni
- Redazione e realizzazione: Christian Biasco
- Revisione: Agnese Barbensi, Annalisa Castellucci, Sara Di Ruzza, Beatrice Franzolini, Damiano Maragno

Animazioni interattive:
- Coordinamento redazionale: Fabio Bettani, Giulia Tosetti, Elena Zaninoni
- Stesura e realizzazione: Davide Bergamini
- Revisione: Beatrice Franzolini, Francesca Elisa Leonelli, Paolo Scarpat

Audio *Listen to it*:
- Realizzazione: Immagina, Castel Maggiore (BO)

Copertina:
- Progetto grafico: Miguel Sal & C., Bologna
- Realizzazione: Roberto Marchetti e Francesca Ponti
- Immagini di copertina: **Ellsworth Kelly**, **Green Panel**, **1996**. Olio su tela. Collezione privata © Ellsworth Kelly

Prima edizione: febbraio 2017

Ristampa:

6 2021

Zanichelli garantisce che le risorse digitali di questo volume sotto il suo controllo saranno accessibili, a partire dall'acquisto dell'esemplare nuovo, per tutta la durata della normale utilizzazione didattica dell'opera. Passato questo periodo, alcune o tutte le risorse potrebbero non essere più accessibili o disponibili: per maggiori informazioni, leggi my.zanichelli.it/fuoricatalogo

---

File per sintesi vocale
L'editore mette a disposizione degli studenti non vedenti, ipovedenti, disabili motori o con disturbi specifici di apprendimento i file pdf in cui sono memorizzate le pagine di questo libro. Il formato del file permette l'ingrandimento dei caratteri del testo e la lettura mediante software screen reader. Le informazioni su come ottenere i file sono sul sito http://www.zanichelli.it/scuola/bisogni-educativi-speciali

---

Grazie a chi ci segnala gli errori
Segnalate gli errori e le proposte di correzione su **www.zanichelli.it/correzioni**. Controlleremo e inseriremo le eventuali correzioni nelle ristampe del libro. Nello stesso sito troverete anche l'errata corrige, con l'elenco degli errori e delle correzioni.

Zanichelli editore S.p.A. opera con sistema qualità certificato CertiCarGraf n. 477 secondo la norma UNI EN ISO 9001:2015

Questo libro è stampato su carta che rispetta le foreste.
www.zanichelli.it/chi-siamo/sostenibilita

Stampa: Grafica Veneta S.p.A.
Via Malcanton, 2 - 35010 - Trebaseleghe (PD)
per conto di Zanichelli editore S.p.A.
Via Irnerio 34, 40126 Bologna

SOMMARIO

Nell'eBook

5 video (• Integrali di funzioni composte: le potenze • Integrali di funzioni composte: il logaritmo • Integrazione per sostituzione • Integrazione per parti • Integrazione delle funzioni razionali fratte)

e inoltre 18 animazioni

TUTOR matematica **45 esercizi interattivi in più**

risorsa riservata a chi ha acquistato l'edizione con tutor

Nell'eBook

4 video (• Valore medio di una funzione in un intervallo • Integrale definito e calcolo delle aree • Volume dei solidi • Integrali impropri)

e inoltre 12 animazioni

TUTOR matematica **45 esercizi interattivi in più**

risorsa riservata a chi ha acquistato l'edizione con tutor

Nell'eBook

2 video (• Teoria degli errori • Marmellata)
e inoltre 5 animazioni

TUTOR matematica **45 esercizi interattivi in più**
risorsa riservata a chi ha acquistato l'edizione con tutor

TUTOR matematica **15 esercizi interattivi in più**
risorsa riservata a chi ha acquistato l'edizione con tutor

Fonti delle immagini

Capitolo 24 Integrali indefiniti

1259: Potapov Alexander/Shutterstock
1280 (a): Natalya Chumak/Shutterstock
1280 (b): Berents/Shutterstock
1281: spinetta/Shutterstock
1286: Instituzioni analitiche ad uso della gioventù italiana, Agnesi
1290 (a): Ljupco Smokovsk/Shutterstock
1290 (b): MimaCZ/Shutterstock
1290 (c): sheff/Shutterstock
1296 (a): Designsstock/Shutterstock
1296 (b): PhotoBalance/Shutterstock
1309: canbedone/Shutterstock
1310 (a): M. Unal Ozmen/Shutterstock
1310 (b): DONOT6_Studio/Shutterstock
1310 (c): seahorsetwo/Shutterstock
1311: Ingrid Balabanova/Shutterstock

Capitolo 25 Integrali definiti

1333: Jurie Maree/Shutterstock
1345 (a): allegro/Shutterstock
1345 (b): Pedarilhos/Shutterstock
1355: dvoevnore/Shutterstock
1356 (a): givaga/Shutterstock
1356 (b): givaga/Shutterstock
1358: SherSor/Shutterstock
1364 (a): Blue Planet Earth/Shutterstock
1364 (b): T-gomo/Shutterstock
1365 (a): BlueRingMedia/Shutterstock
1365 (b): bouybin/Shutterstock
1366: TADDEUS/Shutterstock
1372 (a): Syda Productions/Shutterstock
1372 (b): Aleks vF/Shutterstock
1373: Gita Kulinitch Studio/Shutterstock

Capitolo 26 Calcolo combinatorio

1382: ronstik/Shutterstock
1385: Jerry Bauer
1388: Bill Lawson/Shutterstock
1393 (a): PlusONE/Shutterstock
1393 (b): Andrey_Popov/Shutterstock
1394 (a): Thumb/Shutterstock
1394 (b): Perrush/Shutterstock
1395 (a): Dragon Images/Shutterstock
1395 (b): Rob Pittman/Shutterstock
1395 (c): Harper 3D/Shutterstock
1396: Freer/Shutterstock
1400: Vixit/Shutterstock
1408 (a): Ozaiachin/Shutterstock
1408 (b): Sergey Le/Shutterstock
1409 (a): Poznyakov/Shutterstock
1409 (b): Photology1971/Shutterstock
1413: Nicole Gordine/Shutterstock
1414 (a): David Acosta Allely/Shutterstock
1414 (b): Nitr/Shutterstock
1415: Sara Sangalli/Shutterstock

Capitolo 27 Probabilità

1427: Webphoto
1433: Alexey Stiop/Shutterstock
1442: Steve Cukrov/Shutterstock
1444: Billion Photos/Shutterstock
1445: Corepics VOF/Shutterstock
1446: Syda Productions/Shutterstock
1447: Natan86/Shutterstock
1448 (a): muzsy/Shutterstock
1448 (b): Planner/Shutterstock
1449: Yermolov/Shutterstock
1451 (a): Route55/Shutterstock
1451 (b): Venus Angel/Shutterstock
1454: Tiplyashina Evgeniya/Shutterstock
1458: Africa Studio/Shutterstock
1459 (a): Picsfive/Shutterstock
1459 (b): Picsfive/Shutterstock
1461: antoniodiaz/Shutterstock
1462: Weblogiq /Shutterstock
1463: Robert Kneschke/Shutterstock
1465: bouzou/Shutterstock
1466 (a): Cheryl Ann Quigley/Shutterstock
1466 (b): cristiano barni/Shutterstock
1467: koya979/Shutterstock
1468: wavebreakmedia/Shutterstock
1470 (a): Lek Changply/Shutterstock
1470 (b): AGCuesta/Shutterstock
1470 (c): mekcar/Shutterstock
1470 (d): EggHeadPhoto/Shutterstock
1471: Kiselev Andrey Valerevich/Shutterstock
1472: kaiskynet/Shutterstock
1473 (a): Tiger Images/Shutterstock
1473 (b): Africa Studio/Shutterstock
1473 (c): Cyrick/Shutterstock
1474: pirke/Shutterstock
1475: VICTOR TORRES/Shutterstock
1476 (a): pathdoc/Shutterstock
1476 (b): PhotoStock10/Shutterstock
1476 (c): Zentilia/Shutterstock
1477: elenovski/Shutterstock

Capitolo 28 Distribuzioni di probabilità

1480: kurhan/Shutterstock
1493: nazarovsergey/Shutterstock
1504: O.Bellini/Shutterstock
1515: Chutima Chaochaiya/Shutterstock
1520: rook76/Shutterstock
1521 (a): mariakraynova/Shutterstock
1521 (b): Claudio Gennari/Shutterstock
1523: tele52/Shutterstock
1526: Joana Lopes/Shutterstock
1529: Swapan Photography/Shutterstock
1530: Quanthem/Shutterstock
1535: kao/Shutterstock

Capitolo 29 Statistica inferenziale

1539: Alex Staroseltsev/Shutterstock
1542: Jan_S/Shutterstock
1567: Zaitsava Olga/Shutterstock
1577: Lyu Hu/Shutterstock
1581: wavebreakmedia/Shutterstock
1582: Ilizia/Shutterstock
1583: otsphoto/Shutterstock
1585: Syda Productions/Shutterstock
1586 (a): LuckyImages/Shutterstock
1586 (b): Hurst Photo/Shutterstock
1588: Prathan Chorruangsak/Shutterstock
1590 (a): Pressmaster/Shutterstock
1590 (b): Steve Cukrov/Shutterstock
1591: Africa Studio/Shutterstock
1592: www.BillionPhotos.com/Shutterstock
1595 (a): Maks Narodenko/Shutterstock
1595 (b): VladaKela/Shutterstock
1595 (c): www.earthwatch.org
1597: sonsam/Shutterstock
1598: Gayvoronskaya_Yana/Shutterstock
1599: Jiang Zhongyan/Shutterstock
1600: monticello/Shutterstock
1601 (a): J.K. Photo/Shutterstock
1601 (b): ArtThailand/Shutterstock
1602 (a): leoks/Shutterstock
1602 (b): BaLL LunLa/Shutterstock
1602 (c): Konstantin Alekseev/Shutterstock
1603: flydragon/Shutterstock
1604 (a): Studio KIWI/Shutterstock
1604 (b): JIANG HONGYAN/Shutterstock
1606 (a): abc7/Shutterstock
1606 (b): IvanRiver/Shutterstock
1606 (c): Mariyana M./Shutterstock
1606 (d): Tiger Images/Shutterstock
1608: Dionisvera/Shutterstock
1609: Ovchinnikova Irina/Shutterstock
1611 (a): Africa Studio/Shutterstock
1611 (b): Risteski Goce/Shutterstock

Verso l'INVALSI

I6: Anuwat/Shutterstock

COME ORIENTARSI NEL LIBRO

Tanti tipi di esercizi

AL VOLO Esercizi veloci
Per esempio: esercizi dal 116 al 118, pagina 1282.

CACCIA ALL'ERRORE Evita i tranelli
Per esempio: esercizi dal 383 al 385, pagina 1294.

COMPLETA Inserisci la risposta giusta
Per esempio: esercizio 17, pagina 1510.

EUREKA! Una sfida per metterti alla prova
Per esempio: esercizio 70, pagina 1448.

FAI UN ESEMPIO Se lo sai fare, hai capito
Per esempio: esercizio 3, pagina 1508.

LEGGI IL GRAFICO Ricava informazioni dall'analisi di un grafico
Per esempio: esercizio 316, pagina 1289.

REALTÀ E MODELLI La matematica di tutti i giorni
Per esempio: esercizio 475, pagina 1364.

RIFLETTI SULLA TEORIA Spiega, giustifica, argomenta
Per esempio: esercizio 77, pagina 1450.

YOU & MATHS La matematica in inglese
Per esempio: esercizio 114, pagina 1400.

VERO O FALSO? **TEST** **ASSOCIA** Vedi subito se hai capito
Per esempio: esercizi dal 231 al 234, pagina 1287.

70 •• EUREKA! Sofia e Francesco osservano i parenti che iniziano a giocare a tombola. Sofia dice «Scommetto che il primo numero estratto è un numero pari o un multiplo di 4».
Francesco ribatte «Va bene, allora io scommetto che il primo numero estratto è un numero dispari o un multiplo di 5».
Determina, senza calcolare le due probabilità, chi dei due ha maggiore probabilità di vincere la scommessa. Poi conferma il tuo ragionamento calcolando le due probabilità.

316 •○ LEGGI IL GRAFICO Determina l'equazione della funzione rappresentata nel grafico, sapendo che è una primitiva di $y = 3x^2 - 1$.
$[F(x) = x^3 - x + 2]$

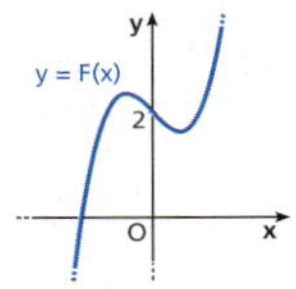

475 •• REALTÀ E MODELLI **La tromba di Gabriele** La tromba di Torricelli, o di Gabriele, è un solido ottenuto con una rotazione completa intorno all'asse x della curva di equazione $y = \frac{1}{x}$, per $x \geq 1$. Ha la particolarità di avere una superficie infinita ma volume finito. Quanto misura il volume? $[\pi]$

I rimandi alle risorse digitali

Video 2 ore e 30 minuti di video
Per esempio: *Volume dei solidi*, pagina 1325.

Animazione 160 animazioni interattive
Per esempio: esercizi a pagina 1384.

Listen to it La lettura di 70 definizioni ed enunciati in inglese
Per esempio: *Statistical survey*, pagina 1536.

TUTOR matematica — risorsa riservata a chi ha acquistato l'edizione con tutor
720 esercizi interattivi in più
con suggerimenti teorici, video e animazioni per guidarti nel ripasso.

T

CAPITOLO

24

INTEGRALI INDEFINITI

1 Integrale indefinito

Primitive

Esercizi a p. 1274

Listen to it

An **antiderivative** or **primitive function** of a given function *f* is a differentiable function *F* whose derivative is *f*.

Sappiamo che l'operazione di derivazione, quando è possibile, associa a una funzione un'altra funzione, la sua derivata, che è unica.

Vogliamo ora affrontare il problema inverso della derivazione: data una funzione, esiste una funzione la cui derivata sia uguale alla funzione data? Per esempio, data $f(x) = 2x$, ci chiediamo se esiste una funzione $F(x)$ la cui derivata è $2x$. Una funzione di questo tipo viene detta *primitiva* di $f(x)$. Poiché $F(x) = x^2$ ha come derivata $2x$, allora x^2 è una primitiva di $2x$.

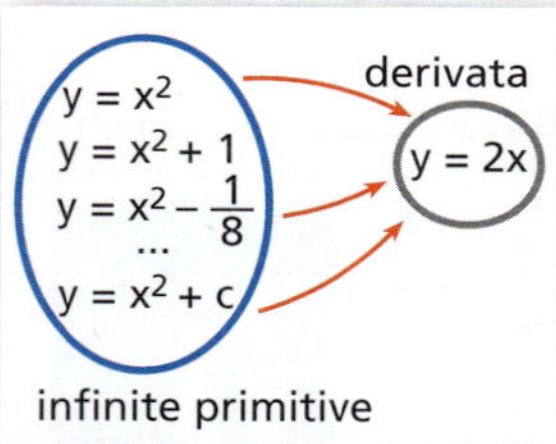

DEFINIZIONE

Una funzione $F(x)$ è una **primitiva** della funzione $f(x)$ definita nell'intervallo $[a; b]$ se $F(x)$ è derivabile in tutto $[a; b]$ e la sua derivata è $f(x)$:

$$F'(x) = f(x).$$

La primitiva di una funzione non è unica. Osserviamo che, oltre a x^2, anche $x^2 + 1$, $x^2 - \frac{1}{8}$ e in generale $x^2 + c$ (con c costante reale) hanno come derivata $2x$, quindi esistono infinite primitive di $2x$.

► Scrivi alcune primitive di $f(x) = 3x^2$.

In generale, se una funzione $f(x)$ ammette una primitiva $F(x)$, allora ammette infinite primitive del tipo $F(x) + c$, con c numero reale qualunque. Infatti, poiché la derivata di una costante è nulla:

$$\mathrm{D}[F(x) + c] = F'(x) = f(x), \quad \forall c \in \mathbb{R}.$$

Viceversa, se due funzioni $F(x)$ e $G(x)$ sono primitive della stessa funzione $f(x)$, allora le due funzioni differiscono per una costante. Infatti

$$\mathrm{D}[F(x) - G(x)] = F'(x) - G'(x) = f(x) - f(x) = 0,$$

e, poiché per un corollario del teorema di Lagrange, se una funzione ha come derivata 0 in un intervallo, allora, in tale intervallo, è costante, si ha $F(x) - G(x) = c$. Vale quindi il seguente teorema.

TEOREMA

Se $F(x)$ è una primitiva di $f(x)$, allora le funzioni $F(x) + c$, con c numero reale qualsiasi, sono **tutte** e **sole** le primitive di $f(x)$.

Interpretazione geometrica

Poiché tutte le primitive di una funzione $f(x)$ sono funzioni del tipo $F(x) + c$, geometricamente sono rappresentate da infinite curve piane, dette **curve integrali**, ottenute dal grafico di $F(x)$ mediante una traslazione verticale di vettore $\vec{v}(0; c)$; a ogni valore di c corrisponde una curva. Tutte le funzioni hanno la stessa derivata perché nei punti con la stessa ascissa hanno tangente parallela.

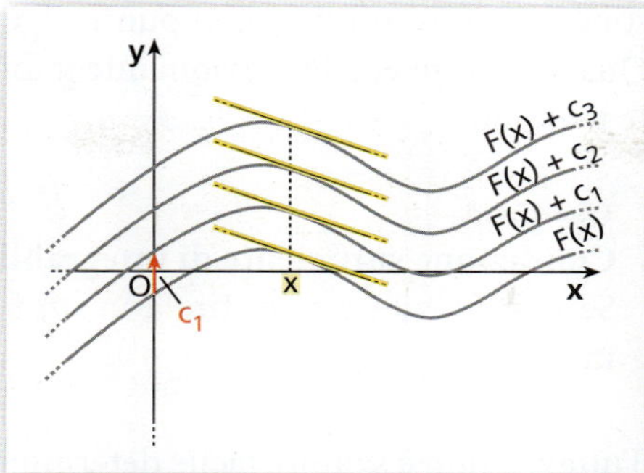

► Scrivi la primitiva di $f(x) = -4x$ che passa per il punto $(2; -1)$.

■ Integrale indefinito

|► Esercizi a p. 1274

Riprendiamo l'esempio della funzione $f(x) = 2x$. Diamo all'insieme delle sue primitive $x^2 + c$, con c numero reale qualunque, il nome di *integrale indefinito* di $f(x) = 2x$ e usiamo questa scrittura:

$$\int 2x\,dx = x^2 + c.$$

DEFINIZIONE

L'**integrale indefinito** di una funzione $f(x)$ è l'insieme di tutte le primitive $F(x) + c$ di $f(x)$, con c numero reale qualunque.

Si indica con $\int f(x)\,dx$.

$$\int f(x)\,dx = F(x) + c$$

$D[F(x) + c] = f(x)$

- Il simbolo $\int f(x)\,dx$ si legge «integrale indefinito di $f(x)$ in dx», la funzione $f(x)$ è detta **funzione integranda** e la variabile x **variabile di integrazione**.
- La primitiva $F(x)$ che si ottiene per $c = 0$ si chiama **primitiva fondamentale**.
- Per brevità, useremo spesso il termine «integrale» al posto di «integrale indefinito».

ESEMPIO

L'integrale indefinito di $\cos x$ è l'insieme delle primitive di $\cos x$, cioè $\sin x + c$. Scriviamo:

$$\int \cos x\,dx = \sin x + c.$$

$$\int \cos x\,dx = \sin x + c$$

$D[\sin x + c] = \cos x$

► Scrivi, in simboli, che l'integrale indefinito di $4x^3$ è $x^4 + c$.

Dalla definizione precedente, poiché $DF(x) = f(x)$, segue che

$$D\left[\int f(x)\,dx\right] = f(x).$$

Questo significa che l'integrazione indefinita agisce come operazione inversa della derivazione.

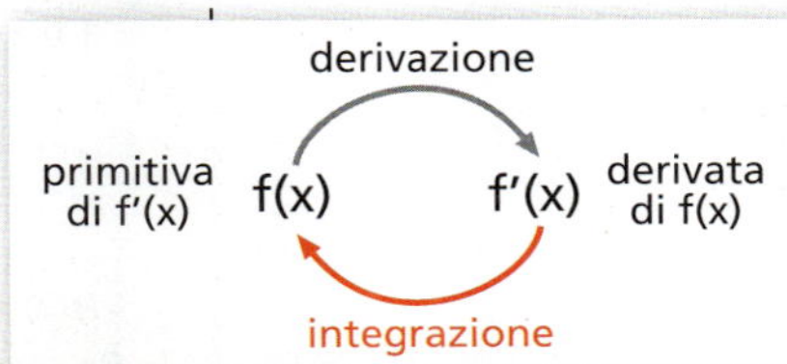

DEFINIZIONE

Una funzione che ammette una primitiva (e quindi infinite primitive) si dice **integrabile**.

Listen to it

A function f is **integrable** if it has an integral.

Sappiamo che non sempre una funzione continua è derivabile. Per esempio, ci sono funzioni continue con punti angolosi, e in tali punti non sono derivabili. Quali sono, invece, le funzioni integrabili? Si può dimostrare che è valido il seguente teorema.

TEOREMA

Condizione sufficiente di integrabilità

Se una funzione è continua in $[a; b]$, allora ammette primitive nello stesso intervallo.

Tuttavia, non è sempre facile determinare primitive anche di funzioni continue abbastanza semplici. Per esempio, l'integrale $\int \frac{\sin x}{x}\, dx$, con $x \neq 0$, non è calcolabile con i metodi che esamineremo in questo capitolo.

Schematizziamo con un diagramma di Venn il legame tra funzioni continue, funzioni derivabili e funzioni integrabili.

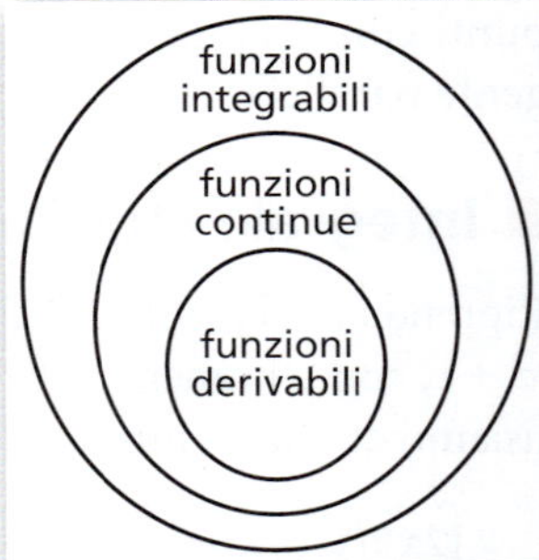

Proprietà dell'integrale indefinito

▶ Esercizi a p. 1277

PROPRIETÀ

Prima proprietà di linearità

L'integrale indefinito di una somma di funzioni integrabili è uguale alla somma degli integrali indefiniti delle singole funzioni:

$$\int [f(x) + g(x)]\, dx = \int f(x)\, dx + \int g(x)\, dx.$$

Infatti, se deriviamo entrambi i membri, otteniamo rispettivamente:

$$D\left[\int [f(x) + g(x)]\, dx\right] = f(x) + g(x);$$

$$D\left[\int f(x)\, dx + \int g(x)\, dx\right] = D\left[\int f(x)\, dx\right] + D\left[\int g(x)\, dx\right] = f(x) + g(x).$$

I due membri hanno la stessa derivata, quindi rappresentano le primitive della stessa funzione.

ESEMPIO

$$\int (3x^2 + \cos x)\, dx = \int 3x^2\, dx + \int \cos x\, dx = x^3 + c_1 + \sin x + c_2.$$

Di solito si scrive una sola costante $c = c_1 + c_2$:

$$\int (3x^2 + \cos x)\, dx = x^3 + \sin x + c.$$

PROPRIETÀ

Seconda proprietà di linearità

L'integrale del prodotto di una costante per una funzione integrabile è uguale al prodotto della costante per l'integrale della funzione:

$$\int k \cdot f(x)\, dx = k \cdot \int f(x)\, dx.$$

Infatti, se deriviamo entrambi i membri, otteniamo derivate uguali,

$$D\left[\int k \cdot f(x)\,dx\right] = k \cdot f(x), \qquad D\left[k \cdot \int f(x)\,dx\right] = kD\left[\int f(x)\,dx\right] = k \cdot f(x),$$

quindi i due membri rappresentano le primitive della stessa funzione.

ESEMPIO

$$\int 4\cos x\,dx = 4 \cdot \int \cos x\,dx = 4\sin x + c.$$

Le proprietà di linearità si possono esprimere in un'unica formula:

$$\int [c_1 f(x) + c_2 g(x)]\,dx = c_1 \int f(x)\,dx + c_2 \int g(x)\,dx.$$

Si dice anche che **l'integrale è un operatore lineare**.

Non esistono proprietà riguardanti l'integrale di un prodotto o di un quoziente di funzioni, quindi è necessario studiare per tali casi altri metodi risolutivi. Occorre ricordare in particolare che, date due funzioni $f(x)$ e $g(x)$:

$$\int f(x)g(x)\,dx \neq \int f(x)\,dx \cdot \int g(x)\,dx \quad \text{e} \quad \int \frac{f(x)}{g(x)}\,dx \neq \frac{\int f(x)\,dx}{\int g(x)\,dx}.$$

2 Integrali indefiniti immediati

Dalle regole di derivazione delle funzioni elementari ricaviamo gli integrali indefiniti fondamentali.

Integrale di una potenza di *x*, $f(x) = x^\alpha$, con $\alpha \in \mathbb{R}$

▶ Esercizi a p. 1277

Primo caso: $\alpha \neq -1$

ESEMPIO

$\int x^2\,dx = \frac{x^3}{3} + c$. Infatti, derivando, abbiamo:

$$D\left[\frac{x^3}{3} + c\right] = \frac{3x^{3-1}}{3} = x^2.$$

In generale:

$$\int x^\alpha\,dx = \frac{x^{\alpha+1}}{\alpha+1} + c, \qquad \text{con } \alpha \in \mathbb{R} \text{ e } \alpha \neq -1.$$

Infatti, derivando, abbiamo $D\left[\frac{x^{\alpha+1}}{\alpha+1} + c\right] = \frac{1}{\alpha+1} \cdot (\alpha+1)x^{\alpha+1-1} = x^\alpha$.

Per $\alpha = -1$ la regola non può essere applicata, in quanto il denominatore della frazione sarebbe 0.

Casi particolari

- $\int dx = x + c$, infatti $\int dx = \int 1 \cdot dx = \int x^0\,dx = x + c$;
- $\int x\,dx = \frac{x^2}{2} + c$;

MATEMATICA E FISICA

In caduta libera Galileo affermò che in assenza di attrito tutti i corpi cadono con lo stesso moto.

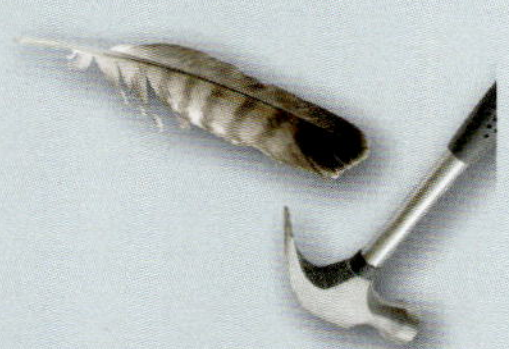

▶ Come si possono ricavare le leggi del moto di caduta di un grave utilizzando l'integrazione indefinita?

La risposta

TEORIA

- $\int \sqrt{x}\, dx = \frac{2}{3}\sqrt{x^3} + c$,

  infatti $\int \sqrt{x}\, dx = \int x^{\frac{1}{2}}\, dx = \dfrac{x^{\frac{1}{2}+1}}{\frac{1}{2}+1} + c = \frac{2}{3}x^{\frac{3}{2}} + c = \frac{2}{3}\sqrt{x^3} + c.$

Con la regola appena enunciata e le proprietà del paragrafo precedente possiamo calcolare gli integrali delle funzioni polinomiali o di potenze della x con qualsiasi esponente (purché diverso da -1).

ESEMPIO

1. $\int (2x^5 - 4x + 3)dx =$ — prima proprietà di linearità

   $\int 2x^5 dx - \int 4x\, dx + \int 3\, dx =$ — seconda proprietà di linearità

   $2 \cdot \int x^5 dx - 4 \cdot \int x\, dx + 3 \cdot \int dx =$ — integriamo le potenze di x

   $2 \cdot \frac{x^6}{6} - 4 \cdot \frac{x^2}{2} + 3 \cdot x + c = \frac{x^6}{3} - 2x^2 + 3x + c$

2. $\int \frac{1}{\sqrt{x}} dx = \int x^{-\frac{1}{2}} dx = \dfrac{x^{-\frac{1}{2}+1}}{-\frac{1}{2}+1} + c = \dfrac{x^{\frac{1}{2}}}{\frac{1}{2}} + c = 2 \cdot x^{\frac{1}{2}} + c = 2 \cdot \sqrt{x} + c$

   $\frac{1}{\sqrt{x}} = \frac{1}{x^{\frac{1}{2}}} = x^{-\frac{1}{2}}$

▶ Calcola $\int (3x^4 + x^2 - 2)dx$.

▶ Calcola $\int \frac{6x + \sqrt{x}}{x^3\sqrt{x}} dx$.

Animazione

Secondo caso: $\alpha = -1$

Consideriamo ora il caso in cui l'esponente di x sia -1, cioè $x^{-1} = \frac{1}{x}$:

$$\int \frac{1}{x}\, dx = \ln|x| + c.$$

Osserviamo che il valore assoluto nell'argomento del logaritmo è necessario perché vogliamo avere una regola valida per tutto il dominio di $\frac{1}{x}$ e quindi anche per valori di x negativi.

Infatti $D[\ln|x| + c] = \frac{1}{x}$ perché:

- se $x > 0$, $D\ln|x| = D\ln x = \frac{1}{x}$;
- se $x < 0$, $D\ln|x| = D\ln(-x) = \frac{1}{(-x)} \cdot (-1) = \frac{1}{x}$.

ESEMPIO

$$\int \frac{3x^2 + 2}{x} dx = \int \left(3x + \frac{2}{x}\right) dx = 3\int x\, dx + 2\int \frac{1}{x} dx = \frac{3}{2}x^2 + 2\ln|x| + c.$$

▶ Calcola $\int \frac{x+5}{x} dx$.

Integrale della funzione esponenziale

▶ Esercizi a p. 1281

$$\int e^x\, dx = e^x + c;$$ infatti $D[e^x + c] = e^x$.

$\int a^x\,dx = \frac{1}{\ln a}\cdot a^x + c$; infatti $D\left[\frac{1}{\ln a}\cdot a^x + c\right] = \frac{1}{\ln a}\cdot a^x \cdot \ln a = a^x$.

ESEMPIO

$$\int (2e^x + 5^x)\,dx = 2\int e^x\,dx + \int 5^x\,dx = 2e^x + \frac{1}{\ln 5}\cdot 5^x + c.$$

► Calcola $\int \left(\frac{6^x}{2^{x+1}} + 2e^x\right)dx$.

Animazione

Integrale delle funzioni goniometriche

► Esercizi a p. 1281

$\int \sin x\,dx = -\cos x + c$; infatti $D[-\cos x + c] = -(-\sin x) = \sin x$.

$\int \cos x\,dx = \sin x + c$; infatti $D[\sin x + c] = \cos x$.

$\int \frac{1}{\cos^2 x}\,dx = \tan x + c$; infatti $D[\tan x + c] = \frac{1}{\cos^2 x}$.

$\int \frac{1}{\sin^2 x}\,dx = -\cot x + c$; infatti $D[-\cot x + c] = \frac{1}{\sin^2 x}$.

► Calcola $\int (4\cos x - \sin x)\,dx$.

ESEMPIO

$$\int \left(3\sin x - \frac{4}{\cos^2 x}\right)dx = 3\int \sin x\,dx - 4\int \frac{1}{\cos^2 x}\,dx =$$

$$3\cdot(-\cos x) - 4\cdot\tan x + c = -3\cos x - 4\tan x + c.$$

► Calcola $\int \left(\tan^2 x + \frac{\sin 2x + \sin x}{\sin x}\right)dx$.

Animazione

Integrale delle funzioni le cui primitive sono le funzioni goniometriche inverse

► Esercizi a p. 1282

Poiché $D[\arcsin x] = \frac{1}{\sqrt{1-x^2}}$, si ha: $\int \frac{1}{\sqrt{1-x^2}}\,dx = \arcsin x + c$.

Oppure, poiché $D[\arccos x] = -\frac{1}{\sqrt{1-x^2}}$:

$$\int \frac{1}{\sqrt{1-x^2}}\,dx = -\int -\frac{1}{\sqrt{1-x^2}}\,dx = -\arccos x + c.$$

Poiché $D[\arctan x] = \frac{1}{1+x^2}$, si ha: $\int \frac{1}{1+x^2}\,dx = \arctan x + c$.

Oppure:

$$\int \frac{1}{1+x^2}\,dx = -\int -\frac{1}{1+x^2}\,dx = -\operatorname{arccot} x + c.$$

ESEMPIO

$$\int \left(\frac{1}{3\sqrt{1-x^2}} + \frac{7}{1+x^2}\right)dx = \frac{1}{3}\int \frac{1}{\sqrt{1-x^2}}\,dx + 7\int \frac{1}{1+x^2}\,dx =$$

$$\frac{1}{3}\arcsin x + 7\arctan x + c.$$

► Calcola $\int \left(\frac{2}{\sqrt{1-x^2}} + \frac{1}{3+3x^2}\right)dx$.

Animazione

TEORIA

Integrale delle funzioni la cui primitiva è una funzione composta

▶ Esercizi a p. 1283

Cerchiamo ora di applicare le formule precedenti nel caso di funzioni composte.

Per esempio, cerchiamo di calcolare $\int (\sin x)^4\, dx$. Pensando alla regola $\int x^\alpha\, dx = \frac{x^{\alpha+1}}{\alpha+1} + c$, potremmo ipotizzare che il risultato sia $\frac{(\sin x)^5}{5} + c$.

Derivando questa funzione dovremmo ottenere $(\sin x)^4$. Abbiamo invece:

$$D\left[\frac{(\sin x)^5}{5} + c\right] = \frac{\cancel{5}(\sin x)^4}{\cancel{5}} \cdot \cos x = (\sin x)^4 \cdot \cos x.$$

Quindi $\int (\sin x)^4\, dx$ non può essere calcolato mediante la regola di $\int x^\alpha dx$.
Dalla precedente uguaglianza deduciamo la seguente:

$$\int (\sin x)^4 \cdot \cos x\, dx = \frac{(\sin x)^5}{5} + c.$$

Pertanto, per integrare la potenza di una funzione (che è una funzione composta) applicando la regola della potenza, è necessario che la funzione integranda sia moltiplicata per la derivata della funzione più «interna» nella composizione:

$$\int [f(x)]^\alpha f'(x)\, dx = \frac{[f(x)]^{\alpha+1}}{\alpha+1} + c, \quad \text{con } \alpha \neq -1.$$

Si procede analogamente anche per calcolare integrali di altre funzioni composte riconducibili a regole di integrazione diverse.

$$\int \frac{f'(x)}{f(x)}\, dx = \ln|f(x)| + c$$

$$\int f'(x)\, e^{f(x)}\, dx = e^{f(x)} + c \qquad \int f'(x)\, a^{f(x)}\, dx = \frac{a^{f(x)}}{\ln a} + c$$

$$\int f'(x) \sin f(x)\, dx = -\cos f(x) + c \qquad \int f'(x) \cos f(x)\, dx = \sin f(x) + c$$

$$\int \frac{f'(x)}{\cos^2 f(x)}\, dx = \tan f(x) + c \qquad \int \frac{f'(x)}{\sin^2 f(x)}\, dx = -\cot f(x) + c$$

$$\int \frac{f'(x)}{\sqrt{1-[f(x)]^2}}\, dx = \arcsin f(x) + c \qquad \int \frac{f'(x)}{1+[f(x)]^2}\, dx = \arctan f(x) + c$$

▶ Calcola $\int x\sqrt{x^2+9}\, dx$.

Animazione

▶ Calcola $\int \frac{x}{2x^2+5} dx$.

Animazione

▶ Calcola $\int \frac{\arcsin x}{4\sqrt{1-x^2}} dx$.

Animazione

ESEMPIO

Calcoliamo i seguenti integrali.

1. $\int \underbrace{3x^2}_{f'(x)} \underbrace{(x^3+2)^2}_{[f(x)]^2}\, dx = \frac{(x^3+2)^3}{3} + c.$

2. $\int \tan x\, dx$. Scriviamo la tangente come rapporto fra seno e coseno:

$$\int \tan x\, dx = \int \frac{\sin x}{\cos x}\, dx = -\int \frac{-\overbrace{\sin x}^{f'(x)}}{\underbrace{\cos x}_{f(x)}}\, dx = -\ln|\cos x| + c.$$

Video

Integrali di funzioni composte: le potenze

▶ Come possiamo calcolare $\int (e^x+3)^5 e^x\, dx$?
Vediamo questo e altri esempi di funzioni con potenze.

Quindi:

$$\int \tan x \, dx = -\ln|\cos x| + c.$$

In modo simile si trova che: $\int \cot x \, dx = \ln|\sin x| + c$.

3. $\int x \sin x^2 \, dx$.

Osserviamo che, a meno di una costante moltiplicativa, x è la derivata di x^2, argomento della funzione seno. Pertanto, moltiplichiamo e dividiamo per 2:

$$\int x \sin x^2 \, dx = \frac{1}{2}\int \underbrace{2x}_{f'(x)} \underbrace{\sin x^2}_{\sin f(x)} \, dx = -\frac{1}{2}\cos x^2 + c.$$

4. $\int 2e^x \cos e^x \, dx = 2\int e^x \cos e^x \, dx = 2\sin e^x + c$.

5. $\int \frac{1}{1+4x^2} \, dx = \int \frac{1}{1+(2x)^2} \, dx = \frac{1}{2}\int \frac{2}{1+(2x)^2} \, dx = \frac{1}{2}\arctan 2x + c$.

$D[2x] = 2$; $2 = f'(x)$; $(2x)^2 = [f(x)]^2$

> **Video**
> **Integrali di funzioni composte: il logaritmo**
> ▶ Come possiamo calcolare $\int \frac{1}{x \ln x} dx$?
> Vediamo questo e altri esempi con funzioni logaritmiche.

> ▶ Calcola
> $\int 3x \sin(x^2+4) \, dx$.
>
> **Animazione**

3 Integrazione per sostituzione

▶ Esercizi a p. 1290

Quando l'integrale non è di risoluzione immediata può essere utile applicare il **metodo di sostituzione**, che consiste nell'effettuare un cambiamento di variabile che consenta di riscrivere l'integrale dato in una forma che sappiamo risolvere.
Con questo metodo si può riscrivere $\int f(x) \, dx$ così:

$$\int f(x) \, dx = \int f[g(t)] g'(t) \, dt, \text{ dove } x = g(t) \text{ e } dx = g'(t) \, dt.$$

> **Listen to it**
> **Integration by substitution**, or ***u*-substitution**, consists in changing the variable of integration to make it easier to identify the primitive.

ESEMPIO

Calcoliamo $\int \frac{1}{1+\sqrt{x}} \, dx$.

- Poniamo $\sqrt{x} = t$, ossia $x = t^2$.
- Calcoliamo il differenziale: $dx = 2t \, dt$.
- Sostituiamo nell'integrale dato e calcoliamo l'integrale rispetto a t,

$$\int \frac{1}{1+\sqrt{x}} \, dx = \int \frac{1}{1+t} 2t \, dt = 2\int \frac{t}{1+t} \, dt =$$ (aggiungiamo e togliamo 1 al numeratore)

$$2\int \frac{t+1-1}{1+t} \, dt = 2\int \left[\left(\frac{t+1}{1+t}\right) - \left(\frac{1}{1+t}\right)\right] dt = 2\int dt - 2\int \frac{1}{t+1} \, dt =$$

$$2t - 2\ln|t+1| + c.$$

- Utilizzando la posizione iniziale, scriviamo il risultato in funzione di x:

$$\int \frac{1}{1+\sqrt{x}} \, dx = 2\sqrt{x} - 2\ln(\sqrt{x}+1) + c.$$

> ▶ Calcola
> $\int \frac{1}{(1+4x)\sqrt{x}} \, dx$.
>
> **Animazione**

TEORIA

Video

Integrazione per sostituzione

► Applichiamo il metodo di integrazione per sostituzione per calcolare:

$\int \frac{\sqrt{x}}{x-x^2}\,dx$, $\int \frac{1}{1+\sqrt[3]{x}}\,dx$ e $\int \sqrt{1-x^2}\,dx$.

► Calcola $\int \frac{2e^x}{e^x+1}dx$ ponendo $e^x = t$.

Il metodo di sostituzione può essere utilizzato anche per calcolare l'integrale di una funzione composta nei casi già esaminati nel paragrafo precedente.

ESEMPIO

Calcoliamo $\int x \sin x^2\,dx$ con il metodo di sostituzione.

- Poniamo $t = x^2$ e calcoliamo il differenziale: $dt = 2x\,dx$.
- Sostituiamo nell'integrale e risolviamo:

$$\int x \sin x^2 dx = \int \sin t \frac{dt}{2} = \frac{1}{2}\int \sin t\,dt = -\frac{1}{2}\cos t + c.$$

- Scriviamo il risultato in funzione di x:

$$\int x \sin x^2 dx = -\frac{1}{2}\cos x^2 + c.$$

Ritroviamo il risultato già determinato nel paragrafo precedente.

In generale, per calcolare $\int f(x)\,dx$ con il metodo di sostituzione:

- si pone $x = g(t)$, oppure $t = g^{-1}(x)$, dove $g(t)$ è invertibile con $g'(t)$ continua e diversa da 0;
- si calcola il differenziale dx, oppure dt;
- si sostituisce nell'integrale dato, in modo da ottenere un integrale nella variabile t, e si calcola, se possibile, l'integrale rispetto a t;
- si utilizza la posizione iniziale per scrivere il risultato in funzione di x.

4 Integrazione per parti

► Esercizi a p. 1294

Date due funzioni $f(x)$ e $g(x)$ derivabili, con derivata continua, in un intervallo $[a; b]$, consideriamo la derivata del loro prodotto:

$$D[f(x) \cdot g(x)] = f'(x) \cdot g(x) + f(x) \cdot g'(x).$$

Integriamo entrambi i membri:

$$\int D[f(x) \cdot g(x)]\,dx = \int [f'(x) \cdot g(x) + f(x) \cdot g'(x)]\,dx,$$

$$f(x) \cdot g(x) = \int f'(x) \cdot g(x)\,dx + \int f(x) \cdot g'(x)\,dx.$$

Isolando $\int f(x) \cdot g'(x)\,dx$, otteniamo:

$$\int f(x) \cdot g'(x)\,dx = f(x) \cdot g(x) - \int f'(x) \cdot g(x)\,dx,$$

detta formula di **integrazione per parti**.

Per semplicità di scrittura, in questa uguaglianza e nelle successive, trascuriamo le costanti relative alle primitive.

La formula è utile nei casi in cui la funzione integranda si può pensare come *prodotto di due fattori*.

$f(x)$ viene chiamato **fattore finito** e $g'(x)\,dx$ **fattore differenziale**.

Listen to it

Integration by parts is a technique that allows the integral of a product of functions to be determined by calculating the integral of their derivative and antiderivative.

Nell'applicazione della formula, una delle due funzioni, quella del fattore finito, viene soltanto derivata, mentre l'altra, quella del fattore differenziale, viene solo integrata. È quindi importante scegliere opportunamente i due fattori.

ESEMPIO

$$\int \underbrace{x}_{g'} \underbrace{\ln x}_{f}\, dx = \frac{x^2}{2}\ln x - \int \frac{x^2}{2}\cdot\frac{1}{x}\,dx =$$

$$\frac{x^2}{2}\ln x - \frac{1}{2}\int x\,dx = \frac{x^2}{2}\ln x - \frac{1}{2}\cdot\frac{x^2}{2} + c =$$

$$\frac{x^2}{2}\left(\ln x - \frac{1}{2}\right) + c.$$

Abbiamo scelto $x\,dx$ come fattore differenziale poiché sappiamo calcolare la primitiva di x. Del fattore finito $\ln x$ sappiamo invece calcolare la derivata, che si semplifica con la primitiva di x e permette di ottenere un integrale semplice da calcolare.

Al secondo membro della formula di integrazione per parti compare un altro integrale, quindi questo metodo di integrazione risulta utile se riusciamo a passare da un integrale più difficile a uno più facile da calcolare.

ESEMPIO

Calcoliamo $\int x \sin x\, dx$.

Sappiamo calcolare sia la derivata sia la primitiva di entrambe le funzioni. La scelta migliore è quella di derivare x, perché l'integrale si semplifica:

$$\int \underbrace{x}_{f} \underbrace{\sin x}_{g'}\, dx = x(-\cos x) - \int -\cos x\,dx = -x\cos x + \sin x + c.$$

Se scegliamo, invece, $\sin x$ come fattore finito, otteniamo:

$$\int x \sin x\,dx = \frac{x^2}{2}\sin x - \int \frac{x^2}{2}\cos x\,dx,$$

dove l'integrale a secondo membro è più complicato di quello di partenza.

In generale, negli integrali del tipo

$$\int x^n \sin x\,dx,\qquad \int x^n \cos x\,dx,\qquad \int x^n e^x\,dx$$

x^n si considera come fattore finito, mentre negli integrali del tipo

$$\int x^n \ln x\,dx,\qquad \int x^n \arctan x\,dx,\qquad \int x^n \arcsin x\,dx$$

$x^n\,dx$ si considera come fattore differenziale. In particolare, negli integrali

$$\int \ln x\,dx,\qquad \int \arctan x\,dx,\qquad \int \arcsin x\,dx$$

si considera come fattore differenziale $x^0\,dx$, ossia $1\cdot dx$.

ESEMPIO

$$\boldsymbol{\int \ln x\,dx} = \int 1 \ln x\,dx = x\ln x - \int x\cdot\frac{1}{x}\,dx = \boldsymbol{x\ln x - x + c}.$$

Video

Integrazione per parti

► Applichiamo il metodo di integrazione per parti per calcolare:
$\int x\cdot \ln x\,dx$, $\int \arctan x\,dx$ e $\int \sin x\cdot e^x dx$.

► Calcola
$\int 5x^4 \ln x\,dx$.

Animazione

► Calcola $\int x^2 e^x dx$.

Animazione

► Calcola $\int \arctan 2x\,dx$.

Animazione

5 Integrazione di funzioni razionali fratte

Affrontiamo qui il calcolo degli integrali di funzioni razionali fratte:

$$\int \frac{N(x)}{D(x)}\,dx,$$

dove il numeratore $N(x)$ e il denominatore $D(x)$ sono dei polinomi.
Nelle nostre considerazioni supporremo che il grado del numeratore sia minore del grado del denominatore perché, se ciò non accade, è sempre possibile eseguire la divisione del polinomio $N(x)$ per il polinomio $D(x)$, ottenendo un polinomio quoziente $Q(x)$, e un polinomio resto $R(x)$ di grado minore di quello di $D(x)$.
Infatti, se consideriamo la divisione tra polinomi $N(x) : D(x)$, il suo quoziente $Q(x)$ e il resto $R(x)$, è vero che

$$N(x) = Q(x) \cdot D(x) + R(x),$$

e dividendo per $D(x)$,

$$\frac{N(x)}{D(x)} = Q(x) + \frac{R(x)}{D(x)}, \quad \text{da cui}$$

$$\int \frac{N(x)}{D(x)}\,dx = \int \left[Q(x) + \frac{R(x)}{D(x)}\right] dx = \underbrace{\int Q(x)\,dx}_{\text{polinomio}} + \underbrace{\int \frac{R(x)}{D(x)}\,dx}_{\text{il grado di } R(x) \text{ è minore di quello di } D(x)}.$$

Nell'addizione dei due integrali, il primo è calcolabile in quanto è l'integrale di un polinomio; il secondo è l'integrale di una funzione razionale fratta con numeratore di grado inferiore al grado del denominatore.

ESEMPIO

Calcoliamo $\int \frac{x^3 + 2x^2 + x + 1}{x^2 + 1}\,dx$.

Il numeratore ha grado maggiore del denominatore.
Eseguiamo la divisione $(x^3 + 2x^2 + x + 1) : (x^2 + 1)$.

$$\begin{array}{rrr|l} x^3 & +2x^2 + x & +1 & x^2+1 \\ \cline{4-4} -x^3 & -x & & x+2 \\ \cline{1-3} & 2x^2 & +1 & \\ & -2x^2 & -2 & \\ \cline{1-3} & & -1 & \end{array} \quad \rightarrow \quad Q(x) = x + 2,\ R(x) = -1$$

Il rapporto può essere scritto nel modo seguente:

$$\frac{x^3 + 2x^2 + x + 1}{x^2 + 1} = x + 2 + \frac{-1}{x^2 + 1}.$$

Calcoliamo l'integrale:

$$\int \frac{x^3 + 2x^2 + x + 1}{x^2 + 1}\,dx = \int \left(x + 2 + \frac{-1}{x^2 + 1}\right) dx =$$

$$\int x\,dx + 2\int dx - \int \frac{1}{x^2 + 1}\,dx = \frac{x^2}{2} + 2x - \arctan x + c.$$

► Calcola $\int \frac{x^2 - x}{x + 2}\,dx$.

Animazione

► Calcola $\int \frac{x^2 + 2x - 1}{x + 3}\,dx$.

Studiamo quindi integrali del tipo $\int \frac{R(x)}{D(x)}\,dx$, con $R(x)$ polinomio di grado inferiore a quello di $D(x)$. I primi due casi descritti sono integrali che abbiamo già incontrato e per loro ci limitiamo a degli esempi.

Il numeratore è la derivata del denominatore

▶ Esercizi a p. 1297

ESEMPIO

$$\int \frac{6x-2}{3x^2-2x-1}\,dx = \ln|3x^2-2x-1| + c.$$

$D[3x^2-2x-1] = 6x-2$

▶ Calcola $\int \frac{8x}{4x^2+3}\,dx$.

Il denominatore è di primo grado

▶ Esercizi a p. 1297

ESEMPIO

$$\int \frac{1}{3x-2}\,dx = \frac{1}{3}\int \frac{3}{3x-2}\,dx = \frac{1}{3}\ln|3x-2| + c.$$

▶ Calcola $\int \frac{1}{3-4x}\,dx$.

Il denominatore è di secondo grado

▶ Esercizi a p. 1298

Per calcolare l'integrale

$$\int \frac{px+q}{ax^2+bx+c}\,dx, \quad \text{con } a \neq 0,$$

si utilizzano metodi risolutivi diversi a seconda del segno del discriminante del denominatore $\Delta = b^2 - 4ac$.

Il discriminante è positivo: $\Delta > 0$

ESEMPIO

Calcoliamo $\int \frac{5x-1}{x^2-x-2}\,dx$.

$x^2-x-2=0$ ha $\Delta = 1+8 = 9 > 0$ e $x_1 = -1$, $x_2 = 2$, quindi:

$$x^2-x-2 = (x+1)(x-2).$$

Poniamo:

$$\frac{5x-1}{x^2-x-2} = \frac{A}{x+1} + \frac{B}{x-2}, \quad \text{con } A \text{ e } B \text{ costanti da determinare.}$$

Calcoliamo la somma delle due frazioni:

$$\frac{A}{x+1} + \frac{B}{x-2} = \frac{Ax-2A+Bx+B}{x^2-x-2} = \frac{(A+B)x-2A+B}{x^2-x-2}.$$

L'uguaglianza

$$\frac{5x-1}{x^2-x-2} = \frac{(A+B)x-2A+B}{x^2-x-2}$$

è valida, per $x \neq -1 \land x \neq 2$, soltanto se i numeratori sono polinomi identici, per il principio di identità dei polinomi. Quindi risolviamo il sistema:

$$\begin{cases} A+B=5 \\ -2A+B=-1 \end{cases} \rightarrow \begin{cases} B=5-A \\ -2A+5-A=-1 \end{cases} \rightarrow \begin{cases} A=2 \\ B=3 \end{cases}.$$

Video

Integrazione delle funzioni razionali fratte

▶ Calcoliamo il seguente integrale:

$\int \frac{x^2+2x-4}{x^2-x}\,dx$.

TEORIA

► Calcola
$\int \frac{6}{x^2+2x-8}dx$.

Animazione

Possiamo dunque scrivere

$$\frac{5x-1}{x^2-x-2} = \frac{2}{x+1} + \frac{3}{x-2},$$

da cui:

$$\int \frac{5x-1}{x^2-x-2}\,dx = \int\left(\frac{2}{x+1} + \frac{3}{x-2}\right)dx =$$

$$2\int\frac{1}{x+1}\,dx + 3\int\frac{1}{x-2}\,dx = 2\ln|x+1| + 3\ln|x-2| + c.$$

In generale, se $\Delta > 0$:

- si scompone il denominatore: $ax^2 + bx + c = a(x - x_1)(x - x_2)$;
- si scrive la frazione data come somma di frazioni con denominatore di primo grado:
$$\frac{px+q}{ax^2+bx+c} = \frac{A}{a(x-x_1)} + \frac{B}{(x-x_2)};$$
- si calcola la somma delle due frazioni al secondo membro;
- si determinano i valori di A e B risolvendo il sistema le cui equazioni si ottengono uguagliando fra loro rispettivamente i coefficienti della x e i termini noti;
- si risolve l'integrale $\int\left[\frac{A}{a(x-x_1)} + \frac{B}{(x-x_2)}\right]dx$.

Questo metodo vale anche se il numeratore è di grado zero, ossia se $p = 0$.

Il discriminante è nullo: $\Delta = 0$

Se il numeratore è di grado zero (cioè $p = 0$), dopo aver scritto il denominatore come un quadrato, il calcolo dell'integrale risulta immediato:

$$\int\frac{q}{ax^2+bx+c}\,dx = \int\frac{q}{a(x-x_1)^2}\,dx = \frac{q}{a}\cdot\frac{(x-x_1)^{-1}}{-2+1} + c = -\frac{q}{a(x-x_1)} + c.$$

► Calcola
$\int \frac{12}{9x^2-6x+1}dx$.

Animazione

ESEMPIO

Calcoliamo $\int\frac{1}{9x^2+6x+1}dx$.

Il discriminante del denominatore è $\frac{\Delta}{4} = 9 - 9 = 0$, possiamo quindi scrivere: $9x^2 + 6x + 1 = (3x+1)^2$. Si ha allora:

$$\int\frac{1}{9x^2+6x+1}\,dx = \int\frac{1}{(3x+1)^2}\,dx = \int(3x+1)^{-2}\,dx =$$

$$\frac{1}{3}\int 3(3x+1)^{-2}\,dx = -\frac{1}{3}\cdot\frac{1}{(3x+1)} + c.$$

Vediamo ora come si procede quando il numeratore è di primo grado ($p \neq 0$).

ESEMPIO

Calcoliamo $\int\frac{2x-3}{x^2-4x+4}\,dx$.

Il denominatore ha $\Delta = 0$, pertanto: $x^2 - 4x + 4 = (x-2)^2$.

La frazione $\frac{2x-3}{x^2-4x+4}$ può essere scritta come somma di due frazioni aventi come denominatori $(x-2)$ e $(x-2)^2$, cioè:

$$\frac{2x-3}{x^2-4x+4} = \frac{A}{x-2} + \frac{B}{(x-2)^2} = \frac{A(x-2)+B}{(x-2)^2} = \frac{Ax-2A+B}{x^2-4x+4}.$$

I numeratori della prima e dell'ultima frazione devono essere identici per ogni $x \neq 2$, quindi:

$$\begin{cases} A = 2 \\ -2A + B = -3 \end{cases} \rightarrow \begin{cases} A = 2 \\ B = 1 \end{cases}.$$

Possiamo scrivere

$$\frac{2x-3}{x^2-4x+4} = \frac{2}{x-2} + \frac{1}{(x-2)^2},$$

da cui:

$$\int \frac{2x-3}{x^2-4x+4}\,dx = \int\left[\frac{2}{x-2} + \frac{1}{(x-2)^2}\right]dx =$$

$$2\int\frac{1}{x-2}\,dx + \int\frac{1}{(x-2)^2}\,dx = 2\int\frac{1}{x-2}\,dx + \int(x-2)^{-2}\,dx =$$

$$2\ln|x-2| + \frac{(x-2)^{-1}}{-2+1} + c = 2\ln|x-2| - \frac{1}{x-2} + c.$$

Osservazione. In questo caso l'integrale può essere ricondotto alla forma $\int\frac{f'(x)}{f(x)}\,dx$. Infatti, essendo $D[x^2-4x+4] = 2x-4$, togliamo e aggiungiamo 1 al numeratore per ottenere:

$$\int\frac{2x-3-1+1}{x^2-4x+4}\,dx = \int\frac{2x-4}{x^2-4x+4}\,dx + \int\frac{1}{x^2-4x+4}\,dx =$$

$$\ln(x-2)^2 + \int(x-2)^{-2}dx = 2\ln|x-2| - \frac{1}{x-2} + c.$$

▶ Calcola $\int\frac{2x}{x^2+2x+1}\,dx.$

In generale, se $\Delta = 0$:

- si scompone il denominatore: $ax^2+bx+c = a(x-x_1)^2$, dove $x_1 = -\frac{b}{2a}$;
- si scrive la frazione data come somma di due frazioni:

$$\frac{px+q}{ax^2+bx+c} = \frac{A}{a(x-x_1)} + \frac{B}{(x-x_1)^2};$$

- si calcola la somma delle frazioni al secondo membro;
- si determinano i valori di A e B risolvendo il sistema le cui equazioni si ottengono uguagliando rispettivamente i coefficienti della x e i termini noti;
- si risolve l'integrale $\int\left[\frac{A}{a(x-x_1)} + \frac{B}{(x-x_1)^2}\right]dx.$

Il discriminante è negativo: $\Delta < 0$

1. *Il numeratore è di grado zero*, ossia l'integrale è del tipo:

$$\int\frac{1}{ax^2+bx+c}\,dx, \quad \text{con } a \neq 0.$$

TEORIA

ESEMPIO

Calcoliamo $\int \frac{1}{x^2+2x+2}dx$.

Il denominatore ha $\Delta = -4 < 0$.

Cerchiamo di ricondurre l'integrale al modello:

$$\int \frac{f'(x)}{[f(x)]^2+1}dx = \arctan f(x) + c.$$

Scriviamo il denominatore nella forma $[f(x)]^2 + 1$ con il metodo del completamento del quadrato:

$$x^2+2x+2 = x^2+2x+1-1+2 = (x+1)^2+1.$$

L'integrale dato diventa:

$$\int \frac{1}{x^2+2x+2}dx = \int \frac{\overset{f'(x)}{1}}{\underbrace{(x+1)^2}_{[f(x)]^2}+1}dx \quad \rightarrow$$

$$\int \frac{1}{x^2+2x+2}dx = \arctan(x+1) + c.$$

▶ Calcola $\int \frac{3}{x^2+3x+3}dx$.

In generale, per calcolare $\int \frac{1}{ax^2+bx+c}dx$ se $\Delta < 0$:

- si scrive il denominatore nella forma $[f(x)]^2+1$ con il metodo del completamento del quadrato;
- si trasforma il numeratore in modo che diventi $f'(x)$;
- si calcola l'integrale $\int \frac{f'(x)}{[f(x)]^2+1}dx = \arctan f(x) + c$.

▶ Calcola $\int \frac{1}{x^2-2x+5}dx$.

Animazione

2. *Il numeratore è un polinomio di primo grado*, cioè l'integrale è del tipo:

$$\int \frac{px+q}{ax^2+bx+c}dx, \quad \text{con } a \neq 0 \text{ e } p \neq 0.$$

ESEMPIO

Calcoliamo $\int \frac{2x}{x^2+4x+5}dx$.

Il denominatore ha $\Delta = -8 < 0$. Trasformiamo il numeratore in modo da farvi figurare la derivata del denominatore, ossia $2x+4$:

$$\int \frac{2x}{x^2+4x+5}dx = \int \frac{2x+4-4}{x^2+4x+5}dx =$$

$$\int \left(\frac{2x+4}{x^2+4x+5} - \frac{4}{x^2+4x+5}\right)dx =$$

$$\int \frac{2x+4}{x^2+4x+5}dx - 4\int \frac{1}{x^2+4x+5}dx.$$

Calcoliamo separatamente i due integrali:

$$\int \frac{2x+4}{x^2+4x+5}dx = \ln|x^2+4x+5| + c \underset{x^2+4x+5>0,\ \forall x}{=} \ln(x^2+4x+5) + c.$$

$$\int \frac{1}{x^2+4x+5}\,dx = \int \frac{1}{x^2+4x+4+1}\,dx = \int \frac{1}{(x+2)^2+1}\,dx =$$

$\arctan(x+2)+c.$

Quindi: $\int \frac{2x}{x^2+4x+5}\,dx = \ln(x^2+4x+5) - 4\arctan(x+2)+c.$

► Calcola $\int \frac{4x}{x^2+2x+3}\,dx.$

In generale, per calcolare $\int \frac{px+q}{ax^2+bx+c}\,dx$, con $a \neq 0, p \neq 0$ e $\Delta < 0$:

- si opera sul numeratore per farvi figurare la derivata del denominatore;
- si scrive l'integrale come somma di due integrali:
  $r\int \frac{2ax+b}{ax^2+bx+c}\,dx + s\int \frac{1}{ax^2+bx+c}\,dx;$
- si calcola il primo integrale ricordando che $\int \frac{f'(x)}{f(x)}\,dx = \ln|f(x)|+c$, quindi:
  $\int \frac{2ax+b}{ax^2+bx+c}\,dx = \ln|ax^2+bx+c|+c_1;$
- si calcola il secondo integrale con il metodo già visto;
- si sommano i risultati ottenuti.

► Calcola $\int \frac{2x+3}{x^2-6x+10}\,dx.$

Animazione

Il denominatore è di grado superiore al secondo

► Esercizi a p. 1301

Quando il denominatore è di grado superiore al secondo, occorre, se è possibile, scomporlo in fattori e scrivere la frazione algebrica come somma di frazioni con denominatori di primo e secondo grado, riconducendosi così al calcolo di integrali dei tipi descritti in precedenza.

Per trasformare la frazione algebrica iniziale nella somma di due o più frazioni si procede diversamente a seconda di come è scomposto il denominatore.

ESEMPIO

1. $\frac{4x}{(x-1)(x+1)(x-3)} = \frac{A}{x-1} + \frac{B}{x+1} + \frac{C}{x-3}$

2. $\frac{2x+3}{(x-1)(x+2)^2} = \frac{A}{x-1} + \frac{B}{x+2} + \frac{C}{(x+2)^2}$

3. $\frac{6x-1}{(x-2)^3} = \frac{A}{x-2} + \frac{B}{(x-2)^2} + \frac{C}{(x-2)^3}$

4. $\frac{x-3}{(x+2)(x^2+1)} = \frac{A}{x+2} + \frac{Bx+C}{x^2+1}$

► Calcola $\int \frac{6x-1}{(x-2)^3}\,dx.$

Animazione

IN SINTESI
Integrali indefiniti

Integrale indefinito

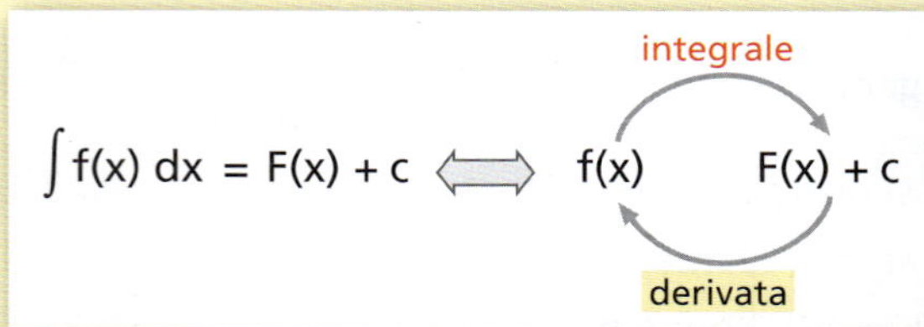

- **Funzione primitiva:** $F(x)$ si dice primitiva di $f(x)$ nell'intervallo $[a; b]$ se $F(x)$ è derivabile in $[a; b]$ e $F'(x) = f(x)$.
  Se $f(x)$ ammette una primitiva $F(x)$, allora ammette infinite primitive del tipo $F(x) + c$, con $c \in \mathbb{R}$.
- **Integrale indefinito della funzione $f(x)$:** è l'insieme di tutte le primitive $F(x) + c$, con $c \in \mathbb{R}$. Si indica con $\int f(x)\,dx$. La funzione $f(x)$ è la **funzione integranda** e x è la **variabile di integrazione**.
- **Condizione sufficiente di integrabilità**
  Se una funzione è continua in un intervallo, allora ammette primitive in tale intervallo.
- **Proprietà di linearità**
  Se f e g ammettono integrale indefinito, allora
  - $\int [f(x) + g(x)]dx = \int f(x)\,dx + \int g(x)\,dx$ **prima proprietà;**
  - $\int k \cdot f(x)\,dx = k \cdot \int f(x)\,dx$ **seconda proprietà.**

Integrazione per sostituzione e per parti

- **Metodo di sostituzione** Per calcolare l'integrale $\int f(x)\,dx$:
  - si pone $x = g(t)$, e quindi $t = g^{-1}(x)$, dove $g(t)$ è invertibile, con $g'(t)$ continua e diversa da 0;
  - si calcola il differenziale dx, oppure dt;
  - si sostituisce nell'integrale dato, in modo da ottenere un integrale nella variabile t;
  - si calcola, se possibile, l'integrale rispetto a t;
  - ritornando alla variabile x, si ha il risultato cercato.
- **Formula di integrazione per parti:** $\int f(x)g'(x)\,dx = f(x) \cdot g(x) - \int f'(x)g(x)\,dx$.

  ESEMPIO: $\int \ln x\,dx = \int 1 \ln x\,dx = x \ln x - \int x \cdot \frac{1}{x}\,dx = x \ln x - x + c$.

Integrazione di funzioni razionali fratte

- **Primo caso**
  Nell'integrale $\int \frac{N(x)}{D(x)}\,dx$ il grado del numeratore $N(x)$ è **minore** del grado del denominatore $D(x)$: ci si riconduce a uno dei modelli che seguono.
  - **Il numeratore è la derivata del denominatore:** $\int \frac{f'(x)}{f(x)}\,dx = \ln|f(x)| + c$.
  - **Il denominatore è di primo grado:** $\int \frac{1}{ax + b}\,dx = \frac{1}{a}\ln|ax + b| + c$.

- **Il denominatore è di secondo grado**, con integrale del tipo $\int \frac{px+q}{ax^2+bx+c}dx$.

  a. $\boldsymbol{\Delta > 0}$, si cercano i valori A e B che rendono vera l'identità:

  $$\frac{px+q}{ax^2+bx+c} = \frac{A}{a(x-x_1)} + \frac{B}{x-x_2}, \text{ essendo } ax^2+bx+c = a(x-x_1)(x-x_2);$$

  b. $\boldsymbol{\Delta = 0}$, si cercano i valori A e B che rendono vera l'identità:

  $$\frac{px+q}{ax^2+bx+c} = \frac{A}{a(x-x_1)} + \frac{B}{(x-x_1)^2}, \text{ essendo } ax^2+bx+c = a(x-x_1)^2;$$

  c. $\boldsymbol{\Delta < 0}$: se $p=0$, $\int \frac{1}{ax^2+bx+c}dx$ si trasforma in modo da utilizzare la formula:

  $$\int \frac{f'(x)}{k^2+[f(x)]^2}dx = \frac{1}{k}\arctan\frac{f(x)}{k}+c;$$

  se $p \neq 0$, $\int \frac{px+q}{ax^2+bx+c}dx$ si trasforma in $r\int \frac{2ax+b}{ax^2+bx+c}dx + s\int \frac{1}{ax^2+bx+c}dx$.

- **Secondo caso**
  In $\int \frac{N(x)}{D(x)}dx$ il grado di $N(x)$ è **maggiore o uguale** al grado di $D(x)$: si ritorna al primo caso mediante la divisione $\frac{N(x)}{D(x)} = Q(x) + \frac{R(x)}{D(x)}$, dove $R(x)$ è il resto della divisione e quindi ha grado minore di $D(x)$.

Integrali immediati	Integrali con una funzione composta
$\int x^\alpha dx = \frac{x^{\alpha+1}}{\alpha+1}+c$, con $\alpha \neq -1$	$\int [f(x)]^\alpha f'(x)\,dx = \frac{[f(x)]^{\alpha+1}}{\alpha+1}+c$, con $\alpha \neq -1$
$\int \frac{1}{x}dx = \ln\lvert x\rvert + c$	$\int \frac{f'(x)}{f(x)}dx = \ln\lvert f(x)\rvert + c$
$\int e^x dx = e^x + c$	$\int f'(x)\,e^{f(x)}dx = e^{f(x)} + c$
$\int a^x dx = \frac{a^x}{\ln a} + c$	$\int f'(x)\,a^{f(x)}dx = \frac{a^{f(x)}}{\ln a} + c$
$\int \sin x\, dx = -\cos x + c$	$\int f'(x)\sin f(x)\,dx = -\cos f(x) + c$
$\int \cos x\, dx = \sin x + c$	$\int f'(x)\cos f(x)\,dx = \sin f(x) + c$
$\int \frac{1}{\cos^2 x}dx = \tan x + c$	$\int \frac{f'(x)}{\cos^2 f(x)}dx = \tan f(x) + c$
$\int \frac{1}{\sin^2 x}dx = -\cot x + c$	$\int \frac{f'(x)}{\sin^2 f(x)}dx = -\cot f(x) + c$
$\int \frac{1}{\sqrt{1-x^2}}dx = \arcsin x + c$	$\int \frac{f'(x)}{\sqrt{1-[f(x)]^2}}dx = \arcsin f(x) + c$
$\int \frac{1}{1+x^2}dx = \arctan x + c$	$\int \frac{f'(x)}{1+[f(x)]^2}dx = \arctan f(x) + c$

ESERCIZI

CAPITOLO 24
ESERCIZI

1 Integrale indefinito

Primitive

▶ Teoria a p. 1256

TEST

1 Una primitiva di $f(x) = 3x + 1$ è:

A 3.
B $3x^2 + x$.
C $\frac{3}{2}x^2 + x$.
D $\frac{3}{2}x^2 + 1$.
E $3x$.

2 Una primitiva di $f(x) = \sin 3x$ è:

A $\cos 3x$.
B $-\cos 3x$.
C $-3\cos 3x$.
D $-\frac{1}{3}\cos 3x$.
E $3\cos 3x$.

3 ASSOCIA ogni funzione della prima riga a una sua primitiva nella seconda riga.

a. $y = 4x$ b. $y = \frac{2}{3}x^3$ c. $y = 4$ d. $y = x + 4$

1. $y = \frac{x^4}{6}$ 2. $y = 2x^2$ 3. $y = 4x + \frac{x^2}{2}$ 4. $y = 4x + 1$

4 VERO O FALSO?

a. $y = \sin x$ è una primitiva di $y = \cos x$. V F
b. $y = 3x + 7$ e $y = 3x + 17$ sono primitive della stessa funzione. V F
c. Le primitive di una funzione, se esistono, sono infinite. V F
d. $y = x^2 + 1$ e $y = x^2 + 3$ hanno le stesse primitive. V F

Sono date due funzioni, $f(x)$ e $F(x)$. Modifica $F(x)$ in modo che sia una primitiva di $f(x)$.

5 $f(x) = x^2$, $F(x) = 3x^3 + 2$.

6 $f(x) = e^{-2x}$, $F(x) = e^{-2x}$.

7 $f(x) = 2\sin 2x$, $F(x) = -\frac{1}{3}\sin^2 x + 4$.

8 $f(x) = \frac{-3x}{x^2 + 1}$, $F(x) = \ln(x^2 + 1)$.

9 TEST Il grafico rappresenta una parabola di equazione $y = f(x)$. Individua una primitiva di $f(x)$.

A $F(x) = 6(x - 1)$
B $F(x) = x^3 + 3x^2$
C $F(x) = x^3 + 3x^2 + 1$
D $F(x) = x^3 - 3x^2$
E $F(x) = x^2 - 2x$

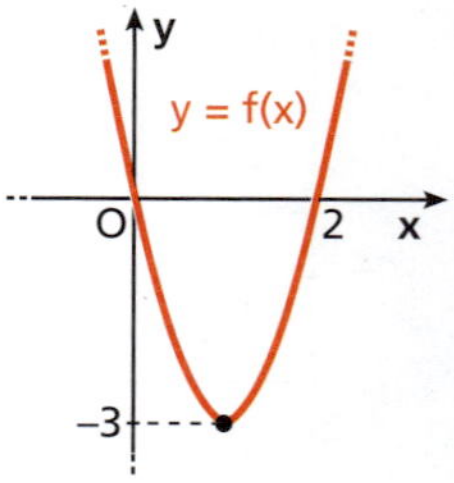

Integrale indefinito

▶ Teoria a p. 1257

10 ESERCIZIO GUIDA Una delle due funzioni $y = x - x^2 - x^3$ e $y = 1 - 2x - 3x^2$ è una primitiva dell'altra. Determiniamo quale e scriviamo la relazione che lega le due funzioni mediante un integrale indefinito.

Calcoliamo la derivata delle due funzioni:

$$D[x - x^2 - x^3] = 1 - 2x - 3x^2,$$

$$D[1 - 2x - 3x^2] = -2 - 6x.$$

La derivata della prima funzione è uguale alla seconda funzione: $y = x - x^2 - x^3$ è una primitiva di $y = 1 - 2x - 3x^2$. Scriviamo:

$$\int (1 - 2x - 3x^2)\,dx = x - x^2 - x^3 + c.$$

Nelle seguenti coppie di funzioni, una delle due funzioni è una primitiva dell'altra. Determina quale e scrivi, mediante un integrale indefinito, la relazione che lega le due funzioni.

11 $y = 4 + 6x$; $y = 4x + 3x^2$.

12 $y = 3x^2 - 1$; $y = x^3 - x$.

13 $y = 3x^3 + x^2 - 3$; $y = 9x^2 + 2x$.

14 $y = \dfrac{1}{x+1}$; $y = -\dfrac{1}{(x+1)^2}$.

15 $y = \dfrac{2x}{x^2+1}$; $y = \ln(x^2+1)$.

16 $y = \sqrt{x^2+1}$; $y = \dfrac{x}{\sqrt{x^2+1}}$.

17 $y = -e^{-x}$; $y = e^{-x}$.

18 $y = 1 + \tan^2 x$; $y = \tan x$.

19 $y = \sin x + \cos x$; $y = \cos x - \sin x$.

20 $y = -\dfrac{1}{x^2}$; $y = \dfrac{2}{x^3}$.

COMPLETA

21 $\int \square \sin 5x^2\,dx = \cos 5x^2 + c$

22 $\int \dfrac{\square}{\sqrt{x^2-2x}}\,dx = \sqrt{x^2-2x} + c$

23 $\int \dfrac{2}{e^x}\,dx = \dfrac{\square}{e^x} + c$

24 $\int \square \ln^3 x\,dx = \ln^4 x + c$

25 $\int \dfrac{1}{1+x}\square\,dx = \arctan\sqrt{x} + c$

26 $\int \square (x^3+3x)^5\,dx = (x^3+3x)^6 + c$

27 **VERO O FALSO?**

a. Ogni funzione continua ammette primitive. V F

b. Ogni funzione derivabile è integrabile. V F

c. Ogni funzione integrabile è derivabile. V F

d. Se una funzione è integrabile e positiva, tutte le sue primitive sono crescenti. V F

28 **LEGGI IL GRAFICO** Quali delle seguenti funzioni non sono integrabili in $\mathbb{R}$? Indicane il motivo.

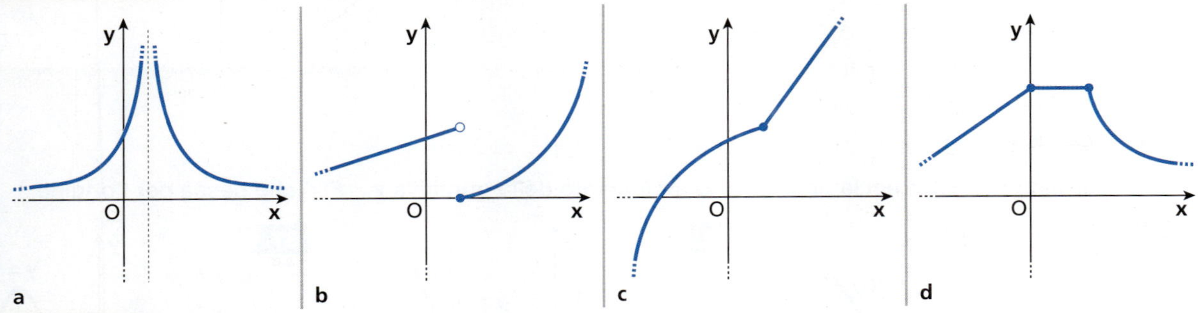

RIFLETTI SULLA TEORIA

29 Spiega perché $D\left[\int \ln 4x^2\,dx\right] = \ln 4x^2$.

30 Puoi affermare che la funzione $f(x) = \begin{cases} 2x & \text{se } x < 0 \\ x+3 & \text{se } x \geq 0 \end{cases}$ è integrabile nell'intervallo $[-2; 2]$? Perché?

Dal grafico di una funzione a quello di una primitiva

LEGGI IL GRAFICO In ciascuno dei seguenti grafici, una delle funzioni è una primitiva dell'altra. Determina quale.

31 ●●

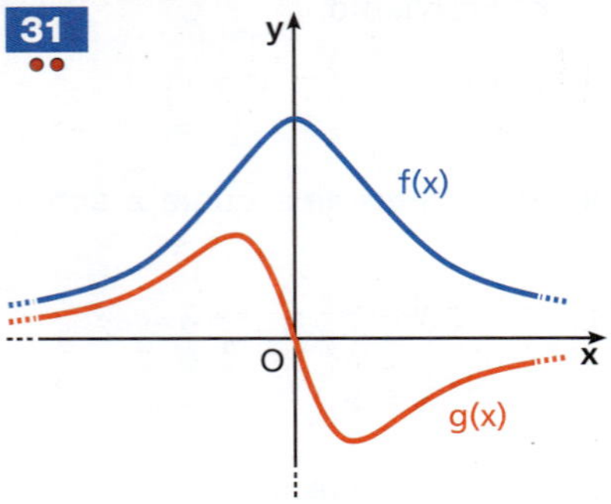

32 ●○

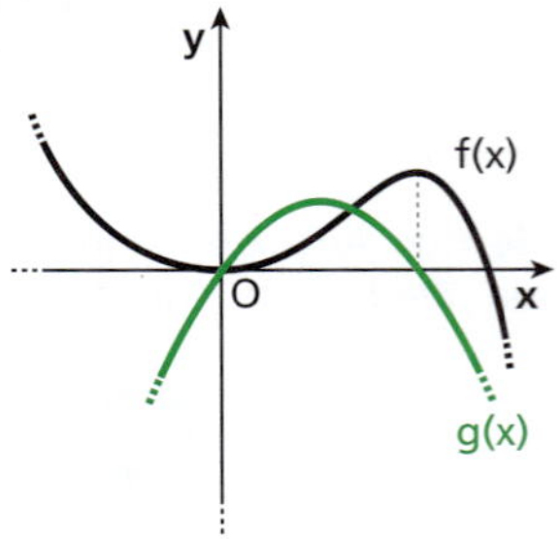

33 ●○

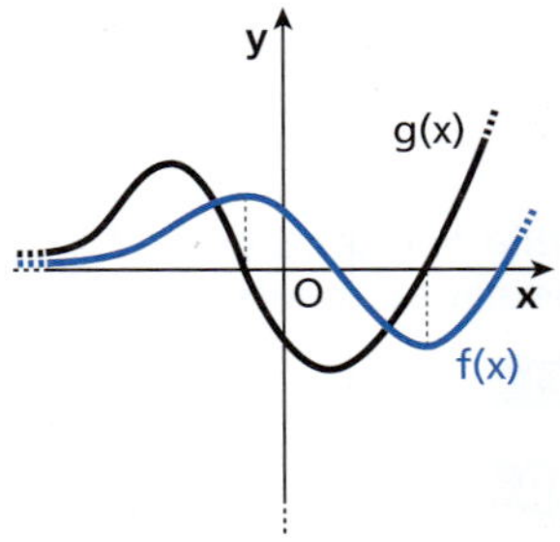

34 **ESERCIZIO GUIDA** Tracciamo l'andamento della primitiva $F(x)$, passante per l'origine, della funzione $f(x)$ rappresentata in figura.

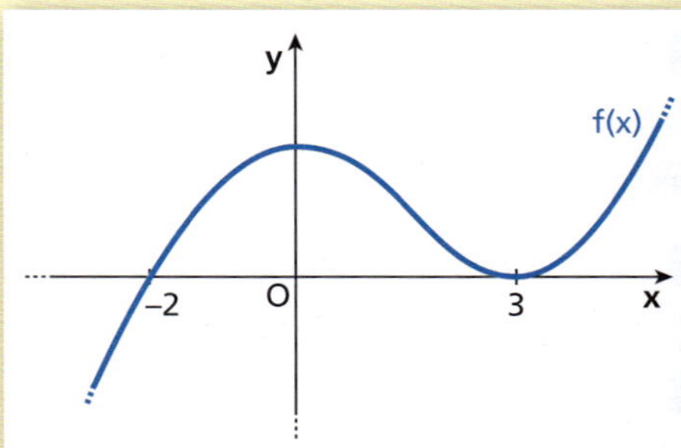

$f(x)$ rappresenta la derivata di $F(x)$. Dal grafico di $f(x)$ deduciamo lo schema che indica dove $F(x)$ è crescente o decrescente.

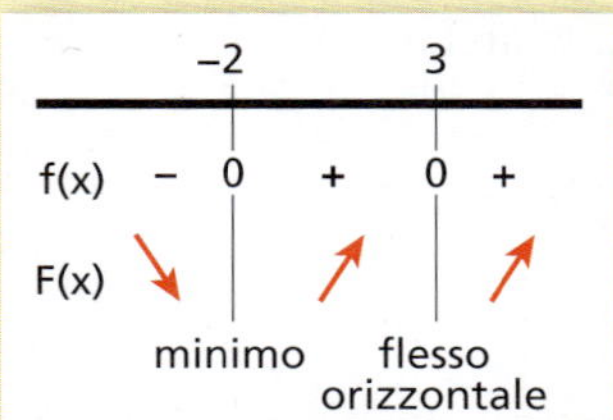

L'andamento della primitiva $F(x)$ che passa per l'origine può essere quello della figura.

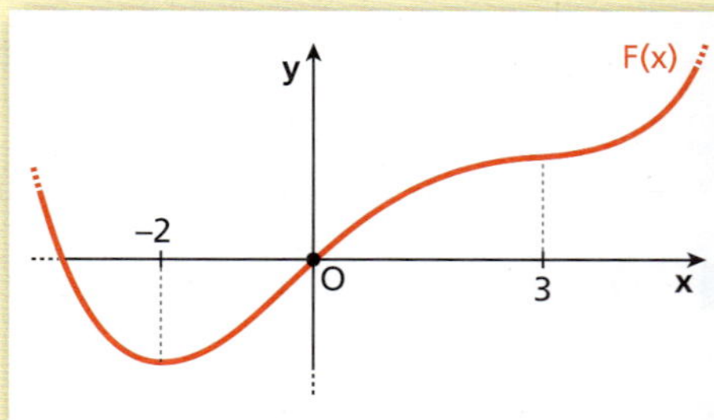

LEGGI IL GRAFICO

Dato il grafico $y = f(x)$, traccia un possibile andamento della primitiva $y = F(x)$ che passa per l'origine.

35 ●●

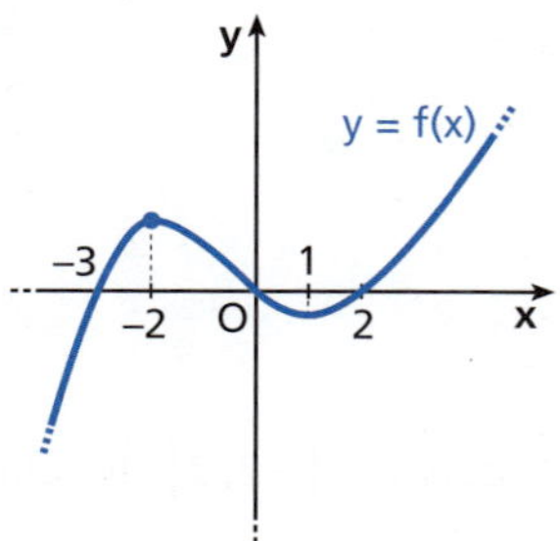

36 ●●

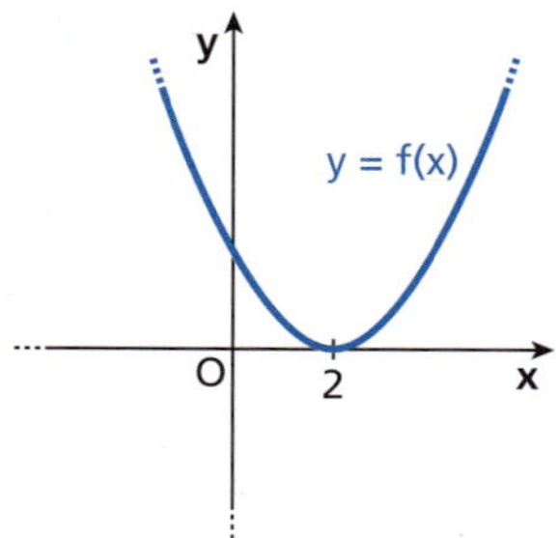

37 ●●

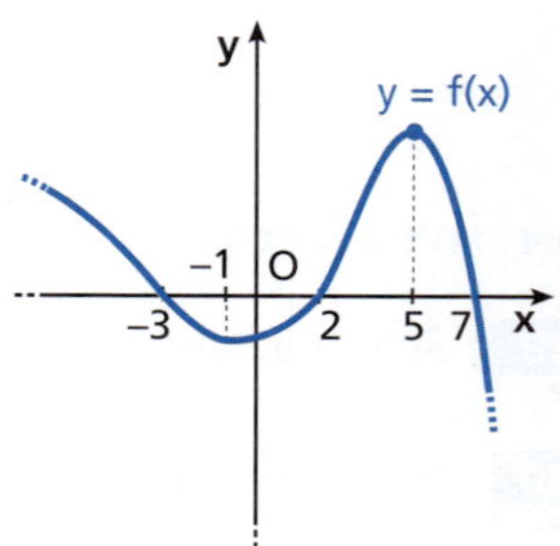

ESERCIZI

38 Dato il grafico di $y = f(x)$, traccia un possibile andamento della sua primitiva passante:

a. per l'origine;

b. per il punto (0; 2).

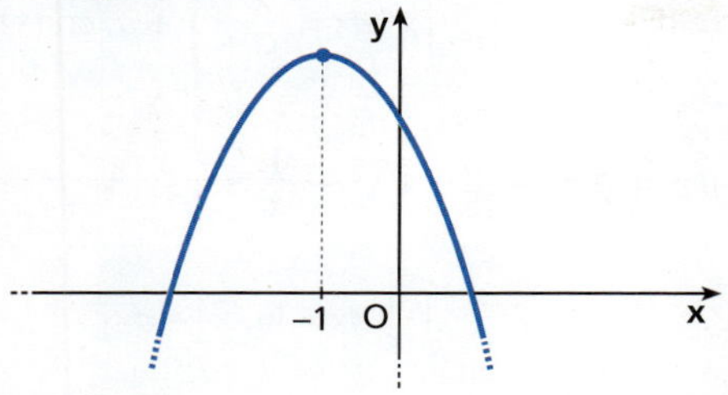

39 Dato il grafico di $y = f(x)$, traccia un possibile andamento della sua primitiva che taglia l'asse y nel punto di ascissa -3.

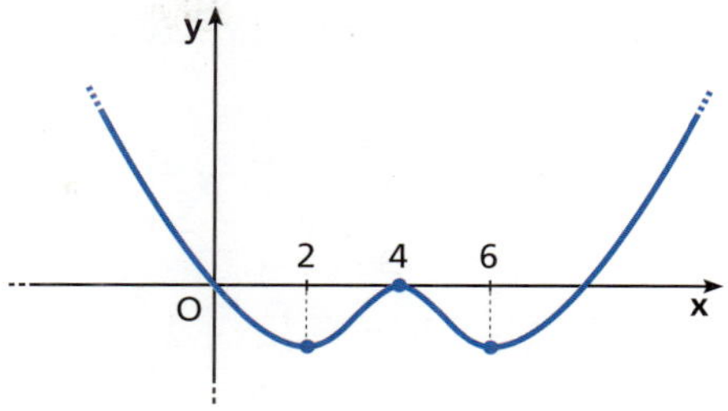

Con i parametri

Determina *a* e *b* in modo tale che *F*(*x*) sia una primitiva di *f*(*x*).

40 $F(x) = x^2 + 5x, \quad f(x) = ax + b.$ $[a = 2, b = 5]$

41 $F(x) = ax^3 - 2x^2, \quad f(x) = 9x^2 + bx.$ $[a = 3, b = -4]$

42 $F(x) = ax^3 + bx^2 + 3, \quad f(x) = 6x^2 - 4x.$ $[a = 2, b = -2]$

43 $F(x) = a\sin 2x + b\cos x, \quad f(x) = 8\cos 2x + 3\sin x.$ $[a = 4, b = -3]$

44 $F(x) = 2ae^x + bx^5, \quad f(x) = -2e^x + 5x^4.$ $[a = -1, b = 1]$

Proprietà dell'integrale indefinito

▶ Teoria a p. 1258

VERO O FALSO?

45

a. $-2\int f(x)dx = -\int 2f(x)dx$ V F

b. $\int x^2 f(x)dx = \int x^2 dx \cdot \int f(x)dx$ V F

c. $\frac{1}{5x}\int 5x\, f(x)dx = \int f(x)dx$ V F

d. $\int[7 + f(x)]dx = 7\int dx + \int f(x)dx$ V F

e. $\int Df(x)dx = D\int f(x)dx$ V F

46

a. $D\left[\int 8x\, dx\right] = 8x + c$ V F

b. $\int(3x - e^x)dx = 3\int x\, dx - \int e^x dx$ V F

c. $\int 5\, dx = 5\int dx$ V F

d. $\int \ln x^2 dx = 2\int \ln x\, dx$ V F

e. $\int 3x^2 dx - \int 3x^2 dx = 0$ V F

2 Integrali indefiniti immediati

Integrale di una potenza di *x*, $f(x) = x^\alpha$, con $\alpha \in \mathbb{R}$

▶ Teoria a p. 1259

47 **VERO O FALSO?**

a. $\int x^2 dx = \left(\int x\, dx\right)^2$ V F

b. $\int 3x\, dx - \int x\, dx = x^2 + c$ V F

c. $\int x^{-1} dx = \frac{x^{-1+1}}{-1+1} + c$ V F

d. $\int \frac{1}{x^2} dx = \ln x^2 + c$ V F

48 **ESERCIZIO GUIDA** Calcoliamo: a. $\int\left(2x^4 - \sqrt[3]{x^2} + \frac{1}{x^2}\right)dx$; b. $\int\left(3 + \frac{2}{x}\right)dx$.

ESERCIZI

a. $\int\left(2x^4 - \sqrt[3]{x^2} + \frac{1}{x^2}\right)dx =$) proprietà di linearità

$2\int x^4 dx - \int x^{\frac{2}{3}} dx + \int x^{-2} dx =$) integriamo le potenze di x

$\int x^\alpha dx = \frac{x^{\alpha+1}}{\alpha+1} + c$, con $\alpha \neq -1$

$2 \cdot \frac{x^{4+1}}{4+1} - \frac{x^{\frac{2}{3}+1}}{\frac{2}{3}+1} + \frac{x^{-2+1}}{-2+1} + c = \frac{2}{5}x^5 - \frac{x^{\frac{5}{3}}}{\frac{5}{3}} - x^{-1} + c = \frac{2}{5}x^5 - \frac{3}{5}x\sqrt[3]{x^2} - \frac{1}{x} + c.$

b. $\int\left(3 + \frac{2}{x}\right)dx = 3 \cdot \int dx + 2 \cdot \int \frac{1}{x} dx = 3 \cdot x + 2\ln|x| + c.$

$\int \frac{1}{x} dx = \ln|x| + c$

Calcola i seguenti integrali.

AL VOLO

49 $\int 7x\, dx$; $\int 2\, dx$; $\int 6x^2 dx$.

50 $\int x^3 dx$; $\int \sqrt{x}\, dx$; $\int x^9 dx$.

51 $\int \frac{1}{x^4} dx$; $\int \frac{5}{4}\sqrt[4]{x}\, dx$; $\int x^8 dx$. $\left[-\frac{1}{3x^3} + c; x\sqrt[4]{x} + c; \frac{x^9}{9} + c\right]$

52 $\int \frac{1}{2x^3} dx$; $\int \frac{4}{x} dx$; $\int -\frac{2}{3}x^6 dx$. $\left[-\frac{1}{4x^2} + c; 4\ln|x| + c; -\frac{2}{21}x^7 + c\right]$

53 $\int \frac{3}{\sqrt[3]{x^2}} dx$; $\int 8\sqrt{x}\, dx$; $\int -\frac{1}{x^4} dx$. $\left[9\sqrt[3]{x} + c; \frac{16}{3}x\sqrt{x} + c; \frac{1}{3x^3} + c\right]$

54 $\int x^{-2} dx$; $\int \frac{x}{\sqrt{x}} dx$; $\int \frac{7}{2x^5} dx$. $\left[-\frac{1}{x} + c; \frac{2}{3}x\sqrt{x} + c; \frac{-7}{8x^4} + c\right]$

55 $\int \frac{\sqrt{x}}{\sqrt[4]{x}} dx$; $\int \sqrt{x\sqrt{2x}}\, dx$; $\int x^3\sqrt{x}\, dx$. $\left[\frac{4}{5}x\sqrt[4]{x} + c; \frac{4}{7}x\sqrt{x}\sqrt[4]{2x} + c; \frac{2}{9}x^4\sqrt{x} + c\right]$

56 $\int (x-5)dx$; $\int \frac{3\sqrt[3]{x}}{x} dx$; $\int \frac{1}{4\sqrt{x}} dx$. $\left[\frac{x^2}{2} - 5x + c; 9\sqrt[3]{x} + c; \frac{\sqrt{x}}{2} + c\right]$

---

57 $\int (3x+1)dx$ $\left[\frac{3}{2}x^2 + x + c\right]$

58 $\int (x^2+2x)dx$ $\left[\frac{x^3}{3} + x^2 + c\right]$

59 $\int (x+\sqrt{x})dx$ $\left[\frac{x^2}{2} + \frac{2}{3}x\sqrt{x} + c\right]$

60 $\int (2x^3-2)dx$ $\left[\frac{x^4}{2} - 2x + c\right]$

61 $\int (x^2+x+10)dx$ $\left[\frac{x^3}{3} + \frac{x^2}{2} + 10x + c\right]$

62 $\int (x^3-3x^2-8)dx$ $\left[\frac{x^4}{4} - x^3 - 8x + c\right]$

63 $\int (4x^4-2x^2+5)dx$ $\left[\frac{4x^5}{5} - \frac{2x^3}{3} + 5x + c\right]$

64 $\int \left(\frac{1}{x^3} + \frac{3}{x^2}\right)dx$ $\left[-\frac{1}{2x^2} - \frac{3}{x} + c\right]$

65 $\int \left(\frac{4}{x^4} - \frac{6}{x^2}\right)dx$ $\left[-\frac{4}{3x^3} + \frac{6}{x} + c\right]$

66 $\int \left(\frac{5}{x^4} - \frac{4}{x^3} + \frac{3}{x^2}\right)dx$ $\left[-\frac{5}{3x^3} + \frac{2}{x^2} - \frac{3}{x} + c\right]$

67 $\int \left(x + \frac{1}{x} + 1\right)dx$ $\left[\frac{x^2}{2} + \ln|x| + x + c\right]$

68 $\int \left(3x^2 - 2x + \frac{3}{x}\right)dx$ $[x^3 - x^2 + 3\ln|x| + c]$

69 $\int \left(\frac{2}{x^3} - x^2 - \frac{1}{x}\right)dx$ $\left[-\frac{1}{x^2} - \frac{x^3}{3} - \ln|x| + c\right]$

70 $\int (2\sqrt{x} - x)dx$ $\left[\frac{4}{3}x\sqrt{x} - \frac{x^2}{2} + c\right]$

71 $\int \left(\frac{1}{x^2} - \sqrt{x} + \frac{6}{x}\right)dx$ $\left[-\frac{1}{x} - \frac{2x\sqrt{x}}{3} + 6\ln|x| + c\right]$

72 $\int (3\sqrt{x} + \sqrt[4]{x^3})dx$ $\left[2x\sqrt{x} + \frac{4}{7}x\sqrt[4]{x^3} + c\right]$

73 $\int (\sqrt{x} + \sqrt[3]{x})dx$ $\left[\frac{2}{3}x\sqrt{x} + \frac{3}{4}x\sqrt[3]{x} + c\right]$

74 $\int\left(\frac{2}{\sqrt{x}}-\frac{3}{\sqrt[3]{x}}\right)dx$ $\left[4\sqrt{x}-\frac{9}{2}\sqrt[3]{x^2}+c\right]$

75 $\int(x+1)^2dx$ $\left[\frac{x^3}{3}+x^2+x+c\right]$

76 $\int(x-3)(x+3)dx$ $\left[\frac{x^3}{3}-9x+c\right]$

77 $\int[x^2-(2-x)^2]dx$ $[2x^2-4x+c]$

---

78 **TEST** Solo uno dei seguenti grafici rappresenta una primitiva di $y=\frac{1}{2}x-1$. Quale?

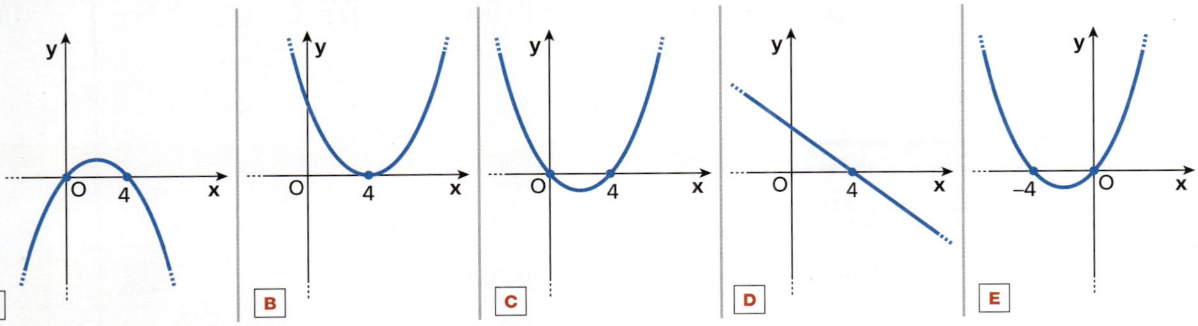

79 **ESERCIZIO GUIDA** Calcoliamo $\int\frac{2x-1+x^3}{x^2}dx$.

Poiché il denominatore della frazione integranda è un monomio, possiamo scomporre la frazione in frazioni più semplici e applicare la prima proprietà di linearità:

$$\int\frac{2x-1+x^3}{x^2}dx=\int\frac{2x}{x^2}dx-\int\frac{1}{x^2}dx+\int\frac{x^3}{x^2}dx=2\int\frac{1}{x}dx-\int x^{-2}dx+\int x\,dx=2\ln|x|+\frac{1}{x}+\frac{x^2}{2}+c.$$

Calcola i seguenti integrali.

80 $\int\frac{x+5}{x}dx$ $[x+5\ln|x|+c]$

81 $\int\frac{4x+x^2}{x}dx$ $\left[4x+\frac{x^2}{2}+c\right]$

82 $\int\frac{1-x^2+6x}{x^2}dx$ $\left[-\frac{1}{x}-x+6\ln|x|+c\right]$

83 $\int\frac{x^3+2x}{x}dx$ $\left[\frac{x^3}{3}+2x+c\right]$

84 $\int\frac{3x^4+4x^2}{x^2}dx$ $[x^3+4x+c]$

85 $\int\frac{3x^2+2-4x}{3x}dx$ $\left[\frac{x^2}{2}+\frac{2}{3}\ln|x|-\frac{4}{3}x+c\right]$

86 $\int\frac{10x^5+4x+1}{2x}dx$ $\left[x^5+2x+\frac{1}{2}\ln|x|+c\right]$

87 $\int\frac{x^2+2x}{x^2}dx$ $[x+2\ln|x|+c]$

88 $\int\frac{x^4+2x^2-1}{3x}dx$ $\left[\frac{x^4}{12}+\frac{x^2}{3}-\frac{1}{3}\ln|x|+c\right]$

89 $\int\frac{x^4+x^3-2x}{x^3}dx$ $\left[\frac{x^2}{2}+x+\frac{2}{x}+c\right]$

90 $\int\frac{3-x^2}{x^4}dx$ $\left[-\frac{1}{x^3}+\frac{1}{x}+c\right]$

91 $\int\frac{1+2x^2}{\sqrt{x}}dx$ $\left[2\sqrt{x}+\frac{4}{5}x^2\sqrt{x}+c\right]$

92 $\int\frac{(x-1)(x+2)}{x}dx$ $\left[\frac{x^2}{2}+x-2\ln|x|+c\right]$

93 $\int\frac{x^2-9}{x+3}dx$ $\left[\frac{x^2}{2}-3x+c\right]$

---

94 **TEST** Che valori devono assumere gli esponenti reali a e b affinché sia vera la seguente uguaglianza?

$$\int\frac{3+2x^a-6x^b}{x^2}dx=-\frac{3}{x}+x^2-2x^3+c$$

A $a=4\wedge b=5$

B $a=3\wedge b=5$

C $a=2\wedge b=4$

D $a=3\wedge b=4$

E Nessuno dei valori precedenti.

Problemi

95 Rappresenta graficamente due primitive di $f(x) = 4x + 3$ assegnando alla costante due valori a piacere e verifica che le tangenti nei punti di ascissa -2 sono parallele tra loro.

96 Tra le primitive $F(x)$ di $f(x) = x^2 - \frac{1}{x}$, trova quella tale che $F(1) = 2$. $\left[F(x) = \frac{x^3}{3} - \ln|x| + \frac{5}{3}\right]$

97 Tra le primitive $F(x)$ di $f(x) = 5 - 6x + 4x^3$, trova quella tale che $F(-1) = 4$. $[F(x) = 5x - 3x^2 + x^4 + 11]$

Problemi REALTÀ E MODELLI

RISOLVIAMO UN PROBLEMA

Quanto ci costi!

Il **costo totale** per la produzione di una quantità x di un certo prodotto è espresso dalla funzione $C(x)$.
La sua derivata $C'(x)$ è detta **costo marginale** e rappresenta il costo che un'impresa deve sostenere per produrre un'unità di prodotto in più, ovvero la variazione nei costi totali che si verifica quando varia di una unità la quantità prodotta.

Un caseificio sa che il costo marginale della sua produzione, in euro al kilogrammo, è espresso dalla funzione

$C'(x) = 5 - 0{,}02x$, per $x \leq 400$ kg.

- Scrivi la funzione costo totale, sapendo che i costi fissi sono di € 200.
- Trova il costo totale per produrre 300 kg di formaggio e il costo unitario medio.

► **Troviamo la funzione costo totale.**

Calcoliamo l'integrale di $C'(x)$.

$$\int(5 - 0{,}02x)dx = 5x - 0{,}02\frac{x^2}{2} + c =$$
$$5x - 0{,}01x^2 + c.$$

Quindi $C(x) = 5x - 0{,}01x^2 + c$.

► **Determiniamo la costante c.**

Sapendo che i costi fissi sono di € 200, possiamo scrivere:

$C(0) = 200 \rightarrow 5 \cdot 0 - 0{,}01 \cdot 0 + c = 200 \rightarrow$
$c = 200$.

Allora $C(x) = 5x - 0{,}01x^2 + 200$.

► **Calcoliamo il costo totale per produrre 300 kg di formaggio.**

$C(300) = 5 \cdot 300 - 0{,}01(300)^2 + 200 = € 800$.

► **Calcoliamo il costo unitario medio.**

Per produrre 300 kg di formaggio il costo è di € 800.
In questo caso il costo unitario medio è:

$$\frac{800}{300} = 2{,}67 \text{ €/kg}.$$

98 **Dolce fragranza** Il costo marginale, espresso in euro a boccetta, per produrre x boccette di profumo è dato da

$$C'(x) = \frac{x^2}{10000} - \frac{x}{10} + 20, \text{ per } x \leq 200,$$

e non ci sono costi fissi.

a. Scrivi la funzione costo totale $C(x)$.
b. Trova il costo per produrre 100 boccette.

$\left[\text{a) } C(x) = \frac{x^3}{30000} - \frac{x^2}{20} + 20x; \text{ b) } € 1533\right]$

99 **A tutta musica** Un sito promotore di eventi vende biglietti per un concerto. Il profitto marginale, che descrive la rapidità di variazione del profitto al variare dei biglietti venduti, è dato dalla funzione

$$P'(x) = \frac{x}{5} - 30,$$

dove x è il numero di biglietti venduti e il profitto è espresso in euro.
Trova il profitto totale ricavato dalla vendita dei primi 500 biglietti, sapendo che il sito ha un guadagno fisso di € 50, indipendente dal numero di biglietti venduti. [€ 10 050]

Integrale della funzione esponenziale

▶ Teoria a p.1260

100 ESERCIZIO GUIDA Calcoliamo gli integrali:

a. $\int (2e^x + 3 \cdot 5^x)\,dx$; b. $\int \frac{10^{x-1}}{5^x}\,dx$.

$$\int e^x dx = e^x + c; \qquad \int a^x dx = \frac{1}{\ln a} \cdot a^x + c$$

a. $\int (2e^x + 3 \cdot 5^x)\,dx = 2\int e^x dx + 3\int 5^x dx = 2e^x + \frac{3}{\ln 5} \cdot 5^x + c.$

proprietà di linearità

b. Semplifichiamo la frazione integranda in modo da ricondurci a un unico esponenziale:

$$\int \frac{10^{x-1}}{5^x}dx = \int \frac{10^x}{5^x} \cdot 10^{-1}dx = \int \left(\frac{10}{5}\right)^x \cdot \frac{1}{10}dx = \frac{1}{10}\int 2^x dx = \frac{1}{10} \cdot \frac{1}{\ln 2} \cdot 2^x + c.$$

Calcola i seguenti integrali.

101 AL VOLO $\int 4e^x dx$; $\int 25^x dx$.

102 $\int e^{x+2} dx$ $[e^{x+2} + c]$

103 $\int (2e^x + 1)\,dx$ $[2e^x + x + c]$

104 $\int (5 - e^x)\,dx$ $[5x - e^x + c]$

105 $\int (4e^x + 5 \cdot 3^x)\,dx$ $\left[4e^x + \frac{5}{\ln 3} \cdot 3^x + c\right]$

106 $\int (2^x + 2e^x + 2 \cdot 4^x)\,dx$ $\left[\frac{2^x}{\ln 2} + 2e^x + \frac{1}{\ln 2} \cdot 4^x + c\right]$

107 $\int (x + 7 \cdot 7^x)\,dx$ $\left[\frac{x^2}{2} + \frac{7}{\ln 7} \cdot 7^x + c\right]$

108 $\int \left(5e^x + \frac{1}{x}\right)dx$ $[5e^x + \ln|x| + c]$

109 $\int (2 - e^x - 5^x)\,dx$ $\left[2x - e^x - \frac{5^x}{\ln 5} + c\right]$

110 $\int \frac{9^x}{7^x} dx$ $\left[\frac{1}{\ln 9 - \ln 7} \cdot \left(\frac{9}{7}\right)^x + c\right]$

111 $\int e^x (1 - 2xe^{-x})\,dx$ $[e^x - x^2 + c]$

112 $\int 2^{2x} \cdot 3^x dx$ $\left[\frac{1}{\ln 12} \cdot 12^x + c\right]$

113 $\int 8^x \cdot 2^{-3x+4} dx$ $[16x + c]$

114 $\int 4^{x-1} \cdot 2^{-x+2} dx$ $\left[\frac{1}{\ln 2} 2^x + c\right]$

Integrale delle funzioni goniometriche

▶ Teoria a p. 1261

$$\int \sin x\,dx = -\cos x + c; \quad \int \cos x\,dx = \sin x + c; \quad \int \frac{1}{\sin^2 x}dx = -\cot x + c; \quad \int \frac{1}{\cos^2 x}dx = \tan x + c.$$

115 ESERCIZIO GUIDA Calcoliamo $\int \left(2\sin x - \cos x - \frac{4}{\sin^2 x}\right)dx$.

$$\int \left(2\sin x - \cos x - \frac{4}{\sin^2 x}\right)dx = 2\int \sin x\,dx - \int \cos x\,dx - 4\int \frac{1}{\sin^2 x}dx =$$

proprietà di linearità

$$2(-\cos x) - \sin x - 4(-\cot x) + c = -2\cos x - \sin x + 4\cot x + c$$

ESERCIZI

Calcola i seguenti integrali.

AL VOLO

116 $\int 2\sin x\,dx$

117 $\int(\sin x + 3\cos x)\,dx$

118 $\int(x - 2\sin x)\,dx$

119 $\int \frac{\sin x - \sqrt{3}\cos x}{2}\,dx$ $\left[-\frac{\cos x + \sqrt{3}\sin x}{2} + c\right]$

120 $\int\left(\frac{\sin x}{3} - 5\cos x\right)dx$ $\left[-\frac{\cos x}{3} - 5\sin x + c\right]$

121 $\int\left(-\frac{2}{x^3} + \frac{\sin x - \cos x}{3}\right)dx$ $\left[\frac{1}{x^2} - \frac{\cos x + \sin x}{3} + c\right]$

122 $\int\left(\frac{3}{\sin^2 x} + \frac{\cos x}{2}\right)dx$ $\left[-3\cot x + \frac{\sin x}{2} + c\right]$

123 $\int(\cos x - \sin x + 2e^x)\,dx$ $[\sin x + \cos x + 2e^x + c]$

124 $\int\left(\frac{1}{\cos^2 x} - \frac{2}{\sin^2 x} + 3\sin x\right)dx$ $[\tan x + 2\cot x - 3\cos x + c]$

125 $\int\left(\frac{2}{\sin^2 x} + \frac{1}{x} - \sin x\right)dx$ $[-2\cot x + \ln|x| + \cos x + c]$

126 $\int \frac{2\sin^2 x - 4}{\sin^2 x}\,dx$ $[2x + 4\cot x + c]$

127 $\int \frac{-2\sin 2x}{\cos x}\,dx$ $[4\cos x + c]$

128 $\int \frac{5\sin x + 2\sin 2x}{\sin x}\,dx$ $[5x + 4\sin x + c]$

129 $\int \tan^2 x\,dx$ $[\tan x - x + c]$

130 $\int \frac{\cos 2x}{4\cos^2 x}\,dx$ $\left[\frac{1}{2}x - \frac{1}{4}\tan x + c\right]$

Integrale delle funzioni le cui primitive sono le funzioni goniometriche inverse

▶ Teoria a p. 1261

$$\int \frac{1}{\sqrt{1-x^2}}\,dx = \arcsin x + c = -\arccos x + c; \qquad \int \frac{1}{1+x^2}\,dx = \arctan x + c = -\text{arccot}\, x + c.$$

131 ESERCIZIO GUIDA Calcoliamo gli integrali:

a. $\int\left(\frac{2}{\sqrt{1-x^2}} + \frac{5}{1+x^2}\right)dx$; b. $\int \frac{6x^2}{1+x^2}\,dx$.

a. $\int\left(\frac{2}{\sqrt{1-x^2}} + \frac{5}{1+x^2}\right)dx = 2\int \frac{1}{\sqrt{1-x^2}}\,dx + 5\int \frac{1}{1+x^2}\,dx = 2\arcsin x + 5\arctan x + c.$

b. $\int \frac{6x^2}{1+x^2}\,dx = 6\int \frac{x^2+1-1}{1+x^2}\,dx = 6\int \frac{x^2+1}{1+x^2}\,dx - 6\int \frac{1}{1+x^2}\,dx = 6\int dx - 6\arctan x + c = 6(x - \arctan x) + c.$

aggiungiamo e togliamo 1 al numeratore

Calcola i seguenti integrali.

132 $\int \frac{3}{\sqrt{1-x^2}}dx$ $[3\arcsin x + c]$

133 $\int \frac{1}{4+4x^2}dx$ $\left[\frac{1}{4}\arctan x + c\right]$

134 $\int \left(1 - \frac{6}{\sqrt{9-9x^2}}\right)dx$ $[x + 2\arccos x + c]$

135 $\int \left(\frac{12}{1+x^2} - 4x\right)dx$ $[12\arctan x - 2x^2 + c]$

136 $\int \left(\frac{1}{x} + \frac{1}{1+x^2}\right)dx$ $[\ln|x| + \arctan x + c]$

137 $\int \left(\frac{2}{\sqrt{1-x^2}} + \frac{1}{\sqrt{x}}\right)dx$ $[2\arcsin x + 2\sqrt{x} + c]$

138 $\int \left(2^x - \frac{14}{\sqrt{1-x^2}}\right)dx$ $\left[\frac{2^x}{\ln 2} + 14\arccos x + c\right]$

139 $\int \left(\frac{1}{4+4x^2} + \frac{2}{1+x^2}\right)dx$ $\left[\frac{9}{4}\arctan x + c\right]$

140 $\int \frac{-x^2}{1+x^2}dx$ $[-x + \arctan x + c]$

141 $\int \frac{1+2x^2}{1+x^2}dx$ $[2x - \arctan x + c]$

Integrale delle funzioni la cui primitiva è una funzione composta

▶ Teoria a p. 1262

142 TEST Solo uno dei seguenti integrali *non* è nella forma $\int [f(x)]^\alpha f'(x)dx$. Quale?

A $\int 3x(x^3-1)^2 dx$

B $\int 2(2x-6)^7 dx$

C $\int 2x(x^2+1)^3 dx$

D $\int 2x\sqrt{x^2+4}\, dx$

E $\int \sqrt{x-1}\, dx$

143 ESERCIZIO GUIDA Calcoliamo $\int 3x^2(x^3-2)^4 dx$.

Applichiamo la formula $\int [f(x)]^\alpha f'(x)\,dx = \frac{[f(x)]^{\alpha+1}}{\alpha+1} + c$, ponendo $f(x) = x^3 - 2$ e $\alpha = 4$:

$$\int \underbrace{(x^3-2)^4}_{[f(x)]^4} \cdot \underbrace{3x^2}_{f'(x)} dx = \frac{(x^3-2)^{4+1}}{4+1} + c = \frac{(x^3-2)^5}{5} + c.$$

Calcola i seguenti integrali.

144 $\int 5(5x-2)^3 dx$ $\left[\frac{(5x-2)^4}{4} + c\right]$

145 $\int 4x(2x^2+3)^6 dx$ $\left[\frac{(2x^2+3)^7}{7} + c\right]$

146 $\int 2x(x^2-1)^3 dx$ $\left[\frac{(x^2-1)^4}{4} + c\right]$

147 $\int 14(7x-5)^3 dx$ $\left[\frac{(7x-5)^4}{2} + c\right]$

148 $\int x^3\left(4 - \frac{1}{2}x^4\right)^5 dx$ $\left[-\frac{1}{12}\left(4 - \frac{1}{2}x^4\right)^6 + c\right]$

149 $\int 3\sqrt{x+2}\, dx$ $\left[2\sqrt{(x+2)^3} + c\right]$

150 $\int 15\sqrt{6-5x}\, dx$ $\left[-2\sqrt{(6-5x)^3} + c\right]$

151 $\int (x^2+2x-1)^5(x+1)\, dx$ $\left[\frac{(x^2+2x-1)^6}{12} + c\right]$

152 $\int x\sqrt{x^2+1}\, dx$ $\left[\frac{\sqrt{(x^2+1)^3}}{3} + c\right]$

153 $\int \sqrt{4x+1}\, dx$ $\left[\frac{\sqrt{(4x+1)^3}}{6} + c\right]$

154 $\int e^{2x}\sqrt{5+e^{2x}}\, dx$ $\left[\frac{1}{3}\sqrt{(5+e^{2x})^3} + c\right]$

155 $\int \frac{x}{\sqrt{x^2+4}}dx$ $\left[\sqrt{x^2+4} + c\right]$

156 $\int \frac{\ln x}{x}dx$ $\left[\frac{1}{2}\ln^2 x + c\right]$

157 $\int \frac{x^2+1}{(x^3+3x)^3}dx$ $\left[-\frac{1}{6(x^3+3x)^2} + c\right]$

158 $\int \frac{(3\ln x)^2}{x}dx$ $[3\ln^3 x + c]$

159 $\int \frac{3x}{(x^2+1)^3}dx$ $\left[-\frac{3}{4(x^2+1)^2} + c\right]$

ESERCIZI

160 $\int \cos^3 x \sin x \, dx$ $\left[-\frac{\cos^4 x}{4} + c\right]$

161 $\int 6\sin^5 x \cos x \, dx$ $[\sin^6 x + c]$

162 $\int \frac{\cos 3x}{2\sqrt{\sin 3x}} dx$ $\left[\frac{1}{3}\sqrt{\sin 3x} + c\right]$

163 $\int \frac{\arcsin^4 x}{\sqrt{1-x^2}} dx$ $\left[\frac{\arcsin^5 x}{5} + c\right]$

164 $\int \frac{x^2 + \ln^2 x}{x} dx$ $\left[\frac{x^2}{2} + \frac{\ln^3 x}{3} + c\right]$

165 ESERCIZIO GUIDA Calcoliamo $\int \frac{12x}{2x^2+1} dx$.

Osserviamo che il numeratore è un multiplo della derivata del denominatore: $D[2x^2 + 1] = 4x$.

Applichiamo la seconda proprietà di linearità e $\int \frac{f'(x)}{f(x)} dx = \ln|f(x)| + c$:

$$\int \frac{12x}{2x^2+1} dx = 3\int \frac{4x}{2x^2+1} dx = 3\ln(2x^2+1) + c.$$

non scriviamo $|2x^2+1|$ perché $2x^2+1 > 0 \ \forall x$

Calcola i seguenti integrali.

166 $\int \frac{6x}{3x^2+4} dx$ $[\ln(3x^2+4) + c]$

167 $\int \frac{7}{3+7x} dx$ $[\ln|3+7x| + c]$

168 $\int \frac{1}{2x-5} dx$ $\left[\frac{1}{2}\ln|2x-5| + c\right]$

169 $\int \frac{x^2}{x^3+2} dx$ $\left[\frac{1}{3}\ln|x^3+2| + c\right]$

170 $\int \frac{8x^3}{x^4+1} dx$ $[2\ln(x^4+1) + c]$

171 $\int \frac{x+1}{x^2+2x-3} dx$ $\left[\frac{1}{2}\ln|x^2+2x-3| + c\right]$

172 $\int \frac{3x^2+4x+1}{x^3+2x^2+x} dx$ $[\ln|x^3+2x^2+x| + c]$

173 $\int 3\tan x \, dx$ $[-3\ln|\cos x| + c]$

174 $\int 2\cot x \, dx$ $[2\ln|\sin x| + c]$

175 $\int \frac{\sin x}{\cos x + 2} dx$ $[-\ln(\cos x + 2) + c]$

176 $\int \frac{2x + e^x}{e^x + x^2} dx$ $[\ln(e^x + x^2) + c]$

177 $\int \frac{e^{-x}}{e^{-x} - 2} dx$ $[-\ln|e^{-x} - 2| + c]$

178 $\int \frac{1}{x\ln x} dx$ $[\ln|\ln x| + c]$

179 $\int \frac{2}{\sqrt{x}(1+\sqrt{x})} dx$ $[4\ln(1+\sqrt{x}) + c]$

180 $\int \frac{\tan x}{1 + \ln\cos x} dx$ $[-\ln|1 + \ln(\cos x)| + c]$

181 $\int \frac{7x + \arctan^3 x}{1+x^2} dx$ $\left[\frac{7}{2}\ln(1+x^2) + \frac{\arctan^4 x}{4} + c\right]$

182 ESERCIZIO GUIDA Calcoliamo $\int e^{x^2-x}(4x-2)\, dx$.

$\int f'(x) e^{f(x)} dx = e^{f(x)} + c$; $\int f'(x) a^{f(x)} dx = \frac{a^{f(x)}}{\ln a} + c$.

$$\int e^{x^2-x}(4x-2) dx = 2\int e^{x^2-x}(2x-1) dx = 2e^{x^2-x} + c$$

raccogliamo 2 — $e^{f(x)}$ — $f'(x)$

Calcola i seguenti integrali.

183 $\int 4e^{4x} dx$ $[e^{4x} + c]$

184 $\int e^{-x} dx$ $[-e^{-x} + c]$

185 $\int 3e^{-3x} dx$ $[-e^{-3x} + c]$

186 $\int 4e^{4x-2} dx$ $[e^{4x-2} + c]$

187 $\int (e^{-x} + 2x)\,dx$ $\quad [-e^{-x} + x^2 + c]$

188 $\int e^{3x+1}\,dx$ $\quad \left[\frac{1}{3}e^{3x+1} + c\right]$

189 $\int e^{x^2} \cdot x\,dx$ $\quad \left[\frac{1}{2}e^{x^2} + c\right]$

190 $\int e^{x^2+x}(2x+1)\,dx$ $\quad [e^{x^2+x} + c]$

191 $\int e^{2x^3} \cdot 6x^2\,dx$ $\quad [e^{2x^3} + c]$

192 $\int (4x-6)e^{x^2-3x}\,dx$ $\quad [2e^{x^2-3x} + c]$

193 $\int (2x^3 + x)e^{x^4+x^2}\,dx$ $\quad \left[\frac{1}{2}e^{x^4+x^2} + c\right]$

194 $\int e^{\cos x}\sin x\,dx$ $\quad [-e^{\cos x} + c]$

195 $\int e^{x\sin x}(\sin x + x\cos x)\,dx$ $\quad [e^{x\sin x} + c]$

196 $\int \frac{e^{\frac{1}{x}}}{x^2}\,dx$ $\quad \left[-e^{\frac{1}{x}} + c\right]$

197 $\int \frac{e^{\sqrt{x}}}{\sqrt{x}}\,dx$ $\quad [2e^{\sqrt{x}} + c]$

198 $\int \frac{3^{\ln x}}{x}\,dx$ $\quad \left[\frac{3^{\ln x}}{\ln 3} + c\right]$

$$\int f'(x)\sin f(x)\,dx = -\cos f(x) + c; \quad \int f'(x)\cos f(x)\,dx = \sin f(x) + c.$$

199 **ESERCIZIO GUIDA** Calcoliamo $\int \frac{\sin \ln x}{x}\,dx$.

$$\int \frac{\sin \ln x}{x}\,dx = \int \underbrace{\frac{1}{x}}_{f'(x)} \underbrace{\sin \ln x}_{\sin f(x)}\,dx = -\cos \ln x + c$$

Calcola i seguenti integrali.

200 $\int \sin 4x\,dx$ $\quad \left[-\frac{\cos 4x}{4} + c\right]$

201 $\int \cos\left(x - \frac{\pi}{3}\right)dx$ $\quad \left[\sin\left(x - \frac{\pi}{3}\right) + c\right]$

202 $\int (\cos 4x - \sin 2x)\,dx$ $\quad \left[\frac{1}{4}\sin 4x + \frac{1}{2}\cos 2x + c\right]$

203 $\int 2x\cos x^2\,dx$ $\quad [\sin x^2 + c]$

204 $\int \frac{\cos \ln x}{x}\,dx$ $\quad [\sin \ln x + c]$

205 $\int \frac{\sin\sqrt{x}}{\sqrt{x}}\,dx$ $\quad [-2\cos\sqrt{x} + c]$

206 $\int (x+2)\cos(x^2+4x)\,dx$ $\quad \left[\frac{\sin(x^2+4x)}{2} + c\right]$

207 $\int \frac{\sin e^{-x}}{e^x}\,dx$ $\quad [\cos e^{-x} + c]$

$$\int \frac{f'(x)}{\cos^2 f(x)}\,dx = \tan f(x) + c; \quad \int \frac{f'(x)}{\sin^2 f(x)}\,dx = -\cot f(x) + c.$$

Calcola i seguenti integrali.

208 $\int \frac{2}{\cos^2 2x}\,dx$ $\quad [\tan 2x + c]$

209 $\int \frac{x}{\sin^2 x^2}\,dx$ $\quad \left[-\frac{\cot x^2}{2} + c\right]$

210 $\int \frac{e^x}{\cos^2 e^x}\,dx$ $\quad [\tan e^x + c]$

211 $\int \frac{x+2}{\cos^2(x^2+4x)}\,dx$ $\quad \left[\frac{1}{2}\tan(x^2+4x) + c\right]$

212 $\int \frac{4x+1}{\sin^2(2x^2+x)}\,dx$ $\quad [-\cot(2x^2+x) + c]$

213 $\int \frac{1}{x\cos^2 \ln x}\,dx$ $\quad [\tan \ln x + c]$

$$\int \frac{f'(x)}{\sqrt{1-[f(x)]^2}}\,dx = \arcsin f(x) + c; \quad \int \frac{f'(x)}{1+[f(x)]^2}\,dx = \arctan f(x) + c.$$

214 **ESERCIZIO GUIDA** Calcoliamo $\int \frac{1}{x + x\ln^2 x}\,dx$.

$$\int \frac{1}{x + x\ln^2 x}\,dx = \int \frac{1}{x} \cdot \frac{1}{1+\ln^2 x}\,dx = \arctan \ln x + c.$$

raccogliamo x a denominatore; $\frac{1}{x}$: $f'(x)$; $\frac{1}{1+\ln^2 x}$: $\frac{1}{1+[f(x)]^2}$

Calcola i seguenti integrali di funzioni composte la cui primitiva è una funzione inversa circolare.

215 ●○ $\int \frac{2}{1+4x^2}\,dx$ $\quad[\arctan 2x + c]$

216 ●○ $\int \frac{3}{\sqrt{1-9x^2}}\,dx$ $\quad[\arcsin 3x + c]$

217 ●○ $\int \frac{6x}{1+9x^4}\,dx$ $\quad[\arctan 3x^2 + c]$

218 ●○ $\int \frac{4x}{\sqrt{1-4x^4}}\,dx$ $\quad[\arcsin 2x^2 + c]$

219 ●○ $\int \frac{e^x}{1+e^{2x}}\,dx$ $\quad[\arctan e^x + c]$

220 ●○ $\int \frac{x}{1+x^4}\,dx$ $\quad\left[\frac{1}{2}\arctan x^2 + c\right]$

221 ●○ $\int \frac{e^x}{\sqrt{1-e^{2x}}}\,dx$ $\quad[\arcsin e^x + c]$

222 ●● $\int \frac{1}{\sqrt{x} + x\sqrt{x}}\,dx$ $\quad[2\arctan\sqrt{x} + c]$

223 ●● $\int \frac{x^2}{\sqrt{1-x^6}}\,dx$ $\quad\left[\frac{\arcsin x^3}{3} + c\right]$

224 ●● $\int \frac{1}{\sqrt{9-25x^2}}\,dx$ $\quad\left[\frac{1}{5}\arcsin\frac{5x}{3} + c\right]$

225 ●● $\int \frac{2}{9+4x^2}\,dx$ $\quad\left[\frac{1}{3}\arctan\frac{2x}{3} + c\right]$

226 ●● $\int \frac{\sin x}{4+\cos^2 x}\,dx$ $\quad\left[-\frac{1}{2}\arctan\frac{\cos x}{2} + c\right]$

MATEMATICA E STORIA

Integrali nella notazione d'oltremanica La notazione usuale $\int f(x)dx$ che usiamo oggi per gli integrali è dovuta a Leibniz. Nella traduzione inglese di *Instituzioni analitiche ad uso della gioventù italiana* (1748), di Maria Gaetana Agnesi, appare invece la notazione newtoniana. In questo caso, si parla di «integrale completo» (anziché indefinito) e lo si indica facendo seguire il simbolo $\dot{x}$ alla funzione da integrare; per esempio, l'integrale completo di $f(x) = x$ si indica con $x\dot{x}$. Ecco un passo preso dal libro III di Agnesi:

$$\frac{bx^m\dot{x} + aax^{m-1}\dot{x}}{aa - bb}$$

«Dunque, l'integrale completo di $\dot{x}$, per esempio, sarà $x \pm a$, dove a indica una quantità costante. Quello di $x^2\dot{x}$ sarà $\frac{1}{3}x^3 \pm a$; e così via».

a. Trascrivi nella notazione di Leibniz i due esempi.

b. Calcola il seguente integrale: $\frac{bx^m\dot{x} + aax^{m-1}\dot{x}}{xx}$.

Risoluzione – Esercizio in più

Riepilogo: Integrali indefiniti immediati

COMPLETA in modo che siano corretti i seguenti integrali.

227 ●○ $\int \square(3x+1)^3\,dx = \frac{(3x+1)^4}{4} + c$

228 ●○ $\int (x^2+6x)^5(2x+\square)\,dx = \frac{(x^2+6x)^6}{6} + c$

229 ●○ $\int 2\square e^{x^2}\,dx = e^{x^2} + c$

230 ●○ $\int \frac{2(\square)}{3x^2+4x}\,dx = \ln|3x^2+4x| + c$

TEST

231 Uno dei seguenti integrali *non* è calcolabile con la regola della funzione composta. Quale?

A $\int \frac{2x}{\sin^2 x^2} dx$

B $\int 4x^3 \sqrt{x^4+2}\, dx$

C $\int \frac{3}{\cos^2 3x^2} dx$

D $\int \frac{\sin(\ln x)}{x} dx$

E $\int \frac{2x}{\sqrt{1-x^4}} dx$

232 L'uguaglianza $\int \frac{1}{2\sqrt{f(x)}} dx = \sqrt{f(x)} + c$ è generalmente falsa. Tuttavia vale per *una* delle seguenti funzioni. Quale?

A $f(x) = \sin x$

B $f(x) = 3x$

C $f(x) = x + 28$

D $f(x) = e^x$

E $f(x) = x^2$

233 Quale delle seguenti funzioni è una primitiva della funzione $f(x) = 3x^2 - \sin x$?

A $F(x) = 6x - \cos x$

B $F(x) = 3x + \cos x$

C $F(x) = 6x^2 - \sin x$

D $F(x) = x^3 + \cos x$

E $F(x) = x^3 - \cos x$

234 Quale delle seguenti uguaglianze è *errata*?

A $\int x^{-n} dx = \frac{x^{1-n}}{1-n} + c \, (n \neq 1)$

B $\int a^x dx = \ln a \cdot a^x + c$

C $\int -\sin x\, dx = \cos x + c$

D $\int \frac{-1}{\sin^2 x} dx = \cot x + c$

E $\int \left(-\frac{1}{\sqrt{1-x^2}}\right) dx = \arccos x + c$

235 ASSOCIA alle seguenti funzioni $f(x)$ le corrispondenti primitive $F(x)$.

a. $f(x) = \frac{4x-6}{x^2-3x}$

b. $f(x) = (2x-3)(x^2-3x)^2$

c. $f(x) = \frac{4x-6}{(x^2-3x)^2}$

1. $F(x) = \frac{1}{3}(x^2-3x)^3 + c$

2. $F(x) = \ln(x^2-3x)^2 + c$

3. $F(x) = \frac{2}{3x-x^2} + c$

Calcola i seguenti integrali.

236 $\int (5x^4 - 4x^3 + 2x)\, dx$ $\quad [x^5 - x^4 + x^2 + c]$

237 $\int \left(\frac{3}{2}\sqrt{x} + 3x^2 - 3\right) dx$ $\quad [x\sqrt{x} + x^3 - 3x + c]$

238 $\int \left(\frac{1}{x^3} + \frac{2}{x^2} + x\right) dx$ $\quad \left[-\frac{1}{2x^2} - \frac{2}{x} + \frac{x^2}{2} + c\right]$

239 $\int \left(\frac{x^4 + x^3 - 1}{3}\right) dx$ $\quad \left[\frac{x^5}{15} + \frac{x^4}{12} - \frac{x}{3} + c\right]$

240 $\int \sqrt{x+6}\, dx$ $\quad \left[\frac{2}{3}\sqrt{(x+6)^3} + c\right]$

241 $\int \frac{3-x}{x} dx$ $\quad [3\ln|x| - x + c]$

242 $\int \frac{4x^2+1}{2x^2} dx$ $\quad \left[2x - \frac{1}{2x} + c\right]$

243 $\int \frac{x^3+x^2}{x^3} dx$ $\quad [x + \ln|x| + c]$

244 $\int \left(\frac{x^4+x^2}{4} - 4\right) dx$ $\quad \left[\frac{x^5}{20} + \frac{x^3}{12} - 4x + c\right]$

245 $\int \left(-\frac{3}{x} + x\sqrt{x}\right) dx$ $\quad \left[-3\ln|x| + \frac{2x^2 \cdot \sqrt{x}}{5} + c\right]$

246 $\int 2\sqrt{2x+10}\, dx$ $\quad \left[\frac{2}{3}\sqrt{(2x+10)^3} + c\right]$

247 $\int x(3x^2-1)^2 dx$ $\quad \left[\frac{(3x^2-1)^3}{18} + c\right]$

248 $\int \left(2x^2 - \frac{1}{x}\right)^2 dx$ $\quad \left[\frac{4}{5}x^5 - \frac{1}{x} - 2x^2 + c\right]$

249 $\int \left(x + \frac{2}{x^2}\right)^2 dx$ $\quad \left[\frac{x^3}{3} - \frac{4}{3x^3} + 4\ln|x| + c\right]$

---

250 $\int \left(\frac{x^3-x^2}{2} + \frac{x-1}{3}\right) dx$ $\quad \left[\frac{x^4}{8} - \frac{x^3}{6} + \frac{x^2}{6} - \frac{x}{3} + c\right]$

251 $\int \left(\frac{4}{x^4} + \frac{3}{x^2} + \frac{x^2}{3} + \frac{x^4}{4}\right) dx$ $\quad \left[-\frac{4}{3x^3} - \frac{3}{x} + \frac{x^3}{9} + \frac{x^5}{20} + c\right]$

252 $\int \left(\frac{2}{x} + \sqrt{\frac{1}{x}} + \sqrt[3]{x}\right) dx$ $\quad \left[2\ln|x| + 2\sqrt{x} + \frac{3x \cdot \sqrt[3]{x}}{4} + c\right]$

253 $\int (4x-1)\left(\frac{1}{2}x + 2\right) dx$ $\quad \left[\frac{2}{3}x^3 + \frac{15}{4}x^2 - 2x + c\right]$

254 $\int \left(\sqrt{x} - \frac{1}{\sqrt{x}}\right)^2 (x+1)\, dx$ $\quad \left[\frac{x^3}{3} - \frac{x^2}{2} - x + \ln|x| + c\right]$

ESERCIZI

255 $\int \frac{\sqrt{x}+2x+1}{4x}dx$ $\left[\frac{1}{2}\sqrt{x}+\frac{1}{2}x+\frac{1}{4}\ln|x|+c\right]$

256 $\int \frac{3}{3x+1}dx$ $[\ln|3x+1|+c]$

257 $\int \frac{6x^2-1}{2x^3-x}dx$ $[\ln|2x^3-x|+c]$

258 $\int \frac{x}{1+9x^2}dx$ $\left[\frac{1}{18}\ln(1+9x^2)+c\right]$

259 $\int \frac{3x^2-2}{\sqrt{2x^3-4x}}dx$ $[\sqrt{2x^3-4x}+c]$

260 $\int \frac{4x+2}{x^2+x}dx$ $[2\ln|x^2+x|+c]$

261 $\int e^{-4x}dx$ $\left[-\frac{1}{4}e^{-4x}+c\right]$

262 $\int 3x^2\sin 4x^3\,dx$ $\left[-\frac{\cos 4x^3}{4}+c\right]$

263 $\int e^{4x^2-x}(8x-1)dx$ $[e^{4x^2-x}+c]$

264 $\int \sin^2 x\cos x\,dx$ $\left[\frac{\sin^3 x}{3}+c\right]$

265 $\int \frac{\ln^3 x}{x}dx$ $\left[\frac{\ln^4 x}{4}+c\right]$

266 $\int 2e^{2+x}dx$ $[2e^{2+x}+c]$

267 $\int \frac{3\sin x-2\cos x}{4}dx$ $\left[-\frac{3}{4}\cos x-\frac{1}{2}\sin x+c\right]$

268 $\int\left(\frac{2}{\cos^2 x}-\frac{1}{\sin^2 x}\right)dx$ $[2\tan x+\cot x+c]$

269 $\int \frac{2\cos x+\sin 2x}{\cos x}dx$ $[2x-2\cos x+c]$

270 $\int\left(\frac{5}{x}-\frac{2}{\sqrt{1-x^2}}\right)dx$ $[5\ln|x|-2\arcsin x+c]$

271 $\int\left(\frac{1}{\sqrt{x}}-\frac{1}{\sqrt{1-x^2}}\right)dx$ $[2\sqrt{x}-\arcsin x+c]$

272 $\int \frac{\cos x+\sin x}{\sin x-\cos x}dx$ $[\ln|\sin x-\cos x|+c]$

273 $\int \frac{1}{x\sqrt{1-\ln^2 x}}dx$ $[\arcsin \ln x+c]$

274 $\int \frac{\cos\sqrt{x}}{\sqrt{x}}dx$ $[2\sin\sqrt{x}+c]$

275 $\int \frac{e^{\sqrt{2x+1}}}{\sqrt{2x+1}}dx$ $[e^{\sqrt{2x+1}}+c]$

276 $\int \frac{\cos x}{1+\sin^2 x}dx$ $[\arctan \sin x+c]$

277 $\int \frac{1}{(1+x^2)\arctan x}dx$ $[\ln|\arctan x|+c]$

278 EUREKA! $\int(2\tan^2 x-1)dx$ $[2\tan x-3x+c]$

279 $\int(x^2+1)\sin(x^3+3x)dx$ $\left[\frac{-\cos(x^3+3x)}{3}+c\right]$

280 $\int \sin^5 x\cos x\,dx$ $\left[\frac{\sin^6 x}{6}+c\right]$

281 $\int \frac{4^{1+2x}}{8^x}dx$ $\left[\frac{4}{\ln 2}2^x+c\right]$

282 $\int(2x-1)^8dx$ $\left[\frac{(2x-1)^9}{18}+c\right]$

283 $\int \frac{x}{\sin^2 x^2}dx$ $\left[-\frac{1}{2}\cot x^2+c\right]$

284 $\int \frac{x^3}{\sqrt{1-x^8}}dx$ $\left[\frac{1}{4}\arcsin x^4+c\right]$

285 $\int \frac{e^{\sqrt{x}-4}}{\sqrt{x}}dx$ $[2e^{\sqrt{x}-4}+c]$

286 $\int \frac{\arcsin x}{4\sqrt{1-x^2}}dx$ $\left[\frac{1}{8}\arcsin^2 x+c\right]$

287 $\int \frac{\cos x}{9+\sin^2 x}dx$ $\left[\frac{1}{3}\arctan\frac{\sin x}{3}+c\right]$

288 $\int \frac{e^{\frac{1}{x^2}}}{x^3}dx$ $\left[-\frac{e^{\frac{1}{x^2}}}{2}+c\right]$

289 $\int \frac{1}{25+4x^2}dx$ $\left[\frac{1}{10}\arctan\frac{2x}{5}+c\right]$

290 $\int \sin x\sec x\,dx$ $[-\ln|\cos x|+c]$

291 $\int \operatorname{cosec}^2(3x+1)dx$ $\left[-\frac{\cot(3x+1)}{3}+c\right]$

292 $\int \frac{1}{\sqrt{16-9x^2}}dx$ $\left[\frac{1}{3}\arcsin\frac{3x}{4}+c\right]$

293 $\int 6^{2\sin x+1}\cos x\,dx$ $\left[\frac{3\cdot 6^{2\sin x}}{\ln 6}+c\right]$

294 $\int \frac{x^4+\ln x}{x}dx$ $\left[\frac{x^4}{4}+\frac{\ln^2 x}{2}+c\right]$

295 $\int \frac{3x\sqrt{4x^2-6}}{2}dx$ $\left[\frac{2x^2-3}{4}\sqrt{4x^2-6}+c\right]$

296 $\int \frac{1}{16+3x^2}dx$ $\left[\frac{\sqrt{3}}{12}\arctan\frac{\sqrt{3}}{4}x+c\right]$

297 $\int\left(\frac{16^x}{2^{3x+2}}+3x^2\right)dx$ $\left[\frac{1}{\ln 16}2^x+x^3+c\right]$

298 $\int \frac{dx}{(x-2)\ln(x-2)}$ $[\ln|\ln(x-2)|+c]$

299 $\int \frac{x^4}{\sqrt{1-x^{10}}}dx$ $\left[\frac{1}{5}\arcsin x^5+c\right]$

300 $\int \frac{e^x \tan e^x}{\cos^2 e^x} dx$ $\left[\frac{1}{2}\tan^2 e^x + c\right]$

301 $\int \frac{x}{1+4x^4} dx$ $\left[\frac{1}{4}\arctan 2x^2 + c\right]$

302 $\int \frac{\arctan^2 4x}{1+16x^2} dx$ $\left[\frac{1}{12}\arctan^3 4x + c\right]$

303 $\int \frac{\cos x \cdot e^{\sqrt{\sin x}}}{2\sqrt{\sin x}} dx$ $\left[e^{\sqrt{\sin x}} + c\right]$

304 $\int \frac{2x-1}{\sqrt{1-4x^2}} dx$ $\left[-\frac{1}{2}(\sqrt{1-4x^2} + \arcsin 2x) + c\right]$

305 $\int \frac{1}{x}\cos\left(\ln \frac{1}{x^2}\right) dx$ $\left[-\frac{1}{2}\sin\left(\ln\frac{1}{x^2}\right) + c\right]$

306 $\int \left(\frac{x^2}{x-1}\right)^3 \cdot \frac{x^2-2x}{(x-1)^2} dx$ $\left[\frac{1}{4}\left(\frac{x^2}{x-1}\right)^4 + c\right]$

307 $\int x \tan(4x^2-5)\, dx$ $\left[-\frac{1}{8}\ln|\cos(4x^2-5)| + c\right]$

308 $\int \frac{dx}{x(1+\ln^2 x^3)}$ $\left[\frac{1}{3}\arctan(\ln x^3) + c\right]$

309 $\int (1+\tan^2 2x)\cdot 3^{\tan 2x} dx$ $\left[\frac{3^{\tan 2x}}{2\ln 3} + c\right]$

Per ciascuna delle seguenti funzioni, trova la primitiva passante per il punto *P* dato.

310 $f(x) = x^3 - 2x^2$, $P(0; 2)$. $\left[F(x) = \frac{x^4}{4} - \frac{2}{3}x^3 + 2\right]$

311 $f(x) = \frac{1+3x^2}{x}$, $P(1; 3)$. $\left[F(x) = \ln|x| + \frac{3}{2}x^2 + \frac{3}{2}\right]$

312 $f(x) = 2e^x + x$, $P(0; -1)$. $\left[F(x) = 2e^x + \frac{x^2}{2} - 3\right]$

313 $f(x) = \cos 2x + \sin 3x$, $P\left(\frac{\pi}{2}; 4\right)$. $\left[F(x) = \frac{\sin 2x}{2} - \frac{\cos 3x}{3} + 4\right]$

314 $f(x) = 2x - \frac{1}{x}$, $P(1; -2)$. $\left[F(x) = x^2 - \ln|x| - 3\right]$

---

315 Trova i valori di a e b in modo che la funzione $F(x) = a\ln|x| + bx$ sia una primitiva della funzione $f(x) = \frac{-2+x}{x} + \frac{1}{2}$. $\left[a = -2, b = \frac{3}{2}\right]$

316 **LEGGI IL GRAFICO** Determina l'equazione della funzione rappresentata nel grafico, sapendo che è una primitiva di $y = 3x^2 - 1$. $\left[F(x) = x^3 - x + 2\right]$

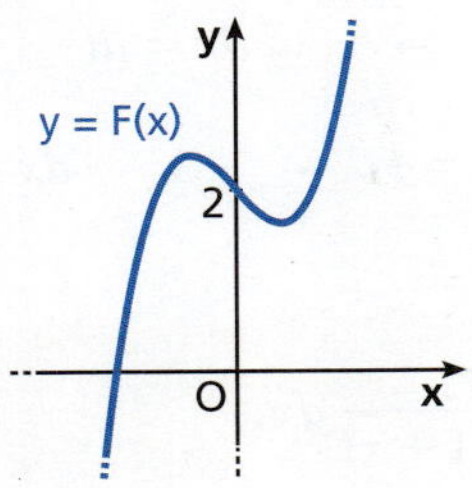

317 Tra le primitive della funzione $y = 2\cos 2x$, individua quella il cui grafico nel punto di ascissa $\frac{\pi}{2}$ ammette per tangente la retta di equazione $y = -2x + \pi + 2$. $[y = \sin 2x + 2]$

318 Data la funzione $f(x) = 3x^2 - x$, determina fra le sue primitive $F(x)$ quella che ha un punto di massimo di ordinata 2. $\left[F(x) = x^3 - \frac{x^2}{2} + 2\right]$

319 Trova la primitiva della funzione

$$f(x) = x^2 - 2x + 1$$

che ha un flesso di ordinata $\frac{4}{3}$.

$\left[F(x) = \frac{x^3}{3} - x^2 + x + 1\right]$

MATEMATICA AL COMPUTER

Primitive Con Wiris troviamo le primitive della funzione $g(x) = \frac{2x^3 - 2}{x^2}$ passanti rispettivamente per i punti $P(2; 6)$ e $Q(2; 0)$.

Tracciamo i grafici di $g(x)$ e delle due primitive, dove evidenziamo i punti assegnati.

Risoluzione – 6 esercizi in più

REALTÀ E MODELLI

320 **Superlancio** Un giocoliere lancia una palla verso l'alto con velocità iniziale $v_0 = 15$ m/s da un'altezza $h_0 = 1$ m. L'accelerazione è $g = -10$ m/s.

a. Scrivi la legge oraria $h(t)$ che descrive il moto della palla.

b. Trova l'altezza raggiunta dalla palla dopo 1 secondo.

[a) $h(t) = -5t^2 + 15t + 1$; b) 11 m]

321 **Scarico abusivo** Un'industria inquina un fiume scaricando liquami tossici con una portata, espressa in litri al mese, descritta dalla funzione $N'(t) = 250t^{\frac{3}{2}}$.

a. Determina la funzione $N(t)$ che esprime il volume di rifiuti immessi al tempo t, misurato in mesi.

b. Se la densità dei liquami è paragonabile a quella dell'acqua, quanti rifiuti saranno stati dispersi nell'acqua dopo un anno?

[a) $N(t) = 100t^{\frac{5}{2}}$; b) $\simeq$ 50 tonnellate]

322 **Punge ma fa bene** Ad Agata viene somministrato un farmaco. La concentrazione massima del farmaco nel sangue è di 12 mg/L, dopodiché inizia a diminuire con una velocità pari a $C'(t) = -4e^{-\frac{t}{3}}$, dove il tempo è misurato in ore.

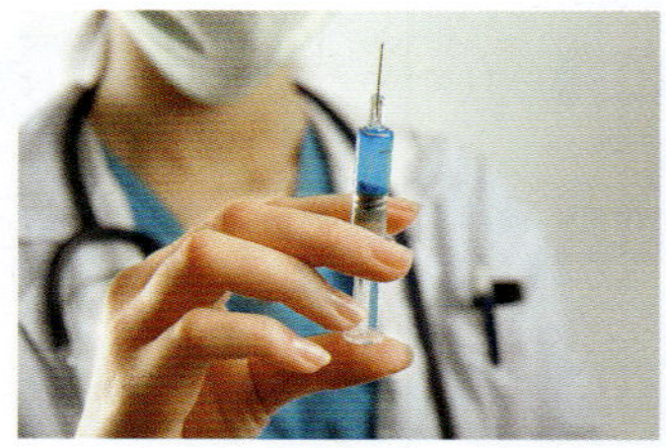

a. Scrivi la funzione $C(t)$ che esprime la concentrazione del farmaco nel sangue.

b. Dopo quante ore la concentrazione sarà dimezzata?

[a) $C(t) = 12e^{-\frac{t}{3}}$; b) $\simeq$ 2 ore]

3 Integrazione per sostituzione

▶ Teoria a p. 1263

COMPLETA determinando il differenziale.

323 $2x + 1 = t \rightarrow dx = \square\, dt$

324 $\sqrt{x+1} = t \rightarrow dx = \square\, dt$

325 $2 + \sin x = t \rightarrow \square\, dx = dt$

326 $x^2 + 1 = t \rightarrow \square\, dx = dt$

327 $e^x = t \rightarrow \square\, dx = dt$

328 $3\cos x = t \rightarrow -3\square\, dx = dt$

329 ESERCIZIO GUIDA Calcoliamo per sostituzione l'integrale $\int \frac{1}{2\sqrt{x}(1+x)}dx$.

Poniamo $t = \sqrt{x}$, da cui: $x = t^2 \rightarrow dx = 2t\,dt$.
Sostituiamo nell'integrale:

$$\int \frac{1}{2t(1+t^2)} 2t\,dt = \int \frac{1}{1+t^2}dt = \arctan t + c.$$

Sostituiamo, nella primitiva trovata, $\sqrt{x}$ a t: $\int \frac{1}{2\sqrt{x}(1+x)}dx = \arctan\sqrt{x} + c$.

Calcola i seguenti integrali per sostituzione, utilizzando il suggerimento scritto a fianco.

330 $\int \frac{x}{\sqrt{x-1}}dx$ $t=\sqrt{x-1}$ $\left[\frac{2}{3}\sqrt{x-1}(x+2)+c\right]$

331 $\int \frac{1+e^{\sqrt{x}}}{\sqrt{x}}dx$ $t=\sqrt{x}$ $[2(e^{\sqrt{x}}+\sqrt{x})+c]$

332 $\int \frac{1}{x\sqrt{2x-1}}dx$ $t=\sqrt{2x-1}$ $[2\arctan\sqrt{2x-1}+c]$

333 $\int \frac{x}{\sqrt[3]{1+x}}dx$ $x=t^3-1$ $\left[\frac{6x-9}{10}\sqrt[3]{(x+1)^2}+c\right]$

334 $\int \frac{1}{\sqrt{x}\sqrt{1-x}}dx$ $t=\sqrt{x}$ $[2\arcsin\sqrt{x}+c]$

Calcola i seguenti integrali per sostituzione.

335 $\int \frac{3}{\sqrt{x+2}}dx$ $[6\sqrt{x+2}+c]$

336 $\int \frac{6}{\sqrt{8-3x}}dx$ $[-4\sqrt{8-3x}+c]$

337 $\int \frac{1}{\sqrt[3]{1-x}}dx$ $\left[-\frac{3}{2}\sqrt[3]{(1-x)^2}+c\right]$

338 $\int \frac{x}{\sqrt{2x+1}}dx$ $\left[\frac{1}{3}\sqrt{2x+1}(x-1)+c\right]$

339 $\int \frac{1}{x-\sqrt{x}}dx$ $[\ln(\sqrt{x}-1)^2+c]$

340 $\int \frac{1}{e^x+e^{-x}}dx$ $[\arctan e^x+c]$

341 $\int \frac{e^x}{e^x-e^{-x}}dx$ $\left[\frac{1}{2}\ln|e^{2x}-1|+c\right]$

342 $\int \frac{dx}{\sqrt{x}+3}$ $[2\sqrt{x}-6\ln(\sqrt{x}+3)+c]$

343 $\int \frac{3dx}{2\sqrt{x}+x\sqrt{x}}$ $\left[3\sqrt{2}\arctan\frac{\sqrt{2x}}{2}+c\right]$

344 $\int \frac{x+3}{\sqrt{x+2}}dx$ $\left[\frac{2}{3}\sqrt{x+2}(x+5)+c\right]$

345 TEST A quale dei seguenti integrali è equivalente $\int 3f\left(\frac{x}{2}\right)dx$?

A $\int 6f(t)dt$
B $\int \frac{3}{2}f(t)dt$
C $\int \frac{2}{3}f(t)dt$
D $\int 3f(t)dt$
E $\int 4f\left(\frac{t}{3}\right)dt$

Indica come si trasformano i seguenti integrali con la sostituzione indicata a fianco.

346 $\int f(3x)dx$ $t=3x$

347 $\int f(x^2)dx$ $t=x^2$

348 $\int 2f(2x-1)dx$ $t=2x-1$

349 $\int 6f(\sqrt{x})dx$ $t=\sqrt{x}$

350 ESERCIZIO GUIDA Calcoliamo l'integrale $\int \frac{\tan^2x+1}{\tan x+1}dx$.

Poniamo $\tan x=z$ e utilizziamo il metodo di sostituzione senza ricavare la variabile x in funzione di z. Poiché $\tan x=z$, calcolando il differenziale di entrambi i membri otteniamo:

$$(1+\tan^2x)dx=dz.$$

Sostituiamo:

$$\int \frac{\tan^2x+1}{\tan x+1}dx=\int \frac{dz}{z+1}=\ln|z+1|+c=\ln|\tan x+1|+c.$$

Calcola i seguenti integrali.

351 ●○ $\int \sqrt{1+2\cos x}\sin x\,dx$ $t=\cos x$ $\left[-\frac{1}{3}(1+2\cos x)^{\frac{3}{2}}+c\right]$

352 ●○ $\int \frac{\sin x}{\sqrt{1-\cos x}}dx$ $t=1-\cos x$ $[2\sqrt{1-\cos x}+c]$

353 ●○ $\int \cos x\sqrt{3+2\sin x}\,dx$ $t=3+2\sin x$ $\left[\frac{1}{3}\sqrt{3+2\sin x}\,(3+2\sin x)+c\right]$

354 ●○ $\int \frac{e^x}{e^{2x}+1}dx$ $t=e^x$ $[\arctan e^x+c]$

355 ●○ $\int \sin^2 x\cos^3 x\,dx$ $t=\sin x$ $\left[\frac{\sin^3 x}{3}-\frac{\sin^5 x}{5}+c\right]$

356 ●○ $\int \frac{e^x\sin e^x}{\cos e^x}dx$ $t=\cos e^x$ $[-\ln|\cos e^x|+c]$

357 ●○ $\int \frac{3}{2}\cos x\sqrt{8+\sin x}\,dx$ $[(8+\sin x)\sqrt{8+\sin x}+c]$

358 ●○ $\int \frac{\sin x}{3+2\cos x}dx$ $\left[-\frac{1}{2}\ln|3+2\cos x|+c\right]$

359 ●● $\int \frac{2\arctan x+1}{x^2+1}dx$ $t=\arctan x$ $[\arctan^2 x+\arctan x+c]$

360 ●● $\int \tan^3 x\,dx$ $\left[\frac{1}{2\cos^2 x}+\ln|\cos x|+c\right]$

361 ●● $\int \frac{\sin x}{4+\cos^2 x}dx$ $\left[-\frac{1}{2}\arctan\frac{\cos x}{2}+c\right]$

362 ●● $\int \frac{2e^{2x}}{1+e^x}dx$ $[2e^x-2\ln(e^x+1)+c]$

363 ●● $\int \frac{1}{\tan^3 x}dx$ $\left[-\frac{1}{2\sin^2 x}-\ln|\sin x|+c\right]$

364 ●● $\int \frac{\tan^3 x+\tan x}{\tan x+2}dx$ $t=2+\tan x$ $[\tan x-\ln(\tan x+2)^2+c]$

Integrazione per sostituzione con le formule parametriche

365 **ESERCIZIO GUIDA** Calcoliamo $\int \frac{2}{1+\sin x}dx$.

Poniamo $\sin x=\frac{2t}{1+t^2}$, con $t=\tan\frac{x}{2}$, da cui:

$$\frac{x}{2}=\arctan t \quad\rightarrow\quad x=2\arctan t,\quad dx=\frac{2}{1+t^2}dt.$$

Sostituiamo:

$$\int\frac{2}{1+\sin x}dx=\int\frac{2}{1+\frac{2t}{1+t^2}}\cdot\frac{2}{1+t^2}dt=4\int\frac{\cancel{1+t^2}}{1+t^2+2t}\cdot\frac{1}{\cancel{1+t^2}}dt=$$

$$4\int\frac{1}{(t+1)^2}dt=4\int(t+1)^{-2}dt=\frac{-4}{t+1}+c=\frac{-4}{\tan\frac{x}{2}+1}+c.$$

Osservazione. In tutti i casi come quello precedente, in cui *la funzione integranda contiene la funzione seno o la funzione coseno al primo grado*, si ricorre alle formule parametriche:

$$\sin x = \frac{2t}{1+t^2}, \qquad \cos x = \frac{1-t^2}{1+t^2}, \qquad \text{con } t = \tan\frac{x}{2}.$$

Calcola i seguenti integrali.

366 $\int \frac{4}{1+\cos x}\,dx$ $\left[4\tan\frac{x}{2}+c\right]$

367 $\int \frac{1}{\sin x - 1}\,dx$ $\left[\frac{2}{\tan\frac{x}{2}-1}+c\right]$

368 $\int \frac{2}{\sin x}\,dx$ $\left[2\ln\left|\tan\frac{x}{2}\right|+c\right]$

369 $\int \frac{2\sin^2 x - 1}{\sin x}\,dx$ $\left[-2\cos x - \ln\left|\tan\frac{x}{2}\right|+c\right]$

370 $\int\left(\cos x + \frac{4}{3\sin x}\right)dx$ $\left[\sin x + \frac{4}{3}\ln\left|\tan\frac{x}{2}\right|+c\right]$

371 $\int \frac{3}{4+4\sin x}\,dx$ $\left[-\frac{3}{2}\cdot\frac{1}{\tan\frac{x}{2}+1}+c\right]$

372 $\int\left(\frac{1}{\sin x} - \frac{2}{\sin^2 x}\right)dx$ $\left[\ln\left|\tan\frac{x}{2}\right|+2\cot x + c\right]$

373 $\int \frac{\sin x + 3}{2\sin x}\,dx$ $\left[\frac{1}{2}x + \frac{3}{2}\ln\left|\tan\frac{x}{2}\right|+c\right]$

Integrazione di particolari funzioni irrazionali

Integrali del tipo $\int\sqrt{a^2-x^2}\,dx$

374 ESERCIZIO GUIDA Calcoliamo $\int\sqrt{1-x^2}\,dx$.

Il dominio della funzione è D: $-1 \le x \le 1$.

Possiamo porre $x = \sin t$, con $t \in \left[-\frac{\pi}{2}; \frac{\pi}{2}\right]$, per l'invertibilità della funzione.

Calcoliamo $dx = \cos t\, dt$ e sostituiamo:

$$\int\sqrt{1-x^2}\,dx = \int\sqrt{1-\sin^2 t}\cos t\,dt = \int\sqrt{\cos^2 t}\cos t\,dt = \int\cos^2 t\,dt,$$

poiché $t \in \left[-\frac{\pi}{2}; \frac{\pi}{2}\right]$, allora $\cos t \ge 0$, e quindi $\sqrt{\cos^2 t} = \cos t$.

Utilizziamo la formula di bisezione $\cos\frac{\alpha}{2} = \pm\sqrt{\frac{1+\cos\alpha}{2}}$ per $\alpha = 2t$ ed eleviamo al quadrato:

$$\int\cos^2 t\,dt = \int\frac{1+\cos 2t}{2}\,dt = \frac{1}{2}t + \frac{1}{4}\sin 2t + c.$$

Usiamo la formula di duplicazione $\sin 2t = 2\sin t\cos t$:

$$\int\cos^2 t\,dt = \frac{1}{2}t + \frac{1}{2}\sin t\cos t + c.$$

Essendo $x = \sin t$, si ha $t = \arcsin x$, quindi:

$$\int\sqrt{1-x^2}\,dx = \frac{1}{2}\arcsin x + \frac{1}{2}x\sqrt{1-x^2} + c.$$

Osservazione. In generale si può ottenere, ripetendo lo stesso procedimento, ma ponendo $x = a\sin t$:

$$\int\sqrt{a^2-x^2}\,dx = \frac{1}{2}a^2\arcsin\frac{x}{a} + \frac{1}{2}x\sqrt{a^2-x^2} + c, \text{ con } a > 0.$$

ESERCIZI

Calcola i seguenti integrali.

375 $\int\sqrt{9-x^2}\,dx$ $\left[\frac{9}{2}\arcsin\frac{x}{3}+\frac{x}{2}\sqrt{9-x^2}+c\right]$

376 $\int 2(\sqrt{16-x^2}+\sqrt{x})\,dx$ $\left[16\arcsin\frac{x}{4}+x\sqrt{16-x^2}+\frac{4}{3}x\sqrt{x}+c\right]$

377 $\int\sqrt{1-4x^2}\,dx$ $\left[\frac{1}{4}\arcsin 2x+\frac{x}{2}\sqrt{1-4x^2}+c\right]$

378 $\int\sqrt{1-9x^2}\,dx$ $\left[\frac{1}{6}\arcsin 3x+\frac{x\sqrt{1-9x^2}}{2}+c\right]$

379 $\int\sqrt{16-4x^2}\,dx$ $\left[4\arcsin\frac{x}{2}+x\sqrt{4-x^2}+c\right]$

380 $\int\sqrt{36-4x^2}\,dx$ $\left[9\arcsin\frac{x}{3}+x\sqrt{9-x^2}+c\right]$

381 $\int\sqrt{1-x^2}\,(x+1)\,dx$ $\left[\left(-\frac{1}{3}+\frac{x}{2}+\frac{x^2}{3}\right)\sqrt{1-x^2}+\frac{1}{2}\arcsin x+c\right]$

382 EUREKA! Calcola $\int\frac{1}{\sqrt{x^2+1}}dx$, ponendo $t=x+\sqrt{x^2+1}$. $[\ln(x+\sqrt{x^2+1})+c]$

4 Integrazione per parti

▶ Teoria a p. 1264

$$\int f(x)\cdot g'(x)\,dx = f(x)\cdot g(x)-\int f'(x)\cdot g(x)\,dx$$

CACCIA ALL'ERRORE **Correggi i calcoli seguenti, applicando correttamente la formula di integrazione per parti.**

383 $\int x\cos x\,dx=-x\sin x+\int\sin x\,dx=-x\sin x-\cos x+c$

384 $\int x\ln x\,dx=\frac{x^2}{2}\ln x-\int x\cdot\frac{1}{x}dx=\frac{x^2}{2}\ln x-x+c$

385 $\int xe^{-x}dx=xe^{-x}-\int e^{-x}dx=xe^{-x}-e^{-x}+c$

386 ESERCIZIO GUIDA Calcoliamo, applicando la formula di integrazione per parti, l'integrale $\int x^2\ln x\,dx$.

$$\int \underset{g'}{x^2}\,\underset{f}{\ln x}\,dx=\underset{g}{\frac{x^3}{3}}\,\underset{f}{\ln x}-\int\underset{g}{\frac{x^3}{3}}\cdot\underset{f'}{\frac{1}{x}}\,dx=\frac{x^3}{3}\ln x-\int\frac{x^2}{3}dx=\frac{x^3}{3}\ln x-\frac{x^3}{9}+c$$

Calcola i seguenti integrali applicando la formula di integrazione per parti.

387 $\int 2x\ln x\,dx$ $\left[x^2\left(\ln x-\frac{1}{2}\right)+c\right]$

388 $\int 3x\cos x\,dx$ $[3x\sin x+3\cos x+c]$

389 $\int xe^x\,dx$ $[e^x(x-1)+c]$

390 $\int\frac{\ln x}{x^2}dx$ $\left[-\frac{1}{x}(\ln x+1)+c\right]$

391 $\int\arctan x\,dx$ $\left[x\arctan x-\frac{1}{2}\ln(x^2+1)+c\right]$

392 $\int 4xe^{2x}dx$ $[(2x-1)e^{2x}+c]$

393 $\int\arcsin x\,dx$ $[x\arcsin x+\sqrt{1-x^2}+c]$

394 $\int x\,2^x\ln 2\,dx$ $\left[2^x\left(x-\frac{1}{\ln 2}\right)+c\right]$

395 $\int\frac{\ln x}{2\sqrt{x}}dx$ $[\sqrt{x}(\ln x-2)+c]$

396 $\int\frac{x+2}{e^x}dx$ $\left[-\frac{x+3}{e^x}+c\right]$

397 $\int(x+2)\sin x\,dx$ $[-(x+2)\cos x+\sin x+c]$

398 $\int\ln^2 x\,dx$ $[x(\ln^2 x-\ln x^2+2)+c]$

399 $\int \sqrt[3]{x}\ln 2x\,dx$ $\left[\frac{3}{4}x\sqrt[3]{x}\left(\ln 2x-\frac{3}{4}\right)+c\right]$

400 $\int xe^{-x}\,dx$ $[-(x+1)e^{-x}+c]$

401 $\int \frac{\ln x}{x^3}\,dx$ $\left[-\frac{\ln x}{2x^2}-\frac{1}{4x^2}+c\right]$

402 $\int 5x^4\ln x\,dx$ $\left[x^5\ln x-\frac{x^5}{5}+c\right]$

403 $\int \ln 4x\,dx$ $[x\ln 4x-x+c]$

404 $\int x\sin 2x\,dx$ $\left[-\frac{x}{2}\cos 2x+\frac{1}{4}\sin 2x+c\right]$

405 $\int 2\ln x\,dx$ $[2x\ln x-2x+c]$

406 $\int \frac{x}{2\sqrt{x+1}}\,dx$ $\left[\frac{1}{3}\sqrt{x+1}\,(x-2)+c\right]$

407 $\int 2x\,e^{2x}\,dx$ $\left[e^{2x}\left(x-\frac{1}{2}\right)+c\right]$

408 $\int x^2\sin x\,dx$ $[-x^2\cos x+2x\sin x+2\cos x+c]$

409 $\int x^2\cos x\,dx$ $[x^2\sin x+2x\cos x-2\sin x+c]$

410 $\int 4x\cos 2x\,dx$ $[2x\sin 2x+\cos 2x+c]$

411 $\int (2x+1)\ln(x+1)\,dx$ $\left[(x^2+x)\ln(x+1)-\frac{x^2}{2}+c\right]$

412 $\int e^{\sqrt{x}}\,dx$ $[2e^{\sqrt{x}}(\sqrt{x}-1)+c]$

413 $\int x^2e^x\,dx$ $[e^x(x^2-2x+2)+c]$

414 $\int \ln(2x+1)\,dx$ $\left[\ln(2x+1)\left(\frac{1}{2}+x\right)-x+c\right]$

415 $\int \sqrt{x}\ln x\,dx$ $\left[\frac{2x\sqrt{x}}{3}\left(\ln x-\frac{2}{3}\right)+c\right]$

416 $\int \frac{x}{\cos^2 x}\,dx$ $[x\tan x+\ln|\cos x|+c]$

417 $\int \arccos x\,dx$ $[x\arccos x-\sqrt{1-x^2}+c]$

418 $\int \frac{\ln x^2}{x^2}\,dx$ $\left[-\frac{1}{x}(2+\ln x^2)+c\right]$

419 $\int 2x\arctan x\,dx$ $[(x^2+1)\arctan x-x+c]$

---

420 $\int \frac{x}{\sqrt{1-x^2}}\arcsin x\,dx$ $[-\sqrt{1-x^2}\arcsin x+x+c]$

421 $\int x\arcsin\frac{1}{x}\,dx$ $\left[\frac{x^2}{2}\arcsin\frac{1}{x}+\frac{1}{2}\cdot\frac{|x|}{x}\sqrt{x^2-1}+c\right]$

422 **ESERCIZIO GUIDA** Calcoliamo $\int e^x\sin x\,dx$ applicando la formula di integrazione per parti.

$$\int e^x\sin x\,dx = e^x\sin x-\int e^x\cos x\,dx$$

g′ f g f g f′

Applichiamo nuovamente all'integrale $\int e^x\cos x\,dx$ la formula di integrazione per parti:

$$\int e^x\cos x = e^x\cos x-\int e^x(-\sin x)\,dx = e^x\cos x+\int e^x\sin x\,dx.$$

g′ f g f g f′

Dunque l'integrale dato diventa:

è lo stesso integrale del primo membro

$$\int e^x\sin x\,dx = e^x\sin x-e^x\cos x-\int e^x\sin x\,dx.$$

Portando al primo membro $-\int e^x\sin x\,dx$ e sommando, otteniamo:

$$2\int e^x\sin x\,dx = e^x\sin x-e^x\cos x+c_1 \;\rightarrow\; \int e^x\sin x\,dx=\frac{e^x\sin x-e^x\cos x}{2}+c,\quad \text{dove } c=\frac{c_1}{2}.$$

In conclusione: $\int e^x\sin x\,dx=\frac{e^x}{2}(\sin x-\cos x)+c.$

ESERCIZI

Calcola i seguenti integrali applicando la formula di integrazione per parti.

423 $\int e^x \cos x\, dx$ $\left[\frac{e^x}{2}(\sin x + \cos x) + c\right]$

424 $\int \frac{\cos x}{e^{x+1}} dx$ $\left[\frac{\sin x - \cos x}{2e^{x+1}} + c\right]$

425 $\int e^{2x} \sin x\, dx$ $\left[\frac{e^{2x}}{5}(2\sin x - \cos x) + c\right]$

426 $\int \frac{\sin x}{e^x} dx$ $\left[\frac{-(\sin x + \cos x)}{2e^x} + c\right]$

---

427 EUREKA! Calcola $\int \cos \ln x\, dx$ con il metodo di sostituzione. $\left[\frac{x}{2}[\sin(\ln x) + \cos(\ln x)] + c\right]$

428 Calcola $\int \cos^2 x\, dx$ con l'integrazione per parti e anche con la sostituzione $\cos\frac{\alpha}{2} = \pm\sqrt{\frac{1+\cos\alpha}{2}}$. Verifica che si ottiene lo stesso risultato. $\left[\frac{x + \sin x \cos x}{2} + c\right]$

429 Fra tutte le primitive della funzione $f(x) = \frac{x-3}{e^x}$, determina quella il cui grafico interseca l'asse y nel punto di ordinata 3. $\left[\frac{2-x}{e^x} + 1\right]$

430 Tra le primitive della funzione $f(x) = 3x\cos x$ trova quella il cui grafico passa per il punto $\left(\frac{\pi}{3}; \frac{3}{2}\right)$. $\left[3x\sin x + 3\cos x - \frac{\sqrt{3}}{2}\pi\right]$

LEGGI IL GRAFICO

431 Determina l'equazione di $y = F(x)$, sapendo che è una primitiva di $y = 2x\ln x$. $\left[F(x) = x^2\ln x - \frac{x^2}{2} + \frac{1}{2}\right]$

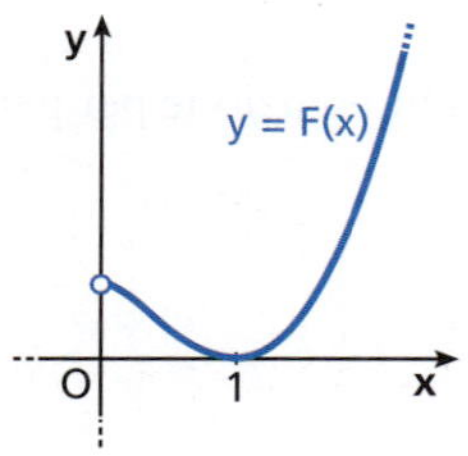

432 Trova l'equazione di $y = F(x)$, sapendo che è una primitiva di $y = -xe^x$. $[F(x) = e^x(1-x) + 3]$

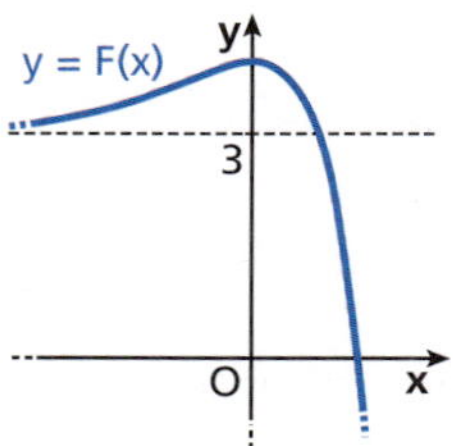

433 REALTÀ E MODELLI **Fitness** Nel corso di un allenamento al tapis roulant, Marco ha registrato sul tablet l'andamento della propria velocità istantanea $v(t)$ (espressa in m/s) in funzione del tempo t (in minuti); ha ricavato così il diagramma in figura.

a. Sapendo che la funzione $v(t)$ è del tipo $v(t) = ate^{1-t} + 1$, ricava il valore della costante a in modo che la massima velocità di 6 m/s sia raggiunta dopo un minuto.

b. Verificato che $a = 5$, qual è la distanza $s(t)$ che (virtualmente) Marco ha percorso dopo t minuti dall'inizio dell'allenamento?

$[a)\ a = 5;\ b)\ s(t) = 60t + 300[e - e^{1-t}(t+1)]]$

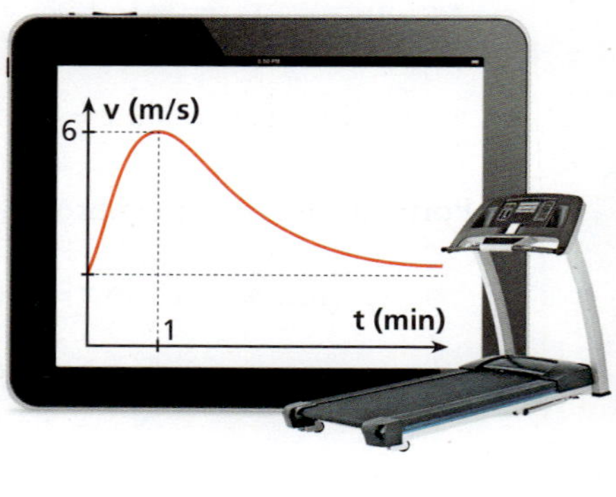

5 Integrazione di funzioni razionali fratte

Il numeratore è la derivata del denominatore

▶ Teoria a p. 1267

434 ESERCIZIO GUIDA Calcoliamo $\int \frac{6x^2+8x}{x^3+2x^2+3}dx$.

Osserviamo che, raccogliendo 2 al numeratore, otteniamo $3x^2+4x$, derivata del denominatore, quindi applichiamo $\int \frac{f'(x)}{f(x)}dx = \ln|f(x)|+c$:

$$\int \frac{6x^2+8x}{x^3+2x^2+3}dx = 2\int \frac{3x^2+4x}{x^3+2x^2+3}dx = 2\ln|x^3+2x^2+3|+c = \ln(x^3+2x^2+3)^2+c.$$

Calcola i seguenti integrali.

435 $\int \frac{2x+1}{x^2+x}dx$ $\quad [\ln|x^2+x|+c]$

436 $\int \frac{4x+12}{x^2+6x}dx$ $\quad [\ln(x^2+6x)^2+c]$

437 $\int \frac{12x}{2+3x^2}dx$ $\quad [\ln(2+3x^2)^2+c]$

438 $\int \frac{2x^9+x^4+1}{x^{10}+x^5+5x}dx$ $\quad \left[\ln\sqrt[5]{|x^{10}+x^5+5x|}+c\right]$

439 $\int \frac{6x}{4+x^2}dx$ $\quad [\ln(x^2+4)^3+c]$

440 $\int \frac{x^2-1}{x^3-3x+1}dx$ $\quad \left[\ln\sqrt[3]{|x^3-3x+1|}+c\right]$

Calcola i seguenti integrali, dopo aver svolto la divisione

441 $\int \frac{4x^2+10x+3}{2x^2+3x}dx$ $\quad [\ln|2x^2+3x|+2x+c]$

442 $\int \frac{2x^3+x^2+1}{x^2+1}dx$ $\quad [x^2+x-\ln(x^2+1)+c]$

443 $\int \frac{6x^3+16x}{3x^2-1}dx$ $\quad [\ln|3x^2-1|^3+x^2+c]$

444 $\int \frac{x^4+2x-1}{x^2-1}dx$ $\quad \left[\frac{x^3}{3}+x+\ln|x^2-1|+c\right]$

Il denominatore è di primo grado

▶ Teoria a p. 1267

445 ESERCIZIO GUIDA Calcoliamo: **a.** $\int \frac{2x^2+5x+1}{2x+1}dx$; **b.** $\int \frac{2x-1}{x+4}dx$.

a. Poiché il grado del numeratore è maggiore del grado del denominatore, eseguiamo la divisione:

$$\begin{array}{rr|l} & 2x^2+5x+1 & 2x+1 \\ \hline & -2x^2-\ x & x+2 \\ \hline & 4x+1 & \\ & -4x-2 & \\ \hline & /\ -1 & \end{array} \quad \to \quad Q(x)=x+2; \quad R(x)=-1.$$

Riscriviamo la funzione: $\frac{2x^2+5x+1}{2x+1} = x+2+\frac{-1}{2x+1}$.

L'integrale diventa:

$$\int \frac{2x^2+5x+1}{2x+1}dx = \int\left(x+2-\frac{1}{2x+1}\right)dx = \int(x+2)\,dx - \int\frac{1}{2x+1}dx =$$

$$\int(x+2)\,dx - \frac{1}{2}\int\frac{2}{2x+1}dx = \frac{x^2}{2}+2x-\frac{1}{2}\ln|2x+1|+c.$$

▶

ESERCIZI

b. Essendo il grado del numeratore uguale al grado del denominatore, possiamo svolgere la divisione ma possiamo giungere allo stesso risultato aggiungendo e togliendo 8 al numeratore in modo da far apparire al numeratore un multiplo del denominatore:

$$\frac{2x-1+8-8}{x+4} = \frac{2(x+4)}{x+4} - \frac{9}{x+4} = 2 - \frac{9}{x+4}.$$

Calcoliamo:

$$\int \frac{2x-1}{x+4}\,dx = \int 2\,dx - 9\int \frac{1}{x+4}\,dx = 2x - \ln|x+4|^9 + c.$$

Calcola i seguenti integrali.

AL VOLO

446 $\int \frac{1}{x+7}\,dx$

447 $\int \frac{2}{x-1}\,dx$

448 $\int -\frac{4}{1-2x}\,dx$

449 $\int \frac{5}{2x-3}\,dx$ $\left[\frac{5}{2}\ln|2x-3|+c\right]$

450 $\int \frac{x+5}{x+3}\,dx$ $[x+\ln(x+3)^2+c]$

451 $\int \frac{x}{x-10}\,dx$ $[x+10\ln|x-10|+c]$

452 $\int \frac{2x-5}{x+4}\,dx$ $[2x-13\ln|x+4|+c]$

453 $\int \frac{4x+1}{2x-1}\,dx$ $\left[2x+\frac{3}{2}\ln|2x-1|+c\right]$

454 $\int \frac{x^2+1}{x+1}\,dx$ $\left[\frac{x^2}{2}-x+\ln(x+1)^2+c\right]$

455 $\int \frac{x^2+x+1}{x-4}\,dx$ $\left[\frac{x^2}{2}+5x+21\ln|x-4|+c\right]$

456 $\int \frac{x^2-x+3}{3-x}\,dx$ $\left[-\frac{x^2}{2}-2x-9\ln|3-x|+c\right]$

457 $\int \frac{2x^2-3x+4}{2x-3}\,dx$ $\left[\frac{x^2}{2}+\ln(2x-3)^2+c\right]$

Il denominatore è di secondo grado

▶ Teoria a p. 1267

Il discriminante è positivo: $\Delta > 0$

458 ESERCIZIO GUIDA Calcoliamo $\int \frac{x-1}{x^2+5x+6}\,dx$.

Calcoliamo il discriminante del denominatore: $\Delta = 25 - 24 = 1 > 0$.

Le soluzioni dell'equazione associata al denominatore sono: $x_1 = -2$ e $x_2 = -3$.

Il denominatore si scompone nel prodotto: $x^2+5x+6 = (x+2)(x+3)$.

Scriviamo la funzione integranda come somma di due frazioni aventi come denominatori i fattori trovati. Dati $A, B \in \mathbb{R}$, si ha:

$$\frac{x-1}{x^2+5x+6} = \frac{A}{x+2} + \frac{B}{x+3} = \frac{Ax+3A+Bx+2B}{(x+2)(x+3)} = \frac{(A+B)x+3A+2B}{x^2+5x+6}.$$

Affinché tale uguaglianza sia un'identità, dobbiamo porre:

$$\begin{cases} A+B=1 & \text{uguaglianza dei coefficienti della } x \\ 3A+2B=-1 & \text{uguaglianza dei termini noti} \end{cases} \rightarrow \begin{cases} A=-3 \\ B=4 \end{cases}$$

L'integrale diventa:

$$\int \frac{x-1}{x^2+5x+6}\,dx = \int\left(\frac{-3}{x+2}+\frac{4}{x+3}\right)dx = -3\int \frac{1}{x+2}\,dx + 4\int \frac{1}{x+3}\,dx =$$

$$-3\ln|x+2| + 4\ln|x+3| + c.$$

Calcola i seguenti integrali.

459 $\int \frac{6}{x^2-9}dx$ $\left[\ln\left|\frac{x-3}{x+3}\right|+c\right]$

460 $\int \frac{1}{2x-x^2}dx$ $\left[\frac{1}{2}\ln\left|\frac{x}{2-x}\right|+c\right]$

461 $\int \frac{1}{x^2+x}dx$ $\left[\ln\left|\frac{x}{x+1}\right|+c\right]$

462 $\int \frac{3}{3x-2x^2}dx$ $\left[\ln\left|\frac{x}{3-2x}\right|+c\right]$

463 $\int \frac{4}{x^2-2x}dx$ $\left[2\ln\left|\frac{x-2}{x}\right|+c\right]$

464 $\int \frac{3x-5}{x^2-2x-3}dx$ $[2\ln|x+1|+\ln|x-3|+c]$

465 $\int \frac{3x-9}{x^2-x-2}dx$ $\left[\ln\frac{|x+1|^4}{|x-2|}+c\right]$

466 $\int \frac{-5}{3x^2-x-2}dx$ $\left[\ln\left|\frac{3x+2}{x-1}\right|+c\right]$

467 $\int \frac{9-9x}{9x^2-1}dx$ $\left[\ln\frac{|3x-1|}{(3x+1)^2}+c\right]$

468 $\int \frac{x^4+x^3+6}{x^2+x}dx$ $\left[\frac{x^3}{3}+6\ln\left|\frac{x}{x+1}\right|+c\right]$

Il discriminante è nullo: $\Delta = 0$

469 **ESERCIZIO GUIDA** Calcoliamo $\int \frac{x+5}{x^2+6x+9}dx$.

Il denominatore ha $\Delta = 0$ e può essere scritto come quadrato di un binomio: $x^2+6x+9=(x+3)^2$.
La funzione integranda può allora essere scritta come la somma di due frazioni aventi come denominatori $(x+3)$ e $(x+3)^2$:

$$\frac{x+5}{x^2+6x+9}=\frac{A}{x+3}+\frac{B}{(x+3)^2}=\frac{A(x+3)+B}{(x+3)^2}=\frac{Ax+3A+B}{x^2+6x+9}.$$

Affinché questa uguaglianza sia un'identità, dobbiamo porre:

$$\begin{cases}A=1\\3A+B=5\end{cases} \rightarrow \begin{cases}A=1\\B=2\end{cases}$$

L'integrale diventa:

$$\int\frac{x+5}{x^2+6x+9}dx=\int\left[\frac{1}{x+3}+\frac{2}{(x+3)^2}\right]dx=\int\frac{1}{x+3}dx+2\int(x+3)^{-2}dx=$$

$$\ln|x+3|+2\frac{(x+3)^{-2+1}}{-2+1}+c=\ln|x+3|-\frac{2}{x+3}+c.$$

Calcola i seguenti integrali.

470 $\int \frac{2}{x^2-6x+9}dx$ $\left[-\frac{2}{x-3}+c\right]$

471 $\int \frac{1}{4x^2+12x+9}dx$ $\left[-\frac{1}{2(2x+3)}+c\right]$

472 $\int \frac{x}{x^2-4x+4}dx$ $\left[\ln|x-2|-\frac{2}{x-2}+c\right]$

473 $\int \frac{2x-1}{x^2+2x+1}dx$ $\left[\ln(x+1)^2+\frac{3}{x+1}+c\right]$

474 $\int \frac{4x+1}{4x^2+4x+1}dx$ $\left[\ln|2x+1|+\frac{1}{4x+2}+c\right]$

475 $\int \frac{2x+1}{4x^2-12x+9}dx$ $\left[\frac{\ln|2x-3|}{2}-\frac{2}{2x-3}+c\right]$

476 $\int \frac{x+2}{x^2+10x+25}dx$ $\left[\ln|x+5|+\frac{3}{x+5}+c\right]$

477 $\int \frac{x^2-x+1}{x^2-2x+1}dx$ $\left[x+\ln|x-1|-\frac{1}{x-1}+c\right]$

Il discriminante è negativo: $\Delta < 0$

478 **ESERCIZIO GUIDA** Calcoliamo $\int \frac{1}{x^2-6x+10}dx$.

Calcoliamo il discriminante del denominatore: $\Delta = 36-40=-4<0$.
Utilizzando il metodo del completamento del quadrato, cerchiamo di ricondurre l'integrale al modello:

$$\int\frac{f'(x)}{[f(x)]^2+1}dx=\arctan f(x)+c.$$

ESERCIZI

Possiamo scrivere:

$$x^2 - 6x + 10 = x^2 - 6x + 9 + 1 = (x-3)^2 + 1.$$

L'integrale diventa:

$$\int \frac{1}{x^2 - 6x + 10}\,dx = \int \frac{1}{(x-3)^2 + 1}\,dx = \arctan(x-3) + c.$$

Calcola i seguenti integrali.

479 ●○ $\int \frac{1}{x^2 + 4x + 5}\,dx$ $[\arctan(x+2) + c]$

480 ●○ $\int \frac{1}{x^2 + 2x + 2}\,dx$ $[\arctan(x+1) + c]$

481 ●○ $\int \frac{2}{9x^2 + 4}\,dx$ $\left[\frac{1}{3}\arctan\frac{3x}{2} + c\right]$

482 ●○ $\int \frac{1}{9x^2 - 6x + 5}\,dx$ $\left[\frac{1}{6}\arctan\frac{3x-1}{2} + c\right]$

483 ●● $\int \frac{4}{x^2 + 6x + 11}\,dx$ $\left[2\sqrt{2}\arctan\frac{x+3}{\sqrt{2}} + c\right]$

484 ●● $\int \frac{-1}{4x^2 + 4x + 5}\,dx$ $\left[-\frac{1}{4}\arctan\left(x + \frac{1}{2}\right) + c\right]$

485 **ESERCIZIO GUIDA** Calcoliamo $\int \frac{x-1}{x^2 - 4x + 5}\,dx$.

Calcoliamo il discriminante del denominatore: $\Delta = 16 - 20 = -4 < 0$.
Trasformiamo il numeratore in modo da poter ottenere la derivata del denominatore:

$$D[x^2 - 4x + 5] = 2x - 4.$$

$$\int \frac{x-1}{x^2 - 4x + 5}\,dx = \underbrace{\frac{1}{2}}_{\text{moltiplichiamo e dividiamo per 2}}\int \frac{2x-2}{x^2 - 4x + 5}\,dx = \frac{1}{2}\int \frac{2x \underbrace{-4+4}_{\text{aggiungiamo e togliamo 4}} -2}{x^2 - 4x + 5}\,dx$$

Scriviamo quindi l'integranda come somma di due frazioni:

$$\frac{1}{2}\int\left(\frac{2x-4}{x^2 - 4x + 5} + \frac{4-2}{x^2 - 4x + 5}\right)dx = \frac{1}{2}\int \frac{2x-4}{x^2 - 4x + 5}\,dx + \int \frac{1}{x^2 - 4x + 5}\,dx.$$

Calcoliamo separatamente i due integrali; osserviamo che $x^2 - 4x + 5 > 0$, $\forall x \in \mathbb{R}$, poiché $\Delta < 0$.

$$\int \frac{2x-4}{x^2 - 4x + 5}\,dx = \ln(x^2 - 4x + 5) + c_1,$$

$$\int \frac{1}{x^2 - 4x + 5}\,dx = \int \frac{1}{x^2 - 4x + 4 - 4 + 5}\,dx = \int \frac{1}{(x-2)^2 + 1}\,dx = \arctan(x-2) + c_2.$$

Otteniamo:

$$\int \frac{x-1}{x^2 - 4x + 5}\,dx = \frac{1}{2}\ln(x^2 - 4x + 5) + \arctan(x-2) + c.$$

Calcola i seguenti integrali.

486 ●● $\int \frac{x+2}{4x^2 + 9}\,dx$ $\left[\frac{1}{8}\ln(4x^2 + 9) + \frac{1}{3}\arctan\frac{2x}{3} + c\right]$

487 ●● $\int \frac{2x-3}{1 + 4x^2}\,dx$ $\left[\frac{1}{4}\ln(1 + 4x^2) - \frac{3}{2}\arctan 2x + c\right]$

488 ●● $\int \frac{x-1}{x^2 + 25}\,dx$ $\left[\frac{1}{2}\ln(x^2 + 25) - \frac{1}{5}\arctan\frac{x}{5} + c\right]$

489 ●● $\int \frac{2x+3}{x^2-6x+10}dx$ $\quad \left[\ln(x^2-6x+10)+9\arctan(x-3)+c\right]$

490 ●● $\int \frac{2x-1}{x^2-2x+3}dx$ $\quad \left[\ln(x^2-2x+3)+\frac{1}{\sqrt{2}}\arctan\frac{x-1}{\sqrt{2}}+c\right]$

491 ●● $\int \frac{x+3}{x^2+4x+5}dx$ $\quad \left[\frac{1}{2}\ln(x^2+4x+5)+\arctan(x+2)+c\right]$

Il denominatore è di grado superiore al secondo

▶ Teoria a p. 1271

492 ESERCIZIO GUIDA Calcoliamo $\int \frac{x^2+5x-1}{x^3+x^2-2}dx$.

Scomponiamo il denominatore applicando il teorema di Ruffini. Poiché $P(1)=0$, il polinomio è divisibile per $(x-1)$. Eseguiamo la divisione con la regola di Ruffini:

	1	1	0	−2
1		1	2	2
	1	2	2	0

$\rightarrow \quad P(x)=(x-1)(x^2+2x+2)$.

Il trinomio x^2+2x+2 ha discriminante $\Delta=-4<0$ ed è perciò irriducibile.
Scriviamo la frazione algebrica iniziale come somma di due frazioni:

$$\frac{x^2+5x-1}{x^3+x^2-2}=\frac{A}{x-1}+\frac{Bx+C}{x^2+2x+2}=\frac{A(x^2+2x+2)+(Bx+C)(x-1)}{(x-1)(x^2+2x+2)}=$$

$$\frac{Ax^2+2Ax+2A+Bx^2+Cx-Bx-C}{x^3+x^2-2}=\frac{(A+B)x^2+(2A-B+C)x+2A-C}{x^3+x^2-2}.$$

Affinché l'uguaglianza

$$\frac{x^2+5x-1}{x^3+x^2-2}=\frac{(A+B)x^2+(2A-B+C)x+2A-C}{x^3+x^2-2}$$

sia un'identità, dobbiamo porre:

$$\begin{cases}A+B=1\\2A-B+C=5\\2A-C=-1\end{cases} \rightarrow \begin{cases}A=1\\B=0.\\C=3\end{cases}$$

L'integrale diventa:

$$\int\frac{x^2+5x-1}{x^3+x^2-2}dx=\int\left(\frac{1}{x-1}+\frac{3}{x^2+2x+2}\right)dx=\int\frac{1}{x-1}dx+3\int\frac{1}{x^2+2x+2}dx=$$

$$\ln|x-1|+3\int\frac{1}{(x+1)^2+1}dx=\ln|x-1|+3\arctan(x+1)+c.$$

Calcola i seguenti integrali.

493 ●○ $\int \frac{2x}{(x-1)^3}dx$ $\quad \left[\frac{1-2x}{(x-1)^2}+c\right]$

494 ●○ $\int \frac{4}{(2x+3)^3}dx$ $\quad \left[-\frac{1}{(2x+3)^2}+c\right]$

495 ●○ $\int \frac{8}{x^3+4x}dx$ $\quad \left[2\ln|x|-\ln(x^2-4)+c\right]$

496 ●○ $\int \frac{2}{x(1+x)^2}dx$ $\quad \left[2\ln\frac{|x|}{|1+x|}+\frac{2}{1+x}+c\right]$

497 ●● $\int \frac{x+4}{x^3-4x^2+4x}dx$ $\quad \left[\ln\left|\frac{x}{x-2}\right|-\frac{3}{x-2}+c\right]$

498 ●● $\int \frac{4}{x^4-1}dx$ $\quad \left[\ln\left|\frac{x-1}{x+1}\right|-2\arctan x+c\right]$

ESERCIZI

499 $\int \frac{x-3}{x^3-x^2-x+1}dx$ $\left[\ln\left|\frac{x-1}{x+1}\right|+\frac{1}{x-1}+c\right]$

500 $\int \frac{x+1}{x^3+6x^2+12x+8}dx$ $\left[-\frac{1}{x+2}+\frac{1}{2(x+2)^2}+c\right]$

501 $\int \frac{1}{(x^2-1)(x+2)}dx$ $\left[\frac{1}{6}\ln\frac{|x-1|(x+2)^2}{|x+1|^3}+c\right]$

Riepilogo: Integrazione di funzioni razionali fratte

Calcola i seguenti integrali.

502 $\int \frac{1}{9-6x+x^2}dx$ $\left[\frac{1}{3-x}+c\right]$

503 $\int \frac{1}{x^2-4}dx$ $\left[\frac{1}{4}\ln\left|\frac{x-2}{x+2}\right|+c\right]$

504 $\int \frac{x-7}{x+3}dx$ $[x-10\ln|x+3|+c]$

505 $\int \frac{12}{9x^2-6x+1}dx$ $\left[\frac{-4}{3x-1}+c\right]$

506 $\int \frac{x+1}{x^2-3x}dx$ $\left[\frac{4}{3}\ln|x-3|-\frac{1}{3}\ln|x|+c\right]$

507 $\int \frac{x^2-x}{x+2}dx$ $\left[\frac{x^2}{2}-3x+6\ln|x+2|+c\right]$

508 $\int \frac{1+2x}{2x-x^2-1}dx$ $\left[\ln\frac{1}{(x-1)^2}+\frac{3}{x-1}+c\right]$

509 $\int \frac{5}{x^2-4x+5}dx$ $[5\arctan(x-2)+c]$

---

510 $\int \frac{x^4+2}{x-1}dx$ $\left[\frac{x^4}{4}+\frac{x^3}{3}+\frac{x^2}{2}+x+3\ln|x-1|+c\right]$

511 $\int \frac{x^2+8x+18}{x^2+6x+9}dx$ $\left[x+\ln(x+3)^2-\frac{3}{x+3}+c\right]$

512 $\int \frac{1}{x^2+6x+13}dx$ $\left[\frac{1}{2}\arctan\frac{x+3}{2}+c\right]$

513 $\int \frac{x^4-3x^3+5x-3}{x^2-4x+4}dx$ $\left[\frac{x^3}{3}+\frac{x^2}{2}+\ln|x-2|+\frac{1}{x-2}+c\right]$

514 $\int \frac{x^2-3x}{x^2-6x+8}dx$ $[x+\ln|x-2|+\ln(x-4)^2+c]$

515 $\int \frac{x^2+2}{x^3-3x^2+3x-1}dx$ $\left[\ln|x-1|-\frac{4x-1}{2(x-1)^2}+c\right]$

516 $\int \frac{2x^2+9x-3}{x^2+2x-3}dx$ $[2x+\ln(x-1)^2+\ln|x+3|^3+c]$

517 $\int \frac{2x^2+2}{x^3+x^2-x-1}dx$ $\left[\ln|x^2-1|+\frac{2}{x+1}+c\right]$

Per ciascuna delle seguenti funzioni trova la primitiva passante per il punto *P* dato.

518 $f(x)=\frac{3x}{x-4}$, $P(5; 10)$. $[F(x)=3x+12\ln|x-4|-5]$

519 $f(x)=\frac{3x^3+1}{x}$, $P(-1; 2)$. $[F(x)=x^3+\ln|x|+3]$

520 $f(x)=\frac{1}{x^2-2x+5}$, $P(1; 1)$. $\left[F(x)=\frac{1}{2}\arctan\frac{x-1}{2}+1\right]$

521 $f(x)=\frac{8x^2-12x+2}{2x-3}$, $P(2; 6)$. $[F(x)=2x^2+\ln|2x-3|-2]$

522 ●● LEGGI IL GRAFICO Determina l'equazione di $y = F(x)$, sapendo che è una primitiva di $f(x) = \frac{4}{x^2 - 16}$.

$\left[F(x) = \frac{1}{2}\ln\left|\frac{x-4}{x+4}\right| + 2\right]$

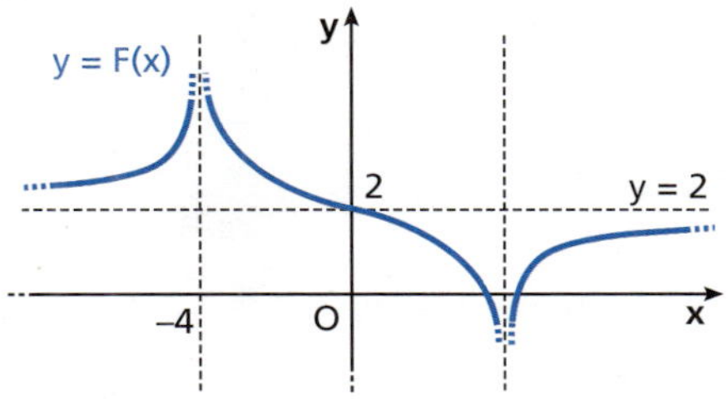

TUTOR matematica — Allenati con **15 esercizi interattivi** con feedback "hai sbagliato, perché..."
su.zanichelli.it/tutor3 risorsa riservata a chi ha acquistato l'edizione con tutor

Riepilogo: Integrali indefiniti

523 ●● ASSOCIA a ciascun integrale della prima riga il risultato corrispondente nella seconda riga, senza effettuare calcoli.

a. $\int \frac{1}{x^2 + 8x + 16}dx$ **b.** $\int \frac{dx}{4x^2 + 4x + 2}$ **c.** $\int \frac{1}{x^2 + 2x}dx$

1. $-\frac{1}{x+4} + c$ **2.** $\frac{1}{2}\ln\left|\frac{x}{x+2}\right| + c$ **3.** $\frac{1}{2}\arctan(2x+1) + c$

Calcola i seguenti integrali.

524 ●○ $\int\left(\frac{5}{x^4} + \frac{x^2 - x}{2}\right)dx$ $\left[-\frac{5}{3x^3} + \frac{x^3}{6} - \frac{x^2}{4} + c\right]$

525 ●○ $\int\left(\frac{3}{x^7} - \frac{10}{x^6} + 4\right)dx$ $\left[-\frac{1}{2x^6} + \frac{2}{x^5} + 4x + c\right]$

526 ●○ $\int\left(\frac{1}{2}\sqrt[3]{x} - \frac{5}{6}\sqrt[6]{x}\right)dx$ $\left[\frac{3}{8}x\cdot\sqrt[3]{x} - \frac{5}{7}x\cdot\sqrt[6]{x} + c\right]$

527 ●○ $\int\left(3\sqrt{2x} + x - \frac{2}{x^3}\right)dx$ $\left[2x\sqrt{2x} + \frac{x^2}{2} + \frac{1}{x^2} + c\right]$

528 ●○ $\int\left(\frac{3}{x} + \sqrt[4]{x^3}\right)dx$ $\left[3\ln|x| + \frac{4}{7}\sqrt[4]{x^7} + c\right]$

529 ●○ $\int \frac{8x + 2x^2 - x^3}{2x}dx$ $\left[4x + \frac{x^2}{2} - \frac{x^3}{6} + c\right]$

530 ●○ $\int (x^4 - 1)^2 4x^3 dx$ $\left[\frac{(x^4-1)^3}{3} + c\right]$

531 ●○ $\int \frac{1}{\sqrt[4]{2x+1}}dx$ $\left[\frac{2}{3}\sqrt[4]{(2x+1)^3} + c\right]$

532 ●○ $\int \frac{3x^2}{\sqrt{x^3 + 4}}dx$ $[2\sqrt{x^3+4} + c]$

533 ●○ $\int\left(\frac{1}{1+x^2} + \frac{1}{x} + \frac{1}{\sqrt{1-x^2}}\right)dx$ $[\arctan x + \ln|x| + \arcsin x + c]$

534 ●○ $\int \frac{6x^2 + 4}{x^3 + 2x + 1}dx$ $[\ln(x^3 + 2x + 1)^2 + c]$

535 ●○ $\int \frac{1}{\sqrt{1 - 9x^2}}dx$ $\left[\frac{\arcsin 3x}{3} + c\right]$

536 ●○ $\int \frac{2x^2 - x + 1}{x + 3}dx$ $[x^2 - 7x + 22\ln|x+3| + c]$

537 ●○ $\int \frac{5x - 1}{5x^2 - 2x - 2}dx$ $\left[\ln\sqrt{|5x^2 - 2x - 2|} + c\right]$

538 ●○ $\int \frac{x - 4}{x^2 - 14x + 49}dx$ $\left[\ln|x - 7| - \frac{3}{x-7} + c\right]$

539 ●○ $\int \frac{15 - x}{x^2 + 5x - 6}dx$ $[\ln(x-1)^2 - 3\ln|x+6| + c]$

540 ●○ $\int \frac{4x}{\sqrt{1 - x^2}}dx$ $[-4\sqrt{1-x^2} + c]$

541 ●○ $\int \frac{1}{x(1+x)}dx$ $[\ln|x| - \ln|1+x| + c]$

542 ●○ $\int (-2e^x + 6\cdot 8^x)dx$ $\left[-2e^x + \frac{2}{\ln 2}\cdot 8^x + c\right]$

543 ●○ $\int \frac{2}{x\ln^2 x}dx$ $\left[-\frac{2}{\ln x} + c\right]$

544 ●○ $\int \frac{\sin x}{\sqrt{1 + \cos x}}dx$ $[-2\sqrt{1+\cos x} + c]$

545 ●○ $\int\left(-\frac{\cos x}{3 - \sin x}\right)dx$ $[\ln(3 - \sin x) + c]$

546 ●○ $\int\left(\frac{3}{x^2} + \sin x - 6\cos x\right)dx$ $\left[-\frac{3}{x} - \cos x - 6\sin x + c\right]$

547 ●○ $\int e^{x^2+3x+1}(2x+3)dx$ $[e^{x^2+3x+1} + c]$

ESERCIZI

548 $\int \frac{\cos(\ln x)}{x} dx$ $[\sin(\ln x) + c]$

549 $\int \frac{e^x}{\sqrt{1-e^{2x}}} dx$ $[\arcsin e^x + c]$

550 $\int \cos x \, 3^{\sin x} dx$ $\left[\frac{3^{\sin x}}{\ln 3} + c\right]$

551 $\int \frac{e^x - e^{-x}}{e^x + e^{-x}} dx$ $[\ln(e^x + e^{-x}) + c]$

552 $\int \frac{1}{\sqrt{x}\cos^2\sqrt{x}} dx$ $[2\tan\sqrt{x} + c]$

AL VOLO

553 $\int (\sin^2 2x + \cos^2 2x)\, dx$

554 $\int \frac{x \ln x^4}{\ln x} dx$

555 $\int \frac{1}{x\sin^2(\ln 3x)} dx$ $[-\cot(\ln 3x) + c]$

556 $\int \sin^3 x \cos^4 x \, dx$ $\left[\frac{\cos^7 x}{7} - \frac{\cos^5 x}{5} + c\right]$

557 $\int \frac{\sin 2x}{4\sin^2 x} dx$ $\left[\frac{1}{2}\ln|\sin x| + c\right]$

558 $\int \frac{1}{5 + (3x+1)^2} dx$ $\left[\frac{1}{3\sqrt{5}}\arctan\frac{3x+1}{\sqrt{5}} + c\right]$

559 $\int \frac{x^2}{1+x^6} dx$ $\left[\frac{\arctan x^3}{3} + c\right]$

560 $\int \frac{3}{\sqrt{4-9x^2}} dx$ $\left[\arcsin\frac{3x}{2} + c\right]$

561 $\int \frac{x+1}{9x^2+16} dx$ $\left[\frac{1}{18}\ln(9x^2+16) + \frac{1}{12}\arctan\frac{3x}{4} + c\right]$

562 $\int \frac{2x+3}{x^2+2x+2} dx$ $[\ln(x^2+2x+2) + \arctan(x+1) + c]$

563 $\int \frac{x^2+2x+3}{x^2+4x+8} dx$ $\left[x - \ln(x^2+4x+8) - \frac{1}{2}\arctan\frac{x+2}{2} + c\right]$

564 $\int \frac{3x^3+1}{x^2-1} dx$ $\left[\frac{3}{2}x^2 + \ln(x-1)^2 + \ln|x+1| + c\right]$

565 $\int \frac{e^{-x}}{9+e^{-2x}} dx$ $\left[-\frac{\arctan\frac{e^{-x}}{3}}{3} + c\right]$

566 $\int \frac{3^{\tan x}}{\cos^2 x} dx$ $\left[\frac{3^{\tan x}}{\ln 3} + c\right]$

567 $\int \frac{\sin x}{1+\cos^2 x} dx$ $[-\arctan(\cos x) + c]$

568 $\int \frac{(x-1)^4}{\sin^2(x-1)^5} dx$ $\left[-\frac{1}{5}\cot(x-1)^5 + c\right]$

569 $\int \frac{e^{\tan x}}{\cos^2 x} dx$ $[e^{\tan x} + c]$

Calcola i seguenti integrali con il metodo di sostituzione.

570 $\int \sin\sqrt{x}\, dx$ $[2(\sin\sqrt{x} - \sqrt{x}\cos\sqrt{x}) + c]$

571 $\int \cos\sqrt{x}\, dx$ $[2(\sqrt{x}\sin\sqrt{x} + \cos\sqrt{x}) + c]$

572 $\int \frac{1}{1+\sqrt{x}} dx$ $[2[\sqrt{x} - \ln(\sqrt{x}+1)] + c]$

573 $\int \frac{1}{2(\sqrt{x}-2)} dx$ $[\sqrt{x} + 2\ln|\sqrt{x}-2| + c]$

574 $\int \frac{x}{\sqrt{1-x}} dx$ $\left[-\frac{2}{3}\sqrt{1-x}\,(x+2) + c\right]$

575 $\int \frac{x-2}{\sqrt{x+3}} dx$ $\left[\frac{2}{3}\sqrt{x+3}\,(x-12) + c\right]$

576 $\int \frac{dx}{(x+2)\sqrt{2x+3}}$ $[2\arctan\sqrt{2x+3} + c]$

577 $\int \frac{1}{\sqrt{x}(\sqrt[3]{x}+\sqrt{x})} dx$ poni $\sqrt[6]{x} = t$ $[6\ln(\sqrt[6]{x}+1) + c]$

578 $\int \frac{dx}{4e^{2x}+3}$ $\left[\frac{1}{6}\ln\left(\frac{e^{2x}}{4e^{2x}+3}\right) + c\right]$

Calcola i seguenti integrali, integrando per parti.

579 $\int xe^{2-x} dx$ $[-e^{2-x}(x+1) + c]$

580 $\int \ln(x-1)\, dx$ $[(x-1)\ln(x-1) - x + c]$

581 $\int x^3 \ln x \, dx$ $\left[\frac{x^4}{4}\left(\ln x - \frac{1}{4}\right) + c\right]$

582 $\int (x+2)\cos(x+\pi)\, dx$ $[-(x+2)\sin x - \cos x + c]$

583 $\int (2\ln^2 x - 5\ln x)\,dx$ $[2x\ln^2 x - 9x\ln x + 9x + c]$

584 $\int (\ln x - \ln^2 x)\,dx$ $[3x\ln x - x\ln^2 x - 3x + c]$

585 $\int (2x+1)\arctan x\,dx$

$\left[(x^2+x+1)\arctan x - x - \frac{1}{2}\ln(x^2+1) + c\right]$

586 $\int \frac{1}{x^3}\sin\frac{1}{x}\,dx$ $\left[\frac{1}{x}\cos\frac{1}{x} - \sin\frac{1}{x} + c\right]$

587 $\int \frac{4x\arcsin 2x}{\sqrt{1-4x^2}}\,dx$ $[-\sqrt{1-4x^2}\arcsin 2x + 2x + c]$

588 $\int e^{3x}\ln(1+e^{3x})\,dx$ poni $e^{3x} = t$

$\left[\frac{1}{3}(1+e^{3x})\ln(1+e^{3x}) - \frac{1}{3}e^{3x} + c\right]$

589 $\int \sin x\ln(1+\cos x)\,dx$ poni $\cos x = t$

$[\cos x - (1+\cos x)\ln(1+\cos x) + c]$

Problemi

590 Trova a e b in modo che la funzione
$$F(x) = e^{ax^2} + bx^2$$
sia una primitiva di $f(x) = 4x(e^{2x^2} - 1)$.
$[a = 2, b = -2]$

591 Fra tutte le primitive della funzione $y = 2xe^{-x}$, determina quella il cui grafico passa per il punto $(0; 1)$. $[F(x) = -2e^{-x}(x+1) + 3]$

592 Trova la funzione $f(x)$, sapendo che $f(0) = 1$, $f'(1) = 4$ e $f''(x) = 12x + 2$.
$[f(x) = 2x^3 + x^2 - 4x + 1]$

593 LEGGI IL GRAFICO Trova l'equazione della funzione $f(x)$, sapendo che $f''(x) = e^x - 2$.
$[f(x) = e^x - x^2]$

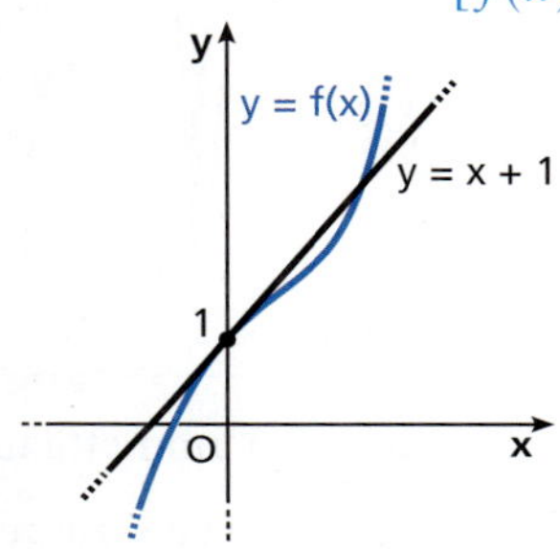

594 **a.** Tra le primitive di $f(x) = \frac{5x+7}{x-1}$ determina quella che passa per il punto $A(2; 10)$.

b. Trova l'equazione della parabola con asse parallelo all'asse y, passante per l'origine e avente vertice nel punto di intersezione tra il grafico della primitiva determinata nel punto **a** e la retta $y = 5x$. (Scegli il punto di intersezione con ascissa maggiore.)

$\left[\text{a) } y = 5x + 12\ln|x-1|;\ \text{b) } y = -\frac{5}{2}x^2 + 10x\right]$

595 **a.** Individua l'intersezione A con l'asse delle ascisse della curva di equazione $y = \frac{x-1}{(x^2-2x)^2}$.

b. Determina la primitiva $y = f(x)$ della funzione data passante per il punto di coordinate $\left(1; -\frac{1}{2}\right)$.

c. Studia e rappresenta graficamente $y = f(x)$ e verifica, spiegandone i motivi, che il suo estremo relativo ha la stessa ascissa di A.

$\left[\text{a) } A(1; 0);\ \text{b) } y = -\frac{1}{2(x^2-2x)} - 1\right]$

596 Determina $f(x)$, sapendo che $f''(x) = \ln x + 3$, $f'(1) = 2$ e $f(1) = \frac{3}{4}$.

$\left[f(x) = \frac{x^2}{2}\ln x + \frac{3}{4}x^2\right]$

597 Trova la primitiva $F(x)$ di
$$f(x) = \frac{x^2+1}{x^2-1}$$
tale che $F(2) = -\ln 3$.

$\left[F(x) = x + \ln\left|\frac{x-1}{x+1}\right| - 2\right]$

598 Tra le primitive di $f(x) = \frac{x^2+4x+2}{(x+2)^2}$, trova quella che ha per asintoto obliquo la retta di equazione $y = x - 1$. $\left[F(x) = \frac{x^2+x}{x+2}\right]$

599 Trova la funzione $f(x)$, sapendo che
$$f''(x) = 12x^2 - 24x + 1$$
nel punto di ascissa 1 ha per tangente la retta di equazione $8x + 2y - 9 = 0$.

$\left[f(x) = x^4 - 4x^3 + \frac{1}{2}x^2 + 3x\right]$

ESERCIZI

600 ●● LEGGI IL GRAFICO Determina l'equazione della funzione $f(x)$, sapendo che $f'(x)$ ha il grafico mostrato in figura e che $f''(x)=\frac{2x^2-1}{x^2}$.

$\left[f(x)=x+x^2+\ln|x|\right]$

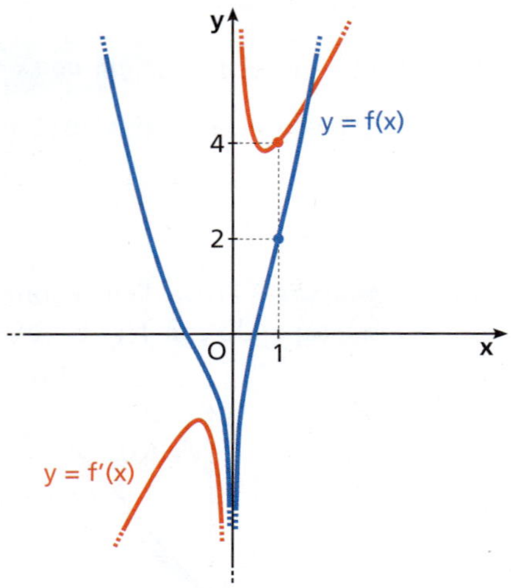

601 ●● Dopo aver calcolato l'integrale indefinito della funzione $f(x)=x\ln x$, determina la primitiva $F(x)$ di $f(x)$ il cui grafico passa per $(2; 0)$. Dimostra che tutte le primitive hanno il minimo assoluto nel punto di ascissa $x=1$.

$\left[\frac{1}{2}x^2\ln x-\frac{1}{4}x^2+k, k=1-2\ln 2\right]$

602 ●● La derivata prima di una funzione $y=f(x)$ è $y'=2-\frac{1}{(x+2)^2}$.

a. Determina e rappresenta graficamente la funzione $f(x)$, sapendo che ha per asintoto obliquo la retta $y=2x+1$.

b. Determina e rappresenta graficamente la funzione $y=g(x)$, sapendo che $g'(x)=f'(x)$ e che ha per asintoto la retta $y=2x$.

c. Quale relazione esiste tra $y=f(x)$ e $y=g(x)$?

$\left[\text{a) } f(x)=2x+1+\frac{1}{x+2}; \text{ b) } g(x)=2x+\frac{1}{x+2}; \text{ c) } f(x)=g(x)+1\right]$

---

603 ●● **a.** La funzione $f(x)$ ammette un minimo nel punto x_0 tale che $f(x_0)=-1$. Individua e rappresenta graficamente la curva di equazione $y=f(x)$, sapendo che la sua derivata prima è $y'=\frac{\sin 2x}{4}$.

b. Rappresenta graficamente la derivata prima $f'(x)$.

$\left[\text{a) } y=\frac{1}{4}\sin^2 x-1\right]$

604 ●● **a.** Studia la funzione $f(x)=2\cos x+\cos^3 x$ nell'intervallo $[0; 2\pi]$ e rappresentala graficamente.

b. Determina i valori dei parametri reali a e b affinché $F(x)=(a+b)\sin x-3a\sin^3 x$ sia una primitiva di $f(x)$.

$\left[\text{b) } a=\frac{1}{9}, b=\frac{26}{9}\right]$

605 ●● **a.** Studia la primitiva $F(x)$ della funzione $f(x)=e^x\cos x$ che passa per il punto di minimo di $g(x)=\frac{1}{2}x^2+\frac{1}{2}$ nell'intervallo $[0; 2\pi]$.

b. Determina massimi, minimi e flessi di $F(x)$.

$\left[\text{a) } F(x)=\frac{1}{2}e^x(\sin x+\cos x); \text{ b) max: } x=\frac{\pi}{2}; \text{ min: } x=\frac{3\pi}{2}; \text{ flessi: } x=\frac{\pi}{4}, x=\frac{5\pi}{4}\right]$

606 ●● **a.** Dimostra che tutte le primitive della funzione $f(x)=e^{\sqrt{x}}$ rivolgono la concavità verso l'alto.

b. Determina la primitiva $F(x)$ di $f(x)$ che passa per l'origine degli assi.

c. Rappresenta il grafico di $f(x)$.

d. Utilizzando il grafico di $f(x)$, rappresenta nello stesso piano cartesiano il grafico della sua derivata $f'(x)$ e quello della sua primitiva $F(x)$.

$\left[\text{b) } F(x)=2e^{\sqrt{x}}(\sqrt{x}-1)+2\right]$

607 ●● **a.** Determina la funzione $y=f(x)$, sapendo che $y''=2e^x\cos x$ e che il suo grafico ha come tangente nell'origine la bisettrice del primo e terzo quadrante.

b. Verifica che la funzione $f(x)$ ammette massimo per $x=\frac{3}{4}\pi$.

$\left[\text{a) } y=e^x\sin x\right]$

VERIFICA DELLE COMPETENZE ALLENAMENTO

ARGOMENTARE

1 Dopo aver spiegato cosa si intende con la scrittura $\int f(x)dx = g(x) + c$, considera le funzioni $y = \frac{-1}{x-9}$ e $y = \frac{1}{(x-9)^2}$. Indica quale delle due è $g(x)$.

2 Spiega cosa si intende quando si afferma che l'integrale è un operatore lineare e fai un esempio.

3 Scrivi la definizione di primitiva di una funzione e spiega la differenza che esiste fra primitiva e integrale indefinito di una funzione.

4 VERO O FALSO? Motiva le risposte aiutandoti con esempi.

a. Se una funzione è derivabile, allora è continua e integrabile. V F

b. Se una funzione è integrabile, allora è continua. V F

5 Indica la condizione sufficiente di integrabilità di una funzione e spiega perché le seguenti funzioni sono integrabili negli intervalli assegnati.

a. $f(x) = \begin{cases} 2x-1 & \text{se } x < 0 \\ x^2+2x-1 & \text{se } x \geq 0 \end{cases}$, in $[-2; 2]$;

b. $g(x) = \frac{1}{x}$, in $[1; 2]$.

UTILIZZARE TECNICHE E PROCEDURE DI CALCOLO

TEST

6 Dato il polinomio $p(x) = 4x^3 + 2x^k - 4$, indica per quale valore di k una primitiva di $p(x)$ è

$$P(x) = x^4 + x^2 - 4x + c.$$

A 0

B 1

C -1

D 2

E Nessuno dei valori precedenti.

7 Se nell'integrale $\int \frac{x + e^{2\sqrt{x}}}{\sqrt{x}} dx$ utilizziamo il metodo di sostituzione, ponendo $t = \sqrt{x}$, otteniamo:

A $\int \frac{t^2 + e^{2t}}{t} dt$.

B $\int \frac{t^2 + e^{2t}}{t^2} dt$.

C $\int (t^2 + e^{2t}) dt$.

D $\int 2(t^2 + e^{2t}) dt$.

E $\int \frac{t^2 + e^{2t}}{2} dt$.

8 Quale dei seguenti integrali indefiniti è uguale a $\frac{1}{2} \arctan \frac{x}{2} + c$?

A $\int \frac{x}{2+x^2} dx$

B $\int \frac{1}{2+x^2} dx$

C $\int \frac{x}{4+x^2} dx$

D $\int \frac{1}{4+x^2} dx$

E $\int \frac{1}{4-x^2} dx$

Calcola i seguenti integrali.

9 $\int \left(\frac{x^3 - x^2}{2} + x + 1\right) dx$ $\left[\frac{x^4}{8} - \frac{x^3}{6} + \frac{x^2}{2} + x + c\right]$

10 $\int \left(\frac{1}{\sqrt[3]{x}} - \frac{2}{x^3}\right) dx$ $\left[\frac{3}{2}\sqrt[3]{x^2} + \frac{1}{x^2} + c\right]$

11 $\int \frac{x^5 - x^3 - 2x}{x^4} dx$ $\left[\frac{x^2}{2} - \ln|x| + \frac{1}{x^2} + c\right]$

12 $\int \left(1 - \frac{2}{\sin^2 x} + 3\cos x - 4\sin x\right) dx$ $[x + 2\cot x + 3\sin x + 4\cos x + c]$

13 $\int (x^3 + x) e^{x^4 + 2x^2} dx$ $\left[\frac{e^{x^4+2x^2}}{4} + c\right]$

14 $\int x^3 (x^4 + 1) dx$ $\left[\frac{1}{8}(x^4+1)^2 + c\right]$

15 $\int x\sqrt{x^2 + 9}\, dx$ $\left[\frac{1}{3}(x^2+9)\sqrt{x^2+9} + c\right]$

16 $\int \frac{4x^2}{2x^3 + 3} dx$ $\left[\frac{2}{3}\ln|2x^3 + 3| + c\right]$

17 $\int 3x\sin(x^2+4)\,dx$ $\left[-\frac{3}{2}\cos(x^2+4)+c\right]$

18 $\int \frac{3\ln^3 x}{x}\,dx$ $\left[\frac{3}{4}\ln^4 x+c\right]$

19 $\int x\sqrt{x+4}\,dx$ $\left[\frac{2}{15}(x+4)(3x-8)\sqrt{x+4}+c\right]$

20 $\int \frac{6}{x^2+2x-8}\,dx$ $[-\ln|x+4|+\ln|x-2|+c]$

21 $\int \frac{2-x}{x^2-6x+9}\,dx$ $\left[-\ln|x-3|+\frac{1}{x-3}+c\right]$

22 $\int \sqrt{6-5x}\,dx$ $\left[-\frac{2}{15}(6-5x)^{\frac{3}{2}}+c\right]$

23 $\int \frac{1}{\sqrt{x}(1+\sqrt[3]{x})}\,dx$ poni $\sqrt[6]{x}=t$ $[6(\sqrt[6]{x}-\arctan\sqrt[6]{x})+c]$

24 $\int \frac{x^2}{e^x}\,dx$ $\left[-\frac{x^2+2x+2}{e^x}+c\right]$

25 $\int x\ln^2 x\,dx$ $\left[\frac{1}{2}x^2\ln^2 x-\frac{1}{2}x^2\ln x+\frac{x^2}{4}+c\right]$

26 $\int \frac{3}{8x-1}\,dx$ $\left[\frac{3}{8}\ln|8x-1|+c\right]$

27 $\int \frac{x}{9-x^2}\,dx$ $\left[-\frac{1}{2}\ln|9-x^2|+c\right]$

28 $\int x\arctan x\,dx$ $\left[\frac{1}{2}(x^2+1)\arctan x-\frac{1}{2}x+c\right]$

29 $\int x^3e^{-x}\,dx$ $[-e^{-x}(x^3+3x^2+6x+6)+c]$

30 $\int \frac{\arctan x-4}{1+x^2}\,dx$ $\left[\frac{1}{2}\arctan^2 x-4\arctan x+c\right]$

31 $\int \frac{x^4}{1+x^2}\,dx$ $\left[\frac{x^3}{3}-x+\arctan x+c\right]$

32 $\int \frac{5x-9}{x^2-4x+3}\,dx$ $[\ln[(x-1)^2|x-3|^3]+c]$

33 $\int \frac{\ln x}{x^2}\,dx$ $\left[-\frac{1}{x}(\ln x+1)+c\right]$

34 $\int \frac{x^2-5x+4}{x^2-6x+9}\,dx$ $\left[x+\ln|x-3|+\frac{2}{x-3}+c\right]$

35 $\int \frac{2x^2-3x+4}{x+4}\,dx$ $[x^2-11x+48\ln|x+4|+c]$

36 $\int \frac{2}{x^2-6x+12}\,dx$ $\left[\frac{2}{\sqrt{3}}\arctan\frac{x-3}{\sqrt{3}}+c\right]$

37 $\int \frac{x-4}{x^2+x-2}\,dx$ $[\ln(x+2)^2-\ln|x-1|+c]$

38 $\int \frac{x+1}{9x^2+6x+1}\,dx$ $\left[\frac{\ln|3x+1|}{9}-\frac{2}{27x+9}+c\right]$

39 $\int \frac{2\sin^2 x}{\cos^4 x}\,dx$ $\left[\frac{2}{3}\tan^3 x+c\right]$

40 $\int \frac{1+\tan x}{1-\tan x}\,dx$ $[-\ln|\cos x-\sin x|+c]$

41 $\int \frac{\ln\sqrt{x+1}}{x+1}\,dx$ $[\ln^2\sqrt{x+1}+c]$

42 $\int \frac{\sin^3 x}{3}\,dx$ $\left[\frac{1}{3}\left(-\cos x+\frac{1}{3}\cos^3 x\right)+c\right]$

ANALIZZARE E INTERPRETARE DATI E GRAFICI

Trova il valore di *a* e *b* in modo che *F*(*x*) sia una primitiva di *f*(*x*).

43 $F(x)=ax+b\ln|x|$; $f(x)=\frac{4x-1}{x}$. $[a=4, b=-1]$

44 $F(x)=a\sin x+b\cos x$; $f(x)=2\sin x+3\cos x$. $[a=3, b=-2]$

45 Scrivi l'equazione della primitiva di $y=\frac{3x+2}{x}$ il cui grafico passa per il punto $(1; 5)$. $[F(x)=3x+2\ln|x|+2]$

46 LEGGI IL GRAFICO Tra le primitive della funzione $f(x)=-3x^2e^{-x^3}$, determina quella il cui grafico è rappresentato nella figura. $[F(x)=e^{-x^3}-1]$

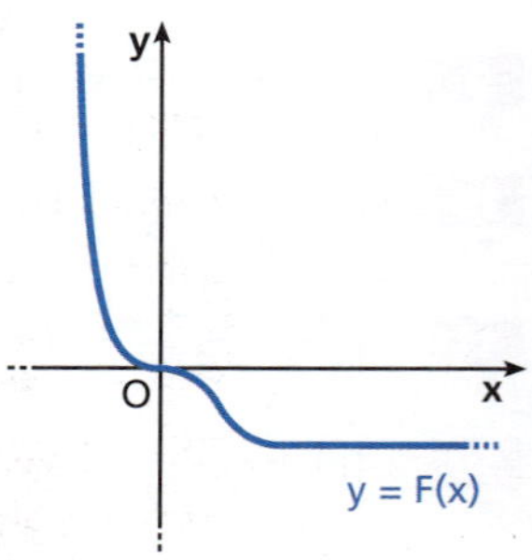

RISOLVERE PROBLEMI

47 ●○ Scrivi la primitiva $F(x)$ di $y = \frac{4x^2 - 2}{x}$ il cui grafico passa per (1; 5). $[F(x) = 2x^2 - 2\ln|x| + 3]$

48 ●○ Trova a e b in modo che la funzione

$$F(x) = a\ln|x| + bx^2$$

sia una primitiva di

$$f(x) = \frac{4x^2 - 1}{x} - 3x.$$

$\left[a = -1, b = \frac{1}{2}\right]$

49 ●○ Fra tutte le primitive di $f(x) = (x-2)e^{-x}$, determina quella il cui grafico passa per (0; 1). $[F(x) = e^{-x}(1 - x)]$

50 ●○ Fra tutte le primitive di $f(x) = x\ln\frac{1}{x}$, trova quella che passa per (1; 0).

$\left[F(x) = \frac{x^2}{2}\ln\frac{1}{x} + \frac{x^2}{4} - \frac{1}{4}\right]$

51 ●○ Determina l'unica primitiva di $f(x) = e^x \sin x$ che ha per asintoto orizzontale la retta di equazione $y = 5$.

$\left[\frac{e^x(\sin x - \cos x)}{2} + 5\right]$

52 ●○ Determina, fra le primitive della funzione

$$y = \frac{x^2 + 2x - 2}{x^2 + 2x + 1},$$

quella che ha per asintoto obliquo la retta

$$y = x - 3.$$

$\left[y = \frac{x^2 - 2x}{x + 1}\right]$

53 ●○ Sia $f(x) = x^2 \ln x$.

a. Ricava la funzione $F(x)$, primitiva di $f(x)$, tale che $F(1) = 0$.

b. Dimostra che $x = 1$ è un minimo relativo per $F(x)$.

$\left[\text{a) } \frac{1}{3}x^3\ln x - \frac{1}{9}x^3 + \frac{1}{9}\right]$

COSTRUIRE E UTILIZZARE MODELLI

RISOLVIAMO UN PROBLEMA

Capitale in espansione

La velocità con cui è cresciuta la popolazione di Roma tra il 1870 e il 1970 si può esprimere come $P'(t) = \frac{9}{10}e^{\frac{t}{20}}$, dove t è il tempo in anni a partire dal 1870 e $P'(t)$ è espressa in migliaia di persone per anno.

- Determina la funzione $P(t)$ che esprime la popolazione in migliaia di persone, sapendo che nel 1870 si contavano circa 210 000 residenti, e calcola la popolazione nel 1970.
- A partire dagli anni Settanta la situazione è cambiata e il modello non è più valido. Calcola la popolazione prevista per l'anno 2014 e confronta il calcolo con il dato reale: circa 2,9 milioni di persone.

► **Determiniamo $P(t)$ integrando $P'(t)$.**

$$\int \frac{9}{10}e^{\frac{t}{20}}dt = 20 \cdot \frac{9}{10}e^{\frac{t}{20}} + c = 18e^{\frac{t}{20}} + c.$$

Quindi $P(t) = 18e^{\frac{t}{20}} + c$.

► **Calcoliamo il valore di c.**

Sapendo che nel 1870 la popolazione contava 210 000 unità e considerando il 1870 come anno 0, possiamo scrivere:

$P(0) = 210$ (migliaia di persone) →

$18 \cdot e^0 + c = 210 \quad \to \quad c = 210 - 18 = 192.$

Allora $P(t) = 18e^{\frac{t}{20}} + 192$.

► **Troviamo la popolazione nel 1970.**

Il 1970 corrisponde a $t = 100$, quindi:

$$P(100) = 18 \cdot e^5 + 192 \simeq 2864.$$

Secondo il modello, nel 1970 gli abitanti di Roma erano quasi 2,9 milioni.

► **Calcoliamo la previsione per il 2014.**

Il 2014 corrisponde a $t = 144$:

$$P(144) = 18 \cdot e^{\frac{36}{5}} + 192 \simeq 24300.$$

Il modello prevede 24 milioni di abitanti, cifra che si discosta molto dalla realtà.

54 ●○

Domanda e offerta Il reparto marketing di un'azienda che produce gelati ha calcolato che la velocità con cui la quantità di prodotto richiesta dai consumatori varia rispetto al prezzo è data dalla funzione domanda marginale

$$D'(x) = -\frac{3000}{x^2},$$

dove il prezzo x è in euro.

a. Trova la funzione domanda $D(x)$, sapendo che quando il prezzo è di € 3 a confezione la domanda è di 1500 unità.

b. Calcola il numero di confezioni richieste quando il prezzo sale a € 4.

$\left[\text{a) } D(x) = \frac{3000}{x} + 500\text{; b) } 1250\right]$

55 ●●

L'ora del tè Una tazza di tè, inizialmente alla temperatura di 90 °C, in un ambiente con una temperatura di 20 °C si raffredda a una velocità che si può esprimere come $T'(t) = -14e^{-\frac{t}{5}}$, dove t è misurato in minuti e la velocità di raffreddamento è misurata in gradi centigradi al minuto.

a. Trova la temperatura del tè in funzione dei minuti che passano.

b. Quanti minuti devi aspettare se vuoi bere il tè a 40 °C?

c. Cosa prevede il modello per tempi di raffreddamento molto lunghi?

$\left[\text{a) } T(t) = 70e^{-\frac{t}{5}} + 20\text{; b) } \simeq 6 \text{ min; c) } T(t) \to 20\ °\text{C}\right]$

56 ●●

Rotola, rotola... Rotolando lungo il pendio innevato, una piccola palla di neve aumenta via via il proprio raggio fino a diventare una pericolosa valanga.
Indichiamo con r il raggio (variabile) della palla nel corso della discesa e con x la misura (in metri) del tratto percorso in discesa, a partire dalla sommità del pendio. Evidentemente r varia al variare di x, e quindi, indicando con $r_0 = r(0)$ il raggio della palla alla sommità del pendio, possiamo scrivere

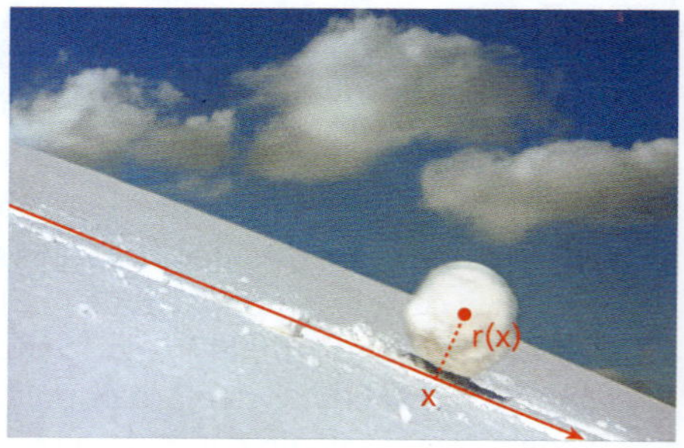

$$r(x) = r_0 \cdot f(x) \quad \to \quad \frac{r(x)}{r_0} = f(x),$$

con $f(0) = 1$.
Sappiamo che il valore della funzione $f(x)$ varia in base alla relazione:

$$f'(x) = \frac{1}{2} \cdot \frac{x}{1+\sqrt{x}}.$$

a. Ricava la funzione $f(x)$.

b. Qual è il raggio della palla dopo una discesa lunga 100 m se il raggio iniziale è $r_0 = 2$ cm?

$\left[\text{a) } f(x) = \frac{1}{3}x\sqrt{x} - \frac{x}{2} + \sqrt{x} - \ln(1+\sqrt{x}) + 1\text{; b) } r \simeq 297 \text{ cm}\right]$

VERIFICA DELLE COMPETENZE PROVE

1 ora

PROVA A

1 Scrivi due primitive della funzione

$$f(x) = \frac{2x^2 + 5x}{x}$$

e traccia i loro grafici nello stesso piano cartesiano.

Calcola i seguenti integrali.

2 **a.** $\int xe^{x^2-2}dx$ **b.** $\int \frac{x^3}{2x^4+1}dx$ **c.** $\int x\sqrt{4-x^2}\,dx$

3 **a.** $\int \frac{x-4}{x+3}dx$ **b.** $\int x\sin 2x\,dx$ **c.** $\int \frac{\ln 5x}{x}\,dx$

4 **a.** $\int \frac{x^2-4}{x^2+1}dx$ **b.** $\int \frac{x}{x^2+2x+1}dx$ **c.** $\int \frac{x^4+4x^2-1}{2x^3}dx$

5 Calcola $\int \frac{3x}{\sqrt{x+5}}dx$ ponendo $\sqrt{x+5} = t$.

6 Tra le primitive $F(x)$ della funzione $f(x) = 6x\cos 3x^2$, determina quella il cui grafico è rappresentato in figura.

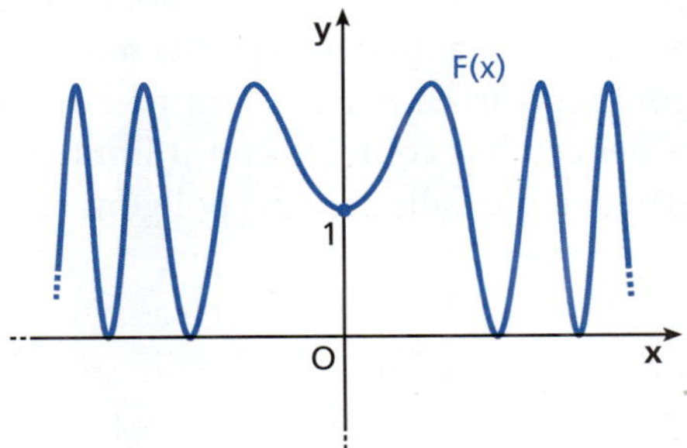

PROVA B

Vicini di casa Due piccoli Comuni limitrofi si stanno espandendo grazie alle buone opportunità di lavoro che offrono. La velocità con cui la popolazione cresce è

- $P'(t) = 45$ per il primo Comune,
- $S'(t) = 50e^{\frac{t}{100}}$ per il secondo Comune,

dove t è il tempo in anni, a partire dal 2000. $P'(t)$ e $S'(t)$ esprimono il numero di nuovi abitanti per anno.

a. Determina le funzioni $P(t)$ e $S(t)$ che descrivono l'andamento della popolazione a partire dal 2000, sapendo che in quell'anno il primo Comune contava 5200 abitanti e il secondo 5000.

b. Quanti abitanti avevano i due Comuni nel 2010?

c. Disegna i grafici di $P(t)$ e $S(t)$. Stima a partire da quale anno, secondo questi modelli, il secondo Comune avrà più abitanti del primo.

CAPITOLO

25 INTEGRALI DEFINITI

1 Integrale definito

Problema delle aree

L'introduzione del calcolo degli integrali definiti nasce dalla necessità di determinare le *aree* di figure piane aventi *contorno curvilineo*. Mentre per i poligoni il calcolo dell'area si riconduce a quella di un quadrato, per le figure il cui contorno è una curva qualsiasi il problema è più complesso.
L'esempio più semplice è il cerchio, la cui area è stata determinata da Archimede di Siracusa mediante il *metodo di esaustione*. Se si considerano due successioni di poligoni regolari di n lati inscritti e circoscritti al cerchio, si può dimostrare che l'area del cerchio coincide con il limite comune delle due successioni costituite rispettivamente dalle aree dei poligoni regolari inscritti e circoscritti al cerchio.

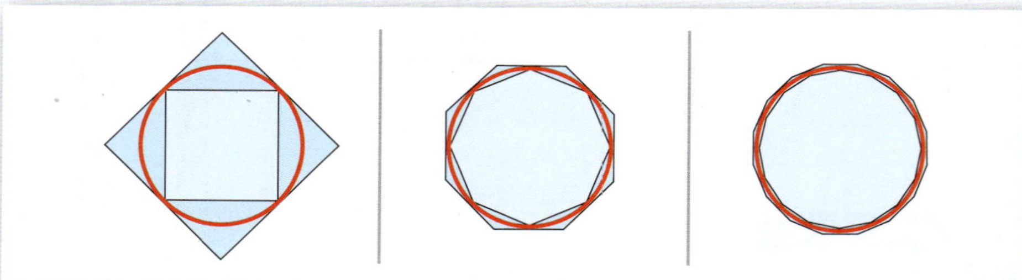

Con un ragionamento analogo vedremo che è possibile determinare l'area di un particolare tipo di superficie a contorno curvilineo, che chiamiamo *trapezoide*. Questo procedimento ha portato al concetto più generale e astratto di *integrale definito* che si presta a determinare aree e volumi e a risolvere anche problemi di natura diversa.

Definizione di integrale definito

▶ Esercizi a p. 1336

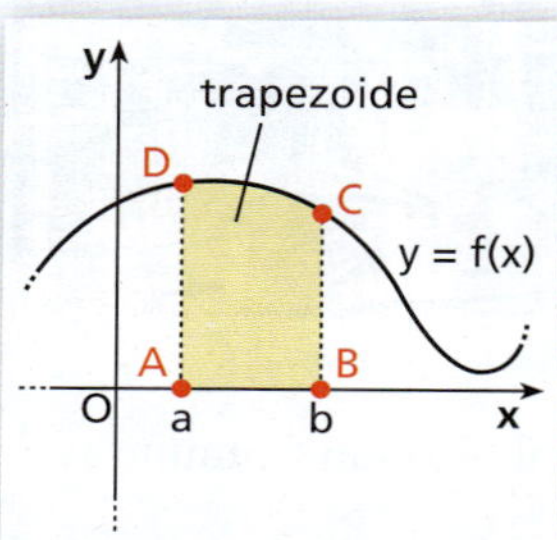

Trapezoide

Dati una funzione $y = f(x)$ e un intervallo chiuso e limitato $[a; b]$ nel quale la funzione è *continua* e *positiva* (o nulla), il **trapezoide** è la figura piana delimitata dall'asse x, dalle rette $x = a$ e $x = b$ e dal grafico di $f(x)$. Si tratta di un quadrilatero mistilineo di vertici $A(a; 0)$, $B(b; 0)$, $C(b; f(b))$, $D(a; f(a))$, che viene chiamato trapezoide perché somiglia a un trapezio con le basi parallele all'asse y.

L'*area S di un trapezoide* non può essere calcolata in modo elementare, tuttavia possiamo approssimarla utilizzando il seguente procedimento:

- dividiamo l'intervallo $[a; b]$ in n parti uguali di ampiezza $h = \frac{b-a}{n}$;
- consideriamo gli n rettangoli aventi ciascuno per base un segmento di suddivisione e per altezza il segmento associato al minimo m_i che la funzione assume in tale intervallo, la cui esistenza è garantita dal teorema di Weierstrass;
- indichiamo con s_n la somma delle aree di tutti questi n rettangoli:

$$s_n = m_1h + m_2h + \ldots + m_nh = \sum_{i=1}^{n} m_ih.$$

L'area del trapezoide viene così approssimata per difetto da s_n.

Con considerazioni analoghe, possiamo approssimare per eccesso l'area del trapezoide tramite la somma delle aree dei rettangoli associati a una scomposizione di $[a; b]$ in n parti uguali e aventi per altezza il segmento associato al massimo M_i della funzione nel corrispondente intervallo. Indichiamo la somma con S_n:

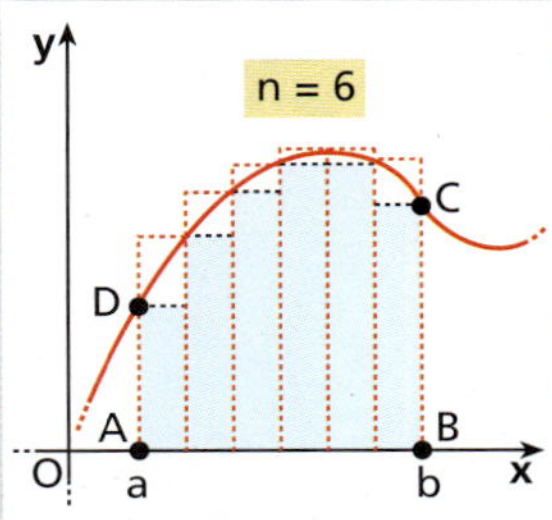

$$S_n = M_1h + M_2h + \ldots + M_nh = \sum_{i=1}^{n} M_ih.$$

s_n e S_n vengono chiamate rispettivamente **somma integrale inferiore** e **somma integrale superiore**. L'area S del trapezoide risulta compresa fra l'area per difetto e quella per eccesso, ossia possiamo scrivere:

$$s_n \leq S \leq S_n.$$

Integrale definito di una funzione continua positiva o nulla

Vediamo in che modo le somme integrali portano a determinare l'area del trapezoide. Osserviamo che l'approssimazione delle due aree s_n e S_n risulta migliore man mano che si scelgono più piccoli gli intervalli di suddivisione di $[a; b]$.

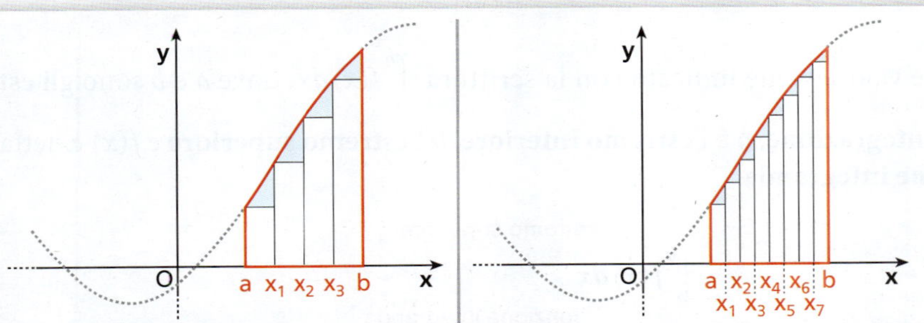

a. Per $n = 4$ l'intervallo è suddiviso in 4 parti. La somma delle aree dei 4 rettangoli approssima, per difetto, l'area del trapezoide.

b. Se $n = 8$, la somma delle aree degli 8 rettangoli approssima meglio della precedente, per difetto, l'area del trapezoide.

MATEMATICA E STORIA

Integrali ante litteram Nel III secolo a.C., Archimede determinò con buona approssimazione le misure della lunghezza della circonferenza, dell'area del cerchio, del segmento parabolico (nella figura), quelle di numerose altre superfici e di molti volumi di rotazione.

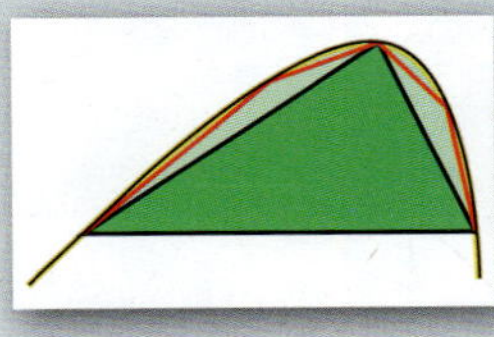

► Quale metodo usò?

La risposta

Per $n = 1, 2, 3, \ldots$ i valori di s_n e S_n formano le due successioni:

$$s_1, s_2, s_3, \ldots, s_n, \ldots$$

$$S_1, S_2, S_3, \ldots, S_n, \ldots$$

Si può dimostrare, utilizzando l'ipotesi della continuità della funzione $f(x)$ in $[a; b]$, che tali successioni convergono allo stesso limite, ossia che:

$$\lim_{n \to +\infty} s_n = \lim_{n \to +\infty} S_n.$$

TEORIA

► Calcola un valore approssimato per difetto e per eccesso dell'area del trapezoide definito dalla funzione $y = x^2$ nell'intervallo [0; 4], utilizzando prima 4 intervalli e poi 8 intervalli.

Il limite comune delle due successioni si chiama **integrale definito** e viene indicato con il simbolo

$$\int_a^b f(x)\,dx,$$

che si legge «integrale da a a b di $f(x)$ in dx».

Tale limite fornisce la misura dell'area S del trapezoide relativo a $f(x)$, considerato nell'intervallo $[a; b]$.

Il simbolo $\int$ rappresenta una S allungata per ricordare che, nella rappresentazione grafica, a un integrale corrisponde una somma di aree di rettangoli aventi altezza $f(x)$ e base dx.

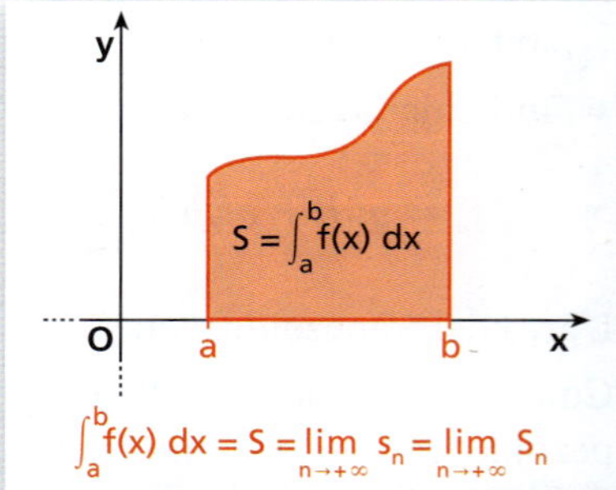

Integrale definito di una funzione continua di segno qualsiasi

Il procedimento seguito per una funzione $f(x)$ positiva nell'intervallo $[a; b]$ può essere ripetuto anche per una funzione che cambia segno in $[a; b]$ e si dimostra che, se una funzione $f(x)$ è continua in $[a; b]$, le successioni s_n e S_n per $n \to +\infty$ sono convergenti e ammettono lo stesso limite:

$$\lim_{n \to +\infty} s_n = \lim_{n \to +\infty} S_n.$$

Diamo allora la seguente definizione.

DEFINIZIONE

Data una funzione $f(x)$ continua in $[a; b]$, l'**integrale definito** esteso all'intervallo $[a; b]$ è il valore comune del limite per $n \to +\infty$ delle due successioni s_n, per difetto, e S_n, per eccesso.

Tale valore viene indicato con la scrittura $\int_a^b f(x)\,dx$, dove a e b sono gli **estremi di integrazione**, a è l'**estremo inferiore**, b l'**estremo superiore** e $f(x)$ è detta **funzione integranda**.

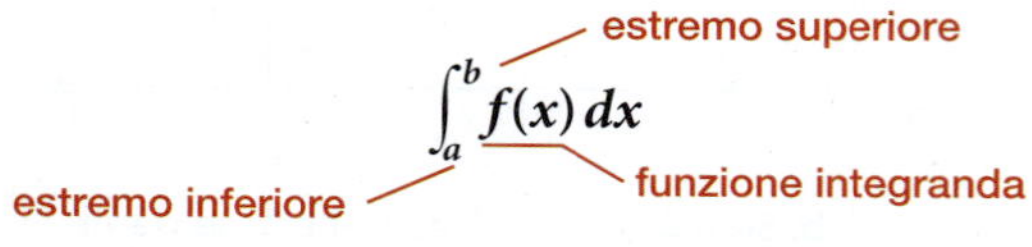

Il risultato del calcolo di un integrale definito è un numero reale qualsiasi e non rappresenta necessariamente l'area del trapezoide.

- Se $f(x) > 0$ in $[a; b]$, allora $\int_a^b f(x)\,dx > 0$ e il valore dell'integrale definito rappresenta l'area del trapezoide (figura **a** della pagina seguente).
- Se $f(x) < 0$ in $[a; b]$, allora $\int_a^b f(x)\,dx < 0$. Per determinare l'area compresa tra il grafico di $f(x)$ e l'asse x (figura **b** della pagina seguente) occorre calcolare il valore assoluto di $\int_a^b f(x)\,dx$.

- Se $f(x)$ cambia segno in $[a; b]$, allora $\int_a^b f(x)$ può essere positivo, negativo o nullo.

Per calcolare l'area compresa tra il grafico di $f(x)$ e l'asse x occorre suddividere l'intervallo $[a; b]$ in sottointervalli in ognuno dei quali la funzione mantiene lo stesso segno (figura **c**). Riprenderemo l'argomento nel paragrafo 3.

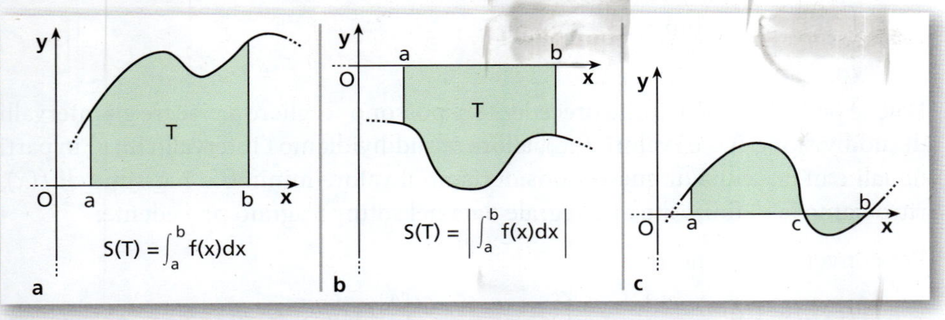

A differenza dell'integrale indefinito, che è un insieme di funzioni, l'integrale definito è un numero e non dipende dalla variabile x.

Definizione generale di integrale definito

Nella definizione di integrale definito non è necessario, come abbiamo ipotizzato finora, considerare dei sottointervalli di $[a; b]$ tutti della stessa ampiezza e neppure prendere per $f(x)$ i valori minimi e massimi negli intervalli.

Consideriamo una funzione $y = f(x)$ continua in $[a; b]$ e dividiamo l'intervallo in n intervalli chiusi mediante i punti $x_0, x_1, x_2, x_3, \dots, x_n$, con:

$$a = x_0 < x_1 < x_2 < x_3 < \dots < x_n = b.$$

x_0 coincide con a; x_n coincide con b.

Le ampiezze degli n intervalli possono essere diverse fra loro e sono date da:

$$\Delta x_1 = x_1 - a, \qquad \Delta x_2 = x_2 - x_1, \qquad \dots, \qquad \Delta x_n = b - x_{n-1}.$$

Per ognuno degli intervalli fissiamo poi un qualsiasi punto dell'intervallo stesso, $c_1, c_2, c_3, \dots, c_n$, e consideriamo i corrispondenti valori della funzione, $f(c_1), f(c_2), f(c_3), \dots, f(c_n)$.

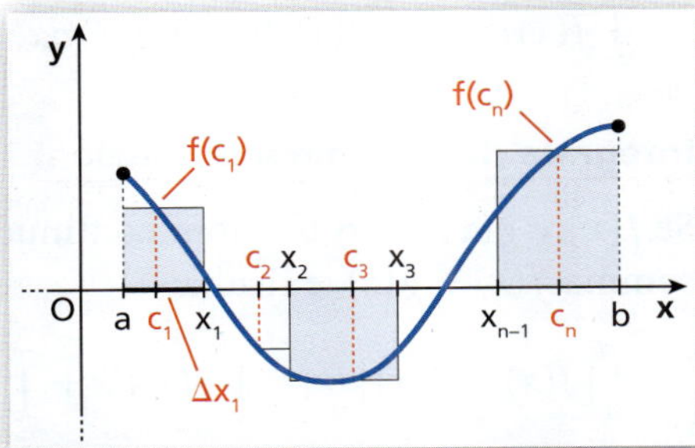

Scriviamo poi la somma $\overline{S}$ data da:

$$\overline{S} = f(c_1) \cdot \Delta x_1 + f(c_2) \cdot \Delta x_2 + f(c_3) \cdot \Delta x_3 + \dots + f(c_n) \cdot \Delta x_n.$$

La somma $\overline{S}$ dipende:

- dal numero di suddivisioni;
- dalle ampiezze $\Delta x_1, \Delta x_2, \dots, \Delta x_n$ degli intervalli;
- dai punti $c_1, c_2, \dots, c_n$ scelti all'interno dei diversi intervalli.

Fra le ampiezze degli intervalli indichiamo quella massima con Δx_{max}: se $\Delta x_{max} \to 0$, anche tutte le altre ampiezze tendono a 0.

Si può dimostrare che se Δx_{max} tende a 0, tutte le somme $\overline{S}$, ottenute scegliendo in qualsiasi modo la suddivisione dell'intervallo e i punti all'interno dei diversi intervalli, tendono a uno stesso valore.

Listen to it

Given a continuous real-valued function f defined on a closed interval $[a; b]$, $\int_a^b f(x)\,dx$ is called the **definite integral** over the interval $[a; b]$. The points a and b are called the **limits** of the integral.

Diamo allora la seguente definizione.

DEFINIZIONE

Data una funzione $f(x)$, continua in $[a; b]$, l'**integrale definito** esteso all'intervallo $[a; b]$ è il valore del limite per Δx_{max} che tende a 0 della somma $\overline{S}$:

$$\int_a^b f(x)\,dx = \lim_{\Delta x_{max} \to 0} \overline{S}.$$

Poiché per calcolare il limite precedente si possono scegliere a piacere gli intervalli di suddivisione Δx_i e i valori $f(x_i)$, allora se suddividiamo l'intervallo $[a; b]$ in parti uguali e in ciascuna di queste consideriamo il valore minimo o massimo di $f(x)$, ritroviamo la definizione di integrale data nel sottoparagrafo precedente.

Per convenzione si pone:

- $\int_a^a f(x)\,dx = 0;$
- $\int_a^b f(x)\,dx = -\int_b^a f(x)\,dx \quad$ se $a > b$.

Se per una funzione esiste l'integrale definito in un intervallo $[a; b]$, si dice che la **funzione** è **integrabile in** $[a; b]$. Tutte le funzioni continue sono integrabili, ma vedremo nel paragrafo 6 che non è necessario che f sia continua in $[a; b]$ per essere integrabile in $[a; b]$.

Proprietà dell'integrale definito

Esercizi a p. 1338

Enunciamo, senza dimostrarle, le seguenti proprietà.

Additività dell'integrale rispetto all'intervallo di integrazione

Se $f(x)$ è continua in un intervallo e a, b, c sono punti qualunque di tale intervallo, allora:

$$\int_a^c f(x)\,dx = \int_a^b f(x)\,dx + \int_b^c f(x)\,dx.$$

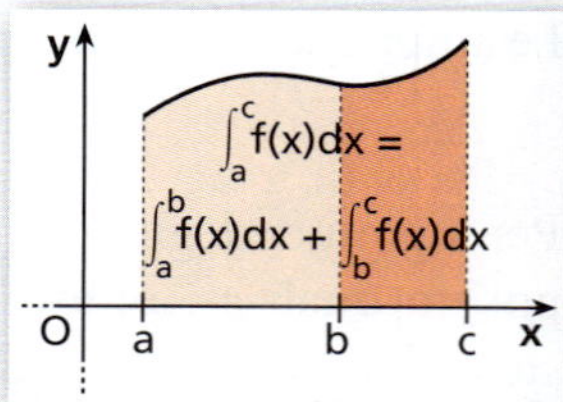

Integrale della somma di funzioni

Se $f(x)$ e $g(x)$ sono funzioni continue in $[a; b]$, allora è continua anche la loro somma $f(x) + g(x)$, e risulta:

$$\int_a^b [f(x) + g(x)]dx = \int_a^b f(x)\,dx + \int_a^b g(x)\,dx.$$

Integrale del prodotto di una costante per una funzione

Se $f(x)$ è una funzione continua in $[a; b]$, allora è continua anche la funzione $k \cdot f(x)$, con $k \in \mathbb{R}$, e risulta:

$$\int_a^b k \cdot f(x)\,dx = k \cdot \int_a^b f(x)\,dx.$$

Confronto tra gli integrali di due funzioni

Se $f(x)$ e $g(x)$ sono due funzioni continue e tali che $f(x) \leq g(x)$ in ogni punto dell'intervallo $[a; b]$, allora:

$$\int_a^b f(x)\,dx \leq \int_a^b g(x)\,dx.$$

► Dimostra che $\int_1^3 x\,dx \leq \int_1^3 x^2\,dx$ e verificalo graficamente.

Integrale del valore assoluto di una funzione

Se $f(x)$ è una funzione continua nell'intervallo $[a; b]$, allora:

$$\left| \int_a^b f(x)\,dx \right| \leq \int_a^b |f(x)|\,dx.$$

Integrale di una funzione costante

Se una funzione $f(x)$ è costante nell'intervallo $[a; b]$, cioè $f(x) = k$, allora:

$$\int_a^b k\,dx = k(b-a).$$

Interpretiamo graficamente questa proprietà quando k è positivo. L'integrale $\int_a^b k\,dx$ rappresenta l'area del rettangolo in figura, che è appunto $k(b-a)$.

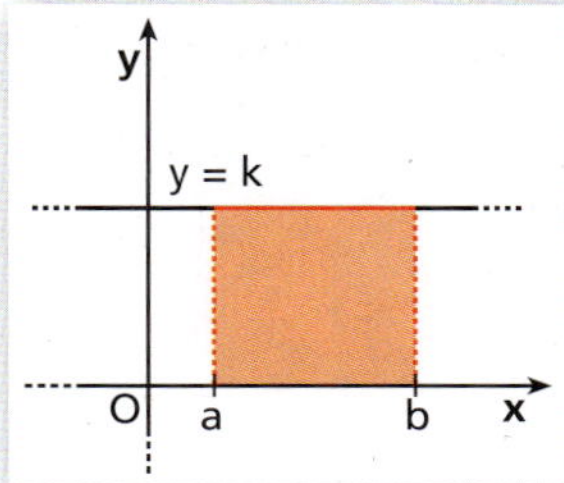

Teorema della media

Esercizi a p. 1339

TEOREMA

Se $f(x)$ è una funzione continua in un intervallo $[a; b]$, esiste almeno un punto z dell'intervallo tale che:

$$\int_a^b \boldsymbol{f(x)\,dx = (b-a)\cdot f(z)}, \qquad \text{con } z \in [a; b].$$

Listen to it

The first **Mean-Value theorem** for definite integrals states that if *f* is a continuous function on the interval [*a*; *b*], then *f* achieves its mean value at some point *z* in [*a*; *b*].

DIMOSTRAZIONE

Poiché la funzione $f(x)$ è continua nell'intervallo $[a; b]$, allora per il teorema di Weierstrass la funzione assume in $[a; b]$ il suo valore massimo M e il suo valore minimo m. Quindi, per ogni x di $[a; b]$, vale la disuguaglianza:

$$m \leq f(x) \leq M.$$

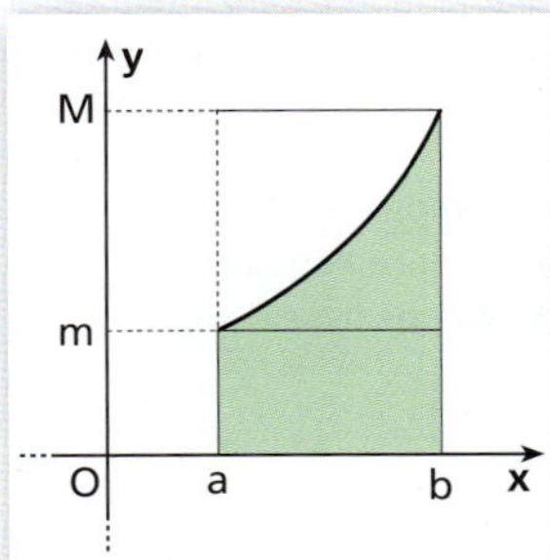

Per le proprietà degli integrali, vale anche la disuguaglianza:

$$\int_a^b m\,dx \leq \int_a^b f(x)\,dx \leq \int_a^b M\,dx.$$

Applicando la proprietà dell'integrale di una funzione costante, otteniamo:

$$m(b-a) \leq \int_a^b f(x)\,dx \leq M(b-a).$$

Dividiamo tutti i membri della disuguaglianza per $(b-a)$:

$$m \leq \frac{\int_a^b f(x)\,dx}{b-a} \leq M.$$

Per il teorema dei valori intermedi, la funzione deve assumere almeno una volta tutti i valori compresi fra il suo massimo e il suo minimo, quindi deve esistere un punto z appartenente ad $[a; b]$ tale che:

$$f(z) = \frac{\int_a^b f(x)\,dx}{b-a}.$$

Pertanto esiste almeno un punto z appartenente ad $[a; b]$ tale che:

$$\int_a^b f(x)\,dx = f(z)(b-a).$$

Animazione

Mediante una figura dinamica, studiamo il significato geometrico del teorema della media, applicandolo a $f(x) = -\frac{x^3}{6} + 2x^2 - 6x + \frac{19}{3}$ in [1; 8].

Geometricamente, se la funzione è positiva in $[a; b]$, il teorema della media esprime l'equivalenza fra un trapezoide, la cui area misura $\int_a^b f(x)\,dx$, e un rettangolo, aventi uguale base $b - a$. L'altezza del rettangolo è data dal valore di f in un particolare punto z dell'intervallo $[a; b]$:

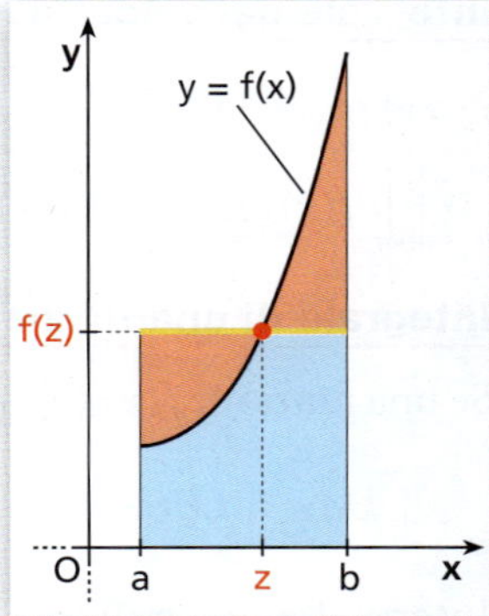

$$f(z) = \frac{\int_a^b f(x)\,dx}{b-a}.$$

Questo valore si chiama **valore medio** della funzione $f(x)$ in $[a; b]$.

2 Teorema fondamentale del calcolo integrale

Il calcolo dell'integrale definito risulta molto laborioso se applichiamo la definizione. In questo paragrafo faremo vedere che è possibile calcolare rapidamente l'integrale definito di una funzione utilizzando gli integrali indefiniti.

Animazione

Con figure dinamiche, studiamo la funzione integrale di una funzione $f(x)$, continua in $[a; b]$, quando nell'intervallo $f(x)$ assume valori:
- sempre positivi;
- sempre negativi;
- sia positivi sia negativi.

Funzione integrale

▶ Esercizi a p. 1339

Sia f una funzione continua nell'intervallo $[a; b]$. Consideriamo un punto qualsiasi x di $[a; b]$.

Definiamo **funzione integrale** di f in $[a; b]$ la funzione

$$F(x) = \int_a^x f(t)\,dt,$$

che associa a ogni $x \in [a; b]$ il numero reale $\int_a^x f(t)\,dt$, dove la variabile indipendente x coincide con l'estremo superiore di integrazione.

Per non creare confusione fra variabili, indichiamo la funzione integranda con $f(t)$, dove t diventa la variabile di integrazione.

Se la funzione $f(t)$ è *positiva* in $[a; b]$, la funzione integrale $F(x)$ rappresenta l'area del trapezoide $ABCD$. Tale area dipende dal valore di x, variabile nell'intervallo $[a; b]$.

Dalla definizione di $F(x)$ otteniamo le seguenti relazioni:

$$F(a) = \int_a^a f(t)\,dt = 0, \quad F(b) = \int_a^b f(t)\,dt.$$

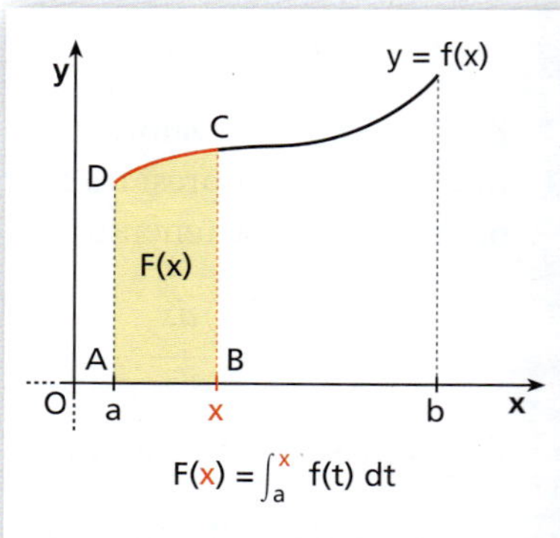

► Considera $F(x) = \int_0^x t\,dt$, con $x > 0$.

Disegna $f(t) = t$ e calcola $F(0)$, $F(1)$, $F(3)$.

Teorema fondamentale

Il teorema fondamentale del calcolo integrale, chiamato anche **teorema di Torricelli-Barrow**, permette di collegare il concetto di integrale definito a quello di integrale indefinito, attraverso la funzione integrale.

TEOREMA

Teorema fondamentale del calcolo integrale

Se una funzione $f(x)$ è continua in $[a;\, b]$, allora esiste la derivata della sua funzione integrale

$$F(x) = \int_a^x f(t)\,dt$$

per ogni punto x dell'intervallo $[a;\, b]$ ed è uguale a $f(x)$, cioè:

$$F'(x) = f(x),$$

ovvero $F(x)$ è una primitiva di $f(x)$.

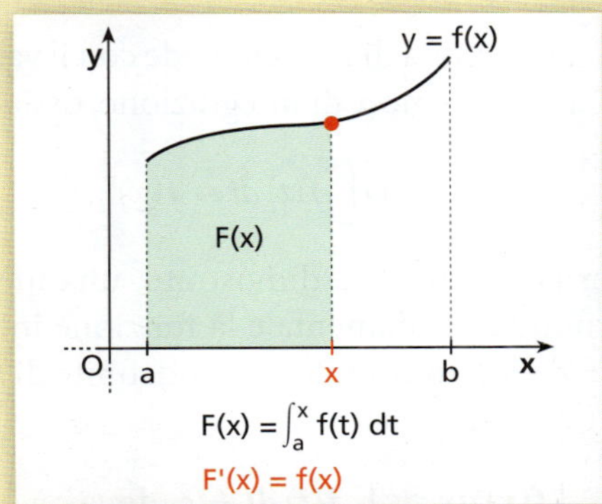

DIMOSTRAZIONE

Dimostriamo che esiste la derivata di $F(x)$ e calcoliamo tale derivata applicando la definizione.

Incrementiamo la variabile x di un valore $h \neq 0$ tale che $a < x + h < b$ e calcoliamo la differenza $F(x+h) - F(x)$ utilizzando l'espressione della funzione integrale:

$$F(x+h) - F(x) = \int_a^{x+h} f(t)\,dt - \int_a^x f(t)\,dt.$$

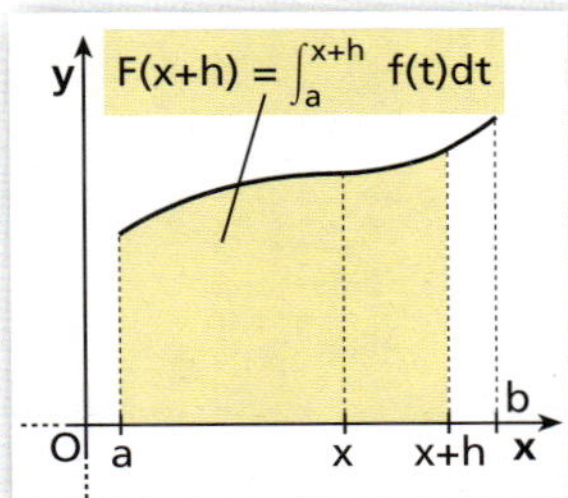

Applichiamo la proprietà di additività dell'integrale:

$$F(x+h) - F(x) = \int_a^x f(t)\,dt + \int_x^{x+h} f(t)\,dt - \int_a^x f(t)\,dt = \int_x^{x+h} f(t)\,dt.$$

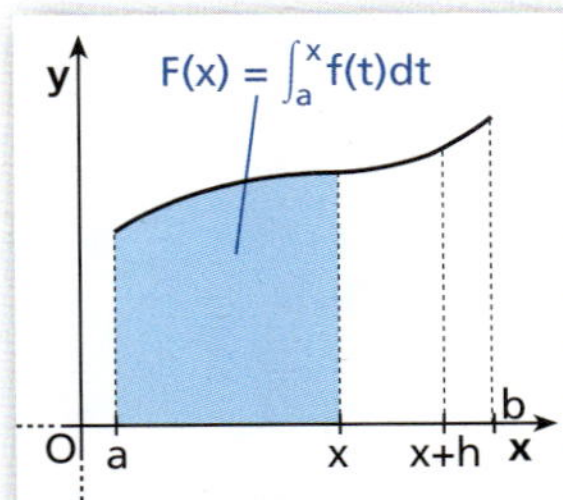

Per il teorema della media, il valore dell'integrale è uguale al prodotto dell'ampiezza h dell'intervallo di integrazione per il valore $f(z)$, dove z è un particolare punto dell'intervallo $[x;\, x+h]$, nel caso in cui sia $h > 0$, oppure dell'intervallo $[x+h;\, x]$, se $h < 0$; pertanto possiamo scrivere:

$$F(x+h) - F(x) = h \cdot f(z).$$

Dividiamo i due membri per h:

$$\frac{F(x+h) - F(x)}{h} = f(z).$$

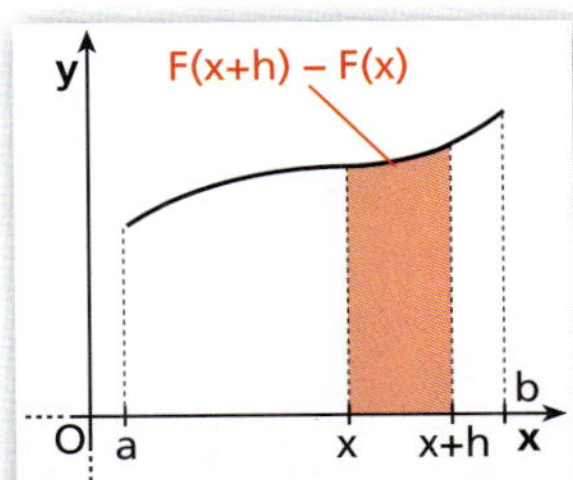

Analizziamo il comportamento di $f(z)$ al tendere a 0 di h. Sia $h > 0$; poiché z è compreso fra x e $x+h$, se h tende a 0 (da destra), allora z tende a x (da destra) e $\lim\limits_{h \to 0^+} f(z) = \lim\limits_{z \to x^+} f(z) = f(x)$ perché f è continua per ipotesi. Con ragionamento analogo, se $h < 0$, si deduce che $\lim\limits_{h \to 0^-} f(z) = \lim\limits_{z \to x^-} f(z) = f(x)$. Dunque: $\lim\limits_{h \to 0} f(z) = \lim\limits_{z \to x} f(z) = f(x)$.

TEORIA

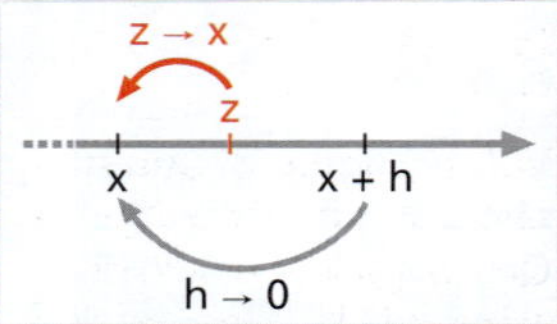

Possiamo pertanto concludere che esiste anche il limite, per h tendente a 0, dell'espressione al primo membro, cioè del rapporto incrementale della funzione F nel punto x, e:

$$\lim_{h\to 0}\frac{F(x+h)-F(x)}{h}=\lim_{h\to 0}f(z)=f(x).$$

La funzione F è dunque derivabile, e quindi anche continua, e risulta:

$$F'(x)=f(x).$$

La derivata di $F(x)$ coincide con il valore che la funzione integranda $f(t)$ assume nell'estremo x di integrazione, ossia

$$F'(x)=\mathrm{D}\int_a^x f(t)\,dt=f(x).$$

Per il teorema ora dimostrato, una funzione f continua in $[a; b]$ ammette come primitiva fondamentale la funzione integrale $F(x)$, con x variabile nell'intervallo $[a; b]$. Pertanto, l'integrale indefinito di f, inteso come la totalità delle sue primitive, si esprime come:

$$\int f(x)\,dx=\int_a^x f(t)\,dt+c,\ \text{dove } c \text{ è una qualunque costante reale.}$$

Calcolo dell'integrale definito

▶ Esercizi a p. 1340

Dal teorema fondamentale del calcolo integrale possiamo ottenere la formula per calcolare l'integrale definito.
Sia $\varphi(x)$ una primitiva qualsiasi di $f(x)$. Dal teorema fondamentale del calcolo integrale sappiamo che la funzione integrale $F(x)$ è una *particolare* primitiva della funzione f. Pertanto $\varphi(x)$ risulta della forma:

$$\varphi(x)=F(x)+c=\int_a^x f(t)\,dt+c,$$

dove c è una costante reale arbitraria.

- Calcoliamo $\varphi(a)$ (sostituiamo all'estremo di integrazione x il valore a):

$$\varphi(a)=\int_a^a f(t)\,dt+c=0+c=c.$$

- Calcoliamo $\varphi(b)$ (sostituiamo all'estremo di integrazione x il valore b):

$\varphi(b)=\int_a^b f(t)\,dt+c$. Poiché $\varphi(a)=c$, otteniamo:

$$\varphi(b)=\int_a^b f(t)\,dt+\varphi(a).$$

Portiamo al primo membro $\varphi(a)$,

$$\varphi(b)-\varphi(a)=\int_a^b f(t)\,dt.$$

Scriviamo l'uguaglianza da destra a sinistra e, poiché non ci sono più ambiguità di variabili, riutilizziamo la variabile x. Otteniamo la formula di **Leibniz-Newton**:

$$\int_a^b f(x)\,dx=\varphi(b)-\varphi(a),$$

primitiva di f(x)

ovvero la seguente regola.

L'integrale definito di una funzione continua $f(x)$ è uguale alla differenza tra i valori assunti da una qualunque primitiva $\varphi(x)$ di $f(x)$ rispettivamente nell'estremo superiore di integrazione e nell'estremo inferiore.

Di solito nella totalità delle primitive si sceglie quella corrispondente a $c = 0$. Indichiamo in modo sintetico:

$$\varphi(b) - \varphi(a) = [\varphi(x)]_a^b.$$

La formula trovata permette di ricondurre il calcolo di un integrale definito a quello di un integrale indefinito. Si supera in tal modo la difficoltà del calcolo del limite della successione s_n, che, in generale, non è facile da determinare.

ESEMPIO

Calcoliamo $\int_2^3 2x\,dx$.

Utilizziamo l'integrale indefinito per determinare le primitive di $2x$:

$$\int 2x\,dx = x^2 + c.$$

Scegliamo la primitiva con $c = 0$, ossia x^2:

$$\int_2^3 2x\,dx = [x^2]_2^3.$$

Sostituiamo a x prima il valore 3 e poi il valore 2, ottenendo:

$$[x^2]_2^3 = 3^2 - 2^2 = 9 - 4 = 5.$$

TEORIA

Video

Valore medio di una funzione in un intervallo

Qual è il valore medio di $y = \ln x$ in $[1; e]$ e in quali punti la funzione assume questo valore?

► Calcola il valore dell'integrale $\int_0^1 \frac{3x}{1+9x^2}dx$.

Animazione

► Trova il valore medio della funzione $f(x) = \sqrt{x-1}$ nell'intervallo $[2; 5]$ e determina il punto z in cui la funzione assume tale valore.

Animazione

► Verifica che il risultato non cambia se scegliamo come primitiva, per esempio, $x^2 + 3$.

3 Calcolo delle aree di superfici piane

Area compresa tra una curva e l'asse x

► Esercizi a p. 1347

Abbiamo visto che l'integrale definito $\int_a^b f(x)\,dx$, con $a < b$, se $f(x) > 0$, rappresenta l'area della regione di piano delimitata dal grafico di $f(x)$, dall'asse x e dalle rette $x = a$ e $x = b$.

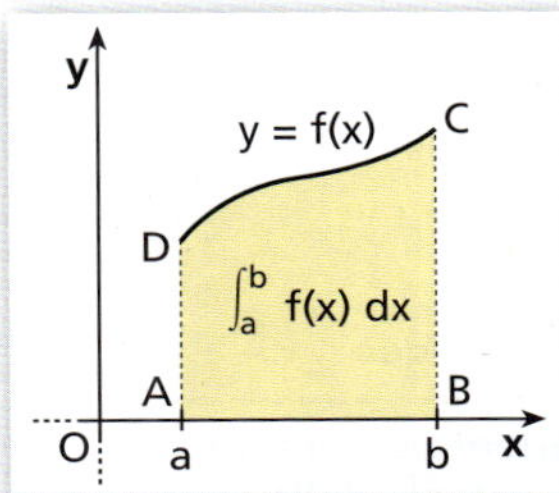

Se invece $f(x) < 0$, l'area è uguale a $-\int_a^b f(x)\,dx$.

Se $f(x)$ cambia segno nell'intervallo $[a; b]$, per determinare l'area compresa tra il suo grafico e l'asse x occorre suddividere l'intervallo $[a; b]$ in sottointervalli tali che in ciascuno di essi la funzione mantenga lo stesso segno. Si calcolano poi gli integrali nei diversi intervalli e si sommano algebricamente i risultati.

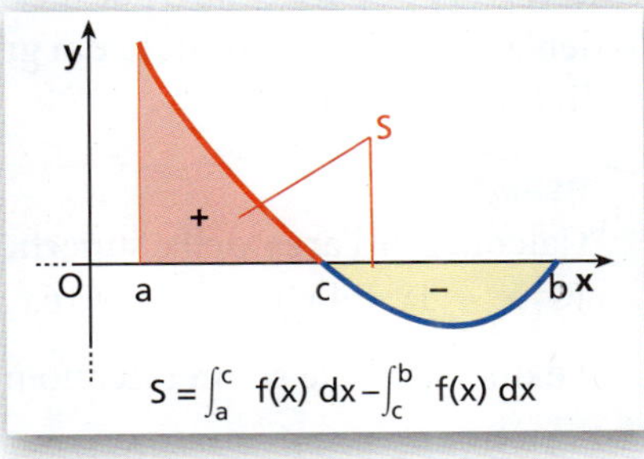

TEORIA

ESEMPIO

Calcoliamo l'area della superficie compresa tra il grafico della funzione $y = x^3$ e l'asse x nell'intervallo $[-1; 1]$:

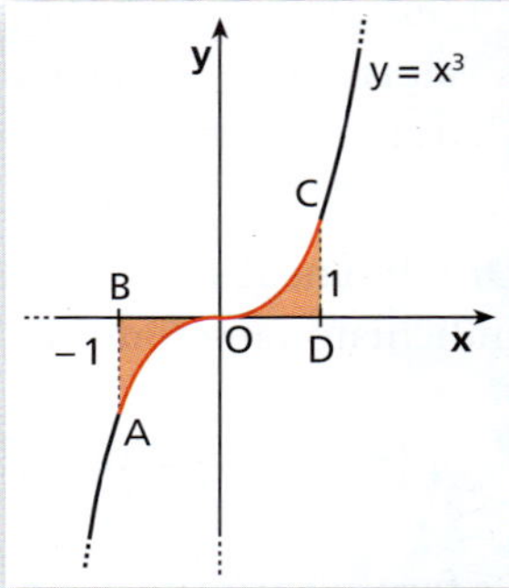

$$S = -\int_{-1}^{0} x^3 dx + \int_{0}^{1} x^3 dx =$$

$$-\left[\frac{x^4}{4}\right]_{-1}^{0} + \left[\frac{x^4}{4}\right]_{0}^{1} =$$

$$-\left(-\frac{1}{4}\right) + \frac{1}{4} = \frac{1}{2}.$$

Osserviamo che se calcoliamo $\int_{-1}^{1} x^3 dx$ otteniamo il valore 0, che non fornisce la misura dell'area considerata.

► Calcola l'area della superficie compresa tra il grafico di $y = \cos x$ e l'asse x nell'intervallo $\left[-\frac{\pi}{2}; \frac{\pi}{2}\right]$.

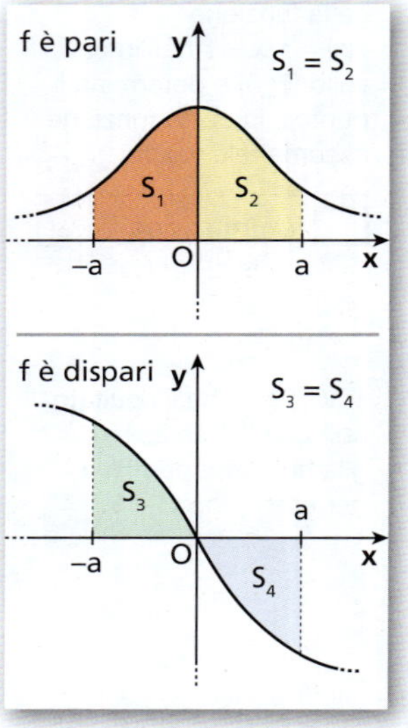

Nell'esempio abbiamo considerato una funzione dispari, che ha pertanto il grafico simmetrico rispetto all'origine. Ricordiamo che le funzioni pari, invece, hanno il grafico simmetrico rispetto all'asse y. In generale:

- se f è **pari**: $\int_{-a}^{a} f(x)dx = 2\int_{0}^{a} f(x)dx$;
- se f è **dispari**: $\int_{-a}^{a} f(x)dx = 0$.

In entrambi i casi, l'area compresa tra il grafico di f e l'asse x nell'intervallo $[-a; a]$ misura: $2\int_{0}^{a} |f(x)|dx$.

Area compresa tra due curve

► Esercizi a p. 1350

Consideriamo due funzioni $f(x)$ e $g(x)$ continue, entrambe positive e con $f(x) \geq g(x)$ nell'intervallo $[a; b]$. L'area S della superficie racchiusa dai loro grafici nell'intervallo $[a; b]$ si può ottenere facendo la differenza tra l'area del trapezoide individuato da $f(x)$ e l'area del trapezoide individuato da $g(x)$, cioè:

$$S = \int_{a}^{b} f(x)dx - \int_{a}^{b} g(x)dx.$$

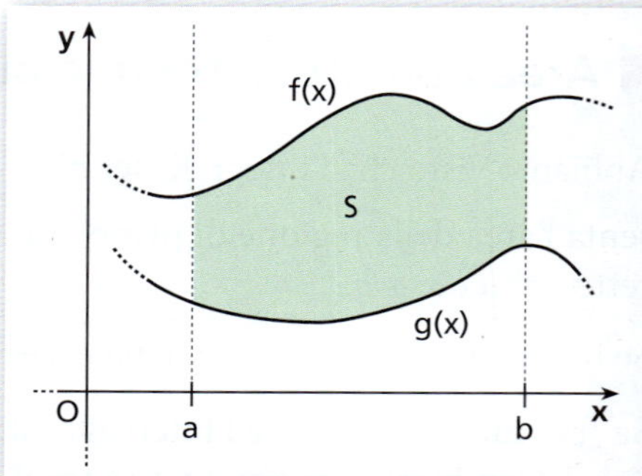

Applicando la proprietà dell'integrale definito della somma di funzioni si ha:

$$S = \int_{a}^{b} [f(x) - g(x)]dx.$$

Questo vale in particolare per il calcolo dell'area chiusa delimitata dai grafici di due funzioni.

Video

Integrale definito e calcolo delle aree

Consideriamo la funzione polinomiale

$f(x) = -\frac{1}{15}(3x^4 - 35x^3 + 126x^2 - 136x)$.

► Quanto vale l'integrale definito $\int_{1}^{6} f(x)dx$?

► Quanto vale l'area compresa tra $f(x)$ e l'asse x?

ESEMPIO

Calcoliamo l'area della superficie racchiusa dalle due parabole di equazioni $y = x^2 - 4x + 4$ e $y = -4x^2 + 16x - 11$.

Le due parabole si intersecano nei punti $A(1; 1)$ e $B(3; 1)$.

L'area S cercata è quindi data dalla differenza fra l'area del trapezoide $A'AV'BB'$ e l'area del trapezoide $AA'B'B$.

$$S = \text{area}(A'AV'BB') - \text{area}(AA'B'B) =$$

$$\int_1^3 (-4x^2 + 16x - 11)\,dx - \int_1^3 (x^2 - 4x + 4)\,dx =$$ proprietà dell'integrale della somma di funzioni

$$\int_1^3 (-4x^2 + 16x - 11 - x^2 + 4x - 4)\,dx =$$

$$\int_1^3 (-5x^2 + 20x - 15)\,dx =$$

$$\left[\frac{-5x^3}{3} + \frac{20x^2}{2} - 15x\right]_1^3 =$$

$$-45 + 90 - 45 + \frac{5}{3} - 10 + 15 = \frac{20}{3}.$$

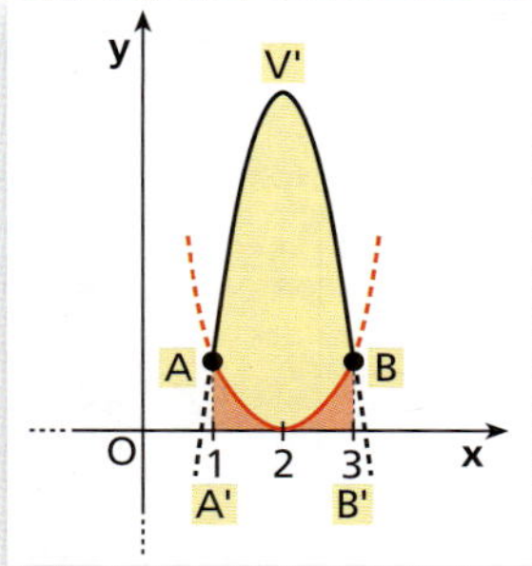

► Trova il valore dell'area racchiusa dalla retta di equazione $y = 4x$ e dalla parabola di equazione $y = x^2 + 3x$.

La formula resta valida anche se una o entrambe le funzioni sono negative. Infatti se la superficie non si trova tutta al di sopra dell'asse x, si può effettuare una traslazione in modo che essa sia tutta al di sopra dell'asse x e l'area non cambia.

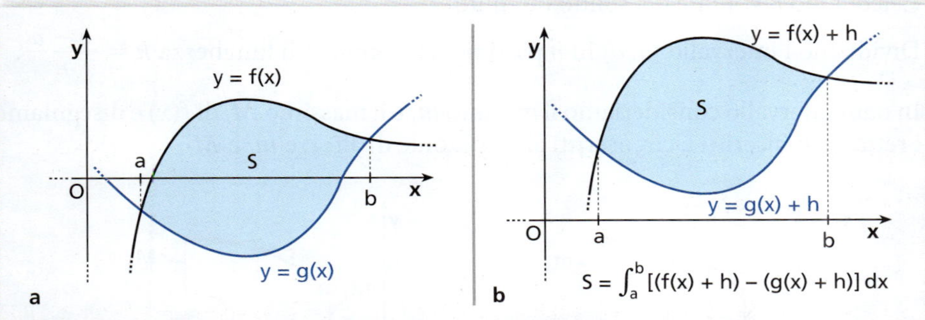

► Determina l'area della superficie racchiusa dai grafici delle funzioni di equazione $y = \sqrt{x}$, $y = \frac{2}{x+1}$ e dalla retta di equazione $x = 4$.

Animazione

Allora:

$$S = \int_a^b [(f(x) + h) - (g(x) + h)]\,dx = \int_a^b [f(x) - g(x)]\,dx.$$

Quindi in generale vale la seguente regola.

REGOLA

Area della superficie delimitata dai grafici di due funzioni

Siano $f(x)$ e $g(x)$ due funzioni continue definite nello stesso intervallo $[a; b]$, con $f(x) \geq g(x)$, per ogni x in $[a; b]$, i cui grafici racchiudano una superficie; allora l'area S della superficie è data da: $S = \int_a^b [f(x) - g(x)]\,dx$.

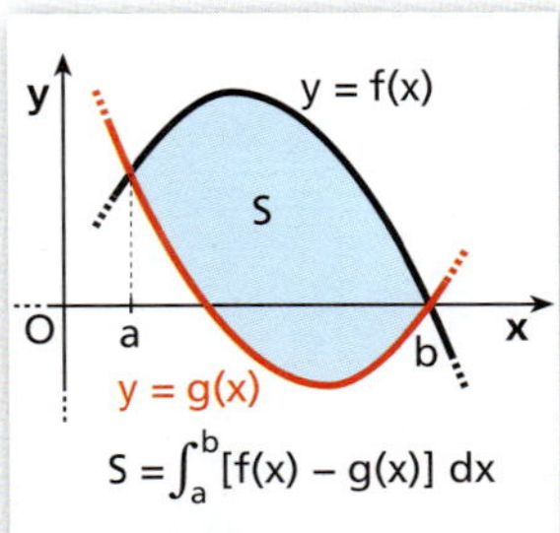

4 Calcolo dei volumi

Volume di un solido di rotazione

► Esercizi a p. 1357

Rotazione intorno all'asse *x*

Consideriamo la funzione $y = f(x)$, continua nell'intervallo $[a; b]$ e non negativa, e il trapezoide esteso all'intervallo $[a; b]$. Se facciamo ruotare il trapezoide attorno all'asse x di un giro completo (ossia di 360°), otteniamo un solido di rotazione.

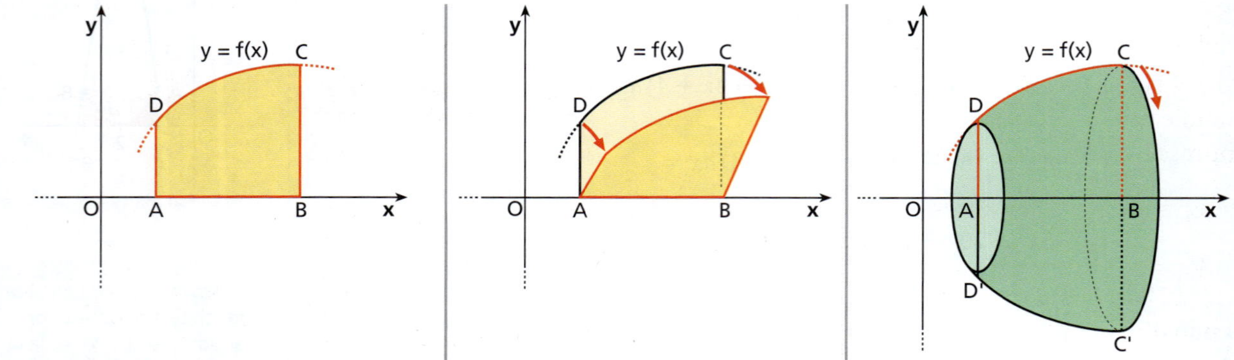

a. È dato il trapezoide *ABCD*.

b. Ruotiamo il trapezoide attorno all'asse *x* (il lato *AB* rimane fisso).

c. Abbiamo ottenuto il solido generato dalla rotazione di 360° del trapezoide attorno all'asse *x*.

Notiamo che ogni sezione del solido con un piano perpendicolare all'asse x è un cerchio.

Calcoliamo il volume del solido ottenuto.

Dividiamo l'intervallo $[a; b]$ in n parti uguali, ognuna di lunghezza $h = \dfrac{b-a}{n}$.

In ogni intervallo consideriamo il minimo m_i e il massimo M_i di $f(x)$ e disegniamo i rettangoli inscritti e circoscritti al trapezoide di altezze m_i e M_i.

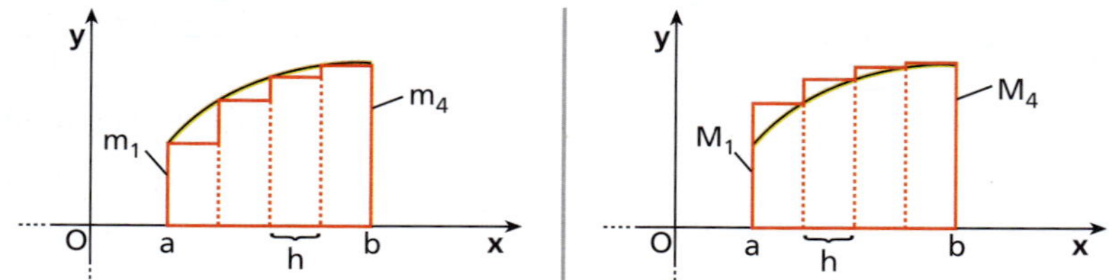

a. Rettangoli che approssimano l'area del trapezoide per difetto.

b. Rettangoli che approssimano l'area del trapezoide per eccesso.

Nella rotazione completa intorno all'asse delle x ogni rettangolo descrive un cilindro circolare retto di altezza h e raggio di base m_i o M_i.

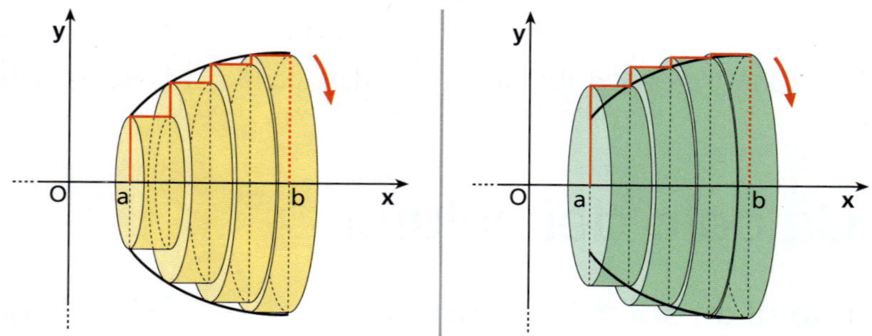

a. Ogni cilindro per difetto ha per base un cerchio di raggio m_i e per altezza h.

b. Ogni cilindro per eccesso ha per base un cerchio di raggio M_i e per altezza h.

La somma dei volumi degli n cilindri con base i cerchi di raggi m_i approssima per difetto il volume del solido di rotazione iniziale, e la somma dei volumi degli n cilindri con base i cerchi di raggi M_i approssima per eccesso il volume dello stesso solido.

Poiché la formula del volume del cilindro circolare di raggio r e altezza h è $\pi r^2 h$, il volume v_n dei cilindri approssimanti il solido per difetto e il volume V_n dei cilindri approssimanti per eccesso sono:

$$v_n = \pi m_1^2 h + \pi m_2^2 h + \pi m_3^2 h + \ldots + \pi m_n^2 h;$$

$$V_n = \pi M_1^2 h + \pi M_2^2 h + \pi M_3^2 h + \ldots + \pi M_n^2 h.$$

Si può dimostrare che, per $n \to +\infty$, le due successioni hanno lo stesso limite:

$$\lim_{n \to +\infty} v_n = \lim_{n \to +\infty} V_n = \int_a^b \pi \cdot f^2(x)\, dx = \pi \cdot \int_a^b f^2(x)\, dx.$$

Diamo allora la seguente definizione.

DEFINIZIONE

Dato il trapezoide esteso all'intervallo $[a; b]$, delimitato dal grafico della funzione $y = f(x)$ (positiva o nulla), dall'asse x e dalle rette $x = a$ e $x = b$, il **volume del solido di rotazione** che si ottiene ruotando il trapezoide intorno all'asse x di un giro completo è:

$$V = \pi \cdot \int_a^b f^2(x)\, dx.$$

Video

Volume dei solidi
Calcoliamo il volume di alcuni solidi.

ESEMPIO

1. Calcoliamo il volume V del solido ottenuto dalla rotazione completa attorno all'asse x della regione di piano delimitata dal grafico della funzione $y = e^x$, con x appartenente all'intervallo $[-1; 1]$:

$$V = \pi \cdot \int_{-1}^{1} (e^x)^2\, dx = \pi \cdot \int_{-1}^{1} e^{2x}\, dx = \pi \cdot \left[\frac{e^{2x}}{2}\right]_{-1}^{1} = \pi \cdot \left(\frac{e^2}{2} - \frac{e^{-2}}{2}\right).$$

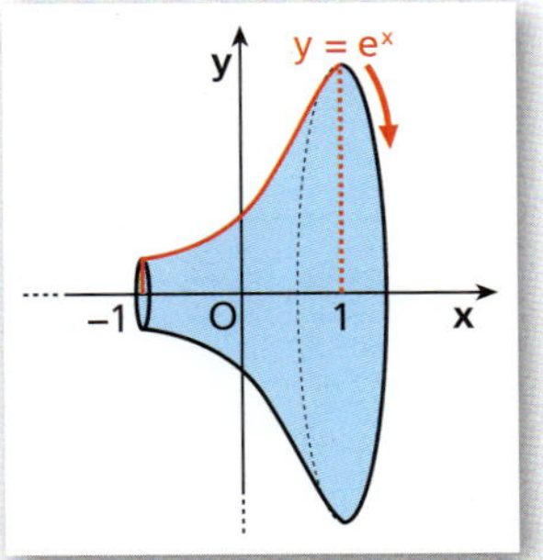

2. **Volume del cono**
Consideriamo il cono ottenuto dalla rotazione del triangolo OAB attorno a OA. Se r è il raggio della base e h è l'altezza del cono, allora i punti A e B hanno coordinate $A(h; 0)$ e $B(h; r)$.

Il triangolo OAB è il trapezoide delimitato dal grafico della retta OB che ha equazione $y = \frac{r}{h} \cdot x$. Allora, applicando la definizione, il volume del cono è dato da:

$$V = \pi \cdot \int_0^h \left(\frac{r}{h} \cdot x\right)^2 dx = \pi \cdot \frac{r^2}{h^2} \cdot \int_0^h x^2\, dx = \pi \cdot \frac{r^2}{h^2}\left[\frac{x^3}{3}\right]_0^h = \frac{1}{3}\pi r^2 h.$$

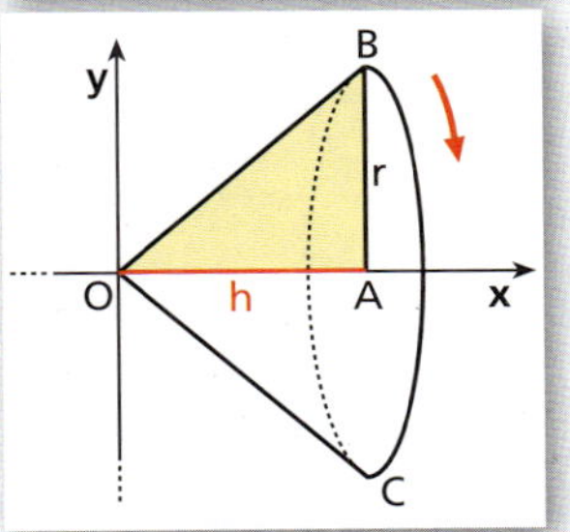

3. **Volume della sfera**
L'equazione della semicirconferenza segnata in rosso nella figura è

$$y = \sqrt{r^2 - x^2}.$$

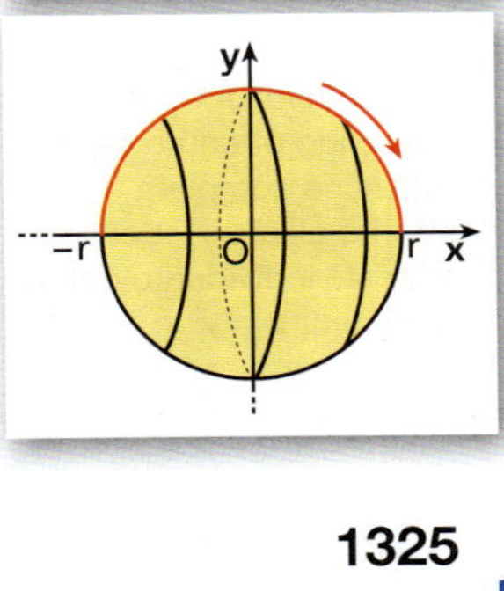

TEORIA

▶ Calcola il volume del solido generato dalla rotazione completa attorno all'asse x del trapezoide individuato dal grafico della funzione $f(x) = x^2 - 2x + 2$ nell'intervallo [0; 1].

Animazione

Quindi, il volume della sfera è:

$$V = \pi \cdot \int_{-r}^{r} (\sqrt{r^2 - x^2})^2 dx = \pi \cdot \int_{-r}^{r} (r^2 - x^2)\, dx = \pi \cdot \left[r^2 x - \frac{x^3}{3} \right]_{-r}^{r} =$$

$$\pi \cdot \left(r^3 - \frac{r^3}{3} + r^3 - \frac{r^3}{3} \right) = \frac{4}{3}\pi r^3.$$

Rotazione intorno all'asse y

Consideriamo ora un solido che sia generato dalla rotazione intorno all'asse y di un trapezoide compreso tra il grafico di $x = f(y)$, l'asse y e le rette di equazioni $y = a$ e $y = b$. Si procede come per i solidi generati da una rotazione attorno all'asse x, giungendo a dare la seguente definizione.

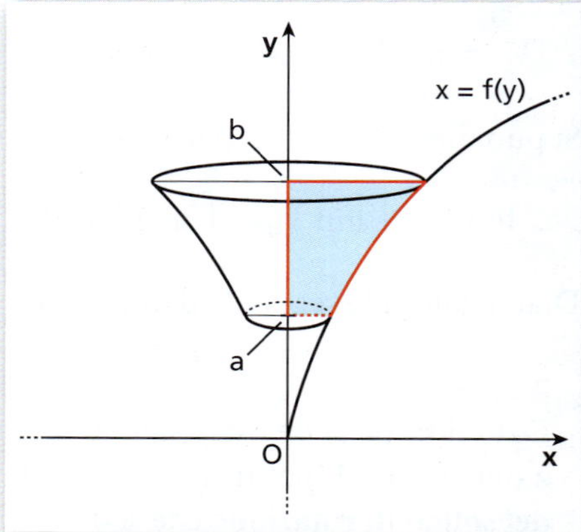

DEFINIZIONE

Dato il trapezoide delimitato dal grafico della funzione $x = f(y)$ (positiva o nulla), dall'asse y e dalle rette $y = a$ e $y = b$, il valore del volume del solido di rotazione che si ottiene ruotando il trapezoide intorno all'asse y di un giro completo è il numero espresso dal seguente integrale:

$$V = \pi \int_a^b f^2(y) dy.$$

ESEMPIO

Calcoliamo il volume del solido ottenuto dalla rotazione completa attorno all'asse y della regione di piano delimitata dal grafico della funzione $y = x^2$, dall'asse y e dalle rette di equazioni $y = 1$ e $y = 4$, nel primo quadrante.

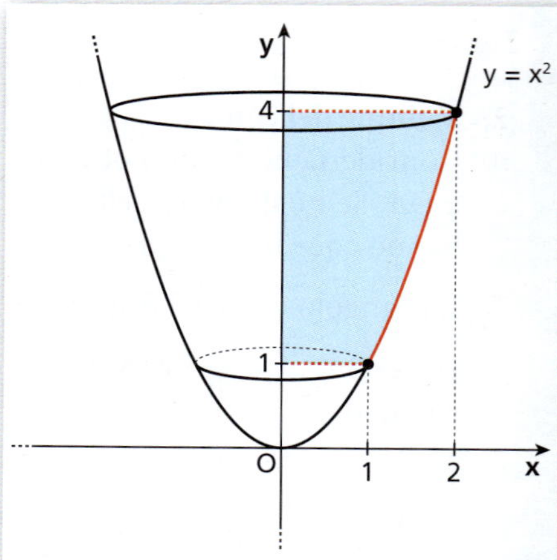

Per poter utilizzare la formula dobbiamo calcolare la funzione inversa di $y = x^2$ nell'intervallo [1; 2]:

$$x = \sqrt{y}, \qquad \text{per } 1 \leq y \leq 4.$$

Calcoliamo il volume:

$$V = \pi \int_1^4 (\sqrt{y})^2 dy = \pi \int_1^4 y\, dy = \pi \left[\frac{y^2}{2} \right]_1^4 = \pi\left(8 - \frac{1}{2}\right) = \frac{15\pi}{2}.$$

▶ Determina il volume del solido ottenuto dalla rotazione completa attorno all'asse y del trapezoide individuato dal grafico di $x = y^3$ e dall'asse y, per $0 \leq y \leq 1$.

Volume di un solido con il metodo delle sezioni

▶ Esercizi a p. 1359

Vediamo come i risultati ottenuti per i solidi di rotazione possono essere utilizzati per solidi qualsiasi.

Dato il solido T della figura, consideriamo due piani paralleli α e β che delimitano T, sono perpendicolari all'asse x e lo intersecano in a e b.

Dividiamo l'intervallo $[a; b]$ in n parti uguali di lunghezza $\Delta x = \frac{b-a}{n}$ e per ognuno dei punti di suddivisione conduciamo un piano parallelo ad α e a β.

Ogni piano, intersecando il solido, determina una sezione di area generica.

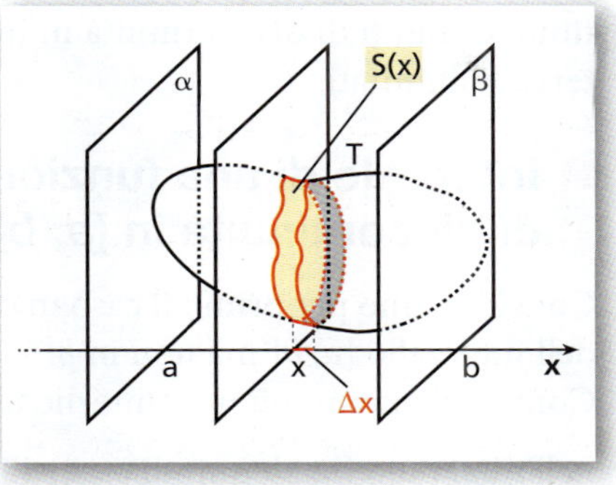

Se è nota la funzione $S(x)$ che esprime l'area della generica sezione del solido al variare di x, in modo simile a quello visto per i solidi di rotazione possiamo definire il volume V del solido T con l'integrale:

$$V = \int_a^b S(x)\,dx.$$

ESEMPIO

Consideriamo la regione di piano $\mathscr{A}$ che la parabola di equazione $y = -x^2 + 3x$ delimita nell'intervallo $[0; 3]$ con l'asse x (figura **a**).

Calcoliamo il volume del solido che ha come base $\mathscr{A}$ e le cui sezioni con piani perpendicolari all'asse x sono quadrate (figura **b**).

L'area della generica sezione è $(-x^2+3x)^2$, quindi il volume è dato da

$$V = \int_0^3 (-x^2+3x)^2\,dx.$$

Calcoliamo l'integrale definito:

$$\int_0^3 (-x^2+3x)^2\,dx =$$

$$\int_0^3 (x^4 - 6x^3 + 9x^2)\,dx =$$

$$\left[\frac{x^5}{5} - 6\frac{x^4}{4} + 9\frac{x^3}{3}\right]_0^3 =$$

$$\left[\frac{x^5}{5} - \frac{3}{2}x^4 + 3x^3\right]_0^3 = \frac{81}{10}.$$

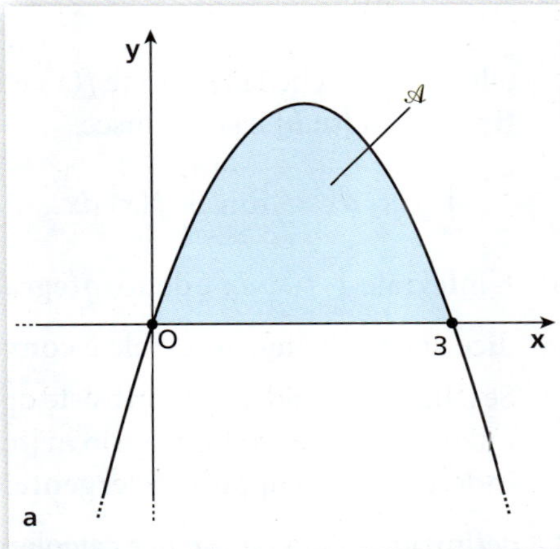

a

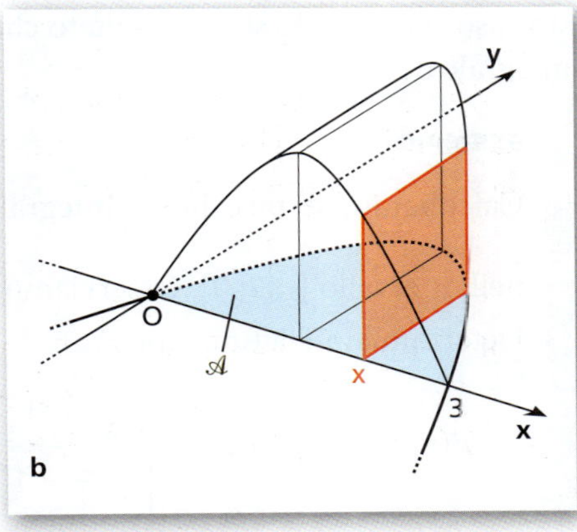

b

▶ Trova il volume del solido che ha come base la regione S delimitata dal grafico della funzione $f(x) = \sqrt{x-2}$, dall'asse x, nell'intervallo $[2; 6]$, e come sezioni perpendicolari all'asse x rettangoli con altezza tripla della base.

Animazione

5 Integrali impropri

Nei precedenti paragrafi abbiamo calcolato gli integrali definiti di funzioni continue in intervalli limitati e chiusi $[a; b]$. In questo paragrafo vedremo come il concetto di integrale possa essere ampliato considerando funzioni con un numero finito di punti di discontinuità in un intervallo limitato oppure considerando intervalli illimitati.

Integrale di una funzione con un numero finito di punti di discontinuità in [a; b]

▶ Esercizi a p. 1360

Consideriamo per primo il caso in cui la funzione $f(x)$ sia continua in tutti i punti dell'intervallo $[a; b[$ ma non in b.
Consideriamo un punto z interno all'intervallo $[a; b[$: la funzione $f(x)$ è continua nell'intervallo $[a; z]$, quindi esiste l'integrale $\int_a^z f(x)\,dx$, il cui valore è un numero reale. Questo vale per tutti i punti z dell'intervallo $[a; b[$, perciò possiamo costruire la funzione integrale

$$F(z) = \int_a^z f(x)\,dx,$$

definita in $[a; b[$.

- Se esiste finito il limite di $F(z)$ quando z tende a b da sinistra, cioè se esiste

  $$\lim_{z \to b^-} F(z),$$

  allora si dice che la funzione $f(x)$ è **integrabile in senso improprio** (o **generalizzato**) **in $[a; b]$** e si definisce:

  $$\int_a^b f(x)\,dx = \lim_{z \to b^-} \int_a^z f(x)\,dx.$$

  L'integrale $\int_a^b f(x)\,dx$ è detto **integrale improprio** della funzione $f(x)$ in $[a; b]$ e si dice anche che tale integrale è **convergente**.
- Se il limite considerato non esiste oppure è infinito, si dice che la funzione non è integrabile in senso improprio in $[a; b]$ o anche che l'integrale è rispettivamente **indeterminato** oppure **divergente**.

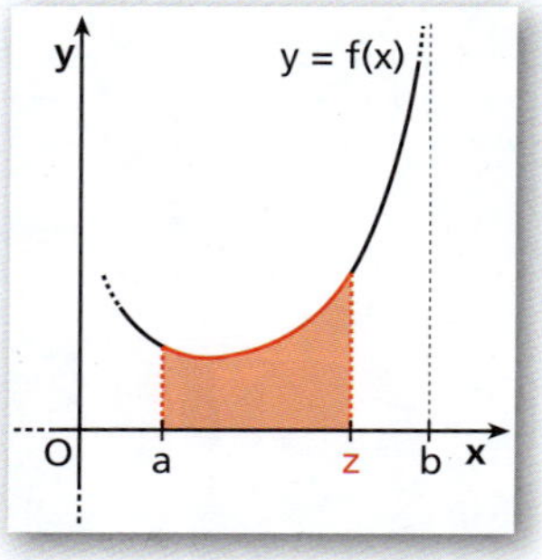

La definizione data è utile per calcolare l'integrale per tutti i casi di discontinuità in b. Essa può anche essere applicata quando in b la funzione è continua. In questo caso si ottiene lo stesso risultato che si ha utilizzando la definizione già data di integrale definito.

Listen to it

An **improper integral** $\int_a^b f(x)\,dx$ can be **convergent** or **divergent**.

ESEMPIO

Calcoliamo, se possibile, l'integrale improprio della funzione $f(x) = \dfrac{1}{\sqrt[3]{x^2}}$ nell'intervallo $[-2; 0]$. Osserviamo che la funzione tende a $+\infty$ per $x \to 0^-$.
Determiniamo la funzione $F(z)$:

$$F(z) = \int_{-2}^{z} \frac{1}{\sqrt[3]{x^2}}\,dx = \left[\frac{x^{-\frac{2}{3}+1}}{-\frac{2}{3}+1}\right]_{-2}^{z} = \left[\frac{x^{\frac{1}{3}}}{\frac{1}{3}}\right]_{-2}^{z} = \left[3\sqrt[3]{x}\right]_{-2}^{z} =$$

$3\sqrt[3]{z}+3\sqrt[3]{2}$.

Calcoliamo $\lim_{z\to 0^-} F(z)$:

$$\lim_{z\to 0^-}(3\sqrt[3]{z}+3\sqrt[3]{2}) = 3\sqrt[3]{2}.$$

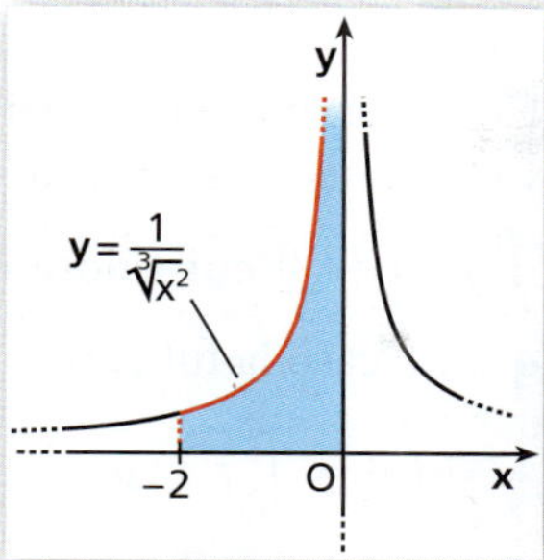

La funzione $f(x) = \dfrac{1}{\sqrt[3]{x^2}}$ è integrabile in senso improprio nell'intervallo $[-2; 0]$ e vale:

$$\int_{-2}^{0}\frac{1}{\sqrt[3]{x^2}}\,dx = 3\sqrt[3]{2}.$$

La regione colorata non è limitata, ma la sua area è finita.

► Calcola, se possibile, l'integrale improprio $\int_1^5 \frac{1}{\sqrt{5-x}}\,dx$.

Se la funzione $f(x)$ è continua in tutti i punti dell'intervallo $]a; b]$, ma non in a, possiamo definire l'integrale $\int_a^b f(x)\,dx$ in modo analogo.
Considerato $z \in\,]a; b]$, se esiste finito il limite della funzione $F(z) = \int_z^b f(x)\,dx$ quando z tende ad a da destra, cioè se esiste

$$\lim_{z\to a^+} F(z),$$

allora si dice che la funzione $f(x)$ è **integrabile in senso improprio in** $[a; b]$ e si definisce:

$$\int_a^b f(x)\,dx = \lim_{z\to a^+}\int_z^b f(x)\,dx.$$

Se la funzione ha un punto di discontinuità di qualunque specie in un punto c interno all'intervallo $[a; b]$, l'integrale $\int_a^b f(x)\,dx$ può essere definito, in senso improprio, come la somma degli integrali $\int_a^c f(x)\,dx$ e $\int_c^b f(x)\,dx$, se tali integrali esistono, in base alle definizioni precedenti:

$$\int_a^b f(x)\,dx = \lim_{t\to c^-}\int_a^t f(x)\,dx + \lim_{z\to c^+}\int_z^b f(x)\,dx.$$

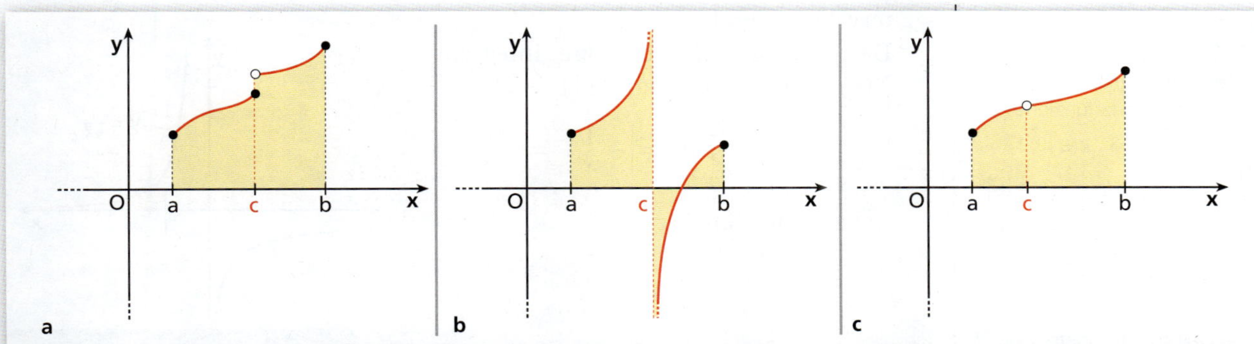

In modo analogo la definizione di integrale può essere estesa al caso di una funzione con un numero finito di punti di discontinuità.

Animazione

Studiamo graficamente il significato dell'integrale improprio convergente $\int_0^4 \frac{3}{2\sqrt{4-x}}\,dx$.

Animazione

Studiamo graficamente il significato dell'integrale improprio divergente $\int_0^4 \frac{1}{(x-4)^2}\,dx$.

► Dimostra che la funzione $f(x) = \frac{1}{x}$ non è integrabile in senso improprio in $[0; 1]$.

Integrale di una funzione in un intervallo illimitato

▶ Esercizi a p. 1361

Consideriamo una funzione $f(x)$ continua in tutti i punti di $[a; +\infty[$.
Comunque si scelga un punto z interno all'intervallo $[a; +\infty[$, esiste l'integrale $\int_a^z f(x)\,dx$ il cui valore è un numero reale, quindi possiamo costruire anche in questo caso la funzione integrale:

$$F(z) = \int_a^z f(x)\,dx,$$

definita in $[a; +\infty[$.

- Se esiste finito il limite della funzione $F(z)$ quando z tende a $+\infty$, cioè se esiste
  $$\lim_{z \to +\infty} F(z),$$
  allora si dice che la funzione $f(x)$ **è integrabile in senso improprio in** $[a; +\infty[$ e si definisce:
  $$\int_a^{+\infty} f(x)\,dx = \lim_{z \to +\infty} \int_a^z f(x)\,dx.$$
  Anche in questo caso si dice che l'integrale $\int_a^{+\infty} f(x)\,dx$ è **convergente**.
- Se il limite considerato è infinito, si dice che l'integrale $\int_a^{+\infty} f(x)\,dx$ è **divergente**. Se il limite non esiste, l'integrale $\int_a^{+\infty} f(x)\,dx$ è **indeterminato**.
  In entrambi i casi diciamo che la funzione $f(x)$ non è integrabile in senso improprio in $[a; +\infty[$.

In modo del tutto analogo, se una funzione è continua in $]-\infty; a]$ e se esiste finito il limite $\lim_{z \to -\infty} \int_z^a f(x)\,dx$, diciamo che la funzione $f(x)$ è integrabile in senso improprio in $]-\infty; a]$ e definiamo:

$$\int_{-\infty}^a f(x)\,dx = \lim_{z \to -\infty} \int_z^a f(x)\,dx.$$

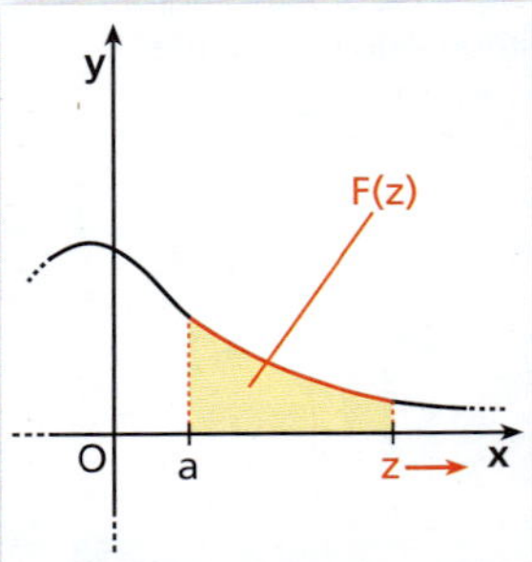

Animazione

Studiamo graficamente il significato dell'integrale improprio convergente
$\int_0^{+\infty} 4xe^{-x}\,dx$.

Animazione

Studiamo graficamente il significato dell'integrale improprio divergente
$\int_1^{+\infty} \frac{1}{\sqrt{x}}\,dx$.

▶ Calcola, se esiste, l'integrale $\int_3^{+\infty} \frac{1}{(x-2)^2}\,dx$.

Animazione

Video

Integrali impropri
Consideriamo la funzione
$$f(x) = \begin{cases} \frac{4}{\sqrt{x}} - 3 & x \in]0; 1] \\ \frac{1}{x^2} & x \in [1; +\infty[\end{cases}.$$

▶ Quanto vale l'area compresa tra la funzione $f(x)$ e l'asse x?

▶ Calcola, se esiste, l'integrale improprio
$\int_{-\infty}^0 e^x\,dx$.

ESEMPIO

Calcoliamo, se esiste, l'integrale improprio della funzione $f(x) = \frac{1}{x^2}$ nell'intervallo $[1; +\infty[$.

Determiniamo la funzione integrale $F(z)$, con z appartenente a $[1; +\infty[$:

$$F(z) = \int_1^z \frac{1}{x^2}\,dx = \left[-\frac{1}{x}\right]_1^z = -\frac{1}{z} + 1.$$

Calcoliamo $\lim_{z \to +\infty} F(z)$:

$$\lim_{z \to +\infty}\left(-\frac{1}{z} + 1\right) = 1.$$

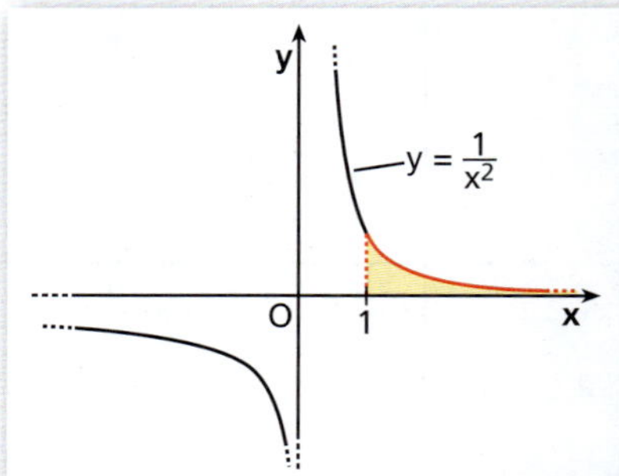

$f(x) = \frac{1}{x^2}$ è integrabile in senso improprio in $[1; +\infty[$ e $\int_1^{+\infty} \frac{1}{x^2}\,dx = 1$.

Anche in questo caso, la regione colorata non è limitata, ma la sua area è finita.

6 Applicazioni degli integrali alla fisica

▶ Esercizi a p. 1364

Gli integrali definiti non sono utilizzati solo in ambito geometrico, ma trovano larga applicazione anche in fisica. Vediamo alcuni esempi.

Posizione, velocità e accelerazione

In un moto rettilineo sappiamo che, se $s(t)$ è la posizione, cioè l'ascissa di un punto materiale all'istante t, allora:

$v(t) = s'(t)$ velocità;

$a(t) = v'(t) = s''(t)$ accelerazione.

Quindi, la velocità $v(t)$ è una primitiva dell'accelerazione $a(t)$ e la posizione $s(t)$ è una primitiva della velocità $v(t)$. Pertanto, nota l'accelerazione in funzione del tempo t, per determinare la velocità e la legge del moto, basta integrare successivamente $a(t)$ applicando il teorema fondamentale del calcolo integrale:

$$v(t) - v(t_0) = \int_{t_0}^{t} a(z)\,dz \quad \rightarrow \quad v(t) = v(t_0) + \int_{t_0}^{t} a(z)\,dz;$$

$$s(t) - s(t_0) = \int_{t_0}^{t} v(z)\,dz \quad \rightarrow \quad s(t) = s(t_0) + \int_{t_0}^{t} v(z)\,dz.$$

ESEMPIO

Determiniamo la legge del moto di un punto che si muove lungo una retta con accelerazione $a(t) = -3t^2 + 1$, sapendo che per $t = 2$ s la posizione è $s(2) = 4$ m e la velocità è $v(2) = 2$ m/s.

Possiamo applicare le formule precedenti prendendo $t_0 = 2$:

$$v(t) = v(2) + \int_{2}^{t}(-3z^2 + 1)\,dz = 2 + [-z^3 + z]_2^t = -t^3 + t + 8;$$

$$s(t) = s(2) + \int_{2}^{t}(-z^3 + z + 8)\,dz =$$

$$4 + \left[-\frac{z^4}{4} + \frac{z^2}{2} + 8z\right]_2^t = -\frac{t^4}{4} + \frac{t^2}{2} + 8t - 10.$$

▶ Determina la legge oraria di un punto materiale che si muove lungo una retta con accelerazione $a(t) = 4$ m/s^2, sapendo che parte da fermo e che $s(0) = 5$ m.

Se fissiamo l'istante finale t_1 e calcoliamo

$$\int_{t_0}^{t_1}(t)\,dt = \int_{t_0}^{t_1} s'(t)\,dt = s(t_1) - s(t_0),$$

otteniamo lo *spostamento* compiuto dal punto materiale tra gli istanti t_0 e t_1.

Se $v(t) \geq 0$ nell'intervallo $[t_0; t_1]$, otteniamo la distanza effettivamente percorsa dal punto. Altrimenti è necessario tenere conto delle inversioni di moto e quindi, per calcolare la distanza percorsa, occorre calcolare $\int_{t_0}^{t_1} |v(t)|\,dt$.

ESEMPIO

Determiniamo lo spostamento di un punto materiale che si muove lungo una retta con velocità $v(t) = 3 - t$ (in m/s) tra gli istanti $t_0 = 0$ s e $t_1 = 6$ s, e calcoliamo la distanza effettivamente percorsa.

Determiniamo lo spostamento:

$$\int_0^6 v(t)\,dt = \int_0^6 (3-t)\,dt = \left[3t - \frac{t^2}{2}\right]_0^6 = 18 - 18 = 0.$$

Quindi lo spostamento totale è nullo, cioè il punto materiale è tornato al punto di partenza. Calcoliamo lo spazio percorso.
Osserviamo che $3 - t > 0$ se $t < 3$.

$$\int_0^6 |v(t)|\,dt = \int_0^3 (3-t)\,dt + \int_3^6 (t-3)\,dt =$$

$$\left[3t - \frac{t^2}{2}\right]_0^3 + \left[\frac{t^2}{2} - 3t\right]_3^6 = 9 - \frac{9}{2} + \cancel{18} - \cancel{18} - \frac{9}{2} + 9 = 9.$$

Lo spazio percorso è di 9 m.

► Calcola la distanza percorsa tra gli istanti $t_0 = 4$ s e $t_1 = 10$ s da un punto materiale che si muove su una retta con velocità $v(t) = 3t + 1$.

Analogamente

$$\int_{t_0}^{t_1} a(t)\,dt = \int_{t_0}^{t_1} v'(t)\,dt = v(t_1) - v(t_0)$$

è la variazione della velocità del punto.

In generale, data una grandezza $f(t)$ variabile nel tempo, $\int_{t_0}^{t_1} f'(t)\,dt = f(t_1) - f(t_0)$ esprime la variazione della grandezza tra gli istanti t_0 e t_1.

Lavoro di una forza

Consideriamo una forza avente per direzione costante una retta r e intensità variabile al variare del punto di applicazione, per esempio la forza di richiamo di una molla oppure la forza gravitazionale tra due corpi. Supponiamo che il punto di applicazione si muova lungo la retta orientata r e indichiamo con x la sua ascissa. Esprimeremo perciò l'intensità della forza come funzione $F(x)$ dell'ascissa del punto di applicazione.

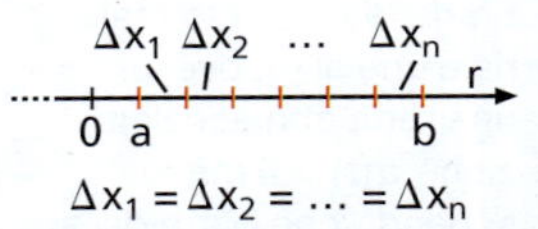

Per determinare in modo approssimato il lavoro compiuto dalla forza per uno spostamento da un punto di ascissa a a un punto di ascissa b, possiamo suddividere l'intervallo in n parti, Δx_1, Δx_2, ..., Δx_n, all'interno delle quali si possa ritenere l'intensità della forza approssimativamente costante, con valori $F(c_1)$, $F(c_2)$, ... e calcolare il lavoro nel modo seguente:

$$L_n = \Delta x_1 F(c_1) + \Delta x_2 F(c_2) + \ldots + \Delta x_n F(c_n).$$

L_n è un valore che dipende dalla suddivisione e varia al variare di n; si ha quindi una successione. Facendo tendere n all'infinito, se la successione L_n ammette limite, tale limite è l'integrale da a a b di $F(x)$ e coincide con il lavoro della forza, ossia:

$$L = \int_a^b F(x)\,dx.$$

ESEMPIO

Determiniamo il lavoro compiuto dalla forza elastica di una molla che sposta il suo punto di applicazione dal punto di ascissa $x_0 = 0$ al punto di ascissa $x_1 = 2$, sapendo che la forza varia con la legge $F(x) = -kx$, dove $k = 40$ è la costante elastica della molla.

Utilizzando la formula precedente, otteniamo:

$$L = \int_{x_0}^{x_1} F(x)\,dx = \int_0^2 -40x\,dx = -40\int_0^2 x\,dx = -40\left[\frac{1}{2}x^2\right]_0^2 = -80.$$

► Calcola il lavoro necessario per allungare una molla da 2 cm a 8 cm, sapendo che la costante elastica della molla è 500 N/m.

Quantità di carica

L'intensità di una corrente è la quantità di carica che attraversa la sezione di un conduttore nell'unità di tempo. Per esprimere l'intensità della corrente che circola nel conduttore all'istante t, ossia l'intensità istantanea, si utilizza la derivata della funzione $q(t)$, che lega la quantità di carica al tempo:

$$i(t) = q'(t).$$

Possiamo dedurre che la quantità di carica $q(t)$ è una primitiva dell'intensità di corrente $i(t)$. Se vogliamo determinare la quantità di carica che attraversa la sezione di un conduttore nell'intervallo di tempo che va da t_0 a t_1, basta allora calcolare il seguente integrale:

$$Q = \int_{t_0}^{t_1} i(t)\,dt.$$

ESEMPIO

Calcoliamo la quantità di carica che attraversa la sezione di un circuito nel primo secondo dopo la chiusura del circuito stesso, sapendo che l'intensità di corrente varia con la legge $i(t) = k(1 - e^{-ht})$, con k e h costanti.
Utilizzando la formula precedente, poniamo $t_0 = 0$ e $t_1 = 1$, quindi scriviamo:

$$Q = \int_0^1 k(1 - e^{-ht})\,dt = \int_0^1 k\,dt - k\int_0^1 e^{-ht}\,dt = k\int_0^1 dt + \frac{k}{h}\int_0^1 -he^{-ht}\,dt =$$

$$k[t]_0^1 + \frac{k}{h}[e^{-ht}]_0^1 = k + \frac{k}{h}(e^{-h} - 1).$$

MATEMATICA E ARCHITETTURA

La torre Eiffel Il simbolo di Parigi, costruito per l'Esposizione universale del 1889, è una struttura in ferro forgiato, alta 312 metri.

► Perché Gustave Eiffel le ha dato proprio quella forma?

La risposta

IN SINTESI
Integrali definiti

Integrale definito

- Data $f(x)$ continua su $[a; b]$, l'**integrale definito** esteso ad $[a; b]$ si indica con $\int_a^b f(x)dx$. a e b sono gli **estremi di integrazione**, $f(x)$ è la **funzione integranda**.
- L'integrale definito è un numero e non dipende dalla variabile x. Se $f(x) \geq 0$ in $[a; b]$, $\int_a^b f(x)dx$ rappresenta l'area del trapezoide determinato da f.
- $\int_b^a f(x)\,dx = -\int_a^b f(x)\,dx$, se $a < b$; $\int_a^a f(x)\,dx = 0$.
- **Proprietà dell'integrale definito**
  - Se $a < b < c$, $\int_a^c f(x)\,dx = \int_a^b f(x)\,dx + \int_b^c f(x)\,dx$.
  - $f(x) \leq g(x) \rightarrow \int_a^b f(x)\,dx \leq \int_a^b g(x)\,dx$.
  - $\int_a^b [f(x) + g(x)]\,dx = \int_a^b f(x)\,dx + \int_a^b g(x)\,dx$.
  - $\left|\int_a^b f(x)\,dx\right| \leq \int_a^b |f(x)|\,dx$.
  - $\int_a^b k \cdot f(x)\,dx = k \cdot \int_a^b f(x)\,dx$.
  - $\int_a^b k\,dx = k(b-a)$.
- **Teorema della media**
  Se f è una funzione continua nell'intervallo $[a; b]$, allora $\exists\, z \in [a; b]$ tale che $\int_a^b f(x)\,dx = (b-a) \cdot f(z)$.
  $f(z) = \frac{1}{b-a}\int_a^b f(x)dx$ è il **valore medio** di $f(x)$ in $[a; b]$.

Teorema fondamentale del calcolo integrale

- Se f è una funzione continua in $[a; b]$, si dice **funzione integrale** di f in $[a; b]$ la funzione:

$$F(x) = \int_a^x f(t)\,dt, \quad \forall x \in [a; b].$$

- **Teorema fondamentale del calcolo integrale**
  Se f è continua in $[a; b]$, allora la sua funzione integrale $F(x)$ è derivabile in $[a; b]$ e $F'(x) = f(x)$, $\forall x \in [a; b]$.
- **Calcolo dell'integrale definito**: se $\varphi(x)$ è una primitiva qualunque di $f(x)$ nell'intervallo $[a; b]$, allora:

$$\int_a^b f(x)\,dx = [\varphi(x)]_a^b = \varphi(b) - \varphi(a).$$

Calcolo di aree

Aree di superfici piane

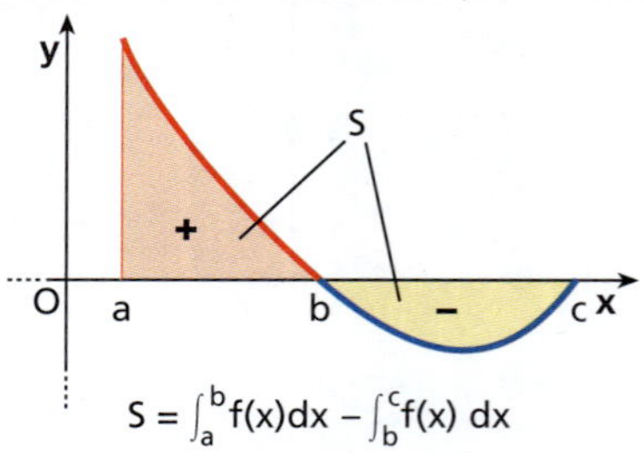

Area S della parte di piano compresa tra il grafico di una funzione e l'asse x.

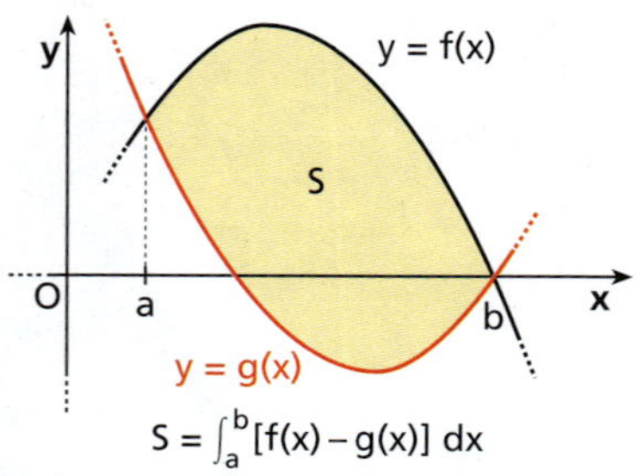

Area S della parte di piano compresa tra i grafici di due funzioni $f(x)$ e $g(x)$, con $f(x) \geq g(x)$.

Calcolo di volumi

- **Solidi di rotazione attorno all'asse x**
  Dato il trapezoide della figura esteso all'intervallo $[a; b]$, delimitato dal grafico di $y = f(x)$ (positiva o nulla), dall'asse x e dalle rette $x = a$ e $x = b$, il **volume del solido** che si ottiene ruotando il trapezoide intorno all'asse x di un giro completo è:

  $$V = \pi \cdot \int_a^b f^2(x)\,dx.$$

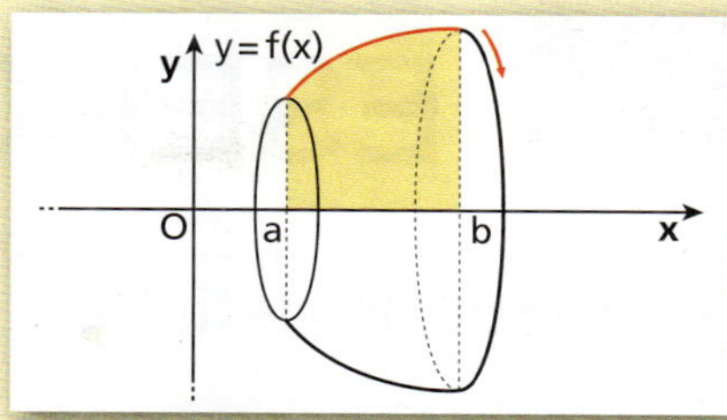

- **Solidi di rotazione attorno all'asse y**
  Dato il trapezoide in figura, delimitato dal grafico di $x = f(y)$ (positiva o nulla), dall'asse y e dalle rette $y = a$ e $y = b$, il **volume del solido** che si ottiene ruotando il trapezoide intorno all'asse y di un giro completo è:

  $$V = \pi \int_a^b f^2(y)dy.$$

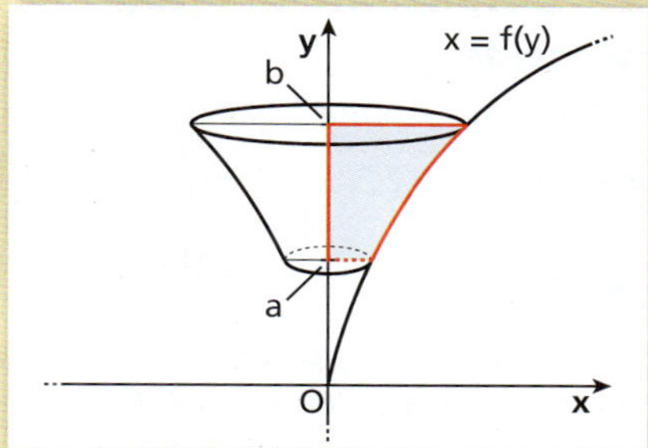

- **Volumi dei solidi con il metodo delle sezioni**
  Dato il solido T della figura, consideriamo i due piani paralleli α e β che delimitano T, sono perpendicolari all'asse x e lo intersecano in a e b. Consideriamo $x \in [a; b]$; se prendiamo il piano parallelo ad α e a β passante per x, esso, intersecando il solido, determina una sezione di area generica $S(x)$. Il volume V del solido è allora:

  $$V = \int_a^b S(x)dx.$$

  Per poter utilizzare questa formula, deve essere nota la funzione $S(x)$, che esprime l'area della generica sezione del solido al variare di x.

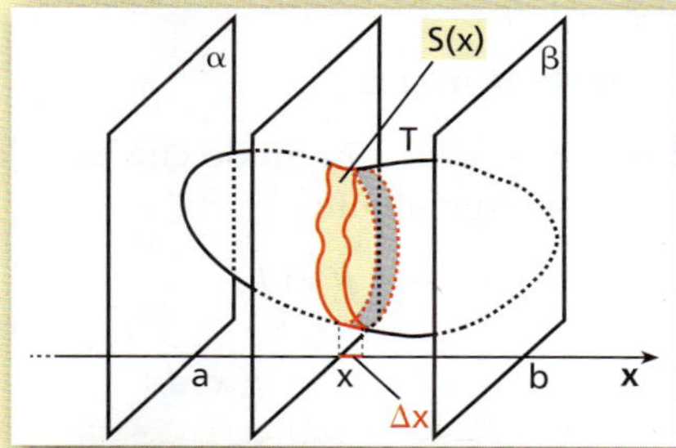

Integrali impropri

- **Discontinuità**
  - Se $f(x)$ è continua in $[a; b[$ ma discontinua in b: $\int_a^b f(x)\,dx = \lim_{z \to b^-} \int_a^z f(x)\,dx.$
  - Se $f(x)$ è continua in $]a; b]$ ma discontinua in a: $\int_a^b f(x)\,dx = \lim_{z \to a^+} \int_z^b f(x)\,dx.$
  - Se $f(x)$ è continua in $[a; b]$ tranne che in $c \in [a; b]$: $\int_a^b f(x)\,dx = \lim_{z \to c^-} \int_a^z f(x)\,dx + \lim_{z \to c^+} \int_z^b f(x)\,dx.$
- **Intervallo di integrazione illimitato**
  - Se $f(x)$ è continua in $[a; +\infty[$: $\int_a^{+\infty} f(x)\,dx = \lim_{z \to +\infty} \int_a^z f(x)\,dx.$
  - Se $f(x)$ è continua in $]-\infty; a]$: $\int_{-\infty}^a f(x)\,dx = \lim_{z \to -\infty} \int_z^a f(x)\,dx.$

Applicazioni degli integrali alla fisica

- **Posizione, velocità e accelerazione**
  - $s(t) = s(t_0) + \int_{t_0}^t v(z)\,dz$, $v(t) = v(t_0) + \int_{t_0}^t a(z)\,dz$, dove $s(t)$ è la posizione, $v(t)$ la velocità e $a(t)$ l'accelerazione in funzione del tempo.
  - $\int_{t_0}^{t_1} v(t)\,dt$ è lo spostamento, $\int_{t_0}^{t_1} |v(t)|\,dt$ è la distanza percorsa nell'intervallo $[t_0; t_1]$.
- **Lavoro di una forza:** $L = \int_a^b F(x)\,dx$, dove $F(x)$ è la forza in funzione della posizione.
- **Quantità di carica:** $Q = \int_{t_0}^t i(t)\,dt$, dove Q è la quantità di carica e $i(t)$ la corrente in funzione del tempo.

ESERCIZI

CAPITOLO 25
ESERCIZI

1 Integrale definito

Definizione di integrale definito

▶ Teoria a p. 1312

Trapezoide

Disegna il trapezoide individuato dalla funzione nell'intervallo scritto a fianco.

1 $y = x^2 + 2$, $[-1; 4]$.

2 $y = \sqrt{x}$, $[1; 3]$.

3 $y = x^3 - 1$, $[1; 2]$.

4 $y = \ln(x+1)$, $[0; e]$.

5 $y = \cos x$, $\left[-\frac{\pi}{4}; \frac{\pi}{2}\right]$.

6 $y = \frac{x+1}{x+2}$, $[-1; 2]$.

Trova, utilizzando sei suddivisioni di uguale ampiezza, un valore approssimato per eccesso e uno per difetto dell'area del trapezoide individuato dal grafico della funzione *f*(*x*) nell'intervallo indicato a fianco.

7 $f(x) = -x^2 + 8x$, $[2; 8]$.

8 $f(x) = \frac{1}{x+1}$, $[0; 4]$.

Integrale definito

9 COMPLETA in modo che gli integrali indichino la misura dell'area corrispondente.

a. $A_1 = \int_{-1}^{\square} f(x)dx$

b. $A_1 \cup A_2 = \int_{\square}^{\square} f(x)dx$

c. $A_3 = \left| \int_{\square}^{\square} f(x)dx \right|$

d. $A_2 \cup A_3 = \int_{\square}^{\square} f(x)dx - \int_{\square}^{\square} f(x)dx$

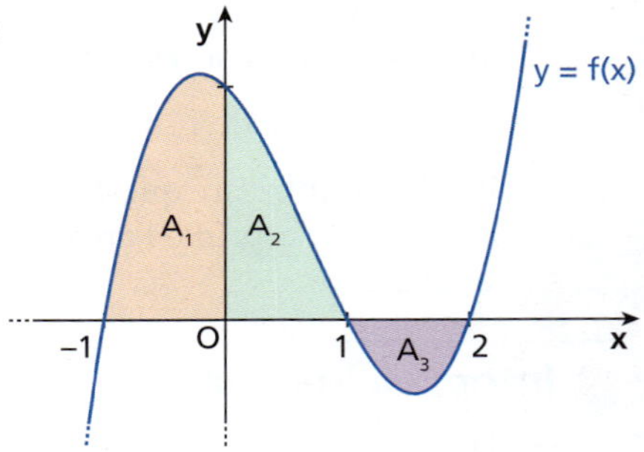

LEGGI IL GRAFICO **Scrivi gli integrali che esprimono i valori delle aree delle regioni rappresentate nelle figure. (I grafici in cui non è indicato il tipo di equazione sono rette o parabole.)**

10

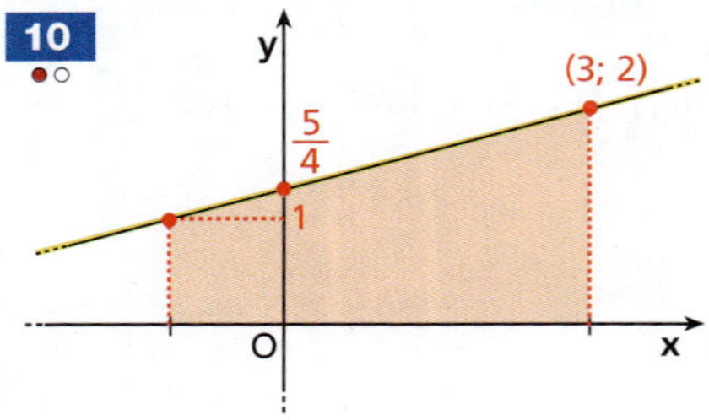

11

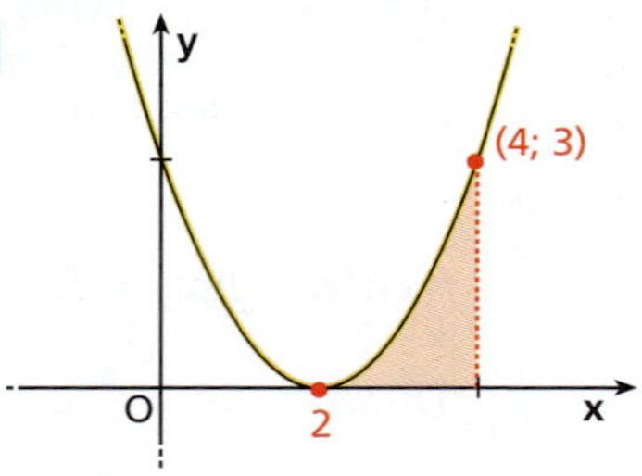

12

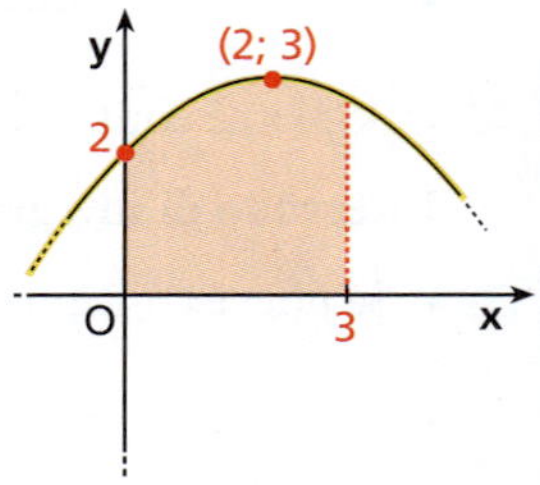

13

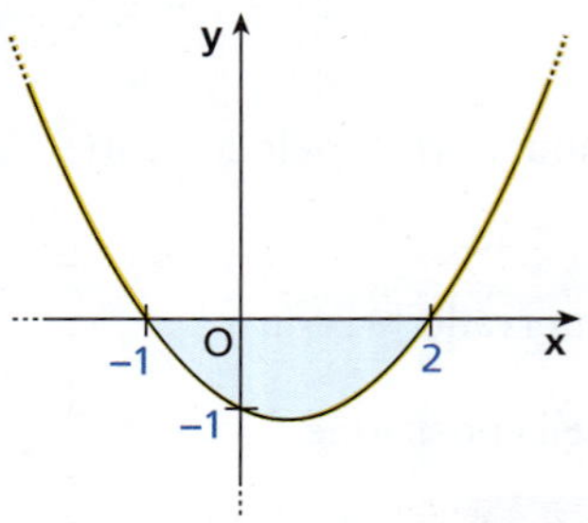

14

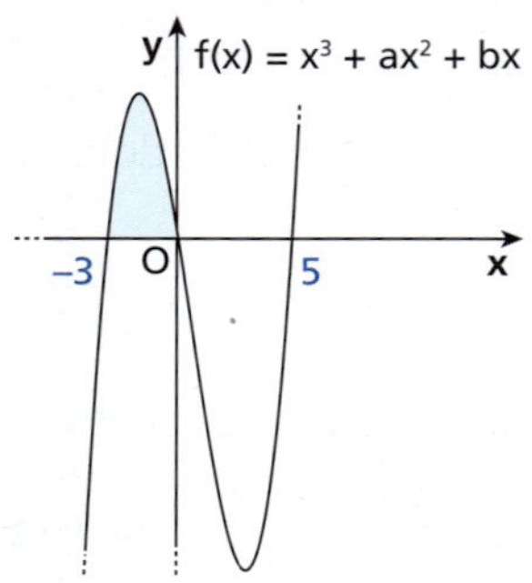

15

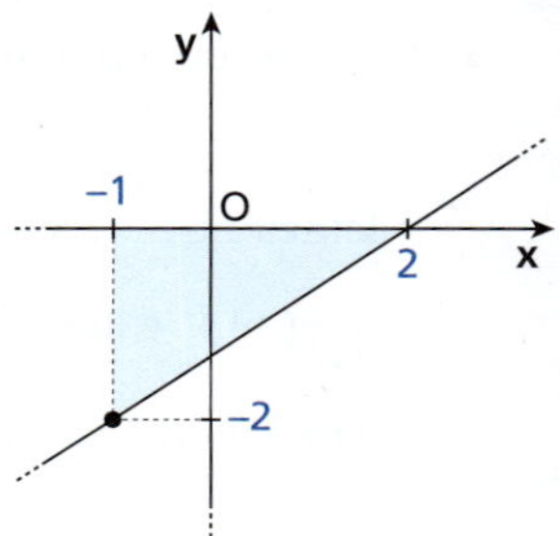

Rappresenta graficamente le regioni le cui aree sono date dagli integrali.

16 ●○ a. $\int_1^3 2x^2\,dx$; b. $\int_0^{\frac{\pi}{4}} \cos x\,dx$.

18 ●○ a. $\left|\int_1^3 (1-x)\,dx\right|$; b. $\int_{-4}^0 \sqrt{-x}\,dx$.

17 ●○ a. $\int_1^4 (-x^2+4x)\,dx$; b. $\int_{\frac{1}{2}}^1 (-\ln x)\,dx$.

19 ●○ a. $\int_{-1}^1 e^x\,dx$; b. $\left|\int_{\pi}^{2\pi} \sin x\,dx\right|$.

RIFLETTI SULLA TEORIA **Quali delle seguenti scritture non hanno significato? Motiva la risposta.**

20 ●○ a. $\int_{-2}^1 \sqrt{x}\,dx$; b. $\int_0^4 \arcsin x\,dx$; c. $\int_0^6 \sqrt{x+3}\,dx$. [a, b]

21 ●○ a. $\int_{-\pi}^{\pi} \sin x\,dx$; b. $\int_{-1}^1 \frac{1}{x^2}\,dx$; c. $\int_0^2 \frac{1}{x-1}\,dx$. [b, c]

22 ●○ **VERO O FALSO?** Osserva il grafico di $f(x)$ e rispondi.

a. $\int_0^2 f(x)dx > 0$ V F

b. $\int_{-3}^4 f(x)dx > 0$ V F

c. $\int_{-7}^{-1} f(x)dx < 0$ V F

d. $\int_{-5}^{-3} |f(x)|dx < 0$ V F

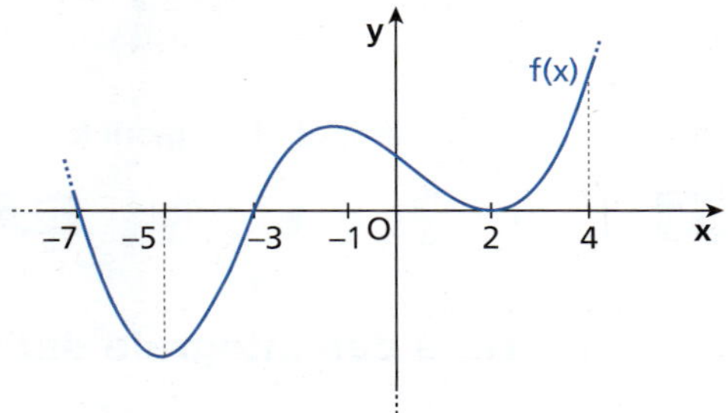

COMPLETA **utilizzando i simboli >, <, =, dopo aver interpretato geometricamente ogni integrale.**

23 ●○ $\int_{-6}^{-2} 3\,dx$ ☐ 0; $\int_{-3}^{-1} 2x^2\,dx$ ☐ 0; $\int_5^1 x^4\,dx$ ☐ 0.

24 ●○ $\int_{-1}^2 (x^2+4)\,dx$ ☐ 0; $\int_0^1 (x^2-1)\,dx$ ☐ 0; $\int_2^1 3x\,dx$ ☐ $-\int_1^2 3x\,dx$.

25 ●○ $\int_3^3 x\ln x\,dx$ ☐ 0; $\int_{-1}^1 (x^3-1)\,dx$ ☐ 0; $\int_{-\frac{\pi}{4}}^0 \tan x\,dx$ ☐ 0.

26 ●○ **FAI UN ESEMPIO** Disegna il grafico di una funzione $f(x)$ tale che $\int_0^3 f(x)dx < 0$ e $\int_3^6 f(x)dx > 0$.

VERO O FALSO?

27 ●○

a. $\int_1^2 f(x)\,dx = -\int_2^1 f(x)\,dx$ V F

b. $\int_4^4 \ln x\,dx = 0$ V F

c. Se f è continua in $[a; b]$, allora esiste $\int_a^b f(x)dx$. V F

d. Se f è integrabile in $[a; b]$, allora è continua in $[a; b]$. V F

28 ●● Se una funzione $f(x)$ è continua in $\mathbb{R}$, $\int_1^5 f(x)dx$:

a. è una funzione. V F

b. è un numero positivo. V F

c. è la misura dell'area di un trapezoide se $f(x) \geq 0$ in $[1; 5]$. V F

d. è opposto a $\int_5^1 f(x)dx$. V F

e. è uguale a $\int f(x)dx$. V F

ESERCIZI

LEGGI IL GRAFICO Calcola il valore degli integrali indicati, riferendoti alle aree determinate dalla funzione rappresentata nelle figure.

29 ●○
a. $\int_{-2}^{-1} f(x)dx$
b. $\int_{0}^{2} f(x)dx$
c. $\int_{-2}^{0} f(x)dx$
d. $\int_{2}^{4} f(x)dx$

30 ●○
a. $\int_{-4}^{0} f(x)dx$
b. $\int_{0}^{2} f(x)dx$
c. $\int_{0}^{4} f(x)dx$
d. $\int_{4}^{6} f(x)dx$

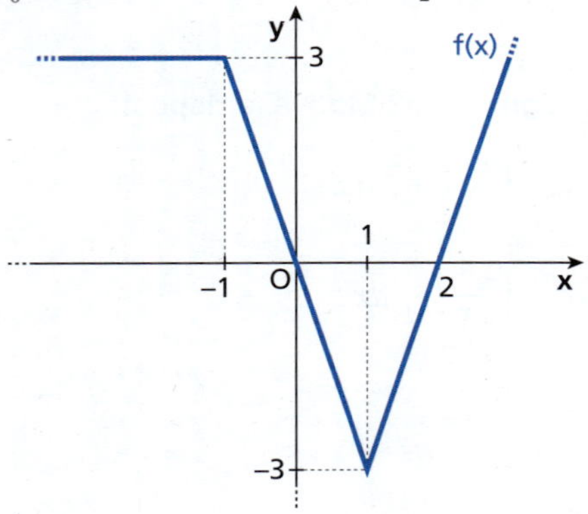

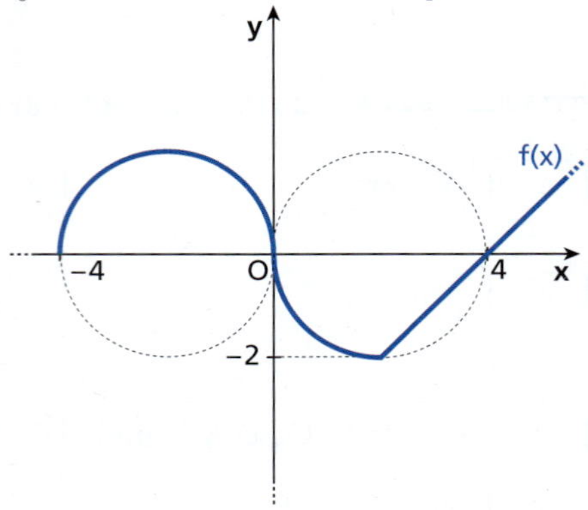

Rappresenta graficamente le regioni le cui aree sono date dagli integrali e calcola i loro valori.

31 ●○ $\int_{1}^{4} 2dx$ [6]

32 ●○ $\left|\int_{0}^{3} (-2x)dx\right|$ [9]

33 ●○ $\left|\int_{-2}^{1} (x-1)dx\right|$ $\left[\frac{9}{2}\right]$

Proprietà dell'integrale definito

▶ Teoria a p. 1316

VERO O FALSO?

34 ●○
a. $2\int_{1}^{4}(x-1)\,dx = \int_{1}^{4}(2x-2)\,dx$ V F
b. $\int_{0}^{\frac{\pi}{4}}\tan^2 x\,dx = \left(\int_{0}^{\frac{\pi}{4}}\tan x\,dx\right)^2$ V F
c. $\int_{-2}^{6}(2x^2+4)\,dx = -2\int_{6}^{-2}(x^2+2)\,dx$ V F
d. $\int_{1}^{4}3\,dx = 9$ V F
e. $\int_{2}^{3}k\,dx = k$ V F
f. $\int_{-1}^{2}x\,dx - \int_{2}^{-1}x\,dx = 0$ V F

35 ●○
a. $\int_{1}^{3}(x^2+3x)dx = \int_{1}^{3}x^2dx + 3\int_{1}^{3}x\,dx$ V F
b. $\int_{-1}^{0}xe^x dx = \left(\int_{-1}^{0}xdx\right)\left(\int_{-1}^{0}e^x dx\right)$ V F
c. $\int_{2}^{4}\sqrt{x+3}\,dx + \int_{4}^{2}\sqrt{x+3}\,dx = 0$ V F
d. $\int_{0}^{\pi}x\sin x\,dx = x\int_{0}^{\pi}\sin x\,dx$ V F

36 ●● **TEST** L'integrale $\int_{1}^{4}xdx$ *non* è uguale a:

A $\int_{-1}^{-4}x\,dx$
B $\int_{1}^{2}x\,dx + \int_{2}^{4}x\,dx$
C $\int_{1}^{5}x\,dx + \int_{5}^{4}x\,dx$
D $\int_{4}^{1}(-x)dx$
E $\int_{4}^{1}x\,dx$

37 ●○ Sapendo che $\int_{0}^{2} f(x)dx = 4$ e $\int_{2}^{5} f(x)dx = 6$, calcola:

a. $\int_{0}^{5} f(x)dx$; b. $\int_{0}^{2} 3f(x)dx$; c. $\int_{5}^{2} f(x)dx$. [a) 10; b) 12; c) − 6]

38 ●○ Sapendo che $\int_{1}^{5} f(x)dx = 3$ e $\int_{1}^{5} g(x)dx = 7$, calcola:

a. $\int_{1}^{5}[f(x)+g(x)]dx$; b. $\int_{1}^{5}[g(x)-4f(x)]dx$. [a) 10; b) − 5]

Calcola il valore dei seguenti integrali utilizzando i valori degli integrali definiti scritti a fianco e sfruttando le proprietà dell'integrale definito.

39 $\int_0^{\frac{\pi}{2}}(\cos x + 2\sin x)\,dx$; $\int_0^{\frac{\pi}{2}}\cos x\,dx = 1$, $\int_0^{\frac{\pi}{2}}\sin x\,dx = 1$. [3]

40 $\int_0^1(2^x\ln 2 + 1)\,dx$; $\int_0^1 2^x\,dx = \frac{1}{\ln 2}$, $\int_0^1 dx = 1$. [2]

41 $\int_0^3(x^2 + 6x)\,dx$; $\int_0^2 x^2 dx = \frac{8}{3}$, $\int_2^3 x^2 dx = \frac{19}{3}$, $\int_0^3 x\,dx = \frac{9}{2}$. [36]

42 $\int_1^3(4x^3 + 2)\,dx$; $\int_1^2 x^3 dx = \frac{15}{4}$, $\int_2^3 x^3 dx = \frac{65}{4}$, $\int_1^3 2\,dx = 4$. [84]

43 $\int_1^9(1 + 3\sqrt{x})\,dx$; $\int_1^4 \sqrt{x}\,dx = \frac{14}{3}$, $\int_4^9 \sqrt{x}\,dx = \frac{38}{3}$, $\int_1^9 dx = 8$. [60]

Dimostra le seguenti disuguaglianze.

44 $\int_1^2 x^2 dx \le \int_1^2 x^3 dx$

45 $\int_0^1 x^2 dx \ge \int_0^1 x^4 dx$

46 $\int_0^3 2dx \le \int_0^3 \sqrt{4 + x^2}\,dx$

47 $\int_{-\frac{\pi}{2}}^{\frac{\pi}{2}} \cos x dx \le \pi$

Teorema della media

▶ Teoria a p. 1317

Indica quali delle seguenti funzioni rispettano le ipotesi del teorema della media nell'intervallo scritto a fianco.

48 $y = \frac{4}{x - 1}$, $[1; 4]$. [no]

49 $y = \sqrt{x}$, $[0; 6]$. [sì]

50 $y = \ln(x + 3)$, $[-3; 0]$. [no]

51 $y = \frac{x - 2}{x^2 - x - 2}$, $[0; 3]$. [no]

Rappresenta graficamente i seguenti integrali e verifica che il punto di ascissa dato soddisfa la tesi del teorema della media.

52 $\int_0^4 (x + 2)dx$, $z = 2$.

53 $\int_1^5 (2x + 1)dx$, $z = 3$.

2 Teorema fondamentale del calcolo integrale

Funzione integrale

▶ Teoria a p. 1318

54 TEST Sia $F(x) = \int_{-1}^{x} t^2 dt$. Allora vale:

A $F(0) = 0$. B $F(1) = 0$. C $F(-1) = 0$. D $F(1) = 2$. E $F(-1) = 1$.

LEGGI IL GRAFICO

55 Sia $F(x) = \int_{-1}^{x} f(t)dt$.

Osserva il grafico e calcola:

a. $F(-1)$;
b. $F(0)$;
c. $F(-2)$;
d. $F(1)$.

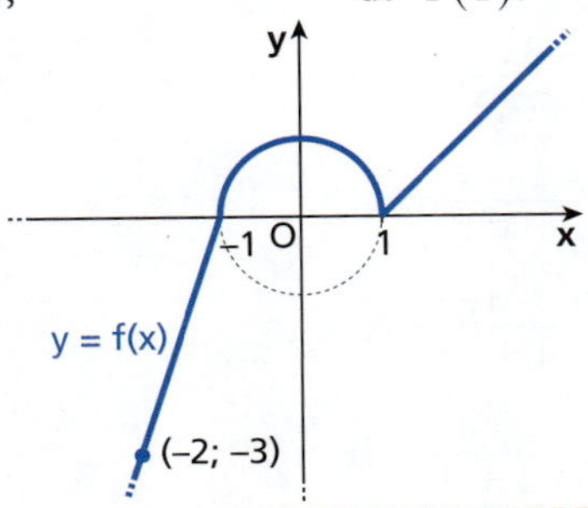

56 Sia $G(x) = \int_0^x g(t)dt$.

Osserva il grafico e calcola:

a. $G(-2)$;
b. $G(0)$;
c. $G(4)$;
d. $G(-4)$.

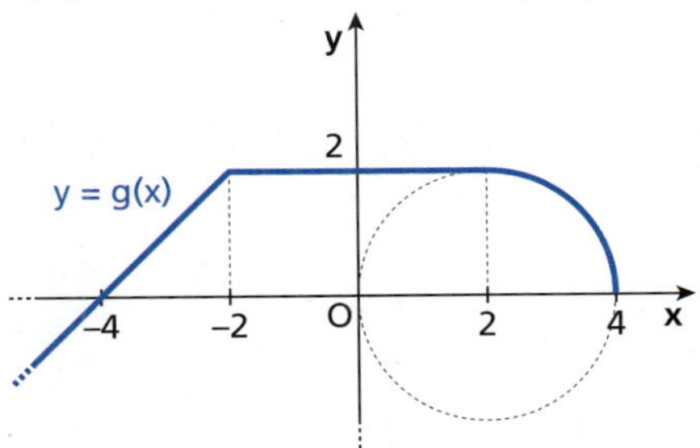

ESERCIZI

Calcolo dell'integrale definito

▶ Teoria a p. 1320

57 ESERCIZIO GUIDA Calcoliamo l'integrale definito $\int_1^2 (3x^2 + x)\,dx$.

Utilizziamo la formula fondamentale:

$$\int_a^b f(x)\,dx = [\varphi(x)]_a^b = \varphi(b) - \varphi(a),$$

dove $\varphi(x)$ è una qualunque primitiva di $f(x)$.
Determiniamo le primitive di $3x^2 + x$:

$$\int (3x^2 + x)\,dx = x^3 + \frac{1}{2}x^2 + c.$$

Una primitiva è dunque $\varphi(x) = x^3 + \frac{1}{2}x^2$.

Pertanto si ha:

$$\int_1^2 (3x^2 + x)\,dx = \left[x^3 + \frac{1}{2}x^2\right]_1^2.$$

Sostituiamo alla variabile x dentro la parentesi quadra prima 2 e poi 1 e calcoliamo la differenza:

$$\left[x^3 + \frac{1}{2}x^2\right]_1^2 = (8 + 2) - \left(1 + \frac{1}{2}\right) = \frac{17}{2}.$$

Quindi $\int_1^2 (3x^2 + x)\,dx = \frac{17}{2}$.

Calcola i seguenti integrali definiti.

58 $\int_1^6 4x\,dx$ $[70]$

59 $\int_{-1}^1 (2x + 3)\,dx$ $[6]$

60 $\int_3^4 (5 - 6x)\,dx$ $[-16]$

61 $\int_{-2}^0 (3x^2 - x)\,dx$ $[10]$

62 $\int_2^5 (x + 1)\,dx$ $\left[\frac{27}{2}\right]$

63 $\int_0^1 (x^2 + x)\,dx$ $\left[\frac{5}{6}\right]$

64 $\int_{-2}^1 \frac{3x^2 + 2x - 1}{3}\,dx$ $[1]$

65 $\int_1^2 \left(x^2 + \frac{1}{x^2}\right)dx$ $\left[\frac{17}{6}\right]$

66 $\int_4^9 (3\sqrt{x} + 2x)\,dx$ $[103]$

67 $\int_0^1 (\sqrt[3]{x} - x)\,dx$ $\left[\frac{1}{4}\right]$

68 $\int_2^3 \left(2x + \frac{1}{x} + 1\right)dx$ $\left[6 + \ln\frac{3}{2}\right]$

69 $\int_0^1 4(x + 1)^3\,dx$ $[15]$

70 $\int_{-3}^0 (2x^2 + 5)\,dx$ $[33]$

71 $\int_{-1}^1 (x^3 - 3x^2 + 1)\,dx$ $[0]$

72 $\int_{\frac{1}{4}}^{\frac{1}{2}} \left(\frac{1}{x^3} + \frac{1}{x^2}\right)dx$ $[8]$

73 $\int_1^4 \frac{x - 1}{x}\,dx$ $[3 - 2\ln 2]$

74 $\int_{-1}^0 e^{-x}\,dx$ $[e - 1]$

75 $\int_2^7 \frac{1}{\sqrt{x + 2}}\,dx$ $[2]$

76 $\int_1^{\pi + 1} \sin(x - 1)\,dx$ $[2]$

77 $\int_0^2 \frac{4x}{1 + x^2}\,dx$ $[2\ln 5]$

78 $\int_0^1 (e^{2x} + x)\,dx$ $\left[\frac{1}{2}e^2\right]$

79 $\int_{-3}^{-1} \frac{x^2 + 2}{x^2}\,dx$ $\left[\frac{10}{3}\right]$

80 $\int_3^8 \frac{3\sqrt{x + 1}}{2}\,dx$ $[19]$

81 $\int_{-1}^{-\frac{1}{2}} \left(\frac{3}{x^4} - \frac{2}{x^2}\right)dx$ $[5]$

82 $\int_1^4 \left(\frac{3}{2}\sqrt{x} + 3x^2 + 1\right)dx$ $[73]$

83 $\int_{-2}^{-1} \frac{x^2 + 1}{x}\,dx$ $\left[-\frac{3}{2} - \ln 2\right]$

84 $\int_1^2 \frac{3x^3 - 2}{x}\,dx$ $[7 - \ln 4]$

85 $\int_1^e \frac{1 - x}{x^2}\,dx$ $\left[-\frac{1}{e}\right]$

86 $\int_0^1 \frac{4x}{1 + 6x^2}\,dx$ $\left[\frac{1}{3}\ln 7\right]$

87 $\int_0^{\frac{1}{2}} \frac{4}{1 + 4x^2}\,dx$ $\left[\frac{\pi}{2}\right]$

88 $\int_0^1 x^3(x^4+1)^5\,dx$ $\left[\frac{21}{8}\right]$

89 $\int_0^2 x(x^2-1)^3\,dx$ $[10]$

90 $\int_0^{\sqrt{8}} 6x\sqrt{x^2+1}\,dx$ $[52]$

91 $\int_{-1}^0 \frac{x^3}{x^4+1}\,dx$ $\left[-\frac{1}{4}\ln 2\right]$

92 $\int_0^1 \frac{x}{(x^2-2)^4}\,dx$ $\left[\frac{7}{48}\right]$

93 $\int_0^1 \frac{x^2}{x^3+1}\,dx$ $\left[\frac{1}{3}\ln 2\right]$

94 $\int_1^e \frac{6\ln^2 x}{x}\,dx$ $[2]$

95 $\int_0^{\frac{\pi}{3}} \tan x\,dx$ $[\ln 2]$

96 $\int_1^3 \frac{4x+3}{2x^2+3x}\,dx$ $[\ln 27 - \ln 5]$

97 $\int_2^{\sqrt{5}} 6x\sqrt{x^2-4}\,dx$ $[2]$

98 $\int_3^6 \frac{3}{x^2-4x+4}\,dx$ $\left[\frac{9}{4}\right]$

99 $\int_0^1 \frac{2}{x^2+6x+9}\,dx$ $\left[\frac{1}{6}\right]$

100 $\int_2^4 \frac{2x^2+x+1}{2x-1}\,dx$ $[8+\ln 7-\ln 3]$

101 $\int_1^5 \left(3\sqrt{x}+\frac{1}{2\sqrt{x}}\right)dx$ $[11\sqrt{5}-3]$

102 $\int_0^{\frac{\pi}{2}} (\sin x+\cos x)\,dx$ $[2]$

103 $\int_0^{\frac{\pi}{6}} (2\cos x-1)\,dx$ $\left[1-\frac{\pi}{6}\right]$

104 $\int_{-2}^{-1} 2e^x\,dx$ $\left[\frac{2}{e}\left(\frac{e-1}{e}\right)\right]$

105 $\int_{-1}^4 (x+\ln 2\cdot 2^x)\,dx$ $[23]$

106 $\int_{\frac{\pi}{6}}^{\frac{\pi}{2}} \frac{\cos x}{\sin x+1}\,dx$ $[\ln 4-\ln 3]$

107 $\int_0^{\pi} (\sin x-\cos x)\,dx$ $[2]$

108 $\int_0^{\pi} \sin 2x\,dx$ $[0]$

109 $\int_0^1 \frac{e^x}{e^x+1}\,dx$ $\left[\ln\frac{e+1}{2}\right]$

110 $\int_0^1 2xe^{x^2}\,dx$ $[e-1]$

111 $\int_0^1 (2x-1)5^{x^2-x}\,dx$ $[0]$

112 $\int_0^2 e^x\sqrt{e^x+1}\,dx$ $\left[\frac{2}{3}\left(\sqrt{(e^2+1)^3}-\sqrt{8}\right)\right]$

113 $\int_{\frac{1}{2}}^1 6\pi x\sin(\pi x^2)\,dx$ $\left[3+\frac{3\sqrt{2}}{2}\right]$

114 $\int_0^{\frac{\pi}{2}} \frac{\cos x}{(\sin x+1)^2}\,dx$ $\left[\frac{1}{2}\right]$

115 $\int_1^2 \frac{1}{x\sqrt{1-\ln^2 x}}\,dx$ $[\arcsin\ln 2]$

116 $\int_4^9 \frac{e^{2\sqrt{x}-4}}{2\sqrt{x}}\,dx$ $\left[\frac{e^2}{2}-\frac{1}{2}\right]$

117 $\int_{\frac{\pi}{6}}^{\frac{\pi}{3}} 2\tan x\,dx$ $\left[-2\ln\frac{\sqrt{3}}{3}\right]$

118 $\int_{\frac{\pi^2}{36}}^{\frac{\pi^2}{9}} \frac{\cos\sqrt{x}}{\sqrt{x}}\,dx$ $[\sqrt{3}-1]$

119 $\int_0^{\pi} \frac{\sin x}{\sqrt{3+\cos x}}\,dx$ $[4-2\sqrt{2}]$

120 $\int_0^2 \frac{e^x}{(e^x+1)^2}\,dx$ $\left[\frac{e^2-1}{2(e^2+1)}\right]$

121 $\int_{\frac{-\pi}{10}}^{\frac{\pi}{10}} \tan 2x\,dx$ $[0]$

122 $\int_{\frac{\pi}{8}}^{\pi} (\sin 2x+\cos 4x)\,dx$ $\left[\frac{\sqrt{2}-3}{4}\right]$

123 $\int_1^4 \left(5x\sqrt{x}-\frac{1}{x}\right)dx$ $[62-\ln 4]$

124 $\int_{\frac{2}{3}}^{\frac{e+1}{3}} \frac{3}{3x-1}\,dx$ $[1]$

125 $\int_1^e \frac{1}{x(1+\ln^2 x)}\,dx$ $\left[\frac{\pi}{4}\right]$

126 $\int_{\sqrt{2}}^{2\sqrt{2}} \frac{6x}{(x^2+1)^2}\,dx$ $\left[\frac{2}{3}\right]$

127 $\int_{\frac{1}{3}}^{\frac{1}{2}} \frac{e^{\frac{1}{x}}}{x^2}\,dx$ $[e^3-e^2]$

128 $\int_0^{\ln\frac{1}{4}} \frac{e^x}{\cos^2(\pi e^x)}\,dx$ $\left[\frac{1}{\pi}\right]$

129 $\int_0^4 \frac{1}{\sqrt{64-x^2}}\,dx$ $\left[\frac{\pi}{6}\right]$

130 $\int_0^{\frac{\sqrt{3}}{3}} \frac{4x}{1+9x^4}\,dx$ $\left[\frac{\pi}{6}\right]$

131 $\int_{\frac{\pi}{2}}^{\frac{2}{3}\pi} \frac{\sin 2x}{4\sin^2 x}\,dx$ $\left[\frac{1}{2}\ln\frac{\sqrt{3}}{2}\right]$

132 $\int_e^{e^2} \frac{2}{x\ln^2 x}\,dx$ $[1]$

133 $\int_0^{\frac{\sqrt{3}}{2}} \frac{4x}{\sqrt{1-x^2}}\,dx$ $[2]$

ESERCIZI

134 $\int_1^3 \frac{1}{x(1+x)}\,dx$ $\left[\ln\frac{3}{2}\right]$

135 $\int_0^{\frac{\pi}{2}} (\sin x \cos x + 1)\,dx$ $\left[\frac{\pi+1}{2}\right]$

136 $\int_{-\frac{\pi}{4}}^{\frac{\pi}{4}} \frac{\sin x}{\sqrt{1+\cos x}}\,dx$ $[0]$

137 $\int_{-\frac{1}{2}}^{\frac{1}{2}} \frac{1}{4x^2+4x+5}\,dx$ $\left[\frac{\pi}{16}\right]$

138 $\int_{-2}^{0} \frac{3x+5}{x^2+2x-3}\,dx$ $[-\ln 3]$

139 $\int_0^{\frac{\pi}{2}} \sin^2 x \cos^3 x\,dx$ $\left[\frac{2}{15}\right]$

EUREKA!

140 Calcola $\int_0^3 |x-1|\,dx$.

141 Se $f(1)=3$, $f(5)=3$ e $f'(x)$ è continua nell'intervallo $[1; 5]$, quanto vale $\int_1^5 f'(x)\,dx$?

Calcola i seguenti integrali definiti, utilizzando l'integrazione per parti.

142 $\int_2^4 x\ln\left(\frac{x}{2}\right)dx$ $[8\ln 2 - 3]$

143 $\int_1^e (\ln x + x)\,dx$ $\left[\frac{e^2}{2}+\frac{1}{2}\right]$

144 $\int_1^{e^2} \ln x\,dx$ $[e^2+1]$

145 $\int_{-\frac{\pi}{2}}^{\frac{\pi}{2}} x\cos x\,dx$ $[0]$

146 $\int_{-1}^{2} xe^x\,dx$ $\left[e^2+\frac{2}{e}\right]$

147 $\int_0^1 xe^{x-1}\,dx$ $\left[\frac{1}{e}\right]$

148 $\int_1^2 2x\ln x\,dx$ $\left[4\ln 2 - \frac{3}{2}\right]$

149 $\int_0^1 \arctan x\,dx$ $\left[\frac{\pi-\ln 4}{4}\right]$

150 $\int_0^1 \arcsin x\,dx$ $\left[\frac{\pi-2}{2}\right]$

151 $\int_{-\frac{\pi}{2}}^{\frac{\pi}{2}} x\sin x\,dx$ $[2]$

152 $\int_1^{e^2} \frac{\ln x}{\sqrt{x}}\,dx$ $[4]$

153 $\int_0^1 x^2e^x\,dx$ $[e-2]$

154 $\int_{-\frac{\pi}{2}}^{0} x\cos 2x\,dx$ $\left[\frac{1}{2}\right]$

155 $\int_1^e \frac{\ln x}{x^2}\,dx$ $\left[1-\frac{2}{e}\right]$

156 $\int_0^1 \ln(x^2+1)\,dx$ $\left[\ln 2 - 2 + \frac{\pi}{2}\right]$

157 $\int_1^2 x^3e^x\,dx$ $[2e(e+1)]$

158 $\int_2^3 \ln(x^2-x)\,dx$ $[3\ln 6 - 3\ln 2 - 2]$

159 $\int_0^1 \frac{x^2+1}{e^x}\,dx$ $\left[3-\frac{6}{e}\right]$

Con il metodo di sostituzione

160 **ESERCIZIO GUIDA** Calcoliamo l'integrale definito $\int_0^{\frac{\pi}{2}} \frac{\cos x}{\sqrt{1+\sin x}}\,dx$.

Calcoliamo l'integrale definito per sostituzione, cambiando anche gli estremi di integrazione.

Poniamo $t = 1 + \sin x$ e calcoliamo il differenziale di t: $dt = D[1+\sin x]\,dx = \cos x\,dx$.

Determiniamo il valore della variabile t in corrispondenza dei valori che la x assume negli estremi di integrazione:

Per $x = 0 \rightarrow t = 1 + \sin 0 = 1$; per $x = \frac{\pi}{2} \rightarrow t = 1 + \sin\frac{\pi}{2} = 1 + 1 = 2$.

Riscriviamo l'integrale dato e sostituiamo le espressioni ricavate in precedenza:

$$\int_0^{\frac{\pi}{2}} \frac{1}{\sqrt{1+\sin x}} \cdot \cos x\,dx = \int_1^2 \frac{1}{\sqrt{t}}\,dt = \left[2\sqrt{t}\right]_1^2 = 2\sqrt{2} - 2.$$

Osservazione. In alternativa avremmo potuto calcolare per sostituzione l'integrale *indefinito*

$$\int \frac{\cos x}{\sqrt{1+\sin x}}\,dx = 2\sqrt{1+\sin x} + c$$

e poi utilizzare tale risultato per il calcolo dell'integrale definito:

$$\int_0^{\frac{\pi}{2}} \frac{\cos x}{\sqrt{1+\sin x}}\,dx = [2\sqrt{1+\sin x}]_0^{\frac{\pi}{2}} = 2\sqrt{1+\sin\frac{\pi}{2}} - 2\sqrt{1+\sin 0} = 2\sqrt{2}-2.$$

In questo modo si evita di calcolare gli estremi di integrazione per la variabile t.

Calcola i seguenti integrali utilizzando il metodo di sostituzione.

161 $\int_4^9 \frac{1}{x-\sqrt{x}}\,dx$ $[2\ln 2]$

162 $\int_{-3}^0 \frac{1}{\sqrt{3x+25}}\,dx$ $\left[\frac{2}{3}\right]$

163 $\int_1^3 \frac{1}{\sqrt{x}\,(1+x)}\,dx$ $\left[\frac{\pi}{6}\right]$

164 $\int_0^{\pi^2} \sin\sqrt{x}\,dx$ $[2\pi]$

165 $\int_0^{\frac{\sqrt{2}}{2}} \frac{x^2}{\sqrt{1-x^2}}\,dx$ $\left[\frac{\pi-2}{8}\right]$

166 $\int_0^4 \sqrt{16-x^2}\,dx$ $[4\pi]$

167 $\int_2^5 \frac{x}{\sqrt{x-1}}\,dx$ $\left[\frac{20}{3}\right]$

168 $\int_{-1}^0 x^2\sqrt{x+1}\,dx$ $\left[\frac{16}{105}\right]$

169 $\int_{-1}^1 \frac{x+1}{\sqrt{x+2}}\,dx$ $\left[\frac{4}{3}\right]$

170 $\int_{-1}^6 \frac{x}{\sqrt[3]{x+2}}\,dx$ $\left[\frac{48}{5}\right]$

Trova per quale valore del parametro l'integrale assume il valore assegnato.

171 $\int_1^2(-x^2+kx)\,dx = \frac{2}{3}$ $[2]$

172 $\int_1^3(x+2a)^3\,dx = 60$ $\left[\frac{1}{2}\right]$

173 $\int_0^{e-1}\frac{1}{x+a}\,dx = 1 \quad (a>0)$ $[1]$

174 $\int_0^{\frac{\pi}{8}} k\cos 4x\,dx = 4$ $[16]$

175 $\int_\alpha^2 (3x-1)\,dx = -16$ $\left[-\frac{10}{3}, 4\right]$

176 $\int_0^\alpha \sin 3x\,dx = \frac{1}{3}$ $\left[\frac{\pi}{6}+k\frac{\pi}{3}\right]$

---

177 **TEST** Per quale α reale si ha $\int_1^\alpha \frac{1}{1+x^2}\,dx = \frac{\pi}{12}$?

A $\alpha = \frac{\pi}{3}$ **B** $\alpha = \sqrt{3}$ **C** $\alpha = 1$ **D** $\alpha = \arctan 1$ **E** $\alpha = \tan 1$

Determina l'espressione analitica delle seguenti funzioni integrali e calcola il valore richiesto.

178 $F(x) = \int_1^x 4\,dt$, $F(0)$. $[F(x) = 4(x-1); -4]$

179 $F(x) = \int_{-2}^x (t+3)\,dt$, $F(2)$. $\left[F(x) = \frac{x^2}{2}+3x+4; 12\right]$

180 $G(x) = \int_x^0 (4t-1)\,dt$, $G(1)$. $[G(x) = x-2x^2; -1]$

181 $F(x) = \int_2^x e^t\,dt$, $F(2)$. $[F(x) = e^x - e^2; 0]$

182 $G(x) = \int_1^x \frac{6t}{3t^2+4}\,dt$, $G(-1)$. $\left[G(x) = \ln\frac{3x^2+4}{7}; 0\right]$

183 $F(x) = \int_x^3 \frac{5}{t^2}\,dt$, $F(1)$. $\left[F(x) = \frac{5}{x}-\frac{5}{3}; \frac{10}{3}\right]$

184 $G(x) = \int_\pi^x \sin 2t\,dt$, $G\left(\frac{\pi}{2}\right)$. $\left[G(x) = \frac{1-\cos 2x}{2}; 1\right]$

185 $F(x) = \int_0^x 10te^{t^2}\,dt$, $F(0)$. $[F(x) = 5(e^{x^2}-1); 0]$

Valore medio di una funzione

186 ESERCIZIO GUIDA Calcoliamo il valore medio della funzione $y = \sqrt{x}$ nell'intervallo [0; 9] e determiniamo il punto z in cui la funzione assume tale valore. Interpretiamo geometricamente il risultato.

Verificato che la funzione è continua nell'intervallo dato, per calcolare il valore medio $f(z)$ della funzione utilizziamo il teorema della media:

$$f(z) = \frac{1}{b-a}\int_a^b f(x)\,dx.$$

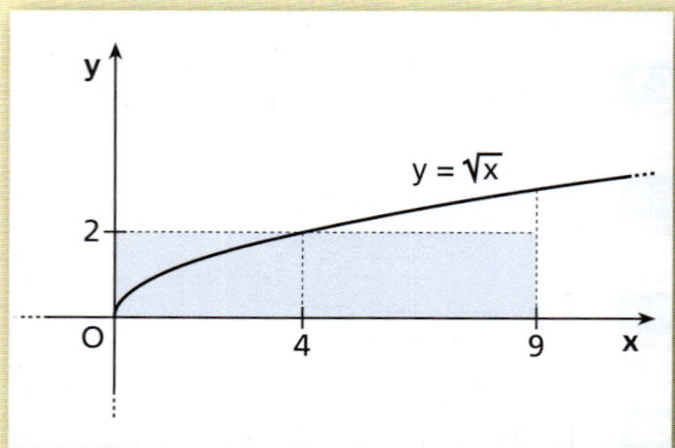

Quindi:

$$f(z) = \frac{1}{9-0}\int_0^9 \sqrt{x}\,dx = \frac{1}{9}\left[\frac{2}{3}x\sqrt{x}\right]_0^9 = \frac{1}{9}(18-0) = 2.$$

Poiché $f(z) = \sqrt{z} = 2$, possiamo ricavare il valore di z, punto in cui la funzione vale 2:

$$z = 2^2 = 4.$$

Riportiamo i risultati ottenuti in un diagramma cartesiano. L'area del rettangolo azzurro è uguale a quella del trapezoide relativo all'intervallo [0; 9].

Determina il valore medio delle seguenti funzioni nell'intervallo scritto a fianco. Calcola il punto z in cui la funzione assume tale valore. Interpreta geometricamente il risultato.

187 $y = 3x^2$, $[0; 1]$. $\left[f(z) = 1;\ z = \frac{\sqrt{3}}{3}\right]$

188 $y = 2x + 4$, $[-1; 2]$. $\left[f(z) = 5;\ z = \frac{1}{2}\right]$

189 $y = 4 - x^2$, $[1; 2]$. $\left[f(z) = \frac{5}{3};\ z = \sqrt{\frac{7}{3}}\right]$

190 $y = \sqrt{x+2}$, $[-1; 2]$. $\left[f(z) = \frac{14}{9};\ z = \frac{34}{81}\right]$

191 $y = \frac{1}{1+x^2}$, $[0; 1]$. $\left[f(z) = \frac{\pi}{4};\ z = \sqrt{\frac{4}{\pi} - 1}\right]$

192 $y = \frac{1}{(x-2)^2}$, $[3; 6]$. $\left[f(z) = \frac{1}{4};\ z = 4\right]$

193 $y = \frac{x+2}{x-1}$, $[2; e+1]$. $\left[f(z) = \frac{2+e}{e-1};\ z = e\right]$

LEGGI IL GRAFICO **Determina le coordinate del punto P nelle figure in modo che i rettangoli colorati siano equivalenti ai trapezoidi indicati.**

194

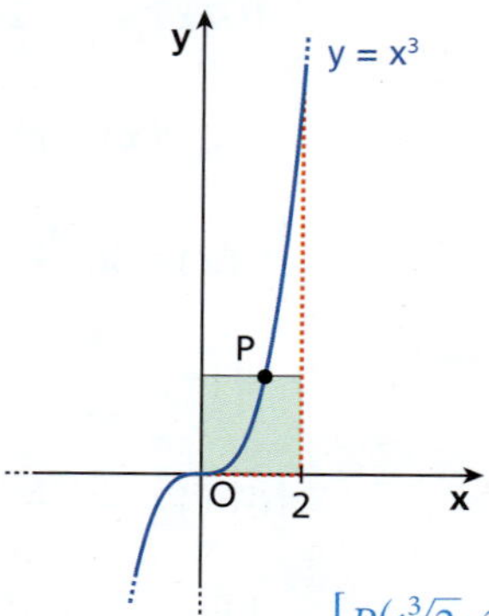

$[P(\sqrt[3]{2}; 2)]$

195

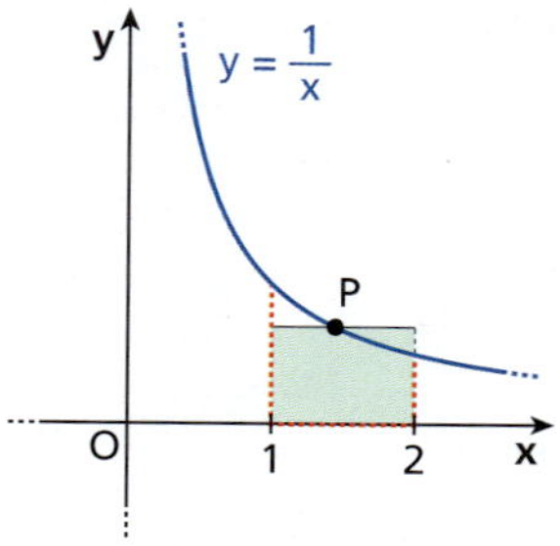

$\left[P\left(\frac{1}{\ln 2}; \ln 2\right)\right]$

196

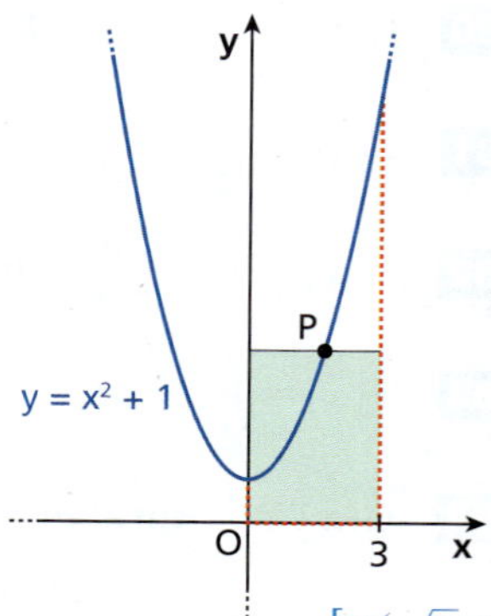

$[P(\sqrt{3}; 4)]$

Calcola il valore medio delle seguenti funzioni nell'intervallo dato.

197 $y = x^2 + 4x$, $[0; 3]$. $[9]$

198 $y = \sqrt{x} - x$, $[0; 4]$. $\left[-\frac{2}{3}\right]$

199 $y = x^3 - 1$, $[-2; 1]$. $\left[-\frac{9}{4}\right]$

200 $y = \cos x - \sin x$, $\left[-\frac{\pi}{2}; \frac{\pi}{2}\right]$. $\left[\frac{2}{\pi}\right]$

201 $y = 3e^x$, $[0; 2]$. $\left[\frac{3}{2}(e^2 - 1)\right]$

202 $y = \frac{\cos x}{1 + \sin x}$, $\left[0; \frac{\pi}{2}\right]$. $\left[\frac{2\ln 2}{\pi}\right]$

203 Considera la funzione $y = \frac{1}{2}\sin 4x$. Dimostra che il valore medio in un periodo è nullo e determina il valore medio nell'intervallo $\left[0; \frac{\pi}{4}\right]$. $\left[\frac{1}{\pi}\right]$

204 Trova per quale valore di a la funzione $y = \frac{a}{\sqrt{x}}$ ha valore medio uguale a $\frac{12}{5}$ nell'intervallo $[4; 9]$. $[6]$

TEST

205 Per quale valore di $a \in \mathbb{R}$ la funzione $f(x) = x^2$ ha valore medio $\frac{4}{3}$ nell'intervallo $[0; a]$?

A 1 B 2 C 3 D 4 E 5

206 Nell'intervallo $[1; a]$, con $a > 1$, la funzione $y = 3x^2 - 2x$ ha valore medio uguale a 9. Qual è il valore di a?

A 2 B 3 C $\sqrt{3}$ D 9 E $\frac{1 + \sqrt{28}}{3}$

REALTÀ E MODELLI

207 **Saldi online** Un'azienda che vende vestiti online lancia il mese dei saldi. Le vendite danno un guadagno, in euro, $G(t) = 100(e^{2t} - 1)$, dove t sono le settimane a partire dall'inizio dei saldi. Calcola il guadagno medio a settimana nelle prime 4 settimane. $[\simeq € 37\,149]$

208

Aria di primavera La temperatura, misurata in °C, in una località marina tra le 8 e le 20 varia secondo la funzione $T(x) = -\frac{x^2}{4} + 3x + 10$, dove x è la variabile che misura il tempo in ore a partire dalle 8, quindi $x = 0$ indica le 8. Qual è la temperatura media nell'arco di tempo considerato? [16 °C]

Funzione integrale e sua derivata

209 ESERCIZIO GUIDA Calcoliamo la derivata di: **a.** $G(x) = \int_0^x \cos t\, dt$; **b.** $G(x) = \int_2^{x^2} \frac{\ln t}{t} dt$, *con* $x \neq 0$.

a. Per il teorema fondamentale del calcolo integrale:

se $F(x) = \int_a^x f(t)\, dt$, allora $F'(x) = f(x)$,

quindi se $G(x) = \int_0^x \cos t\, dt$, allora $G'(x) = \cos x$.

b. La funzione $G(x)$ si ottiene dalla composizione di due funzioni:

$G(x) = F(x^2) = F(z)$, con $F(z) = \int_2^z \frac{\ln t}{t} dt$ e $x^2 = z$.

$F(z)$ è la funzione integrale della funzione $\frac{\ln t}{t}$ e quindi, per il teorema fondamentale del calcolo integrale:

$$F'(z) = \frac{\ln z}{z}.$$

ESERCIZI

Applicando la regola di derivazione delle funzioni composte, otteniamo:

$$G'(x) = F'(x^2) \cdot 2x = \frac{\ln x^2}{x^2} \cdot 2x = 2\frac{\ln x^2}{x}.$$

Osservazione. In generale:

se $G(x) = \int_{x_0}^{f(x)} g(t)\,dt$, allora $G'(x) = g(f(x)) \cdot f'(x)$.

Calcola la derivata prima delle seguenti funzioni.

210 $G(x) = \int_0^x (2t^2+1)\,dt$ $[G'(x) = 2x^2+1]$

211 $F(x) = \int_{-1}^x e^t\,dt$ $[F'(x) = e^x]$

212 $G(x) = \int_3^x \sin 4t\,dt$ $[G'(x) = \sin 4x]$

---

213 $G(x) = \int_1^x \frac{t^2}{1+t}\,dt$ $\left[G'(x) = \frac{x^2}{1+x}\right]$

214 $G(x) = \int_x^2 \sqrt{t}\,dt$, con $x \geq 0$. $[G'(x) = -\sqrt{x}]$

215 $F(x) = \int_x^1 \frac{3}{t^2+1}\,dt$ $\left[F'(x) = -\frac{3}{x^2+1}\right]$

216 $G(x) = \int_0^{3x} (t+4)\,dt$ $[G'(x) = 9x+12]$

217 $F(x) = \int_1^{x^3} \cos^2 t\,dt$ $[F'(x) = 3x^2\cos^2 x^3]$

218 $G(x) = \int_4^{\ln x} e^t\,dt$ $[G'(x) = 1]$

219 $F(x) = \int_{5x}^1 \frac{t-2}{e^t}\,dt$ $\left[F'(x) = 5 \cdot \frac{2-5x}{e^{5x}}\right]$

Calcola i seguenti limiti applicando, se possibile, il teorema di De L'Hospital.

220 $\lim_{x \to 0} \frac{\int_0^x \cos t\,dt}{4x}$ $\left[\frac{1}{4}\right]$

221 $\lim_{x \to 1} \frac{\int_1^x (3t+1)\,dt}{e^{1-x}-1}$ $[-4]$

222 $\lim_{x \to 0} \frac{1}{x}\int_0^x \ln(1+t)\,dt$ $[0]$

223 $\lim_{x \to 0} \frac{\int_0^{x^3} e^{t^2}\,dt}{6x^3}$ $\left[\frac{1}{6}\right]$

224 $\lim_{x \to 2} \frac{\int_{e^2}^{e^x} \frac{t}{\ln t}\,dt}{x-2}$ $\left[\frac{e^4}{2}\right]$

225 $\lim_{x \to 0} \frac{\int_0^x \sqrt{4+t^2}\,dt}{2x+x^2}$ $[1]$

---

226 TEST Posto $F(x) = \int_1^x \frac{1}{t}\,dt$, allora $F'(x) = \frac{1}{x}$:

- A per ogni valore di x.
- B per $x \neq 0$.
- C solo se $x > 0$.
- D solo se $x \geq 1$.
- E solo se $0 < x \leq 1$.

COMPLETA

227 $F(x) = \int_1^x (3t^2+1)\,dt$, $F'(0) = \square$.

228 $F(x) = \int_{-2}^x \frac{t+2}{t}\,dt$, $F'(2) = \square$.

229 $F(x) = \int_0^{2x} e^t\,dt$, $F'(0) = \square$.

230 $F(x) = \int_1^{x^2} \frac{1}{t^2+1}\,dt$, $F'(-1) = \square$.

3 Calcolo delle aree di superfici piane

Area compresa tra una curva e l'asse *x*

▶ Teoria a p. 1321

La funzione è positiva

LEGGI IL GRAFICO Calcola l'area del trapezoide rappresentato in ciascuna delle seguenti figure utilizzando gli integrali definiti.

231 ●○

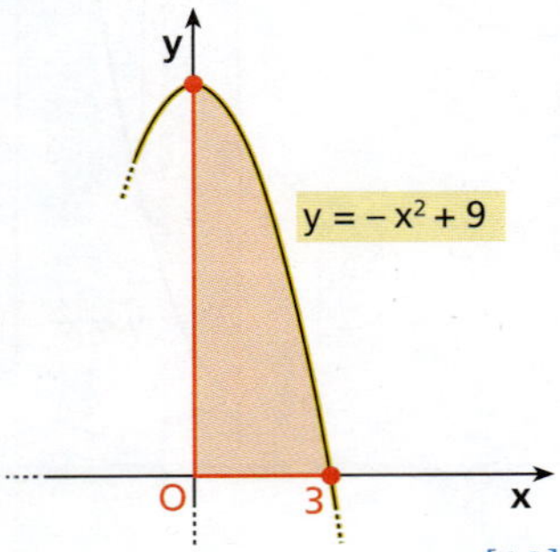

[18]

232 ●○

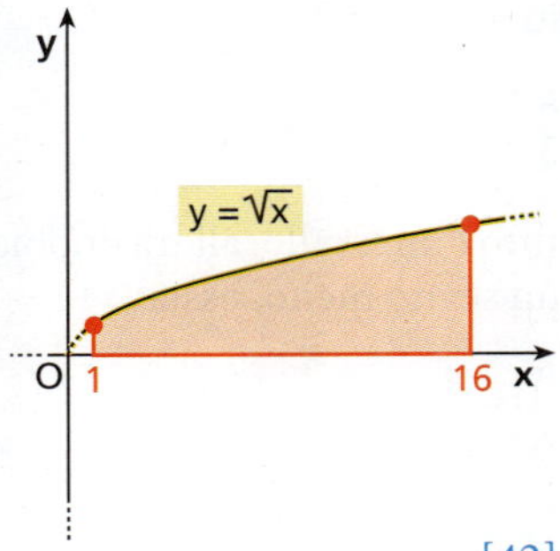

[42]

233 ●○

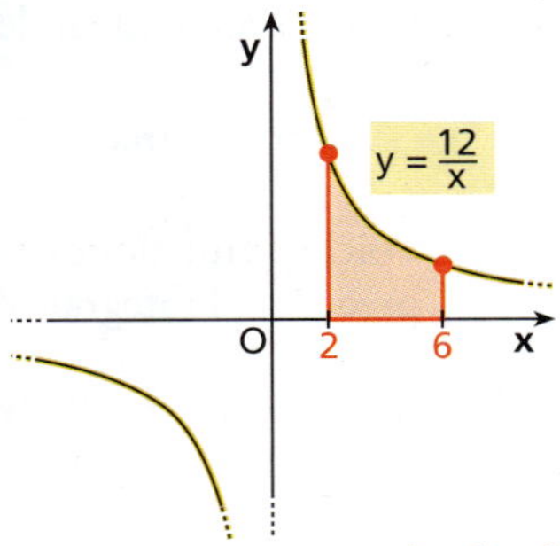

[$12 \ln 3$]

Disegna i trapezoidi definiti dai grafici delle seguenti funzioni negli intervalli scritti a fianco e calcolane l'area utilizzando gli integrali definiti.

234 ●○ $y = 3x^2$, $[0; 2]$. [8]

235 ●○ $y = 16 - x^2$, $[-3; 3]$. [78]

236 ●○ $y = 4x^2 - 1$, $[1; 2]$. $\left[\frac{25}{3}\right]$

237 ●○ $y = -x^2 + 2x$, $[0; 2]$. $\left[\frac{4}{3}\right]$

238 ●○ $y = \sqrt{x+1}$, $[-1; 1]$. $\left[\frac{4}{3}\sqrt{2}\right]$

239 ●○ $y = -\frac{1}{x}$, $[-2; -1]$. [$\ln 2$]

240 ●○ $y = \ln(x+1)$, $[0; 1]$. [$2 \ln 2 - 1$]

241 ●○ $y = e^{-2x} + 1$, $[-1; 0]$. $\left[\frac{1}{2}(1+e^2)\right]$

242 ●○ $y = 2 \tan x$, $\left[0; \frac{\pi}{4}\right]$. $\left[-2 \ln \frac{\sqrt{2}}{2}\right]$

243 ●● $y = 4 \sin^2 x + 2$, $\left[\frac{\pi}{4}; \frac{\pi}{2}\right]$. [$\pi + 1$]

LEGGI IL GRAFICO Determina l'area colorata nelle figure.

244 ●○

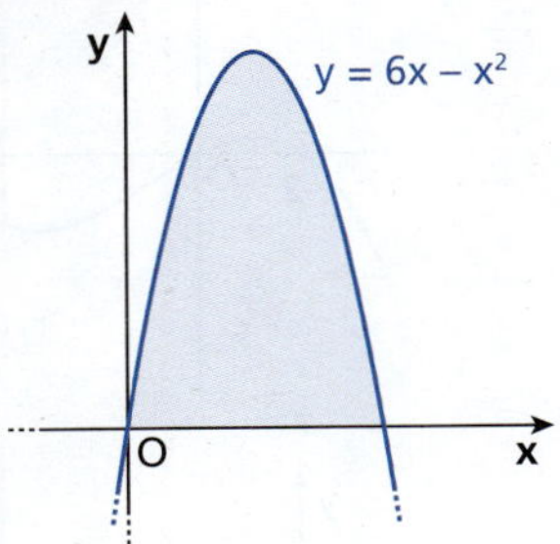

[36]

245 ●○

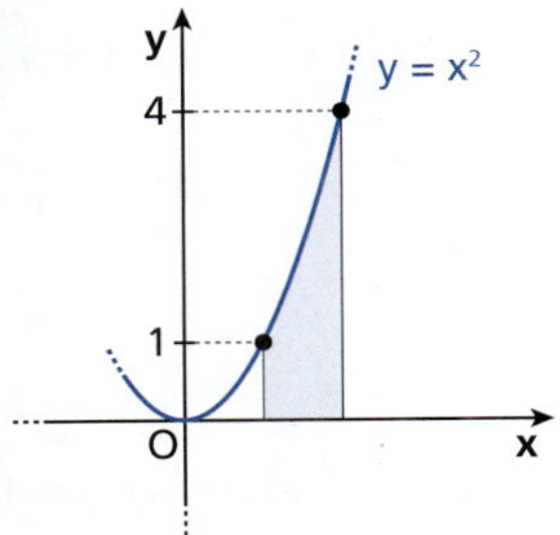

$\left[\frac{7}{3}\right]$

246 ●○

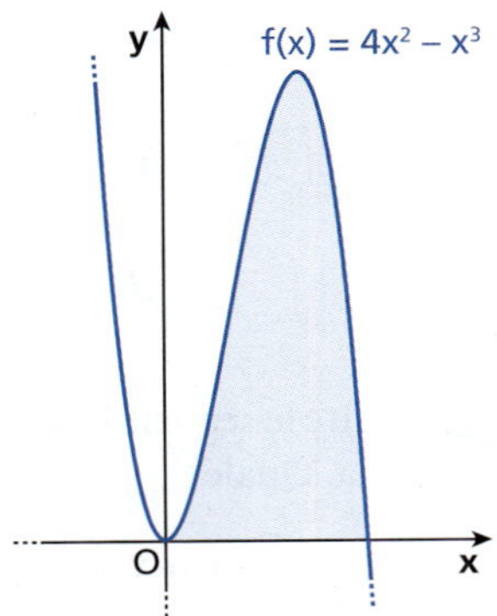

$\left[\frac{64}{3}\right]$

247 ●● Disegna il grafico di $f(x) = 4x^3 - 2x^4$ e trova l'area che $f(x)$ delimita con l'asse x nel primo quadrante. $\left[\frac{16}{5}\right]$

La funzione è negativa

248 ESERCIZIO GUIDA Determiniamo l'area S della superficie delimitata dall'asse x e dal grafico della funzione $y = x^2 - 9$ definita sull'intervallo $[0; 2]$.

Il grafico della funzione è una parabola di vertice $V(0; -9)$, che ha la concavità rivolta verso l'alto e incontra l'asse x nei punti di ascissa ± 3.

Disegniamo il grafico ed evidenziamo la superficie considerata.

Calcoliamo l'integrale definito esteso da 0 a 2:

$$\int_0^2 (x^2 - 9)\,dx = \left[\frac{x^3}{3} - 9x\right]_0^2 = \frac{8}{3} - 18 - 0 = -\frac{46}{3}.$$

Poiché la funzione è negativa in tutto l'intervallo, allora dobbiamo far precedere l'integrale definito da un segno meno, ossia:

$$S = -\int_0^2 (x^2 - 9)\,dx = -\left(-\frac{46}{3}\right) = \frac{46}{3}.$$

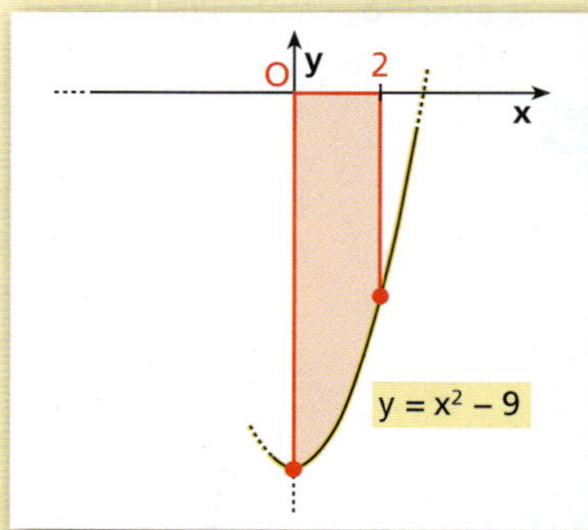

Dopo aver disegnato le superfici delimitate dall'asse x e dal grafico delle seguenti funzioni definite negli intervalli indicati, calcolane l'area.

249 $y = x^3$, $[-2; 0]$. $[4]$

250 $y = -6x^2$, $[0; 1]$. $[2]$

251 $y = x^2 - 5x$, $[1; 4]$. $\left[\frac{33}{2}\right]$

252 $y = x^2 - 6x + 5$, $[2; 4]$. $\left[\frac{22}{3}\right]$

253 $y = -\frac{3}{x}$, $[3; 6]$. $[3 \ln 2]$

254 $y = -\sqrt{x}$, $[9; 16]$. $\left[\frac{74}{3}\right]$

255 $y = \sin x$, $[\pi; 2\pi]$. $[2]$

256 $y = \ln x$, $\left[\frac{1}{2}; 1\right]$. $\left[\frac{1}{2}(1 - \ln 2)\right]$

La funzione è in parte positiva o nulla e in parte negativa

TEST

257 Solo una delle seguenti espressioni permette di calcolare l'area colorata. Quale?

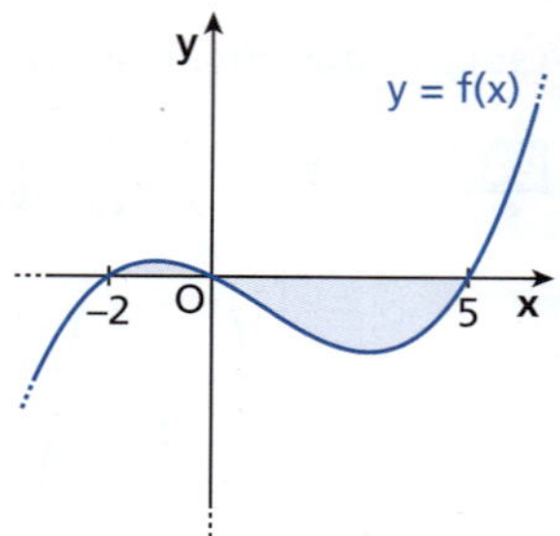

A $\int_{-2}^{5} f(x)dx$

B $\int_0^5 f(x)dx - \int_{-2}^0 f(x)dx$

C $\left|\int_{-2}^{5} f(x)dx\right|$

D $\int_{-2}^{0} f(x)dx + \int_0^5 f(x)dx$

E $\int_5^0 f(x)dx + \int_{-2}^0 f(x)dx$

258 Tutte le seguenti espressioni permettono di calcolare l'area colorata, tranne una. Quale?

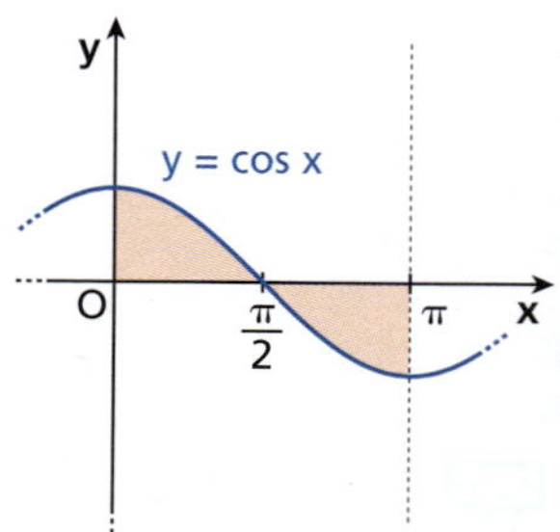

A $\int_0^{\frac{\pi}{2}} \cos x dx + \int_{\pi}^{\frac{\pi}{2}} \cos x dx$

B $2\int_0^{\frac{\pi}{2}} \cos x dx$

C $\int_0^{\pi} \cos x dx$

D $2\int_{\pi}^{\frac{\pi}{2}} \cos x dx$

E $\int_0^{\pi} |\cos x| dx$

259 ESERCIZIO GUIDA Determiniamo l'area S della superficie delimitata dall'asse x e dal grafico della funzione $y = -x^2 + 4$ definita sull'intervallo $[-1; 3]$.

Il grafico della funzione è una parabola di vertice $V(0; 4)$, che ha la concavità rivolta verso il basso e incontra l'asse x nei punti di ascissa ± 2. Evidenziamo nel grafico la superficie considerata.
Per calcolare l'area scomponiamo la superficie in due superfici: $ABCV$, delimitata dall'arco di curva CVA, in cui la funzione assume valori positivi, e CDE, delimitata dall'arco di curva CD, in cui la funzione assume valori negativi.
Calcoliamo i due integrali e cambiamo segno al secondo:

$$S = \int_{-1}^{2}(-x^2+4)\,dx - \int_{2}^{3}(-x^2+4)\,dx =$$

$$\left[-\frac{x^3}{3}+4x\right]_{-1}^{2} - \left[-\frac{x^3}{3}+4x\right]_{2}^{3} =$$

$$\left(-\frac{8}{3}+8-\frac{1}{3}+4\right)-\left(-\frac{27}{3}+12+\frac{8}{3}-8\right)=$$

$$-\frac{9}{3}+12+\frac{19}{3}-4=\frac{34}{3}.$$

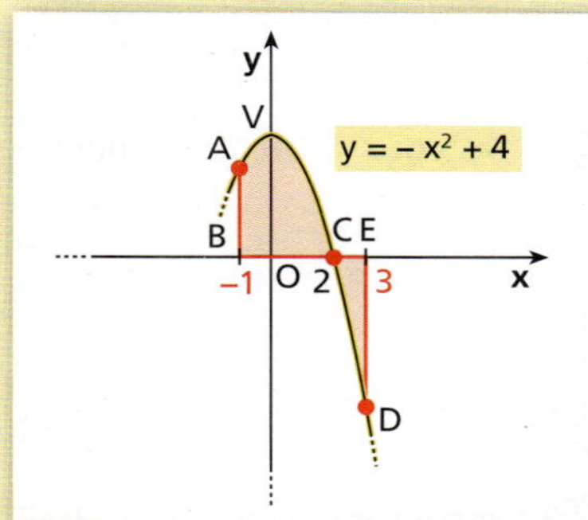

Dopo aver disegnato le superfici delimitate dall'asse x e dal grafico delle seguenti funzioni definite negli intervalli indicati, calcolane l'area.

260 $y=-x^3$, $[-1; 2]$. $\left[\frac{17}{4}\right]$

261 $y = x^2 - 3x$, $[-2; 2]$. $[12]$

262 $y = 3x^2 + 6x$, $[-1; 3]$. $[56]$

263 $y = x - x^2$, $[0; 3]$. $\left[\frac{29}{6}\right]$

264 $y = x^3 + 1$, $[-4; 0]$. $\left[\frac{123}{2}\right]$

265 $y=-x^2+6x-8$, $[2; 5]$. $\left[\frac{8}{3}\right]$

266 $y = \sqrt{x} - 1$, $[0; 4]$. $[2]$

267 $y = \cos x$, $\left[0; \frac{5\pi}{6}\right]$. $\left[\frac{3}{2}\right]$

268 $y = e^x - 1$, $[-1; 1]$. $[e + e^{-1} - 2]$

269 $y = \tan x$, $\left[-\frac{\pi}{4}; \frac{\pi}{3}\right]$. $\left[\frac{3}{2}\ln 2\right]$

Funzioni pari e dispari

AL VOLO

270 Sapendo che $f(x)$ è una funzione dispari e che $\int_0^4 f(x)dx = -7$, calcola il valore dell'area di:

a. S_1;
b. S_2;
c. $S_1 \cup S_2$.

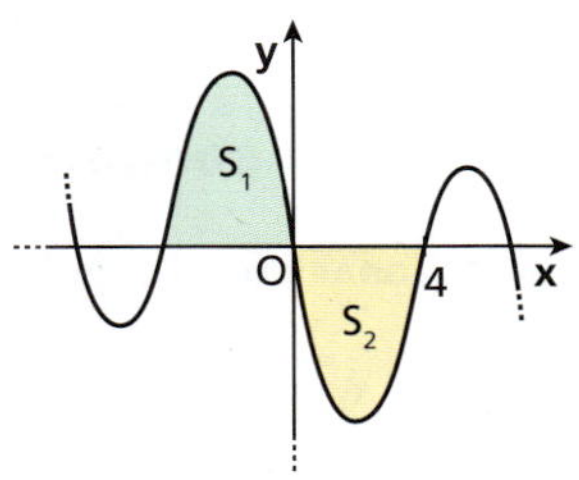

271 Sapendo che $f(x)$ è una funzione pari e che $\int_{-8}^{8} f(x)dx = 18$, calcola il valore dell'area di:

a. S_1;
b. S_2;
c. $S_1 \cup S_2$.

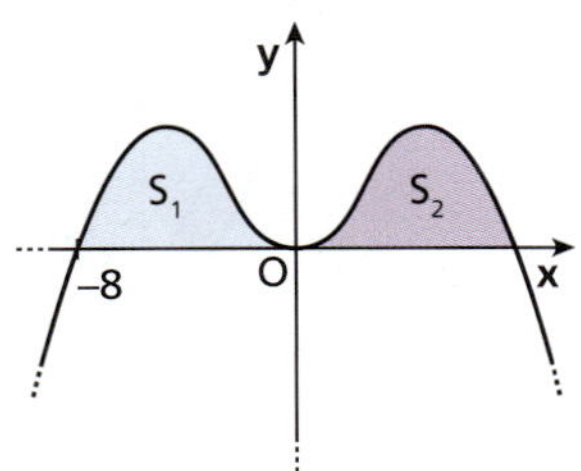

ESERCIZI

VERO O FALSO?

272 a. $\int_{-2}^{2} x^3 dx = 0$ V F

b. $\int_{-1}^{1} x^3 dx = 2\int_{0}^{1} x^3 dx$ V F

c. $\int_{-3}^{0} x^3 dx = \int_{0}^{3} x^3 dx$ V F

d. $\int_{-1}^{-2} x^3 dx = \int_{1}^{2} x^3 dx$ V F

273 a. $\int_{4}^{-4} x^2 dx = 0$ V F

b. $\int_{0}^{3} x^4 dx = \frac{1}{2}\int_{-3}^{3} x^4 dx$ V F

c. $\int_{0}^{2} x^2 dx + \int_{0}^{-2} x^2 dx = 0$ V F

d. $\int_{-5}^{5} (x + x^2) dx = 0$ V F

274 **AL VOLO** Calcola il valore dei seguenti integrali.

a. $\int_{-6}^{6} 3x^5 dx$ b. $\int_{5}^{-5} (x - x^3) dx$ c. $\int_{-1}^{1} xe^{x^2} dx$

Determina l'area della regione delimitata dall'asse *x* e dalla funzione data negli intervalli indicati.

275 $y = 5x^4$; $[-1; 1]$, $[0; 1]$. $[2; 1]$

276 $y = -9x^2$; $[-2; 0]$, $[-2; 2]$. $[24; 48]$

277 $y = 3\sin x$; $\left[0; \frac{\pi}{2}\right]$, $\left[-\frac{\pi}{2}; \frac{\pi}{2}\right]$. $[3; 6]$

278 $y = \cos x - 1$; $\left[-\frac{3}{2}\pi; 0\right]$, $\left[-\frac{3}{2}\pi; \frac{3}{2}\pi\right]$. $\left[\frac{3}{2}\pi + 1; 3\pi + 2\right]$

279 Sapendo che $\int_{-6}^{6} f(x)dx = 12$ e che f è una funzione pari, calcola:

$\int_{0}^{6} f(x)dx$, $\int_{0}^{-6} f(x)dx$, $\int_{-6}^{6} f(-x)dx$. $[6; -6; 12]$

280 Sapendo che $\int_{0}^{3} f(x)dx = 8$ e che f è una funzione dispari, calcola:

$\int_{-3}^{3} f(x)dx$, $\int_{0}^{3} f(-x)dx$, $\int_{0}^{-3} f(x)dx$. $[0; -8; 8]$

RIFLETTI SULLA TEORIA

281 Se $f(x)$ è pari, quanto vale $\int_{-2}^{2} xf(x)dx$?

282 Se $f(x)$ è dispari, quanto vale $\int_{-4}^{4} x^4 f(x)dx$?

283 **EUREKA!** Data una funzione $f(x)$ dispari, definita e integrabile nell'intervallo $[-4; 4]$, quanto vale l'integrale esteso a tale intervallo? Quanto vale l'integrale esteso allo stesso intervallo della funzione $6 + f(x)$?

Area compresa tra due curve

▶ Teoria a p. 1322

LEGGI IL GRAFICO **Calcola l'area delle superfici evidenziate nelle seguenti figure.**

284

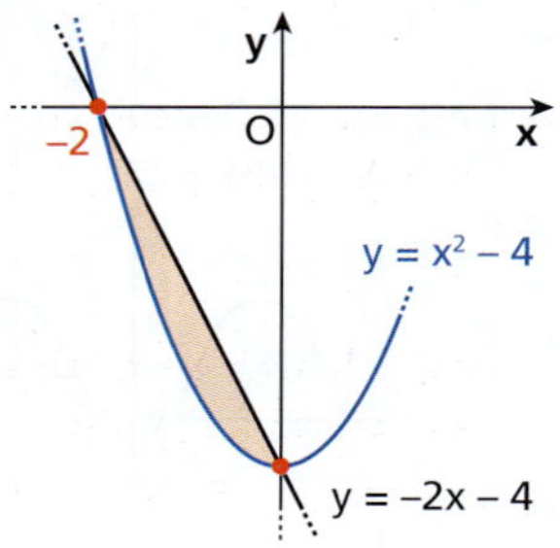

$\left[\frac{4}{3}\right]$

285

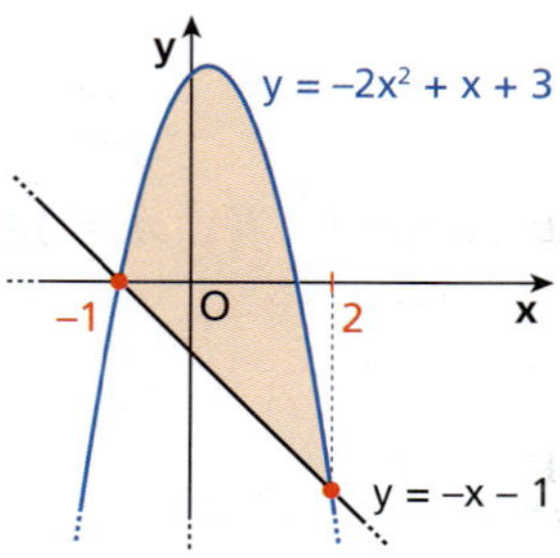

$[9]$

286

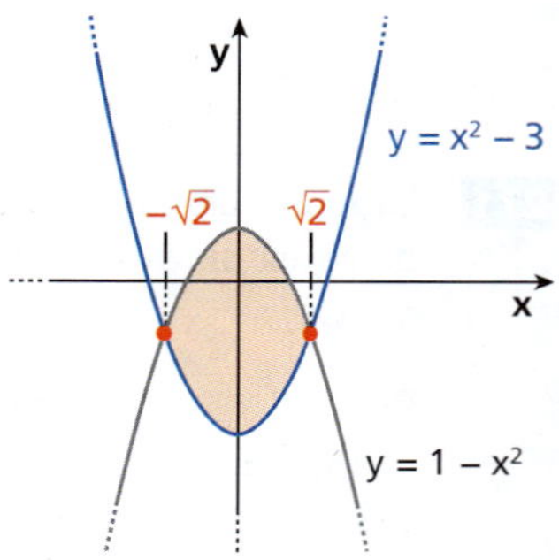

$\left[\frac{16}{3}\sqrt{2}\right]$

287 ESERCIZIO GUIDA Determiniamo l'area della superficie racchiusa dalle parabole di equazioni:

$y = x^2 + 1$ e $y = -x^2 + 4x + 1$.

Tracciamo le due parabole. La prima ha vertice nel punto $V_1(0; 1)$, asse di simmetria l'asse y e concavità rivolta verso l'alto. La seconda ha vertice nel punto $V_2(2; 5)$, asse di simmetria la retta di equazione $x = 2$ e concavità rivolta verso il basso.

Le due parabole si intersecano nei punti V_1 e V_2, perciò gli estremi di integrazione sono 0 e 2.

L'area della superficie da esse racchiusa è data dall'integrale della differenza tra la funzione maggiore (che sta sopra) e quella minore (che sta sotto), perciò:

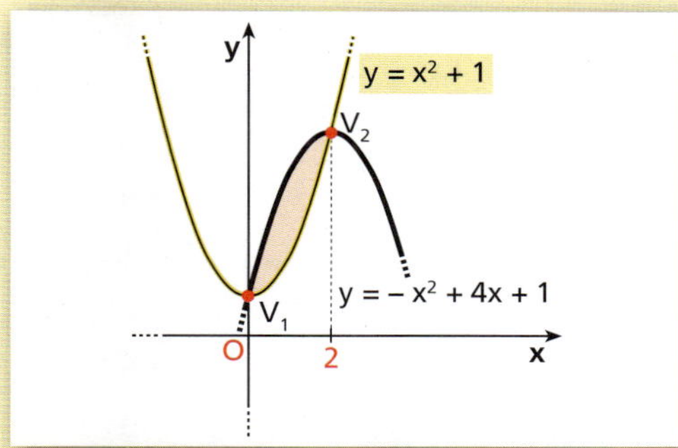

$$S = \int_0^2 [(-x^2+4x+1)-(x^2+1)]dx = \int_0^2 (-2x^2+4x)\,dx = \left[-\frac{2}{3}x^3+2x^2\right]_0^2 = -\frac{16}{3}+8 = \frac{8}{3}.$$

Rappresenta ogni coppia di funzioni e determina l'area della regione finita di piano da esse individuata.

288 $y = x^2$; $y = x + 2$. $\left[\frac{9}{2}\right]$

289 $y = x$; $y = x - x^2 + 1$. $\left[\frac{4}{3}\right]$

290 $y = 3x^2$; $y = 1 - x^2$. $\left[\frac{2}{3}\right]$

291 $y = 4 - x^2$; $y = -5$. [36]

292 $y = x^2 - 1$; $y = -x^2 - 3x - 1$. $\left[\frac{9}{8}\right]$

293 $y = 3x - 1$; $y = -x^2 + x + 2$. $\left[\frac{32}{3}\right]$

294 $y = x^2 + 4x$; $y = -2x^2 - 2x + 9$. [32]

295 $y = 4x^2 - x - 5$; $y = -2x^2 - x + 7$. $[16\sqrt{2}]$

296 $y = x + 4$; $y = -\frac{3}{x}$. $[4 - 3\ln 3]$

297 $y = \frac{4}{x}$; $y = x^2 - 6x + 9$. $[8\ln 2 - 3]$

298 Determina l'area della regione finita di piano contenuta nel primo quadrante e individuata dalla parabola di equazione $y = -x^2 + 2$, dalla curva di equazione $y = x^3$ e dall'asse y. $\left[\frac{17}{12}\right]$

299 YOU & MATHS Determine the area enclosed by the curve $y = x^2 + 1$ and the line $y = 5$.

(IR *Leaving Certificate Examination*, Higher Level) $\left[\frac{32}{3}\right]$

300 Calcola l'area della regione piana delimitata dalla curva di equazione $y = \frac{1}{1-x}$, dall'asse y e dalla retta di equazione $y = 4$. $[3 - \ln 4]$

301 Calcola l'area della regione delimitata dalla curva di equazione $y = x^2 - 2x + 2$ e dalla retta di equazione $y = 5$ nel primo quadrante. [9]

302 Trova l'area della regione finita di piano individuata dalla parabola di equazione $y = -x^2 + 6x$ e dalla retta di coefficiente angolare 1 passante per il punto della parabola di ascissa 4. $\left[\frac{9}{2}\right]$

303 Dopo aver verificato che la parabola di equazione $y = -\frac{1}{2}x^2 + 1$ incontra la curva di equazione $y = 2^x$ nei punti $A\left(-1; \frac{1}{2}\right)$ e $B(0; 1)$, determina l'area della regione finita di piano delimitata dalle due curve. $\left[\frac{5}{6} - \frac{1}{\ln 4}\right]$

304 Trova l'area della regione finita di piano delimitata dalle curve di equazioni $y = \sin x$ e $y = -\cos x$ nell'intervallo $\left[-\frac{\pi}{4}; \frac{3\pi}{4}\right]$. $[2\sqrt{2}]$

305 Trova l'area delimitata dalla curva di equazione $y = x^3$ e dalla retta di equazione $y = 8$ nel primo quadrante. [12]

306 Determina la misura dell'area della superficie chiusa individuata nel secondo quadrante dalle parabole di equazioni $y = -x^2 + 2x + 4$ e $y = \frac{x^2}{4} + 2x + 4$ e dalla retta di equazione $y = 1$. [1]

ESERCIZI

307 TEST La superficie colorata nella figura ha area:

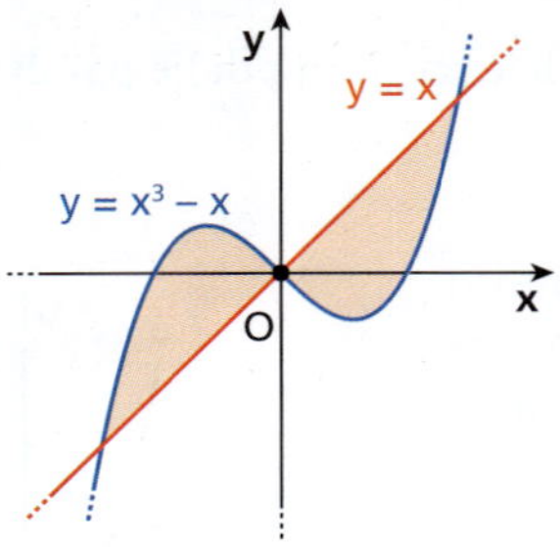

A $\int_{-\sqrt{2}}^{\sqrt{2}} (x^3 - 2x)dx$

B $\int_{-\sqrt{2}}^{\sqrt{2}} (2x - x^3)dx$

C $\int_{0}^{\sqrt{2}} (2x - x^3)dx + \int_{0}^{-\sqrt{2}} (x^3 - 2x)dx$

D $\int_{-\sqrt{2}}^{0} (x^3 - 2x)dx + \int_{0}^{\sqrt{2}} (2x - x^3)dx$

E $\int_{-\sqrt{2}}^{0} x^3dx + \int_{0}^{\sqrt{2}} (-x^3)dx$

308 Trova l'area della regione finita di piano delimitata dalla parabola di equazione $y = x^2 + 2x + 1$, dalla tangente passante per il suo punto di ascissa 1 e dall'asse x. $\left[\frac{2}{3}\right]$

309 Calcola l'area della regione finita di piano compresa tra le parabole di equazioni $y = x^2$ e $y = x^2 - 6x + 6$ e la bisettrice del secondo e quarto quadrante. $\left[\frac{5}{3}\right]$

310 Determina l'area della regione finita di piano delimitata dalle parabole di equazioni $y = x^2 + 2$ e $y = -\frac{x^2}{4} - \frac{5}{2}x + \frac{3}{4}$ e dalla retta di equazione $y = 6$. [1]

Riepilogo: Calcolo delle aree di superfici piane

TEST

311 L'area della regione piana delimitata dal grafico di $y = x^2 - 2x$, con $x \in [0; 3]$, e dall'asse x è data da:

A $\int_0^2 (x^2 - 2x)\,dx + \int_2^3 (x^2 - 2x)\,dx$.

B $\int_0^2 (x^2 - 2x)\,dx + \int_2^3 (2x - x^2)\,dx$.

C $\int_0^2 (2x - x^2)\,dx + \int_2^3 (x^2 - 2x)\,dx$.

D $\int_0^3 (2x - x^2)\,dx$.

E $\int_0^3 (x^2 - 2x)\,dx$.

312 L'area della regione piana delimitata dal grafico di $y = x^3 - 4x$ e dall'asse x in $[-1; 1]$ misura:

A 0.

B $\frac{7}{4}$.

C $\frac{7}{2}$.

D 3.

E 7.

313 ASSOCIA a ciascuna funzione $f(x)$ l'area della regione di piano che essa delimita con l'asse x nell'intervallo scritto a fianco.

a. 4 **b.** 9 **c.** 2 **d.** 12

1. $f(x) = |x|$ in $[-3; 3]$ **2.** $f(x) = \sin x$ in $[0; \pi]$ **3.** $f(x) = 6x$ in $[0; 2]$ **4.** $f(x) = 6x^2$ in $[-1; 1]$

LEGGI IL GRAFICO **In ognuna delle seguenti figure sono evidenziate delle superfici: calcolane l'area mediante gli integrali.**

314

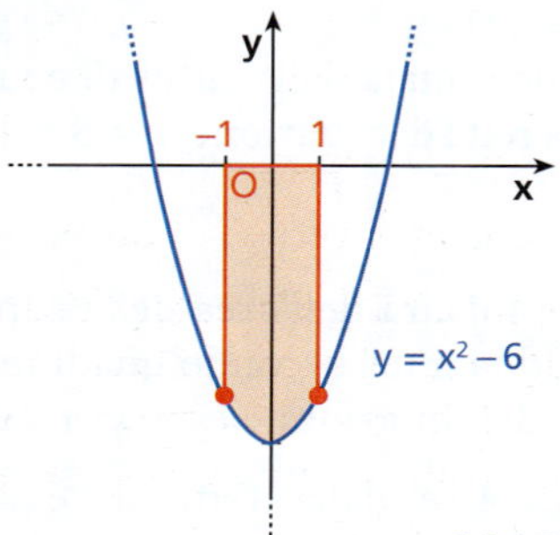

$\left[\frac{34}{3}\right]$

315

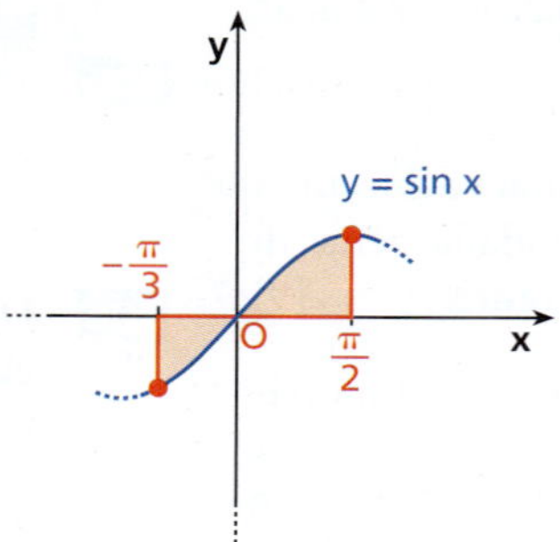

$\left[\frac{3}{2}\right]$

316

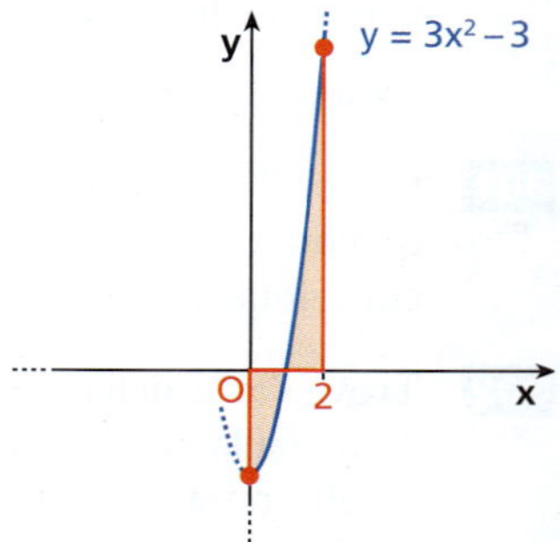

[6]

317 ●●

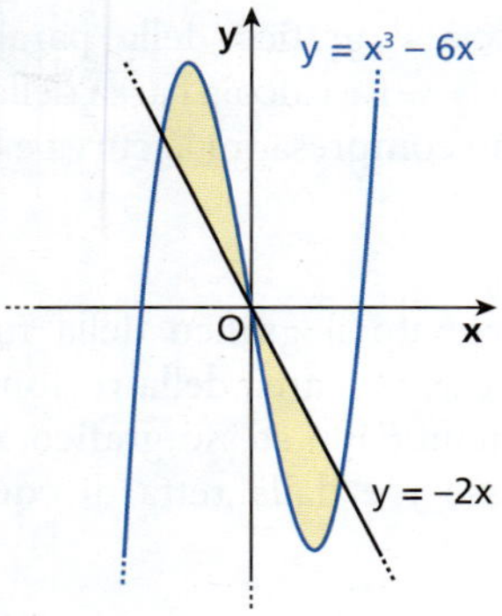

$\left[8\right]$

318 ●●

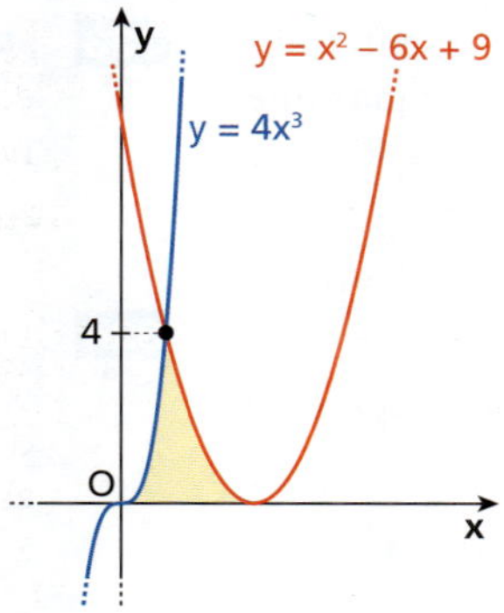

$\left[\frac{11}{3}\right]$

319 ●●

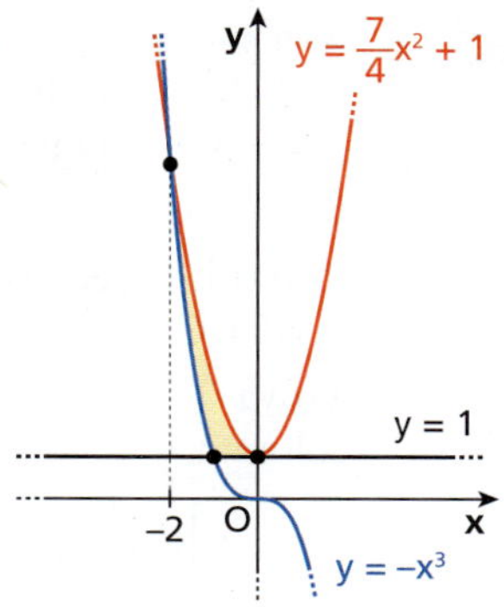

$\left[\frac{23}{12}\right]$

320 ●○ Disegna le parabole di equazioni $y = x^2 - 4x - 5$ e $y = -x^2 + 2x + 3$. Calcola poi l'area delle due zone delimitate dalle parabole e dal segmento che congiunge i loro punti di intersezione.

$\left[S_1 = S_2 = \frac{125}{6}\right]$

321 ●● **LEGGI IL GRAFICO** Trova la misura dell'area della superficie colorata racchiusa dalle due parabole γ_1 e γ_2, con γ_2 di equazione $y = -x^2 + 5x - 2$.

$\left[\frac{40}{3}\right]$

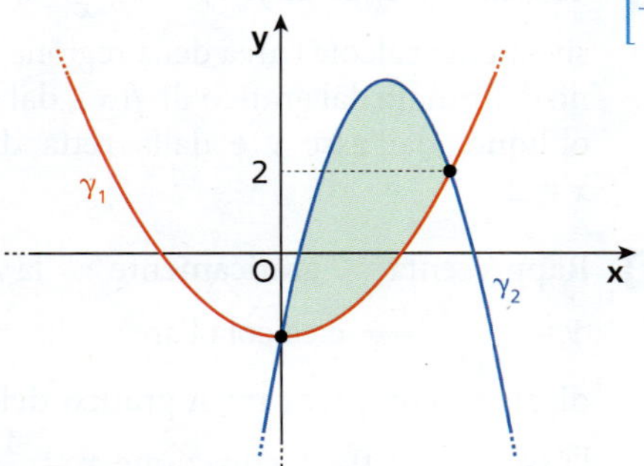

322 ●● **LEGGI IL GRAFICO**

Nel grafico la retta è tangente alla parabola in A.

Trova l'area della regione colorata.

$\left[y = x^2 - 2x + 2; \frac{23}{8}\right]$

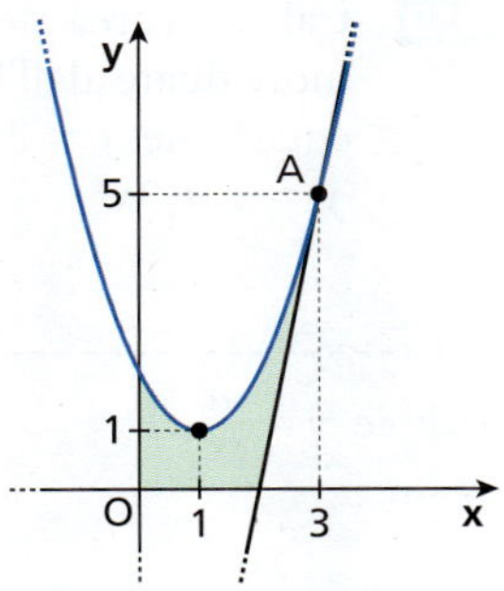

323 ●○ Rappresenta graficamente la funzione di equazione $y = 2 + \frac{4}{x-1}$. Calcola l'area della regione finita di piano delimitata dalla curva data, dalla tangente alla curva nel suo punto di ascissa 0 e dall'asse x.

$\left[4\ln 2 - \frac{5}{2}\right]$

324 ●○ **YOU & MATHS** Find the area of the bounded region enclosed by the curve $y = \frac{2x}{x^2+1}$, the x-axis, the line $x = 1$, and the line $x = 2\sqrt{2}$.

(IR *Leaving Certificate Examination,* Higher Level)

$\left[\ln\left(\frac{9}{2}\right)\right]$

325 ●● Calcola l'area della regione finita di piano delimitata dalla parabola di equazione $y = -x^2 + 4$ e dalle tangenti condotte alla parabola nei suoi punti di intersezione con l'asse x.

$\left[\frac{16}{3}\right]$

326 ●● Le rette r e s sono tangenti alla parabola di equazione

$$y = -\frac{1}{2}x^2 + 2x$$

rispettivamente in O e A. Trova l'area della zona colorata.

$\left[\frac{9}{8}\right]$

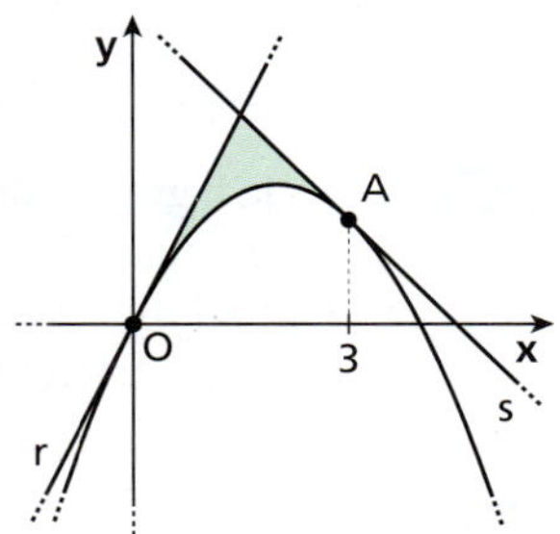

327 ●● Determina l'equazione della parabola con asse parallelo all'asse y, con il vertice di ascissa $x = 2$ e passante per i punti $A(4; 0)$ e $B(-2; 12)$. Considera la retta t tangente in A alla parabola e la retta r parallela all'asse x passante per B. Calcola l'area della regione delimitata dalla parabola e dalle rette r e t.

$\left[y = x^2 - 4x; S = \frac{14}{3}\right]$

328 ●● Trova l'equazione della parabola con asse parallelo all'asse y, che ha il vertice di ordinata $-\frac{9}{4}$, passa per $A(0; 10)$ e ha la tangente in A di coefficiente angolare -7. Disegna la curva, considera la retta di equazione $y = -1$ e trova l'area della parte finita di piano delimitata dalla parabola e dalla retta.

$\left[y = x^2 - 7x + 10; \frac{5}{6}\sqrt{5}\right]$

329 •• LEGGI IL GRAFICO La parabola rappresentata in figura è tangente in A alla retta di equazione $y = 4x + 4$ e ha equazione $y = ax^2 + bx + 3$.

a. Trova a e b.

b. Determina l'equazione della retta r che passa per B e C.

c. Trova la misura dell'area della superficie colorata.

$\left[\text{a) } a = -1, b = 2; \text{ b) } y = 3 - x; \text{ c) } \frac{9}{2}\right]$

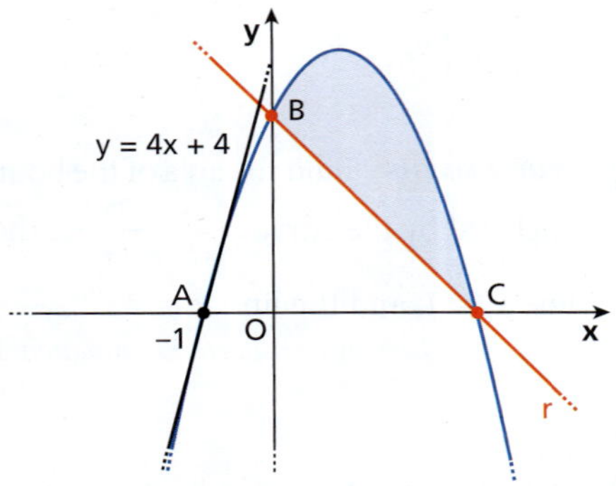

330 •• Calcola l'area della regione finita di piano delimitata dalla curva di equazione $y = \cos x$ e dalle rette di equazioni $x = \frac{\pi}{2}$ e $y = -2x + 1$.

$\left[1 + \frac{\pi^2}{4} - \frac{\pi}{2}\right]$

331 •• Traccia il grafico della funzione $y = x^4 - 2x^3 + 2$ e le sue tangenti nei punti di flesso A e B. Detto C il punto di intersezione delle due tangenti, calcola l'area del triangolo mistilineo ABC. $\left[\frac{1}{20}\right]$

332 •• Dopo aver disegnato il grafico della funzione $y = \frac{1}{x^2 + 4}$, determina l'area della regione finita delimitata dallo stesso grafico e dalla retta di equazione $y = \frac{1}{5}$. $\left[\arctan\frac{1}{2} - \frac{2}{5}\right]$

333 •• EUREKA! Traccia il grafico della parabola di equazione $x = y^2 - 2y$ e calcola l'area della regione finita di piano compresa tra la curva e l'asse y.

$\left[\frac{4}{3}\right]$

334 •• Dopo aver disegnato il grafico della funzione $y = 1 - x\,e^{-x}$, calcola l'area della regione finita di piano delimitata dallo stesso grafico, dal suo asintoto, dall'asse y e dalla retta di equazione $x = 2$. $[1 - 3e^{-2}]$

335 •• Rappresenta la funzione $y = \frac{x^2 + 1}{x + 1}$ e determina l'area della regione finita delimitata dagli assi x e y, dal grafico della funzione e dalla retta parallela all'asse y passante per il punto di minimo relativo della funzione. $\left[\frac{5 - 4\sqrt{2}}{2} + \ln 2\right]$

336 •• Calcola l'area della parte di piano delimitata dai grafici delle funzioni $f(x) = \frac{1}{1 + x^2}$ e $g(x) = \frac{x^2}{2}$.

$\left[\frac{\pi}{2} - \frac{1}{3}\right]$

337 •• Traccia il grafico di $f(x) = \frac{x^2 - 3x + 1}{x - 3}$ e successivamente calcola l'area della regione finita di piano delimitata dal grafico di $f(x)$, dal suo asintoto obliquo, dall'asse y e dalla retta di equazione $x = 2$. $[\ln 3]$

338 •• Rappresenta graficamente la funzione $y = \frac{2x}{\sqrt{1 - x^2}}$ e calcola l'area della regione finita di piano compresa fra il grafico della funzione, l'asse x e la retta di equazione $x = \frac{1}{2}$. $[2 - \sqrt{3}]$

339 •• Calcola l'area delle due regioni finite di piano individuate dall'intersezione tra la parabola di equazione $y = 2x^2 + 2x$ e la curva di equazione $y = x^3 + 3x^2$.

$\left[\frac{8}{3}; \frac{5}{12}\right]$

---

340 •• LEGGI IL GRAFICO Nel grafico sono rappresentate l'iperbole $y = \frac{a}{x}$, per $x > 0$, e le sue tangenti r e s rispettivamente in A e B.

a. Determina il valore di a.

b. Trova le equazioni di r e s e le coordinate di C.

c. Calcola l'area del triangolo mistilineo ABC.

$\left[\text{a) } 6; \text{ b) } y = -\frac{3}{2}x + 6, y = 2 - \frac{x}{6}, C\left(3; \frac{3}{2}\right); \text{ c) } 6(\ln 3 - 1)\right]$

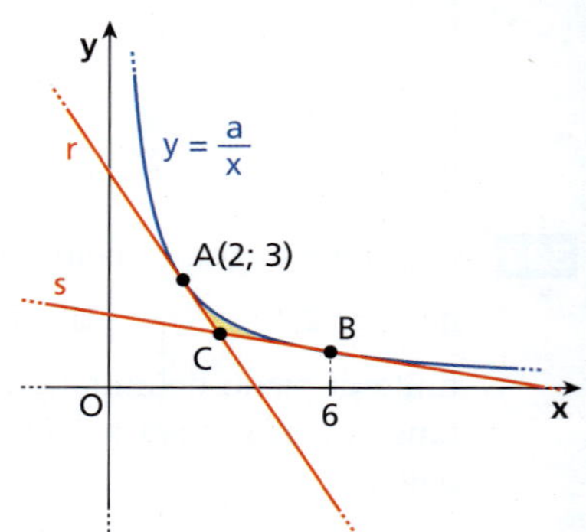

341 ●● **a.** Considera la funzione $y = x^3 - 4x$ e rappresentala graficamente.
b. Traccia la tangente t alla curva nel suo punto di intersezione con il semiasse positivo delle ascisse.
c. Calcola l'area della regione finita di piano delimitata dalla curva data, dalla retta t e dall'asse y.
[b) $y = 8x - 16$; c) $S = 12$]

342 ●● **a.** Rappresenta la curva di equazione $y = xe^{-2x}$.
b. Determina l'area della regione finita di piano delimitata dalla curva, dall'asse x e dalla retta $x = \ln 2$.
$\left[\text{b)} -\frac{1}{8}\ln 2 + \frac{3}{16}\right]$

MATEMATICA AL COMPUTER

Area di una superficie Costruiamo una figura che permetta di assegnare un valore ai coefficienti a, b e c della parabola di equazione $q(x) = ax^2 + bx + c$ e che mostri, in corrispondenza, l'area dell'eventuale superficie finita di piano compresa fra la parabola di equazione $y = q(x)$ e la parabola di equazione $p(x) = -x^2 + 4$.
In particolare consideriamo:

$q(x) = x^2 - 4x + 4$.

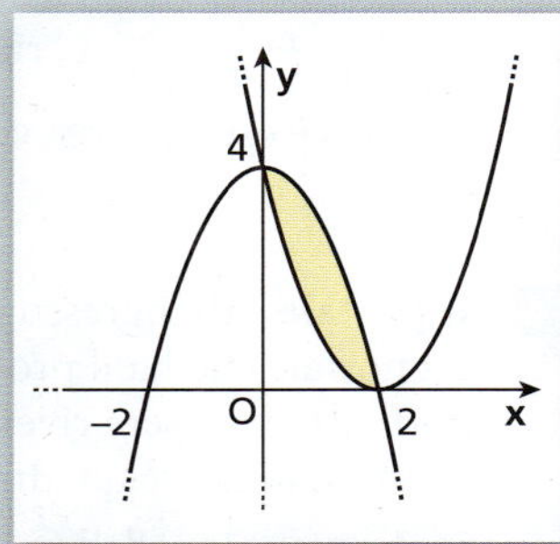

Risoluzione – 7 esercizi in più

RISOLVIAMO UN PROBLEMA

L'aiuola

Un'aiuola in un parco ha, vista in pianta, la forma indicata in figura.

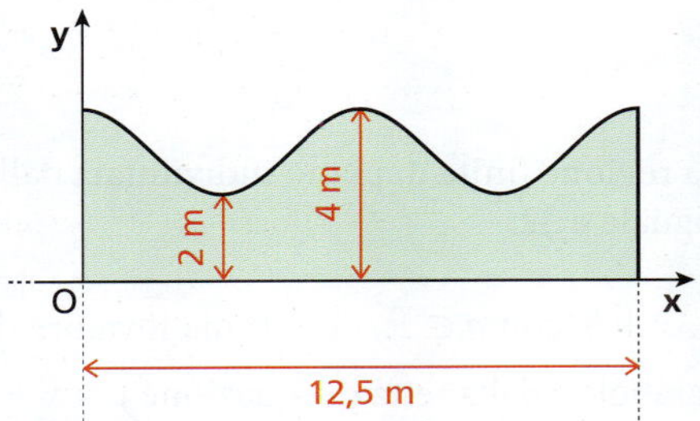

- Sapendo che il bordo superiore è descrivibile con la funzione $y = a\cos x + b$, determina a e b.
- Trova l'area occupata dall'aiuola.
- Bisogna riempire l'aiuola con uno strato, alto circa 70 cm, di terriccio speciale, che viene venduto in sacchi da 80 litri e costa € 11,80 al sacco. Calcola il costo totale del terriccio.

► **Determiniamo *a* e *b*.**

La distanza tra i «picchi» e le «valli» della cosinusoide è 2, pertanto l'ampiezza è 1. Allora $a = 1$.
Il grafico della funzione passa per il punto $(0; 4)$:

$$\cos 0 + b = 4 \quad \rightarrow \quad 1 + b = 4 \quad \rightarrow \quad b = 3.$$

La funzione è $y = \cos x + 3$.

► **Calcoliamo l'area.**

$$\int_0^{12,5} (\cos x + 3)dx = [\sin x + 3x]_0^{12,5} =$$

$$\sin 12,5 + 37,5 - 0 \simeq 37,4 \text{ m}^2.$$

► **Determiniamo il volume di terra necessario.**

Per calcolare il volume moltiplichiamo l'area di base per l'altezza:

$$V = 37,4 \cdot 0,70 = 26,18 \text{ m}^3 = 26\,180 \text{ L}.$$

► **Calcoliamo il costo totale.**

I sacchi da acquistare sono

$$\frac{26\,180}{80} = 327,25 \simeq 328.$$

Il costo totale è quindi:

$$328 \cdot € 11,80 = € 3870,40.$$

REALTÀ E MODELLI

343 ●○ **Turismo nel verde** Una strada di campagna e un fiume delimitano un'area verde che il Comune decide di attrezzare per i turisti. Scegliendo sugli assi cartesiani l'unità uguale a 300 m, la strada e il fiume possono essere descritti come una retta di equazione $y = \frac{x+3}{2}$ e una curva di equazione $y = \frac{x^3}{4} + \frac{x^2}{2} - \frac{3}{4}x$, rispettivamente.
Quanto è estesa l'area verde?

[120 000 m^2]

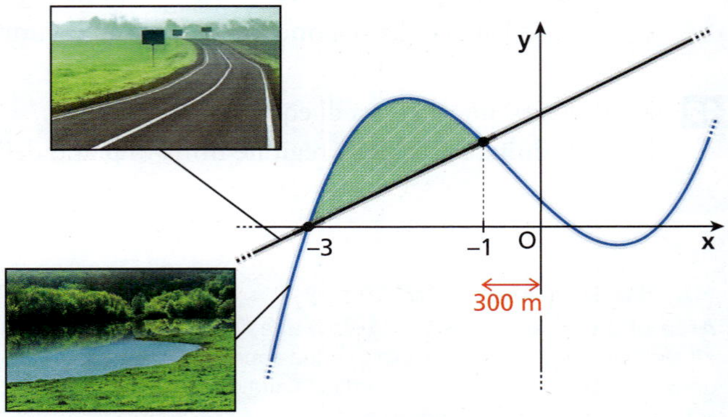

344 ●● **Il portale** All'ingresso di un parco pubblico c'è un portale che ha il profilo mostrato in figura. Il portale deve essere rivestito di marmo, che viene venduto in lastre quadrate di 1 m^2 ciascuna.

a. Le equazioni delle curve che delimitano il portale sono $f(x) = 3 + \frac{a}{x^2+1}$ e $g(x) = bx^2 + c$. Trova a, b e c.

b. Determina il numero minimo di lastre necessarie per rivestire tutta la facciata.

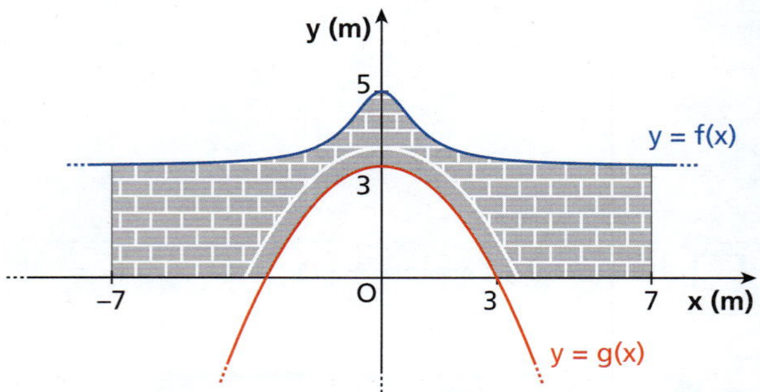

[a) $a = 2$, $b = -\frac{1}{3}$, $c = 3$; b) 36]

Aree, integrali definiti e parametri

345 ●○ Determina per quali valori di k l'area della regione finita di piano individuata dalla retta di equazione $y = kx$ e dalla parabola di equazione $y = 3x^2$ è uguale a 32. [$k = \pm 12$]

346 ●○ Data la parabola di equazione $y = ax^2 + 3x + 5$, con $a \in \mathbb{R}$, determina il valore di a in modo che l'area della regione finita di piano individuata dalla parabola e dalla retta di equazione $y = x + 5$ sia uguale a $\frac{1}{3}$.

[$a = \pm 2$]

347 ●○ **EUREKA!** Dimostra che l'area compresa fra la curva di equazione $y = \frac{1}{x}$, le rette di equazioni $x = a$ e $x = 2a$ e l'asse x non dipende da a.

348 ●● Trova per quale valore di k l'integrale $\int_k^1 2\sqrt{1-x}\,dx$ è uguale all'area della parte finita di piano delimitata dalla parabola di equazione $y = x^2 - 2x$ e dall'asse x. [$k = 0$]

349 ●● Rappresenta graficamente la funzione $y = xe^{-a^2x^2}$, con $a > 0$, e determina l'area della regione finita di piano sottesa alla curva nell'intervallo $[0; a]$. Calcola il limite a cui tende l'area quando a tende a $+\infty$.

$\left[\frac{1}{2a^2}(1 - e^{-a^4}); 0\right]$

350 ●●

a. Rappresenta il grafico di $f(x) = \frac{1-x^2}{1-4x^2}$.

b. Determina l'equazione della retta r tangente al grafico nel punto di intersezione con l'asse x di ascissa positiva.

c. Trova per quale valore del parametro reale a ($a > 1$) l'area della regione finita di piano compresa tra la retta r, la curva e la retta $x = a$ vale $\frac{1}{12} + \frac{3}{16}\ln\frac{9}{5}$.

$\left[\text{b) } y = \frac{2}{3}x - \frac{2}{3}; \text{ c) } a = 2\right]$

4 Calcolo dei volumi

Volume di un solido di rotazione

▶ Teoria a p. 1323

Rotazione intorno all'asse *x*

351 **ESERCIZIO GUIDA** Consideriamo la funzione $y = x^2 + 1$ e calcoliamo il volume del solido di rotazione ottenuto facendo ruotare attorno all'asse x di un giro completo il trapezoide esteso all'intervallo $[1; 2]$.

- Disegniamo il solido: tracciamo il grafico della funzione nell'intervallo considerato e il suo simmetrico rispetto all'asse x (figura **a**).
  Tracciamo, in prospettiva, due circonferenze di raggio, rispettivamente, AB e CD. Rappresentiamo così il solido generato dalla rotazione completa intorno all'asse x del trapezoide $ABCD$ (figura **b**).

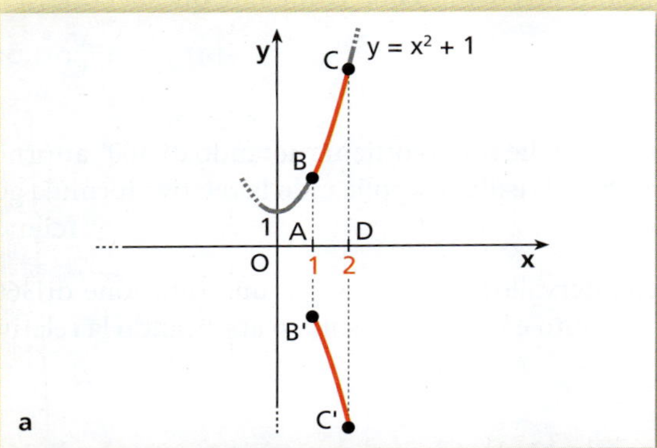

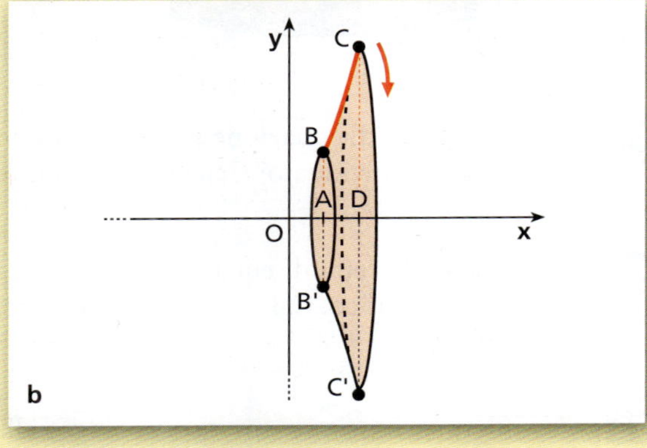

- Calcoliamo il volume di tale solido, applicando la formula $V = \pi \cdot \int_a^b f^2(x)\,dx$:

$$V = \pi \cdot \int_1^2 (x^2+1)^2 dx = \pi \cdot \int_1^2 (x^4 + 2x^2 + 1)\,dx = \pi \cdot \left[\frac{x^5}{5} + \frac{2x^3}{3} + x\right]_1^2 =$$

$$\pi \cdot \left(\frac{32}{5} + \frac{16}{3} + 1 - \frac{1}{5} - \frac{2}{3}\right) = \frac{178}{15}\pi.$$

Calcola il volume del solido generato dalla rotazione completa attorno all'asse *x* del trapezoide individuato dal grafico della funzione data, nell'intervallo indicato.

352 $y = 2$, $[2; 5]$. $[12\pi]$

353 $y = 3x$, $[0; 3]$. $[81\pi]$

354 $y = x^3$, $[0; 1]$. $\left[\frac{\pi}{7}\right]$

355 $y = x\sqrt{x}$, $[2; 4]$. $[60\pi]$

356 $y = \sqrt{x+4}$, $[0; 6]$. $[42\pi]$

357 $y = \frac{1}{x}$, $[1; 4]$. $\left[\frac{3}{4}\pi\right]$

358 $y = 9 - x^2$, $[0; \sqrt{5}]$. $[56\sqrt{5}\,\pi]$

359 $y = \frac{3}{5}\sqrt{25 - x^2}$, $[-5; 5]$. $[60\pi]$

360 $y = \sqrt{\sin x}$, $\left[0; \frac{\pi}{2}\right]$. $[\pi]$

361 $y = \frac{1}{\cos x}$, $\left[0; \frac{\pi}{4}\right]$. $[\pi]$

362 $y = \sqrt{\frac{x+4}{x}}$, $[-5; -4]$. $\left[\left(1 - 4\ln\frac{5}{4}\right)\pi\right]$

363 $y = \frac{1}{2^x}$, $[0; 1]$. $\left[\frac{3\pi}{4\ln 4}\right]$

364 $y = x^2 - 3x + 1$, $[0; 1]$. $\left[\frac{11}{30}\pi\right]$

365 $y = -x^2 + x - 1$, $[-1; 0]$. $\left[\frac{37}{10}\pi\right]$

REALTÀ E MODELLI

366 ●○ **Coppette** Una ditta di casalinghi produce delle coppette in legno la cui forma può essere schematizzata come il solido ottenuto dalla rotazione intorno all'asse x del grafico della funzione $y = \sqrt[4]{27x}$, se si utilizza 1 cm come unità di misura. Determina la capienza di una coppetta, trascurandone lo spessore e sapendo che è alta 3 cm. [56,5 cm³]

367 ●○

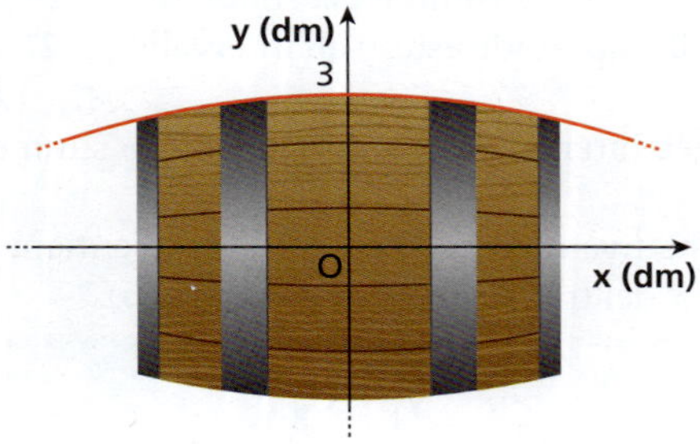

Botte piccola, vino buono Una botte *barrique* alta 80 cm ha il diametro di base di 50 cm e il diametro massimo di 60 cm. Può essere ottenuta ruotando un arco di parabola attorno all'asse x, come mostrato nella figura.

a. Determina l'equazione della parabola.

b. Quanti litri di vino può contenere questa botte?

$\left[\text{a) } y = -\frac{x^2}{32} + 3\text{; b) 202 L}\right]$

368 ●○ Disegna la retta di equazione $y = 5$ nell'intervallo $[1; 6]$. Che solido ottieni ruotando di 360° attorno all'asse x il trapezoide individuato? Calcolane il volume e verifica il risultato applicando la relativa formula geometrica. [cilindro; 125π]

369 ●○ Rappresenta la retta di equazione $y = 4 - 2x$ nell'intervallo $[0; 2]$ ed esegui una rotazione di 360° attorno all'asse x del grafico. Calcola il volume del solido ottenuto e verifica il risultato applicando la relativa formula geometrica. $\left[\frac{32}{3}\pi\right]$

370 ●● Considera la funzione $y = \sqrt{-x^2 + 4x}$ nell'intervallo $[2; 4]$. Che solido ottieni ruotando di 360° attorno all'asse x il grafico di tale funzione? Calcola il volume del solido ottenuto e verifica il risultato applicando la relativa formula geometrica. $\left[\text{semisfera; } \frac{16}{3}\pi\right]$

371 ●● Calcola il volume del solido che si ottiene ruotando di 360° attorno all'asse x il grafico della funzione $y = \sqrt{1 - x^2}$ definita in $[-1; 1]$. Verifica il risultato applicando la relativa formula geometrica. $\left[\text{sfera; } \frac{4}{3}\pi\right]$

372 ●● Rappresenta graficamente la funzione $y = \sqrt{e^{3x}}$ e determina il volume del solido ottenuto mediante una rotazione completa del grafico attorno all'asse x, con $x \in [0; 1]$. $\left[\frac{\pi}{3}(e^3 - 1)\right]$

373 ●● Dopo aver studiato la funzione di equazione $y = \sqrt{\frac{x+1}{x-2}}$, determina il volume del solido generato da una rotazione di 360° attorno all'asse x della regione finita di piano delimitata dal grafico della funzione e dalle rette di equazioni $x = 3$ e $x = 4$. $[\pi + 3\pi \ln 2]$

374 ●● Data la curva di equazione $y = x \cdot e^{x^3}$, considera la regione finita del piano cartesiano delimitata dalla curva, dall'asse delle ascisse e dalla retta di equazione $x = -1$. Calcola il volume del solido generato da tale regione nella rotazione completa attorno all'asse x. $\left[\frac{\pi}{6}(1 - e^{-2})\right]$

375 ●● REALTÀ E MODELLI **Giochiamo a football americano** La forma di un pallone da football americano può essere approssimata matematicamente con un solido di rotazione come in figura; le sezioni perpendicolari all'asse di rotazione sono quindi dei cerchi.

a. Determina la funzione polinomiale di secondo grado
$$y = ax^2 + bx$$
che rappresenta l'arco superiore $\overset{\frown}{OA}$.

b. Ricava il volume del pallone in cm³, approssimato all'unità.

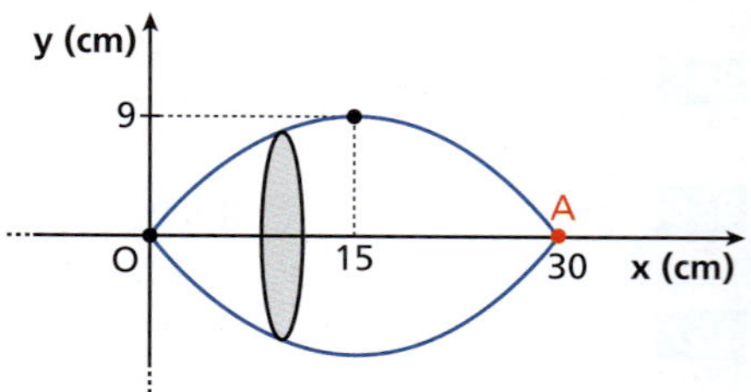

$\left[\text{a) } y = -\frac{1}{25}x^2 + \frac{6}{5}x\text{; b) 4072 cm}^3\right]$

376 ●○ EUREKA! Considera la regione finita di piano delimitata dalla retta di equazione $y = \frac{x}{2} + 1$ e dalla parabola di equazione $y = \frac{x^2}{4} + 1$, e determina il volume del solido ottenuto facendo ruotare di 360° attorno all'asse x questa regione. $\left[\frac{14}{15}\pi\right]$

Con i parametri

377 ●○ Trova per quale valore di $a > 0$ il solido generato dalla rotazione completa attorno all'asse x del trapezoide individuato dalla funzione $y = ax^2$ nell'intervallo $[0; 1]$ ha volume 5π. $[a = 5]$

378 ●○ Determina per quale valore di k il solido generato dalla rotazione di 360° attorno all'asse x del trapezoide individuato dalla funzione $y = \sqrt{x+k}$ nell'intervallo $[1; 4]$ ha volume 30π. $\left[k = \frac{15}{2}\right]$

379 ●● Trova a in modo che il solido generato dalla rotazione completa intorno all'asse x del grafico della funzione $y = \frac{x+a}{x}$, definita in $[1; 3]$, abbia volume $\left(\frac{14}{3} - 4\ln 3\right)\pi$. $[a = -2, a = 2 - 3\ln 3]$

Rotazione intorno all'asse *y*

Calcola il volume del solido generato dalla rotazione completa attorno all'asse *y* del trapezoide individuato dal grafico della funzione data e dall'intervallo sull'asse *y* indicato.

380 ●○ $y = \sqrt{1+x}$, $0 \le y \le 1$. $\left[\frac{8}{15}\pi\right]$

381 ●○ $y = \frac{1}{2}x + 1$, $1 \le y \le 3$. $\left[\frac{32}{3}\pi\right]$

382 ●○ $y = x^2 + 1$, $1 \le y \le 5$. $[8\pi]$

383 ●○ $y = -x^2 + 2x$, con $0 \le x \le 1$, $0 \le y \le 1$. $\left[\frac{\pi}{6}\right]$

384 ●○ $y = 2x^2$, $0 \le y \le 8$. $[16\pi]$

385 ●○ $y = \sqrt{2x}$, $1 \le y \le 2$. $\left[\frac{31}{20}\pi\right]$

386 ●○ $y = \sqrt{\frac{3}{2x}}$, $1 \le y \le 3$. $\left[\frac{13}{18}\pi\right]$

387 ●○ $y = \frac{1}{x^2+2}$, $e^{-1} \le y \le \frac{1}{2}$. $\left[\pi\left(\frac{2}{e} - \ln 2\right)\right]$

388 ●○ Data la curva di equazione $x = 4y^2$, rappresentala graficamente nel semipiano $y \ge 0$. Determina il volume V del solido generato in una rotazione di 360° attorno all'asse delle y del tratto di curva, con $y \in [0; 2]$. $\left[\frac{512}{5}\pi\right]$

Volume di un solido con il metodo delle sezioni

▶ Teoria a p. 1327

389 ESERCIZIO GUIDA Consideriamo la regione di piano finita $\mathscr{A}$ delimitata dalla curva di equazione $y = e^{-x}$, dall'asse x, dall'asse y e dalla retta di equazione $x = 2$. Calcoliamo il volume del solido che ha come base $\mathscr{A}$ e le cui sezioni ottenute con piani perpendicolari all'asse x sono dei quadrati.

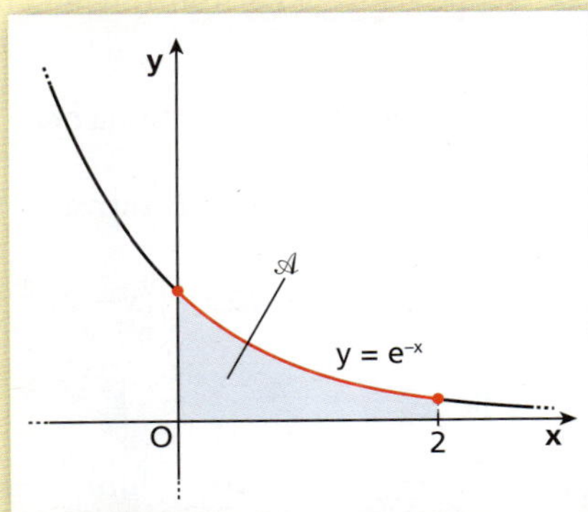

Tracciamo il grafico di $y = e^{-x}$ ed evidenziamo la regione $\mathscr{A}$. Costruiamo il solido che ha come base $\mathscr{A}$ e avente come sezioni perpendicolari all'asse x dei quadrati. L'area della generica sezione quadrata è $(e^{-x})^2$, quindi il volume si calcola con

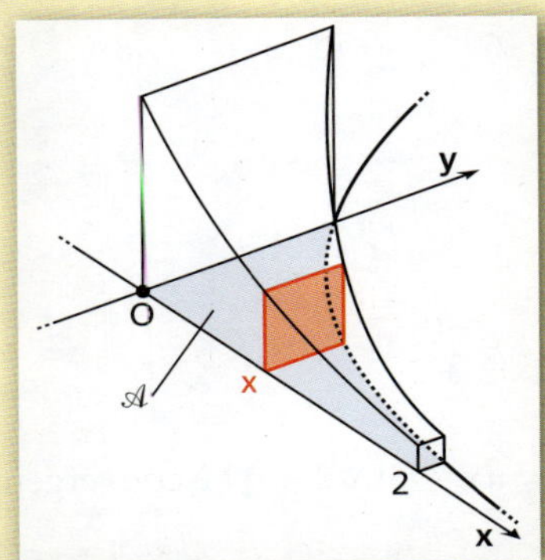

$$V = \int_0^2 (e^{-x})^2 dx.$$

Calcoliamo l'integrale definito:

$$\int_0^2 e^{-2x} dx = \left[-\frac{1}{2}e^{-2x}\right]_0^2 = -\frac{1}{2}e^{-4} + \frac{1}{2}.$$

Il volume del solido è $V = \frac{1}{2}\left(1 - \frac{1}{e^4}\right)$.

ESERCIZI

Calcola il volume dei solidi che hanno come base le regioni finite di piano delimitate dalle curve di equazioni assegnate e dall'asse *x* negli intervalli indicati a fianco e come sezioni perpendicolari all'asse *x* quelle scritte.

390 $y = -2x^2 + 8x$, $[0; 4]$; sezioni: quadrati. $\left[\frac{2048}{15}\right]$

391 $y = 2\sqrt{x}$, $[1; 4]$; sezioni: quadrati. $[30]$

392 $y = \frac{2}{x}$, $[1; 3]$; sezioni: rettangoli con base doppia dell'altezza. $\left[\frac{4}{3}\right]$

393 $y = -x^2 + 6x$, $[1; 3]$; sezioni: semicerchi. $\left[\frac{301}{5}\pi\right]$

5 Integrali impropri

Integrale di una funzione con un numero finito di punti di discontinuità in [*a*; *b*]

▶ Teoria a p. 1328

TEST

394 Solo uno dei seguenti integrali è improprio. Quale?

A $\int_1^3 \ln x \, dx$

B $\int_0^1 \frac{1}{e^x} dx$

C $\int_2^3 \frac{1}{x-1} dx$

D $\int_1^4 \frac{x}{x-3} dx$

E $\int_{-1}^0 \frac{x}{x+3} dx$

395 Solo uno dei seguenti integrali *non* è improprio. Quale?

A $\int_0^2 \ln x \, dx$

B $\int_0^2 \frac{3x}{1-x} dx$

C $\int_{-2}^{-1} \frac{4}{x} dx$

D $\int_0^1 \frac{2}{e^x - 1} dx$

E $\int_{-1}^1 \frac{1}{\sin x} dx$

396 RIFLETTI SULLA TEORIA Spiega perché non è vero che $\int_{-1}^1 \frac{1}{x} dx = [\ln|x|]_{-1}^1$.

397 ESERCIZIO GUIDA Calcoliamo l'integrale $\int_0^3 \frac{1}{\sqrt[3]{(x-2)^2}} dx$, se è convergente.

La funzione $f(x)$ è continua per $x \neq 2$, quindi è integrabile negli intervalli $[0; t]$, con $0 < t < 2$, e $[z; 3]$, con $2 < z < 3$.
Determiniamo una primitiva $\varphi(x)$ della funzione $f(x)$:

$$\int \frac{1}{\sqrt[3]{(x-2)^2}} dx = \int (x-2)^{-\frac{2}{3}} dx = \frac{(x-2)^{\frac{1}{3}}}{\frac{1}{3}} = 3\sqrt[3]{x-2} + c \quad \rightarrow \quad \varphi(x) = 3\sqrt[3]{x-2}.$$

Allora:

$$\int_0^3 \frac{1}{\sqrt[3]{(x-2)^2}} dx = \lim_{t \to 2^-} \int_0^t \frac{1}{\sqrt[3]{(x-2)^2}} dx + \lim_{z \to 2^+} \int_z^3 \frac{1}{\sqrt[3]{(x-2)^2}} dx =$$

$$\lim_{t \to 2^-} [3\sqrt[3]{x-2}]_0^t + \lim_{z \to 2^+} [3\sqrt[3]{x-2}]_z^3 =$$

$$\lim_{t \to 2^-} (3\sqrt[3]{t-2} - 3\sqrt[3]{-2}) + \lim_{z \to 2^+} (3\sqrt[3]{1} - 3\sqrt[3]{z-2}) = -3\sqrt[3]{-2} + 3 = 3\sqrt[3]{2} + 3.$$

La funzione è integrabile nell'intervallo $[0; 3]$ e l'integrale $\int_0^3 \frac{1}{\sqrt[3]{(x-2)^2}} dx = 3(\sqrt[3]{2} + 1)$ è convergente.

Calcola i seguenti integrali, se sono convergenti.

398 ●○ $\int_0^1 \frac{1}{x^2} dx$ [diverge a $+\infty$]

399 ●○ $\int_0^1 \frac{1}{\sqrt[5]{x^2}} dx$ $\left[\frac{5}{3}\right]$

400 ●○ $\int_0^1 \frac{1}{\sqrt{x}} dx$ [2]

401 ●○ $\int_1^5 \frac{1}{\sqrt{x-1}} dx$ [4]

402 ●○ $\int_0^3 \frac{1}{\sqrt{3-x}} dx$ [$2\sqrt{3}$]

403 ●○ $\int_0^9 \frac{1}{\sqrt[3]{x-1}} dx$ $\left[\frac{9}{2}\right]$

404 ●○ $\int_1^2 \frac{3}{x-2} dx$ [diverge a $-\infty$]

405 ●○ $\int_{-1}^0 \frac{1}{x^4} dx$ [diverge a $+\infty$]

406 ●○ $\int_0^1 \frac{x+1}{\sqrt{x}} dx$ $\left[\frac{8}{3}\right]$

407 ●○ $\int_{-2}^{-1} \frac{1}{(x+1)^3} dx$ [diverge a $-\infty$]

408 ●○ $\int_1^2 \frac{2x}{x^2-1} dx$ [diverge a $+\infty$]

409 ●○ $\int_0^1 \frac{1}{\sqrt{1-x^2}} dx$ $\left[\frac{\pi}{2}\right]$

410 ●○ $\int_0^3 \frac{2}{(x-1)^2} dx$ [diverge a $+\infty$]

411 ●○ $\int_{-4}^0 \frac{6}{(x+3)^4} dx$ [diverge a $+\infty$]

412 ●○ $\int_0^1 \frac{2\ln x}{x} dx$ [diverge a $-\infty$]

413 ●○ $\int_{\frac{\pi}{4}}^{\frac{\pi}{2}} \frac{1}{\cos^2 x} dx$ [diverge a $+\infty$]

414 ●● $\int_0^1 2\ln x \, dx$ [-2]

415 ●● $\int_{\frac{\pi}{2}}^{\pi} \frac{\cos x}{\sqrt[4]{\sin^3 x}} dx$ [-4]

416 ●● $\int_{-1}^0 \frac{x+3}{x+1} dx$ [diverge a $+\infty$]

Integrale di una funzione in un intervallo illimitato

▶ Teoria a p. 1330

417 ESERCIZIO GUIDA Calcoliamo l'integrale $\int_1^{+\infty} \frac{1}{(x+3)^2} dx$, se è convergente.

La funzione integranda è continua in tutti i punti dell'intervallo $[1; +\infty[$, perciò determiniamo la funzione integrale $F(z)$, con z appartenente a $[1; +\infty[$:

$$F(z) = \int_1^z \frac{1}{(x+3)^2} dx = \left[-\frac{1}{x+3}\right]_1^z = -\frac{1}{z+3} + \frac{1}{4}.$$

Calcoliamo $\lim_{z \to +\infty} F(z)$:

$$\lim_{z \to +\infty}\left(-\frac{1}{z+3} + \frac{1}{4}\right) = \frac{1}{4}.$$

L'integrale è convergente e vale $\int_1^{+\infty} \frac{1}{(x+3)^2} dx = \frac{1}{4}$.

Calcola i seguenti integrali, se sono convergenti.

418 ●○ $\int_{-\infty}^{-1} \frac{1}{x^4} dx$ $\left[\frac{1}{3}\right]$

419 ●○ $\int_0^{+\infty} \frac{1}{\sqrt{2x+1}} dx$ [diverge *a* $+\infty$]

420 ●○ $\int_2^{+\infty} \frac{1}{(x-1)^3} dx$ $\left[\frac{1}{2}\right]$

421 ●○ $\int_5^{+\infty} \frac{1}{(x-3)^2} dx$ $\left[\frac{1}{2}\right]$

422 ●○ $\int_1^{+\infty} \frac{8}{(4x-3)^3} dx$ [1]

423 ●○ $\int_2^{+\infty} \frac{8x}{x^2-2} dx$ [diverge a $+\infty$]

424 ●○ $\int_2^{+\infty} \frac{1}{\sqrt[3]{(x-1)^4}} dx$ [3]

425 ●○ $\int_0^{+\infty} \frac{1}{2x+3} dx$ [diverge a $+\infty$]

ESERCIZI

426 $\int_1^{+\infty} \frac{1}{x^2+1}\,dx$ $\left[\frac{\pi}{4}\right]$

427 $\int_3^{+\infty} \frac{\ln x}{x}\,dx$ [diverge a $+\infty$]

428 $\int_{-\infty}^{-1} e^x\,dx$ $\left[\frac{1}{e}\right]$

429 $\int_0^{+\infty} xe^{-x}\,dx$ [1]

430 $\int_0^{+\infty} \frac{-x}{x^2+2x+1}\,dx$ [diverge $a - \infty$]

431 $\int_{-\infty}^{0} \frac{e^x}{\sqrt{1-e^{2x}}}\,dx$ $\left[\frac{\pi}{2}\right]$

MATEMATICA E STORIA

Aree e iperbole Il gesuita belga Grégoire de Saint-Vincent (1584-1667) fece una notevole scoperta riguardo all'iperbole di equazione $xy = 1$: se si scelgono k, x_1, x_2, x_3, x_4 tali che $x_3 = kx_1$ e $x_4 = kx_2$, allora le aree A_1 e A_2 sottostanti all'iperbole e delimitate dalle rette verticali passanti per x_1 e x_2 e per x_3 e x_4, come indicato in figura, risultano uguali.

Alphonse Antonio de Sarasa (1618-1667), un altro matematico gesuita, nato nelle Fiandre, fece un'altra osservazione sull'iperbole $xy = 1$; ripercorriamo i suoi ragionamenti rispondendo alle seguenti domande.

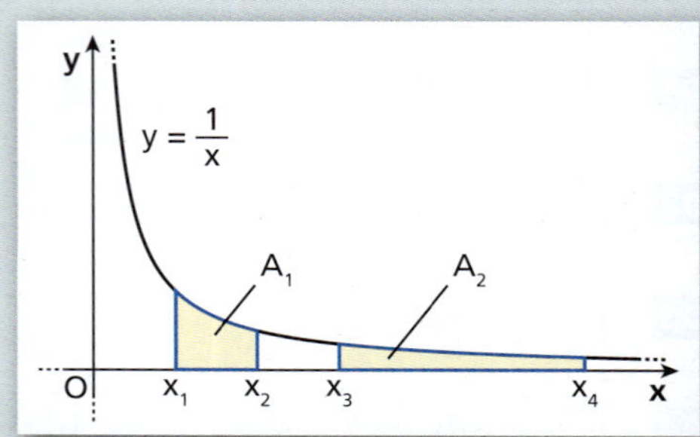

a. Indicati con α e β due numeri maggiori di 1, utilizza i risultati precedenti di Grégoire de Saint-Vincent per mostrare che l'area della zona sottostante all'iperbole compresa fra le rette di equazioni $x = 1$ e $x = \beta$ è uguale all'area della zona sottostante all'iperbole compresa fra le rette $x = \alpha$ e $x = \alpha\beta$.

b. Considera la funzione $A(x)$, che esprime l'area della zona sottostante all'iperbole compresa fra 1 e x. Mostra che $A(\alpha\beta) = A(\alpha) + A(\beta)$.

c. Quale funzione a te nota gode di quest'ultima proprietà?

d. Attraverso l'utilizzo degli integrali, verifica la proprietà $A_1 = A_2$ individuata da Grégoire de Saint-Vincent.

Risoluzione – Esercizio in più

Riepilogo: Integrali impropri

TEST

432 La funzione $f(x)$ è continua $\forall x \in \mathbb{R} - \{0\}$ ed è tale che $\lim_{x\to 0} f(x) = +\infty$. Quale, fra i seguenti integrali, *non* è improprio?

- **A** $\int_2^{+\infty} f(x)\,dx$
- **B** $\int_{-\infty}^{-1} f(x)\,dx$
- **C** $\int_0^{3} f(x)\,dx$
- **D** $\int_{-1}^{1} f(x)\,dx$
- **E** $\int_2^{100} f(x)\,dx$

433 Quale, fra i seguenti integrali impropri, è convergente?

- **A** $\int_0^2 \frac{1}{(x-2)^2}\,dx$
- **B** $\int_1^2 \frac{1}{x-1}\,dx$
- **C** $\int_0^1 \frac{1}{x^4}\,dx$
- **D** $\int_3^{+\infty} \frac{1}{(x-2)^2}\,dx$
- **E** $\int_1^{+\infty} \frac{1}{\sqrt{x}}\,dx$

Calcola i seguenti integrali, se sono convergenti.

434 $\int_{\frac{3}{2}}^{2} \frac{1}{2x-3}\,dx$ [diverge a $+\infty$]

435 $\int_0^1 \frac{3x}{\sqrt{1-x^4}}\,dx$ $\left[\frac{3}{4}\pi\right]$

436 $\int_4^{+\infty} \frac{\sqrt{x}}{x^3}\,dx$ $\left[\frac{1}{12}\right]$

437 $\int_0^7 \frac{1}{x-7}\,dx$ [diverge a $-\infty$]

438 $\int_1^2 \frac{1}{\sqrt{x-1}}\,dx$ [2]

439 $\int_{-\infty}^{+\infty} \frac{3}{1+x^2}\,dx$ [3π]

440 $\int_3^{+\infty} \frac{x-1}{x^2-2x}\,dx$ [diverge a $+\infty$]

441 $\int_2^{+\infty} \frac{x+4}{2x+3}\,dx$ [diverge a $+\infty$]

442 $\int_{-\infty}^{0} \frac{x}{1+9x^4}\,dx$ $\left[-\frac{\pi}{12}\right]$

443 $\int_{-\infty}^{-4} \frac{x}{9-x^2}\,dx$ [diverge a $+\infty$]

444 $\int_{2}^{+\infty} 2xe^{x^2}\,dx$ [diverge a $+\infty$]

445 $\int_{-\infty}^{-2} xe^{-x^2}\,dx$ $\left[-\frac{1}{2e^4}\right]$

446 $\int_{-\infty}^{1} e^{\frac{x}{2}}\,dx$ $[2\sqrt{e}]$

447 $\int_{\pi}^{\frac{7}{6}\pi} \frac{\cos\left(x-\frac{\pi}{6}\right)}{\sqrt{\sin\left(x-\frac{\pi}{6}\right)}}\,dx$ $[-\sqrt{2}]$

448 $\int_{0}^{8} \frac{e^{\sqrt[3]{x}}}{\sqrt[3]{x^2}}\,dx$ $[3(e^2-1)]$

449 $\int_{0}^{+\infty} \frac{e^x}{1+4e^{2x}}\,dx$ $\left[\frac{\pi}{4}-\frac{1}{2}\arctan 2\right]$

450 $\int_{-2}^{-1} \frac{x+3}{\sqrt{x+2}}\,dx$ $\left[\frac{8}{3}\right]$

451 $\int_{-\infty}^{2} \frac{2}{x^2-4x+5}\,dx$ $[\pi]$

452 $\int_{0}^{\frac{\pi}{2}} \frac{\cos x(1+\sin x)}{\sqrt{\sin x}}\,dx$ $\left[\frac{8}{3}\right]$

453 $\int_{-\infty}^{0} xe^x\,dx$ $[-1]$

454 $\int_{0}^{1} \ln x^2\,dx$ $[-2]$

455 $\int_{-1}^{0} \ln\frac{1}{x+1}\,dx$ $[1]$

456 $\int_{0}^{1} 4x\ln x\,dx$ $[-1]$

457 $\int_{2}^{+\infty} \frac{1}{x\ln^3 2x}\,dx$ $\left[\frac{1}{2\ln^2 4}\right]$

458 $\int_{1}^{+\infty} \frac{1}{\sqrt{x}\,(x+1)}\,dx$ $\left[\frac{\pi}{2}\right]$

459 EUREKA! $\int_{0}^{2} \frac{1}{\sqrt{|x-1|}}\,dx$ $[4]$

460 $\int_{-\infty}^{-1} \frac{1}{x^2-3x}\,dx$ $\left[\frac{2}{3}\ln 2\right]$

461 $\int_{2}^{+\infty} \frac{2\ln x}{x^3}\,dx$ $\left[\ln\sqrt[4]{2}+\frac{1}{8}\right]$

LEGGI IL GRAFICO **Verifica che le superfici colorate nelle figure hanno area finita e calcolane il valore.**

462

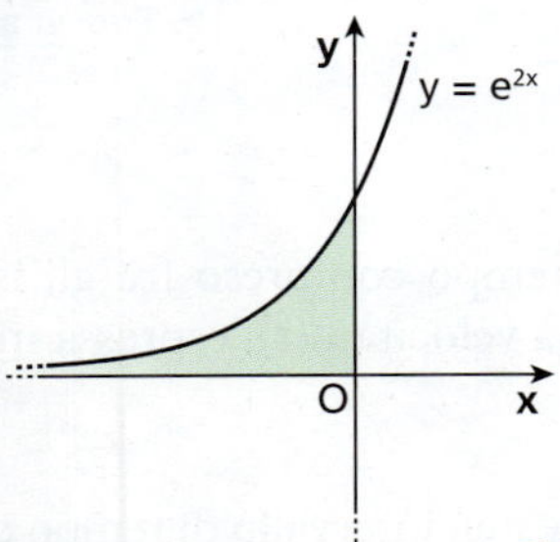

$\left[\frac{1}{2}\right]$

463

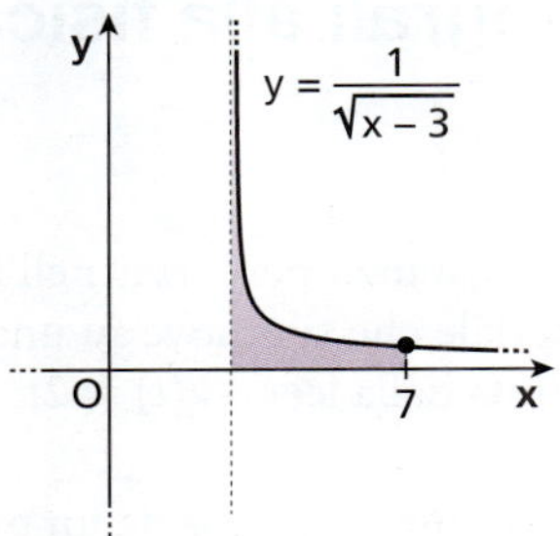

$[4]$

464

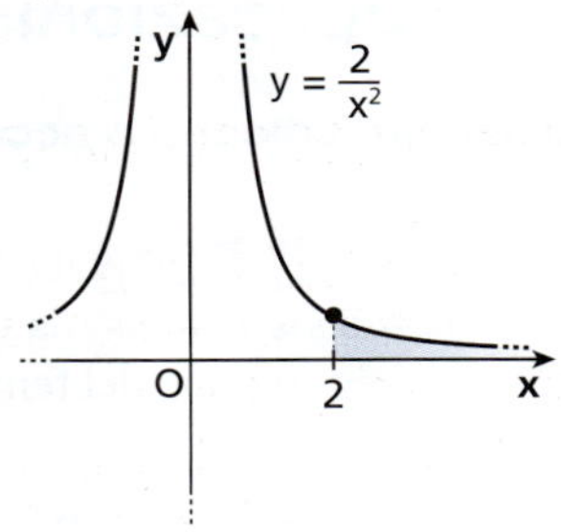

$[1]$

465 Traccia il grafico della funzione $y = e^{-x} + 1$ e quello simmetrico rispetto al suo asintoto orizzontale. Calcola l'area delimitata dai due grafici per $x \geq 1$. $\left[\frac{2}{e}\right]$

466 Calcola l'area della regione illimitata del quarto quadrante compresa fra il grafico della funzione $y = \ln x$ e l'asintoto verticale. $[1]$

467 Rappresenta il grafico della funzione $f(x) = \frac{1}{x^2+x}$ e trova l'area della regione illimitata compresa tra il grafico di $f(x)$ e l'asse x per $x \geq 5$. $\left[\ln\frac{6}{5}\right]$

468 Dopo aver disegnato il grafico della funzione $y = \frac{1}{\sqrt{1-x^2}}$, calcola l'area delimitata dal grafico della funzione, dall'asse x e dalle rette di equazioni $x = -1$ e $x = 1$. $[\pi]$

469 Disegna il grafico della funzione $y = \frac{x^2}{4+x^2}$ e trova l'area della regione illimitata compresa tra il grafico della funzione e l'asintoto. $[2\pi]$

ESERCIZI

470 ●● LEGGI IL GRAFICO Nel grafico è rappresentata la funzione $f(x)=\dfrac{ax+b}{x^3}$.

a. Trova a e b.

b. Calcola la misura dell'area colorata.

$\left[\text{a) } a=b=3;\ \text{b) } \dfrac{3}{2}\right]$

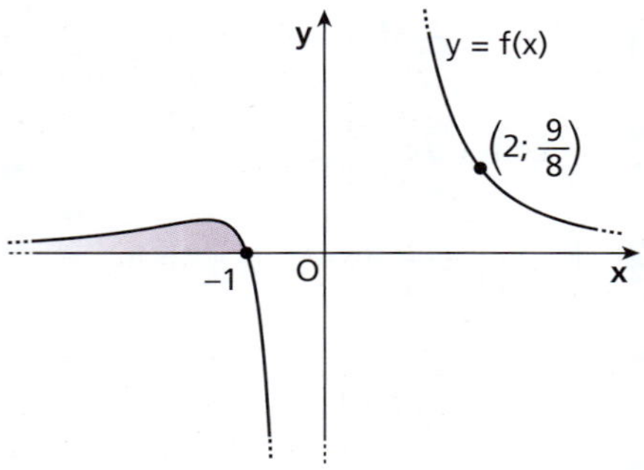

471 ●● Dopo aver rappresentato graficamente la funzione $y=\dfrac{2x^2+1}{x^2}$, determina l'area della regione illimitata compresa fra il grafico e l'asintoto orizzontale della funzione, i cui punti hanno ascissa maggiore di 1. $[1]$

472 ●● Rappresenta graficamente la funzione $y=xe^{-x^2}$ e calcola l'area della regione illimitata contenuta nel terzo quadrante e delimitata dall'asse x e dal grafico della funzione. $\left[\dfrac{1}{2}\right]$

473 ●● Determina l'area della regione illimitata del primo quadrante compresa fra il grafico della funzione $y=\dfrac{x}{\sqrt{1-x^2}}$ e l'asintoto verticale. $[1]$

474 ●● Calcola il volume del solido generato dalla rotazione di 360° attorno all'asse x della funzione $y=e^{-x}$, per $x\geq 0$. $\left[\dfrac{\pi}{2}\right]$

475 ●● REALTÀ E MODELLI **La tromba di Gabriele** La tromba di Torricelli, o di Gabriele, è un solido ottenuto con una rotazione completa intorno all'asse x della curva di equazione $y=\dfrac{1}{x}$, per $x\geq 1$. Ha la particolarità di avere una superficie infinita ma volume finito. Quanto misura il volume? $[\pi]$

6 Applicazioni degli integrali alla fisica

▶ Teoria a p. 1331

Posizione, velocità e accelerazione

476 ESERCIZIO GUIDA Determiniamo la distanza percorsa, nell'intervallo di tempo compreso fra gli istanti $t_0=2$ s e $t_1=5$ s, da un punto materiale che si muove su una retta con una velocità $v(t)$, espressa in m/s, che è funzione del tempo t ed è definita dalla legge $v(t)=2t^2+1$.

Se $v(t)\geq 0$ nell'intervallo $[t_0; t_1]$, la distanza percorsa da un punto materiale nell'intervallo di tempo dall'istante t_0 all'istante t_1 è data da $s=\int_{t_0}^{t_1} v(t)\,dt$. Sostituiamo i dati:

$$s=\int_{t_0}^{t_1} v(t)\,dt=\int_2^5 (2t^2+1)\,dt=\left[\frac{2t^3}{3}+t\right]_2^5=\frac{2\cdot 125}{3}+5-\left(\frac{2\cdot 8}{3}+2\right)=\frac{265-22}{3}=\frac{243}{3}=81.$$

La distanza percorsa dal punto materiale è perciò 81 m.

477 ●○ In un moto rettilineo la velocità di un punto materiale in m/s è data dalla legge $v(t)=3t^2-2$. Determina la distanza percorsa nell'intervallo compreso fra gli istanti $t_0=1$ s e $t_1=5$ s. [116 m]

478 ●○ Un punto materiale si muove su una retta con accelerazione uguale a 2 m/s^2. Determina la velocità al tempo $t=15$ s, sapendo che la velocità iniziale è di 10 m/s. [40 m/s]

479 ●○ Andrea lancia un sasso in verticale, con velocità iniziale $v_0=12$ m/s, da un'altezza $h_0=1$ m. Trova la legge del moto del sasso, sapendo che $a(t)=-10$ m/s^2. $[s(t)=1+12t-5t^2]$

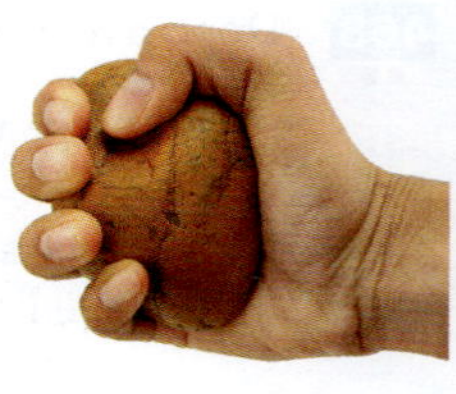

480 In un moto rettilineo la velocità di un punto materiale in m/s è funzione del tempo ed è espressa dalla legge: $v(t) = \frac{t}{t^2 + 2}$. Determina la velocità media e la distanza percorsa nell'intervallo di tempo compreso fra gli istanti $t_0 = 2$ s e $t_1 = 8$ s. [$v_m = 0{,}20$ m/s; $s = 1{,}20$ m]

481 Un'automobile si muove su un rettilineo con accelerazione che varia nel tempo secondo la legge $a(t) = \frac{t^2}{81} + \frac{2}{\sqrt{t}}$, dove t è in secondi e $a(t)$ in m/s². Calcola la velocità dopo 9 secondi dall'istante iniziale $t = 0$ s in cui $v_0 = 3{,}6$ km/h. [16 m/s]

482 Sia $a(t) = e^{2t} + 2$ la legge con cui varia nel tempo l'accelerazione in m/s² di un punto materiale P che si muove su una retta. Trova la legge oraria del moto, sapendo che $v_0 = 2$ m/s e $s_0 = 5$ m. $\left[s(t) = \frac{1}{4}e^{2t} + t^2 + \frac{3}{2}t + \frac{19}{4}\right]$

483 LEGGI IL GRAFICO Nel grafico è rappresentata la funzione velocità di un'automobile che si muove su una strada rettilinea. Calcola la distanza percorsa dall'auto, senza determinare l'espressione analitica di $v(t)$. [1,1 km]

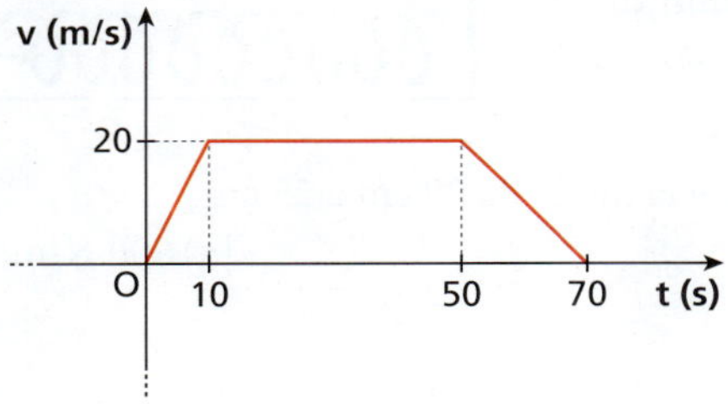

484 Un punto materiale si muove su una retta, su cui è stato fissato un sistema di riferimento, con velocità $v(t) = \cos \pi t$. Sapendo che la posizione occupata dal corpo all'istante iniziale $t_0 = 0$ s è $s_0 = 1$, determina la legge oraria del moto del punto materiale. $\left[s(t) = \frac{\sin \pi t}{\pi} + 1\right]$

485 Determina lo spostamento e lo spazio percorso tra gli istanti $t_0 = 0$ s e $t_1 = 3$ s da un punto materiale che si muove su una retta con velocità $v(t) = t^2 - 1$, espressa in m/s. [6 m; 7,3 m]

486 Un punto materiale P si muove su un tratto rettilineo con accelerazione $a = a(t) = 6t + 2$, dove a è misurata in m/s² e t in secondi. Calcola la distanza percorsa tra l'istante $t_1 = 2$ s e $t_2 = 8$ s e la velocità al tempo t_2, sapendo che al tempo $t_3 = 1$ s la velocità è $v_3 = 1$ m/s e si trova a una distanza $s_3 = 1$ m dall'origine del sistema di riferimento scelto. [$s = 540$ m; $v(t_2) = 204$ m/s]

487 Sia $v(t) = t \sin t$ la legge con cui varia la velocità in m/s in un moto rettilineo. Determina:

a. la legge oraria, sapendo che al tempo $t = 0$ secondi la posizione è $s_0 = 3$ m;

b. la legge con cui varia l'accelerazione nel tempo.

[a) $s(t) = 3 - t\cos t + \sin t$; b) $a(t) = \sin t + t\cos t$]

488 In un moto su una retta orientata, la velocità in m/s di un punto materiale è data dalla legge $v(t) = t \cdot e^{-t}$. Trova la legge oraria del moto, sapendo che all'istante iniziale $t_0 = 0$ s il punto ha ascissa 1 m. [$s(t) = 2 - (t+1) \cdot e^{-t}$]

REALTÀ E MODELLI

489

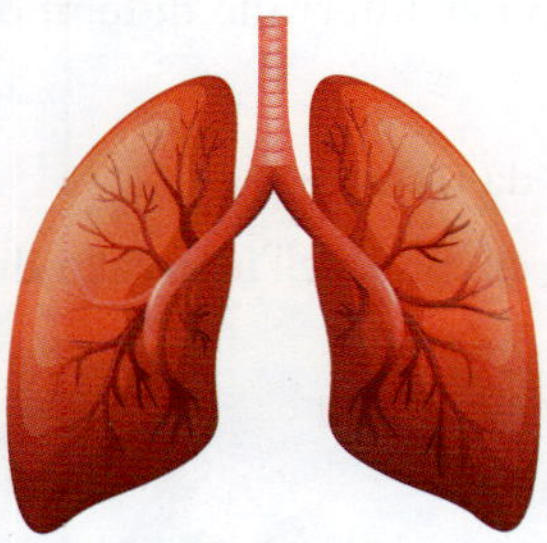

A pieni polmoni Un ciclo inspiratorio normale dura circa 5 s. La velocità con cui si inspira ed espira l'aria può essere modellizzata con la funzione $v(t) = \frac{1}{2}\sin\left(\frac{2\pi t}{5}\right)$, dove il tempo t è misurato in secondi e $v(t)$ in litri al secondo.

a. Determina dopo quanto tempo dall'inizio di un ciclo respiratorio la velocità di inspirazione/espirazione è massima e dopo quanto è minima.

b. Calcola la quantità d'aria inalata in un ciclo. [a) 1,25 s; 3,75 s; b) 0,8 L]

490 **L'estate è finita** Michela ha una piscina di lati 4 m e 10 m, riempita d'acqua per una profondità di 1,5 m. Una volta aperta la saracinesca per svuotarla, l'acqua esce con una velocità di $200 - \frac{t}{6}$ litri al minuto, dove t indica il tempo trascorso, in minuti.

a. Quanta acqua esce nella prima ora?

b. Dopo quante ore la piscina sarà vuota?

[a) 11 700 L; b) $\simeq 6$ h]

Lavoro di una forza

$$L = \int_a^b F(x)\,dx$$

491 Un punto materiale si muove su una retta, su cui è stato fissato un sistema di riferimento, sotto l'azione di una forza elastica F, misurata in newton, la cui intensità è legata all'ascissa del punto dalla legge $F(x) = -10x$. Determina il lavoro L compiuto dalla forza quando il punto materiale si sposta dalla posizione $x_0 = 5$ m alla posizione $x_1 = 1$ m. [120 J]

492 Su un punto materiale P che si muove lungo una retta orientata, su cui è stato fissato un sistema di riferimento, agisce una forza F, misurata in newton, che è legata all'ascissa di P dalla relazione $F(x) = x\sqrt{x^2+1}$. Determina il lavoro compiuto su P dalla forza F quando P si sposta dalla posizione $x_1 = 1$ m alla posizione $x_2 = 3$ m. [9,59 J]

493 Una forza misurata in newton, variabile a seconda della posizione in cui viene applicata, induce un corpo a spostarsi di un certo tratto. Calcola il lavoro, in joule (J), compiuto nello spostare il corpo dalla posizione $s_0 = 3$ m alla posizione $s_1 = 5$ m, se $F = 3s^2 - 4s + 2$. [70 J]

494 RIFLETTI SULLA TEORIA Un punto materiale si muove su una retta orientata sotto l'azione di una forza $F(x)$, dove x indica l'ascissa del punto. Spiega perché il lavoro di F è nullo quando sposta il punto materiale da $x_0 = a$ e lo riporta a $x_1 = a$.

495 Su un oggetto che si muove lungo una rotaia rettilinea, su cui è stato fissato un sistema di riferimento, agisce una forza F, misurata in newton, che ha la direzione della rotaia e intensità $F(x) = \frac{xe^{-x^2}}{4}$, dove x è l'ascissa dell'oggetto. Determina il lavoro compiuto da F per spostare l'oggetto dalla posizione $x_0 = 0$ m alla posizione $x_1 = 4$ m. [0,125 J]

496 Una molla a riposo è lunga 15 cm e quando viene estesa a una lunghezza di 20 cm esercita una forza elastica di richiamo di intensità 45 newton (N).

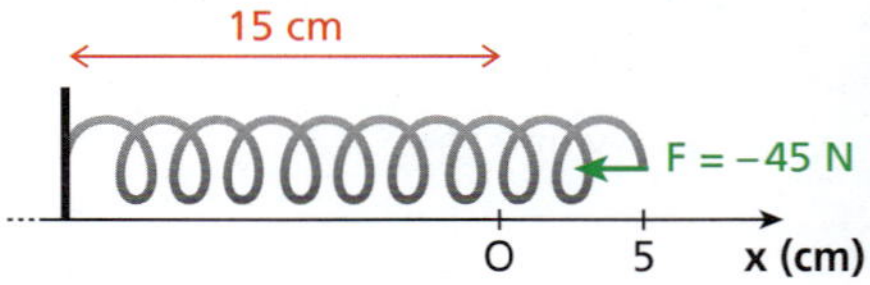

a. Ricordando che $F = -kx$, calcola k.

b. Determina il lavoro che bisogna compiere per allungare la molla da 20 cm a 25 cm.

[a) 900 N/m; b) 3,375 J]

Quantità di carica

$$Q = \int_{t_0}^{t_1} i(t)\,dt$$

497 In un circuito l'intensità della corrente, misurata in ampere (A), all'istante t è data da $i(t) = 3t^2 + 4t$. Calcola la quantità di carica, in coulomb (C), che attraversa una sezione del circuito nell'intervallo di tempo che va dall'istante $t_0 = 1$ s all'istante $t_1 = 5$ s. [172 C]

498 In un circuito l'intensità della corrente, misurata in ampere, all'istante t è data da $i(t) = -\frac{e^{-100t}}{100}$. Calcola la quantità di carica, in coulomb (C), che attraversa una sezione del circuito nell'intervallo di tempo che va dall'istante $t_0 = \frac{1}{100}$ s all'istante $t_1 = 1$ s. [$-3,68 \cdot 10^{-5}$ C]

499 Un filo conduttore è attraversato da una corrente alternata di intensità $i(t) = 5\sin(250\pi t)$, misurata in ampere (A). Determina la quantità di carica che fluisce attraverso una sezione del filo nell'intervallo di tempo tra 0 e 0,1 s e il valore medio dell'intensità di corrente nello stesso intervallo. [0,0127 C; 0,127 A]

VERIFICA DELLE COMPETENZE ALLENAMENTO

ARGOMENTARE

1 Dopo aver dato la definizione di integrale definito di una funzione $f(x)$ in un intervallo $[a; b]$, indica cosa rappresenta tale integrale da un punto di vista geometrico. Calcola l'integrale $\int_0^3 (x^2 - 4x + 3)\,dx$ e interpreta geometricamente il risultato.

2 Quali dei seguenti integrali permettono di calcolare l'area compresa tra il grafico della funzione integranda e l'asse x?

a. $\int_{-1}^{2} x\,dx$; **b.** $\int_{-1}^{1} x^2\,dx$; **c.** $\int_0^{2\pi} \sin x\,dx$; **d.** $\int_0^4 (x^2 - 4x)\,dx$.

Motiva le risposte.

TEST

3 Se $\int_a^b f(x)\,dx = 0$, allora è necessario che:

- **A** $a = b$.
- **B** $f(x) = 0$.
- **C** $a = -b$ e $f(x)$ sia dispari.
- **D** $a = b = 0$.
- **E** nessuna delle precedenti.

4 Quale delle seguenti uguaglianze è *errata*?

- **A** $\int_a^b f(x)\,dx = -\int_b^a f(x)\,dx$
- **B** $\int_a^a f(x)\,dx = \int_b^b f(x)\,dx$
- **C** $\int_a^c f(x)\,dx = \int_a^b f(x)\,dx + \int_b^c f(x)\,dx$, con $a < b < c$.
- **D** $\int_a^b [f(x) - g(x)]dx = \int_b^a [g(x) - f(x)]dx$
- **E** $\int_{k\cdot a}^{k\cdot b} f(x)\,dx = k \cdot \int_a^b f(x)\,dx$

UTILIZZARE TECNICHE E PROCEDURE DI CALCOLO

5 **TEST** Solo uno dei seguenti integrali non è nullo. Quale?

- **A** $\int_1^1 3x\,dx$
- **B** $\int_{-1}^{1} x^5\,dx$
- **C** $\int_{-2}^{2} x^4\,dx$
- **D** $\int_0^{2\pi} \cos x\,dx$
- **E** $\int_3^{-3} \sin x\,dx$

Calcola i seguenti integrali.

6 **AL VOLO** $\int_{-5}^{5} (x + 3x^3)\,dx$

7 $\int_{-1}^{1} (3x^5 + 3x^2 - 1)\,dx$ $[0]$

8 $\int_1^2 x\sqrt{x^2 - 1}\,dx$ $[\sqrt{3}]$

9 $\int_0^4 (4\sqrt{x} - 3x^2)\,dx$ $\left[-\frac{128}{3}\right]$

10 $\int_1^2 \frac{x^2 + 5}{x}\,dx$ $\left[\frac{3}{2} + 5\ln 2\right]$

11 $\int_{-2}^{0} \frac{x + 3}{x}\,dx$ [diverge a $-\infty$]

12 $\int_1^3 \frac{-4}{(2x - 1)^3}\,dx$ $\left[-\frac{24}{25}\right]$

13 $\int_{-2}^{-1} \frac{3x^2 + 2}{x^3 + 2x}\,dx$ $[-\ln 4]$

14 $\int_0^1 xe^{1 - x^2}\,dx$ $\left[\frac{e - 1}{2}\right]$

15 $\int_3^7 \frac{5}{\sqrt{x - 3}}\,dx$ $[20]$

16 $\int_0^{\frac{\pi}{2}} \cos x \cdot e^{\sin x}\,dx$ $[e - 1]$

17 $\int_{-1}^{0} \frac{2x}{(x^2 - 1)^2}\,dx$ [diverge a $-\infty$]

VERIFICA DELLE COMPETENZE

18 AL VOLO $\int_{-7}^{7} \sin(x^3)\,dx$

19 $\int_0^1 \frac{e^x}{e^{2x}+1}\,dx$ $\left[\arctan e - \frac{\pi}{4}\right]$

20 $\int_{\frac{\pi}{3}}^{\pi} \frac{\sin x}{1-\cos x}\,dx$ $[\ln 4]$

21 $\int_e^{e^3} \frac{1}{x \ln x}\,dx$ $[\ln 3]$

22 $\int_0^1 (2-e^x)(2x-e^x)^4\,dx$ $\left[\frac{(2-e)^5+1}{5}\right]$

23 $\int_{\pi^2}^{4\pi^2} \frac{\sin\sqrt{x}}{\sqrt{x}}\,dx$ $[-4]$

24 $\int_1^{+\infty} e^{1-x}\,dx$ $[1]$

25 $\int_{-\infty}^{0} x e^{x^2}\,dx$ [diverge a $-\infty$]

26 $\int_0^1 \frac{e^{-\frac{1}{x}}}{x^2}\,dx$ $\left[\frac{1}{e}\right]$

27 $\int_1^{+\infty} \frac{\ln^2 x}{x}\,dx$ [diverge a $+\infty$]

28 $\int_0^{+\infty} \frac{4x}{1+x^4}\,dx$ $[\pi]$

29 $\int_1^3 3x^2 \ln x\,dx$ $\left[27\ln 3 - \frac{26}{3}\right]$

30 $\int_{-1}^{0} \frac{x-2}{x^2-8x+16}\,dx$ $\left[\frac{1}{10} + \ln\frac{4}{5}\right]$

31 $\int_{-\infty}^{0} e^{2x}\sin x\,dx$ $\left[-\frac{1}{5}\right]$

Calcola la derivata delle seguenti funzioni.

32 $F(x) = \int_{-2}^{x} (4t - t^2)\,dt$ $[F'(x) = 4x - x^2]$

33 $F(x) = \int_x^1 \frac{t}{2+3t^2}\,dt$ $\left[F'(x) = -\frac{x}{2+3x^2}\right]$

34 $F(x) = \int_0^{2x} 3e^t\,dt$ $[F'(x) = 6e^{2x}]$

35 $F(x) = \int_2^{x^2} \sin t\,dt$ $[F'(x) = 2x\sin x^2]$

---

36 Data la funzione $F(x) = \int_0^x \frac{t^2-1}{t^4+1}\,dt$, calcola il limite $\lim_{x\to 0^+} \frac{x}{F(x)}$. $[-1]$

ANALIZZARE E INTERPRETARE DATI E GRAFICI

Trova l'area delle regioni colorate.

37

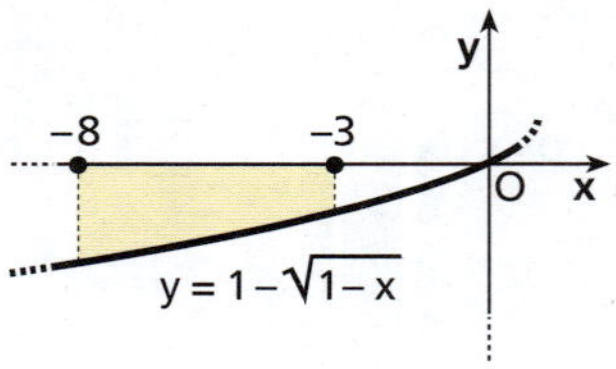

$\left[\frac{23}{3}\right]$

38

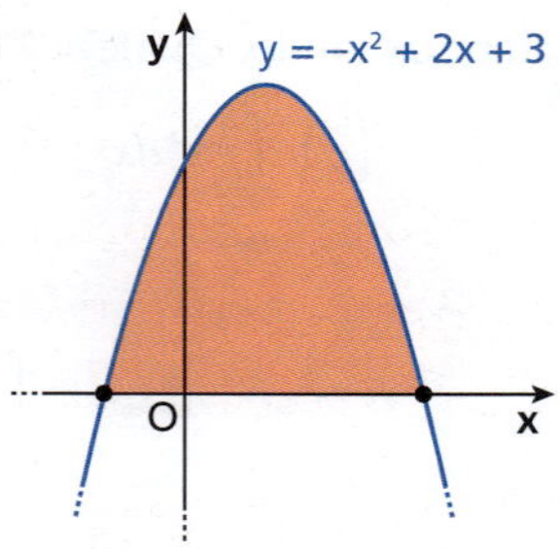

$\left[\frac{32}{3}\right]$

39

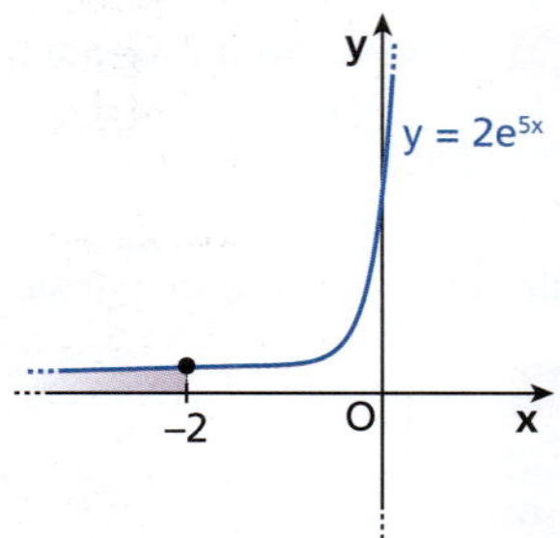

$\left[\frac{2}{5e^{10}}\right]$

---

40 Trova per quale valore di $k \in \mathbb{R}$ il valore medio della funzione $f(x) = 1 - x + 9x^2$ nell'intervallo $[0; k]$ è 1. $\left[k = \frac{1}{6}\right]$

41 Determina per quale valore di $a \in \mathbb{R}$ si ha:

$$\int_1^4 \frac{ax^2-8}{x}\,dx = 15 - 8\ln 4.$$

$[a = 2]$

42 TEST La funzione $f(x)$, continua nell'intervallo $[-1; 3]$, è tale che $f(x) > 0 \leftrightarrow x \in [-1; 0[$. Allora l'area della parte di piano compresa fra il grafico della funzione $f(x)$, l'asse delle ascisse e le rette $x = -1$ e $x = 3$ vale:

A $\int_{-1}^{0} f(x)\,dx - \int_{3}^{0} f(x)\,dx$.

B $\int_{-1}^{0} f(x)\,dx - \int_{0}^{1} f(x)\,dx$.

C $\int_{-1}^{3} f(x)\,dx - \int_{-1}^{0} f(x)\,dx$.

D $\int_{3}^{0} f(x)\,dx + \int_{-1}^{0} f(x)\,dx$.

E $\int_{-1}^{3} f(x)\,dx$.

---

43 Considera $F(x) = \int_{1}^{x} (6t^2 - 8t - 1)\,dt$ e calcola:

$F'(0)$, $F''(1)$, $F(1)$, $F(-1)$. $[-1; 4; 0; -2]$

44 Data $G(x) = \int_{-3}^{x} \frac{6t - 1}{3t^2 - t + 5}\,dt$, calcola:

$G'(1)$, $G(-3)$, $G(0)$. $\left[\frac{5}{7}; 0; -\ln 7\right]$

---

45 Trova il valore medio della funzione $g(x) = \frac{3}{(1+x)^2}$ nell'intervallo $[0; 8]$ e determina il punto z in cui g assume tale valore. $\left[g(z) = \frac{1}{3}, z = 2\right]$

46 Verifica che le funzioni $f(x) = 6x - x^2$ e $g(x) = 9\pi \sin(\pi x)$ hanno lo stesso valore medio nell'intervallo $[0; 3]$.

RISOLVERE PROBLEMI

Calcolo di aree

47 Determina l'area della regione finita di piano delimitata dalla retta di equazione $y = -2x + 6$ e dalla parabola di equazione $y = -x^2 + 2x + 3$. $\left[\frac{4}{3}\right]$

48 È data la regione finita di piano individuata dall'iperbole di equazione $y = \frac{1}{x}$, dal ramo di parabola di equazione $y = \sqrt{x}$ e dalla retta di equazione $x = 9$. Calcola l'area. $\left[\frac{52}{3} - \ln 9\right]$

49 Trova l'area della regione finita di piano delimitata dalla curva di equazione $y = \frac{2x - 6}{x - 4}$ e dagli assi cartesiani. $[6 - 4\ln 2]$

50 LEGGI IL GRAFICO

a. Trova l'equazione della parabola e della retta r rappresentate in figura.

b. Determina l'area della superficie colorata.

$\left[\text{a) } y = x^2 - 2x - 2, y = x - 2; \text{ b) } \frac{9}{2}\right]$

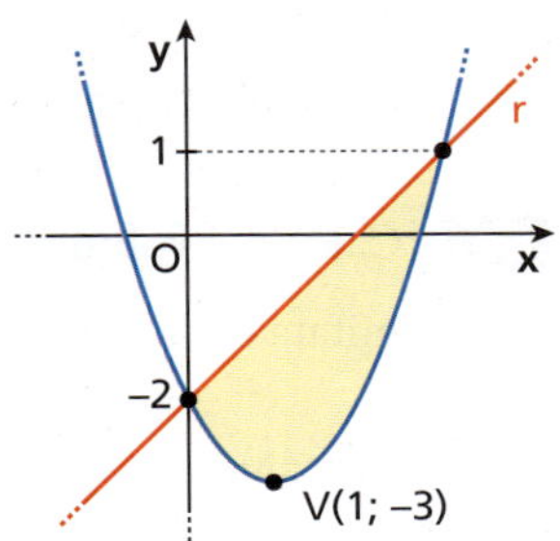

51 Calcola l'area della regione compresa fra l'asse x, la retta di equazione $x = -1$ e il grafico della funzione $y = \ln(x+1)$. $[1]$

52 La parabola di equazione $y = ax^2 + bx + c$ ha asse di equazione $x = 2$, passa per il punto $P(8; 4)$ e interseca l'asse y nel punto Q di ordinata -4. Trova a, b e c, quindi calcola l'area della parte di piano delimitata dalla parabola e dalla retta PQ. $\left[a = \frac{1}{4}, b = -1, c = -4; \mathcal{A} = \frac{64}{3}\right]$

53 ●● Traccia il grafico della curva di equazione $y = x^3 - 3x^2 - x + 3$ e calcola l'area della superficie compresa tra la curva e l'asse delle ascisse nell'intervallo $[0; 3]$. $\left[\frac{23}{4}\right]$

54 ●● Rappresenta graficamente la funzione $y = \frac{2x+1}{x^2-4x+4}$ e calcola l'area della regione finita di piano compresa fra l'asse x, la retta di equazione $x = 1$ e la retta parallela all'asse y passante per il punto di minimo della funzione. $\left[2\ln\frac{4}{5} + 2\right]$

55 ●● Rappresenta graficamente la funzione $y = (x-1)\,e^{-2x}$ e calcola l'area compresa fra il grafico della funzione, l'asse x, con $x \geq 2$, e la retta di equazione $x = 2$. $\left[\frac{3}{4e^4}\right]$

Calcolo di volumi

56 ●○ **CACCIA ALL'ERRORE** Correggi le formule necessarie per calcolare il volume del solido ottenuto dalla rotazione di 360° intorno all'asse x del trapezoide in figura.

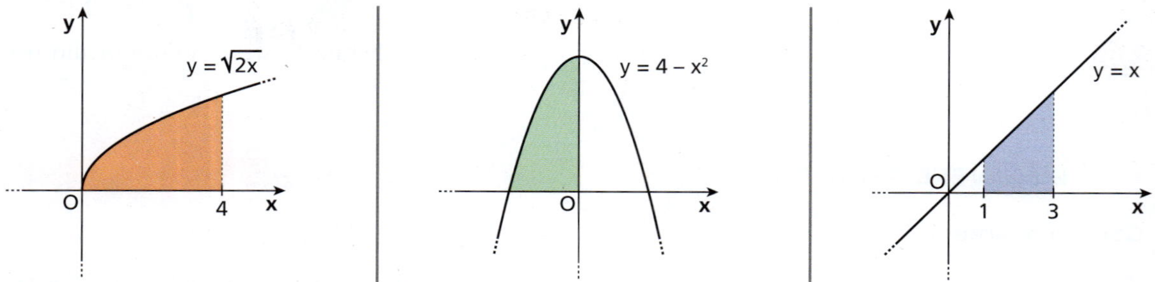

a $V = \pi\int_0^4 \sqrt{2x}\,dx$

b $V = \pi\int_0^{-2} (4 - x^2)^2 dx$

c $V = \int_1^3 x^2 dx$

57 ●○ Determina il volume del solido generato dalla rotazione completa attorno all'asse x del trapezoide individuato dal grafico della funzione $y = \sqrt{3x^2+1}$ nell'intervallo $[-2; -1]$. $[8\pi]$

58 ●○ Disegna il solido generato dalla rotazione completa attorno all'asse x del trapezoide individuato dal grafico della funzione $y = \sqrt{-\cos x}$ nell'intervallo $\left[\frac{\pi}{2}; \frac{3\pi}{4}\right]$. Calcolane il volume. $\left[\left(1 - \frac{\sqrt{2}}{2}\right)\pi\right]$

59 ●○ Calcola il volume del solido generato dalla rotazione completa attorno all'asse x della porzione di piano limitata dalla curva di equazione $y = \frac{x}{\sqrt{1+x^2}}$ e dalle rette $x = 0$ e $x = 1$. $\left[\pi - \frac{\pi^2}{4}\right]$

60 ●● Calcola il volume del solido ottenuto dalla rotazione completa attorno all'asse x della regione di piano delimitata dalla curva di equazione $y = \frac{1}{2}\sqrt{9x^2-36}$, dall'asse x e dalla retta di equazione $x = 4$. $[24\pi]$

Calcola il volume dei solidi che hanno come base le regioni finite di piano delimitate dalle curve di equazioni assegnate e dall'asse *x* negli intervalli segnati a fianco e come sezioni perpendicolari all'asse *x* quelle indicate.

61 ●○ $y = e^{-x}$, $[0; 1]$; sezioni: rettangoli con altezza doppia della base. $[1 - e^{-2}]$

62 ●○ $y = \frac{6}{x}$, $[2; 3]$; sezioni: semicerchi. $\left[\frac{3}{4}\pi\right]$

63 ●○ $y = -x^2 + 2x$, $[1; 2]$; sezioni: quadrati. $\left[\frac{8}{15}\right]$

64 ●○ $y = \sqrt{\frac{8}{x+1}}$, $[1; 7]$; sezioni: triangoli equilateri. $[4\sqrt{3}\ln 2]$

COSTRUIRE E UTILIZZARE MODELLI

RISOLVIAMO UN PROBLEMA

In palestra

Claudio si iscrive in una palestra e l'istruttore gli assegna alcuni esercizi per le braccia da eseguire con pesi in plastica riempiti di sabbia. Ciascun attrezzo può essere modellizzato con un solido ottenuto dalla rotazione intorno all'asse x del grafico della funzione rappresentata: si tratta di due archi di parabola e un segmento (misure in centimetri).

- Scrivi l'equazione dei tratti delle funzioni rappresentate.
- Calcola il volume a disposizione per inserire la sabbia.
- Sapendo che il peso specifico della sabbia è 1,4 kg/dm^3, trova il peso degli attrezzi pieni.

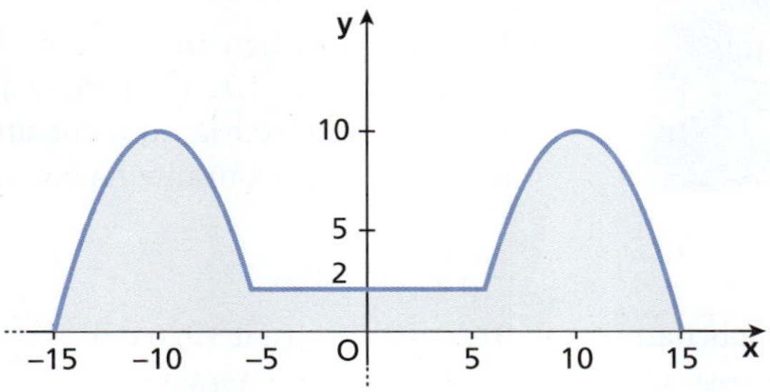

► Determiniamo l'equazione della retta.

Il segmento appartiene alla retta di equazione $y = 2$.

► Determiniamo l'equazione della parabola del primo quadrante.

La parabola ha vertice in (10; 10) e passa per (15; 0).

$$\begin{cases} -\dfrac{b}{2a} = 100 \\ 10 = 100a + 10b + c \\ 0 = 225a + 15b + c \end{cases} \rightarrow \begin{cases} b = -20a \\ 10 = 100a - 200a + c \\ 0 = 225a - 300a + c \end{cases}$$

$$\begin{cases} b = -20a \\ 10 = -25a \\ 75a = c \end{cases} \rightarrow \begin{cases} b = 8 \\ a = -\dfrac{2}{5} \\ c = -30 \end{cases}$$

Quindi la parabola ha equazione $y = -\frac{2}{5}x^2 + 8x - 30$.

► Troviamo l'intersezione tra il segmento e la parabola.

$$-\frac{2}{5}x^2 + 8x - 30 = 2 \quad \rightarrow \quad x^2 - 20x + 80 = 0$$

Le soluzioni sono: $x_{1,2} = 10 \pm \sqrt{20}$.

L'ascissa del punto di intersezione tra il segmento e la parabola è $10 - \sqrt{20} \simeq 5,5$.

► Determiniamo l'equazione della seconda parabola.

La parabola del secondo quadrante è la simmetrica rispetto all'asse y della parabola del primo quadrante, perciò la sua equazione è:

$$y = -\frac{2}{5}x^2 - 8x - 30.$$

► Calcoliamo il volume dell'attrezzo.

Teniamo conto del fatto che la funzione è pari.

$$V = 2\pi\left[\int_0^{5,5} 4dx + \int_{5,5}^{15}\left(-\frac{2}{5}x^2 + 8x - 30\right)^2 dx\right]$$

Svolgendo i calcoli otteniamo:

$$V = 3487 \text{ cm}^3 = 3,487 \text{ dm}^3.$$

► Determiniamo il peso.

Il peso dell'attrezzo pieno di sabbia sarà:

$$P = 1,4 \cdot 3,487 = 4,88 \text{ kg}.$$

VERIFICA DELLE COMPETENZE

65 ●● **Decoro** Nel piano cartesiano è riportato il motivo a petalo di fiore rappresentato in figura su una piastrella quadrata di lato 3 dm. Il profilo superiore del petalo è rappresentato da una funzione del tipo $f(x) = \sqrt{ax}$, con $a > 0$ e $x \in [0; 3]$. Il profilo inferiore è dato dalla funzione $g(x) = f^{-1}(x)$.

a. Determina l'espressione di $f(x)$ e $g(x)$.

b. Calcola l'area racchiusa dal petalo.

$\left[\text{a) } f(x) = \sqrt{3x},\ g(x) = \frac{x^2}{3};\ \text{b) } 3\ \text{dm}^2\right]$

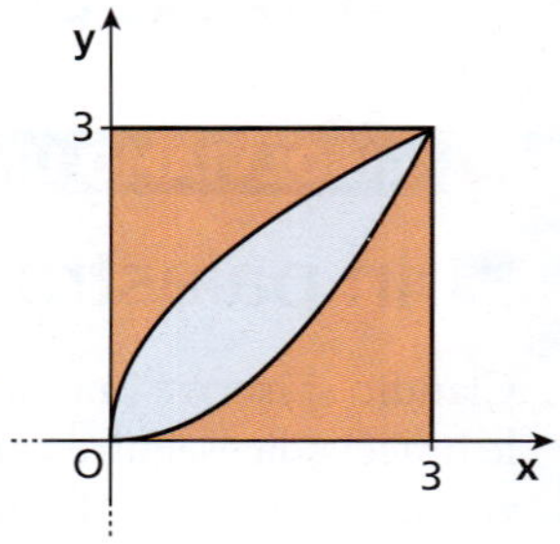

66 ●○ 

Consumo benzina Un'automobile, inizialmente ferma, parte con un'accelerazione costante di 2,5 m/s^2, che mantiene per 10 s. Successivamente prosegue a velocità costante per altri 10 s e infine decelera fino a fermarsi, con decelerazione costante pari a 5 m/s^2 in valore assoluto.

a. Qual è la distanza totale percorsa dall'automobile?

b. Il consumo di benzina in fase di accelerazione, espresso in litri al secondo, è $3 \cdot 10^{-5}t^2$, mentre a velocità costante è 0,002 litri al secondo. Se trascuriamo il consumo di benzina in fase di frenata, quanti litri di carburante ha consumato la macchina?

[a) 437,5 m; b) 0,03 L]

67 ●● **Sui cieli inglesi** Il dirigibile britannico R101, costruito tra il 1926 e il 1930, aveva una forma approssimativamente ellissoidale, generata dalla rotazione completa della curva di equazione $y = \frac{5}{28}\sqrt{112^2 - x^2}$ attorno all'asse x, avendo scelto 1 m come unità di misura.

a. Determina la lunghezza e il diametro massimo del dirigibile.

b. Calcola il volume occupato dal dirigibile.

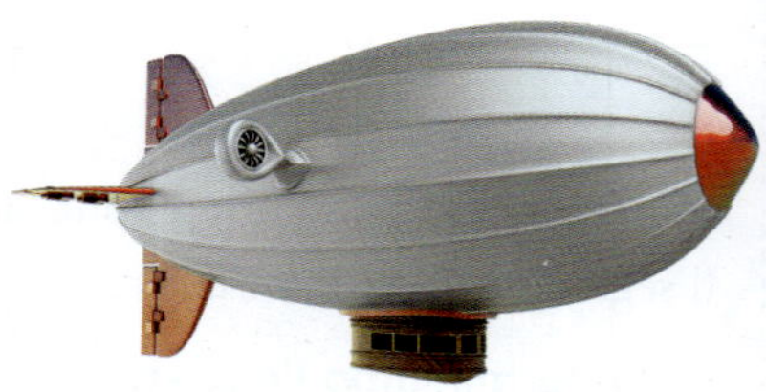

[a) 224 m, 40 m; b) 187 657 m^3]

68 ●● LEGGI IL GRAFICO **Test su strada** Durante il test di un'automobile su una pista rettilinea, viene registrata la sua accelerazione $a(t)$ per un breve intervallo di tempo; il suo andamento è rappresentato in figura.

a. Ricava le espressioni della velocità istantanea $v(t)$ e della posizione $s(t)$ nell'intervallo $[0; 8]$, sapendo che l'auto parte da ferma dalla posizione iniziale zero.

b. Traccia i grafici di $v(t)$ e $s(t)$, quindi determina i valori massimi v_{max} e s_{max} delle due funzioni.

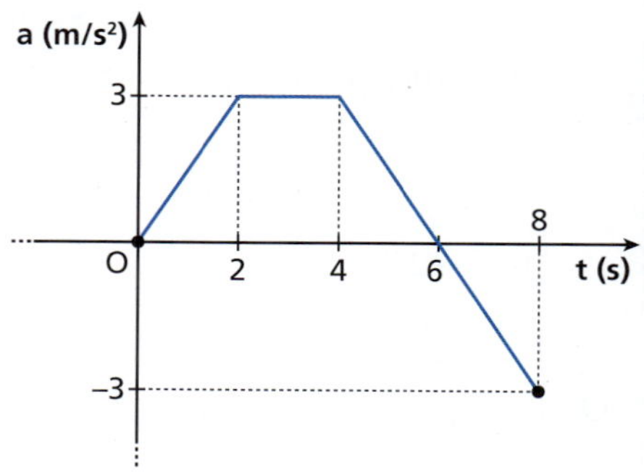

[b) $v_{max} = 12$ m/s, $s_{max} = 58$ m]

VERIFICA DELLE COMPETENZE PROVE

1 ora

PROVA A

Calcola i seguenti integrali.

1 a. $\int_1^4 (8x-1)dx$ b. $\int_1^2 \frac{4x+6}{x^2+3x}dx$ c. $\int_0^1 (2x+1)e^{x^2+x}dx$

2 a. $\int_{-\infty}^1 \frac{dx}{3-2x}$ b. $\int_0^4 \frac{1}{\sqrt{4-x}}dx$ c. $\int_0^{+\infty} e^{-3x}dx$

3 a. Considera $F(x) = \int_1^x (3t^2 - 4t + 1)dt$ e determina l'espressione analitica di $F'(x)$.

b. Calcola $F(0)$, $F(1)$, $F(3)$.

4 a. Trova il valore medio della funzione $f(x) = 3x^2 - 1$ nell'intervallo $[0; 2]$.

b. Determina il punto z in cui la funzione assume tale valore.

5 Calcola l'area della regione finita di piano delimitata dalla parabola di equazione $y = x^2 - 6x + 8$ e dalla retta di equazione $y = 4 - x$.

6 Determina il volume del solido generato dalla rotazione completa attorno all'asse x del trapezoide individuato dal grafico della funzione $y = \sqrt{6x+1}$ nell'intervallo $[0; 2]$.

PROVA B

Il vaso In figura è rappresentata una sezione di un vaso da fiori, dove i dati sono in centimetri. Il suo profilo è costituito da:

- un arco di parabola per $0 \leq x \leq 12$ di vertice V;
- un arco della curva di equazione $y = e^{12-x} + k$ per $12 < x \leq 26$.

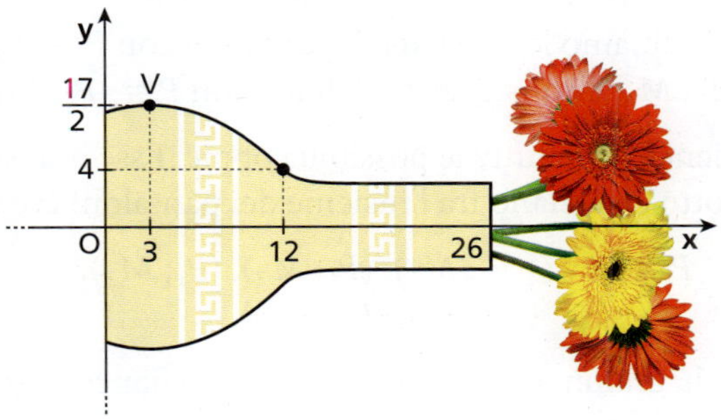

a. Determina l'equazione del profilo del vaso.

b. Verifica che si tratta di una funzione continua e derivabile in tutto il suo dominio.

c. Calcola l'area della sezione del vaso rappresentato in figura, esprimendola in dm^2.

d. Determina la massima capienza del vaso, in dm^3.

CAPITOLO

26 CALCOLO COMBINATORIO

1 Che cos'è il calcolo combinatorio

▶ Esercizi a p. 1391

«Quante sono tutte le colonne che si possono giocare al Superenalotto, cioè quanti sono tutti i modi possibili di scegliere 6 numeri tra i 90 a disposizione?»
«Quante sono le possibili classifiche di una gara a cui partecipano 10 concorrenti?»
Il **calcolo combinatorio** permette di rispondere a queste domande o ad altre simili, in quanto studia il numero di modi in cui è possibile raggruppare, disporre o ordinare gli elementi di un insieme finito di oggetti o persone.

Listen to it

Combinatorial analysis (or **combinatorics**) is the branch of mathematics which studies the number of different ways of arranging the elements of a given set.

Raggruppamenti

Esaminiamo il seguente problema. Un ragazzo ha a disposizione due paia di pantaloni e quattro magliette. Ci domandiamo in quanti modi diversi può vestirsi.
Fissato un paio di pantaloni, a questo può accostare, una alla volta, ognuna delle quattro magliette, e quindi abbiamo quattro possibilità. Ma a questo numero di possibilità dobbiamo aggiungere le possibilità che si ottengono con il secondo paio di pantaloni e, di nuovo, ognuna delle quattro magliette. Quindi le possibilità sono in totale otto.

Indichiamo le due paia di pantaloni con P_1 e P_2, le quattro magliette con M_1, M_2, M_3, M_4, e consideriamo gli insiemi $P = \{P_1, P_2\}$ e $M = \{M_1, M_2, M_3, M_4\}$.

Elenchiamo tutte le possibili coppie. Esse non sono altro che gli elementi del prodotto cartesiano fra l'insieme dei pantaloni P e l'insieme delle magliette M:

$$P \times M = \{(P_1; M_1), (P_1; M_2), (P_1; M_3), (P_1; M_4), (P_2; M_1), (P_2; M_2), (P_2; M_3), (P_2; M_4)\}.$$

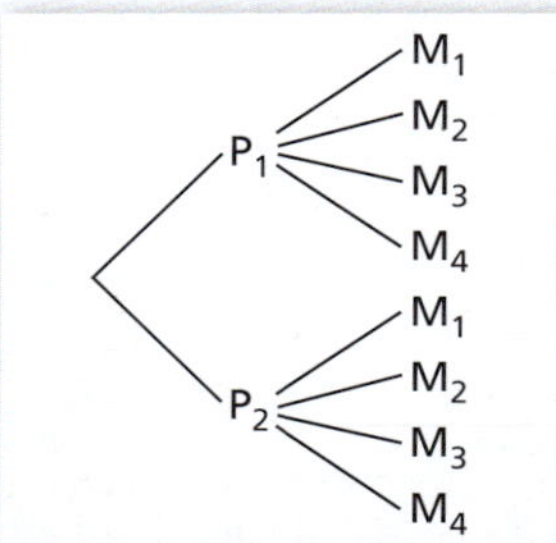

Il diagramma ad albero della figura a fianco suggerisce un metodo per determinare il numero di tutti i gruppi che è possibile formare.
Le 2 possibilità corrispondenti ai rami dei pantaloni indicano quante volte vengono ripetute le 4 possibilità corrispondenti ai rami delle magliette.

Quindi in totale abbiamo $2 \cdot 4 = 8$ gruppi.

ESEMPIO

Elenchiamo tutte le sigle di tre elementi che possiamo scrivere utilizzando le cifre 1 e 2 per il primo posto, le lettere A, B, C per il secondo e le lettere greche α e β per l'ultimo posto. Calcoliamo poi quante sono.

Disegniamo il diagramma ad albero. Percorrendo i diversi rami del diagramma possiamo costruire tutte le sigle possibili. Procedendo dall'alto verso il basso: $1A\alpha$, $1A\beta$, $1B\alpha$, …

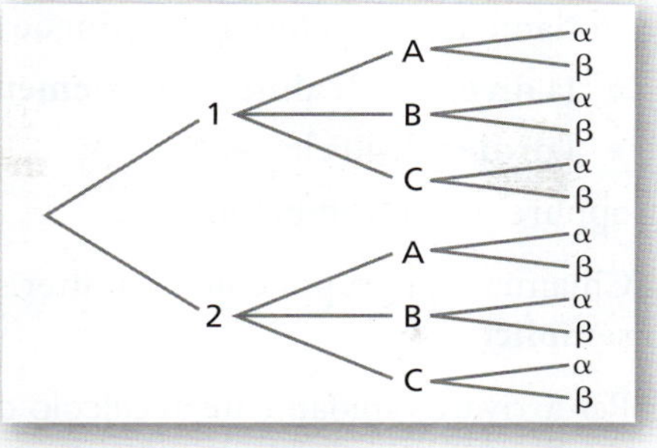

Calcoliamo il numero delle sigle che possiamo scrivere: 2 sono le possibilità per la prima posizione, 3 per la seconda e 2 per la terza.
Complessivamente abbiamo $2 \cdot 3 \cdot 2 = 12$ gruppi.

In generale, per determinare quanti gruppi si possono formare assegnando il primo posto a un elemento di un insieme A con n elementi, il secondo a uno di un insieme B con m elementi, il terzo a uno di un insieme C con k elementi, …, occorre calcolare il prodotto $n \cdot m \cdot k \cdot …$

► Un fast food propone 4 tipi di panini, 3 tipi di bibite e 2 contorni. Quanti diversi tipi di menù «panino + contorno + bibita» offre? [24]

Listen to it

The **rule of product** states that when a first task can be performed in n different ways, a second one in m different ways, a third one in k different ways and so on, the number of different ways to perform all the tasks one after another is $n \cdot m \cdot k \cdot …$

2 Disposizioni

Disposizioni semplici

► Esercizi a p. 1392

Pierre, Quentin, Roberto e Samuel si sfidano in una corsa campestre. Vengono premiati solo i primi tre arrivati.
Calcoliamo quante sono le possibili classifiche dei premiati.

Indichiamo i quattro atleti con le lettere P, Q, R, S e con A l'insieme costituito da questi quattro elementi, cioè:

$$A = \{P, Q, R, S\}.$$

Costruiamo con un diagramma ad albero tutte le possibili terne di premiati.

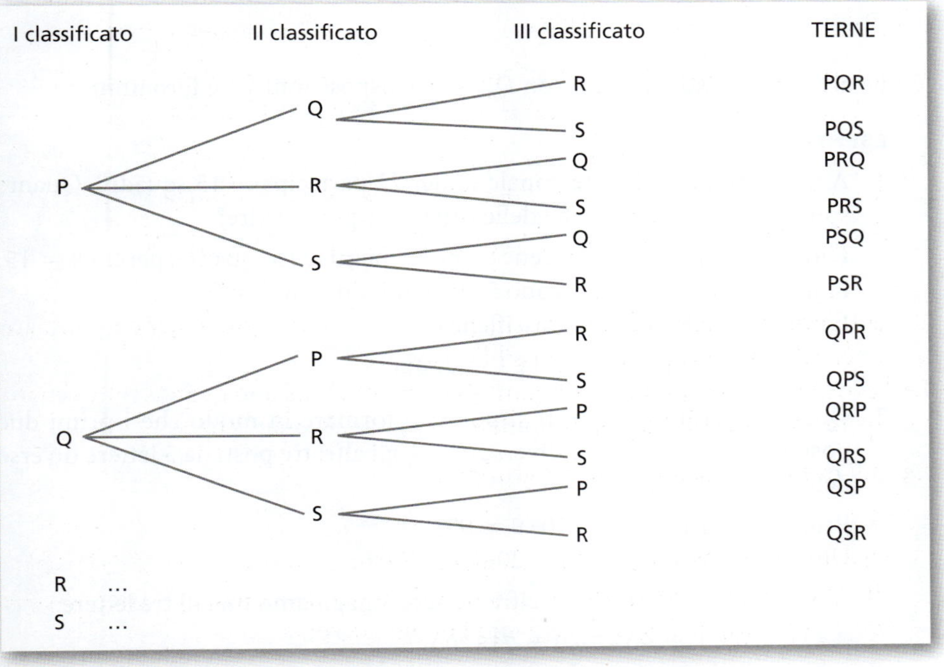

► Francesco mangia un frutto la mattina e uno a merenda. Ha una mela, una pera, una banana e un kiwi. Quante sono le possibili scelte dei frutti da mangiare al mattino e al pomeriggio? [12]

Notiamo che ogni terna si distingue dalle altre per

- la **diversità di almeno un elemento**,
- l'**ordine** degli elementi,

oppure per entrambi i motivi.

Chiamiamo i gruppi con le caratteristiche indicate con il termine di **disposizioni semplici**.

Per arrivare rapidamente al calcolo del numero di disposizioni, consideriamo che per il primo posto le possibilità sono 4. Dopo aver scelto il primo classificato, per il secondo classificato restano $4-1=3$ atleti che possono arrivare secondi, cioè 3 possibilità per il secondo posto. Per il terzo classificato, infine, restano $4-2=2$ atleti ancora in gara, cioè 2 possibilità per il terzo posto. Complessivamente i gruppi sono:

$$4 \cdot 3 \cdot 2 = 24.$$

Per indicare il valore trovato, usiamo la seguente notazione:

$$D_{4,3} = 24$$

(si legge: «disposizioni semplici di 4 elementi di classe 3»).

Generalizziamo il procedimento considerando n oggetti distinti e determiniamo la formula per i raggruppamenti di classe k, cioè con k oggetti.

Listen to it

Given a set S of n distinct elements, the **simple *k*-permutations** are all the **ordered selections** of k elements chosen among the elements of the set S.

DEFINIZIONE

Le **disposizioni semplici** di n elementi distinti di classe k (con $0 < k \leq n$) sono tutti i gruppi di k elementi scelti fra gli n, che differiscono *per almeno un elemento o per l'ordine* con cui gli elementi sono collocati:

$$\boldsymbol{D_{n,k} = \underbrace{n \cdot (n-1) \cdot (n-2) \cdot (n-3) \cdot \ldots \cdot (n-k+1)}_{\text{prodotto di } k \text{ fattori}}}, \quad \text{con } n, k \in \mathbb{N} \text{ e } 0 < k \leq n.$$

Per esempio, calcoliamo:

$$D_{7,3} = \underbrace{\overset{\text{si parte da 7}}{7} \cdot 6 \cdot 5}_{\text{3 fattori}}.$$

Qui e nel seguito, indicheremo con $D_{n,k}$ sia le disposizioni sia il loro numero.

ESEMPIO

1. A un torneo di calcio regionale under 21 partecipano 15 squadre. Quante sono le possibili classifiche delle prime cinque squadre?

   L'insieme di partenza contiene come elementi le 15 squadre, perciò $n = 15$; i raggruppamenti contengono 5 elementi, dunque $k = 5$.
   Il numero delle possibili classifiche è:

   $$D_{15,5} = 15 \cdot 14 \cdot 13 \cdot 12 \cdot 11 = 360\,360.$$

2. Quante sigle di 5 elementi si possono formare in modo che i primi due posti siano occupati da 2 diverse cifre e gli altri tre posti da 3 lettere diverse dell'alfabeto italiano?

   Primi due posti: $D_{10,2} = 10 \cdot 9 = 90$.
   Ultimi tre posti: $D_{21,3} = 21 \cdot 20 \cdot 19 = 7980$.

   A ogni disposizione di due cifre ne accompagniamo una di tre lettere:

   $$D_{10,2} \cdot D_{21,3} = 90 \cdot 7980 = 718\,200.$$

► In quanti modi si possono sistemare quattro fotografie in tre cornici? [24]

3. Quanti numeri di 4 cifre, tutte diverse tra loro, si possono formare con le dieci cifre decimali?
Se calcoliamo $D_{10,4} = 10 \cdot 9 \cdot 8 \cdot 7 = 5040$, nel risultato sono compresi anche quei numeri che iniziano con la cifra 0 e che, in realtà, non sono numeri di quattro cifre, ma di tre. Dobbiamo determinare quanti sono e sottrarre il loro numero da quello appena calcolato.
Ragioniamo così: prendiamo le nove cifre diverse dallo zero e calcoliamo tutte le disposizioni di classe 3. Infatti, se a ognuno dei numeri che così si formano poniamo davanti lo zero, abbiamo tutti i numeri da eliminare.
Poiché $D_{9,3} = 9 \cdot 8 \cdot 7 = 504$, i numeri con 4 cifre significative tutte diverse che si possono formare sono:

$$D_{10,4} - D_{9,3} = 5040 - 504 = 4536.$$

Possiamo giungere direttamente al risultato con il «metodo delle possibilità». Per il primo posto abbiamo 9 possibilità (le dieci cifre meno lo zero), per il secondo posto 9 possibilità (non utilizziamo la cifra collocata al primo posto, ma possiamo utilizzare ora la cifra zero), per il terzo posto 8 possibilità e infine per il quarto 7 possibilità. Quindi, appunto,

$$9 \cdot 9 \cdot 8 \cdot 7 = 4536.$$

► In quanti modi si può costruire una password di 6 lettere usando le 21 lettere dell'alfabeto italiano se nessuna lettera viene ripetuta e se l'ultima lettera non può essere z?

Animazione

Disposizioni con ripetizione

► Esercizi a p. 1394

Lanciamo una moneta tre volte e cerchiamo di prevedere tutti i modi con cui si succedono le uscite delle due facce.
L'insieme A che contiene i due possibili risultati del lancio è: $A = \{T, C\}$, dove T indica il risultato «Testa» e C il risultato «Croce».
Costruiamo con un diagramma ad albero le terne di tutti i possibili risultati.

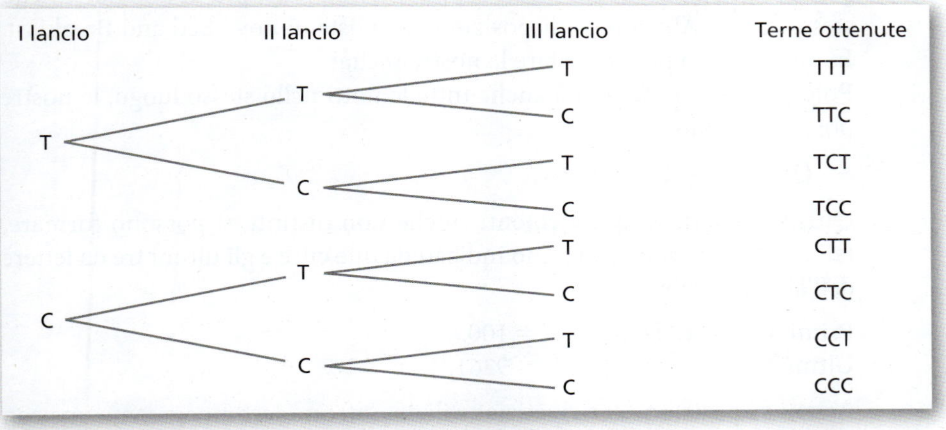

I gruppi così ottenuti differiscono per l'**ordine** degli elementi contenuti, ma **un elemento può comparire più di una volta**.
I gruppi trovati si chiamano **disposizioni con ripetizione**.
A differenza delle disposizioni semplici, la classe k di un gruppo può essere maggiore del numero n di elementi a disposizione. Nell'esempio la classe di ogni gruppo è 3, mentre gli elementi sono 2.
Osserviamo che le terne ottenute corrispondono agli elementi del prodotto cartesiano $A \times A \times A$.
Per determinare il loro numero possiamo usare ciò che già sappiamo sui raggruppamenti. L'insieme A ha 2 elementi, quindi il numero dei possibili gruppi di tre elementi di A, cioè il numero di elementi dell'insieme $A \times A \times A$, è $2 \cdot 2 \cdot 2 = 2^3$.

In alternativa possiamo ricorrere al «metodo delle possibilità». Per il primo posto abbiamo 2 possibilità, che restano 2 anche per il secondo e per il terzo in quanto un elemento già utilizzato può ripresentarsi:

$$2 \cdot 2 \cdot 2 = 2^3 = 8.$$

In simboli, scriviamo: $D'_{2,3} = 8$.
Generalizziamo il procedimento considerando n oggetti distinti e determiniamo la formula per raggruppamenti di classe k.

Listen to it

Given a set S of n distinct elements, the ***k*-permutations with repetition** are all the ordered selections of k elements of the set S, where every element can appear more than once.

DEFINIZIONE

Le **disposizioni con ripetizione** di n elementi distinti di classe k (con k numero naturale qualunque non nullo) sono tutti i gruppi di k elementi, anche ripetuti, scelti fra gli n, che differiscono *per almeno un elemento o per il loro ordine*:

$$\mathbf{D'_{n,k} = n^k}.$$

Anche in questo caso, con $D'_{n,k}$ indicheremo sia le disposizioni con ripetizione sia il loro numero.

► Sulla tastiera del PC ci sono 49 caratteri. Quante sequenze di caratteri, anche senza senso, si possono comporre digitando 10 caratteri?

ESEMPIO

1. Le targhe delle automobili italiane iniziano con una coppia di lettere (anche ripetute). Vengono utilizzate 22 lettere.
   Quante sono le sigle con cui può iniziare la targa?
   Le possibili sigle sono:

   $$D'_{22,2} = 22^2 = 484.$$

2. Vogliamo organizzare una vacanza in Scozia e dobbiamo prenotare sei pernottamenti, in luoghi diversi oppure fermandoci più di una notte nello stesso luogo. Abbiamo a disposizione una lista di nove Bed and Breakfast. In quanti modi possiamo fare la nostra scelta?
   Poiché possiamo fermarci anche tutte le notti nello stesso luogo, le nostre possibilità sono:

   $$D'_{9,6} = 9^6 = 531441.$$

3. Quante sigle di cinque elementi, anche non distinti, si possono formare, tali che i primi due posti siano indicati da due cifre e gli ultimi tre da lettere dell'alfabeto italiano?

   Primi due posti: $D'_{10,2} = 10^2 = 100$.
   Ultimi tre posti: $D'_{21,3} = 21^3 = 9261$.

   A ogni disposizione con ripetizione di due cifre ne accompagniamo una con ripetizione di tre lettere:

   $$D'_{10,2} \cdot D'_{21,3} = 100 \cdot 9261 = 926\,100.$$

   Utilizzando il «metodo delle possibilità», abbiamo per ciascuno dei primi due posti 10 possibilità e per ciascuno degli ultimi tre 21:

   $$10 \cdot 10 \cdot 21 \cdot 21 \cdot 21 = 926\,100.$$

   Ragionando con gli insiemi, se indichiamo con

   $$C = \{\text{le 10 cifre}\} \text{ e } L = \{\text{le lettere dell'alfabeto italiano}\},$$

   dobbiamo determinare il numero di elementi di $C \times C \times L \times L \times L$, che è $10^2 \cdot 21^3$.

► Quante sigle di 8 elementi che hanno le prime quattro posizioni occupate da cifre e le rimanenti dalle vocali dell'alfabeto italiano puoi formare se le sigle devono contenere almeno una A e possono contenere ripetizioni?

Animazione

3 Permutazioni

Permutazioni semplici

▶ Esercizi a p. 1396

Abbiamo quattro palline colorate, ognuna di un colore diverso (bianco, nero, rosso, verde). Calcoliamo in quanti modi diversi possiamo metterle in fila.
L'insieme dei colori è: $A = \{b, n, r, v\}$.

Costruiamo con un diagramma ad albero tutti i possibili raggruppamenti.

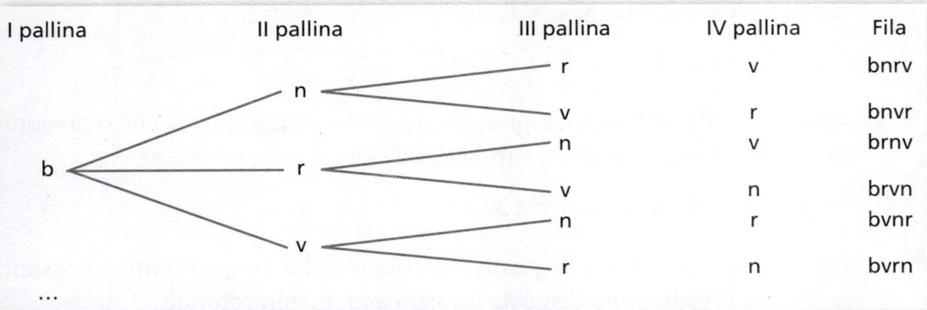

Se la prima pallina è bianca, si ottengono 6 raggruppamenti. Ma la prima pallina può essere bianca, rossa, nera o verde, quindi:

$6 \cdot 4 = 24$ raggruppamenti.

Notiamo che **ogni gruppo contiene tutti gli elementi** dell'insieme e **differisce dagli altri solo per l'ordine**.

Stiamo quindi considerando le disposizioni semplici di 4 elementi di classe 4.

Chiamiamo i raggruppamenti che hanno queste caratteristiche **permutazioni semplici** o più brevemente **permutazioni**.

Nel nostro esempio parliamo di *permutazioni di 4 elementi* e scriviamo il numero delle permutazioni ottenute nel modo seguente:

$$P_4 = 24.$$

Nel caso generale, poiché le permutazioni di n elementi coincidono con le disposizioni semplici di classe n degli n elementi, per calcolare il numero delle permutazioni, poniamo nella formula delle disposizioni semplici $k = n$:

$$P_n = D_{n,n} = n \cdot (n-1) \cdot (n-2) \cdot (n-3) \cdot \ldots \cdot (n-n+1) =$$
$$n \cdot (n-1) \cdot (n-2) \cdot (n-3) \cdot \ldots \cdot 2 \cdot 1.$$

Il numero di permutazioni di n elementi, quindi, è il prodotto dei primi n numeri naturali (escluso lo 0).

Il prodotto

$$n \cdot (n-1) \cdot (n-2) \cdot \ldots \cdot 3 \cdot 2 \cdot 1$$

si indica con il simbolo $\boldsymbol{n!}$ e si legge «*n* fattoriale».

Nel nostro esempio le permutazioni delle quattro palline colorate sono:

$$P_4 = 4! = 4 \cdot 3 \cdot 2 \cdot 1 = 24.$$

TEORIA

Listen to it

When all the n elements of a set are **distinct**, the ordered selections of all the n elements are called ***n*-permutations**.

DEFINIZIONE

Le **permutazioni semplici** di n elementi distinti sono tutti i gruppi formati dagli n elementi, che differiscono per il loro *ordine*:

$$\mathbf{P_n = n! = n \cdot (n-1) \cdot (n-2) \cdot \ldots \cdot 3 \cdot 2 \cdot 1}, \quad \text{con } n \geq 2.$$

Anche in questo caso, con P_n indicheremo sia le permutazioni sia quante sono.

▸ Dario ha 5 caramelle gommose di 5 colori diversi e 2 cioccolatini, uno al latte e uno fondente. Quanti sono i modi in cui Dario può mangiare i 7 dolciumi senza mangiare per prime tutte le caramelle?

Animazione

ESEMPIO

1. Quanti numeri di sei cifre distinte possiamo scrivere utilizzando gli elementi dell'insieme $A = \{2, 3, 4, 7, 8, 9\}$?

   $P_6 = 6! = 6 \cdot 5 \cdot 4 \cdot 3 \cdot 2 \cdot 1 = 720$

2. Calcoliamo il numero di anagrammi, anche senza significato, che si possono ottenere con le lettere della parola CANTO:

   $P_5 = 5! = 5 \cdot 4 \cdot 3 \cdot 2 \cdot 1 = 120.$

3. Cinque ragazzi hanno a disposizione cinque sedie. In quanti modi possono sedersi se le sedie sono disposte intorno a un tavolo rotondo?
   Se le sedie fossero in fila i modi sarebbero $P_5 = 5! = 120$.
   Essendo disposti su una circonferenza, occorre considerare che vi sono permutazioni che, poste in ordine circolare, coincidono.
   Chiamando i ragazzi con le prime cinque lettere dell'alfabeto, fissato un raggruppamento, per esempio

   $a \quad b \quad c \quad d \quad e,$

   sono a esso equivalenti i seguenti:

   $b \quad c \quad d \quad e \quad a;$

   $c \quad d \quad e \quad a \quad b;$

   $d \quad e \quad a \quad b \quad c;$

   $e \quad a \quad b \quad c \quad d.$

   I modi che coincidono sono tanti quanti i ragazzi. Quindi, se cinque ragazzi siedono intorno a un tavolo rotondo, tutti i modi possibili di sedersi sono:

   $$\frac{P_5}{5} = \frac{5!}{5} = 4! = P_4 = 24.$$

   Questo è un esempio di **permutazione circolare**, in quanto gli elementi non sono in fila, ma disposti intorno a una circonferenza.

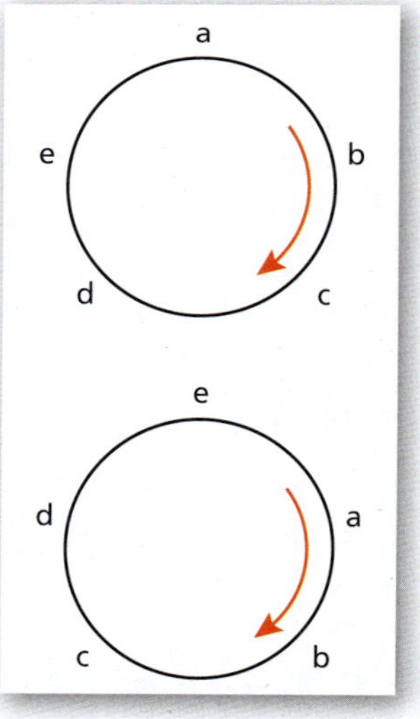

Funzione fattoriale

▸ Esercizi a p. 1397

Abbiamo visto che il simbolo

$$n! = n(n-1)(n-2) \ldots \cdot 2 \cdot 1$$

indica il prodotto dei primi n numeri naturali, escluso lo zero.
Questa scrittura non è valida per $n = 0$ ma nemmeno per $n = 1$, perché un prodotto si può eseguire solo se ci sono almeno due fattori. Per poter estendere il significato di fattoriale a tutti i numeri naturali abbiamo la seguente definizione.

DEFINIZIONE

Definiamo la **funzione fattoriale** come:

$$\boldsymbol{n! = n(n-1)(n-2)(n-3) \ldots \cdot 2 \cdot 1}, \quad \text{con } n \geq 2,$$

$$\boldsymbol{0! = 1},$$

$$\boldsymbol{1! = 1}.$$

La funzione $n!$ è crescente, con crescita molto rapida.

$2! = 2 \quad 3! = 6 \quad 4! = 24 \quad 5! = 120 \quad 6! = 720 \quad 7! = 5040 \quad 8! = 40\,320$

$9! = 362\,880 \quad 10! = 3\,628\,800 \quad \ldots$

Dalla definizione deduciamo la relazione: $\boldsymbol{n! = n \cdot (n-1)!}$.

Infatti: $n! = n \cdot (n-1) \cdot \ldots \cdot 2 \cdot 1 = n \cdot [(n-1) \cdot \ldots \cdot 2 \cdot 1] = n \cdot (n-1)!$.
Per esempio, $5! = 5 \cdot 4 \cdot 3 \cdot 2 \cdot 1 = 5 \cdot (4 \cdot 3 \cdot 2 \cdot 1) = 5 \cdot 4! = 5 \cdot (5-1)!$.

In particolare, questa relazione, applicata per $n = 2$, giustifica il fatto che abbiamo posto $1! = 1$. Infatti:

$2! = 2 \cdot (2-1)! = 2 \cdot 1!$,

ma poiché è anche vero che

$2! = 2 \cdot 1 = 2$,

allora deve essere $2 \cdot 1! = 2$ e quindi $1! = 1$.

n! e le disposizioni

Utilizziamo la funzione fattoriale per esprimere le disposizioni. Per esempio:

$$D_{5,3} = 5 \cdot 4 \cdot 3 = \frac{5 \cdot 4 \cdot 3 \cdot (2 \cdot 1)}{(2 \cdot 1)} = \frac{5!}{2!}.$$

In generale: $\boldsymbol{D_{n,k} = \dfrac{n!}{(n-k)!}}$.

Infatti:

$$D_{n,k} = n \cdot (n-1) \cdot \ldots \cdot (n-k+1) =$$

moltiplichiamo numeratore e denominatore per $(n-k)!$

$$\frac{n \cdot (n-1) \cdot \ldots \cdot (n-k+1) \cdot (n-k)!}{(n-k)!} = \frac{n!}{(n-k)!}.$$

Considerando poi che le permutazioni di n oggetti sono le disposizioni di classe n di n oggetti, possiamo giustificare anche l'aver posto $0! = 1$ nella definizione di fattoriale.
Infatti, sostituendo $k = n$ nella formula per le disposizioni,

$$D_{n,n} = \frac{n!}{(n-n)!} = \frac{n!}{0!},$$

ma, poiché è anche vero che

$$D_{n,n} = P_n = n!,$$

deve essere $\dfrac{n!}{0!} = n!$ e quindi dobbiamo porre $0! = 1$.

▶ Verifica che l'uguaglianza

$$\frac{D_{n+1,k} - D_{n,k-1}}{n^2} = D_{n-1,k-2}$$

è vera per ogni $n > 0$ e per ogni k tale che $0 < k \leq n$.

Animazione

TEORIA

Video

Gioco della zara
Nel gioco della zara si lanciano tre dadi e si scommette sulla somma che uscirà. Sia il numero 10 sia il numero 9 si ottengono con sei terne diverse di numeri.

► Hanno la stessa probabilità di uscita?

Permutazioni con ripetizione

▶ Esercizi a p. 1399

Calcoliamo quanti anagrammi (anche privi di significato) si possono formare con le lettere della parola TETTO.
Pensiamo per il momento che le tre T non siano uguali e distinguiamole colorandole: TETTO.
Se calcoliamo la permutazione P_5 di 5 elementi, consideriamo come diverse anche le parole che differiscono soltanto per la posizione delle tre T colorate. Per esempio, mettendo la E e la O nelle prime due posizioni, con le permutazioni sono distinte le parole:

EOTTT, EOTTT, EOTTT, EOTTT, EOTTT, EOTTT.

Abbiamo 6 casi diversi, corrispondenti alle permutazioni delle tre T colorate:

$$3! = 6.$$

Questi casi sono invece indistinguibili, e uguali a EOTTT, se consideriamo la T come lettera ripetuta più volte.
Se consideriamo le 120 permutazioni di 5 lettere, in questo caso troviamo ogni raggruppamento ripetuto 6 volte. Quindi per ottenere il numero degli anagrammi di TETTO dobbiamo dividere 120 per 6:

$$\frac{120}{6} = 20.$$

Per indicare che dei cinque elementi tre corrispondono a uno stesso elemento ripetuto usiamo il simbolo $P_5^{(3)}$, che si legge: «permutazioni di 5 elementi di cui 3 ripetuti». Abbiamo che:

$$P_5^{(3)} = \frac{P_5}{P_3} = \frac{5!}{3!} = 20.$$

Chiamiamo i raggruppamenti di questo tipo **permutazioni con ripetizione**.
In generale:

$$P_n^{(k)} = \frac{n!}{k!}.$$

La formula si generalizza ulteriormente quando nell'insieme di n elementi gli elementi ripetuti sono $k, h, \ldots, r$, dove $k + h + \ldots + r \leq n$.

DEFINIZIONE
Le **permutazioni con ripetizione** di n elementi, di cui h, k, ... ripetuti, sono tutti i gruppi formati dagli n elementi, che differiscono per l'*ordine* in cui si presentano gli elementi distinti e la *posizione* che occupano gli elementi ripetuti:

$$\boldsymbol{P_n^{(h,k,\ldots)} = \frac{n!}{h! \cdot k! \cdot \ldots}}.$$

Listen to it

When h elements of a set S of n elements are not distinct from one another, the ordered selections are called ***n*-permutations with *h* indistinguishable objects**.

ESEMPIO
In quanti modi cinque sedie possono essere occupate da tre persone?

Dobbiamo calcolare il numero delle permutazioni di 5 elementi, con 3 distinti e 2 ripetuti (le due sedie vuote), quindi:

$$P_5^{(2)} = \frac{5!}{2!} = 5 \cdot 4 \cdot 3 = 60.$$

► Quanti sono gli anagrammi, anche senza senso, della parola STRETTE?

Animazione

4 Combinazioni

Combinazioni semplici

▶ Esercizi a p. 1400

Consideriamo cinque punti nel piano, a tre a tre non allineati. Determiniamo quanti triangoli possiamo costruire congiungendo tre punti.

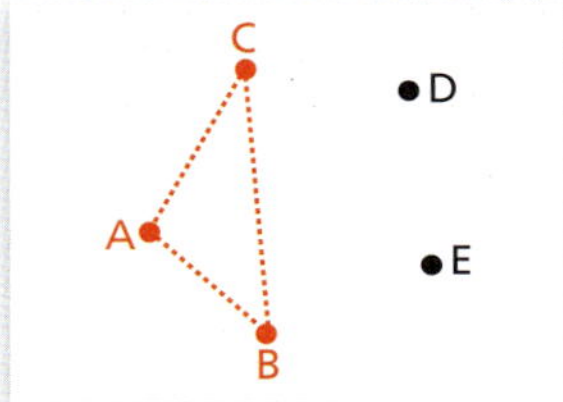

Indichiamo i punti con le lettere A, B, C, D, E. Consideriamo, per esempio, il triangolo ABC. Esso viene individuato da tutte queste terne:

ABC, ACB, BAC, BCA, CAB, CBA.

Nel contare i triangoli queste terne vanno prese una volta sola.
Quindi, tutte le terne di lettere che indicano i vertici dei triangoli costituiscono dei **gruppi** che **si differenziano** fra di loro **solo per gli elementi contenuti e non per il loro ordine**.

Chiamiamo questi gruppi **combinazioni (semplici) di 5 elementi di classe 3**. Per indicare il loro numero usiamo il simbolo $C_{5,3}$.

Per ricavare $C_{5,3}$, partiamo da tutte le terne possibili, ossia le disposizioni $D_{5,3}$. Per ogni scelta di 3 elementi ci sono $P_3 = 3!$ disposizioni di questi elementi che differiscono solo per l'ordine. Tutte queste vanno contate solo una volta.

Per esempio, abbiamo già visto che al triangolo ABC corrispondono le terne ABC, ACB, BCA, BAC, CBA e CAB.
Abbiamo perciò:

$$C_{5,3} = \frac{D_{5,3}}{P_3} = \frac{5 \cdot 4 \cdot 3}{3!} = \frac{60}{6} = 10.$$

In generale, con ragionamenti analoghi, si ottiene la formula generale:

$$C_{n,k} = \frac{D_{n,k}}{P_k} = \frac{n \cdot (n-1) \cdot (n-2) \cdot \ldots \cdot (n-k+1)}{k!}.$$

DEFINIZIONE

Le **combinazioni semplici** di n elementi distinti di classe k (con $0 < k \leq n$) sono tutti i gruppi di k elementi, scelti fra gli n, che differiscono per almeno un elemento (ma non per l'ordine):

$$\boldsymbol{C_{n,k} = \frac{D_{n,k}}{P_k} = \frac{n \cdot (n-1) \cdot (n-2) \cdot \ldots \cdot (n-k+1)}{k!}}, \quad \text{con } k \leq n.$$

Listen to it

Given a set S of n distinct elements, the **simple *k*-combinations** are all the **unordered selections** of k elements chosen among the elements of the set S.

Ancora una volta, con il simbolo $C_{n,k}$ indicheremo sia le combinazioni sia il loro numero.

ESEMPIO

In un Gran Premio di F1 una casa automobilistica ha a disposizione cinque vetture da assegnare a due piloti. In quanti modi la scuderia può utilizzare le automobili?

L'insieme di partenza contiene le automobili che numeriamo da 1 a 5:

$$A = \{1, 2, 3, 4, 5\}.$$

Poiché i piloti sono due, i raggruppamenti sono tutte le coppie che si possono formare con due macchine, scelte tra le cinque disponibili. L'ordine non conta, quindi tali raggruppamenti sono combinazioni:

$$C_{5,2} = \frac{5 \cdot 4}{2!} = 10.$$

▶ Bisogna sistemare 18 libri su 3 mensole mettendo 6 libri su ciascuna. In quanti modi possiamo farlo senza considerare l'ordine dei libri su ciascuna mensola?

Animazione

▶ Calcola il numero di terni che si possono fare al gioco del lotto.
[117 480]

Coefficienti binomiali

▶ Esercizi a p. 1401

Il numero delle combinazioni viene anche indicato con il simbolo $\binom{n}{k}$, che si chiama *coefficiente binomiale* e si legge «*n* su *k*».

DEFINIZIONE

Il **coefficiente binomiale** di due numeri naturali n e k, con $0 \le k \le n$, è il numero $\binom{n}{k} = \frac{n!}{k!(n-k)!}$.

Per esempio, $\binom{6}{2} = \frac{6!}{2!(6-2)!}$.

Se semplifichiamo, otteniamo:

$$\frac{6!}{2! \cdot 4!} = \frac{6 \cdot 5 \cdot 4 \cdot 3 \cdot 2 \cdot 1}{2 \cdot 1 \cdot 4 \cdot 3 \cdot 2 \cdot 1} = 15.$$

Dalla definizione e dalle proprietà del fattoriale, per $k = 0$ otteniamo:

$$\binom{n}{0} = \frac{n!}{0! \cdot n!} = 1,$$

$$\binom{0}{0} = \frac{0!}{0! \cdot 0!} = 1.$$

Si può anche calcolare $\binom{n}{n} = \frac{n!}{n! \cdot (n-n)!} = \frac{n!}{n! \cdot 0!}$, da cui:

$$\binom{n}{n} = 1.$$

Proprietà

- Dalla definizione possiamo dedurre la seguente proprietà, chiamata *delle classi complementari*:

$$\binom{n}{k} = \binom{n}{n-k}$$ **legge delle classi complementari**.

Infatti $\binom{n}{k} = \frac{n!}{k!(n-k)!} = \frac{n!}{(n-k)!\,k!} = \frac{n!}{(n-k)![n-(n-k)]!} = \binom{n}{n-k}$.

- Vale anche la seguente proprietà:

$$\binom{n}{k+1} = \binom{n}{k} \cdot \frac{n-k}{k+1}$$ **formula di ricorrenza**.

La formula di ricorrenza è utile quando conosciamo il valore del coefficiente binomiale per un certo valore di k e dobbiamo trovare i valori delle classi successive (o precedenti).

ESEMPIO

Se sappiamo che $\binom{14}{5} = 2002$, allora:

$$\binom{14}{6} = \binom{14}{5} \frac{14-5}{5+1} = 2002 \cdot \frac{9}{6} = 3003.$$

Possiamo giustificare ora la definizione delle combinazioni semplici $C_{n,k} = \binom{n}{k}$.

▶ Calcola separatamente $\binom{18}{16}$ e $\binom{18}{2}$ verificando che sono uguali.

▶ Risolvi l'equazione $\binom{x}{2} = 8 + 2\binom{x-3}{2}$.

Animazione

▶ Verifica la formula di ricorrenza applicando a entrambi i membri la definizione di coefficiente binomiale.

▶ Usa il valore noto di $\binom{32}{15} = 565722720$ per calcolare $\binom{32}{14}$ e $\binom{32}{18}$.

Animazione

Utilizzando la formula che esprime il numero delle disposizioni semplici come rapporto di due fattoriali, abbiamo:

$$C_{n,k} = \frac{D_{n,k}}{P_k} = \frac{n!}{(n-k)!} \cdot \frac{1}{k!} = \frac{n!}{(n-k)! \cdot k!} = \binom{n}{k}.$$

Combinazioni con ripetizione

▶ Esercizi a p. 1404

Riprendiamo il problema affrontato nello studio delle disposizioni con ripetizione.

Lanciamo consecutivamente una moneta e segniamo la successione di uscita di testa (T) e di croce (C).
Questa volta non interessa l'ordine di uscita, ma solo la composizione di ogni possibile gruppo.

Se i lanci sono 2, il numero delle possibilità, rispetto alle disposizioni, si riduce a 3:

$TT \quad TC \quad CC \qquad k = 2.$

Se i lanci sono 3, il numero delle possibilità si riduce a 4:

$TTT \quad TTC \quad TCC \quad CCC \qquad k = 3.$

Se i lanci sono 4, il numero delle possibilità si riduce a 5:

$TTTT \quad TTTC \quad TTCC \quad TCCC \quad CCCC \qquad k = 4.$

Chiamiamo questi raggruppamenti **combinazioni con ripetizione**.
Utilizziamo le combinazioni con ripetizione in tutti i problemi di distribuzione nei quali occorre formare gruppi con oggetti *non distinguibili*.

Osserviamo che in ogni gruppo un elemento può ripetersi fino a k volte e, non interessando l'ordine, ogni gruppo contiene gli stessi elementi, ma con un numero di ripetizioni diverso in ciascun gruppo distinto.
Per indicare le combinazioni con ripetizione usiamo la seguente notazione:

$n = 2, \quad k = 2, \qquad C'_{2,2} = 3;$

$n = 2, \quad k = 3, \qquad C'_{2,3} = 4;$

$n = 2, \quad k = 4, \qquad C'_{2,4} = 5.$

DEFINIZIONE

Le **combinazioni con ripetizione** di n elementi distinti di classe k (con k numero naturale qualunque non nullo) sono tutti i gruppi di k elementi che si possono formare, nei quali:

- ogni elemento può essere ripetuto al massimo fino a k volte;
- non interessa l'ordine con cui gli elementi si presentano;
- è diverso il numero di volte col quale un elemento compare:

$$C'_{n,k} = C_{n+k-1,k} = \binom{n+k-1}{k} = \frac{(n+k-1)\cdot(n+k-2)\cdot\ldots\cdot(n+1)\cdot n}{k!}.$$

Puoi verificare con i valori ottenuti nell'esempio precedente che:

$C'_{2,2} = C_{2+2-1,2} = C_{3,2} = 3,$

$C'_{2,3} = C_{2+3-1,3} = C_{4,3} = 4,$

$C'_{2,4} = C_{2+4-1,4} = C_{5,4} = 5.$

MATEMATICA E LETTERATURA

Uno, cento, mille racconti Combinando diversamente alcune parole, si ottengono frasi diverse. Combinando diversamente le frasi, si ottengono tanti racconti. Da questa tecnica narrativa è nata la letteratura combinatoria, di cui Italo Calvino è uno degli esponenti più autorevoli.

▶ Qual è l'opera in cui Calvino costruisce racconti combinatori?

La risposta

Listen to it

Given a set S of n distinct elements, the ***k*-combinations with repetition** are all the unordered selections of k elements, where every element can appear more than once.

Video

Disposizioni, permutazioni, combinazioni

- Quanti sono gli anagrammi, anche senza significato, della parola TEMA? E della parola TATTICA?
- In un campionato di 12 squadre, come si possono classificare le prime 4 squadre?

► In un'urna ci sono una pallina rossa, una blu e una verde. Si estraggono quattro palline rimettendo ogni volta la pallina estratta nell'urna. Quanti sono i possibili esiti in cui, tra le quattro palline estratte, compare almeno una pallina rossa?

Animazione

ESEMPIO

In quanti modi diversi possiamo distribuire 6 oggetti in 4 scatole?
Se indichiamo con le lettere a, b, c, d le 4 scatole, alcune possibili distribuzioni sono le seguenti:

$$a\,a\,a\,b\,c\,d, \qquad a\,a\,a\,a\,a\,a, \qquad a\,b\,b\,c\,d\,d, \qquad b\,b\,b\,c\,c\,d.$$

Nella prima distribuzione 3 oggetti vanno nella scatola a, uno nella b, uno nella c, uno nella d; nella seconda distribuzione tutti gli oggetti vanno nella scatola a e le altre scatole restano vuote…
Osserviamo che tutti i modi sono le combinazioni con ripetizione di 4 elementi di classe 6:

$$C'_{4,6} = \binom{4+6-1}{6} = \binom{9}{6} = \binom{9}{3} = \frac{9 \cdot 8 \cdot 7}{3!} = 84.$$

Notiamo che alcune scatole possono rimanere vuote.

5 Binomio di Newton

► Esercizi a p. 1410

Con il calcolo letterale possiamo scrivere le potenze di un binomio:

$n = 0 \qquad (A + B)^0 = 1;$

$n = 1 \qquad (A + B)^1 = A + B;$

$n = 2 \qquad (A + B)^2 = A^2 + 2AB + B^2;$

$n = 3 \qquad (A + B)^3 = A^3 + 3A^2B + 3AB^2 + B^3.$

Per potenze con esponente maggiore di 3 si ricorre al triangolo di Tartaglia, che fornisce i coefficienti dello sviluppo di $(A + B)^n$.

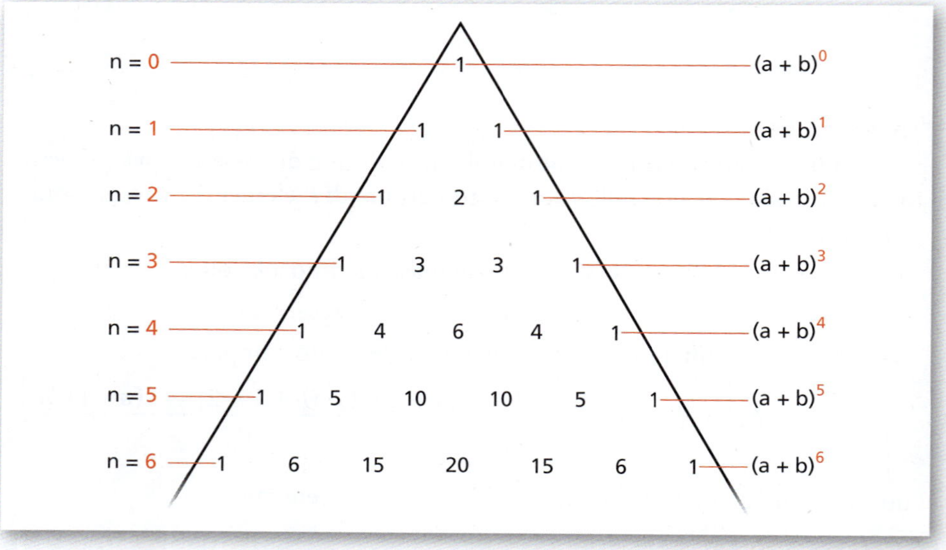

I lati obliqui del triangolo sono formati da tanti 1, mentre ogni coefficiente interno è la somma dei due coefficienti della riga precedente che sono alla sua destra e alla sua sinistra.

Per esempio:

$n = 3 \quad 1 \quad 3 \quad 3 \quad 1$

$n = 4 \quad 1 \quad 4 \quad 6 \quad 4 \quad 1$

e continuando così si costruiscono tutte le righe successive del triangolo.

La potenza con esponente n ha il seguente sviluppo:

coefficienti dell'n-esima riga

$$(A+B)^n = (\ldots)A^nB^0 + (\ldots)A^{n-1}B^1 + \ldots + (\ldots)A^0B^n.$$

la somma degli esponenti è sempre n

Per esempio:

$$(A+B)^4 = 1A^4B^0 + 4A^3B^1 + 6A^2B^2 + 4AB^3 + B^4.$$

La costruzione del triangolo è scomoda al crescere di n perché occorre costruire tutte le righe precedenti alla riga n-esima.

Ordiniamo le righe utilizzando i valori di n: nella figura, la riga più in alto è la riga zero, quella più in basso è la sesta riga.
In ogni riga indichiamo con k la posizione di un numero, dove il primo 1 a sinistra corrisponde a $k = 0$. Con queste convenzioni, se osserviamo i numeri che compongono il triangolo di Tartaglia, ci accorgiamo per esempio che la posizione $k = 3$ della sesta riga è occupata dal numero 20, che corrisponde al coefficiente binomiale:

riga 6

$$\binom{6}{3} = \frac{6!}{3! \cdot 3!} = 20.$$

posizione 3

In generale la k-esima posizione dell'n-esima riga è occupata dal numero che corrisponde al coefficiente binomiale $\binom{n}{k}$.

Per lo sviluppo di $(A+B)^n$ possiamo perciò anche utilizzare i coefficienti binomiali ottenendo la **formula del binomio di Newton**:

$$(A+B)^n = \binom{n}{0}A^nB^0 + \binom{n}{1}A^{n-1}B^1 + \ldots + \binom{n}{n-1}A^1B^{n-1} + \binom{n}{n}A^0B^n.$$

Listen to it

The **binomial expansion**, proposed by Newton, is the formula which describes the expansion of **powers** of a **binomial**.

ESEMPIO

$(a+b)^6 =$

$$\binom{6}{0}a^6 + \binom{6}{1}a^5b + \binom{6}{2}a^4b^2 + \binom{6}{3}a^3b^3 + \binom{6}{4}a^2b^4 + \binom{6}{5}ab^5 + \binom{6}{6}b^6 =$$

$$a^6 + 6a^5b + 15a^4b^2 + 20a^3b^3 + 15a^2b^4 + 6ab^5 + b^6.$$

▶ Qual è il coefficiente di a^8b^2 nello sviluppo di $(a+b)^{10}$? [45]

Ricordando che $\sum_{k=0}^{n}$ significa «la somma dei termini che otteniamo quando k varia da 0 a n», possiamo riscrivere in modo sintetico la formula:

$$(A+B)^n = \sum_{k=0}^{n} \binom{n}{k} A^{n-k}B^k.$$

$\binom{n}{k}$ è chiamato coefficiente binomiale proprio perché si trova nella formula del binomio di Newton.
In particolare, se $A = 1$ e $B = 1$, dalla formula del binomio otteniamo

$$(1+1)^n = 2^n = \sum_{k=0}^{n} \binom{n}{k} \cdot 1 \cdot 1 = \binom{n}{0} + \binom{n}{1} + \ldots + \binom{n}{n},$$

cioè:

$$\boldsymbol{\binom{n}{0} + \binom{n}{1} + \ldots + \binom{n}{n} = 2^n}.$$

Ciò dimostra che la somma dei termini sull'n-esima riga del triangolo di Tartaglia è 2^n.

La caratteristica del triangolo di Tartaglia, per cui ogni coefficiente è la somma dei due coefficienti della riga precedente a destra e sinistra, è una proprietà dei coefficienti binomiali espressa dalla **formula di Stifel**:

$$\binom{n}{k} = \binom{n-1}{k-1} + \binom{n-1}{k}.$$

► Applica la proprietà di Stifel a $\binom{5}{3}$ e verifica il risultato ottenuto.

ESEMPIO

$\binom{4}{2} = \binom{3}{1} + \binom{3}{2}$. Infatti, $\frac{4 \cdot 3}{2} = 3 + \frac{3 \cdot 2}{2}$.

MATEMATICA INTORNO A NOI

Sempre in giro Ogni giorno i rappresentanti commerciali viaggiano di casa in casa e di città in città per presentare i loro prodotti.

► Come fanno a sapere qual è il percorso più breve per raggiungere i loro clienti?

La risposta

IN SINTESI
Calcolo combinatorio

Raggruppamenti

Dati gli insiemi A con n elementi, B con m elementi, C con k elementi, … con $n, m, k, \in \mathbb{N} - \{0\}$, …, il numero dei raggruppamenti che si possono formare prendendo il primo elemento in A, il secondo in B, il terzo in C, … è: $\boldsymbol{n \cdot m \cdot k \cdot \ldots}$

Disposizioni

- **Disposizioni semplici di n elementi distinti di classe k (con $n, k \in \mathbb{N} - \{0\}$ e $k \leq n$)**: sono tutti i gruppi che si possono formare con k elementi, presi fra gli n, tali che ogni gruppo è diverso dagli altri per gli elementi contenuti o per il loro ordine. $\boldsymbol{D_{n,k} = n \cdot (n-1) \cdot (n-2) \cdot \ldots \cdot (n-k+1) = \frac{n!}{(n-k)!}}$.

  ESEMPIO: Modi di accostare 7 palline di colore diverso in gruppi da 4:

  $D_{7,4} = 7 \cdot 6 \cdot 5 \cdot 4 = 840.$

- **Disposizioni con ripetizione di n elementi distinti di classe k (con $n, k \in \mathbb{N} - \{0\}$)**: sono tutti i gruppi che si possono formare con k elementi, anche ripetuti, presi fra gli n, tali che ogni gruppo è diverso dagli altri per gli elementi contenuti o per il loro ordine. $\boldsymbol{D'_{n,k} = n^k}$.

  ESEMPIO: Colonne del totocalcio compilabili con i simboli 1, 2, X:

  $D'_{3,14} = 3^{14} = 4\,782\,969.$

Permutazioni

- **Permutazioni semplici di n elementi distinti**: sono tutti i gruppi formati dagli n elementi che differiscono per il loro ordine. $\boldsymbol{P_n = n \cdot (n-1) \cdot \ldots \cdot 2 \cdot 1 = n!}$.

  ESEMPIO: In quanti modi si possono disporre 6 persone in fila? $P_6 = 6! = 720$.

- **Funzione fattoriale**
  Nei numeri naturali si definisce:

  $$n! = \begin{cases} n \cdot (n-1) \cdot (n-2) \cdot \ldots \cdot 2 \cdot 1 & \text{se } n \geq 2 \\ 1 & \text{se } n = 0 \text{ o } n = 1. \end{cases}$$

  Proprietà: $n! = n \cdot (n-1)!$.

- **Permutazioni di n elementi di cui $h, k, \ldots$ ripetuti**: sono i gruppi formati dagli n elementi che differiscono per l'ordine degli elementi distinti e il posto occupato dagli elementi ripetuti.

  $$\boldsymbol{P_n^{(h,k,\ldots)} = \frac{n!}{h! \cdot k! \cdot \ldots}}.$$

  ESEMPIO: In quanti modi, lanciando una moneta per 6 volte, possono uscire 2 teste e 4 croci?

  $$P_6^{(2,\,4)} = \frac{6!}{2! \cdot 4!} = \frac{720}{2 \cdot 24} = 15.$$

Combinazioni

- **Combinazioni semplici di n elementi distinti di classe k (con $0 < k \leq n$)**: sono tutti i gruppi che si possono formare con k elementi, presi fra gli n, e tali che ogni gruppo è diverso dagli altri per almeno un elemento contenuto.

$$C_{n,k} = \frac{D_{n,k}}{P_k} = \frac{n \cdot (n-1) \cdot (n-2) \cdot \ldots \cdot (n-k+1)}{k!} = \binom{n}{k} = \frac{n!}{k!(n-k)!}, \text{ con } k \leq n.$$

ESEMPIO: In quanti modi possiamo scegliere 3 aperitivi, da offrire a una festa, fra 7 a disposizione?

$$C_{7,3} = \binom{7}{3} = \frac{7 \cdot 6 \cdot 5}{3!} = 35.$$

- **Coefficienti binomiali**
Si definisce **coefficiente binomiale**:

$$\binom{n}{k} = \frac{n!}{k!(n-k)!}, \text{ con } n \text{ e } k \text{ numeri naturali, } 0 \leq k \leq n.$$

In particolare: $\binom{n}{n} = 1$, $\binom{n}{0} = 1$, $\binom{0}{0} = 1$.

- **Legge delle classi complementari**

$$\binom{n}{k} = \binom{n}{n-k}$$ **ESEMPIO:** $\binom{9}{7} = \binom{9}{2}$

- **Formula di ricorrenza**

$$\binom{n}{k+1} = \binom{n}{k} \cdot \frac{n-k}{k+1}$$ **ESEMPIO:** Sapendo che $\binom{12}{5} = 792$, calcoliamo $\binom{12}{6} = 792 \cdot \frac{12-5}{5+1} = 924$.

- **Combinazioni con ripetizione di n elementi distinti di classe k**: sono tutti i gruppi che si possono formare con k elementi, presi fra gli n; ogni elemento di un gruppo può essere ripetuto fino a k volte, non interessa l'ordine in cui gli elementi si presentano, e in ciascun gruppo è diverso il numero delle volte in cui un elemento compare.

$$C'_{n,k} = C_{n+k-1,k} = \binom{n+k-1}{k} = \frac{(n+k-1) \cdot (n+k-2) \cdot \ldots \cdot (n+1) \cdot n}{k!}.$$

ESEMPIO: In quanti modi diversi possiamo distribuire 3 penne in 4 scatole?

$$C'_{4,3} = C_{4+3-1,3} = C_{6,3} = \binom{6}{3} = \frac{6 \cdot 5 \cdot 4}{3!} = 20.$$

Binomio di Newton

- $(A+B)^n = \binom{n}{0}A^nB^0 + \binom{n}{1}A^{n-1}B^1 + \ldots + \binom{n}{n}A^0B^n = \sum_{k=0}^{n}\binom{n}{k}A^{n-k}B^k$

ESEMPIO: $(x-1)^4 = \binom{4}{0}x^4 + \binom{4}{1}x^3(-1) + \binom{4}{2}x^2(-1)^2 + \binom{4}{3}x(-1)^3 + \binom{4}{4}(-1)^4 = x^4 - 4x^3 + 6x^2 - 4x + 1$

- **Formula di Stifel**

$$\binom{n}{k} = \binom{n-1}{k-1} + \binom{n-1}{k}$$ **ESEMPIO:** $\binom{5}{3} = \binom{4}{2} + \binom{4}{3}$

CAPITOLO 26
ESERCIZI

1 Che cos'è il calcolo combinatorio

Teoria a p. 1374

Raggruppamenti

1 **ESERCIZIO GUIDA** Una mensa aziendale offre ai suoi dipendenti ogni giorno la possibilità di scegliere fra due primi, tre secondi e due dessert. Quanti sono i tipi di pasto che si possono costruire con i piatti offerti? Forniamo una rappresentazione della soluzione con un diagramma ad albero.

Abbiamo nell'ordine le seguenti possibilità:

2 primi piatti,

3 secondi piatti,

2 dessert.

In totale abbiamo $2 \cdot 3 \cdot 2 = 12$ possibilità.
Il diagramma ad albero corrispondente è quello a fianco.

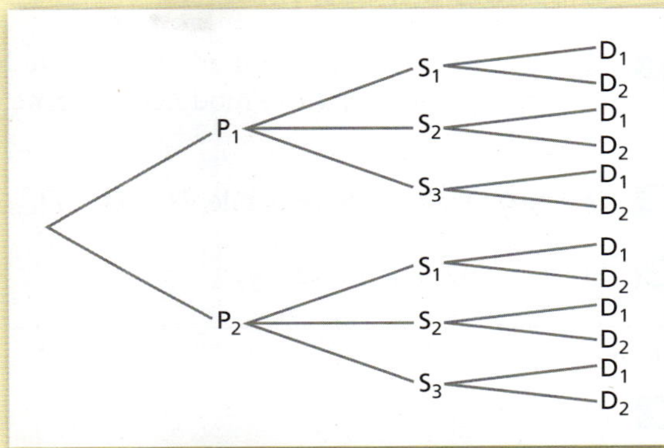

2 Abbiamo cinque palline nere numerate da 1 a 5 e tre bianche numerate da 1 a 3. Quante coppie di palline possiamo ottenere con una pallina nera e una bianca? Fornisci una rappresentazione della soluzione con un diagramma ad albero. [15]

3 Prese le palline dell'esercizio precedente, quante coppie di palline una nera e una bianca, entrambe dispari, possiamo formare? Fornisci una rappresentazione della soluzione con un diagramma ad albero. [6]

4 **LEGGI IL GRAFICO** Osserva il seguente diagramma ad albero.

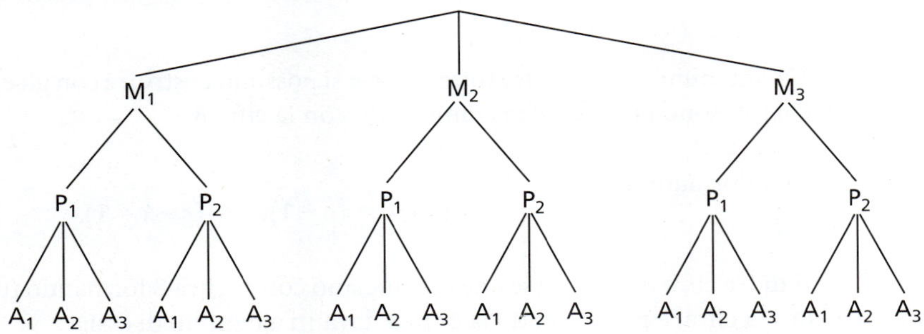

Scrivi gli insiemi con i quali formare i raggruppamenti e quanti sono i raggruppamenti possibili.

5 In una scuola di ballo sono iscritte dodici donne e sette uomini. Quante sono le possibili coppie che si possono formare? [84]

6 In una classe vi sono otto ragazze e undici ragazzi. Quante sono le coppie formate da una ragazza e un ragazzo che si possono formare? [88]

7 In tre classi quinte di una scuola ci sono rispettivamente 22, 18 e 23 alunni. Occorre mandare una rappresentanza formata da un alunno di ciascuna quinta. Quante sono le terne di studenti che è possibile formare? [9108]

8 Calcola quante sigle di tre elementi si possono formare ponendo al primo posto una delle cinque vocali, al secondo posto una delle sedici consonanti e al terzo posto una delle dieci cifre. [800]

9 Calcola quante sigle di tre elementi si possono formare ponendo al primo posto una delle cinque vocali, al secondo posto una delle sedici consonanti e al terzo posto ancora una consonante non necessariamente diversa da quella precedentemente collocata al secondo posto. [1280]

2 Disposizioni

Disposizioni semplici

▶ Teoria a p. 1375

10 Costruisci con i diagrammi ad albero tutte le terne che si possono formare con gli elementi non ripetuti dell'insieme $\{a, b, c, d\}$, in modo che le terne differiscano o per almeno un elemento o per l'ordine. Quante sono? [24]

11 AL VOLO Calcola, se possibile, $D_{1,1}$, $D_{4,1}$, $D_{4,4}$, $D_{4,0}$, $D_{4,2}$.

12 Se $D_{n,2} = 42$, quanto vale n? [7]

Calcola.

13 $D_{11,4}$; $D_{6,2}$; $D_{10,5}$.

14 $D_{x-1,2}$; $D_{x+1,3}$; $D_{x,3}$.

15 $2 - \dfrac{D_{7,3}}{D_{7,2}} + \dfrac{D_{5,2}}{D_{5,1}}$ [1]

16 $\dfrac{D_{8,4} - D_{7,3}}{7 \cdot D_{7,2}}$ [5]

17 $\dfrac{D_{6,3}}{D_{5,4}} : \dfrac{D_{5,2}}{D_{6,4}} - \dfrac{D_{11,3}}{D_{10,2}}$ [7]

18 $\dfrac{D_{8,3} - D_{4,2}}{D_{9,3}}$ $\left[\dfrac{9}{14}\right]$

19 TEST Un codice di accesso a un sistema di sicurezza è formato da 6 cifre tutte diverse ed è escluso lo zero. Il numero totale dei possibili codici è:

A 15 120. B 120 960. C 151 200. D 60 480. E 50 400.

20 ESERCIZIO GUIDA Quanti numeri di tre cifre tutte diverse si possono costruire con gli elementi dell'insieme $A = \{4, 5, 6, 7, 8\}$? Quanti sono i numeri che cominciano con la cifra 8?

I gruppi che si possono formare sono:

$D_{5,3} = 5 \cdot 4 \cdot 3 = 60.$

$D_{n,k} = n \cdot (n-1) \cdot \ldots \cdot (n-k+1)$, con $1 \leq k \leq n$

Otteniamo i numeri di tre cifre tutte diverse che cominciano con la cifra 8 formando tutti i gruppi di classe 2 senza utilizzare questa cifra, e poi ponendo la cifra 8 davanti a ognuno di essi:

$D_{4,2} = 4 \cdot 3 = 12.$

Oppure applichiamo il «metodo delle possibilità», tenendo conto che al primo posto abbiamo una sola possibilità data dalla cifra 8: $1 \cdot 4 \cdot 3 = 12$.

21 Calcola quanti numeri di quattro cifre diverse si possono formare con le nove cifre dell'insieme $A = \{1, 2, 3, 4, 5, 6, 7, 8, 9\}$. [3024]

22 Quante parole, anche prive di significato, si possono formare con tre lettere diverse scelte fra le seguenti?

a e c d n [60]

23 Un'azienda deve assumere tre diplomati da collocare in tre diversi uffici: amministrazione, contabilità, commerciale. Ha a disposizione venti curriculum di persone aventi i requisiti necessari. In quanti modi può essere fatta la scelta? [6840]

24 REALTÀ E MODELLI **Più persone che sedie** In quanti modi diversi cinque persone, su un gruppo di otto, possono sedersi sulle cinque sedie in figura? [6720]

25 Calcola quante sigle di cinque elementi, tutti diversi, si possono formare con le ventuno lettere dell'alfabeto italiano e le dieci cifre decimali, sapendo che i primi tre posti devono essere occupati dalle lettere e gli ultimi due dalle cifre. [718 200]

26 Avendo a disposizione sei atleti per la gara di staffetta 4×100, in quanti modi possiamo stabilire la successione ordinata degli atleti che correranno durante la gara? [360]

27 Una polisportiva ha organizzato una lotteria benefica con cinque premi diversi in valore. Ha venduto ottanta biglietti. In quanti modi si possono avere i vincitori? [2 884 801 920]

28 A un torneo di calcio partecipano sedici squadre. Quante partite si devono effettuare fra girone di andata e di ritorno, sapendo che tutte le squadre si devono incontrare? [240]

29 Quanti numeri di cinque cifre diverse si possono formare con le dieci cifre decimali? [27 216]

30 Calcola quante parole, anche prive di significato, si possono scrivere con quattro lettere diverse dell'insieme $A = \{a, e, i, o, m, r, t\}$, in modo che le parole comincino tutte con *me*. [20]

31 REALTÀ E MODELLI **Titolari in campo** Un allenatore di calcio ha a disposizione quattro attaccanti, sei centrocampisti e cinque difensori. Ha scelto di giocare con il modulo 4-3-3, che prevede quattro difensori, tre centrocampisti e tre attaccanti, ma non ha ancora scelto i giocatori titolari. Quante formazioni potrebbe schierare, sapendo che ha a disposizione anche tre portieri? [1 036 800]

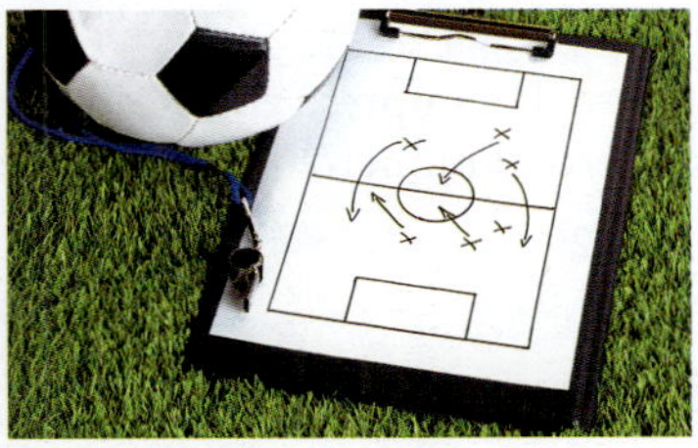

Equazioni con le disposizioni

32 ESERCIZIO GUIDA Risolviamo l'equazione $3 \cdot D_{x,2} = 2 \cdot D_{x+1,2}$.

x deve essere un numero naturale e:

$$\begin{cases} x \geq 2 \\ x+1 \geq 2 \end{cases} \rightarrow x \geq 2. \qquad \text{condizione di esistenza}$$

$$\underbrace{3x(x-1)}_{D_{x,2}} = 2\underbrace{(x+1)x}_{D_{x+1,2}} \qquad \text{svolgiamo i calcoli}$$

$$x[3(x-1) - 2(x+1)] = 0 \rightarrow x(x-5) = 0 \rightarrow x = 0 \vee x = 5$$

Tenuto conto della condizione iniziale ($x \geq 2$), l'equazione ha per soluzione $x = 5$.

Risolvi le seguenti equazioni.

33 $D_{x,3} - x^3 = D_{x,2} - 1$ [$\nexists x \in \mathbb{N}$]

34 $2 \cdot D_{x-1,3} - D_{x+1,3} = 2 \cdot D_{x,2}$ [12]

35 $6 \cdot D_{x,2} + D_{x-1,3} = 2 \cdot D_{x,3}$ [6]

36 $x^3 - 2x \cdot D_{x-1,2} = 2(24 - x) - D_{x,3}$ [4]

ESERCIZI

37 Sul tavolo ci sono alcune carte coperte. Se il numero di modi in cui se ne possono scoprire tre una dopo l'altra è uguale alla metà del numero di modi in cui se ne possono scoprire tre una dopo l'altra dopo aver aggiunto sul tavolo un'altra carta coperta, quante sono all'inizio le carte sul tavolo? [5]

38 REALTÀ E MODELLI **Colorare il mondo** Un bambino vuole colorare i cinque continenti di un planisfero, ognuno con un colore diverso, e per fare questo ha a disposizione 10 colori.

a. In quanti modi può colorare i continenti?

b. Se pittura subito l'Europa di verde, in quanti modi può poi colorare gli altri continenti? Qual è la relazione con il caso precedente?

c. Quanti colori basterebbe avere per poter colorare Asia e Africa in più di dieci modi diversi?

[a) 30 240; b) 3024; c) 4]

Disposizioni con ripetizione

▶ Teoria a p. 1377

Calcola.

39 AL VOLO $D'_{3,1}$, $D'_{2,6}$, $D'_{5,2}$, $D'_{10,3}$.

40 $D'_{6,2} - D_{6,2} + D'_{7,2}$ [55]

41 $12\left(D'_{3,3} - \frac{1}{4}D'_{4,3}\right) : D_{3,2}$ [22]

42 TEST Un'impresa codifica le proprie merci utilizzando tre cifre diverse da 0, non necessariamente diverse tra loro. Il numero di merci che è possibile codificare è:

A 729. B 6561. C 1000. D 720. E 504.

43 ESERCIZIO GUIDA Si lanciano due dadi, uno dopo l'altro. Quanti sono i casi possibili? Quanti sono i casi in cui entrambe le facce presentano numeri pari?

Rispondiamo alla prima domanda. Ogni dado ha 6 numeri e in un lancio lo stesso numero si può presentare in entrambi i dadi. Abbiamo quindi delle disposizioni con ripetizione. Tutti i casi che si possono presentare sono:

$$D'_{6,2} = 6^2 = 36. \qquad D'_{n,k} = n^k$$

Per la seconda domanda, abbiamo $n = 3$ e $k = 2$. I casi in cui le due facce sono entrambe pari sono:

$$D'_{3,2} = 3^2 = 9.$$

44 Indica quanti numeri di tre cifre, anche ripetute, si possono formare con gli elementi del seguente insieme.

$A = \{3, 5, 6, 7, 8\}$ [125]

45 In un'urna ci sono dieci palline numerate da 1 a 10. Per tre volte si estrae una pallina, rimettendola ogni volta dentro l'urna. Calcola le possibili terne ordinate che si possono ottenere. [1000]

46 Quanti codici a cinque cifre si possono formare con le cifre decimali da 1 a 9? [59 049]

47 Trova quanti codici a cinque cifre si possono formare con le cifre decimali da 0 a 9, sapendo che la prima cifra non può essere 0. [90 000]

48 Indica quanti numeri di tre cifre, anche ripetute, si possono formare con gli elementi del seguente insieme.

$A = \{0, 3, 5, 6, 7, 8\}$ [180]

49 Determina quante sigle di quattro elementi si possono formare con le 21 lettere dell'alfabeto italiano e le cifre decimali da 1 a 9, sapendo che i primi due posti devono essere occupati dalle lettere e gli ultimi due dalle cifre. [35 721]

50 Quanti numeri pari di 3 cifre si possono scrivere utilizzando le cifre dell'insieme $A = \{1, 2, 3, 5, 7\}$? [25]

51 Calcola quante sigle di cinque elementi che cominciano con la lettera A si possono formare con le ventuno lettere dell'alfabeto italiano e le dieci cifre decimali, sapendo che i primi tre posti devono essere occupati dalle lettere e gli ultimi due dalle cifre. [44 100]

52 REALTÀ E MODELLI **Playlist** Si memorizzano 12 canzoni su un dispositivo. Se ne vogliono ascoltare tre, scegliendone a caso una alla volta. Quante sono le possibili terne di canzoni? Quante sono le terne sfortunate, cioè quelle in cui almeno una canzone si ripete? [1728; 408]

53 Quanti numeri dispari di 3 cifre si possono scrivere utilizzando le cifre dell'insieme $B = \{1, 2, 3, 4, 5, 7\}$? [144]

54 In un'urna abbiamo dieci palline numerate da 1 a 10. Calcola quante terne ordinate si possono ottenere, estraendo una pallina per tre volte consecutive e rimettendola ogni volta nell'urna dopo l'estrazione, tali che il primo numero sia divisibile per tre. [300]

55 REALTÀ E MODELLI **Sigle aeree** Le compagnie aeree sono identificate da una sigla formata da due lettere, anche uguali, oppure da una lettera e una cifra. Le lettere sono scelte tra le 26 dell'alfabeto inglese e la cifra, da 1 a 9, può essere messa in prima o in seconda posizione (es. AC, WW, L6, 2P). Gli aeroporti sono invece identificati da codici di tre lettere dell'alfabeto inglese di cui al massimo due si possono ripetere.

a. Attualmente le sigle delle compagnie aeree sono 856. Quante sigle sono ancora disponibili per nuove compagnie?

b. Calcola in quanti modi si può associare una sigla di una compagnia a un codice di un aeroporto (considera le sigle e i codici possibili, non quelli effettivamente esistenti). [a) 288; b) 20 077 200]

Equazioni con le disposizioni con ripetizione

Risolvi le seguenti equazioni.

56 $D'_{x,3} = D_{x+1,3} + 4 - x$ [2]

57 $D'_{x+1,2} = 2D_{x,2} - 2(x^2 - 3)$ [$\nexists x \in \mathbb{N}$]

58 $D_{x,3} = D'_{x,3} - 19x$ [7]

59 $\dfrac{D'_{x,2} + 8x}{D_{x,2}} = 4$ [4]

60 REALTÀ E MODELLI **Chiudere con le lettere** Lucia ha pensato a una combinazione per il lucchetto della sua bici, che è come quello in figura. In questi tipi di lucchetto non vengono usate tutte le lettere dell'alfabeto, ma solo alcune. Quante sono le lettere se le possibili terne che ammettono le ripetizioni sono 40 in più rispetto alle possibili terne senza ripetizioni? [4]

ESERCIZI

3 Permutazioni

Permutazioni semplici

▶ Teoria a p. 1379

Calcola le seguenti espressioni.

AL VOLO

61 P_5; P_2; $5P_4$.

62 $\frac{P_3}{P_2}$; $P_4 - 4P_3$.

63 $\frac{P_6 - P_5}{5P_4}$ [5]

64 $6\frac{P_6}{6!} + 2P_3 - P_2$ [16]

65 ESERCIZIO GUIDA Calcoliamo in quanti modi si possono mettere in fila tre bambini e quattro bambine, prima nel caso in cui non importi l'ordine col quale si dispongono maschi e femmine, e poi nel caso in cui prima vi siano tutte le femmine e poi tutti i maschi.

Se non importa l'ordine, non c'è distinzione fra bambini e bambine: dobbiamo considerare le permutazioni di 7 elementi:

$P_7 = 7! = 5040.$

$P_n = n! = n \cdot (n-1) \cdot (n-2) \cdot \ldots \cdot 1$

Nel caso in cui il gruppo delle femmine preceda quello dei maschi dobbiamo considerare che a ogni permutazione semplice del primo gruppo si associa una permutazione semplice del secondo gruppo. Il numero delle possibilità è:

$P_4 \cdot P_3 = 4! \cdot 3! = 24 \cdot 6 = 144.$

66 A una gara partecipano otto concorrenti. In quanti modi può presentarsi la classifica finale? [40 320]

67 In quanti modi si possono distribuire nove premi a nove bambini? [362 880]

68 Quanti numeri di dieci cifre diverse si possono scrivere con le dieci cifre decimali? [3 265 920]

69 Calcola quante sigle, di sette elementi tutti diversi, si possono scrivere con le cifre dell'insieme $A = \{1, 2, 3\}$ e le lettere dell'insieme $B = \{a, b, c, d\}$, sapendo che le cifre precedono le lettere. [144]

70 Calcola in quanti modi si possono sistemare in fila cinque bambine e quattro bambini se tutte le bambine vogliono stare vicine tra loro e lo stesso vale per tutti i bambini. [5760]

71 REALTÀ E MODELLI **Facile!** Il numero di telefono di Gianni è 0538 691742. La sua amica Anna nota che il numero di telefono è formato da tutte e sole le dieci cifre, quindi pensa che sia facile da ricordare. Dopo qualche tempo Anna vuole chiamare Gianni. Sa che Gianni vive a Villa Bò, quindi risale al prefisso 0538 dopo una ricerca sul Web, ma non riesce assolutamente a ricordare il resto del numero. Quanti tentativi, al massimo, dovrà fare Anna per riuscire a telefonare? [720]

72 Calcola quanti anagrammi, anche senza significato, si possono fare con le parole:

MONTE, STORIA e RESIDUO. [120; 720; 5040]

73 YOU & MATHS In how many ways can five keys be placed on a circular key ring?

A 12 B 24 C 5 D 18 E None of these.

(USA *Marywood University Mathematics Contest*)

74 ●● A un congresso nove persone devono sedere intorno a un tavolo rotondo. Calcola in quanti modi le persone possono prendere posto. Se le stesse persone attendono in fila davanti all'ingresso della sala, in quanti modi si possono disporre? [40 320; 362 880]

Funzione fattoriale

▶ Teoria a p. 1380

VERO O FALSO?

75 ●○

a. $10! = 10 \cdot 9 \cdot 8!$ V F

b. $\frac{10!}{5!} = 2!$ V F

c. $\frac{7!}{7} = 6!$ V F

d. $\frac{6!}{2!3!} = 1$ V F

e. $\frac{290!}{289!} = 290$ V F

76 ●○

a. $9! - 8! = 1!$ V F

b. $8! - 7! = 7 \cdot 7!$ V F

c. $\frac{9!}{9} - 8! = 1$ V F

d. $4 \cdot 4! + 4! = 5!$ V F

e. $10! = 5!2!$ V F

Identità con *n*!

77 ●○ RIFLETTI SULLA TEORIA Spiega perché $n!$ è un numero sempre positivo al variare di n in $\mathbb{N}$.

78 ESERCIZIO GUIDA Verifichiamo l'identità $2n! + (n+1)! = (n+3) \cdot n!$.

Primo membro: utilizzando la relazione $n! = n \cdot (n-1)!$ e raccogliendo poi $n!$, otteniamo

$$2n! + (n+1)! = 2n! + (n+1) \cdot n! = (2+n+1) \cdot n! = (n+3) \cdot n!.$$

Essendo il primo membro uguale al secondo, l'identità è verificata.

Verifica le seguenti identità.

79 ●○ $n \cdot n! - (n+1)! = -n!$

80 ●○ $(n+1)^2 \cdot n! + (n+1)! = (n+2)!$

81 ●○ $\frac{n!}{(n-2)!} = n \cdot (n-1)$

82 ●● $n! + (n+1)! + (n+2)! = n! \cdot (n+2)^2$

Equazioni e disequazioni con *n*!

83 ESERCIZIO GUIDA Risolviamo l'equazione $10(x-1)! = 5x!$.

$x - 1 \geq 0 \quad \rightarrow \quad x \geq 1, \;$ con $x \in \mathbb{N}$. condizione di esistenza

$10(x-1)! = 5x!$) poiché $n! = n \cdot (n-1)!$

$10(x-1)! = 5x(x-1)! \quad \rightarrow \quad 10(x-1)! - 5x(x-1)! = 0$) raccogliamo $(x-1)!$

$(x-1)! \cdot (10-5x) = 0$) poiché $(x-1)! \neq 0$

$10 - 5x = 0 \quad \rightarrow \quad x = 2$

La soluzione è accettabile perché verifica la condizione di esistenza iniziale.

Risolvi le seguenti equazioni.

84 ●○ $2(x+1)! = 4x!$ [1]

85 ●○ $x! = 6(x-2)!$ [3]

86 ●○ $x! + 7(x-2)! = 0$ [$\nexists x \in \mathbb{N}$]

87 ●○ $(x+1)! - x! = 2x!$ [2]

ESERCIZI

Risolvi le seguenti disequazioni.

88 $2(x+1)! > x!$ $[\forall x \in \mathbb{N}]$

89 $\frac{1}{2}x! > (x-1)!$ $[x \in \mathbb{N}, x > 2]$

90 $(x+1)! + 5x! < 3x!$ $[\nexists x \in \mathbb{N}]$

91 $x! \leq 6(x-2)!$ $[x = 2, x = 3]$

92 $(x-1)! \geq 20(x-3)!$ $[x \in \mathbb{N}, x \geq 6]$

93 $\frac{x!}{(x-2)!} > \frac{x!}{(x-1)!}$ $[x \in \mathbb{N}, x > 2]$

Identità con le permutazioni semplici

94 ESERCIZIO GUIDA Verifichiamo l'identità $P_n = n \cdot D_{n-1,n-2}$, con $n \geq 3$.

$D_{n,k} = \frac{n!}{(n-k)!}$

Primo membro: $P_n = n!$.

Secondo membro: $n \cdot D_{n-1,n-2} = n \cdot \frac{(n-1)!}{(\not{n} - 1 - \not{n} + 2)!} = \frac{n(n-1)!}{1!} = n!$.

Entrambi i membri sono uguali a $n!$, quindi l'identità è verificata.

Verifica le seguenti identità.

95 $D_{n+1,3} = P_{n+1} : P_{n-2}$

96 $P_n + P_{n-1} + P_{n-2} = n^2 \cdot P_{n-2}$

97 $n \cdot P_n = P_{n+1} - P_n$

98 $P_n = D_{n,k} \cdot P_{n-k}$

Equazioni con le permutazioni semplici

99 ESERCIZIO GUIDA Risolviamo l'equazione $P_{x+1} = 6 \cdot P_{x-1}$.

$P_n = n!$

Riscriviamo l'equazione di partenza usando i fattoriali: $(x+1)! = 6 \cdot (x-1)!$.

$x - 1 \geq 0 \rightarrow x \geq 1$, con $x \in \mathbb{N}$. — condizione di esistenza

Risolviamo l'equazione.

$(x+1)! = 6 \cdot (x-1)! \rightarrow (x+1)\,x(x-1)! = 6 \cdot (x-1)! \rightarrow$ — trasportiamo tutto al primo membro

$x(x+1)(x-1)! - 6 \cdot (x-1)! = 0$ — raccogliamo a fattor comune

$(x-1)! \cdot [x(x+1) - 6] = 0 \rightarrow (x-1)! \cdot (x^2 + x - 6) = 0$ — per la legge di annullamento del prodotto

$(x-1)! = 0 \rightarrow$ impossibile;

$x^2 + x - 6 = 0 \rightarrow x = -3 \vee x = 2$.

$x = -3$ non è accettabile perché -3 non è un numero naturale, quindi solo $x = 2$ è accettabile, poiché verifica la condizione di esistenza iniziale.

Risolvi le seguenti equazioni.

100 $P_x = 30 \cdot P_{x-2}$ [6]

101 $P_x - 20 \cdot P_{x-2} = 0$ [5]

102 $P_{x+1} - P_x = 0$ $[\nexists x \in \mathbb{N}]$

103 $P_{x-1} = 6 \cdot P_{x-3}$ [4]

$n!$ e le disposizioni

104 ESERCIZIO GUIDA Verifichiamo l'identità $(n-k) \cdot D_{n,k} = D_{n,k+1}$, con $k < n$.

Applichiamo la formula delle disposizioni.

$D_{n,k} = \frac{n!}{(n-k)!}$

Primo membro:

$$(n-k) \cdot D_{n,k} = (n-k) \cdot \frac{n!}{(n-k)!} = (n-k) \cdot \frac{n!}{(n-k)(n-k-1)!} = \frac{n!}{(n-k-1)!}.$$

Secondo membro:

$$D_{n,k+1} = \frac{n!}{[n-(k+1)]!} = \frac{n!}{(n-k-1)!}.$$

Poiché i due membri sono uguali, l'uguaglianza è un'identità.

Verifica le seguenti identità.

105 $n \cdot D_{n-1,k} = (n-k) \cdot D_{n,k}$

106 $(n-k) \cdot D_{n,k-1} = D_{n,k} - D_{n,k-1}$

107 $D_{n+1,k} - D_{n,k} = k \cdot D_{n,k-1}$

108 $\frac{D_{n+1,k} - D_{n,k-1}}{n^2} = D_{n-1,k-2}$

109 Verifica se $D_{n+1,3} - 3D_{n,2} = D_{n,3}$.

Permutazioni con ripetizione

▶ Teoria a p. 1382

110 ESERCIZIO GUIDA Abbiamo dieci palline di cui cinque nere, tre rosse, due gialle. Calcoliamo:

a. in quanti modi si possono disporre in fila;
b. quante sono le sequenze nelle quali le palline gialle occupano i primi due posti;
c. in quanti modi si possono disporre in maniera che le palline di uno stesso colore siano tutte vicine.

$P_n^{(h,k,\dots)} = \frac{n!}{h! \cdot k! \dots}$

a. Sono le permutazioni di 10 oggetti con 5, 3 e 2 oggetti ripetuti:

$$P_{10}^{(5,3,2)} = \frac{10!}{5! \cdot 3! \cdot 2!} = \frac{3\,628\,800}{120 \cdot 6 \cdot 2} = 2520.$$

b. Sono tutte le permutazioni di 8 oggetti con 5 e 3 oggetti ripetuti, che si accodano alle due palline gialle che occupano i primi due posti:

$$P_8^{(5,3)} = \frac{8!}{5! \cdot 3!} = \frac{40\,320}{120 \cdot 6} = 56.$$

c. Sono tutte le permutazioni semplici che possiamo fare con i gruppi dei tre colori:

$$P_3 = 3! = 6.$$

111 Calcola quanti anagrammi, anche senza significato, si possono fare con le parole:
MENTE, STESSA e TRATTATIVA. [60; 120; 25 200]

112 Una moneta viene lanciata otto volte. In quanti modi si può presentare una sequenza che contiene sei teste e due croci? [28]

113 In uno spettacolo, sul palcoscenico si devono disporre in fila sei ballerine e quattro ballerini. In quanti modi si possono disporre gli artisti, dovendo solo distinguere le posizioni di maschi e femmine? [210]

ESERCIZI

114 YOU & MATHS What is the number of different 7-digit numbers that can be made by rearranging the digits of 3053354? (Note that this includes the given number, and that the first digit of a number is never 0.)

(USA *Lehigh University: High School Math Contest*)

[360]

115 REALTÀ E MODELLI **Scalata alpina** A una cordata partecipano otto alpinisti, di cui cinque sono uomini e tre sono donne. In quanti modi si possono disporre gli alpinisti, dovendo solo distinguere le posizioni di maschi e femmine e sapendo che il capo della cordata è un uomo? [35]

116 Quanti anagrammi, anche senza significato, si possono formare con le lettere di CARTELLA? Quanti di essi iniziano e finiscono per A? Quanti iniziano per CE? [10 080; 360; 180]

117 Quanti sono gli anagrammi, anche privi di significato, di CIOCCOLATA? Quanti finiscono per ATA? Quanti iniziano con una consonante? [151 200; 420; 75 600]

118 YOU & MATHS In how many ways can the letters of the word METCALF be arranged if M is always at the beginning and A and E are always side by side? (IR *Leaving Certificate Examination*, Higher Level)

[240]

TUTOR matematica Allenati con **15 esercizi interattivi** con feedback "hai sbagliato, perché..."
su.zanichelli.it/tutor3 risorsa riservata a chi ha acquistato l'edizione con tutor

4 Combinazioni

Combinazioni semplici

▶ Teoria a p. 1383

119 Calcola, se possibile, $C_{5,2}$, $C_{6,3}$, $C_{3,1}$, $C_{4,4}$, $C_{1,4}$.

120 VERO O FALSO?

a. $C_{10,4} = \dfrac{D_{10,4}}{P_4}$ V F

b. $D_{7,3} = C_{7,3} \cdot P_7$ V F

c. $C_{8,5} = \dfrac{8 \cdot 7 \cdot 6 \cdot 5}{5!}$ V F

d. $C_{4,2} = \dfrac{4 \cdot 3 \cdot 2 \cdot 1}{2 \cdot 1}$ V F

Calcola il valore delle seguenti espressioni.

121 $4D'_{3,2} - C_{5,3} + P_3$ [32]

122 $\dfrac{C_{6,4}}{D_{6,3}} + \dfrac{P_4}{2} : C_{3,2}$ $\left[\dfrac{33}{8}\right]$

123 $C_{9,2} - P_3 + 2 \cdot \dfrac{D_{5,3}}{P_4}$ [35]

124 AL VOLO Calcola le seguenti espressioni usando le informazioni a fianco.

$C_{15,6}$ sapendo che $D_{15,6} = 3\,603\,600$.

$D_{12,4}$ sapendo che $C_{12,4} = 495$.

125 RIFLETTI SULLA TEORIA Se conosci il numero delle k-ple ordinate di n oggetti, puoi sapere il numero di sottoinsiemi di k elementi di un insieme di n elementi? Come?

126 TEST In una stazione autostradale ci sono 12 uscite abilitate per il pagamento. 8 sono aperte e 4 chiuse. Il numero di tutti i modi in cui si possono presentare le uscite è:

A 495.
B 11 880.
C 336.
D 1320.
E 8640.

Coefficienti binomiali

▶ Teoria a p. 1384

127 Calcola $\binom{4}{2}$, $\binom{7}{4}$, $\binom{7}{0}$, $\binom{10}{10}$.

128 VERO O FALSO?

a. $\binom{4}{0} = 4$ V F

b. $\binom{30}{1} = 1$ V F

c. $\binom{6}{6} = \binom{6}{0}$ V F

d. $\binom{20}{16} = \binom{20}{15} \cdot \frac{5}{16}$ V F

129 Se $\binom{9}{k} = 9$, quali valori può assumere k? [1; 8]

AL VOLO

130 Calcola $\binom{16}{5}$, sapendo che $\binom{16}{4} = 1820$.

131 Calcola $\binom{n+1}{n}$ e $\binom{n}{n-2}$.

Calcola le seguenti espressioni.

132 $\dfrac{\binom{10}{7} + \binom{9}{0} + \binom{9}{1}}{\binom{0}{0}}$ [130]

133 $\dfrac{\binom{8}{8} + \binom{8}{0} + \binom{8}{1}}{\binom{9}{1} + 1}$ [1]

Identità con i coefficienti binomiali

134 ESERCIZIO GUIDA Verifichiamo l'identità $\frac{n+1}{k} \cdot \binom{n}{k-1} = \binom{n+1}{k}$.

Utilizziamo la definizione $\binom{n}{k} = \frac{n!}{k!\,(n-k)!}$.

Primo membro: $\frac{n+1}{k} \cdot \frac{n!}{(k-1)! \cdot (n-k+1)!} \rightarrow \frac{(n+1)!}{k! \cdot (n-k+1)!}$.

$(n+1)n! = (n+1)!$ e $k(k-1)! = k!$

Secondo membro: $\frac{(n+1)!}{k! \cdot (n-k+1)!}$.

Poiché per entrambi i membri abbiamo ottenuto la stessa espressione, l'identità è verificata.

Verifica le seguenti identità.

135 $\binom{n+1}{k} = \frac{k+1}{n+2} \cdot \binom{n+2}{k+1}$

136 $k \cdot \binom{n-1}{k} = (n-1) \cdot \binom{n-2}{k-1}$

137 $\binom{n+1}{2} = n^2 - \binom{n}{2}$

138 $\binom{n}{k+1} = \frac{n}{k+1} \cdot \binom{n-1}{k}$

139 $\binom{n}{k} = \frac{k-1}{n-1} \cdot \binom{n+1}{k+1}$

140 $k \cdot \binom{n}{k} + (k-1) \cdot \binom{n}{k-1} = n \cdot \binom{n}{k-1}$

141 $\binom{n}{k} + \binom{n}{k-1} = \frac{n+1}{n-k+1} \cdot \binom{n}{k}$

142 $\frac{1}{n!} \cdot \binom{n+1}{k+1} - \frac{1}{k!\,(n-k)!} = \binom{n-1}{k} \cdot \frac{1}{(n-1)!\,(k+1)}$

ESERCIZI

143 $\binom{n+1}{k}\cdot\frac{k}{n-k+2}=\binom{n+1}{k-1}$

144 $\binom{n}{k}=\binom{n-1}{k-1}+\binom{n-1}{k}$ (formula di Stifel)

Equazioni con i coefficienti binomiali

145 ESERCIZIO GUIDA Risolviamo l'equazione $4\binom{x}{x-2}+2\binom{x-1}{2}=3x^2-18$.

Poniamo le condizioni di esistenza.

Per $\binom{x}{x-2}$: $\begin{cases} x\geq 0 \\ x-2\geq 0 \\ x\geq x-2 \end{cases} \rightarrow x\geq 2.$

Per $\binom{x-1}{2}$: $\begin{cases} x-1\geq 0 \\ x-1\geq 2 \end{cases} \rightarrow x\geq 3.$

Quindi deve essere $x\geq 3$.

Sostituiamo $\binom{x}{x-2}$ con $\binom{x}{2}$. — per la legge delle classi complementari $\binom{n}{k}=\binom{n}{n-k}$

L'equazione diventa:

$$4\binom{x}{2}+2\binom{x-1}{2}=3x^2-18$$ — per la definizione $\binom{n}{k}=C_{n,k}=\frac{D_{n,k}}{k!}$

$$4\frac{x(x-1)}{2}+2\frac{(x-1)(x-2)}{2}=3x^2-18 \rightarrow$$ — svolgiamo i calcoli

$$2x^2-2x+x^2-3x+2-3x^2+18=0 \rightarrow$$

$$-5x+20=0 \rightarrow x=4.$$

La soluzione è accettabile.

Risolvi le seguenti equazioni.

146 $3\cdot\binom{x}{3}=x\cdot\binom{x-1}{4}$ [7]

147 $\binom{x}{2}=\binom{x}{3}$ [5]

148 $\binom{x+1}{3}=\binom{x}{2}$ [2]

149 $\binom{x-1}{2}=2\cdot\binom{x-2}{2}$ [5]

150 $\binom{x}{x-2}=2x$ [5]

151 $\binom{x}{x-3}=\frac{10}{3}\cdot\binom{x}{5}$ [6]

152 $\binom{x+1}{x-2}=\frac{5}{2}x$ [4]

153 $3\cdot\binom{x-3}{3}+2\binom{x}{2}=x^2-\frac{x}{2}$ [6]

Risolvi le seguenti disequazioni.

154 $C_{x,2}\geq\frac{x}{2}$ [$x\geq 2$]

155 $\binom{x}{2}+\binom{x-1}{2}<2x^2$ [$x\geq 3$]

156 $\binom{x+2}{x-1}<\binom{x+1}{2}$ [$\nexists x\in\mathbb{N}$]

157 $\frac{1}{3}\binom{x}{3}\geq\frac{1}{2}\binom{x}{2}$ [$x\geq 7$]

Problemi con le combinazioni semplici

158 ESERCIZIO GUIDA Un'urna contiene nove palline numerate di cui sei rosse e tre bianche. Si estraggono contemporaneamente cinque palline. Calcoliamo:

a. quanti gruppi diversi di cinque palline si possono avere;
b. quanti di cinque palline tutte rosse;
c. quanti di quattro rosse e una bianca;
d. quanti di tre rosse e due bianche;
e. quanti di due rosse e tre bianche.

---

a. Poiché non interessa l'ordine, dobbiamo calcolare le combinazioni semplici che si possono fare con le nove palline prese cinque alla volta:

$$C_{9,5} = \binom{9}{5} = \binom{9}{4} = \frac{9 \cdot 8 \cdot 7 \cdot 6}{4!} = 126.$$

$$C_{n,k} = \binom{n}{k} = \frac{n!}{k! \cdot (n-k)!}$$

b. Dobbiamo calcolare le combinazioni semplici che si possono fare con le sei palline rosse prese cinque alla volta:

$$C_{6,5} = \binom{6}{5} = \binom{6}{1} = 6.$$

c., d., e. Otteniamo il numero di tutti i gruppi di $k = 4, 3, 2$ palline rosse e $(5 - k) = 1, 2, 3$ palline bianche con il prodotto delle singole combinazioni relative a ciascun colore:

c. $C_{6,4} \cdot C_{3,1} = \binom{6}{4} \cdot \binom{3}{1} = \binom{6}{2}\binom{3}{1} = \frac{6 \cdot 5}{2!} \cdot 3 = 45;$

d. $C_{6,3} \cdot C_{3,2} = \binom{6}{3} \cdot \binom{3}{2} = \frac{6 \cdot 5 \cdot 4}{3!} \cdot 3 = 60;$

e. $C_{6,2} \cdot C_{3,3} = \binom{6}{2} \cdot \binom{3}{3} = \frac{6 \cdot 5}{2!} \cdot 1 = 15.$

Osservazione. Il numero totale dei raggruppamenti di tipo **b**, **c**, **d** ed **e** è 126, ossia è uguale al numero delle combinazioni di nove palline prese cinque alla volta, tipo **a**. Questo perché non ci sono ulteriori possibilità per le combinazioni dei colori.

159 Quante cinquine si possono fare con i novanta numeri del lotto? [43 949 268]

160 Quanti terni e quanti ambi si possono fare con i novanta numeri del lotto? [117 480; 4005]

161 Calcola quante sono le cinquine che contengono due numeri prefissati. [109 736]

162 Calcola in quanti modi si possono estrarre quattro carte da un mazzo da quaranta. [91 390]

163 In quanti modi si possono estrarre cinque carte di fiori da un mazzo di cinquantadue carte? [1287]

164 In quanti modi si possono estrarre cinque carte nere da un mazzo di cinquantadue carte? [65 780]

165 Calcola in quanti modi si possono estrarre cinque carte di fiori o cinque carte di picche da un mazzo di cinquantadue carte. [2574]

166 TEST Un bambino colora di bianco o rosso o verde 5 quadratini che ha disegnato. I possibili modi con i quali il bambino può colorare i quadratini indipendentemente dall'ordine sono:

A 42. B 60. C 10. D 125. E 21.

ESERCIZI

167 Calcola quanti sono i sottoinsiemi di quattro elementi di un insieme costituito da sei. [15]

168 In quanti modi posso formare un campione di dieci persone da intervistare in un gruppo di trenta? [30 045 015]

169 In quanti modi diversi può essere formata una rappresentanza di tre alunni di una classe di venti studenti? [1140]

170 Calcola quante sono le diagonali di un quadrilatero. [2]

171 Calcola quante sono le diagonali di un pentagono. [5]

172 Calcola in quanti modi diversi si possono collocare quattro maglioni in sei cassetti affinché in ogni cassetto ci sia al massimo un maglione. [15]

173 Tutte le persone che partecipano a una riunione si stringono la mano reciprocamente. Se le strette di mano che le persone si scambiano sono in tutto 15, quanti sono i partecipanti alla riunione? [6]

174 EUREKA! Caterina ha una somma tale da acquistare cinque libri da leggere in vacanza. Ne ha già scelti alcuni, ma è indecisa sugli altri da scegliere fra otto titoli diversi. Se ha 56 modi diversi per effettuare la scelta, quanti sono i libri che ha già scelto? [2]

175 REALTÀ E MODELLI **Maglioni in mostra** Per allestire una vetrina una commessa ha a disposizione 7 nuovi tipi di maglioni e 3 manichini. A rotazione vuole esporre in vetrina tutti i capi, senza mai riproporre lo stesso abbinamento.

a. Quante vetrine diverse potrà allestire la commessa?

b. Per quante settimane si potranno osservare vetrine diverse supponendo che ogni lunedì e giovedì si rinnovino gli abbinamenti?

c. Quanti tipi di maglioni dovrebbe avere a disposizione la commessa, supponendo che un manichino non possa essere utilizzato, per esaurire tutte le combinazioni in 10 settimane? [a) 35; b) 18; c) 7]

Equazioni con le combinazioni semplici

Risolvi le seguenti equazioni.

176 $C_{x,3} = C_{x-1,2}$ [3]

177 $C_{x+2,3} = 3C_{x+1,2}$ [7]

178 $C_{x-1,2} = 1$ [3]

179 $P_3 \cdot C_{x-1,3} = D_{x-2,4}$ [7]

180 $C_{x+1,3} = \dfrac{x^3}{6} - 2$ [12]

181 $3C_{x+1,2} = 4C_{x,2}$ [7]

182 $\dfrac{1}{3} \cdot C_{x,4} = 5 \cdot \dfrac{C_{x-1,3}}{P_3}$ [10]

183 $C_{x,2} - C_{x-1,2} = D_{x-1,2}$ [3]

Combinazioni con ripetizione

▶ Teoria a p. 1385

184 Calcola, se possibile, $C'_{4,2}$, $C'_{2,4}$, $C'_{7,3}$, $C'_{6,4}$, $\dfrac{C'_{7,2}}{C_{8,2}}$.

185 VERO O FALSO?

a. $C'_{5,3} = \dbinom{7}{3}$ V F

b. $C'_{8,4} = C_{11,4}$ V F

c. $C'_{5,2} = \dfrac{6!}{2!4!}$ V F

d. $C'_{3,6} = \dbinom{8}{6}$ V F

186 ESERCIZIO GUIDA Lanciando contemporaneamente quattro dadi uguali, quante sono le combinazioni con cui si possono presentare le sei facce?

In ogni lancio un numero può comparire più volte, al massimo quattro, quindi ogni gruppo si distingue dagli altri per i numeri contenuti e per il diverso numero di volte col quale compare lo stesso numero, ma non interessa l'ordine. Si tratta allora di combinazioni con ripetizione:

$$C'_{n,k} = C_{n+k-1,k} = \binom{n+k-1}{k}$$

$$C'_{6,4} = \binom{6+4-1}{4} = \binom{9}{4} = \frac{9 \cdot 8 \cdot 7 \cdot 6}{4!} = 126.$$

187 In quanti modi diversi possiamo distribuire otto tavolette di cioccolato a cinque bambini, sapendo che possiamo assegnare a qualche bambino più di una tavoletta? [495]

188 Calcola in quanti modi diversi possiamo distribuire quattro tavolette di cioccolato a sei bambini, tenendo presente la possibilità di assegnare a qualche bambino più di una tavoletta. [126]

189 In quanti modi possiamo collocare sei palline uguali in quattro urne? [84]

190 In quanti modi possiamo mettere sei palline uguali in quattro urne in modo che nessuna risulti vuota? [10]

191 Lanciamo contemporaneamente 5 dadi. Quante possibili combinazioni di numeri si possono ottenere? E quante contengono il numero 1 almeno una volta? [252; 126]

Riepilogo: Calcolo combinatorio

VERO O FALSO?

192
- **a.** Nelle disposizioni due raggruppamenti differiscono per la natura degli elementi. V F
- **b.** Le permutazioni contengono tutti gli elementi dell'insieme di partenza. V F
- **c.** Nelle combinazioni due raggruppamenti differiscono per la natura o per l'ordine degli elementi. V F

193
- **a.** Se un insieme contiene cinque elementi, le permutazioni che si possono fare su di esso sono 5! V F
- **b.** Se un insieme A contiene quattro elementi, le disposizioni di classe due sono $4 \cdot 3 \cdot 2$. V F
- **c.** Se un insieme A contiene n elementi ($n \geq 3$), le combinazioni di classe tre sono $\frac{n(n-1)(n-2)}{3!}$. V F

TEST

194 Utilizziamo 7 lampadine colorate per creare un festone luminoso da stendere fra due pali. Le lampadine hanno tutte colore diverso tranne 3 che sono rosse. I possibili modi con cui i colori si possono susseguire sono:

A 5040. B 840. C 35. D 343. E 210.

195 Si collocano 8 statuette raffiguranti Biancaneve e i sette nani su un muretto di un giardino. I possibili modi con cui possono essere collocate sono:

A 5040. B 8. C 56. D 40 320. E 20 160.

ESERCIZI

196 Due classi terze hanno rispettivamente 24 e 16 alunni. Vogliamo formare una rappresentanza con tre alunni, di cui due dalla terza più numerosa. Quante sono le terne che si possono formare? [4416]

197 Calcola quante sigle di tre elementi si possono formare ponendo al primo posto una delle cinque vocali, al secondo posto una delle sedici consonanti e al terzo posto ancora una consonante diversa da quella precedentemente collocata al secondo posto. [1200]

198 Quanti numeri pari di tre cifre diverse si possono scrivere utilizzando le cifre dell'insieme $A = \{1, 2, 3, 4, 5, 7\}$? [40]

199 Un sacchetto contiene dodici palline numerate. Calcola in quanti modi, tenendo conto dell'ordine, si possono estrarre tre palline ordinate non rimettendo la pallina estratta nel sacchetto. [1320]

200 In quanti modi quattro persone possono sedersi su una fila di dieci sedie? [5040]

201 In quanti modi si possono collocare cinque oggetti diversi in tre cassetti? [243]

202 Si lancia una moneta per 4 volte consecutive. Calcola quante sono le possibili sequenze:

a. di testa e croce;
b. di testa e croce che iniziano con testa;
c. nelle quali testa compare una volta;
d. nelle quali compare sempre la stessa faccia.

[a) 16; b) 8; c) 4; d) 2]

203 Calcola, fra tutte le cinquine che possono essere formate con i novanta numeri del gioco del lotto, quante sono quelle formate da due numeri inferiori a 20 e da tre numeri superiori a 60. [694 260]

204 Per formare le targhe automobilistiche si utilizzano ventidue lettere (quelle dell'alfabeto inglese, escluse I, O, Q e U) e le dieci cifre decimali; le targhe sono formate da due lettere seguite da tre cifre e di nuovo da due lettere. Calcola quante sono le targhe che:

a. si possono formare;
b. hanno uguali le prime due lettere e uguali le ultime due;
c. hanno le tre cifre tutte pari.

[a) 234 256 000; b) 484 000; c) 29 282 000]

205 Quanti numeri di cinque cifre puoi formare con quelle del numero 83 368 in modo che le cifre 8 e 3 siano ripetute due volte? Quanti iniziano con 8? Quanti sono maggiori di 60 000? [30; 12; 18]

206 Dato l'insieme $A = \{a, e, l, o, m, r, t\}$, calcola quante parole, anche prive di significato, si possono scrivere:

a. con quattro lettere diverse;
b. con quattro lettere diverse nelle quali la prima sia r e l'ultima a;
c. con sette lettere diverse;
d. con otto lettere supponendo che la lettera m si possa ripetere due volte.

[a) 840; b) 20; c) 5 040; d) 20 160]

207 Dati i numeri 2, 3, 4, 5, 6, 7, calcola quanti prodotti con 4 fattori diversi si possono fare che siano:

a. divisibili per 7;
b. divisibili per 6;
c. divisibili per 8;
d. pari;
e. dispari.

[a) 10; b) 14; c) 9; d) 15; e) 0]

ESERCIZI

RISOLVIAMO UN PROBLEMA

Aree di parcheggio

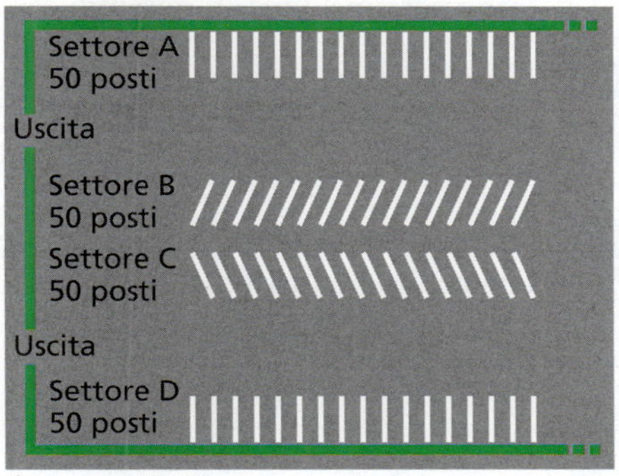

Perché un'area di parcheggio sia a norma di legge è necessario che ci sia almeno un posto riservato ai disabili ogni 50 posti disponibili o frazione di 50.

Ciò vuol dire che in un'area di sosta con 49 posti ci deve essere almeno un posto riservato ai disabili; in un'area di sosta con 51 posti ce ne devono essere almeno 2.

Un'area di sosta ha 200 posti auto disposti come in figura e si è deciso di rispettare la normativa riservando il numero minimo di posti ai disabili.

- In quanti modi si possono scegliere i posti riservati per i disabili?
- Se il progettista vuole che in ogni settore ci sia esattamente un posto per disabili, in quanti modi si possono scegliere i posti riservati?
- Per migliorare il servizio, oltre al vincolo precedente, si decide anche di collocare almeno due posti riservati in due dei quattro parcheggi più vicini all'uscita. Quante sono, in questo caso, le possibili collocazioni dei quattro posti per disabili?
- A un certo punto della giornata il parcheggio è vuoto e vi entrano 3 auto con il contrassegno per disabili e 2 auto senza contrassegno. Quante sono le disposizioni possibili di tutte queste auto all'interno del parcheggio?

► **Calcoliamo in quanti modi si possono scegliere le posizioni per i parcheggi dei disabili.**

Poiché i posti auto sono 200, il numero minimo di posti riservati previsto dalla legge è 4. I parcheggi sono indistinguibili, quindi non importa l'ordine, ma solo la posizione. Dobbiamo perciò calcolare:

$$C_{200,4} = \binom{200}{4} = \frac{200!}{4!(200-4)!} =$$

$$\frac{200 \cdot 199 \cdot 198 \cdot 197}{4 \cdot 3 \cdot 2} = 64\,684\,950.$$

► **Determiniamo il numero di posizioni possibili tenendo conto del vincolo del progettista.**

Poiché i settori del parcheggio sono 4, tanti quanti i posti riservati previsti, e ogni settore è formato da 50 posti auto, il vincolo del progettista si traduce in un posto per disabili ogni 50 parcheggi. Anche in questo caso non interessa l'ordine. I possibili modi per mettere in un settore un posto riservato tra i 50 a disposizione sono:

$$C_{50,1} = \binom{50}{1} = 50.$$

Per ogni possibile scelta in un settore ce n'è una anche in ciascuno degli altri tre settori, quindi in tutto ci sono $50^4 = 6\,250\,000$ scelte possibili per i quattro posti per disabili.

► **Calcoliamo le possibilità sistemando almeno due dei posti riservati vicino alle uscite.**

I parcheggi vicini alle uscite sono 4. Troviamo innanzitutto in quanti modi possiamo scegliere due di questi posti da riservare ai disabili. Saranno:

$$C_{4,2} = \binom{4}{2} = \frac{4!}{2!2!} = 6.$$

Dopodiché restano solo due settori in cui sistemare i due posti riservati rimanenti, uno per settore. Per ognuno di questi le scelte possibili sono 50, quindi in tutto avremo $6 \cdot 50^2 = 15\,000$ possibilità di scelta con il vincolo imposto al progettista.

► **Determiniamo le possibili posizioni delle auto con il contrassegno per disabili.**

Le tre auto con il contrassegno per disabili occuperanno tre dei quattro posti a esse riservati. Poiché le auto sono di tipo diverso, questa volta non interessa solo la posizione occupata, ma anche quale auto occupa quella posizione. Dobbiamo cioè calcolare le disposizioni delle tre auto nei quattro posti:

$$D_{4,3} = 4 \cdot 3 \cdot 2 = 24.$$

► **Determiniamo le possibili posizioni delle auto senza il contrassegno.**

I posti non riservati sono 196. Le 2 auto si possono disporre in questi posti in tanti modi quante sono le disposizioni di classe 2:

$$D_{196,2} = \frac{196!}{(196-2)!} = 196 \cdot 195 = 38\,220.$$

► **Calcoliamo il numero delle possibili disposizioni delle cinque auto nel parcheggio.**

$$D_{4,3} \cdot D_{196,2} = 24 \cdot 38\,220 = 917\,280$$

208 ●○ **PIN** Devi costruire il codice PIN del tuo cellulare nuovo; vuoi scegliere quattro delle dieci cifre, senza ripeterne nessuna. Quanti possibili codici puoi inventare? [5040]

209 ●○ In partenza per le vacanze, devi inserire la combinazione per chiudere e aprire la tua valigia. Il numero deve contenere sei cifre, anche ripetute. Quante sono le possibili combinazioni? Se le cifre non possono essere ripetute, le combinazioni aumentano o diminuiscono? [1 000 000]

210 ●○ YOU & MATHS A mathematics contest consists of four problems. Each of the six team members from Central High School is assigned to work on exactly one of the four problems. If each of the four problems is worked on by at least one member of the team, in how many different ways can the assignment of team members to problems be accomplished? (USA *North Carolina State High School Mathematics Contest*) [1560]

211 ●○ Tre amici si recano in un negozio per acquistare una T-shirt ciascuno. Sono disponibili 25 magliette diverse. Quante sono le possibili terne di T-shirt acquistabili dai tre ragazzi? [15 625]

212 ●○ A una festa cui partecipano quindici ragazzi si fa un brindisi. Se ciascuna persona fa incontrare il suo bicchiere con quello di tutte le altre, quanti «cin-cin» si fanno? [105]

213 ●○ REALTÀ E MODELLI **Panini & Co.** Il cestino da viaggio fornito da un hotel ai suoi ospiti durante un'escursione contiene due panini, tre frutti e due bibite. Se i panini possono essere imbottiti con cinque tipi diversi di salumi, i frutti a disposizione sono di sei tipi e le bibite di sette tipi, in quanti modi può essere preparato il cestino? [4200]

214 ●○ Calcola quante sigle di 10 elementi si possono costruire se per i primi cinque posti utilizziamo tre lettere A e due lettere B e per gli altri cinque posti tre cifre 1 e due cifre 0. [100]

215 ●○ In un piano sono dati nove punti a tre a tre non allineati. Quanti triangoli si possono disegnare con i vertici in quei punti? [84]

216 ●○ Quanti numeri diversi si possono scrivere mescolando le cinque cifre dispari? Quanti terminano con 1? [120; 24]

217 ●○ **Riporre matrioske** Osserva la fotografia. In quanti modi si possono mettere le matrioske nei cassetti della cassettiera, in modo che in ogni cassetto al massimo ve ne sia una? [2520]

218 ●○ Calcola in quanti modi si possono disporre in fila tre gettoni rossi e quattro gialli se il primo gettone deve essere rosso. [15]

MATEMATICA E STORIA

Trigrammi ed esagrammi Il libro mistico cinese *I Ching* (databile a un periodo precedente il 2200 a.C., ma di cui conosciamo solo la versione di Confucio) comprende le possibili permutazioni su insiemi di linee di due tipi: «linee intere» ▬ e «linee spezzate» ▬ ▬. Esse formano dei *trigrammi* se sono riunite in gruppi di tre e degli *esagrammi* se sono riunite in gruppi di sei; a ciascun simbolo corrisponde un significato, come esemplificato a fianco.
Considerando che ogni simbolo può essere formato da sole linee intere, sole linee spezzate o entrambe, determina quanti *trigrammi* e quanti *esagrammi* è possibile realizzare.

Risoluzione – Esercizio in più

219 Si ritaglia un esagono di cartoncino e si vogliono colorare gli angoli relativi ai vertici con sei colori diversi (rosso, giallo, verde, blu, marrone, viola). Quanti sono i modi possibili? [120]

220 Quante cinquine, nel gioco del lotto, contengono una prefissata quaterna? [86]

221 REALTÀ E MODELLI **Password** Per l'accesso a un sito internet è necessario fornire una sequenza di 5 caratteri.

a. Qual è il numero totale dei codici possibili se i caratteri utilizzabili sono le cifre da 0 a 9, ipotizzando sia che le cifre possano ripetersi, sia che debbano essere tutte diverse?

b. Qual è il numero totale dei codici se i caratteri utilizzabili sono le cifre da 1 a 5, senza ripetizioni?

c. Qual è il numero totale dei codici possibili se nella combinazione possono essere utilizzate sia le cifre da 0 a 5 che le 26 lettere dell'alfabeto inglese, senza ripetizioni?

[a) 100 000, 30 240; b) 120; c) 24 165 120]

222 Un test è formato da 8 quesiti a risposta multipla con cinque possibilità. In quanti modi puoi rispondere alle otto domande del test? [390 625]

223 Determina quante sigle di 7 elementi è possibile scrivere, formate da 4 lettere distinte, fra le 21 lettere dell'alfabeto italiano, seguite da 3 cifre anche ripetute. [143 640 000]

224 REALTÀ E MODELLI **6 e 5 + 1** Nel gioco del Superenalotto si vince se si indovinano i 6 numeri naturali estratti, compresi tra 1 e 90.

a. Quante sono tutte le possibili sestine di numeri estratti?

b. Quante delle possibili sestine contengono almeno un multiplo di 6?

È possibile vincere anche con il cosiddetto 5+1. In questa variante vengono estratti 7 numeri tutti diversi, di cui uno è il numero jolly. Giocando 6 numeri, si vince quando se ne indovinano 5 più il numero jolly.

c. Supponiamo che siano stati estratti i sei numeri più il numero jolly; quante sono le sestine di numeri che realizzano il 5+1? Quante sono quelle che realizzano il 5?

[a) 622 614 630; b) 421 255 080; c) 6; 498]

225 Un'urna contiene 3 palline nere e 4 palline rosse. Calcola quanti sono i possibili gruppi da 5 palline che si possono ottenere se vengono estratte consecutivamente una dopo l'altra senza rimettere le palline estratte nell'urna. Calcola inoltre quanti di questi gruppi sono formati da 2 palline nere e 3 rosse. [25; 10]

MATEMATICA AL COMPUTER

Il calcolo combinatorio Una scatola contiene g gettoni gialli (numerati da 1 a g) e b gettoni blu (numerati da 1 a b). Consideriamo l'estrazione di un gruppo di e gettoni.
Costruiamo un foglio elettronico che, ricevuti i numeri g, b ed e, determini quanti gruppi differenti possiamo estrarre. Deve poi essere calcolato il numero di gruppi in relazione al numero k dei gettoni gialli in essi contenuti. Per dimensionare il foglio poniamo come limite $g \leq 10$.
Proviamo il foglio nei casi $g = 2$, $b = 3$ ed $e = 2$; $g = 5$, $b = 3$ ed $e = 6$; $g = 10$, $b = 12$ ed $e = 10$.
Per verifica, scriviamo i gruppi del primo caso.

Risoluzione – 8 esercizi in più

ESERCIZI

226 Da ciascuna delle due urne in figura si estraggono contemporaneamente 2 palline.
Calcola quanti sono i gruppi costituiti da:

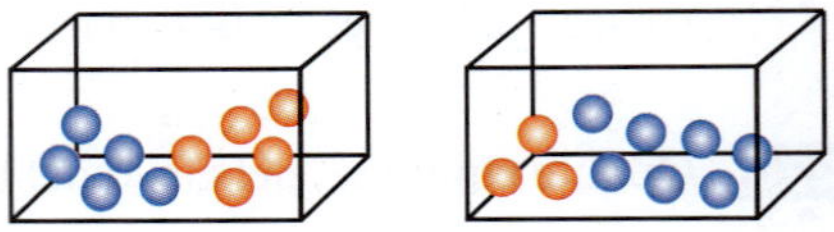

a. due palline rosse estratte dalla prima urna e due palline blu estratte dalla seconda;

b. una pallina rossa e una blu estratte da ciascuna urna;

c. tutte palline blu.

[a) 210; b) 525; c) 210]

5 Binomio di Newton

▶ Teoria a p. 1386

227 ESERCIZIO GUIDA Calcoliamo lo sviluppo della potenza: $(x^2 - 2y)^4$.

$$(A+B)^n = \sum_{k=0}^{n} \binom{n}{k} A^{n-k} B^k$$

$$(x^2-2y)^4 = \binom{4}{0}(x^2)^4(-2y)^0 + \binom{4}{1}(x^2)^3(-2y)^1 + \binom{4}{2}(x^2)^2(-2y)^2 +$$

$$+\binom{4}{3}(x^2)^1(-2y)^3 + \binom{4}{4}(x^2)^0(-2y)^4 = x^8 - 8x^6y + 24x^4y^2 - 32x^2y^3 + 16y^4$$

Calcola lo sviluppo delle seguenti potenze di binomi.

228 $(2a+3y)^3$; $(a-2b)^8$.

229 $(x^3-y^2)^5$; $\left(x+\frac{1}{x}\right)^6$.

230 $(2a^2+3a^3)^4$; $\left(\frac{a}{2}+x\right)^8$.

231 $(\sqrt{2}+2)^4$; $\left(\frac{1}{2}x^2-2y\right)^6$.

232 ESERCIZIO GUIDA Calcoliamo il quarto termine dello sviluppo di $(x+2)^{10}$.

Data la formula $(A+B)^n = \sum_{k=0}^{n} \binom{n}{k} A^{n-k} B^k$, consideriamo soltanto il termine generale $\binom{n}{k} A^{n-k} B^k$; poiché per $k = 0$ si ha il primo termine, il quarto termine si ha per $k = 3$. Essendo $n = 10$, otteniamo:

$$\binom{10}{3} \cdot x^7 \cdot 2^3 = \frac{10 \cdot 9 \cdot 8}{3 \cdot 2} x^7 \cdot 8 = 120x^7 \cdot 8 = 960x^7.$$

233 Calcola il quarto termine dello sviluppo di $\left(2x - \frac{1}{2}y\right)^7$. [$-70x^4y^3$]

234 Determina il terzo, il quinto e l'ottavo termine dello sviluppo di $(x-1)^9$. [$36x^7$; $126x^5$; $-36x^2$]

235 Calcola il sesto termine dello sviluppo di $(a^2+b)^8$. [$56a^6b^5$]

236 Determina n, sapendo che il coefficiente del terzo termine dello sviluppo di $(x+2y)^n$ è 60. [6]

237 Dato lo sviluppo della potenza $(a+b)^n$, determina il coefficiente del termine con parte letterale ab^8 e determina l'esponente n. [9; 9]

238 Come nell'esercizio precedente, ma considerando il termine con parte letterale a^2b^5. [21; 7]

VERIFICA DELLE COMPETENZE ALLENAMENTO

ARGOMENTARE

1 Usando la definizione di coefficiente binomiale e quella di combinazione, spiega perché $\binom{n}{n} = 1$.

2 Scrivi e giustifica la legge delle classi complementari e spiega perché, in una classe di 24 alunni, stabilire in quanti modi possiamo scegliere i 20 non interrogati in un giorno equivale a stabilire in quanti modi possiamo scegliere i 4 interrogati nello stesso giorno.

3 Spiega la differenza tra disposizioni e combinazioni e indica i modi per calcolarne il numero. Scrivi due esempi a partire dall'insieme di dieci cavalli che partecipano a una corsa.

4 Indica la differenza tra permutazioni e permutazioni circolari e confronta il numero dei modi di sistemare 10 persone attorno a un tavolo rotondo con il numero dei modi di sistemarle su 10 sedie allineate.

5 Usando il «metodo delle possibilità», spiega perché il numero di disposizioni con ripetizione di n oggetti di classe k è n^k. Confronta il numero di password di dieci caratteri, costruite usando solo le dieci cifre (anche ripetute), con il numero di password senza ripetizioni con le prime cinque posizioni occupate da cifre e le ultime cinque posizioni occupate dalle prime dieci lettere dell'alfabeto italiano.

6 Descrivi le combinazioni con ripetizione di n elementi di classe k. Considera poi la seguente situazione. Si pesca cinque volte una pallina da un'urna che contiene una pallina blu e una rossa. Ogni volta si rimette la pallina all'interno. Indica tutti i possibili esiti delle cinque estrazioni, considerando uguali gli esiti che differiscono solo per l'ordine di uscita. Verifica che il loro numero è quello che avresti ottenuto applicando opportunamente la formula.

7 Aiutandoti con un esempio, spiega nel modo che ritieni opportuno perché il numero di permutazioni di n oggetti è minore del numero di disposizioni con ripetizione di n oggetti di classe n.

UTILIZZARE TECNICHE E PROCEDURE DI CALCOLO

8 TEST Risolvendo l'equazione $D_{x,2} + C_{x,x-2} = 45$, si arriva all'equazione di secondo grado:

A $x^2 + x - 30 = 0$.
B $x^2 - 4x - 45 = 0$.
C $x^2 - x - 30 = 0$.
D $x^2 + 4x - 45 = 0$.
E $2x^2 + 2x - 45 = 0$.

Calcola il valore delle seguenti espressioni.

9 $\dfrac{D_{8,4}}{D_{8,3}} + 3 - \dfrac{D_{9,4}}{D_{8,3}}$ [−1]

10 $\left(\dfrac{D_{12,4}}{D_{12,3}} + \dfrac{D_{7,3}}{D_{6,2}}\right) : \dfrac{D_{6,3}}{D_{6,2}}$ [4]

Risolvi le seguenti equazioni.

11 $(x+1)! - 4(x-1)! = x!$ [2]

12 $(D_{x,3} + 2 \cdot D_{x-1,3}) \cdot D'_{x,2} = 0$ [$\nexists x \in \mathbb{N}$]

13 $D_{x,3} - D_{x-1,3} = 18$ [4]

14 $C_{x+1,2} + C_{x,2} = x^2 - x$ [$\nexists x \in \mathbb{N}$]

15 $P_{x+2} - 3 \cdot P_x = 3 \cdot P_{x+1}$ [2]

16 $3C_{x-3,3} = \dfrac{x}{2}$ [6]

17 $3 \cdot \binom{x+1}{x-1} = 9 \cdot \binom{x}{x-2}$ [2]

18 $P_x - 8P_{x-2} = 3(x-1)!$ [5]

VERIFICA DELLE COMPETENZE

TEST

19 Dobbiamo intervistare 5 persone diverse fra 12 che hanno partecipato a una vacanza all'estero organizzata da una determinata agenzia di viaggi. Tutti i possibili modi con cui possiamo scegliere gli intervistati sono:

- A 95 040.
- B 3 991 680.
- C 792.
- D 120.
- E 5544.

20 La soluzione di $D'_{x,3} - 2x \cdot D'_{x,2} + 16x = 0$ è:

- A ± 4.
- B $+4$.
- C -4.
- D 0.
- E $+16$.

21 Si usano gli elementi dell'insieme $M = \{x, y, t, z\}$ e le dieci cifre per formare sigle da 6 elementi. Sapendo che i primi due posti sono formati da lettere anche ripetute e gli altri quattro posti da cifre diverse, le sigle che si possono ottenere sono:

- A 160 000.
- B 80 640.
- C 120 000.
- D 60 480.
- E 3360.

Sviluppa le seguenti potenze di binomi.

22 $(2x+1)^5$

23 $(a^2-1)^4$

24 $\left(\frac{1}{2}x + 2y\right)^6$

25 $(x^2 - 2y^2)^5$

RISOLVERE PROBLEMI

26 In un'urna ci sono dieci palline numerate da 1 a 10. Tre sono bianche e le altre nere. Calcola quante sono le cinquine che contengono esattamente una pallina bianca. [105]

27 Per aprire una cassaforte occorre formare un numero di quattro cifre diverse (scelte fra le dieci decimali). Quanti tentativi si possono fare? [5040]

28 Un'urna contiene tre palline di colori diversi: bianco, rosso, nero. Si estrae consecutivamente per quattro volte una pallina rimettendola nell'urna prima dell'estrazione successiva. Quante sono le possibili sequenze di colori? [81]

29 In una banca ci sono sei sportelli. In quanti modi diversi si possono disporre le prime sei persone che entrano nella banca? [720]

30 Trova in quanti modi si possono riporre quattro oggetti distinti in sei scatole diverse sapendo che è possibile riporre in una scatola più oggetti. [1296]

31 Determina il numero degli anagrammi delle parole ANTENNA e RADIO. [420; 120]

32 In quanti modi si possono scegliere i due rappresentanti di classe, se nella classe ci sono venticinque studenti? [300]

33 In una classe di ventotto alunni, di cui quindici maschi, devono essere scelti due ragazzi e due ragazze per un'assemblea di delegati. Quante sono le scelte possibili? [8190]

34 Calcola quante sono le diagonali di un esagono. [9]

35 Quanti numeri di quattro cifre distinte, scelte fra 1, 2, 3, 4, 5, 6, 7, si possono formare? Quanti di questi sono pari? Quanti dispari? Quanti terminano con 2? Quanti sono maggiori di 6000? [840; 360; 480; 120; 240]

36 Calcola in quanti modi si possono disporre sei oggetti distinti in quattro scatole diverse sapendo che vi possono essere scatole vuote. [4096]

37 Calcola quanti prodotti diversi con tre fattori distinti si possono scrivere con i numeri 2, 3, 4, 5, 6, 7. [20]

38 In quanti modi possono disporsi quattro uomini e sette donne su una fila di quattordici sedie? [120 120]

39 In una famiglia i figli sono tre. Calcola quante diverse possibilità ci sono fra maschi e femmine. [4]

40 In una scatola ci sono trenta gettoni numerati da 1 a 30. Dieci sono rossi, gli altri sono di colore diverso. Calcola quante terne distinte si possono estrarre in modo che ognuna di esse contenga:

a. solo un gettone rosso;
b. almeno un gettone rosso;
c. nessun gettone rosso;
d. soltanto gettoni rossi.

[a) 1900; b) 2920; c) 1140; d) 120]

41 Quanti sono gli anagrammi, anche senza significato, della parola CALCOLATRICE? Quanti cominciano per C? Quanti finiscono per TRICE? [19 958 400; 4 989 600; 630]

42 Cinque giocatori partecipano a un concorso a premi (nel quale lo stesso giocatore può vincere anche tutti i premi). In quanti modi possono essere assegnati i primi tre premi? [125]

43 Possiedo dieci DVD tra cui due copie di un primo film, tre copie di un secondo e due copie di un terzo. In quanti modi li posso sistemare nel mio scaffale? [151 200]

COSTRUIRE E UTILIZZARE MODELLI

RISOLVIAMO UN PROBLEMA

L'indecisione del collezionista

Francesco colleziona modellini di aeroplani. Ha comprato un espositore con tre spazi in cui mettere i modellini e ha calcolato in quanti modi diversi può sistemare tre dei suoi modellini nell'espositore senza considerare l'ordine. Avendo scartato subito due modellini un po' rovinati, ora ha 64 possibilità in meno.

- Quanti modellini ha in tutto Francesco?
- Con un espositore da cinque posti, in quanti diversi modi Francesco può sistemare i suoi modellini non rovinati, se è interessato anche all'ordine in cui sono disposti?

► Scriviamo l'espressione che rappresenta il numero delle possibili disposizioni dei modellini scelti nei tre spazi dell'espositore.

Indichiamo con x il numero dei modellini di Francesco. L'espressione cercata è la seguente:

$$\binom{x}{3} = \frac{x!}{3!(x-3)!}.$$

► Scriviamo l'espressione che rappresenta il numero delle possibili disposizioni dei modellini dopo averne tolti 2.

Ora il numero di modellini è $x-2$, quindi le possibili disposizioni nei tre spazi sono:

$$\binom{x-2}{3} = \frac{(x-2)!}{3!(x-5)!}.$$

► Determiniamo il numero di modellini di Francesco.

In base alle informazioni sappiamo che

$$\frac{(x-2)!}{3!(x-5)!} = \frac{x!}{3!(x-3)!} - 64$$

$$\frac{(x-2)(x-3)(x-4)}{3!} = \frac{x(x-1)(x-2)}{3!} - 64$$

$$(x^2-5x+6)(x-4) = (x^2-x)(x-2) - 384$$

$$x^3-9x^2+26x-24 = x^3-3x^2+2x-384$$

$$6x^2-24x-360=0 \quad \rightarrow \quad x^2-4x-60=0,$$

da cui $x=10$ o $x=-6$.

Solo la prima soluzione è accettabile, quindi Francesco ha 10 modellini, di cui 8 non rovinati.

► Determiniamo le possibili disposizioni di 8 modellini in un espositore con 5 posti.

Poiché conta l'ordine, vogliamo sapere in quanti modi può disporre 5 degli 8 modellini non rovinati. Cerchiamo, cioè:

$$D_{8,5} = \frac{8!}{3!} = 6720.$$

44 ●○ **Rappresentanze studentesche** Un liceo ha quattro indirizzi diversi. In base ai dati sulle iscrizioni per l'anno scolastico 2015-2016, gli studenti sono suddivisi come nella tabella seguente.

		Indirizzo				
		Linguistico	Classico	Scientifico	Scienze umane	Totale
Biennio	Maschi	34	14	66	23	137
	Femmine	165	26	74	98	363
Triennio	Maschi	25	22	123	0	170
	Femmine	199	47	127	0	373
	Totale	423	109	390	121	1043

a. Per i rappresentanti di istituto viene votato uno studente per ciascun indirizzo. Quanti sono i possibili gruppi di rappresentanti?

b. Dovendo scegliere una delegazione di studenti del triennio per il gemellaggio con una scuola viennese, si decide di inviare due maschi e due femmine. Quante sono le delegazioni possibili?

c. Al torneo di calcio a 5 del biennio partecipano 4 squadre miste di 6 elementi ciascuna (di cui 3 femmine), in rappresentanza dei vari indirizzi. Quante squadre diverse si possono ottenere con gli studenti dell'indirizzo scientifico? [a) 2 175 789 330; b) 996 614 970; c) 2 966 346 240]

45 ●○ **Laura… sei tu?** Marco deve chiamare Laura sul cellulare, ma non ricorda bene le dieci cifre che compongono il numero. Le prime tre sono 3, 2, 8 e le ultime sono 3, 9, 4. Quanti tentativi può fare, sapendo che le rimanenti cifre sono tutte dispari? E se ricorda anche che la quarta cifra è 7? [625; 125]

46 ●○ **Quattro in storia** L'insegnante di storia oggi vuole interrogare quattro studenti, tra cui Paolo e Andreina. Se le possibili quaterne di interrogati sono 276, quanti sono gli alunni della classe? [26]

47 ●○ **Difetta di memoria** Lucia ha una nuova tessera del Bancomat, con un codice di cinque cifre. Non ha ancora ben memorizzato il numero e ricorda solo che le cifre sono tutte diverse: la prima è 0, l'ultima è 5 e solo la seconda è pari. Quanti tentativi al massimo deve fare per individuare il codice? [48]

48 ●○ **A Monza** Per il GP d'Italia di Formula 1 si qualificano venti piloti con le rispettive vetture. In quanti modi può essere formata la griglia di partenza? Se la pole position e la seconda posizione sono occupate rispettivamente da una Mercedes e da una Ferrari, quante sono le possibili griglie di partenza? (Considera che ogni scuderia schiera due autovetture.) [$20!$; $4 \cdot 18!$]

49 ●● **Biglietti in regalo** A un gruppo di dieci amici, fra i quali ci sono anche Marta e Luca, vengono regalati quattro biglietti per un concerto. In quanti modi possono essere scelti i quattro amici che andranno allo spettacolo, se Marta non vuole andare senza Luca, mentre Luca è disposto ad andare anche senza Marta? [154]

50 ●● **Doppie per otto** Otto amici devono occupare otto camere singole a loro riservate nell'hotel in cui sono arrivati per trascorrere le vacanze. In quanti modi si possono disporre nelle camere? Arrivati in hotel, però, si accorgono che sono state riservate loro quattro camere doppie. In quanti modi possono formare le coppie? In quanti modi possono occupare le quattro camere? [40 320; 105; 2520]

51 ●● **Macedonia** Alessia ha a disposizione 20 tipi di frutta (fragole, pesche, limoni, kiwi, …). Vuole preparare due macedonie usando per la prima quattro frutti diversi ma senza il limone, e per la seconda cinque frutti diversi, evitando quelli usati nella prima macedonia e senza kiwi. Quante coppie di macedonie può preparare? [12 753 468]

VERIFICA DELLE COMPETENZE PROVE

1 ora

PROVA A

1 Verifica l'identità $D_{n,k} - k \cdot D_{n-1,k-1} = D_{n-1,k}$.

2 In una classe di 28 alunni, l'insegnante di educazione fisica deve scegliere sei ragazzi che partecipino alla corsa campestre. In quanti modi può effettuare la scelta?

3 Con le 5 vocali, le 16 consonanti e le 10 cifre decimali, quante sigle di 6 elementi puoi costruire se i primi 2 posti devono essere occupati da vocali diverse seguite da 2 consonanti diverse e infine da un numero di due cifre?

4 Con le prime cinque cifre (da 0 a 4) quanti numeri puoi formare:

a. di tre cifre tutte diverse;

b. di quattro cifre anche ripetute;

c. di cinque cifre diverse che iniziano con 4;

d. di due cifre pari diverse.

5 Sviluppa $(a-2)^5$.

6 Allo slalom speciale del campionato del mondo di sci partecipano quaranta atleti. In quanti modi si può formare la classifica dei primi cinque?

7 Abbiamo cinque palline nere numerate da 1 a 5 e tre palline bianche numerate da 1 a 3. Determina quanti sono i gruppi ordinati di tre palline diverse che si possono formare avendo:

a. due nere seguite da una bianca;

b. due nere seguite da una bianca, usando i numeri dispari;

c. tutte dispari.

8 Dovendo collocare 5 oggetti diversi, in scatole distinguibili, calcola il numero delle possibilità:

a. mettendone 3 in una scatola e 2 in un'altra;

b. mettendoli in 3 scatole senza lasciarne alcuna vuota;

c. mettendoli in tre scatole, anche lasciandone una o due vuote.

PROVA B

Ginnastica ritmica La World Cup di ginnastica ritmica è una competizione internazionale di esercizi, sia a squadre sia individuali, da eseguire con uno o più dei seguenti attrezzi: nastro, clavette, palla, fune e cerchio. La gara a squadre prevede che ogni squadra, composta da cinque ginnaste, presenti due esercizi: uno con un solo attrezzo e uno con due attrezzi.

a. Quante sono le possibili scelte degli attrezzi per i due esercizi a squadre?

La scelta degli attrezzi da usare nei due esercizi della gara a squadre avviene ogni quattro anni. Contestualmente vengono scelti anche quattro dei cinque attrezzi da impiegare nelle gare individuali.

b. Quante sono le scelte possibili per entrambe le tipologie di gara?

Alla competizione con le clavette hanno partecipato 20 ginnaste, di cui tre russe, due italiane e due ucraine. Le altre nazioni hanno partecipato con al più due ginnaste. Da regolamento, dopo la prima giornata, in base ai punteggi ottenuti, vanno in finale solo le prime 8 ginnaste, ma non più di due per nazione.

c. Quante sono le classifiche possibili delle prime 8 ginnaste che passano alla fase successiva?

d. Quante sono le classifiche possibili se sai che vanno in finale due russe, un'ucraina e un'italiana?

T

CAPITOLO 27

PROBABILITÀ

1 Eventi

Esercizi a p. 1441

Se lasci cadere un oggetto in una stanza, puoi prevedere che raggiungerà il pavimento. Se invece lanci un dado, non puoi prevedere quale fra i possibili risultati otterrai.
Sono analoghi al lancio di un dado tutti gli esperimenti di cui non è prevedibile il risultato, e per questo vengono chiamati *aleatori*, perché in latino *alea* significa «dado».
Esempi di esperimenti aleatori sono: un incontro di calcio, la puntualità di un treno, l'estrazione di un numero al lotto, la produzione di un pezzo difettoso da parte di una macchina, il contrarre una malattia.
Per descrivere e studiare matematicamente gli esperimenti aleatori, diamo le seguenti definizioni.

Listen to it

A **random experiment** is an experiment which admits more than one possible **outcome**. The set of all possible outcomes of a random experiment is called the **sample space** and every subset of the sample space is called an **event**. An event is **elementary** if it contains only a single outcome of the experiment.

DEFINIZIONE

- Un **esperimento aleatorio** è un fenomeno di cui non riusciamo a prevedere il risultato con certezza.
- L'insieme U di tutti i possibili risultati di un esperimento si chiama **spazio campionario** o **universo**.
- Un **evento** è un qualunque sottoinsieme dello spazio campionario; un evento formato da un singolo risultato dell'esperimento è detto **evento elementare**.

ESEMPIO

Nel lancio di un dado possiamo rappresentare l'insieme universo U come:

$$U = \{1, 2, 3, 4, 5, 6\},$$

e graficamente con un diagramma di Venn come nella figura.

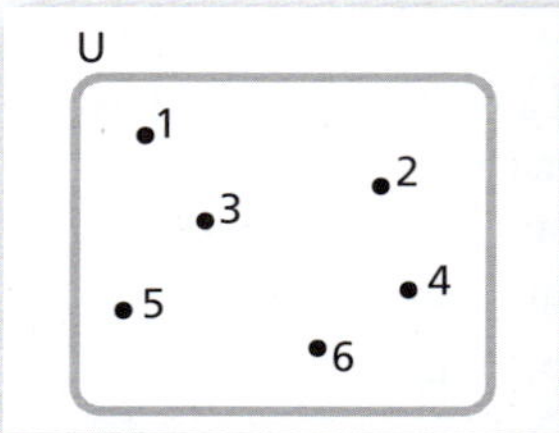

Gli eventi elementari sono:

$$E_1 = \text{«esce il numero 1»}, \ \ldots,$$

$$E_6 = \text{«esce il numero 6»}.$$

Un possibile evento è $E = \{2, 4, 6\}$, cioè «esce un numero pari».

Chiamiamo **spazio degli eventi** l'insieme di tutti gli eventi che si possono associare a un esperimento, cioè l'insieme delle parti di U.

ESEMPIO

Lanciamo consecutivamente una moneta due volte. Se indichiamo «testa» con T e «croce» con C, con l'aiuto di un diagramma ad albero possiamo determinare l'insieme universo U:

$$U = \{TT, TC, CT, CC\}.$$

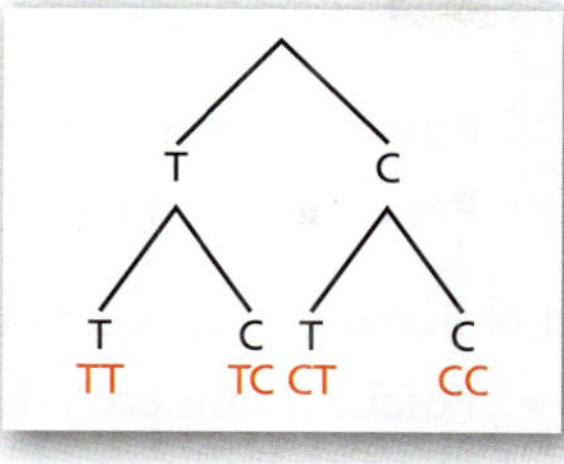

Lo spazio degli eventi è:

$$\mathcal{P}(U) = \{\{TT\}, \{CC\}, \{TC\}, \{CT\}, \{TT, CC\}, \{TT, TC\}, \{TT, CT\}, \{CC, TC\}, \{CC, CT\}, \{TC, CT\}, \{TT, CC, TC\}, \{TT, CC, CT\}, \{CC, TC, CT\}, \{TT, TC, CT\}, \{TT, CC, TC, CT\}, \varnothing\}.$$

Animazione

Nell'animazione determiniamo lo spazio campionario relativo a tre lanci consecutivi di una moneta e tre eventi aleatori di cui uno elementare.

2 Concezione classica della probabilità

▶ Esercizi a p. 1441

Nel lancio di un dado consideriamo l'evento:

E = «esce un numero dispari».

L'insieme universo $U = \{1, 2, 3, 4, 5, 6\}$ è l'insieme dei **casi possibili**, mentre il sottoinsieme $E = \{1, 3, 5\}$ rappresenta l'insieme dei **casi favorevoli**, ossia di quelli in cui l'evento E è verificato.
Se il dado non è truccato, tutti i casi sono *ugualmente possibili*, e il rapporto

$$\frac{\text{numero dei casi favorevoli}}{\text{numero dei casi possibili}} = \frac{3}{6} = \frac{1}{2}$$

fornisce una stima sulla possibilità che l'evento E si verifichi.

Listen to it

The **probability** of an event E is given by the ratio of the number of **favourable outcomes** to the number of all possible outcomes.

DEFINIZIONE

La **probabilità** di un evento E è il rapporto fra il numero dei casi favorevoli f e quello dei casi possibili u quando sono tutti ugualmente possibili.

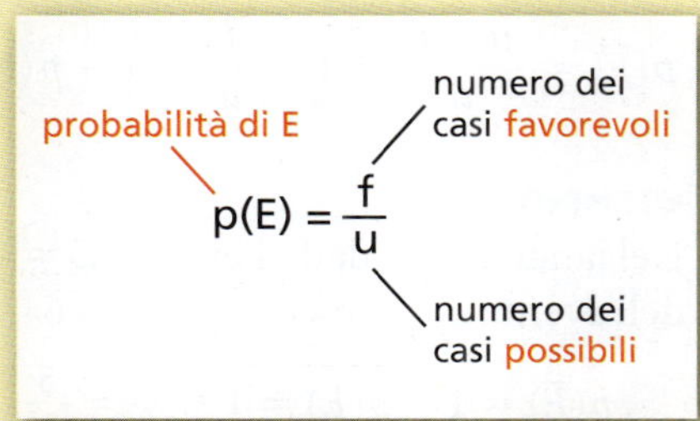

ESEMPIO

Estraiamo una carta da un mazzo di 52 carte. I casi possibili sono $u = 52$, cioè tutti i possibili esiti dell'estrazione.
Consideriamo gli eventi:

E_1 = «estrazione di una figura rossa»;
E_2 = «estrazione di una carta di picche».

▶ In un gioco da tavola ci sono 120 pedine, ognuna delle quali riporta una lettera dell'alfabeto italiano. 57 pedine hanno una vocale, 14 la lettera A, 11 la E e 12 la I. Le pedine con la O sono il triplo di quelle con la U. Calcola la probabilità che, prendendo una pedina a caso:

a. sia una vocale;
b. sia una O.

Animazione

TEORIA

► In un libro di 60 pagine ci sono 5 pagine dedicate all'introduzione, che non contengono illustrazioni. Delle rimanenti, 12 pagine hanno illustrazioni. Calcola la probabilità che, prendendo una pagina a caso:

a. sia nell'introduzione;
b. non abbia illustrazioni.

$\left[a) \frac{1}{12}; b) \frac{4}{5}\right]$

Per E_1 i casi favorevoli sono $f = 6$, cioè il numero delle figure rosse; per E_2 i casi favorevoli sono $f = 13$, cioè il numero delle carte di picche. Quindi:

$$p(E_1) = \frac{6}{52} = \frac{3}{26} \simeq 0,12; \qquad p(E_2) = \frac{13}{52} = \frac{1}{4} = 0,25.$$

Possiamo esprimere questi valori anche mediante percentuali.
Per esempio, il valore percentuale della probabilità di E_2 è 25%.

Possiamo fare le seguenti osservazioni.

- Poiché il numero f dei casi favorevoli è sempre minore o uguale al numero dei casi possibili,

  $$0 \leq p(E) \leq 1,$$

  cioè, la probabilità di un evento è sempre compresa tra 0 e 1.
- Se $f = u$, poiché il numero dei casi favorevoli è uguale al numero dei casi possibili:

  $$p(E) = 1$$

  e l'evento è **certo**.
- Se $f = 0$, poiché il numero dei casi favorevoli è nullo:

  $$p(E) = 0$$

  e l'evento è **impossibile**.

Evento contrario

Consideriamo un evento E. Il suo **evento contrario** $\overline{E}$ è l'evento che si verifica se e solo se non si verifica E.

Per esempio, nel lancio di un dado l'evento contrario di E = «esce un numero pari» è $\overline{E}$ = «non esce un numero pari», ossia «esce un numero dispari».

È vero che:

$$\boldsymbol{p(\overline{E}) = 1 - p(E).}$$

Infatti, essendo u = numero dei casi possibili e f = numero dei casi favorevoli a E:

$$p(\overline{E}) = \frac{u - f}{u} = 1 - \frac{f}{u} = 1 - p(E).$$

► In un'urna ci sono tre palline gialle, una bianca e due verdi. Calcola la probabilità dell'evento contrario di B = «esce una pallina bianca»:

a. direttamente;
b. usando le proprietà della probabilità.

Animazione

ESEMPIO

Nel lancio di un dado l'evento $\overline{E}$ = «non esce il numero 6» è l'evento contrario dell'evento E = «esce il numero 6», quindi

$$p(\overline{E}) = 1 - p(E) = 1 - \frac{1}{6} = \frac{5}{6}.$$

Dal punto di vista degli insiemi, dato l'insieme corrispondente a un evento E, al suo evento contrario $\overline{E}$ corrisponde l'*insieme complementare* di E rispetto a U. Nell'esempio precedente, $U = \{1, 2, 3, 4, 5, 6\}$, $E = \{6\}$, $\overline{E} = \{1, 2, 3, 4, 5\}$.

Per quanto abbiamo detto, la somma della probabilità di un evento e di quella del suo evento contrario è 1:

$$p(E) + p(\overline{E}) = 1.$$

Probabilità e calcolo combinatorio

Nel calcolare la probabilità di un evento con la definizione data, per contare il numero di casi favorevoli e quello di casi possibili, può essere utile il calcolo combinatorio.

ESEMPIO

Da un'urna contenente 4 palline bianche e 6 nere estraiamo *consecutivamente* 5 palline, senza rimettere ogni volta la pallina estratta nell'urna.

a. Consideriamo l'evento:

$E_1 =$ «escono consecutivamente, nell'ordine, 2 palline bianche e 3 nere».

Dobbiamo supporre di *distinguere per l'ordine* di uscita ogni possibile raggruppamento, anche se identico ad altri per composizione.
I casi possibili si possono quindi calcolare con le *disposizioni semplici*:

$$D_{10,5} = 10 \cdot 9 \cdot 8 \cdot 7 \cdot 6 = 30\,240.$$

I casi favorevoli sono tutti i gruppi formati da 2 palline bianche delle quattro contenute nell'urna e dai gruppi formati da 3 palline nere delle sei contenute nell'urna:

$$D_{4,2} \cdot D_{6,3} = (4 \cdot 3) \cdot (6 \cdot 5 \cdot 4) = 1440.$$

Si ha che $p(E_1) = \dfrac{D_{4,2} \cdot D_{6,3}}{D_{10,5}} = \dfrac{1440}{30\,240} = \dfrac{1}{21}$.

b. Consideriamo ora l'evento:

$E_2 =$ «escono 2 palline bianche e 3 nere».

Questa volta *non interessa l'ordine*: indicando con b una pallina bianca e con n una nera, l'evento è verificato non solo quando la successione è

$b, b, n, n, n,$

ma anche quando è

$b, n, b, n, n; \qquad n, b, b, n, n; \qquad \dots$

I casi favorevoli sono quindi quelli calcolati nel caso **a** moltiplicati per le permutazioni di 5 elementi, di cui 2 e 3 ripetuti:

$$(D_{4,2} \cdot D_{6,3}) \cdot P_5^{(2,3)} = 1440 \cdot \frac{5!}{2! \cdot 3!} = 14\,400.$$

Pertanto $p(E_2) = \dfrac{14\,400}{30\,240} = \dfrac{10}{21}$.

Osserviamo che la probabilità dell'evento E_2 può essere scritta anche nel seguente modo:

$$p(E_2) = \frac{D_{4,2} \cdot D_{6,3} \cdot \dfrac{5!}{2! \cdot 3!}}{D_{10,5}} = \frac{\dfrac{D_{4,2}}{2!} \cdot \dfrac{D_{6,3}}{3!}}{\dfrac{D_{10,5}}{5!}} = \frac{C_{4,2} \cdot C_{6,3}}{C_{10,5}}.$$

Confrontando i risultati ottenuti per E_1 ed E_2, possiamo quindi concludere che nelle estrazioni consecutive senza reinserimento si utilizzano le disposizioni semplici se è essenziale l'ordine di uscita, le combinazioni semplici se l'ordine non interessa.

Video

Roulette e probabilità
Facciamo 10 puntate alla roulette.

▶ Qual è la probabilità che esca un numero nero?

▶ In una classe con 16 femmine e 9 maschi si formano dei gruppi di studio composti da 5 persone. Formando un gruppo a caso, qual è la probabilità che sia composto da almeno 4 femmine?

Animazione

TEORIA

3 Somma logica di eventi ▶ Esercizi a p. 1447

Eventi unione e intersezione

Ogni evento è un sottoinsieme dello spazio campionario, quindi possiamo utilizzare gli insiemi per definire eventi unione e intersezione di eventi.

DEFINIZIONE

Dati due eventi E_1 ed E_2 di uno stesso spazio campionario:

- l'**evento unione** o **somma logica** è l'evento $E_1 \cup E_2$ che si verifica quando è verificato *almeno* uno degli eventi E_1 o E_2;
- l'**evento intersezione** o **prodotto logico** è l'evento $E_1 \cap E_2$ che si verifica quando sono verificati *entrambi* gli eventi E_1 ed E_2.

La o e la e che abbiamo utilizzato nella definizione corrispondono alle *operazioni logiche* tra le proposizioni che descrivono gli eventi. Infatti, date due proposizioni logiche p e q:

- la loro disgiunzione $p \vee q$, cioè p o q, è falsa quando entrambe p e q sono false, è vera negli altri casi;
- la loro congiunzione $p \wedge q$, cioè p e q, è vera quando entrambe p e q sono vere, è falsa negli altri casi.

L'evento unione viene anche detto **evento totale**, mentre l'evento intersezione è anche detto **evento composto**.

ESEMPIO

Estraiamo una pallina da un'urna che ne contiene 6, numerate da 1 a 6, e consideriamo:

E_1 = «esce un numero minore di 4»,

E_2 = «esce un multiplo di 2».

Abbiamo che:

$E_1 \cup E_2$ = «esce un numero minore di 4 o multiplo di 2» = {1, 2, 3, 4, 6};

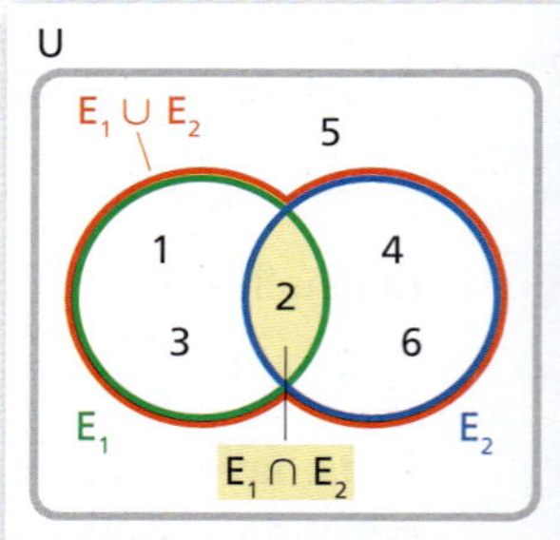

$E_1 \cap E_2$ = «esce un numero minore di 4 e multiplo di 2» = {2}.

Eventi compatibili ed eventi incompatibili

Estraiamo una pallina da un'urna contenente 12 palline numerate da 1 a 12 e consideriamo gli eventi:

E_1 = «esce un numero pari»;

E_2 = «esce un numero maggiore di 7».

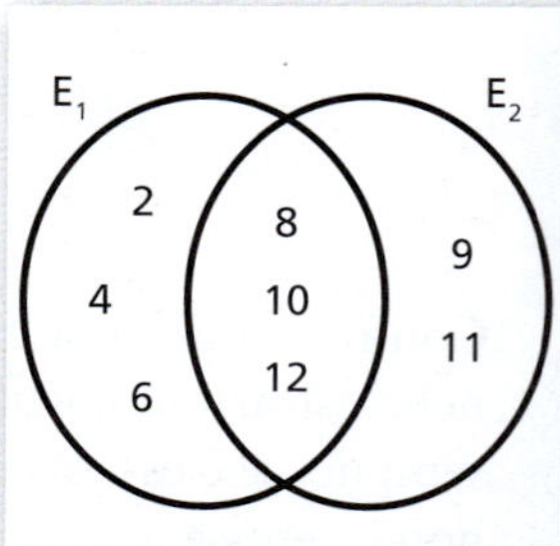

Osserviamo che gli eventi E_1 ed E_2 possono verificarsi *contemporaneamente*, per ognuno dei risultati dati da un elemento di $E_1 \cap E_2$ = {8, 10, 12}. In casi come questo si dice che gli eventi sono *compatibili*.

▶ Si lanciano tre monete con le facce contrassegnate da *T* e *C*. Considera gli eventi
- E_1 = «esce solo una *T*»,
- E_2 = «esce almeno una *T*»,
- E_3 = «escono almeno due *T*».

Stabilisci quali sono le coppie di eventi compatibili e le coppie di eventi incompatibili.

Consideriamo ora gli eventi:

E_3 = «esce il numero 2»;

E_4 = «esce il numero 10».

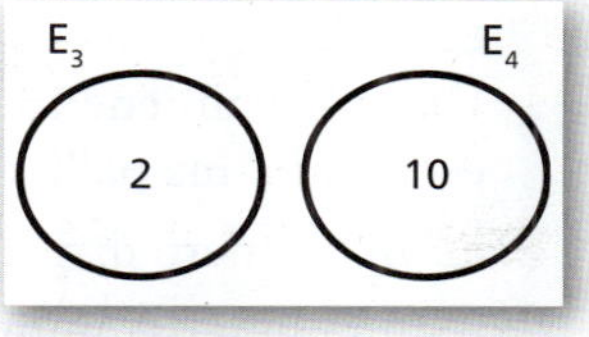

$E_3 \cap E_4 = \varnothing$: questi due eventi, invece, *non* possono verificarsi *contemporaneamente*. Eventi di questo tipo sono *incompatibili*.

DEFINIZIONE

Due eventi E_1 ed E_2, relativi allo stesso spazio campionario, sono **incompatibili** se il verificarsi di uno esclude il verificarsi contemporaneo dell'altro, cioè $E_1 \cap E_2 = \varnothing$. In caso contrario sono **compatibili**.

Listen to it

Two events E_1 and E_2 are said to be **mutually exclusive** (or **disjoint**) if they cannot both occur in a single trial of the experiment. Therefore, the intersection of mutually exclusive events is empty.

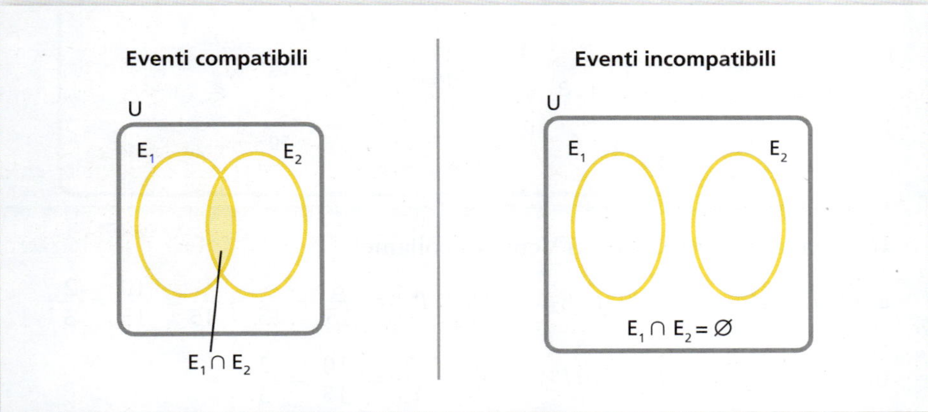

Probabilità della somma logica o unione di due eventi

Vale il seguente teorema.

TEOREMA

La **probabilità della somma logica di due eventi** E_1 ed E_2 è uguale alla somma delle loro probabilità diminuita della probabilità del loro evento intersezione:

$$p(E_1 \cup E_2) = p(E_1) + p(E_2) - p(E_1 \cap E_2).$$

In particolare, se gli eventi sono *incompatibili*:

$$p(E_1 \cup E_2) = p(E_1) + p(E_2).$$

Infatti, se gli eventi sono compatibili, per calcolare gli elementi di $E_1 \cup E_2$ occorre sottrarre alla somma degli elementi di E_1 ed E_2 quelli in comune, altrimenti verrebbero contati due volte. Se invece gli eventi sono incompatibili, poiché $E_1 \cap E_2 = \varnothing$ e $p(E_1 \cap E_2) = 0$, la sottrazione non è necessaria.

Il teorema si estende al caso di tre o più eventi. Per esempio, nel caso di tre eventi la relazione del teorema diventa:

$$p(E_1 \cup E_2 \cup E_3) = p(E_1) + p(E_2) + p(E_3) - p(E_1 \cap E_2) + \\ - p(E_1 \cap E_3) - p(E_2 \cap E_3) + p(E_1 \cap E_2 \cap E_3).$$

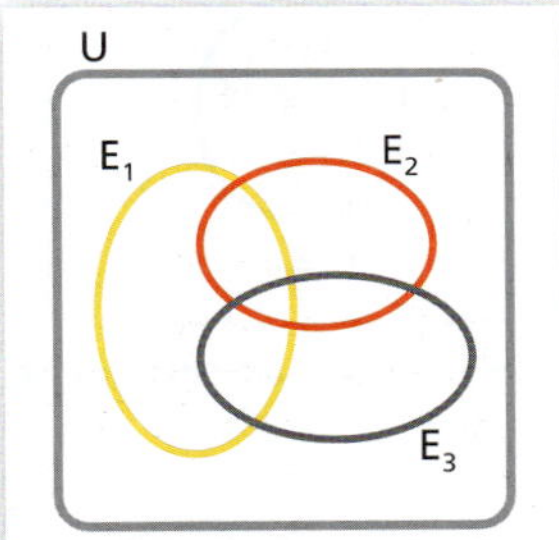

In ogni caso è sempre opportuno effettuare la rappresentazione con i diagrammi di Venn e ricavare, osservando la figura, le probabilità da sommare o da sottrarre.

TEORIA

ESEMPIO

Un'urna contiene 15 palline numerate da 1 a 15. Calcoliamo la probabilità che, estraendo una pallina, essa rechi:

a. un numero dispari o maggiore di 10;

b. un numero minore di 6 o maggiore di 10.

Rappresentiamo gli eventi:

E_1 = «esce un numero dispari»;

E_2 = «esce un numero maggiore di 10»;

E_3 = «esce un numero minore di 6».

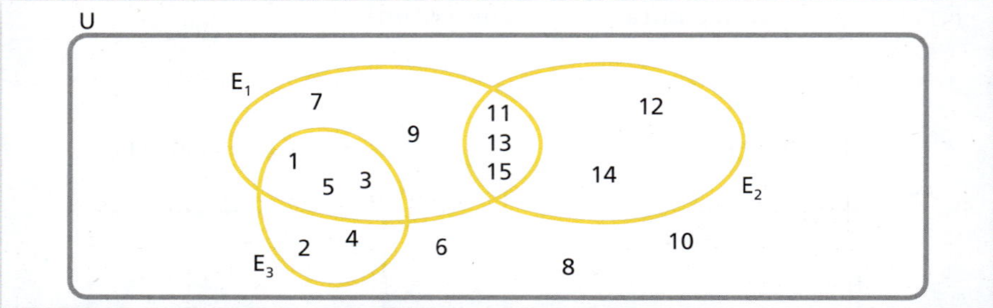

Utilizzando il diagramma di Venn, calcoliamo:

a. $p(E_1 \cup E_2) = p(E_1) + p(E_2) - p(E_1 \cap E_2) = \frac{8}{15} + \frac{5}{15} - \frac{3}{15} = \frac{10}{15} = \frac{2}{3}$;

b. $p(E_3 \cup E_2) = p(E_3) + p(E_2) = \frac{5}{15} + \frac{5}{15} = \frac{10}{15} = \frac{2}{3}$.

► Un sacchetto contiene trenta gettoni numerati da 1 a 30. Si estraggono consecutivamente due gettoni, senza rimettere il primo nel sacchetto. Calcola la probabilità che:

a. vengano estratti due multipli di 3 oppure due multipli di 5;

b. la somma dei numeri estratti sia un numero pari.

Animazione

Possiamo generalizzare il teorema precedente al caso di n eventi a due a due incompatibili, $E_1, E_2, \ldots, E_n$, ottenendo la formula

$$p(E_1 \cup E_2 \cup \ldots \cup E_n) = p(E_1) + p(E_2) + \ldots + p(E_n).$$

Questo risultato è anche chiamato **teorema della probabilità totale**.

4 Probabilità condizionata

► Esercizi a p. 1450

Eventi dipendenti ed eventi indipendenti

Consideriamo un'urna contenente 12 palline identiche numerate da 1 a 12. Lo spazio campionario è

$$U = \{1, 2, 3, 4, 5, 6, 7, 8, 9, 10, 11, 12\}$$

e l'evento E = «estrazione di una pallina con un numero divisibile per 3» ha probabilità $p(E) = \frac{4}{12} = \frac{1}{3}$.

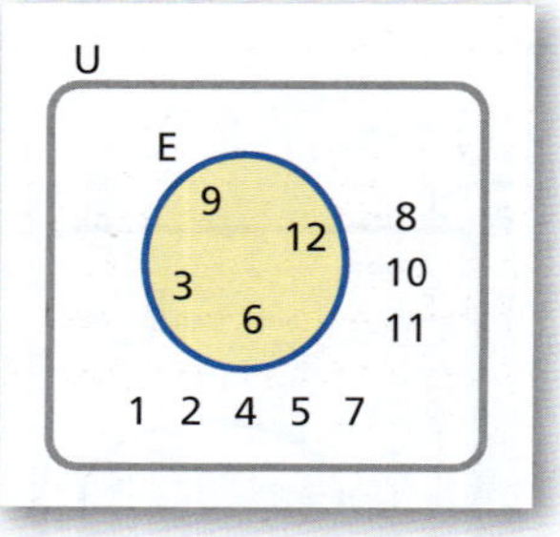

1. Consideriamo l'evento

E_1 = «estrazione di una pallina con un numero maggiore di 7»,

per il quale $p(E_1) = \frac{5}{12}$.

Valutiamo ora la probabilità di E quando sappiamo che E_1 si è verificato. Indichiamo questa probabilità con il simbolo $p(E \mid E_1)$ che leggiamo *probabilità di E condizionata a* E_1.

In questa situazione gli esiti possibili non sono più 12, ma 5 (figura **a**), in quanto l'insieme universo si è ridotto a:

$$U' = E_1 = \{8, 9, 10, 11, 12\}.$$

I casi favorevoli sono i 2 elementi dell'insieme $E \cap E_1 = \{9, 12\}$.

La probabilità è $p(E \mid E_1) = \frac{2}{5}$, che è un valore maggiore di $p(E) = \frac{1}{3}$.

Sapere che E_1 si è verificato ha aumentato la probabilità di E. Gli eventi E ed E_1 si dicono *correlati positivamente*.

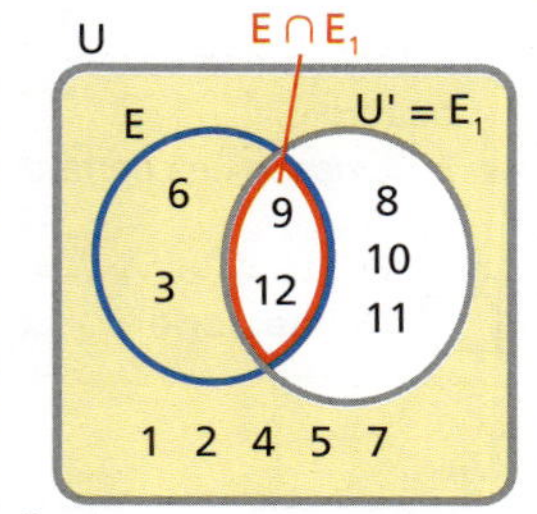

a

2. Consideriamo l'evento E_2 = «estrazione di una pallina con un numero pari», per il quale $p(E_2) = \frac{6}{12} = \frac{1}{2}$.

   Valutiamo la probabilità di E, supponendo che si sia verificato E_2, cioè la probabilità $p(E \mid E_2)$ di E condizionata a E_2. Gli esiti possibili diventano 6 (figura **b**), in quanto l'insieme universo si è ridotto a $U' = E_2 = \{2, 4, 6, 8, 10, 12\}$; i casi favorevoli sono i 2 elementi dell'insieme $E \cap E_2 = \{6, 12\}$.

   $p(E \mid E_2) = \frac{2}{6} = \frac{1}{3}$, che è un valore uguale a $p(E) = \frac{1}{3}$.

   In questo caso, sapere che E_2 si è verificato non ha mutato il valore della probabilità di E. Gli eventi E ed E_2 sono *indipendenti*.

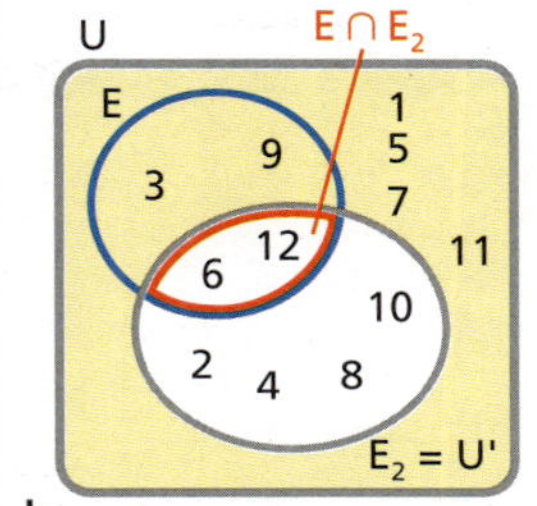

b

3. Consideriamo l'evento

   E_3 = «estrazione di una pallina con un numero minore di 8»,

   per il quale $p(E_3) = \frac{7}{12}$.

   Valutiamo la probabilità di E supponendo che sia verificato l'evento E_3, cioè $p(E \mid E_3)$. Gli esiti possibili ora sono 7 (figura **c**), perché l'insieme universo si è ridotto a $U' = E_3 = \{1, 2, 3, 4, 5, 6, 7\}$; i casi favorevoli sono i 2 elementi dell'insieme $E \cap E_3 = \{3, 6\}$.

   $p(E \mid E_3) = \frac{2}{7}$, che è un valore minore di $p(E) = \frac{1}{3}$.

   Sapere che si è verificato E_3 ha diminuito la probabilità di E. Gli eventi E ed E_3 sono *correlati negativamente*.

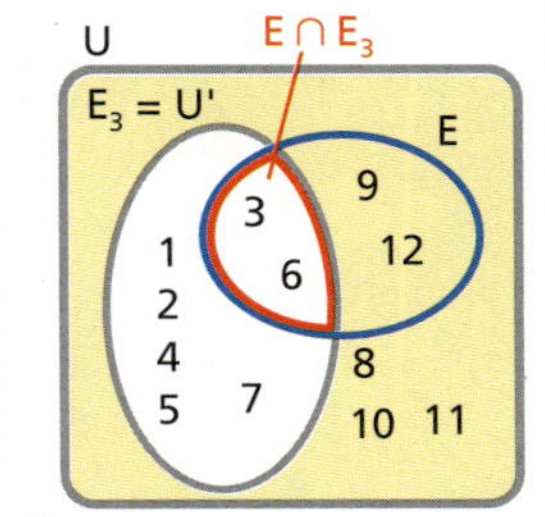

c

In generale, diamo la seguente definizione.

DEFINIZIONE

Dati due eventi E_1 ed E_2, con $p(E_2) \neq 0$, si chiama **probabilità condizionata** di E_1 rispetto a E_2, e si indica con $p(E_1 \mid E_2)$, la probabilità che si verifichi E_1 nell'ipotesi che E_2 sia verificato.

Listen to it

The **conditional probability** of E_1 given E_2 is the probability that the event E_1 will occur given that the event E_2 has occurred.

Se $p(E_1 \mid E_2) = p(E_1)$, cioè le conoscenze ulteriori sul verificarsi di E_2 non modificano la probabilità di E_1, si dice che gli eventi sono **indipendenti**.
Se invece $p(E_1 \mid E_2) \neq p(E_1)$, cioè le conoscenze ulteriori sul verificarsi di E_2 modificano la probabilità di E_1, si dice che gli eventi sono **dipendenti**.

TEORIA

► Da un mazzo di 40 carte ne estraiamo una. Stabilisci se sono indipendenti gli eventi:

- E = «pesco una carta maggiore o uguale al quattro»;
- F = «pesco una carta di denari».

Animazione

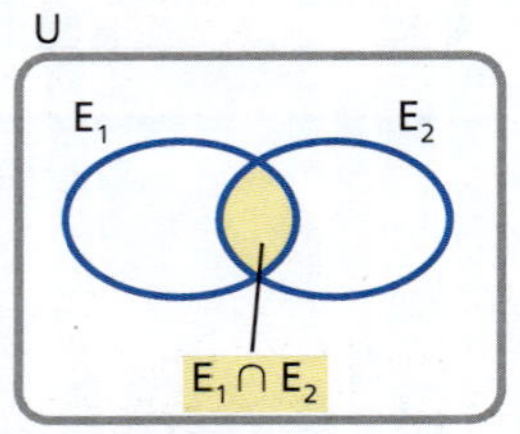

Dati due eventi dipendenti E_1 ed E_2:

- se $p(E_1 | E_2) > p(E_1)$, i due eventi sono **correlati positivamente**;
- se $p(E_1 | E_2) < p(E_1)$, i due eventi sono **correlati negativamente**.

Osserviamo che, mentre per calcolare $p(E_1)$ consideriamo l'insieme universo U, nel calcolare $p(E_1 | E_2)$ l'insieme universo si riduce al sottoinsieme E_2.

Calcolo della probabilità condizionata

Chiamiamo k il numero degli esiti favorevoli al verificarsi di E_2 e r quello degli esiti favorevoli al verificarsi di E_1 nell'ipotesi che E_2 si sia verificato, ossia il numero di elementi di $E_1 \cap E_2$. Per definizione, abbiamo:

$$p(E_1 | E_2) = \frac{r}{k}.$$

Dividendo numeratore e denominatore per n, numero degli elementi di U, otteniamo:

$$p(E_1 | E_2) = \frac{r}{k} = \frac{\frac{r}{n}}{\frac{k}{n}} = \frac{p(E_1 \cap E_2)}{p(E_2)}.$$

Per la probabilità condizionata vale quindi il seguente teorema.

TEOREMA
La probabilità condizionata di un evento E_1 rispetto a un evento E_2, non impossibile, è:

$$p(E_1 | E_2) = \frac{p(E_1 \cap E_2)}{p(E_2)},$$

con $p(E_2) \neq 0$.

Analogamente:

$$p(E_2 | E_1) = \frac{p(E_2 \cap E_1)}{p(E_1)},$$

con $p(E_1) \neq 0$.

ESEMPIO
In un istituto ci sono 650 alunni, di cui 425 femmine e 225 maschi. Nella classe 5ª B ci sono 24 alunni, di cui 11 femmine e 13 maschi. Si estraggono a sorte due alunni della scuola che partecipino a un sondaggio nazionale. Calcoliamo la probabilità che gli alunni estratti siano entrambi maschi, sapendo che sono stati estratti due alunni della 5ª B.
Chiamiamo:

E_1 = «sono stati estratti due maschi»;

E_2 = «sono stati estratti due alunni della 5ª B».

Calcoliamo $p(E_1 | E_2)$ applicando il teorema della probabilità condizionata.

$E_1 \cap E_2$ = «sono stati estratti due maschi della 5ª B».

Casi favorevoli:

$$C_{13,2} = \frac{13 \cdot 12}{2} = 78.$$

Casi possibili:

$$C_{650,2} = \frac{650 \cdot 649}{2!} = 210\,925.$$

Quindi: $p(E_1 \cap E_2) = \frac{C_{13,2}}{C_{650,2}} = \frac{78}{210\,925} = \frac{6}{16\,225}$.

La probabilità di estrarre due alunni della 5ª B è:

$$p(E_2) = \frac{C_{24,2}}{C_{650,2}} = \frac{\frac{24 \cdot 23}{2}}{210\,925} = \frac{276}{210\,925}.$$

La probabilità di estrarre due alunni maschi, sapendo che sono stati estratti due alunni della 5ª B è:

$$p(E_1 | E_2) = \frac{p(E_1 \cap E_2)}{p(E_2)} = \frac{6}{16\,225} \cdot \frac{210\,925}{276} = \frac{13}{46}.$$

► Calcola $p(E_1|E_2)$ dell'esempio a fianco usando la definizione di probabilità condizionata.

5 Prodotto logico di eventi

► Esercizi a p. 1453

Estraiamo una carta da un mazzo di 52 carte. L'evento

E = «esce un re nero»

è l'intersezione di:

E_1 = «esce una carta con seme nero»; E_2 = «esce un re».

Essendo $E = \{$re di picche, re di fiori$\}$, i casi favorevoli sono 2, quindi la probabilità del prodotto logico di E_1 ed E_2 è:

$$p(E) = p(E_1 \cap E_2) = \frac{2}{52} = \frac{1}{26}.$$

Questo risultato si può ottenere anche in un altro modo.
Dalla relazione della probabilità condizionata abbiamo:

$$p(E_2 | E_1) = \frac{p(E_1 \cap E_2)}{p(E_1)} \rightarrow p(E_1 \cap E_2) = p(E_1) \cdot p(E_2 | E_1).$$

Applichiamo la relazione ottenuta nel nostro esempio:

$$p(E_1) = \frac{26}{52} = \frac{1}{2}.$$

Per l'evento E_2 condizionato a E_1, essendo uscita una carta nera, i casi possibili sono 26, mentre i casi favorevoli sono 2:

$$p(E_2 | E_1) = \frac{2}{26} = \frac{1}{13}.$$

Pertanto,

$$p(E_1 \cap E_2) = p(E_1) \cdot p(E_2 \mid E_1) = \frac{1}{2} \cdot \frac{1}{13} = \frac{1}{26}.$$

Abbiamo riottenuto il valore calcolato precedentemente in modo diretto.
Vale il seguente teorema.

TEOREMA

La **probabilità del prodotto logico di due eventi** E_1 ed E_2 è uguale al prodotto della probabilità dell'evento E_1 per la probabilità dell'evento E_2 nell'ipotesi che E_1 si sia verificato:

$$p(E_1 \cap E_2) = p(E_1) \cdot p(E_2 \mid E_1).$$

In particolare, nel caso di eventi *indipendenti*:

$$p(E_1 \cap E_2) = p(E_1) \cdot p(E_2).$$

La seconda formula è conseguenza della prima perché, se gli eventi sono indipendenti, $p(E_2 \mid E_1) = p(E_2)$.

ESEMPIO

Sapendo che, al primo controllo dopo 2000 km percorsi, la probabilità che un'automobile abbia difetti all'alimentazione è dell'8% e che abbia difetti ai freni è del 3%, e sapendo che i difetti sono indipendenti, calcoliamo la probabilità che una macchina li presenti entrambi.

E_1 = «avere difettosa l'alimentazione», $\quad p(E_1) = \frac{8}{100} = 8\%;$

E_2 = «avere difettosi i freni», $\quad p(E_2) = \frac{3}{100} = 3\%;$

$$p(E_1 \cap E_2) = p(E_1) \cdot p(E_2) = \frac{8}{100} \cdot \frac{3}{100} = \frac{24}{10\,000} = \frac{0,24}{100} = 0,24\%.$$

perché E_1 ed E_2 sono indipendenti

Il teorema della probabilità del prodotto logico si può estendere a più eventi che si devono verificare uno dopo l'altro, considerando quello precedente come verificato.
Nel caso di tre eventi la formulazione è

$$p(E) = p(E_1 \cap E_2 \cap E_3) = p(E_1) \cdot p(E_2 \mid E_1) \cdot p(E_3 \mid (E_1 \cap E_2)),$$

che per eventi indipendenti si semplifica:

$$p(E) = p(E_1 \cap E_2 \cap E_3) = p(E_1) \cdot p(E_2) \cdot p(E_3).$$

Problemi con somma e prodotto logico insieme

Consideriamo un esempio di problema che si risolve utilizzando congiuntamente la somma logica e il prodotto logico.

ESEMPIO

Da un'urna che contiene 4 palline nere e 6 bianche estraiamo consecutivamente 3 palline. Calcoliamo la probabilità che le palline siano 2 nere e 1 bianca, con estrazioni senza reimmissione.

Listen to it

The **multiplication rule** states that the probability of the intersection of the events E_1 and E_2 is equal to the probability of E_1 times the conditional probability of E_2 given E_1.

► In un'urna ci sono 12 palline, di cui 8 bianche e 4 nere. Si effettuano due estrazioni, con reimmissione. Calcola la probabilità di estrarre, in successione, una pallina bianca e una nera. Determina la stessa probabilità nel caso in cui la prima pallina estratta non venga rimessa nell'urna.

Animazione

► Due componenti elettronici indipendenti hanno probabilità di guastarsi rispettivamente di 0,1 e 0,2. Qual è la probabilità che entrambi si guastino? Come cambia la risposta se i componenti non sono indipendenti e sapendo che quando si guasta il primo la probabilità che si guasti il secondo è 0,3?
[0,02; 0,03]

Consideriamo:

E_1 = «alla prima estrazione esce una pallina nera»;

E_2 = «alla seconda estrazione esce una pallina nera»;

E_3 = «alla terza estrazione esce una pallina nera».

L'evento E si verifica se si ottiene una delle seguenti sequenze:

(n, n, b) o (n, b, n) o (b, n, n).

Quindi:

$$E = (E_1 \cap E_2 \cap \overline{E}_3) \cup (E_1 \cap \overline{E}_2 \cap E_3) \cup (\overline{E}_1 \cap E_2 \cap E_3).$$

L'evento E è l'unione di tre eventi incompatibili, dunque

$$p(E) = p(E_1 \cap E_2 \cap \overline{E}_3) + p(E_1 \cap \overline{E}_2 \cap E_3) + p(\overline{E}_1 \cap E_2 \cap E_3).$$

Se non c'è reimmissione, gli eventi E_1, E_2, E_3 e anche i loro complementari sono dipendenti; quindi, per esempio, per il primo addendo abbiamo:

$$p(E_1 \cap E_2 \cap \overline{E}_3) = p(E_1) \cdot p(E_2 \mid E_1) \cdot p(\overline{E}_3 \mid E_2 \cap E_1) = \frac{4}{10} \cdot \frac{3}{9} \cdot \frac{6}{8}.$$

Ripetiamo il procedimento con gli altri addendi:

$$p(E) = \frac{4}{10} \cdot \frac{3}{9} \cdot \frac{6}{8} + \frac{4}{10} \cdot \frac{6}{9} \cdot \frac{3}{8} + \frac{6}{10} \cdot \frac{4}{9} \cdot \frac{3}{8} = 3 \cdot \frac{6 \cdot 4 \cdot 3}{10 \cdot 9 \cdot 8} = \frac{3}{10}.$$

► Risolvi il problema dell'esempio supponendo che le estrazioni avvengano con reimmissione. $\left[\frac{36}{125}\right]$

Problema delle prove ripetute

Lanciamo un dado regolare e calcoliamo la probabilità che in cinque lanci consecutivi la faccia 3 si presenti soltanto la prima volta e poi non si presenti più nei lanci successivi. Chiamiamo E_1 questo evento.

Siamo di fronte a un *evento prodotto logico* di una sequenza di cinque *eventi indipendenti*.

La probabilità dell'evento E = «esce la faccia 3» è $p(E) = \frac{1}{6}$, mentre la probabilità dell'evento $\overline{E}$ = «non esce la faccia 3» è $1 - p(E) = 1 - \frac{1}{6} = \frac{5}{6}$.

La probabilità richiesta è: $p(E_1) = \frac{1}{6} \cdot \frac{5}{6} \cdot \frac{5}{6} \cdot \frac{5}{6} \cdot \frac{5}{6} = \frac{1}{6} \cdot \left(\frac{5}{6}\right)^4 = \frac{5^4}{6^5}$.

Abbandoniamo ora la richiesta che la faccia 3 esca la prima volta e consideriamo il caso in cui essa esca una volta sola, non importa in quale posizione della sequenza.

L'evento $F_{1,5}$ = «esce 3 solo una volta su cinque lanci» è la somma logica degli eventi E_i = «esce 3 solo all'i-esimo lancio», con i che va da 1 a 5; tali eventi sono tutti incompatibili fra loro e ognuno ha probabilità uguale a $p(E_1)$. Quindi

$$p(F_{1,5}) = p(E_1) + p(E_2) + \ldots + p(E_5) = 5 \cdot p(E_1) = 5 \cdot \frac{5^4}{6^5} = \frac{5^5}{6^5}.$$

Il numero di sequenze che contengono solo un 3 può essere visto come il numero dei modi in cui un elemento può occupare cinque posti a disposizione:

$$\binom{5}{1}.$$

MATEMATICA E SCIENZA

Siamo soli nell'Universo? A tutti è capitato di chiedersi almeno una volta se nel resto dell'Universo esiste qualche forma di vita intelligente.

► Possiamo calcolare la probabilità di vita extraterrestre?

La risposta

Se l'evento «esce la faccia 3» si deve presentare due volte, abbiamo:

$$p(F_{2,5}) = \binom{5}{2} \cdot \frac{1}{6} \cdot \frac{1}{6} \cdot \frac{5}{6} \cdot \frac{5}{6} \cdot \frac{5}{6} = \binom{5}{2} \cdot \left(\frac{1}{6}\right)^2 \cdot \left(\frac{5}{6}\right)^3 = \frac{10 \cdot 5^3}{6^5}.$$

Se le volte sono tre:

$$p(F_{3,5}) = \binom{5}{3} \cdot \frac{1}{6} \cdot \frac{1}{6} \cdot \frac{1}{6} \cdot \frac{5}{6} \cdot \frac{5}{6} = \binom{5}{3} \cdot \left(\frac{1}{6}\right)^3 \cdot \left(\frac{5}{6}\right)^2 = \frac{10 \cdot 5^2}{6^5}.$$

E così via.

Generalizziamo il problema.

Abbiamo un evento E con probabilità costante p di verificarsi.
L'evento contrario $\overline{E}$ ha probabilità di verificarsi $q = 1 - p$.

Effettuiamo n prove e vogliamo calcolare la probabilità che l'evento E si verifichi k volte e $(n - k)$ volte non si verifichi.
Supponendo che l'evento accada nelle prime k prove e non accada nelle $(n - k)$ successive, dobbiamo applicare il *teorema della probabilità del prodotto logico* e abbiamo:

$$\underbrace{p \cdot p \cdot p \cdot \ldots \cdot p}_{k \text{ volte}} \cdot \underbrace{q \cdot q \cdot q \cdot \ldots \cdot q}_{(n-k) \text{ volte}} = p^k \cdot q^{n-k}.$$

Poiché le k prove in cui l'evento si verifica si possono presentare con ordine diverso, dobbiamo applicare il teorema della *somma logica di eventi* e quindi moltiplicare il valore precedente per il numero delle possibilità che ci sono.
Indichiamo il valore della probabilità con il simbolo $p_{(k,n)}$. Abbiamo:

$$p_{(k,n)} = \binom{n}{k} p^k \cdot q^{n-k}.$$

Vale quindi il seguente teorema.

TEOREMA

Schema delle prove ripetute (o di Bernoulli)

Dato un esperimento aleatorio ripetuto nelle stesse condizioni n volte e indicato con E un evento che rappresenta il successo dell'esperimento e ha probabilità costante p di verificarsi e probabilità $q = 1 - p$ di non verificarsi, la probabilità di ottenere k successi su n prove è:

$$p_{(k,n)} = \binom{n}{k} p^k \cdot q^{n-k}.$$

ESEMPIO

Una macchina produce pezzi che risultano difettosi con una probabilità del 3%.
Prendiamo 8 pezzi e calcoliamo la probabilità che:

a. nessuno sia difettoso;

b. 3 siano difettosi;

c. tutti siano difettosi;

d. almeno 2 siano difettosi.

Essendo $p = 0{,}03$ e $q = 0{,}97$:

a. $p_{(0,8)} = \binom{8}{0} (0{,}03)^0 \cdot (0{,}97)^8 \simeq 78{,}37\%.$

b. $p_{(3,8)} = \binom{8}{3}(0{,}03)^3 \cdot (0{,}97)^5 \simeq 12{,}98 \cdot 10^{-2}\%$.

c. $p_{(8,8)} = \binom{8}{8}(0{,}03)^8 \cdot (0{,}97)^0 \simeq 6{,}56 \cdot 10^{-11}\%$.

d. Per questo quesito utilizziamo l'evento contrario di «almeno due pezzi difettosi» che è: «nessun pezzo difettoso o uno solo difettoso»:

$$p = 1 - p_{(0,8)} - p_{(1,8)} \simeq 1 - 0{,}7837 - \binom{8}{1}(0{,}03)^1 \cdot (0{,}97)^7 \simeq 2{,}24\%.$$

► Un test è composto da 10 domande, ciascuna con quattro opzioni di risposta, di cui una sola corretta. Alberto risponde a caso a tutte le 10 domande.
Qual è la probabilità che risponda correttamente ad almeno 7 domande?
[$\simeq 0{,}0035$]

6 Teorema di Bayes

Se l'evento deve accadere: la disintegrazione

► Esercizi a p. 1461

Abbiamo due urne:

- urna 1: 3 palline bianche e 2 nere;
- urna 2: 4 palline bianche e 5 nere.

Calcoliamo la probabilità che, scegliendo a caso un'urna ed effettuando l'estrazione di una pallina, questa sia bianca.
Per la scelta dell'urna ci affidiamo al lancio di un dado: se viene un numero minore di tre, effettueremo l'estrazione dalla prima urna, altrimenti dalla seconda.

Gli esiti dell'esperimento possono essere descritti da coppie il cui primo elemento indica il numero del dado uscito e il secondo se la pallina estratta è bianca (b) oppure nera (n). Per esempio, la coppia $(4, b)$ indica che nel lancio del dado esce 4 e nell'estrazione dall'urna (la seconda) la pallina è bianca.
Consideriamo i due eventi, riferiti al lancio del dado:

E_1 = «numero minore di tre»;

E_2 = «numero maggiore o uguale a tre».

Questi due eventi sono incompatibili ed esauriscono tutte le possibilità di lancio.

Essi hanno probabilità: $p(E_1) = \frac{2}{6} = \frac{1}{3}$, $p(E_2) = \frac{4}{6} = \frac{2}{3}$.

L'evento

E = «pallina bianca»,

formato dalle coppie che hanno come secondo elemento b, è un sottoinsieme di $U = E_1 \cup E_2$ ed è l'unione di due eventi incompatibili:

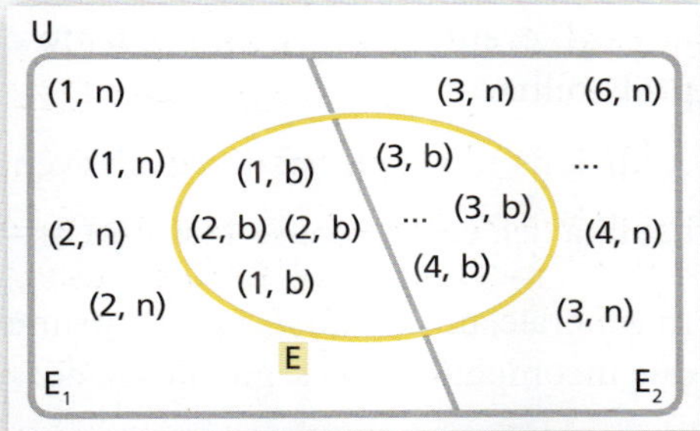

$E \cap E_1$ = «numero minore di tre e pallina bianca dalla prima urna»;

$E \cap E_2$ = «numero maggiore o uguale a tre e pallina bianca dalla seconda urna».

Gli eventi E ed E_1 sono dipendenti, così come gli eventi E ed E_2, quindi per calcolare la probabilità delle intersezioni dobbiamo usare la probabilità condizionata.

$$p(E \mid E_1) = \frac{3}{5} \quad \text{e} \quad p(E \mid E_2) = \frac{4}{9},$$

quindi, applicando il teorema della probabilità del prodotto logico, abbiamo:

numero minore di tre

$$p(E \cap E_1) = p(E_1) \cdot p(E \mid E_1) = \frac{1}{3} \cdot \frac{3}{5} = \frac{1}{5};$$

bianca dalla prima urna

numero maggiore o uguale a tre

$$p(E \cap E_2) = p(E_2) \cdot p(E \mid E_2) = \frac{2}{3} \cdot \frac{4}{9} = \frac{8}{27}.$$

bianca dalla seconda urna

Possiamo ora calcolare la probabilità dell'evento E:

$$p(E) = p(E \cap E_1) + p(E \cap E_2) = p(E_1) \cdot p(E \mid E_1) + p(E_2) \cdot p(E \mid E_2) = \frac{1}{5} + \frac{8}{27} = \frac{67}{135}.$$

Visualizziamo tutto il procedimento utilizzando un diagramma ad albero, dove i rami uscenti da un nodo rappresentano eventi incompatibili e, sommando le probabilità segnate su di essi, otteniamo il valore uno.

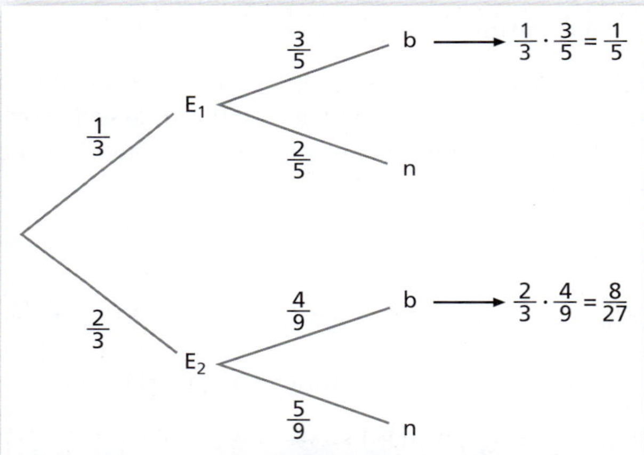

► In un'indagine condotta su 120 persone, di cui 70 uomini e 50 donne, è risultato che hanno la patente il 90% degli uomini e l'87% delle donne. Prendendo una persona a caso, qual è la probabilità che questa abbia la patente? [0,89]

Partendo da sinistra, percorrendo i rami del diagramma, leggiamo la successione degli eventi che formano l'evento composto ed effettuiamo il prodotto delle probabilità.

Addizionando le probabilità degli eventi prodotto dei percorsi, otteniamo la probabilità dell'evento considerato: $p(E) = \frac{1}{5} + \frac{8}{27} = \frac{67}{135}$.

In generale, un evento E si può esprimere come unione di eventi composti a due a due incompatibili nel seguente modo:

$$E = (E \cap E_1) \cup (E \cap E_2) \cup \ldots \cup (E \cap E_n),$$

dove E_1, E_2, …, E_n costituiscono una *partizione* dello spazio campionario U, cioè sono eventi:

- non vuoti;
- incompatibili a due a due;
- tali che la loro unione è uguale a U.

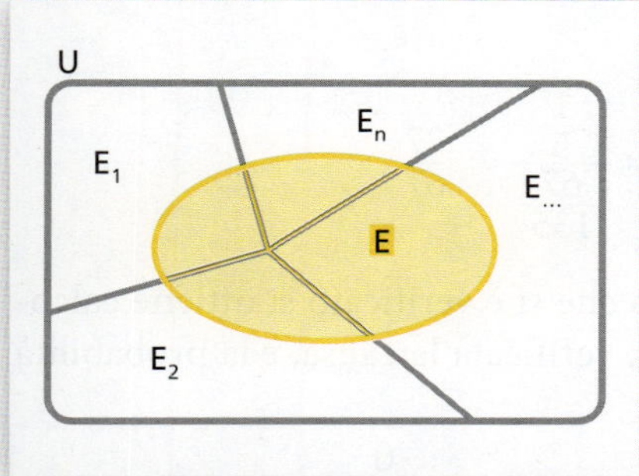

Applicando il teorema della probabilità totale, si ha

$$p(E) = p(E \cap E_1) + p(E \cap E_2) + \dots + p(E \cap E_n),$$

e applicando il teorema del prodotto logico di eventi, si ha la formula

$$p(E) = p(E_1) \cdot p(E \mid E_1) + p(E_2) \cdot p(E \mid E_2) + \dots + p(E_n) \cdot p(E \mid E_n),$$

la cui applicazione risulta facilitata utilizzando i diagrammi ad albero.
Questa formula è anche detta **formula di disintegrazione**.

Se l'evento è accaduto: teorema di Bayes

▶ Esercizi a p. 1463

Consideriamo ancora l'esperimento relativo all'estrazione di una pallina bianca da due urne, la cui scelta è stabilita dal lancio di un dado.

Supponiamo che *si sia verificato* l'evento:

E = «estrazione di una pallina bianca».

Ci chiediamo: «qual è la probabilità che la pallina bianca estratta provenga dalla prima urna?».

Siamo in una situazione completamente diversa da quella precedente.
Infatti abbiamo sempre calcolato la probabilità di un evento che potrebbe accadere conoscendo le cause che stanno alla base del suo verificarsi.
Ora invece l'evento si è verificato e vogliamo conoscere la probabilità che sia stata una certa *causa* a produrlo.

Usiamo ancora le notazioni:

E_1 = «numero minore di tre»;

$E_1 \cap E$ = «numero minore di tre e pallina bianca dalla prima urna».

Dobbiamo calcolare la probabilità che, verificatosi E, si sia verificato anche E_1, cioè $p(E_1 \mid E)$.

$$p(E_1 \mid E) = \frac{p(E_1 \cap E)}{p(E)}$$

Essendo $E_1 \cap E = E \cap E_1$ e utilizzando i valori di probabilità che abbiamo già calcolato,

$$p(E_1 \cap E) = p(E \cap E_1) = p(E_1) \cdot p(E \mid E_1) = \frac{1}{5} \quad \text{e} \quad p(E) = \frac{67}{135},$$

otteniamo:

$$p(E_1 \mid E) = \frac{p(E_1 \cap E)}{p(E)} = \frac{p(E_1) \cdot p(E \mid E_1)}{p(E)} = \frac{\frac{1}{5}}{\frac{67}{135}} = \frac{27}{67}.$$

Pertanto, la probabilità della causa dell'evento che si è verificato si ottiene calcolando il rapporto tra la probabilità dell'evento, verificata la causa, e la probabilità totale dell'evento.

Generalizziamo il problema.

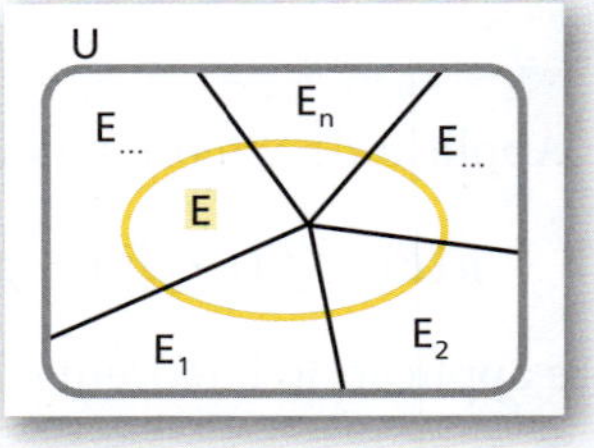

Sia U uno spazio campionario ed $E \subset U$ un evento che supponiamo si sia verificato. Consideriamo una partizione di U in n eventi $E_1, E_2, \dots, E_n$; allora

$$E = (E \cap E_1) \cup (E \cap E_2) \cup \dots \cup (E \cap E_n).$$

La probabilità che l'evento E_i sia stato la **causa** di E si ottiene come rapporto fra la probabilità di $E_i \cap E$ e la probabilità dell'evento totale E.

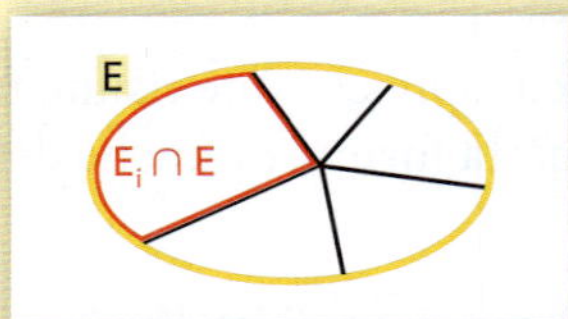

Ciò conduce alla seguente formula, nota come **teorema di Bayes** o **teorema della probabilità delle cause**.

Listen to it

Bayes' theorem allows us to compute the probability that an event E_i is the **cause** of a given **effect** E that has already occurred.

TEOREMA

Teorema di Bayes

La probabilità che, essendosi verificato un evento E, la causa che sta alla sua origine sia l'evento E_i, con $i = 1, 2, \dots, n$, è

$$p(E_i \mid E) = \frac{p(E_i) \cdot p(E \mid E_i)}{p(E)},$$

dove $p(E)$ è la probabilità dell'evento totale:

$$p(E) = p(E_1) \cdot p(E \mid E_1) + p(E_2) \cdot p(E \mid E_2) + \dots + p(E_n) \cdot p(E \mid E_n)$$

e gli eventi $E_1, E_2, \dots, E_n$ sono una partizione dello spazio campionario U.

Il teorema di Bayes trova applicazioni nel campo del controllo della qualità, in medicina, in farmacia e ogniqualvolta è necessario valutare il «peso» di una causa di fronte al verificarsi di un evento.

ESEMPIO

Un'industria utilizza tre macchinari: il primo produce 500 pezzi, il secondo 1250 e il terzo 750. I pezzi difettosi prodotti dai tre macchinari sono rispettivamente il 5%, l'8% e il 6%.

Avendo prelevato un pezzo difettoso, qual è la probabilità che provenga dal primo macchinario? E qual è la probabilità che provenga dal secondo o dal terzo macchinario?

M_1 = «produzione primo macchinario»,

M_2 = «produzione secondo macchinario»,

M_3 = «produzione terzo macchinario»,

D = «pezzo difettoso».

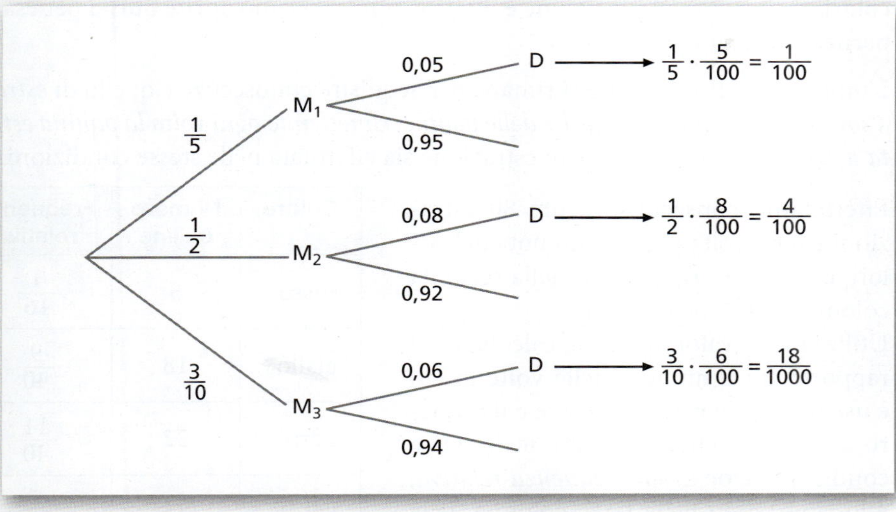

Calcoliamo la probabilità che, prendendo a caso un pezzo, esso sia difettoso:

$$p(D) = 0{,}01 + 0{,}04 + 0{,}018 = 0{,}068.$$ —— formula di disintegrazione

Rispondiamo al primo quesito.
La probabilità che esca un pezzo difettoso dalla prima macchina è:

$$p(D \cap M_1) = p(M_1) \cdot p(D \mid M_1) = 0{,}01.$$

Calcoliamo la probabilità che, avendo preso un pezzo difettoso, esso provenga dalla prima macchina:

$$p(M_1 \mid D) = \frac{p(M_1) \cdot p(D \mid M_1)}{p(D)} = \frac{0{,}01}{0{,}068} = \frac{10}{68} = \frac{5}{34}.$$

Rispondiamo al secondo quesito.
La probabilità che esca un pezzo difettoso dalla seconda o dalla terza macchina è:

$$p(M_2) \cdot p(D \mid M_2) + p(M_3) \cdot p(D \mid M_3) = 0{,}04 + 0{,}018 = 0{,}058.$$

Quindi, la probabilità che, avendo preso un pezzo difettoso, esso provenga dalla seconda o dalla terza macchina è:

$$\frac{0{,}058}{0{,}068} = \frac{58}{68} = \frac{29}{34}.$$

► Una ditta produce bicchieri da vino, da acqua e da amaro in queste proporzioni: 30%, 45%, 25%. I processi produttivi sono diversi e risultano difettosi il 2% dei bicchieri da vino, il 3% di quelli da acqua e il 5% di quelli da amaro.

a. Prendendo un bicchiere a caso, qual è la probabilità che sia difettoso?

b. Se si è preso un bicchiere difettoso, qual è la probabilità che sia da vino?

Animazione

MATEMATICA INTORNO A NOI

I filtri antispam Le e-mail indesiderate, o spam, sono una seccatura. Oltre a intasare le caselle di posta elettronica, causano un notevole dispendio di tempo e di energie.

► Come funzionano i filtri antispam?

La risposta

Video

Teorema di Bayes
Sei l'avvocato di un giovane accusato.

► Qual è la probabilità che il tuo cliente sia colpevole?

7 Concezione statistica della probabilità

▶ Esercizi a p. 1465

Abbiamo un'urna che contiene palline colorate, ma non sappiamo né quali sono i colori, né quante sono le palline e, inoltre, non possiamo aprire l'urna per esaminarne il contenuto.

L'unico procedimento che ci rimane per acquisire conoscenze è quello di *estrarre a sorte un gran numero di volte delle palline, rimettendo ogni volta la pallina estratta nell'urna*, in modo che ogni estrazione sia effettuata nelle stesse condizioni.

Effettuiamo consecutivamente 80 estrazioni e ogni volta prendiamo nota del colore uscito, e lo riportiamo nella seconda colonna della tabella a lato.
Utilizzando i valori ottenuti, calcoliamo il rapporto fra il numero delle volte in cui è uscito un determinato colore e il numero delle prove effettuate tutte nelle stesse condizioni, cioè la sua *frequenza relativa*, e lo riportiamo nella terza colonna della tabella.

Colore	Numero palline	Frequenza relativa
rosso	5	$\frac{1}{16}$
giallo	18	$\frac{9}{40}$
nero	22	$\frac{11}{40}$
verde	35	$\frac{7}{16}$
Totale	80	1

DEFINIZIONE

La **frequenza relativa** $f(E)$ di un evento sottoposto a n esperimenti, effettuati tutti nelle stesse condizioni, è il rapporto fra il numero delle volte m in cui E si è verificato e il numero n delle prove effettuate.

$$f(E) = \frac{m}{n}$$

frequenza relativa di E — numero di prove che verificano E (m) — numero di prove effettuate (n)

I valori della frequenza relativa di un evento sono compresi tra 0 e 1:

$$0 \leq f(E) \leq 1.$$

Frequenza 0 non significa che l'evento è impossibile, ma soltanto che non si è mai verificato. Per esempio, se nelle prove effettuate non è mai uscita una pallina blu, questo non significa che nell'urna non ve ne siano.
Analogamente, frequenza 1 non significa che l'evento è certo, ma soltanto che in quella serie di esperimenti è stato sempre osservato.

Se ripetiamo l'esperimento, senz'altro otterremo valori diversi. Il valore m dipende infatti dal numero di prove n che effettuiamo. Ma se abbiamo la pazienza di aumentare il numero delle prove, rileviamo un fatto interessante: il valore della frequenza $f(E) = \frac{m}{n}$ tende a un valore costante che si può ritenere come la probabilità dell'evento.
Per esempio, sappiamo che la probabilità di ottenere testa lanciando una moneta, secondo l'impostazione classica, è $\frac{1}{2}$. Allo stesso valore tende la frequenza se sperimentalmente lanciamo una moneta un numero elevatissimo di volte.

In generale, vale la seguente proprietà.

Legge empirica del caso
Dato un evento E, sottoposto a n prove tutte nelle stesse condizioni, il valore della frequenza relativa $f(E) = \frac{m}{n}$ tende al valore della probabilità $p(E)$, all'aumentare del numero n di prove effettuate.

La *legge empirica del caso* è alla base della **definizione statistica** o **frequentistica della probabilità**.

DEFINIZIONE
La **probabilità statistica** di un evento E è la frequenza relativa del suo verificarsi quando il numero di prove effettuato è da ritenersi «sufficientemente alto».

Listen to it

The **probability** of an event *E* is equal to its **relative frequency** computed over a sufficiently large number of trials.

Nell'impostazione classica il valore della probabilità è calcolato **a priori**, ossia prima che l'esperimento avvenga, mentre il valore della frequenza è un valore **a posteriori**.

Ci sono moltissimi eventi per i quali è difficile o impossibile calcolare la probabilità applicando l'impostazione classica. Per eventi di questo tipo possiamo applicare l'impostazione frequentistica.

Esempi di eventi di questo tipo sono:

- produzione di un pezzo difettoso con un macchinario;
- trovare un posto di lavoro;
- contrarre una determinata malattia;
- incidente automobilistico;
- efficacia di un farmaco.

Per questi eventi occorre fondare il calcolo su quanto è avvenuto in passato e cercare statisticamente le relative frequenze, accettandole come probabilità degli eventi.

ESEMPIO
Una ditta farmaceutica vuole sperimentare un nuovo vaccino antinfluenzale. Si sottopongono volontariamente al vaccino 10 000 persone e, di queste, nell'inverno successivo, 6750 non contraggono l'influenza. Qual è la probabilità di non contrarre il virus con questo tipo di vaccino?
Poiché il numero di prove effettuate è 10 000 e il numero di prove che si verificano è 6750:

$$f = \frac{6750}{10\,000} = 0{,}675.$$

La probabilità di non ammalarsi è del 67,5%.

► Durante l'ultima stagione, Gianmarco ha realizzato 41 canestri su 68 tiri liberi effettuati.
Calcola la probabilità che Gianmarco fallisca consecutivamente due tiri liberi.

Animazione

► In un'indagine per scoprire il gradimento di un certo film sono stati intervistati 50 bambini, 50 donne e 50 uomini, ed è risultato che il film è piaciuto a 30 bambini, 20 donne e 25 uomini. Scegliendo a caso un bambino, una donna e un uomo, qual è la probabilità che il film sia piaciuto solo a uno di loro?

Animazione

8 Concezione soggettiva della probabilità

▶ Esercizi a p. 1466

Una persona sta valutando se partecipare o non partecipare a un gioco d'azzardo nel quale si vince se, lanciando contemporaneamente due dadi, escono due numeri pari.

Secondo l'impostazione classica, egli sa che la probabilità di vittoria è $\frac{9}{36} = \frac{1}{4} = 25\%$, ma ha osservato che su 21 lanci le due facce pari sono uscite 7 volte, cioè con una frequenza di $\frac{1}{3}$, vale a dire del 33,3% circa.

Decide allora di proporre a chi tiene il banco di giocare una posta di 10 euro per ricevere, in caso di vittoria, 34 euro.

La valutazione che ha fatto è del tutto personale. Ha determinato il valore della probabilità secondo una valutazione **soggettiva**.

Possiamo determinare il valore che ha attribuito alla probabilità dell'evento «uscita di due facce pari» mediante il rapporto tra la posta che è disposto a pagare e la somma che dovrebbe ricevere in caso di vincita:

$$p(E) = \frac{10}{34} = \frac{5}{17} \simeq 29,4\%.$$

Il giocatore valuta la probabilità di vincita in misura maggiore di quella che il calcolo secondo l'impostazione classica («a priori») gli fornisce $\left(\text{cioè } \frac{1}{4}\right)$, in quanto avrebbe dovuto, in questo caso, pretendere un pagamento dal banco di 40 euro, cioè 4 volte la posta. Ma valuta anche la probabilità di vincita in misura minore di quella che sperimentalmente («a posteriori») si verifica $\left(\text{cioè } \frac{1}{3}\right)$, in quanto in questo caso avrebbe potuto pretendere solo 30 euro, cioè 3 volte la posta.

Il modo di procedere soggettivo è l'unico utilizzabile per quegli eventi per i quali non è possibile calcolare teoricamente il numero dei casi favorevoli e possibili e non si può sottoporre l'evento a prove sperimentali ripetute nelle stesse condizioni. Siamo in questa situazione, per esempio, se vogliamo stimare la probabilità di vittoria di una squadra di calcio in un torneo.

Listen to it

The **subjective probability** of an event *E* is a measure of the **degree of belief** that a person assigns to the event. It reflects the individual's personal opinion about whether the event is likely to occur.

DEFINIZIONE

La **probabilità soggettiva** di un evento è la *misura del grado di fiducia* che una persona attribuisce al verificarsi dell'evento, secondo la sua opinione. Il valore si ottiene effettuando il rapporto fra la somma *P* che si è disposti a pagare, in una scommessa, e la somma *V* che si riceverà nel caso l'evento si verifichi.

prezzo da pagare

$$p(E) = \frac{P}{V}$$

somma ricevuta al verificarsi di E

Deve sussistere la **condizione di coerenza**: la persona che accetta di pagare *P* per ottenere *V* deve anche essere disposta a ricevere *P* per pagare *V* nel caso l'evento si verifichi.

Il valore della probabilità, utilizzando la concezione soggettiva, varia da individuo a individuo, ma in ogni caso esso è compreso fra 0 e 1, in quanto si suppone che la somma che si è disposti a pagare sia minore o uguale a quella della vincita.

ESEMPIO

A una corsa di cavalli una persona è disposta a pagare 90 euro per ricevere 120 euro in caso di vittoria di un determinato cavallo.

Calcoliamo la probabilità di vittoria che attribuisce al cavallo:

$$p(E) = \frac{90}{120} = \frac{3}{4}.$$

Per la condizione di coerenza, deve essere disposto, scambiando i ruoli, a ricevere 90 euro e pagare 120 euro in caso di vittoria del cavallo.
Si dice anche che la vittoria del cavallo è pagata 4 a 3.

In conclusione, la valutazione *soggettiva della probabilità* porta a considerare il calcolo delle probabilità come una scommessa.

► Un tifoso è disposto a scommettere 10 euro per riceverne 25 sulla vittoria della sua squadra di pallavolo nella prossima partita.

a. Quale probabilità attribuisce il tifoso alla vittoria della squadra?

b. Quanto ha pagato il tifoso, in caso di vittoria della squadra, se riceve una somma di 40 euro?

c. Quale somma dovebbe essere disposto a pagare per poter ricevere 30 euro in caso di sconfitta della squadra?

Animazione

9 Impostazione assiomatica della probabilità

► Esercizi a p. 1467

Abbiamo visto che le definizioni di probabilità date finora (classica, statistica e soggettiva) sono legate al tipo di esperimento considerato e al metodo che vogliamo utilizzare per il calcolo.

L'impostazione assiomatica nasce con lo scopo di superare questi aspetti particolari, per giungere a una formulazione rigorosa, utilizzando la teoria degli insiemi. Basandosi su di essa vengono fornite le definizioni fondamentali di *spazio campionario, evento, evento elementare, spazio degli eventi, evento contrario, evento unione* ed *evento intersezione* che abbiamo già esaminato, oltre a definire l'*evento impossibile* come quello corrispondente all'insieme vuoto e l'*evento certo* come quello relativo all'insieme U dello spazio campionario.

Avendo fissato tutti questi elementi, viene data la seguente definizione assiomatica di probabilità.

DEFINIZIONE

Definizione assiomatica di probabilità

Dato uno spazio campionario U, una funzione p che associa a ogni evento E dello spazio degli eventi un numero reale viene detta probabilità se soddisfa i seguenti assiomi:

1. $p(E) \geq 0$;
2. $p(U) = 1$;
3. se $E_1 \cap E_2 = \varnothing$, allora $p(E_1 \cup E_2) = p(E_1) + p(E_2)$.

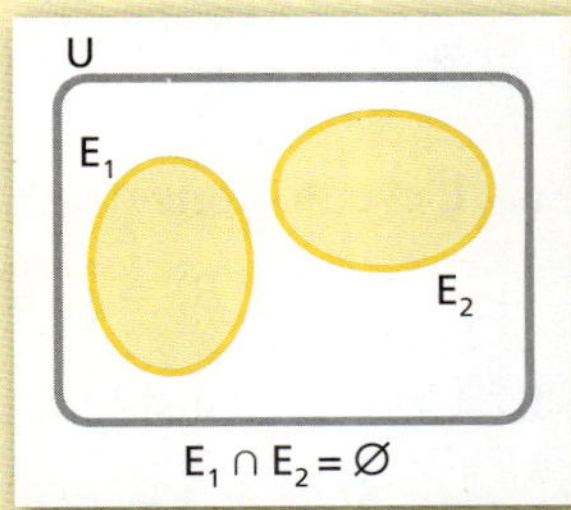

Listen to it

The probability p of an event E can be defined by the following **axioms**:

1. $p(E)$ is a non-negative number;
2. if U is the **certain event**, then $p(U)$ is equal to 1;
3. if the intersection of two events is empty, then the probability of their union is equal to the sum of their probabilities.

L'impostazione assiomatica non fornisce alcun procedimento per determinare la probabilità di un evento, ma i valori che vengono assegnati agli eventi devono rispettare gli assiomi.

TEORIA

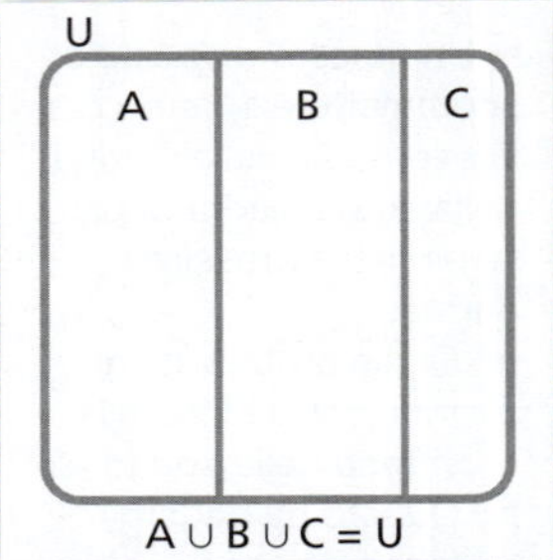

ESEMPIO

L'insieme U è costituito da tre eventi elementari A, B, C, i quali hanno le seguenti probabilità:

$$p(A) = \frac{3}{8}, \qquad p(B) = \frac{2}{5}, \qquad p(C) = \frac{9}{40}.$$

Tali valori soddisfano gli assiomi della probabilità. In particolare, essendo:

$$A \cup B \cup C = U \text{ e } A \cap B = A \cap C = B \cap C = \varnothing,$$

$$p(A) + p(B) + p(C) = \frac{3}{8} + \frac{2}{5} + \frac{9}{40} = 1 = p(U).$$

Dalla definizione assiomatica si deducono le seguenti *proprietà*.

a. $p(\varnothing) = 0$;

b. $0 \le p(E) \le 1$;

c. $p(\overline{E}) = 1 - p(E)$;

d. se gli eventi $E_1, E_2, \ldots, E_n$ sono una partizione di U, allora

$$p(E_1) + p(E_2) + \ldots + p(E_n) = 1.$$

e. $p(E_2 - E_1) = p(E_2) - p(E_1 \cap E_2)$; in particolare, se $E_1 \subseteq E_2$, allora

$$p(E_2 - E_1) = p(E_2) - p(E_1).$$

► Una macedonia è composta per il 60% da mele, per il 10% da kiwi, per un altro 10% da ananas, per il 5% da lamponi e per il resto da fragole. Prendendo un pezzo di frutta a caso, calcola la probabilità di:

a. prendere un pezzo di fragola;

b. prendere un pezzo di mela o kiwi;

c. non prendere né un lampone né un pezzo di fragola.

Animazione

ESEMPIO

Da un'indagine è risultato che, preso come campione un certo numero di italiani, la probabilità che essi trascorrano le prossime vacanze al mare è del 45%, in montagna è del 27%, sia al mare che in montagna è del 5%. Calcoliamo la probabilità che gli italiani:

a. vadano solo al mare;

b. non vadano in montagna;

c. non vadano al mare né in montagna.

Consideriamo gli eventi: A = «andare al mare»; B = «andare in montagna». Conosciamo le probabilità:

$$p(A) = \frac{45}{100} = 0{,}45; \qquad p(B) = \frac{27}{100} = 0{,}27; \qquad p(A \cap B) = \frac{5}{100} = 0{,}05.$$

a. L'evento considerato è $A - B$:

$$p(A - B) = p(A) - p(A \cap B) = 0{,}45 - 0{,}05 = 0{,}40 = 40\%.$$

b. L'evento considerato è $\overline{B}$:

$$p(\overline{B}) = 1 - p(B) = 1 - 0{,}27 = 0{,}73 = 73\%.$$

c. L'evento considerato è $\overline{A \cup B}$, per cui, dato che $A \cup B = (A - B) \cup B$:

$$p(\overline{A \cup B}) = 1 - [p(A - B) + p(B)] = 1 - [0{,}40 + 0{,}27] = 0{,}33 = 33\%.$$

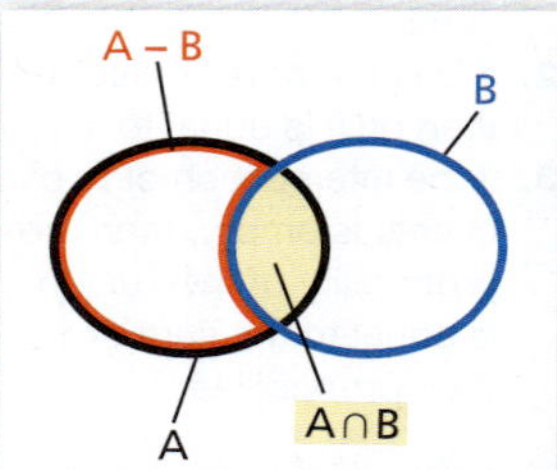

IN SINTESI
Probabilità

Eventi

- **Esperimento aleatorio**: fenomeno di cui non riusciamo a prevedere il risultato con certezza.
- **Universo** o **spazio campionario**: l'insieme di tutti i possibili risultati di un esperimento aleatorio.
- **Evento**: sottoinsieme dello spazio campionario.
- **Evento elementare**: evento formato da un singolo risultato dell'esperimento.
- **Spazio degli eventi**: l'insieme di tutti i possibili eventi.
- L'**evento contrario** $\overline{E}$ di un evento E si verifica se e solo se non si verifica E.

Concezione classica della probabilità

Probabilità di un evento E se tutti i casi sono ugualmente possibili:

$$p(E) = \frac{f}{u}.$$

f — numero dei casi favorevoli

u — numero dei casi possibili

- $0 \leq p(E) \leq 1$.
- Se $f = 0$, l'evento è **impossibile** e $p(E) = 0$; se $f = u$, l'evento è **certo** e $p(E) = 1$.
- $p(\overline{E}) = 1 - p(E)$.

Somma logica di eventi

- La **somma logica** $E_1 \cup E_2$ di due eventi E_1 ed E_2 si verifica quando almeno uno dei due si verifica.
- Il **prodotto logico** $E_1 \cap E_2$ di due eventi E_1 ed E_2 si verifica quando si verificano entrambi gli eventi.
- Due eventi E_1 ed E_2 sono **incompatibili** se $E_1 \cap E_2 = \varnothing$ e sono **compatibili** se $E_1 \cap E_2 \neq \varnothing$.
- $p(E_1 \cup E_2) = p(E_1) + p(E_2) - p(E_1 \cap E_2)$. Se gli eventi sono incompatibili: $p(E_1 \cup E_2) = p(E_1) + p(E_2)$.
- **Teorema della probabilità totale**
  Dati n eventi $E_1, E_2, \ldots, E_n$ a due a due incompatibili: $p(E_1 \cup E_2 \cup \ldots \cup E_n) = p(E_1) + p(E_2) + \ldots + p(E_n)$.

Probabilità condizionata

- La **probabilità condizionata di un evento E_1 rispetto a un evento E_2**, non impossibile, è la probabilità di verificarsi di E_1 nell'ipotesi che E_2 si sia già verificato e si indica con $\boldsymbol{p(E_1 | E_2)}$. Gli eventi si dicono:
  - **indipendenti** se $p(E_1 | E_2) = p(E_1)$;
  - **correlati positivamente** se $p(E_1 | E_2) > p(E_1)$; **correlati negativamente** se $p(E_1 | E_2) < p(E_1)$.
- Vale il teorema: $p(E_1 | E_2) = \dfrac{p(E_1 \cap E_2)}{p(E_2)}$, con $p(E_2) \neq 0$.

Prodotto logico di eventi

- $p(E_1 \cap E_2) = p(E_1) \cdot p(E_2 \mid E_1)$. Se E_1 ed E_2 sono eventi indipendenti: $p(E_1 \cap E_2) = p(E_1) \cdot p(E_2)$.
- **Prove ripetute**
  Probabilità che in n ripetizioni un evento si verifichi k volte:

$$p_{(k,n)} = \binom{n}{k} p^k q^{n-k}.$$

q: probabilità dell'evento contrario
p: probabilità dell'evento

Teorema di Bayes

- Se gli eventi $E_1, E_2, \ldots, E_n$ sono una partizione dell'insieme universo U, cioè
  - sono non vuoti, • sono a due a due incompatibili, • la loro unione è U,

  allora vale la **formula di disintegrazione**:

$$p(E) = p(E_1) \cdot p(E \mid E_1) + p(E_2) \cdot p(E \mid E_2) + \ldots + p(E_n) \cdot p(E \mid E_n).$$

- Il **teorema di Bayes** permette di calcolare la probabilità che la **causa** E_i abbia preceduto l'evento E che si è verificato.

$$p(E_i \mid E) = \frac{p(E_i) \cdot p(E \mid E_i)}{p(E)}$$

$p(E_i \cap E)$ (numeratore)
probabilità che E_i sia la causa di E

Concezione statistica della probabilità

- $f(E) = \dfrac{m}{n}$

m: numero di prove che verificano E
n: numero di prove effettuate nelle stesse condizioni
$f(E)$: frequenza relativa di E

- **Legge empirica del caso**: all'aumentare del numero n delle prove effettuate, la frequenza relativa di un evento E tende alla probabilità dell'evento E.
- La **probabilità statistica** di un evento E è uguale alla frequenza relativa, se il numero di prove effettuate è sufficientemente alto.

Concezione soggettiva della probabilità

$$p(E) = \frac{P}{V}$$

P: prezzo che una persona ritiene equo pagare per una scommessa
V: somma ricevuta al verificarsi di E
$p(E)$: probabilità soggettiva di E

Impostazione assiomatica della probabilità

Dato uno spazio campionario U, viene detta probabilità una funzione p che associa a ogni evento E dello spazio degli eventi un numero reale, in modo da soddisfare questi assiomi:

1. $p(E) \geq 0$; **2.** $p(U) = 1$; **3.** se $E_1 \cap E_2 = \varnothing$, allora $p(E_1 \cup E_2) = p(E_1) + p(E_2)$.

CAPITOLO 27
ESERCIZI

1 Eventi

▶ Teoria a p. 1416

1 Stabilisci quali dei seguenti eventi sono elementari e quali composti da più eventi elementari.
Si estrae da un mazzo di 52 carte:

a. una carta di cuori;
b. il due di picche;
c. una figura;
d. la regina di fiori;
e. un cinque;
f. una figura nera.

2 Si lanciano due monete contemporaneamente. Scrivi gli eventi elementari.

3 Un'urna contiene cinque palline con i primi cinque numeri dispari. Si estrae una pallina. Scrivi gli eventi elementari e altri eventi formati da più eventi elementari.

4 FAI UN ESEMPIO di esperimento aleatorio e indica il suo spazio campionario.

5 TEST In un'urna ci sono due palline bianche e una nera. Se ne estrae una. Detti U e $\mathcal{P}(U)$ rispettivamente lo spazio campionario e lo spazio degli eventi, si ha:

A $U=\{b,n\}$, $\mathcal{P}(U)=\{\{b\},\{n\},\{b,n\}\}$.
B $U=\{\varnothing,b,n\}$, $\mathcal{P}(U)=\{\varnothing,\{b\},\{n\},\{b,n\}\}$.
C $U=\{b,n\}$, $\mathcal{P}(U)=\{\varnothing,\{b\},\{n\},\{b,n\}\}$.
D $U=\{b,n\}$, $\mathcal{P}(U)=\{\{b,b\},\{b\},\{n\},\{b,n\}\}$.
E $U=\{b,n,bn\}$, $\mathcal{P}(U)=\{\{b\},\{n\},\{b,n\},\varnothing\}$.

2 Concezione classica della probabilità

▶ Teoria a p. 1417

6 Quali dei seguenti numeri non rappresentano la probabilità di un evento?

0; 0,23; 100%; $\frac{7}{6}$; $\frac{1}{100}$; 1,3.

Quale di essi rappresenta la probabilità dell'evento certo e quale quella dell'evento impossibile?

7 Si estrae una carta da un mazzo di 52 carte. Trova il numero dei casi favorevoli ai seguenti eventi.

a. Esce una carta di fiori.
b. Esce un tre.
c. Esce una figura rossa.
d. Esce un asso nero.
e. Esce il re di cuori.

[a) 13; b) 4; c) 6; d) 2; e) 1]

Evento contrario

8 Nel lancio di un dado indica l'evento contrario per ciascuno dei seguenti eventi:

a. esce un numero minore di 3;
b. esce il numero 4.

9 Da un'urna che contiene 5 palline rosse, 7 nere e 8 bianche si estraggono 3 palline. Indica l'evento contrario di ciascuno dei seguenti eventi:

a. nessuna pallina è rossa;
b. tutte le palline sono nere;
c. almeno una pallina è bianca;
d. una sola pallina è rossa.

ESERCIZI

10 Nel lancio per tre volte di una moneta indica l'evento contrario di:

a. non esce mai «croce»; **b.** esce «croce» al più una volta; **c.** esce «testa» almeno una volta.

11 Si estraggono contemporaneamente due palline da un'urna contenente venti palline numerate da 1 a 20. Calcola il numero di casi favorevoli ai seguenti eventi.

a. Escono due numeri minori di 6.

b. Escono due numeri pari.

c. Escono il 3 e un numero maggiore di 15.

[a) 10; b) 45; c) 5]

12 ESERCIZIO GUIDA Un'urna contiene dieci palline numerate da 1 a 10. Estraiamo una pallina e calcoliamo la probabilità che questa:

a. abbia il numero 5;

b. abbia un numero divisibile per 4;

c. non abbia un numero divisibile per 4.

Poiché l'urna contiene 10 palline e ne viene estratta una sola, il numero dei casi possibili è 10.

a. Nell'urna vi è una sola pallina con il numero 5. La probabilità è: $p = \frac{1}{10}$.

b. Nell'urna vi sono due numeri divisibili per 4: {4, 8}. La probabilità è: $p = \frac{2}{10} = \frac{1}{5}$.

c. L'evento è quello contrario del punto precedente: $p = 1 - \frac{1}{5} = \frac{4}{5}$.

13 Si lancia un dado a sei facce. Calcola la probabilità che esca:

a. il numero 2;

b. un numero multiplo di 3;

c. un numero multiplo di 5;

d. un numero multiplo di 8;

e. un numero inferiore a 6.

$\left[a) \frac{1}{6}; b) \frac{1}{3}; c) \frac{1}{6}; d) 0; e) \frac{5}{6}\right]$

---

14 In un cassetto ci sono 15 magliette: 2 bianche, 5 rosse, 3 azzurre e le restanti di altri colori. Se si sceglie a caso una maglietta, calcola la probabilità che:

a. non sia bianca;

b. sia rossa o azzurra.

$\left[a) \frac{13}{15}; b) \frac{8}{15}\right]$

15 Il sacchetto della tombola contiene 90 numeri. Viene estratto un numero.
Calcola la probabilità che esca:

a. un numero maggiore di 50;

b. un numero con due cifre uguali;

c. un numero con due cifre diverse;

d. un numero multiplo di 4;

e. un numero primo inferiore a 20.

$\left[a) \frac{4}{9}; b) \frac{4}{45}; c) \frac{73}{90}; d) \frac{11}{45}; e) \frac{4}{45}\right]$

16 Abbiamo un mazzo di 52 carte. Viene estratta una carta.
Calcola la probabilità che esca:

a. una carta di picche;

b. una figura;

c. una carta rossa.

$\left[a) \frac{1}{4}; b) \frac{3}{13}; c) \frac{1}{2}\right]$

17 Calcola la probabilità che, nel lancio di un dado, non esca:

a. il numero 5;

b. un numero maggiore di 5;

c. un numero minore di 5.

$\left[a) \frac{5}{6}; b) \frac{5}{6}; c) \frac{1}{3}\right]$

18 Un'urna contiene 4 palline rosse, 3 nere e 13 verdi. Viene estratta una pallina.
Calcola la probabilità che:

a. esca una pallina nera;

b. esca una pallina rossa;

c. esca una pallina verde;

d. non esca una pallina rossa;

e. esca una pallina gialla.

$\left[a) \frac{3}{20}; b) \frac{1}{5}; c) \frac{13}{20}; d) \frac{4}{5}; e) 0\right]$

19 In una scatola di biscotti ce ne sono 10 alla cannella, 8 al cacao, 12 con le mandorle e 4 con le nocciole. Se Giulia è allergica alla frutta a guscio, qual è la probabilità che, scegliendo a caso un biscotto dalla scatola, ne prenda uno a cui non è allergica?

$\left[\frac{9}{17}\right]$

20 Nella rubrica di un cellulare ci sono 20 nomi; di questi 8 iniziano con la lettera A, 5 con la C, 4 con la M e 3 con la N. Si sceglie un nome a caso a cui mandare un SMS.
Calcola la probabilità che:

a. esca un nome che inizia per C;

b. esca un nome che inizia per N;

c. esca un nome che inizia con una vocale;

d. esca un nome che inizia con una consonante.

$\left[\text{a) } \frac{1}{4}; \text{ b) } \frac{3}{20}; \text{ c) } \frac{2}{5}; \text{ d) } \frac{3}{5}\right]$

21 In una classe di 24 alunni ci sono 14 maschi e 10 femmine. L'insegnante di matematica estrae a sorte un nome per l'interrogazione. Calcola la probabilità che:

a. ciascun alunno ha di essere estratto;

b. l'alunno estratto sia femmina;

c. l'alunno estratto sia maschio;

d. ciascun alunno ha di non essere estratto.

$\left[\text{a) } \frac{1}{24}; \text{ b) } \frac{5}{12}; \text{ c) } \frac{7}{12}; \text{ d) } \frac{23}{24}\right]$

22 Si estrae una pallina da un'urna che contiene 8 palline bianche, 10 verdi, 12 rosse. Indica gli eventi contrari dei seguenti eventi e determina le relative probabilità.

E_1 = «esce una pallina verde o rossa»

E_2 = «esce una pallina rossa»

$\left[\frac{4}{15}; \frac{3}{5}\right]$

23 Anna vuole regalare a Serena un libro di uno scrittore che ha pubblicato 5 romanzi. Anna sa che Serena ne possiede già 2, ma non si ricorda quali. Se Anna sceglie a caso uno dei 5 libri, qual è la probabilità che Serena non lo possieda già?

$\left[\frac{3}{5}\right]$

24 TEST Abbiamo un dado a 4 facce, recanti i numeri 1, 3, 5, 7, e un dado a 8 facce, recanti i numeri 2, 4, 6, 8, 10, 12, 14, 16 (per ciascun dado tutte le facce hanno la stessa probabilità di uscire). Qual è la probabilità che, lanciandoli contemporaneamente entrambi una sola volta, si ottenga come somma 11?

A $\frac{1}{16}$

B $\frac{1}{8}$

C $\frac{1}{4}$

D $\frac{1}{2}$

E 1

(*Giochi di Archimede*, 2012)

25 Determina la probabilità che, estraendo una carta da un mazzo di 40 carte, essa sia un tre oppure una carta di spade.

$\left[\frac{13}{40}\right]$

26 Calcola la probabilità che lanciando un dado non escano il 5 e il 6.

$\left[\frac{2}{3}\right]$

27 Una roulette ha i numeri da 1 a 18 rossi, da 19 a 36 neri e lo 0 verde. Viene fatta girare la ruota e lanciata la pallina. Calcola la probabilità che la pallina si fermi su:

a. un numero pari nero;

b. un numero dispari;

c. un numero primo rosso.

$\left[\text{a) } \frac{9}{37}; \text{ b) } \frac{18}{37}; \text{ c) } \frac{7}{37}\right]$

28 In una scatola ci sono 20 palline di colore bianco o verde. Se la probabilità di estrarre una pallina bianca è 0,6, calcola:

a. il numero di palline bianche;

b. la probabilità di estrarre una pallina verde.

[a) 12; b) 0,4]

29 LEGGI IL GRAFICO La professoressa di italiano consegna alla classe una lista di libri che consiglia di leggere durante l'estate. Il diagramma a barre mostra il numero di libri raggruppati in base al loro numero di pagine.

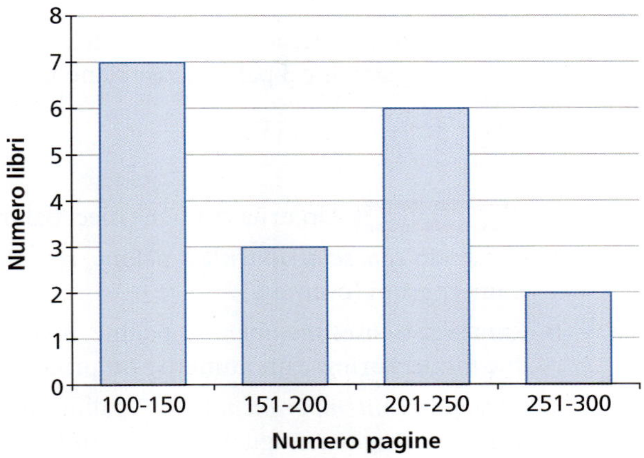

Arianna sceglie a caso uno dei libri dalla lista. Calcola la probabilità che il libro scelto:

a. abbia un numero di pagine compreso tra 201 e 250;

b. abbia meno di 151 pagine;

c. abbia più di 200 pagine.

$\left[\text{a) } \frac{1}{3}; \text{ b) } \frac{7}{18}; \text{ c) } \frac{4}{9}\right]$

30 Antonella, Barbara, Carlo e Duilio hanno prenotato quattro posti affiancati per lo spettacolo di stasera a teatro. Rappresenta, con un diagramma ad albero, tutti i diversi modi in cui i quattro amici possono disporsi sulle quattro poltrone. Se si dispongono a caso, calcola la probabilità che:

a. Barbara sia seduta tra Antonella e Carlo;

b. Barbara e Duilio siano seduti vicini;

c. i due ragazzi non siano vicini.

[a) $\frac{1}{6}$; b) $\frac{1}{2}$; c) $\frac{1}{2}$]

31 REALTÀ E MODELLI **Soddisfazione per il lavoro** La tabella seguente, tratta dal rapporto Istat «Aspetti della vita quotidiana», riporta il grado di soddisfazione per il lavoro nella popolazione italiana occupata di età compresa tra i 25 e i 44 anni (i valori sono in migliaia).

Titolo di studio \ Soddisfazione per il lavoro	Molta	Sufficiente	Poca	Nessuna
Nessun titolo di studio o licenza di scuola elementare	22	115	40	7
Licenza di scuola media	334	1434	544	99
Diploma di scuola superiore	766	3079	774	161
Laurea	473	1573	438	91

Scelto a caso un lavoratore in questa fascia di età, determina con quale probabilità:

a. ha un diploma di scuola superiore e non è laureato;

b. è molto soddisfatto del lavoro che svolge;

c. è un laureato per nulla soddisfatto della propria occupazione.

[a) 48,04%; b) 16,03%; c) 0,91%]

Probabilità e calcolo combinatorio

32 TEST Un'urna contiene 5 palline bianche e 3 nere non distinguibili al tatto. La probabilità che, estraendo contemporaneamente 3 palline, esse siano una bianca e due nere è:

A $\frac{15}{32}$. B $\frac{15}{28}$. C $\frac{15}{56}$. D $\frac{17}{32}$. E $\frac{5}{56}$.

33 ESERCIZIO GUIDA Un'urna contiene dieci palline numerate da 1 a 10. Calcoliamo la probabilità che:

a. estraendo *consecutivamente* 2 palline, *rimettendo* ogni volta la pallina estratta nell'urna, si abbiano due numeri primi (evento E);

b. estraendo *consecutivamente* 3 palline, *non rimettendo* ogni volta la pallina estratta nell'urna, si abbiano due numeri primi e un numero non primo (evento F);

c. estraendo *contemporaneamente* 3 palline, esse siano 2 palline con un numero inferiore a 5 e una con un numero maggiore o uguale a 5 (evento H).

a. I casi possibili sono tutti i modi in cui possono presentarsi due dei dieci numeri, anche ripetuti, in quanto dopo ogni estrazione la pallina viene rimessa nell'urna e quindi può essere estratta di nuovo.
Pertanto si ha: $D'_{10,2} = 10^2 = 100$.
I casi favorevoli sono tutti i modi in cui possono presentarsi, anche con ripetizione, due dei quattro numeri primi $\{2, 3, 5, 7\}$. Pertanto $D'_{4,2} = 4^2 = 16$.

$$p(E) = \frac{16}{100} = \frac{4}{25}.$$

b. I casi possibili sono tutti i modi in cui possono presentarsi tre dei dieci numeri, ma ogni numero può presentarsi una sola volta in quanto non viene rimesso nell'urna. Pertanto $D_{10,3} = 10 \cdot 9 \cdot 8 = 720$.
I casi favorevoli sono tutti i gruppi formati da due numeri primi e un numero non primo e occorre tenere conto di tutti i possibili modi in cui si possono presentare. Perciò $D_{4,2} \cdot D_{6,1} \cdot P_3^{(2)} = (4 \cdot 3) \cdot 6 \cdot 3 = 216$.

$$p(F) = \frac{216}{720} = \frac{3}{10}$$

c. I casi possibili sono tutti i modi in cui si possono estrarre tre palline, e, essendo l'estrazione contemporanea, non ha alcuna rilevanza l'ordine dell'estrazione. Pertanto:

$$\binom{10}{3} = \frac{10 \cdot 9 \cdot 8}{3!} = 120.$$

I casi favorevoli sono tutti i gruppi formati da due delle quattro palline aventi un numero inferiore a 5 e da una con un valore maggiore. Pertanto:

$$\binom{4}{2} \cdot 6 = \frac{4 \cdot 3}{2!} \cdot 6 = 36;$$

$$p(H) = \frac{36}{120} = \frac{3}{10}.$$

34 In una scatola di cioccolatini ne sono rimasti 4 al latte, 10 fondenti e 2 al liquore. Si prendono consecutivamente due cioccolatini a caso. Calcola la probabilità che:

a. siano entrambi fondenti;
b. non siano al liquore;
c. siano entrambi al latte.

$\left[a)\ \frac{3}{8};\ b)\ \frac{91}{120};\ c)\ \frac{1}{20}\right]$

35 Un'urna contiene cinque palline numerate da 1 a 5. Si estraggono consecutivamente due palline, rimettendo la prima pallina estratta nell'urna. Calcola la probabilità che:

a. escano due 5;
b. escano due numeri pari;
c. esca prima un numero pari e poi uno dispari;
d. escano un numero pari e uno dispari.

$\left[a)\ \frac{1}{25};\ b)\ \frac{4}{25};\ c)\ \frac{6}{25};\ d)\ \frac{12}{25}\right]$

36 In un gruppo di 5 amici ci sono 2 maschi e 3 femmine. Per farsi una foto di gruppo, si dispongono casualmente uno di fianco all'altro, su un'unica fila. Qual è la probabilità che i due ragazzi siano alle estremità della fila? $\left[\frac{1}{10}\right]$

37 Si gettano contemporaneamente due dadi. Calcola la probabilità che le due facce:

a. siano due numeri uguali;
b. siano due numeri dispari;
c. siano due numeri primi;
d. siano un numero pari e l'altro dispari.

$\left[a)\ \frac{1}{6};\ b)\ \frac{1}{4};\ c)\ \frac{1}{4};\ d)\ \frac{1}{2}\right]$

38 Giacomo prenota un viaggio in treno in uno scompartimento a sei posti, dei quali due sono vicini al finestrino. Sapendo che tre posti sono già occupati, qual è la probabilità che sia libero un posto vicino al finestrino? $\left[\frac{4}{5}\right]$

39 Un'urna U_1 contiene 25 palline bianche e 15 palline rosse, mentre un'urna U_2 ne contiene 20 bianche e 20 rosse.
È più facile che estraendo tre palline contemporaneamente da U_1 siano tutte bianche o che estraendone due da U_2 siano tutte e due rosse? [entrambe rosse da U_2]

40 Calcola la probabilità di fare 14 al totocalcio giocando una colonna. [0,00000020908]

41 Una folata di vento ha sparso a terra dieci fogli degli appunti di Carlotta; raccogliendoli come capita, qual è la probabilità che siano in ordine? $\left[\frac{1}{3628800}\right]$

42 Una scatola contiene 12 palline bianche, 13 rosse, 5 verdi.
Si estraggono contemporaneamente due palline. Calcola la probabilità che siano:

a. entrambe rosse;
b. almeno una bianca;
c. una sola bianca;
d. nessuna verde.

$\left[a)\ \frac{26}{145};\ b)\ \frac{94}{145};\ c)\ \frac{72}{145};\ d)\ \frac{20}{29}\right]$

43 Lanciando 4 dadi, calcola la probabilità che:

a. abbiano tutte le facce uguali;

b. abbiano 4 facce con il numero 2.

$\left[a)\ \frac{1}{216};\ b)\ \frac{1}{1296}\right]$

44 Si lancia consecutivamente un dado due volte. Calcola la probabilità che le due facce:

a. abbiano la somma dei punteggi uguale a 9;

b. abbiano la somma dei punteggi maggiore di 9;

c. abbiano due numeri che siano divisori di 6.

$\left[a)\ \frac{1}{9};\ b)\ \frac{1}{6};\ c)\ \frac{4}{9}\right]$

45 Giovanni ha 12 libri di scuola. Una mattina si sveglia tardi e, nella fretta, prende i primi 3 libri che gli capitano sotto mano. Qual è la probabilità che tra questi ci sia il libro di matematica? $\left[\frac{1}{4}\right]$

46 REALTÀ E MODELLI **Gare d'istituto** In una scuola 120 alunni partecipano alla «giornata dell'arte», preparando lavori di vari generi artistici.

a. Calcola la probabilità che i primi tre classificati siano tutti alunni della 4ª C, che partecipa con 20 ragazzi.

b. Se la probabilità che uno dei tre classificati sia della 4ª C e gli altri due della 4ª A è $\frac{9}{826}$, quanti sono gli alunni della 4ª A che partecipano al concorso?

$\left[a)\ \frac{57}{14\,042};\ b)\ 18\right]$

47 Nel laboratorio di scienze ci sono 25 microscopi, di cui 2 difettosi. Ognuno dei 21 studenti della 4ª A sceglie un microscopio. Qual è la probabilità che nessuno scelga un microscopio difettoso? $\left[\frac{1}{50}\right]$

48 REALTÀ E MODELLI **Giochiamo al lotto** Carlo si trova in una ricevitoria del lotto. Può decidere di giocare:

a. un terno secco sulla ruota di Bari (cioè gioca 3 numeri e vince se sono 3 dei 5 numeri estratti su quella ruota);

b. il numero 8 sulla ruota di Bari come primo estratto;

c. il numero 8 e il numero 10 sulla ruota di Bari scommettendo che almeno uno tra l'8 e il 10 sia tra i 5 numeri estratti.

Indipendentemente dalla cifra che vincerà, Carlo vuole scegliere il gioco che gli dà maggiore probabilità di vittoria. Come deve giocare? Motiva la risposta. [gioca i numeri 8 e 10]

49 Un'urna contiene nove palline numerate da 1 a 9. Si estraggono consecutivamente due palline, senza rimettere la prima pallina estratta nell'urna. Calcola la probabilità che:

a. prima esca una pallina con un numero pari e poi una con un numero dispari;

b. le palline abbiano un numero pari e un numero dispari;

c. entrambe le palline abbiano un numero dispari.

$\left[a)\ \frac{5}{18};\ b)\ \frac{5}{9};\ c)\ \frac{5}{18}\right]$

50 Nelle stesse ipotesi dell'esercizio precedente, calcola la probabilità che:

a. entrambe le palline abbiano un numero primo;

b. entrambe le palline abbiano un numero non primo;

c. una pallina abbia un numero primo e l'altra un numero non primo.

$\left[a)\ \frac{1}{6};\ b)\ \frac{5}{18};\ c)\ \frac{5}{9}\right]$

51 YOU & MATHS An ordinary pack of 52 playing cards consists of 13 clubs, 13 diamonds, 13 hearts and 13 spades. The pack is shuffled and a card is drawn up and returned to the pack. This procedure is repeated twice. Find the probability that the three cards drawn up are:

a. all hearts;

b. two clubs and a spade (in any order);

c. of three different suits.

(UK *University of Essex*, First Year Examination)

52 Voglio prenotare due posti nella decima fila del cinema. Se la fila ha 20 posti numerati dall'81 al 100, calcola la probabilità che:

a. i due posti si trovino tra il numero 91 e il numero 100;

b. i due posti siano vicini.

$\left[a)\ \frac{9}{38};\ b)\ \frac{1}{10}\right]$

53 Un'urna contiene 13 palline numerate da 1 a 13. Si estraggono contemporaneamente due palline. Calcola la probabilità che:

a. escano due numeri pari;

b. escano due numeri maggiori di 9;

c. escano un numero pari e uno dispari;

d. escano il numero 5 e uno qualunque degli altri numeri.

$\left[a)\ \frac{5}{26};\ b)\ \frac{1}{13};\ c)\ \frac{7}{13};\ d)\ \frac{2}{13}\right]$

3 Somma logica di eventi

▶ Teoria a p. 1420

Eventi compatibili ed eventi incompatibili

Indica fra i seguenti eventi quali sono compatibili e quali incompatibili.

54 Nell'estrazione di un numero del lotto esce un numero:

a. E_1 = «divisibile per 8», E_2 = «dispari»; **b.** E_1 = «minore di 20», E_2 = «multiplo di 12».

55 Nell'estrazione di una carta da un mazzo di 40 esce:

a. E_1 = «un asso», E_2 = «una figura»; **b.** E_1 = «una carta di spade», E_2 = «un re».

56 Nel lancio di due dadi escono due numeri:

a. E_1 = «multipli di 3», E_2 = «uguali»; **b.** E_1 = «con somma minore di 5», E_2 = «entrambi pari».

Probabilità della somma logica o unione di due eventi

57 **ESERCIZIO GUIDA** In un sacchetto ci sono 16 gettoni: 7 di forma quadrata (3 rossi e 4 verdi) e 9 di forma circolare (4 rossi e 5 verdi). Indica qual è la probabilità di estrarre a caso un gettone: **a.** verde oppure quadrato rosso; **b.** rosso oppure tondo.

a. Gli eventi E_1 = «estrazione di un gettone verde» ed E_2 = «estrazione di un gettone quadrato rosso» sono *incompatibili*, perché un gettone non può essere contemporaneamente verde e quadrato rosso.

$$p(E_1) = \frac{9}{16}; \quad p(E_2) = \frac{3}{16}.$$

Allora $p(E_1 \cup E_2) = p(E_1) + p(E_2) = \frac{9}{16} + \frac{3}{16} = \frac{12}{16} = \frac{3}{4}$.

b. Gli eventi E_1 = «estrazione di un gettone rosso» ed E_2 = «estrazione di un gettone tondo» sono *compatibili*, perché un gettone può essere contemporaneamente rosso e tondo.
I casi possibili sono 16, quindi:

$$p(E_1) = \frac{7}{16}; \quad p(E_2) = \frac{9}{16}.$$

Calcoliamo $p(E_1 \cap E_2)$, dove i casi favorevoli sono i gettoni rossi e tondi:

$$p(E_1 \cap E_2) = \frac{4}{16}.$$

La probabilità che si estragga un gettone rosso oppure tondo è:

$$p(E_1 \cup E_2) = p(E_1) + p(E_2) - p(E_1 \cap E_2) = \frac{7}{16} + \frac{9}{16} - \frac{4}{16} = \frac{3}{4}.$$

58 Un cassetto contiene 18 calzini verdi, 6 azzurri e 4 fucsia. Calcola la probabilità che, estraendone uno a caso, esso sia verde o fucsia. $\left[\frac{11}{14}\right]$

59 Calcola la probabilità che lanciando un dado esca un numero minore di 5 o dispari. $\left[\frac{5}{6}\right]$

60 Un'urna contiene 20 palline numerate da 1 a 20. Calcola la probabilità che, estraendo una pallina, esca un numero:

a. pari;

b. multiplo di 8 o maggiore di 17;

c. dispari o minore di 7.

$\left[\text{a) } \frac{1}{2}; \text{ b) } \frac{1}{4}; \text{ c) } \frac{13}{20}\right]$

ESERCIZI

61 In una busta ci sono 28 figurine numerate da 1 a 28. Calcola la probabilità di estrarre a caso una figurina con numero dispari o multiplo di 4. $\left[\frac{3}{4}\right]$

62 Una scatola contiene cioccolatini, caramelle e liquirizie. Sapendo che i cioccolatini sono il doppio delle liquirizie e le caramelle sono i $\frac{3}{2}$ delle liquirizie, calcola la probabilità di prendere a caso un cioccolatino o una caramella. $\left[\frac{7}{9}\right]$

63 REALTÀ E MODELLI **Il numero di maglia** L'allenatore di una squadra di pallavolo sta consegnando le maglie ai convocati per la partita scegliendole casualmente. Nella cesta ci sono le maglie numerate da 1 a 10. Federico è il primo a ricevere la maglia.
Qual è la probabilità che il suo numero sia un numero dispari o maggiore di 5? $\left[\frac{4}{5}\right]$

64 Si estrae una carta da un mazzo di 52 carte. Calcola la probabilità che la carta:

a. sia un re o un sette;
b. sia un re o una carta di picche;
c. sia un asso o una carta di picche o una figura. $\left[\text{a) } \frac{2}{13}; \text{ b) } \frac{4}{13}; \text{ c) } \frac{25}{52}\right]$

65 Calcola la probabilità che, lanciando un dado, si verifichi almeno uno dei due eventi:

E_1 = «numero dispari»;
E_2 = «numero minore di 4». $\left[\frac{2}{3}\right]$

66 In uno scaffale ci sono 12 DVD, 20 CD e 14 libri. Prendendo un oggetto a caso, qual è la probabilità di prendere un CD o un libro? $\left[\frac{17}{23}\right]$

REALTÀ E MODELLI

67 **Colazione fuori** Nella pasticceria «Frutti di bosco», Javier prepara i biscotti alle mandorle tre giorni alla settimana e le brioche al miele due giorni alla settimana. Solo un giorno alla settimana prepara entrambi i dolci. Una mattina Veronica va a fare colazione alla pasticceria, sperando di trovare i biscotti alle mandorle o le brioche al miele: qual è la probabilità che accada? $\left[\frac{4}{7}\right]$

68 **I più bravi della scuola** Alla fine dell'anno scolastico, in una scuola di 648 studenti, 1 su 6 ha ottenuto una media superiore all'8 e 1 su 9 ha 10 in almeno una materia, mentre solo 12 studenti hanno raggiunto entrambi i risultati. Scegliendo a caso uno studente, qual è la probabilità che abbia la media maggiore di 8 oppure 10 in qualche materia? $\left[\frac{7}{27}\right]$

69 12 ragazzi vogliono dividersi in 3 squadre. Mettono in un sacchetto dei bigliettini numerati da 1 a 12, e ciascuno ne estrae uno a caso. I biglietti dall'1 al 4 rappresentano la squadra A, quelli dal 5 all'8 la squadra B, quelli dal 9 al 12 la squadra C. I ragazzi che estrarranno i numeri 1, 5 e 9 diventeranno i capitani delle relative squadre. Qual è la probabilità di capitare nella squadra A o di essere capitano di una delle tre squadre? $\left[\frac{1}{2}\right]$

70 EUREKA! Sofia e Francesco osservano i parenti che iniziano a giocare a tombola. Sofia dice: «Scommetto che il primo numero estratto è un numero pari o un multiplo di 4».
Francesco ribatte: «Va bene, allora io scommetto che il primo numero estratto è un numero dispari o un multiplo di 5».
Determina, senza calcolare le due probabilità, chi dei due ha maggiore probabilità di vincere la scommessa. Poi conferma il tuo ragionamento calcolando le due probabilità.

Con il calcolo combinatorio

71 ESERCIZIO GUIDA Un'urna contiene 4 palline rosse numerate da 1 a 4 e 6 palline nere numerate da 1 a 6. Si estraggono consecutivamente due palline, senza rimettere la pallina estratta nell'urna. Calcoliamo la probabilità:

a. che le palline estratte siano di colore uguale;
b. che le palline estratte siano rosse o presentino due numeri pari;
c. che almeno una pallina estratta sia rossa.

a. Gli eventi E_{RR} = «escono due palline rosse» ed E_{NN} = «escono due palline nere» sono incompatibili, quindi

$$p(E_{RR} \cup E_{NN}) = p(E_{RR}) + p(E_{NN}) = \frac{D_{4,2}}{D_{10,2}} + \frac{D_{6,2}}{D_{10,2}} = \frac{12}{90} + \frac{30}{90} = \frac{42}{90} = \frac{7}{15}.$$

b. Gli eventi E_{RR} ed E_{PP} = «escono due palline con un numero pari» sono eventi compatibili, quindi

$$p(E_{RR} \cup E_{PP}) = p(E_{RR}) + p(E_{PP}) - p(E_{RR} \cap E_{PP}) = \frac{12}{90} + \frac{20}{90} - \frac{2}{90} = \frac{30}{90} = \frac{1}{3}.$$

c. L'evento si realizza se si realizza E_{RR} oppure E_{RN} = «escono una pallina rossa e una nera», che sono eventi incompatibili, quindi

$$p(E_{RR} \cup E_{RN}) = p(E_{RR}) + p(E_{RN}) = \frac{D_{4,2}}{D_{10,2}} + \frac{4 \cdot 6 \cdot 2}{D_{10,2}} = \frac{48}{90} + \frac{12}{90} = \frac{60}{90} = \frac{2}{3}.$$

Possiamo usare in questo caso anche la probabilità dell'evento contrario che è «non esce alcuna pallina rossa» = «escono due palline nere» di cui abbiamo già calcolato la probabilità.

$$p(E_{RR} \cup E_{RN}) = p(\overline{E}_{NN}) = 1 - p(E_{NN}) = 1 - \frac{30}{90} = \frac{60}{90} = \frac{2}{3}$$

72 Un'urna contiene 4 palline bianche e 8 nere. Calcola la probabilità che, estraendo consecutivamente tre palline, senza rimettere la pallina estratta nell'urna:

a. siano dello stesso colore;

b. siano due bianche e una nera o due nere e una bianca.

$\left[\text{a) } \frac{3}{11}; \text{ b) } \frac{8}{11}\right]$

73 Un'urna contiene 4 palline gialle, 2 verdi e 7 bianche. Si estraggono consecutivamente 2 palline, senza rimettere la pallina estratta nell'urna. Calcola la probabilità che:

a. siano dello stesso colore;

b. nessuna sia bianca;

c. almeno una sia verde;

d. la prima sia gialla e l'altra o verde o bianca.

$\left[\text{a) } \frac{14}{39}; \text{ b) } \frac{5}{26}; \text{ c) } \frac{23}{78}; \text{ d) } \frac{3}{13}\right]$

74 Si estraggono contemporaneamente tre carte da un mazzo da 40 carte. Calcola la probabilità che si presentino:

a. tre figure o tre carte di due semi fissati;

b. tre figure o tre re;

c. tre carte di due semi fissati o tre sette;

d. almeno due figure;

e. almeno una figura.

$\left[\text{a) } \frac{67}{494}; \text{ b) } \frac{11}{494}; \text{ c) } \frac{11}{95}; \text{ d) } \frac{517}{2470}; \text{ e) } \frac{127}{190}\right]$

REALTÀ E MODELLI

75 **Parchi in premio** Abbiamo 9 biglietti per un parco divertimenti, 5 biglietti per un parco acquatico e 6 biglietti per un parco termale. Estraiamo consecutivamente due biglietti da assegnare come primo e secondo premio per un gioco. Calcola la probabilità che:

a. siano biglietti per lo stesso parco;

b. nessun biglietto sia per il parco acquatico;

c. almeno un biglietto sia per il parco divertimenti;

d. il primo biglietto sia per il parco termale e l'altro per il parco divertimenti o il parco acquatico.

$\left[\text{a) } \frac{61}{190}; \text{ b) } \frac{21}{38}; \text{ c) } \frac{27}{38}; \text{ d) } \frac{21}{95}\right]$

76 **Bellezze premiate** Alle tre vincitrici di un concorso di bellezza spettano tre premi da scegliere estraendoli consecutivamente da una scatola contenente 6 braccialetti e 10 collane. Calcola la probabilità che i premi siano:

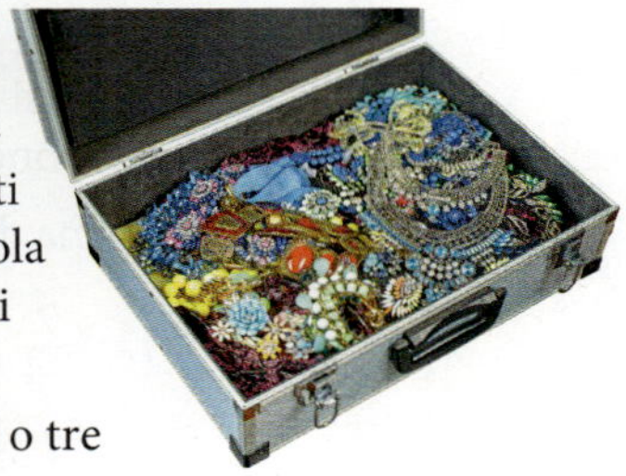

a. tre braccialetti o tre collane;

b. due braccialetti e una collana o un braccialetto e due collane.

$\left[\text{a) } \frac{1}{4}; \text{ b) } \frac{3}{4}\right]$

ESERCIZI

4 Probabilità condizionata

▶ Teoria a p. 1422

Eventi dipendenti ed eventi indipendenti

77 RIFLETTI SULLA TEORIA

a. Due eventi dipendenti sono sempre compatibili?

b. Due eventi indipendenti sono sempre incompatibili?

78 FAI UN ESEMPIO di eventi indipendenti estraendo due carte da un mazzo di 40.

Indica se i seguenti eventi sono dipendenti o indipendenti.

79 In due lanci di una moneta:

E_1 = «esce "croce" al primo lancio», E_2 = «esce "croce" al secondo lancio».

80 In due lanci di un dado:

E_1 = «esce un numero pari al primo lancio», E_2 = «esce il numero 2 al secondo lancio».

81 Nell'estrazione da un'urna, contenente 4 palline bianche e 6 nere, di due palline senza rimettere la prima nell'urna:

E_1 = «esce una pallina nera alla prima estrazione», E_2 = «esce una pallina nera alla seconda estrazione».

82 VERO O FALSO?

a. Se B è l'evento certo, $p(A \mid B) = p(A)$. V F

b. Se gli eventi A e B sono incompatibili, $p(A \mid B) = 0$. V F

c. Se A è l'evento certo, $p(A \mid B) = p(B)$. V F

d. $p(A \cup B \mid B) = p(A)$. V F

83 ESERCIZIO GUIDA Nel frigorifero di un bar ci sono 10 bottiglie di acqua minerale naturale, 15 di acqua minerale frizzante, 12 aranciate e 7 tè freddi, non deteinati. Prendiamo una bottiglia a caso dal frigorifero. Consideriamo gli eventi:

A = «prendere un'acqua minerale»; C = «prendere un'aranciata»;
B = «prendere una bevanda senza teina»; D = «prendere un tè freddo».

a. Calcoliamo la probabilità di prendere un tè freddo, sapendo che non si è presa un'aranciata.

b. Stabiliamo la correlazione tra D e $\overline{C}$.

c. Stabiliamo la correlazione tra A e B.

---

a. Dobbiamo calcolare $p(D \mid \overline{C})$.
Se non abbiamo preso un'aranciata, l'insieme degli esiti è dato dalle 25 bottiglie d'acqua minerale e dalle 7 di tè freddo. I casi possibili sono 32.
I casi favorevoli sono 7, quindi $p(D \mid \overline{C}) = \frac{7}{32}$.

$$p(A \mid B) = \frac{p(A \cap B)}{p(B)}$$

Usando il teorema della probabilità condizionata:

$$p(D \cap \overline{C}) = \frac{7}{44}, \qquad p(\overline{C}) = \frac{32}{44} \quad \to \quad p(D \mid \overline{C}) = \frac{p(D \cap \overline{C})}{p(\overline{C})} = \frac{7}{44} \cdot \frac{44}{32} = \frac{7}{32}.$$

b. Poiché $p(D) = \frac{7}{44}$, $p(D \mid \overline{C}) > p(D)$, quindi D e $\overline{C}$ sono dipendenti e correlati positivamente.

c. Osserviamo che $p(B \mid A) = 1$ perché, se sappiamo che abbiamo preso un'acqua minerale, è certo che abbiamo preso una bevanda senza teina. Poiché $p(B \mid A) = 1 > p(B)$, gli eventi A e B sono dipendenti e correlati positivamente.

84 Calcola la probabilità che, lanciando un dado, esca un numero maggiore di 3, sapendo che è uscito un numero pari. $\left[\frac{2}{3}\right]$

85 Calcola la probabilità che, estraendo una carta da un mazzo di 40, essa sia un re, sapendo che è uscita una figura. $\left[\frac{1}{3}\right]$

86 Un sacchetto contiene 22 palline numerate da 1 a 22. Calcola la probabilità che, estraendo una pallina, essa rechi un numero multiplo di 3, sapendo che è uscito un numero dispari. $\left[\frac{4}{11}\right]$

87 Si hanno due mazzi di carte da 40. Si estrae da ciascun mazzo una carta. Calcola la probabilità che esse siano due re, sapendo che sono uscite due figure, e la probabilità che siano due figure, sapendo che sono usciti due re. $\left[\frac{1}{9}; 1\right]$

88 Si estraggono consecutivamente tre palline da un'urna contenente 20 palline numerate da 1 a 20, rimettendo ogni volta la pallina estratta nell'urna. Calcola la probabilità che le tre palline abbiano un numero dispari, sapendo che le prime due palline hanno un numero dispari. $\left[\frac{1}{2}\right]$

89 Da un mazzo da 52 carte si estraggono consecutivamente due carte senza rimettere la carta estratta nel mazzo. Calcola la probabilità che esse siano di cuori, sapendo che sono entrambe rosse. $\left[\frac{6}{25}\right]$

90 **Calcio, football americano, basket** In una classe 8 alunni giocano a calcio, 6 a football americano e 7 a basket. Calcola la probabilità che, prendendo a caso tre alunni, essi giochino a football americano, sapendo che non praticano il calcio e che ognuno pratica un solo sport. $\left[\frac{10}{143}\right]$

91 Una macchina produce pezzi meccanici e, su una produzione di 400 pezzi, 20 sono difettosi per peso, 30 per lunghezza e 360 sono perfetti. Calcola la probabilità che, prendendo a caso un pezzo:

a. sia difettoso;

b. abbia entrambi i difetti;

c. sia difettoso per peso, sapendo che anche la lunghezza non è corretta.

$\left[a)\ \frac{1}{10};\ b)\ \frac{1}{40};\ c)\ \frac{1}{3}\right]$

RISOLVIAMO UN PROBLEMA

Sedie a dondolo

La ditta «La tua sedia» vuole introdurre, fra i vari tipi di sedia che fabbrica, anche sedie a dondolo. Avendo in produzione modelli con paglia di Vienna, considera l'opportunità di sedie a dondolo con seduta e schienale con questo materiale.
In base alle richieste del mercato, valuta la probabilità di vendere una sedia a dondolo senza la paglia di Vienna al 30% e la probabilità di vendere una sedia non a dondolo al 55%.
Determina:

- se gli eventi «vendere una sedia a dondolo» e «vendere una sedia con paglia di Vienna» sono compatibili o incompatibili;
- la probabilità di vendere una sedia a dondolo o una sedia con paglia di Vienna supponendo gli eventi indipendenti;
- la probabilità di vendere una sedia con paglia di Vienna supponendo che la probabilità di vendere una sedia a dondolo condizionata all'evento vendita di una sedia con paglia di Vienna sia di $\frac{5}{7}$.

► **Calcoliamo la probabilità di vendere una sedia a dondolo senza paglia di Vienna e la probabilità di vendere una sedia non a dondolo.**

Indichiamo con A l'evento «vendere una sedia a dondolo» e con B l'evento «vendere una sedia con paglia di Vienna». Se gli eventi A e B sono incompatibili, deve essere $p(A \cap B) = 0$.
In base ai dati, la probabilità di vendere una sedia a dondolo senza paglia di Vienna è $p(A - B) = p(A \cap \overline{B}) = 0,30$.

Sempre in base ai dati, la probabilità di vendere una sedia non a dondolo è $p(\overline{A}) = 0{,}55$, e quindi $p(A) = 1 - 0{,}55 = 0{,}45$.

▶ **Verifichiamo che gli eventi *A* e *B* sono compatibili.**

Otteniamo $p(A \cap B) = p(A) - p(A \cap \overline{B}) = 0{,}45 - 0{,}30 = 0{,}15 \neq 0$. Dunque, gli eventi A e B sono compatibili.

▶ **Calcoliamo la probabilità di vendere una sedia a dondolo o una sedia con paglia di Vienna supponendo gli eventi indipendenti.**

Vogliamo calcolare $p(A \cup B) = p(A) + p(B) - p(A \cap B)$. Dobbiamo quindi innanzitutto determinare $p(B)$. Se gli eventi A e B sono indipendenti deve essere $p(A \cap B) = p(A) \cdot p(B)$, e quindi

$$p(B) = \frac{p(A \cap B)}{p(A)} = \frac{0{,}15}{0{,}45} = \frac{1}{3} = 0{,}\overline{3}, \text{ da cui otteniamo } p(A \cup B) = 0{,}45 + 0{,}\overline{3} - 0{,}15 = 0{,}6\overline{3}.$$

▶ **Calcoliamo la probabilità condizionata richiesta.**

Dobbiamo calcolare la probabilità dell'evento B considerando che $p(A \mid B) = \frac{5}{7}$:

$$p(A \mid B) = \frac{p(A \cap B)}{p(B)} \qquad \frac{5}{7} = \frac{0{,}15}{p(B)} \qquad p(B) = 0{,}15 \cdot \frac{7}{5} = 0{,}21.$$

92 REALTÀ E MODELLI **Età e ipertensione** Sai che il 21,7% della popolazione italiana ha almeno 65 anni e che il 17,1% della popolazione totale è iperteso, cioè soffre di ipertensione arteriosa. Inoltre, il 28% della popolazione ha almeno 65 anni o soffre di ipertensione arteriosa.

a. Scegliendo a caso un individuo tra la popolazione italiana, calcola la probabilità che abbia almeno 65 anni e sia iperteso.

b. Se un individuo ha almeno 65 anni, qual è la probabilità che soffra di ipertensione arteriosa? E se ha meno di 65 anni?

c. Se un individuo è iperteso, qual è la probabilità che abbia meno di 65 anni?

[a) 10,8%; b) 49,8%; 8%; c) 36,8%]

93 In un'urna abbiamo 5 palline, ciascuna con un colore diverso e con probabilità di estrazione diversa. L'insieme dei possibili esiti è $U = \{\text{rossa, gialla, nera, verde, bianca}\}$ e le probabilità di estrazione sono $\frac{1}{7}$ per ciascuna delle palline rossa, gialla e nera e $\frac{2}{7}$ per ciascuna delle palline verde e bianca.

Dati gli eventi $A = \{\text{rossa, nera, bianca}\}$, $B = \{\text{nera, verde, bianca}\}$ e $C = \{\text{gialla, nera}\}$, calcola le seguenti probabilità.

$p(A \mid B)$ $\quad$ $p(B \mid C)$ $\quad$ $p(C \mid \overline{A})$ $\quad$ $p(\overline{A} \mid C)$

$\left[\frac{3}{5}; \frac{1}{2}; \frac{1}{3}; \frac{1}{2}\right]$

94 Calcola la probabilità che, lanciando quattro monete, la faccia testa esca due volte, sapendo che è uscita almeno una volta.

$\left[\frac{2}{5}\right]$

95 **Ex alunni** In un istituto tecnico si svolge un'indagine statistica su 575 alunni diplomati negli ultimi cinque anni. Di essi 305 sono femmine e 270 maschi. 215, di cui 140 femmine e 75 maschi, hanno proseguito gli studi; 234, di cui 94 femmine e 140 maschi, hanno trovato impiego presso aziende private; 126, di cui 71 femmine e 55 maschi, lavorano presso enti pubblici. Intervistando a caso due persone, calcola la probabilità che:

a. abbiano proseguito gli studi;

b. abbiano trovato un impiego, sapendo che sono maschi;

c. non lavorino presso un ente pubblico, sapendo che sono femmine.

Gli eventi «aver trovato un impiego» ed «essere maschi» sono dipendenti o indipendenti?

[a) 14%; b) 52%; c) 59%; dipendenti]

5 Prodotto logico di eventi

▶ Teoria a p. 1425

96 TEST Due macchine indipendenti compiono lo stesso lavoro. La probabilità che si guasti la macchina A è del 30%, mentre la probabilità che si guasti la macchina B è del 20%. La probabilità che si guasti la macchina B e non la macchina A è:

A 0,14. B 0,24. C 0,44. D 0,5. E 0,56.

97 ESERCIZIO GUIDA Da un'urna che contiene 6 palline rosse, 3 bianche e 5 nere estraiamo consecutivamente due palline, senza rimettere la prima estratta nell'urna. Calcoliamo la probabilità che:

a. le palline siano entrambe rosse;
b. la prima pallina sia bianca e la seconda nera;
c. almeno una pallina sia rossa.

In ognuno dei tre casi gli eventi sono dipendenti perché la prima pallina estratta non viene rimessa nell'urna.
Indichiamo con R, B e N le estrazioni di palline rosse, bianche e nere, con il pedice 1 la prima estrazione e con il pedice 2 la seconda.

a. $R_1 \cap R_2 =$ «la prima pallina estratta è rossa e la seconda è rossa».

$$p(R_1 \cap R_2) = p(R_1) \cdot p(R_2 | R_1) = \frac{6}{14} \cdot \frac{5}{13} = \frac{15}{91}$$

(6: palline rosse; 5: palline rosse rimaste; 13: palline rimaste nell'urna)

b. $B_1 \cap N_2 =$ «la prima pallina estratta è bianca e la seconda è nera».

$$p(B_1 \cap N_2) = p(B_1) \cdot p(N_2 | B_1) = \frac{3}{14} \cdot \frac{5}{13} = \frac{15}{182}$$

(3: palline bianche; 5: palline nere; 13: palline rimaste nell'urna)

c. «Almeno una» è l'evento contrario di «nessuna».
$\overline{R}_1 \cap \overline{R}_2 =$ «la prima pallina estratta non è rossa e la seconda non è rossa».

$$p(\overline{R}_1 \cap \overline{R}_2) = p(\overline{R}_1) \cdot p(\overline{R}_2 | \overline{R}_1) = \frac{8}{14} \cdot \frac{7}{13} = \frac{4}{13}$$

(8: palline non rosse; 7: palline non rosse rimaste; 13: palline rimaste nell'urna)

La probabilità che almeno una pallina sia rossa è:

$$p = 1 - p(\overline{R}_1 \cap \overline{R}_2) = 1 - \frac{4}{13} = \frac{9}{13}.$$

98 Antonio pesca tre carte da un mazzo di 40. Qual è la probabilità che abbia in mano tre re?

$\left[\frac{1}{2470}\right]$

99 **Vigilia di Natale** Roberta prepara i pacchetti dei regali per quattro suoi amici, ma una volta incartati non riesce più a distinguerli. Se fossero consegnati a caso, qual è la probabilità che ognuno di loro riceva proprio il suo?

$\left[\frac{1}{24}\right]$

100 Due impianti nuovi, che funzionano in modo separato uno dall'altro, hanno la probabilità di guastarsi, nel periodo della garanzia, rispettivamente del 5% e del 4%. Calcola la probabilità che in un certo momento:

a. uno solo sia guasto;
b. siano guasti entrambi;
c. nessuno sia guasto;
d. almeno uno sia guasto.

[a) 8,6%; b) 0,2%; c) 91,2%; d) 8,8%]

ESERCIZI

101 In una classe di 25 studenti, i $\frac{3}{5}$ sono maggiorenni. I maschi sono 10, di cui 7 maggiorenni. Scegliendo a caso uno studente, qual è la probabilità che sia una ragazza maggiorenne? $\left[\frac{8}{25}\right]$

102 La probabilità che un tiratore colpisca un bersaglio è del 20% e la probabilità che lo colpisca un altro tiratore è del 60%. I due tiratori sparano contemporaneamente. Calcola la probabilità che:

a. il bersaglio venga colpito da entrambi;

b. almeno uno colpisca il bersaglio.

[a) 12%; b) 68%]

103 Un'urna contiene 20 palline numerate da 1 a 20. Calcola la probabilità che, estraendo consecutivamente due palline, senza rimettere quella estratta nell'urna, esse siano:

a. due palline con un numero pari;

b. una con un numero pari e l'altra con un numero dispari;

c. due palline con un numero primo.

$\left[\text{a) } \frac{9}{38}; \text{ b) } \frac{10}{19}; \text{ c) } \frac{14}{95}\right]$

REALTÀ E MODELLI

104 **Domenica al parco** La domenica Susanna va al parco solo se non piove e la sua amica Cristina è libera. Per la prossima domenica sono previste piogge con una probabilità del 20%. Cristina va a trovare i suoi nonni una domenica su due, indipendentemente dal tempo. Qual è la probabilità che la prossima domenica Susanna vada al parco? [40%]

105 **Di domenica** Il negozio di vestiti sotto casa di Ilaria è aperto una domenica su 4. Nelle domeniche in cui il negozio è aperto, le due titolari, Costanza e Francesca, si alternano: a turno una resta a casa e sostituirà la collega nella domenica di apertura successiva. Con che probabilità Ilaria troverà Francesca in negozio la prossima domenica? $\left[\frac{1}{8}\right]$

106 TEST Agata, Nina e Leo decidono che al «Via!» ciascuno di loro dirà (a caso) «Bim», oppure «Bum», oppure «Bam». Qual è la probabilità che dicano tutti e tre la stessa cosa?

A Meno di $\frac{1}{12}$.

B Tra $\frac{1}{12}$ e $\frac{1}{10}$.

C Tra $\frac{1}{10}$ e $\frac{1}{8}$.

D Tra $\frac{1}{8}$ e $\frac{1}{6}$.

E Più di $\frac{1}{6}$.

(*Giochi di Archimede*, 2014)

107 ESERCIZIO GUIDA Devono essere interrogati 3 studenti, 2 maschi e una femmina. Calcola la probabilità che, scegliendo a caso gli interrogati, la femmina sia interrogata per seconda.

Chiamiamo M_1 = «il primo interrogato è un maschio», M_2 = «il terzo interrogato è un maschio» e F = «il secondo interrogato è una femmina».
I tre eventi sono dipendenti, quindi:

$$p(M_1 \cap F \cap M_2) = p(M_1) \cdot p(F \mid M_1) \cdot p(M_2 \mid M_1 \cap F) = \frac{2}{3} \cdot \frac{1}{2} \cdot \frac{1}{1} = \frac{1}{3}.$$

108 In una delegazione di 4 studenti devono essere presenti 2 maschi e 2 femmine. Calcola la probabilità che, scegliendo a caso, vi sia alternanza tra maschi e femmine. $\left[\frac{1}{3}\right]$

109 Uno scaffale contiene 8 CD di musica classica, 9 CD di musica rock e 7 CD di musica leggera. Si prendono consecutivamente e a caso due CD. Calcola la probabilità che siano:

a. entrambi di musica rock;

b. uno di musica classica e uno di musica leggera.

$\left[\text{a) } \frac{3}{23}; \text{ b) } \frac{14}{69}\right]$

110 Nel portamonete di Luca ci sono

6 monete da 1 euro,

4 monete da 50 centesimi,

5 monete da 20 centesimi.

Prendendo a caso tre monete, una dopo l'altra, calcola la probabilità che siano:

a. tre monete da 50 centesimi;

b. la prima moneta da 1 euro e la seconda e la terza da 20 centesimi;

c. la prima moneta da 1 euro, la seconda da 50 centesimi, la terza da 20 centesimi.

$\left[\text{a) } \frac{4}{455}; \text{ b) } \frac{4}{91}; \text{ c) } \frac{4}{91}\right]$

EUREKA!

111 Matteo deve fare un test a crocette con 11 domande. Ciascuna domanda ha una sola risposta giusta. La prima domanda ha 2 possibili risposte (A e B), la seconda domanda ha 3 possibili risposte (A, B, C) e così via, fino all'undicesima domanda che ha 12 possibili risposte. Qual è la probabilità che facendo a caso il test Matteo dia almeno una risposta giusta?

A $\frac{1}{12!}$ B $\frac{1}{144}$ C $\frac{1}{2}$ D $\frac{11}{12}$ E $\frac{121}{144}$

(*Olimpiadi di matematica, Gara di febbraio*, 2013)

112 Al porto sono arrivate 5 casse contenenti ciascuna 72 banane e in una di esse vi è un certo numero di banane radioattive. Si sa che scegliendo a caso due delle 5 casse e scegliendo a caso da ciascuna di esse una banana, la probabilità che una delle due banane scelte sia radioattiva è del 5%.
Quante sono le banane radioattive?

A 6 B 9 C 10 D 12 E Nessuna delle precedenti.

(*Giochi di Archimede*, 2013)

113 In una tribù di canguri ci sono 9 individui speciali, chiamati Supercanguri, che sono gli unici con il pelo color oro o color argento. A ogni incontro casuale di 3 Supercanguri, la probabilità che nessuno di loro sia color argento è $\frac{2}{3}$. Quanti sono i Supercanguri color oro?

A 1 B 3 C 5 D 6 E 8

(*Kangourou Italia, livello Student*, 2014)

Riepilogo: Problemi con somma e prodotto logico

114 ESERCIZIO GUIDA Un'urna contiene 5 palline bianche e 4 nere. Si effettuano estrazioni consecutive nelle due situazioni:

1. reimmissione ogni volta della pallina estratta, **2.** non reimmissione della pallina estratta.

Calcoliamo la probabilità che, estraendo consecutivamente tre palline:

a. esse siano prima due bianche e poi una nera;

b. esse siano due bianche e una nera;

c. almeno una sia bianca.

Se c'è reimmissione gli eventi sono indipendenti, se non c'è reimmissione sono dipendenti. Indichiamo con B l'evento «esce una pallina bianca» e con N l'evento «esce una pallina nera», con i pedici 1, 2 e 3 le tre estrazioni.

a. L'evento da considerare è $B_1 \cap B_2 \cap N_3$, quindi:

1. $p(B_1 \cap B_2 \cap N_3) = p(B_1) \cdot p(B_2) \cdot p(N_3) = \frac{5}{9} \cdot \frac{5}{9} \cdot \frac{4}{9} = \frac{100}{729}$;

2. $p(B_1 \cap B_2 \cap N_3) = p(B_1 \cap B_2) \cdot p(N_3 \mid B_1 \cap B_2) = p(B_1) \cdot p(B_2 \mid B_1) \cdot p(N_3 \mid B_1 \cap B_2) = \frac{5}{9} \cdot \frac{4}{8} \cdot \frac{4}{7} = \frac{80}{504} = \frac{10}{63}$.

b. L'evento E può verificarsi con tre modalità diverse incompatibili fra loro:

$$E = (B_1 \cap B_2 \cap N_3) \cup (B_1 \cap N_2 \cap B_3) \cup (N_1 \cap B_2 \cap B_3).$$

1. $p(E) = \frac{5}{9} \cdot \frac{5}{9} \cdot \frac{4}{9} + \frac{5}{9} \cdot \frac{4}{9} \cdot \frac{5}{9} + \frac{4}{9} \cdot \frac{5}{9} \cdot \frac{5}{9} = \frac{100}{729} \cdot 3 = \frac{100}{243}$;

2. $p(E) = \frac{5}{9} \cdot \frac{4}{8} \cdot \frac{4}{7} + \frac{5}{9} \cdot \frac{4}{8} \cdot \frac{4}{7} + \frac{4}{9} \cdot \frac{5}{8} \cdot \frac{4}{7} = \frac{10}{21}$.

Nel caso in cui l'ordine non è stabilito si può moltiplicare la probabilità di una sequenza «base» per il numero di volte col quale gli eventi componenti l'evento si possono presentare.

c. Abbiamo varie possibilità per il numero di volte con cui la pallina bianca può uscire.
L'evento C si verifica quando la pallina bianca:

esce una volta:	$b\ n\ n$	$n\ b\ n$	$n\ n\ b$
o due volte:	$b\ b\ n$	$n\ b\ b$	$b\ n\ b$
o tre volte:	$b\ b\ b$		

In questo caso è più semplice calcolare la probabilità dell'evento contrario «non esce nessuna pallina bianca», che è come calcolare la probabilità dell'evento «escono tre palline nere»:

1. $p(E) = 1 - p(N_1 \cap N_2 \cap N_3) = 1 - \frac{4}{9} \cdot \frac{4}{9} \cdot \frac{4}{9} = 1 - \frac{64}{729} = \frac{665}{729}$;

2. $p(E) = 1 - p(N_1 \cap N_2 \cap N_3) = 1 - \frac{4}{9} \cdot \frac{3}{8} \cdot \frac{2}{7} = 1 - \frac{24}{504} = \frac{480}{504} = \frac{20}{21}$.

115 In una scatola ci sono 8 palline rosse e 4 gialle. Calcola la probabilità che, estraendo consecutivamente due palline senza rimettere la pallina estratta nella scatola, esse siano:

a. due palline rosse;
b. due palline gialle;
c. la prima rossa e la seconda gialla;
d. una pallina rossa e l'altra gialla.

$\left[\text{a) } \frac{14}{33}; \text{ b) } \frac{1}{11}; \text{ c) } \frac{8}{33}; \text{ d) } \frac{16}{33}\right]$

MATEMATICA AL COMPUTER

Calcolo della probabilità Un sacchetto contiene t gettoni, di cui r rossi, g gialli, b blu. Costruiamo un foglio elettronico che riceva i numeri r, g, b e che mostri le probabilità delle possibili estrazioni di due gettoni, sia che il primo gettone estratto venga reimmesso nel sacchetto, sia che non venga reimmesso. Proviamo il foglio con $r = 4$, $g = 2$ e $b = 3$.

Risoluzione – 2 esercizi in più

116 Calcola la probabilità che, estraendo consecutivamente due carte da un mazzo di quaranta, senza rimettere quella estratta per prima nel mazzo, esse siano:

a. la prima una figura e la seconda non una figura;
b. una figura e un sette.

$\left[\text{a) } \frac{14}{65}; \text{ b) } \frac{4}{65}\right]$

117 Si estrae una carta da ciascuno di due mazzi di quaranta carte. Calcola la probabilità che:

a. le due carte siano due re;
b. le due carte siano due figure;
c. almeno una delle due carte sia un asso.

$\left[\text{a) } \frac{1}{100}; \text{ b) } \frac{9}{100}; \text{ c) } \frac{19}{100}\right]$

118 Ogni mattina Gianluca, per andare a scuola, deve prendere l'autobus delle 7.20. Una mattina su 5, Gianluca arriva alla fermata in ritardo, tra le 7.21 e le 7.25. Quando piove (una mattina su 6) l'autobus passa dopo le 7.25, mentre gli altri giorni è puntuale. Qual è la probabilità che Gianluca non perda l'autobus? $\left[\frac{5}{6}\right]$

119 La mensa è aperta dal lunedì al venerdì. Ogni giorno, tra i primi piatti, c'è almeno uno tra pasta e riso. Se la pasta c'è 4 giorni alla settimana e il riso 3, qual è la probabilità che, in un giorno qualsiasi, ci siano entrambi i piatti? $\left[\frac{2}{5}\right]$

120 Si hanno due sacchetti. Il primo contiene 4 palline bianche e 6 rosse, il secondo ne contiene 3 bianche e 5 rosse. Calcola la probabilità che, estraendo una pallina da ciascun sacchetto, esse siano:

a. entrambe bianche;
b. bianca dal primo sacchetto e rossa dal secondo;
c. una bianca e una rossa.

$\left[\text{a) } \frac{3}{20}; \text{ b) } \frac{1}{4}; \text{ c) } \frac{19}{40}\right]$

121 ●● Si hanno due urne. La prima contiene 4 palline bianche e 6 rosse, la seconda ne contiene 3 bianche e 5 rosse. Si estrae una pallina dalla prima urna e la si inserisce nella seconda, e poi si estrae una pallina dalla seconda urna. Calcola la probabilità che le palline estratte siano:

a. entrambe bianche;

b. bianca dalla prima urna e rossa dalla seconda;

c. una bianca e una rossa.

$\left[\text{a) } \frac{8}{45}; \text{ b) } \frac{2}{9}; \text{ c) } \frac{19}{45}\right]$

RISOLVIAMO UN PROBLEMA

Meglio in serie o in parallelo?

Abbiamo cinque componenti elettronici, *A*, *B*, *C*, *D* ed *E*, che, disposti in modo diverso, formano due sistemi, come in figura.
Gli elementi *A* e *B* funzionano con probabilità 0,9 e *C*, *D* ed *E* funzionano con probabilità 0,85. I cinque componenti sono indipendenti. Quale dei due sistemi ha maggiore probabilità di funzionare?

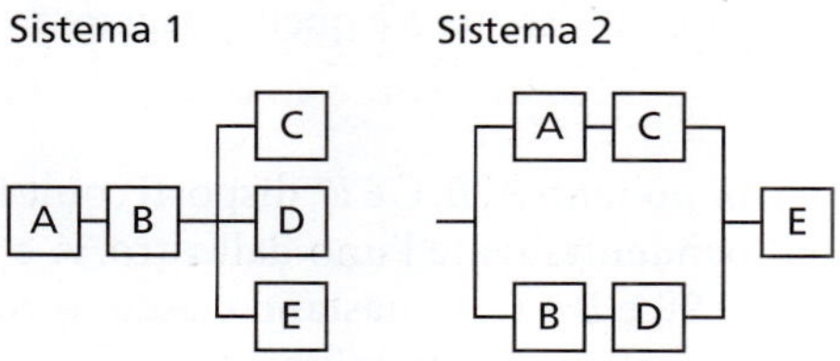

A e B in serie e in serie con C, D, E, che sono in parallelo

E in serie con due rami in parallelo, con A e C in serie e B e D in serie

▶ Modellizziamo il sistema 1.

Poiché *A* e *B* sono in serie e la coppia *A*, *B* è in serie con la terna *C*, *D*, *E*, il sistema funziona se funzionano contemporaneamente *A*, *B* e la terna. Poiché gli elementi della terna sono in parallelo, la terna funziona se funziona almeno uno dei tre elementi.
Se definiamo gli eventi *A* = «il componente *A* funziona», *B* = «il componente *B* funziona» e così via, il primo sistema funziona se si verifica l'evento $A \cap B \cap (C \cup D \cup E)$.

▶ Calcoliamo la probabilità che la terna funzioni.

Gli eventi *C*, *D* ed *E* sono compatibili. Possiamo usare la formula della somma logica di eventi oppure usare l'evento contrario applicando le formule di De Morgan e l'indipendenza degli eventi.

$$p(C \cup D \cup E) = 1 - p(\overline{C \cup D \cup E}) = 1 - p(\overline{C} \cap \overline{D} \cap \overline{E}) = 1 - p(\overline{C}) \cdot p(\overline{D}) \cdot p(\overline{E}) = 1 - 0{,}15^3 = 0{,}996625$$

▶ Troviamo la probabilità che il sistema 1 funzioni.

Utilizzando l'indipendenza dei componenti, e quindi degli eventi, e il risultato precedente, abbiamo:

$$p(A \cap B \cap (C \cup D \cup E)) = p(A) \cdot p(B) \cdot p(C \cup D \cup E) = 0{,}9 \cdot 0{,}9 \cdot 0{,}996625 \simeq 0{,}81.$$

▶ Modellizziamo il sistema 2.

Il sistema funziona se funziona almeno uno dei due rami in parallelo e funziona *E*. Ogni ramo è costituito da due componenti in serie, quindi funziona se funzionano entrambi i componenti su quel ramo.
Quindi il sistema funziona se si verifica l'evento $((A \cap C) \cup (B \cap D)) \cap E$.

▶ Calcoliamo la probabilità che ciascun ramo funzioni.

Osserviamo che, viste le probabilità di funzionamento dei componenti dei rami, le probabilità di funzionamento dei due rami sono uguali.

Usando l'indipendenza, per il ramo superiore abbiamo

$$p(A \cap C) = p(A) \cdot p(C) = 0{,}9 \cdot 0{,}85 = 0{,}765,$$

e per il ramo inferiore, quindi,

$$p(B \cap D) = p(B) \cdot p(D) = 0{,}9 \cdot 0{,}85 = 0{,}765.$$

▶ **Calcoliamo la probabilità che almeno uno dei due rami funzioni.**

Anche in questo caso i due rami possono funzionare contemporaneamente, quindi gli eventi $A \cap C$ e $B \cap D$ sono compatibili, perciò:

$$p((A \cap C) \cup (B \cap D)) = p(A \cap C) + p(B \cap D) - p((A \cap C) \cap (B \cap D)) = 0{,}765 + 0{,}765 - 0{,}765^2 = 0{,}944775.$$

▶ **Troviamo la probabilità che il sistema 2 funzioni.**

Utilizzando l'indipendenza dei componenti, e quindi degli eventi, e il risultato precedente, abbiamo:

$$p(((A \cap C) \cup (B \cap D)) \cap E) = p((A \cap C) \cup (B \cap D)) \cdot p(E) = 0{,}944775 \cdot 0{,}85 \simeq 0{,}80.$$

▶ **Concludiamo.**

Anche se di poco, la probabilità che funzioni il sistema 1 è quella maggiore.

122 Un sistema è formato da quattro componenti A, B, C e D, disposti come in figura. I componenti si guastano indipendentemente l'uno dall'altro. A e D funzionano ciascuno con probabilità 0,98 e B e C si guastano ciascuno con probabilità 0,05. Qual è la probabilità che il sistema funzioni?

[0,96]

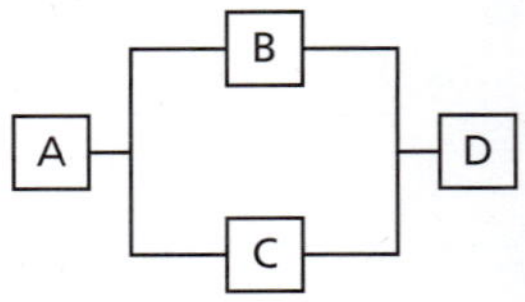

123 TEST In questa stagione accade spesso che quando Luca esce da scuola piova: ciò accade con probabilità uguale a $\frac{2}{5}$. Per questo motivo Luca ritiene opportuno prendere con sé un ombrello, ma a volte se ne dimentica; la probabilità che in un singolo giorno Luca dimentichi l'ombrello è $\frac{1}{2}$. Qual è la probabilità che per tre giorni consecutivi Luca non si bagni mai, durante il ritorno da scuola?

A Minore di $\frac{1}{6}$.

B Compresa tra $\frac{1}{6}$ e $\frac{1}{3}$.

C Compresa tra $\frac{1}{3}$ e $\frac{1}{2}$.

D Compresa tra $\frac{1}{2}$ e $\frac{2}{3}$.

E Maggiore di $\frac{5}{6}$.

(*Giochi di Archimede*, 2014)

Problemi REALTÀ E MODELLI

124 **Legumi** Un commesso ha messo alla rinfusa i barattoli di legumi sullo scaffale di un supermercato. Sappiamo che ci sono 7 barattoli di piselli, 9 barattoli di fagioli e 6 barattoli di fagiolini. Si prendono consecutivamente 3 barattoli. Calcola la probabilità che:

a. siano tutti barattoli di piselli;

b. uno sia di piselli e due di fagioli;

c. ce ne sia uno per tipo;

d. non ci sia alcun barattolo di fagiolini.

$\left[\text{a) } \frac{1}{44}; \text{ b) } \frac{9}{55}; \text{ c) } \frac{27}{110}; \text{ d) } \frac{4}{11}\right]$

125 **Strike!** Tre amici giocano a bowling. In base ai risultati delle partite precedenti, si stabilisce che il primo ha probabilità 0,6 di fare strike, il secondo ha probabilità 0,45, il terzo ha probabilità 0,5. Calcola la probabilità che:

a. tutti e tre i giocatori facciano strike;

b. nessun giocatore faccia strike;

c. almeno un giocatore faccia strike.

[a) 0,135; b) 0,11; c) 0,89]

126 **Pennarello o pastello?** Da ciascuno dei due astucci in figura viene preso un pastello o un pennarello a caso. Calcola la probabilità che

a. entrambi siano pastelli;
b. siano un pennarello dal primo astuccio e un pastello dal secondo;
c. siano entrambi pennarelli, o un pastello e un pennarello.

$\left[\text{a) } \frac{7}{26}; \text{ b) } \frac{3}{13}; \text{ c) } \frac{19}{26}\right]$

127 **Non tutte sane** Dall'analisi di un campione di un raccolto di noci, si stima che circa il 5% sia marcio. Prendendo due noci a caso, calcola la probabilità che:

a. una sola sia sana;
b. almeno una non sia marcia.

[a) 9,5%; b) 99,75%]

128 **Germogli** Alessia ha tre vasetti di terra, in ognuno dei quali mette due semi di pomodoro. Se ogni seme ha una probabilità di germogliare dell'80%, calcola la probabilità che:

a. nasca almeno una pianta in uno solo dei vasetti;
b. nasca almeno una pianta in tutti e tre i vasetti.

[a) $\simeq$ 0,46%; b) $\simeq$ 88,5%]

129 **Alcol e adolescenti** Da un rapporto Istat è emerso che il 14,3% della popolazione maschile di età compresa tra i 16 e i 17 anni manifesta almeno un comportamento a rischio per quanto riguarda il consumo di alcol. Più precisamente, dei maschi tra i 16 e i 17 anni, il 6,5% ha un consumo giornaliero non moderato e il 10,5% beve fino a ubriacarsi durante i fine settimana. Calcola la probabilità che un ragazzo di età compresa tra i 16 e i 17 anni manifesti entrambi i comportamenti a rischio. [2,7%]

130 **Tiro al piattello** Durante una gara di tiro al piattello, tre concorrenti hanno rispettivamente la probabilità di $\frac{1}{6}$, $\frac{1}{4}$ e $\frac{1}{3}$ di colpire il bersaglio. Ciascuno spara una sola volta. Trova la probabilità che uno e uno soltanto di essi colpisca il piattello. In tal caso qual è la probabilità che sia stato il primo atleta? $\left[\frac{31}{72}; \frac{6}{31}\right]$

131 EUREKA! In una scatola sono state inserite alcune palline rosse e alcune palline verdi. Se estraiamo a caso 2 palline dalla scatola, la probabilità che esse siano dello stesso colore è $\frac{1}{2}$. Quale dei seguenti può essere il numero complessivo delle palline inserite nella scatola?

A 81 B 101 C 1000 D 2011 E 10001

(*Kangourou Italia, livello Student,* 2011)

Problema delle prove ripetute

132 ESERCIZIO GUIDA Un'urna contiene 15 palline numerate. Si estrae per 8 volte consecutive una pallina, rimettendola ogni volta nell'urna. Calcoliamo la probabilità che:

a. per 5 volte esca un numero minore di 6;
b. per 3 o 4 volte esca un numero pari;
c. almeno una volta esca un numero pari.

ESERCIZI

a. L'evento «esce un numero minore di 6» ha probabilità $p = \frac{5}{15} = \frac{1}{3}$, mentre l'evento contrario ha probabilità $q = 1 - \frac{1}{3} = \frac{2}{3}$. Abbiamo:

$$p_{(5,8)} = \binom{8}{5}\left(\frac{1}{3}\right)^5\left(\frac{2}{3}\right)^3 = \frac{56 \cdot 2^3}{3^8}.$$

$p_{(k,n)} = \binom{n}{k} p^k q^{n-k}$
con n = numero delle prove,
k = numero dei successi

b. L'evento «esce un numero pari» ha probabilità $p = \frac{7}{15}$, mentre l'evento contrario ha probabilità

$$q = 1 - \frac{7}{15} = \frac{8}{15}.$$

Dobbiamo applicare la relazione sia per il caso in cui l'evento si verifichi 3 volte, sia per il caso in cui si verifichi 4 volte e quindi applicare il teorema della somma logica:

$$p_{(3,8)} + p_{(4,8)} = \binom{8}{3}\left(\frac{7}{15}\right)^3\left(\frac{8}{15}\right)^5 + \binom{8}{4}\left(\frac{7}{15}\right)^4\left(\frac{8}{15}\right)^4 = \frac{56 \cdot 7^3 \cdot 8^5}{15^8} + \frac{70 \cdot 7^4 \cdot 8^4}{15^8} = \frac{938 \cdot 7^3 \cdot 8^4}{15^8}.$$

c. Calcoliamo la probabilità dell'evento $\overline{H}_{8,8}$ = «un numero pari non esce mai» (o «esce sempre un numero dispari»), evento contrario dell'evento $H_{8,8}$ di cui si chiede la probabilità. Essendo la probabilità di uscita di un numero dispari $\frac{8}{15}$, la probabilità che in 8 estrazioni nelle stesse condizioni un numero pari esca almeno una volta è $p(H_{8,8}) = 1 - p(\overline{H}_{8,8}) = 1 - \binom{8}{8}\left(\frac{8}{15}\right)^8 = 1 - \frac{8^8}{15^8} = \frac{15^8 - 8^8}{15^8}$.

133 Si lancia 10 volte una moneta. Calcola la probabilità che:

a. la faccia testa esca 4 volte;

b. la faccia croce esca 6 volte;

c. esca sempre croce;

d. almeno una volta esca testa.

$\left[a)\ \frac{210}{2^{10}};\ b)\ \frac{210}{2^{10}};\ c)\ \frac{1}{2^{10}};\ d)\ \frac{2^{10}-1}{2^{10}}\right]$

134 Si lancia per 5 volte un dado. Calcola la probabilità che:

a. per 2 volte esca un numero maggiore di 4;

b. per 4 volte esca un numero pari.

$\left[a)\ \frac{80}{243};\ b)\ \frac{5}{32}\right]$

135 Si effettuano 4 estrazioni con reimmissione da un mazzo di 52 carte.
Calcola la probabilità di estrarre:

a. 4 assi;

b. almeno 2 assi.

$\left[a)\ \frac{1}{13^4};\ b)\ \frac{913}{13^4}\right]$

136 Un'urna contiene 2 palline bianche e 3 nere. Calcola la probabilità che, estraendo per 7 volte consecutive una pallina, rimettendo quella estratta nell'urna, la pallina bianca si presenti:

a. solo la prima volta;

b. una volta;

c. 5 volte;

d. sempre;

e. mai;

f. almeno una volta.

$\left[a)\ \frac{2 \cdot 3^6}{5^7};\ b)\ \frac{14 \cdot 3^6}{5^7};\ c)\ \frac{6048}{5^7};\ d)\ \frac{2^7}{5^7};\ e)\ \frac{3^7}{5^7};\ f)\ \frac{5^7 - 3^7}{5^7}\right]$

137 Una rilevazione statistica ha messo in evidenza che 7 persone su 10 utilizzano in un mese surgelati di pesce. Calcola la probabilità che, scegliendo a caso 4 persone, almeno una abbia nel corso del mese consumato questo tipo di prodotto.

[0,9919]

REALTÀ E MODELLI

138 **Speranza di vita!** La probabilità che un uomo di 70 anni sia in vita dopo un anno, secondo la tavola demografica relativa al censimento del 1960, è del 95,7%. Calcola la probabilità che hanno tre uomini di quella età di essere tutti ancora in vita l'anno seguente. [87,65% circa]

139 **Basta la fortuna?** Alice e Sara stanno affrontando lo stesso test composto da 6 domande a risposta chiusa. Ogni domanda ha 5 possibili risposte. Alice risponde a caso a tutte le domande. Sara, invece, conosce le risposte di tre domande e risponde alle altre a caso. Ottengono la sufficienza se rispondono correttamente a 4 domande.

a. Qual è la probabilità che entrambe ottengano esattamente la sufficienza?

b. Qual è la probabilità che Alice ottenga esattamente la sufficienza e Sara non superi la prova? [a) 0,006; b) 0,008]

140 **Bianco bucato** L'impresa Bucato Spa ha effettuato una promozione in un supermercato per il suo nuovo detersivo Bianco. Su 200 clienti, 120 hanno aderito alla promozione. Qual è la probabilità che, intervistando in seguito 5 clienti, 3 dichiarino di aver aderito alla promozione? [0,3456]

141 **Non sempre efficace** Un farmaco ha la probabilità dell'85% di essere efficace. Viene somministrato a 12 ammalati. Calcola la probabilità:

a. che tutti gli ammalati guariscano; **b.** che ne guariscano 10. [a) 14,22% circa; b) 29,24% circa]

TUTOR matematica — Allenati con **15 esercizi interattivi** con feedback "hai sbagliato, perché…"
su.zanichelli.it/tutor3 risorsa riservata a chi ha acquistato l'edizione con tutor

6 Teorema di Bayes

Se l'evento deve accadere: la disintegrazione

▶ Teoria a p. 1429

142 ESERCIZIO GUIDA Un'urna contiene 6 palline bianche e 10 nere e una seconda urna 8 bianche e 2 nere. Si sceglie a caso un'urna e si estrae una pallina. Calcoliamo la probabilità che essa sia bianca.

Le probabilità relative alla scelta dell'urna sono:

$$p(E_1) = p(E_2) = \frac{1}{2}.$$

Indichiamo con B l'evento «estrazione pallina bianca». Le probabilità di estrarre una pallina bianca avendo fissato l'urna sono:

$$p(B|\,E_1) = \frac{6}{16} = \frac{3}{8}, \quad p(B|\,E_2) = \frac{8}{10} = \frac{4}{5}.$$

La probabilità di estrarre una pallina bianca scegliendo a caso un'urna è:

$$p(B) = \frac{1}{2}\cdot\frac{3}{8} + \frac{1}{2}\cdot\frac{4}{5} = \frac{3}{16} + \frac{2}{5} = \frac{47}{80}.$$

Possiamo rappresentare la situazione con il diagramma ad albero della figura.

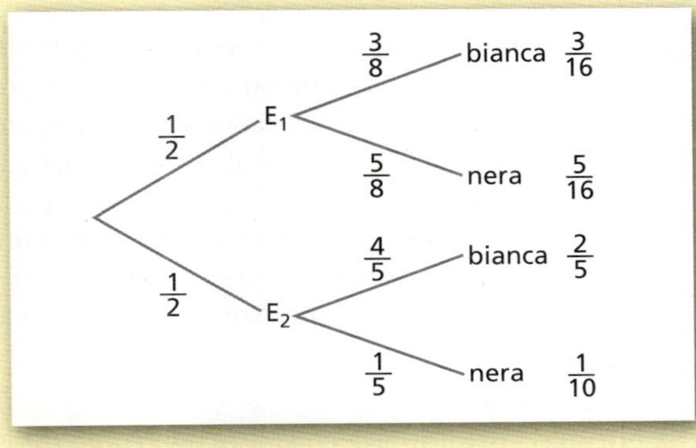

ESERCIZI

143 ●○ Abbiamo due urne. La prima contiene 4 palline bianche e 2 nere e la seconda 6 bianche e 4 nere. Si sceglie a caso un'urna estraendo una carta da un mazzo di 40. Se la carta estratta è una figura, si sceglie la prima urna, altrimenti la seconda. Dopo aver scelto l'urna si estrae una pallina. Calcola la probabilità di estrarre una pallina nera. $\left[\frac{19}{50}\right]$

144 ●○ TEST In un sacchetto ci sono 7 gettoni numerati da uno a sette. Si estrae un gettone e se reca un numero dispari viene lasciato fuori dal sacchetto, altrimenti viene reinserito. La probabilità che, effettuando l'estrazione successiva, esca un numero pari è:

A $\frac{25}{49}$. B $\frac{23}{49}$. C $\frac{1}{2}$. D $\frac{2}{7}$. E $\frac{3}{7}$.

145 ●○ Due macchine producono lo stesso pezzo meccanico. La prima produce il 40% di tutto il quantitativo e il 98% della sua produzione è senza difetti. La seconda macchina ha un tasso di difettosità del 5%. Calcola la probabilità che, estraendo a caso un pezzo, questo sia difettoso. [3,8%]

REALTÀ E MODELLI

146 ●○ **Efficacia del farmaco** Il 60% di un gruppo di persone sofferenti di una malattia alla tiroide è stato sottoposto alla cura di un nuovo farmaco che ha sostituito il precedente, e il 30% ha ottenuto un miglioramento. Delle persone non sottoposte al trattamento del nuovo farmaco, e che hanno continuato la cura con quello precedente, ha ottenuto un miglioramento il 20%. Calcola la probabilità che, scegliendo una persona a caso, questa abbia avuto un miglioramento. [0,26]

147 ●○ **Stampanti difettose** Un'azienda ha prodotto una certa quantità di stampanti, di cui il 15% presenta un difetto di fabbricazione. Le stampanti non difettose hanno una probabilità del 20% di rompersi entro i primi tre anni, mentre quelle difettose dell'80%. Comprando una stampante (senza sapere se è difettosa o meno), qual è la probabilità che si rompa entro tre anni? [29%]

148 ●○ In una classe il 40% dei ragazzi è figlio unico. Possiede lo scooter il 20% dei ragazzi che sono figli unici e il 50% dei ragazzi che non sono figli unici. Scelto a caso un ragazzo, calcola la probabilità che abbia lo scooter. [0,38]

149 ●○ **Qual è la strada?** Un automobilista arriva a un bivio. Sa che una strada è esatta e l'altra è sbagliata. Vi sono due persone A e B al bivio. A dice la verità quattro volte su dieci e B invece sette volte su dieci. L'automobilista chiede informazioni a caso a una di esse e ne segue l'indicazione. Calcola la probabilità che ha l'automobilista di percorrere la strada esatta. $\left[\frac{11}{20}\right]$

150 ●○ Due dispositivi hanno la probabilità di funzionare del 90% e del 70%. Se ne sceglie uno a caso. Calcola la probabilità che vi sia un mancato funzionamento. [20%]

151 ●● Abbiamo due urne. La prima contiene 4 palline rosse e 6 bianche e la seconda 3 palline rosse e 2 bianche. Si lancia un dado e, se esce un numero minore di tre, si sceglie la prima urna, altrimenti la seconda. Calcola la probabilità che, estraendo contemporaneamente due palline, esse siano:

a. due rosse;
b. due bianche;
c. una rossa e una bianca.

$\left[\text{a) } \frac{11}{45}; \text{ b) } \frac{8}{45}; \text{ c) } \frac{26}{45}\right]$

152 ●● YOU & MATHS A ball is removed at random from an urn which has 10 white and 10 black balls, and *not* replaced in the urn. This process is repeated 4 times. What is the probability that the third ball was white?

(USA *Bay Area Math Meet, Bowl Sampler*) $\left[\frac{1}{2}\right]$

153 ●● REALTÀ E MODELLI **Probabile qualità** Tre reparti di un'impresa alimentare producono succhi di frutta. Le percentuali della produzione totale sono il 30% per il primo reparto, il 50% per il secondo reparto e il 20% per il terzo. Il livello qualitativo è del 99% per il primo reparto, del 95% per il secondo e del 96% per il terzo. Calcola il livello qualitativo di tutta la produzione. [0,964]

Se l'evento è accaduto: teorema di Bayes

▶ Teoria a p. 1431

154 ESERCIZIO GUIDA Abbiamo due urne. La prima contiene 4 palline bianche e 6 nere e la seconda 5 bianche e 4 nere. Si sceglie a caso un'urna estraendo una carta da un mazzo di 40. Se la carta è una figura viene scelta la prima urna, altrimenti la seconda. Sapendo che la pallina estratta è nera, calcola la probabilità che essa provenga dalla seconda urna.

Definiamo E_i = «pesco dall'i-esima urna»: $p(E_1) = \frac{12}{40} = \frac{3}{10}$, $p(E_2) = \frac{7}{10}$.

Se E = «esce una pallina nera»: $p(E \mid E_1) = \frac{6}{10} = \frac{3}{5}$, $p(E \mid E_2) = \frac{4}{9}$.

Poiché $p(E) = p(E_1) \cdot p(E \mid E_1) + p(E_2) \cdot p(E \mid E_2) \to p(E) = \frac{3}{10} \cdot \frac{3}{5} + \frac{7}{10} \cdot \frac{4}{9} = \frac{9}{50} + \frac{14}{45} = \frac{221}{450}$, la probabilità che, avendo estratto una pallina nera, essa provenga dalla seconda urna è data da:

$$p(E_2 \mid E) = \frac{p(E_2) \cdot p(E \mid E_2)}{p(E)} =$$

$$\frac{\frac{7}{10} \cdot \frac{4}{9}}{\frac{221}{450}} = \frac{14}{45} \cdot \frac{450}{221} = \frac{140}{221}.$$

Possiamo rappresentare la situazione con il diagramma ad albero a fianco.

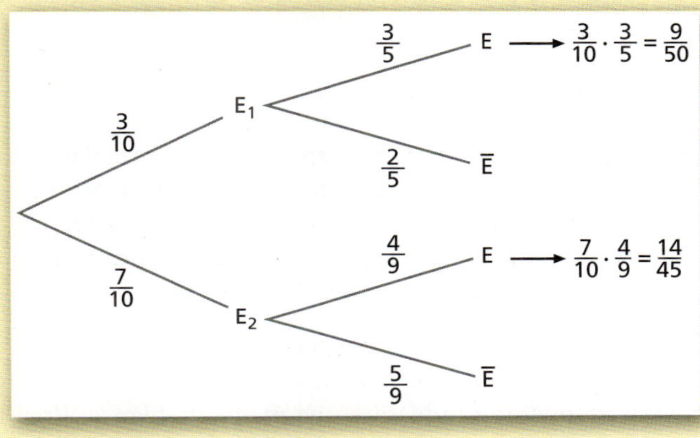

155 ●○ Si hanno due urne. La prima contiene 5 palline bianche, 2 nere e 3 rosse e la seconda 4 bianche, 2 nere e 4 rosse. Si sceglie a caso un'urna lanciando un dado e quindi si estrae una pallina. Se viene una faccia con il numero minore di 3, si sceglie la prima urna, altrimenti la seconda. Viene estratta una pallina rossa. Calcola la probabilità che essa provenga dalla seconda urna. $\left[\frac{8}{11}\right]$

156 ●○ TEST Una classe quinta è formata da 15 maschi e 10 femmine. Il 70% dei maschi e l'80% delle femmine hanno la patente. La probabilità che, prendendo a caso un individuo con la patente, questo sia una ragazza è:

- **A** $\frac{16}{37}$.
- **B** $\frac{37}{50}$.
- **C** $\frac{8}{25}$.
- **D** $\frac{21}{50}$.
- **E** $\frac{21}{37}$.

157 ●○ In un gruppo di 30 persone 20 sono donne. Sono 15 le donne che conoscono la lingua inglese, mentre solo 4 degli uomini conoscono la lingua inglese. Calcola la probabilità che, scelta a caso una persona che conosca la lingua inglese, essa sia uomo. $\left[\frac{4}{19}\right]$

158 ●● Abbiamo tre urne. La prima contiene 2 palline bianche e 3 rosse, la seconda 5 bianche e 3 rosse e la terza 4 bianche e 2 rosse. Scegliamo a caso un'urna ed estraiamo una pallina. Viene estratta una pallina bianca. Calcola la probabilità che la pallina estratta provenga dalla seconda urna. $\left[\frac{75}{203}\right]$

159 ●● Due macchine producono lo stesso pezzo meccanico. La prima produce il 40% di tutto il quantitativo e il 98% della sua produzione è senza difetti. La seconda macchina ha un tasso di difettosità del 7%. Avendo preso a caso un pezzo e avendo accertato che è difettoso, calcola la probabilità che esso provenga dalla seconda macchina. [84%]

160 ●● Due processi produttivi A e B producono rispettivamente il 40% e il 60% della produzione totale. Durante un controllo si rileva che i pezzi difettosi di A sono il 5% e quelli di B sono il 3%. Calcola la probabilità che un pezzo non difettoso immesso sul mercato provenga dal primo processo produttivo. $\left[\frac{190}{481}\right]$

161 ●● Abbiamo due mazzi di carte, uno da 40 e l'altro da 52. Se lanciando due dadi si ottengono due valori uguali, si procede a estrarre consecutivamente due carte senza reimmissione dal primo mazzo, altrimenti dal secondo. Sono stati estratti una figura e un asso. Calcola la probabilità che siano stati estratti dal mazzo di 40 carte. $\left[\frac{17}{67}\right]$

162 ●● Abbiamo tre urne uguali che contengono ciascuna 7 palline numerate da 1 a 7. Si estraggono consecutivamente tre palline, rimettendo ogni volta la pallina estratta nell'urna, scegliendo un'urna a caso con il lancio di un dado: se esce un numero pari si sceglie la prima urna, se esce il numero 1 la seconda, altrimenti la terza.
Sapendo che i tre numeri estratti sono tutti dispari, calcola la probabilità che provengano dalla prima urna. Puoi verificare che, essendo i contenuti delle urne uguali, la probabilità cercata è quella relativa alla scelta dell'urna lanciando il dado. $\left[\frac{1}{2}\right]$

REALTÀ E MODELLI

163 ●● **Via la gastrite** Il 70% di un gruppo di ammalati di gastrite è stato sottoposto alla cura di un nuovo farmaco che ha sostituito il precedente: di questi, il 60% ha ottenuto un miglioramento. Fra le persone non sottoposte al trattamento del nuovo farmaco ha ottenuto un miglioramento il 30%. Calcola la probabilità che un paziente abbia preso il farmaco, sapendo che ha avuto un miglioramento. $\left[\frac{14}{17}\right]$

164 ●○ **Abbinamenti** Giada sta cercando una maglietta da abbinare alla sua gonna bianca. Nel suo cassetto ha tre magliette nere, due bianche e una rossa. Non ha molto tempo, perciò si concede al massimo due tentativi, ma vorrebbe non indossare una maglietta bianca. Prende una maglietta dal cassetto: se è bianca la rimette nel cassetto, altrimenti la mette sul letto. Poi prende un'altra maglietta. Se la seconda maglietta è rossa, qual è la probabilità che la prima maglietta che ha afferrato sia bianca? $\left[\frac{5}{14}\right]$

165 ●● **Alcol test** La prova del palloncino, che indica la presenza di alcol, ha esito positivo per il 4% delle persone controllate. L'esperienza ha mostrato che, con questa prova, il 98% delle persone con risultato positivo era effettivamente in stato di ebbrezza e che il 98% delle persone con esito negativo non lo era.
Luca e Giovanni, al ritorno da una serata in birreria, vengono fermati per la prova del palloncino. Luca non ha bevuto e infatti è alla guida, Giovanni ha bevuto due birre.

a. Qual è la probabilità che Luca risulti positivo all'alcol test sapendo che non ha bevuto?

b. Qual è la probabilità che Giovanni risulti negativo all'alcol test sapendo che ha bevuto?

[a) 0,0008; b) 0,33]

166 ●● **Borgo Allegro** Nel paese di montagna Borgo Allegro l'approvvigionamento di acqua potabile è garantito da differenti sorgenti naturali, a seconda delle diverse zone del paese (centro C, zona a monte M, zona a valle V, frazioni F). La tabella mostra la concentrazione delle abitazioni nelle diverse zone del paese e la percentuale di acqua incanalata in ogni zona con residuo fisso inferiore ai 24 mg/L.

Zona	Abitazioni	Acqua con residuo fisso inferiore a 24 mg/L
C	30%	70%
M	25%	60%
V	22%	55%
F	23%	45%

Se dal rubinetto di un'abitazione di Borgo Allegro esce acqua con un residuo fisso superiore a 24 mg/L, qual è la probabilità che l'abitazione si trovi nella parte a valle del paese?

7 Concezione statistica della probabilità

▶ Teoria a p. 1434

167 Una medaglia commemorativa reca da una parte una effigie e dall'altra un motto. Viene lanciata per 60 volte e la parte con il motto si è presentata 22 volte. Calcola il valore della probabilità dell'evento «uscita della faccia con il motto». $\left[\frac{11}{30}\right]$

168 Un dado non è regolare. Vengono effettuati 700 lanci ottenendo i seguenti risultati:
- la faccia 1 si è presentata 104 volte;
- la faccia 2 si è presentata 130 volte;
- la faccia 3 si è presentata 92 volte;
- la faccia 4 si è presentata 148 volte;
- la faccia 5 si è presentata 115 volte;
- la faccia 6 si è presentata 111 volte.

Calcola le probabilità da attribuire all'uscita delle facce. $\left[\frac{26}{175}; \frac{13}{70}; \frac{23}{175}; \frac{37}{175}; \frac{23}{140}; \frac{111}{700}\right]$

169 TEST È stato lanciato un dado, che non si sa se è equilibrato, per 60 volte e la faccia contrassegnata con il numero tre è uscita 16 volte e quella col numero sei 8 volte. Valuta la probabilità che, lanciando quel dado, si ottenga un numero divisibile per 3:

A $\frac{2}{5}$. B $\frac{3}{5}$. C $\frac{1}{3}$. D $\frac{8}{15}$. E $\frac{4}{15}$.

170 FAI UN ESEMPIO di evento in cui è opportuno utilizzare la concezione statistica di probabilità.

171 REALTÀ E MODELLI **Prevedere gli indennizzi** Una compagnia di assicurazioni ha rilevato che su 17 220 polizze di assicurazione contro i furti di auto sono stati richiesti 1230 indennizzi. Calcola la probabilità di furto. Se le polizze diventano 22 400, calcola il numero di richieste di indennizzo che si può prevedere. $\left[\frac{1}{14}; 1600\right]$

172 Un'urna contiene 20 palline. Si effettuano 60 estrazioni, rimettendo ogni volta la pallina estratta nell'urna. Per 45 volte è uscita una pallina bianca e per 15 volte una pallina nera. In base alle frequenze ottenute, valuta la composizione dell'urna. [15 bianche e 5 nere]

173 Un'urna contiene 8 palline gialle, 7 rosse e 5 verdi. Si effettuano 400 estrazioni, rimettendo ogni volta la pallina estratta nell'urna. Calcola quante volte in media possono presentarsi la pallina gialla, quella rossa e la verde. [160; 140; 100]

174 REALTÀ E MODELLI **Arrivare a 80 anni** Dalla tavola demografica fornita dall'ISTAT per l'anno 2004, risulta che su 100 000 maschi nati vivi, 96 639 hanno raggiunto i 45 anni e 52 680 gli 80 anni. Calcola la probabilità che ha un uomo di 45 anni di raggiungere gli 80 anni e quella di non raggiungerli. [0,545; 0,455]

MATEMATICA E STORIA

Galileo e il lancio di tre dadi Lanciamo tre dadi e sommiamo i punteggi ottenuti, analizzando quanti e quali sono i possibili risultati. Galileo affronta questo problema (*Opere*, t. XIV), e compila la seguente tabella.

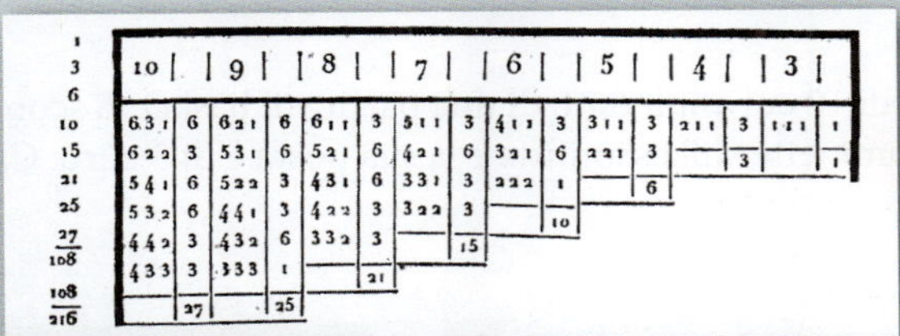

1 3 6	10		9		8		7		6		5		4		3	
10	631	6	621	6	611	3	511	3	411	3	311	3	211	3	111	1
15	622	3	531	6	521	6	421	6	321	6	221	3		3		1
21	541	6	522	3	431	6	331	3	222	1		6				
25	532	6	441	3	422	3	322	3		10						
27/108	442	3	432	6	332	3		15								
	433	3	333	1		21										
108/216		27		25												

Essa mostra, fra l'altro, «il punto 10 e sotto di esso sei triplicità di numeri con i quali egli si può comporre». Inoltre, dato che la «triplicità 6. 3. 1 è composta di tre numeri diversi», essa dà luogo a «sei scoperte di dadi differenti», come segnala il valore «6» riportato accanto.

a. Considera la «triplicità 6. 3. 1» e, permutando, ricava l'elenco delle altre cinque «scoperte» differenti.

b. Considera le «triplicità» composte «di due numeri uguali e di un altro diverso»: a quante «scoperte di dadi differenti» dà luogo ciascuna di esse? E quelle composte di tre numeri uguali?

c. Quanti sono i casi possibili nel lancio di tre dadi?

d. Quanti sono i casi favorevoli, rispettivamente, ai punteggi 3, 4, 5, 6, 7, 8, 9, 10?

Risoluzione – Esercizio in più

8 Concezione soggettiva della probabilità

▶ Teoria a p. 1436

175 TEST Una persona è disposta a scommettere 34 euro per ottenere, in caso di vittoria della squadra di calcio per cui fa il tifo, 50 euro. Ha valutato la probabilità di vittoria:

A $\frac{8}{25}$.

B $\frac{17}{25}$.

C $\frac{17}{42}$.

D $\frac{8}{17}$.

E $\frac{25}{42}$.

176 ESERCIZIO GUIDA Prima dell'inizio di una partita di calcio, un tifoso sarebbe disposto a scommettere 14 euro per ricevere 20 euro sulla vittoria della squadra per cui tifa, 2 euro per riceverne 10 in caso di pareggio e infine 0,5 euro per ricevere 5 euro in caso di sconfitta.
Calcoliamo le probabilità che attribuisce ai tre eventi: vittoria, pareggio e sconfitta.

Per la vittoria: $p_1 = \frac{14}{20} = 0{,}7$; per il pareggio: $p_2 = \frac{2}{10} = 0{,}2$; per la sconfitta: $p_3 = \frac{0{,}5}{5} = 0{,}1$.

177 REALTÀ E MODELLI **Cavalli e scommesse** Irene e Silvia sono alle corse dei cavalli. Vogliono scommettere, ma non è loro abitudine, quindi decidono di essere prudenti e rischiare poco. Irene vuole scommettere 8 euro su Atrix. In caso di vittoria riceverà 12 euro. Silvia vuole scommettere su Festa, la cui vittoria è data 6 contro 10, cioè se Silvia scommette 6 euro e Festa vince, Silvia riceve 10 euro.

a. Tra Irene e Silvia, chi ha attribuito la probabilità di vittoria maggiore al proprio cavallo?

b. Se Silvia decide di scommettere 18 euro, quanto riceverà se Festa vince?

[a) Irene; b) 30 euro]

178 In un certo momento della campagna elettorale negli USA, un sondaggio fra gli elettori aveva rilevato che su 3000 persone 1800 avrebbero votato per il partito democratico. Contemporaneamente, gli scommettitori davano la vittoria del partito democratico 6 a 9 (cioè, scommettendo 6 dollari, se ne sarebbero ricevuti 9 in caso di vittoria). Calcola la probabilità di vittoria secondo il sondaggio e secondo gli scommettitori. $\left[\frac{3}{5}; \frac{2}{3}\right]$

179 A e B fanno una scommessa sull'esito di una partita di calcio. A scommette sulla vittoria e la sua posta è di 5 euro, mentre la posta di B è di 2 euro. Calcola la probabilità che A attribuisce alla vittoria. $\left[\frac{5}{7}\right]$

180 Due tifosi A e B fanno una scommessa di 10 euro sull'esito di una partita di basket. B scommette sulla vittoria e la sua posta è di 7 euro, mentre A scommette sulla sconfitta e la sua posta è di 3 euro. Calcola la probabilità che B attribuisce alla sconfitta. $\left[\frac{3}{10}\right]$

181 REALTÀ E MODELLI **Qualifica a Monza** Dopo le prove di qualifica dei piloti di F1 per il GP di Monza, un tifoso scommette 15 euro per riceverne 25 in caso di vincita al GP del team per il quale tifa, 3 euro per riceverne 10 in caso che si classifichi al secondo posto e infine 0,6 euro per riceverne 6 in caso che non si verifichino i due eventi precedenti.
Calcola la probabilità dei tre eventi. $\left[\frac{3}{5}; \frac{3}{10}; \frac{1}{10}\right]$

ESERCIZI

9 Impostazione assiomatica della probabilità

▶ Teoria a p. 1437

182 **VERO O FALSO?**

a. La probabilità è una particolare funzione che associa a ogni evento E dello spazio degli eventi un solo numero reale. V F

b. Un evento E si indica con un qualunque sottoinsieme di $\mathcal{P}(U)$. V F

c. L'evento certo si rappresenta con l'insieme vuoto. V F

d. L'evento impossibile si rappresenta con l'insieme universo U. V F

183 **ASSOCIA** Considera i seguenti eventi elementari relativi al lancio di un dado:

E_1 = «esce il numero 1»,

…,

E_6 = «esce il numero 6».

Associa a ogni evento la sua descrizione.

a. $\overline{E}_6$

b. $E_3 \cup E_4 \cup E_5 \cup E_6$

c. $E_3 \cup E_6$

d. $E_2 \cup E_4 \cup E_6$

1. Esce un numero pari.

2. Esce un numero maggiore di 2.

3. Esce un numero diverso da 6.

4. Esce un multiplo di 3.

184 In un portapenne ci sono una penna blu (b), una rossa (r) e una nera (n), una matita (m), un evidenziatore (e) e un pennarello (p). Si prende un oggetto a caso. Il diagramma a fianco rappresenta lo spazio campionario e alcuni eventi. Descrivi gli eventi corrispondenti agli insiemi indicati.

E $\overline{G}$ $\overline{E} \cap \overline{G}$ $E \cup G$

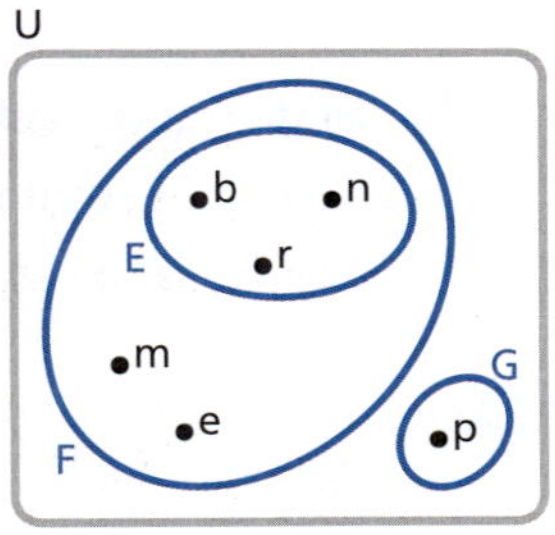

185 **COMPLETA** Scegliamo una parola a caso da un dizionario. Considera gli eventi:

E_1 = «la parola inizia con una vocale»;

E_2 = «la parola inizia con la lettera A»;

E_3 = «la parola ha più di 4 lettere».

Completa utilizzando i simboli $\cup$ e $\cap$.

E_2 ☐ E_3 = «la parola inizia con la A e ha più di 4 lettere».

E_1 ☐ $\overline{E}_2$ = «la parola inizia con una vocale diversa da A».

$\overline{E}_1$ ☐ E_3 = «la parola inizia con una consonante oppure ha più di 4 lettere».

186 Un'urna contiene 8 palline numerate da 1 a 8. Lo spazio campionario U associato all'estrazione di una pallina è $U = \{1, 2, 3, 4, 5, 6, 7, 8\}$. Rappresenta con un diagramma di Venn gli eventi:

E_1 = «si estrae un numero pari»;

E_2 = «si estrae un multiplo di 3»;

E_3 = «si estrae un numero minore di 5».

ESERCIZI

187 ●○ TEST L'insieme degli esiti U di un esperimento è costituito da quattro eventi A, B, C, D, cioè

$$A \cup B \cup C \cup D = U$$

e gli eventi sono disgiunti. Se $p(A) = p(C) = \frac{1}{5}$ e $p(B) = \frac{3}{10}$, allora

A $p(D) = \frac{2}{5}$.

B $p(D) = \frac{1}{10}$.

C $p(D) = \frac{3}{10}$.

D $p(D) = \frac{1}{2}$.

E Non si può calcolare $p(D)$.

188 ●○ VERO O FALSO?

a. La probabilità di un evento è sempre minore di 1. V F

b. Se la probabilità di un evento è $\frac{1}{4}$, la probabilità dell'evento contrario è $\frac{3}{4}$. V F

c. Se si è verificato l'evento E_1, allora si è verificato anche l'evento $E_1 \cup E_2$. V F

d. La probabilità dell'evento certo è 1. V F

189 ●○ In un esperimento aleatorio, l'insieme universo è costituito dagli eventi elementari A, B, C, D, E. Calcola:

a. $p(E)$, se $p(A) = \frac{2}{7}$, $p(B) = p(D) = \frac{1}{5}$, $p(C) = \frac{1}{7}$;

b. $p(B)$, se $p(A) = p(E) = \frac{1}{3}$, $p(C) = p(D) = \frac{1}{4}$.

[a) $\frac{6}{35}$; b) situazione impossibile]

190 ●○ RIFLETTI SULLA TEORIA

a. Qual è l'evento contrario dell'evento impossibile?

b. Utilizzando gli assiomi della probabilità, verifica la proprietà $p(\varnothing) = 0$.

191 ●○ Una moneta viene truccata in modo tale che la probabilità che si presenti croce sia un terzo di quella che si presenti testa. Determina il valore delle due probabilità.

$\left[\frac{1}{4}; \frac{3}{4}\right]$

192 ●● Tre persone A, B e C partecipano a un gioco nel quale uno dei tre giocatori deve vincere. La probabilità di vincita di A è doppia di quella di B e la probabilità di perdere di B è i $\frac{5}{6}$ della probabilità di perdere di C. Determina le probabilità di vincita dei tre giocatori.

$\left[\frac{4}{7}; \frac{2}{7}; \frac{1}{7}\right]$

193 ●○ REALTÀ E MODELLI **Libri, fotografie, fumetti** Dall'inventario dei volumi di una piccola libreria risulta che il 15% è costituito da libri per bambini, il 7% da fumetti, il 20% da libri fantasy, il 30% da romanzi di fantascienza e il resto da libri di fotografia. Un cliente entra nella libreria e acquista un libro.

a. Qual è la probabilità che abbia acquistato un libro di fotografia?

b. Qual è la probabilità che non abbia acquistato né un fumetto né un libro per bambini?

[a) 0,28; b) 0,78]

TUTOR matematica — Allenati con **15 esercizi interattivi** con feedback "hai sbagliato, perché..."
su.zanichelli.it/tutor3 risorsa riservata a chi ha acquistato l'edizione con tutor

ESERCIZI

Riepilogo: Probabilità

194 Da un mazzo di 52 carte se ne estrae una. Calcola la probabilità che sia:

a. un due; **b.** un due nero; **c.** il due di cuori. $\left[a)\ \frac{1}{13};\ b)\ \frac{1}{26};\ c)\ \frac{1}{52}\right]$

195 Nel lancio di una moneta per tre volte, calcola la probabilità che:

a. esca «croce» almeno una volta; **b.** esca «testa» al più una volta. $\left[a)\ \frac{7}{8};\ b)\ \frac{1}{2}\right]$

196 Da una scatola che contiene 20 palline, di cui 4 sono nere, 6 rosse e 10 verdi, se ne estraggono contemporaneamente due. Calcola la probabilità che:

a. nessuna pallina sia verde;
b. le palline siano tutte di colore diverso;
c. almeno una pallina sia rossa;
d. al massimo una pallina sia nera.

$\left[a)\ \frac{9}{38};\ b)\ \frac{62}{95};\ c)\ \frac{99}{190};\ d)\ \frac{92}{95}\right]$

TEST

197 Da un mazzo di 40 carte se ne estrae una, che subito viene reinserita nel mazzo; il mazzo viene mescolato e poi si estrae una nuova carta. Qual è la probabilità che la nuova carta sia la stessa estratta in precedenza?

A $\frac{1}{1600}$ **B** $\frac{1}{40}$ **C** $\frac{1}{80}$ **D** $\frac{1}{20}$ **E** $\frac{1}{40 \cdot 39}$

(*Giochi di Archimede*, 2012)

198 Un'urna contiene 5 palline rosse e 3 verdi. Si estraggono consecutivamente 4 palline senza rimettere quella estratta nell'urna. La probabilità che le prime due siano rosse e le altre due verdi è:

A $\frac{1}{14}$.
B $\frac{1}{28}$.
C $\frac{15}{28}$.
D $\frac{15}{112}$.
E $\frac{75}{128}$.

199 In un elaborato di matematica il 6% degli studenti ha sbagliato la determinazione del dominio di una funzione, il 12% il calcolo delle derivate e il 3% entrambi. La probabilità che, scegliendo a caso uno studente, questo abbia sbagliato solo uno dei due calcoli è:

A 15%.
B 12%.
C 18%.
D 21%.
E 50%.

200 Un'urna contiene 5 palline numerate da 1 a 5.

a. Determina la probabilità degli eventi elementari, sapendo che la probabilità di estrazione di ogni pallina è proporzionale al numero riportato.

b. Calcola la probabilità dei seguenti eventi:
A = «estrarre una pallina con un numero primo»;
B = «estrarre un multiplo di 2»;
C = «estrarre un numero primo diverso da 2». $\left[a)\ \frac{1}{15};\ \frac{2}{15};\ \frac{3}{15};\ \frac{4}{15};\ \frac{5}{15};\ b)\ \frac{3}{5};\ \frac{2}{5};\ \frac{2}{5}\right]$

201 Un'urna contiene 4 palline gialle e 6 rosse. Si estraggono contemporaneamente 5 palline. Calcola la probabilità che:

a. due siano gialle e tre rosse;
b. siano tutte rosse;
c. non siano tutte gialle;
d. non siano tutte rosse.

$\left[a)\ \frac{10}{21};\ b)\ \frac{1}{42};\ c)\ 1;\ d)\ \frac{41}{42}\right]$

202 Un'urna contiene 10 palline numerate da 1 a 10. Si estraggono contemporaneamente 5 palline. Calcola la probabilità che:

a. due palline abbiano un numero maggiore di 6;
b. le cinque palline abbiano tutte un numero maggiore di 4;
c. quattro palline abbiano un numero minore di 5.

$\left[a)\ \frac{10}{21};\ b)\ \frac{1}{42};\ c)\ \frac{1}{42}\right]$

203 Si lanciano contemporaneamente tre dadi.
Calcola la probabilità che i numeri usciti:

a. siano tutti e tre uguali o almeno due dei tre siano il 4;

b. siano tutti e tre uguali o almeno uno dei tre sia il 4;

c. siano tutti e tre uguali o tutti e tre dispari.

$\left[\text{a) } \frac{7}{72}; \text{ b) } \frac{4}{9}; \text{ c) } \frac{5}{36}\right]$

204 In un negozio di strumenti musicali ci sono 10 chitarre elettriche, 8 bassi, 6 sassofoni.
Calcola la probabilità che, scegliendo a caso uno strumento, esso sia:

a. una chitarra elettrica;

b. un sassofono;

c. uno strumento a corde;

d. non un basso.

$\left[\text{a) } \frac{5}{12}; \text{ b) } \frac{1}{4}; \text{ c) } \frac{3}{4}; \text{ d) } \frac{2}{3}\right]$

205 Da un'indagine di mercato si è rilevato che il 24% usa l'ammorbidente «Stella» e il 40% l'ammorbidente «Morby». Si è anche rilevato che il 54% usa il primo o il secondo. Calcola la probabilità che, prendendo una persona a caso, questa usi:

a. il primo e il secondo prodotto;

b. il prodotto «Stella» sapendo che usa anche «Morby»;

c. il prodotto «Stella» e non usi il prodotto «Morby».

[a) 10%; b) 25%; c) 14%]

206 **YOU & MATHS** A bag contains 10 nuts and 5 bolts. Four items are taken at random (without replacement) from the bag. Find the probability that the selection contains:

a. exactly 3 bolts; **b.** at least one bolt.

(UK *University of Essex*, First Year Examination)

$\left[\text{a) } \frac{20}{273}; \text{ b) } \frac{11}{13}\right]$

207 Damiano è indeciso sull'acquisto di un detersivo. La probabilità che compri il detersivo del tipo A è del 12%, del tipo B è del 15% e del tipo C del 73%. Entrato in un supermercato e avendo accertato che il detersivo C non era in vendita, qual è la probabilità che abbia acquistato il detersivo A?

$\left[\frac{4}{9}\right]$

208 **REALTÀ E MODELLI** **Il sondaggio** In previsione di un'elezione amministrativa comunale viene posta a un campione di 100 persone la seguente domanda: «È favorevole, contrario o senza opinione riguardo al cambiamento della linea politica nelle prossime elezioni?». Le risposte sono raccolte nella tabella.

	Uomini	Donne	Totale
Favorevoli	22	29	51
Contrari	8	7	15
Non sa	20	14	34
Totale	50	50	100

a. Calcola la probabilità che, scegliendo a caso una risposta, essa appartenga al gruppo dei contrari o a quello di coloro che non hanno espresso un'opinione.

b. Calcola la probabilità che, scegliendo a caso una risposta, essa appartenga al gruppo di quelle date dagli uomini o a quello di chi è contrario al cambiamento.

c. Calcola la probabilità che, dopo aver estratto una risposta «favorevole al cambiamento», essa sia stata data da una donna.

[a) 0,49; b) 0,57; c) $\simeq$ 0,57]

209 Un candidato deve sostenere un esame di ammissione a un corso universitario. Vi sono due commissioni che esaminano i candidati. Si è rilevato che la prima commissione boccia con una percentuale del 30% e la seconda del 40%. Calcola la probabilità che ha un candidato, esaminato da una commissione scelta casualmente, di essere ammesso al corso universitario. [65%]

210 Una maestra ha rilevato che il 20% dei suoi alunni non sa riconoscere le parole accentate e il 25% non usa correttamente la lettera h. Ritenendo i due tipi di errori indipendenti, calcola la probabilità che ha un alunno di commettere entrambi gli errori e quella di commettere il primo o il secondo. [0,05; 0,4]

211 In un gruppo di persone il 40% è andato in vacanza al mare, il 25% in montagna e il 7% sia al mare che in montagna. Scelto a caso un individuo, calcola la probabilità che:

a. sia stato in vacanza; **b.** sia stato in vacanza solo al mare; **c.** non sia stato in vacanza.

[a) 58%; b) 33%; c) 42%]

212 Tre lotti di merce presentano pezzi difettosi. La percentuale di difettosità del primo lotto è del 5%, quella del secondo lotto del 9% e quella del terzo lotto del 10%. Calcola la probabilità che, prendendo un pezzo da un lotto scelto a caso, questo risulti difettoso. [0,08]

213 Una compagnia di assicurazioni ha classificato gli automobilisti da essa assicurati in tre categorie. La categoria A comprende il 30% degli assicurati, la categoria B il 50%, la categoria C il 20%. Le rispettive probabilità di commettere incidenti nel corso dell'anno sono dell'1%, del 3% e del 10%. Calcola la probabilità che un automobilista commetta un incidente nel corso dell'anno. Calcola inoltre la probabilità che, avendo un automobilista commesso un incidente, l'automobilista appartenga alla categoria C. $\left[3{,}8\%; \frac{10}{19}\right]$

214 REALTÀ E MODELLI **I Babbi Natale** In vicinanza del Natale, Andrea, Luca, Matteo e Stefano decidono di vestirsi da Babbo Natale e di consegnare doni ai 28 bambini di un asilo nido. I regali sono tutti confezionati e quindi non è possibile scegliere tra giochi per bambina o bambino; si sa solo, però, quanti di questi sono contenuti nella sacca di ognuno (i dati sono riportati in tabella).

	Andrea	Luca	Matteo	Stefano
Giochi bimbo	12	10	13	8
Giochi bimba	16	18	15	20

Calcola la probabilità che:

a. scelti a caso due doni dalla sacca di Andrea, questi siano: entrambi per bambino; entrambi per bambina; misti;

b. scelta a caso una sacca e in essa due doni, questi siano uno per bimbo e uno per bimba;

c. scelto a caso un dono e verificato che sia per bimbo, esso appartenga alla sacca di Stefano.

$\left[\text{a) } \frac{11}{63}; \frac{20}{63}; \frac{32}{63}; \text{ b) } \frac{727}{1512}; \text{ c) } \frac{8}{43}\right]$

215 YOU & MATHS There are ten prizes, five A's, three B's, and two C's, placed in identical sealed envelopes for the top ten contestants in a mathematics contest. The prizes are awarded by allowing winners to select an envelope at random from those remaining. When the eighth contestant goes to select a prize, what is the probability that the remaining three prizes are one A, one B, and one C?

(CAN *Canadian Open Mathematics Challenge*)

$\left[\frac{1}{4}\right]$

VERIFICA DELLE COMPETENZE ALLENAMENTO

ARGOMENTARE

1 Definisci la probabilità in senso classico, la probabilità statistica e la probabilità soggettiva, soffermandoti sulle differenze e sulle situazioni in cui ciascuna è più utilizzata. Analizza, come esempi, i seguenti eventi.

Fare ambo al lotto

Vincere una scommessa sulla vittoria di una squadra

Vincere una partita a scacchi

Ottenere 6 nel lancio di un dado

2 Dopo aver richiamato le formule per calcolare la probabilità della somma logica di due eventi nel caso in cui essi siano compatibili e nel caso in cui siano incompatibili, considera gli eventi E_1 = «esce un multiplo di 6», E_2 = «esce 87» ed E_3 = «esce un multiplo di 5» relativi all'estrazione di un numero da 1 a 90. Calcola $p(E_1 \cup E_2)$ e $p(E_1 \cup E_3)$.

3 Spiega che cosa si intende per probabilità condizionata di un evento E_1 rispetto a un evento E_2, soffermandoti sul significato e sul valore di $p(E_1 | E_2)$ nel caso in cui $E_1 = U$, nel caso in cui $E_2 = U$ e nel caso in cui $E_1 \cap E_2 = \varnothing$. Verifica le tue risposte considerando il lancio di due dadi e all'occorrenza gli eventi E_1 = «la somma è 4» ed E_2 = «escono due numeri maggiori di 3».

4 Esponi il concetto di eventi indipendenti e dipendenti e stabilisci, nel modo che ritieni opportuno, le coppie di eventi indipendenti tra A = «esce una figura», B = «esce una carta di cuori» e C = «esce una carta nera maggiore di 6» nell'estrazione di una carta da un mazzo di 52 carte.

5 Spiega lo schema delle prove ripetute o di Bernoulli e come potresti applicarlo al caso di una macchina che produce lampadine, ognuna delle quali ha una probabilità del 2% di essere difettosa. Calcola inoltre la probabilità che su 3 lampadine nessuna sia difettosa.

6 Enuncia il teorema di Bayes e spiega in quali situazioni si utilizza, risolvendo il seguente problema. Una persona prende la metropolitana due giorni su sei e il taxi quattro giorni su sei per andare al lavoro. Con la metro la probabilità di arrivare in ritardo al lavoro è del 70%, con il taxi dell'80%. Oggi è arrivata in ritardo. Qual è la probabilità che abbia preso il taxi?

7 Usando le definizioni di eventi incompatibili e di eventi indipendenti, spiega perché due eventi non impossibili non possono essere contemporaneamente incompatibili e indipendenti.

RISOLVERE PROBLEMI

8 Un dado non è regolare e le facce 1 e 6 hanno la stessa probabilità di verificarsi, ma doppia di quella di ciascuno degli altri numeri. Calcola la probabilità dei seguenti eventi relativi al lancio del dado:

A = «si presenta una faccia con un numero pari»;

B = «si presenta un numero multiplo di 3»;

C = «si presenta un numero primo».

$\left[\frac{1}{2}; \frac{3}{8}; \frac{3}{8}\right]$

9 Da un mazzo di 40 carte si estrae una carta. Sapendo che i possibili esiti sono equiprobabili, calcola la probabilità dei seguenti eventi:

A = «esce una figura»;

B = «esce una figura o un asso»;

C = «esce un asso»;

D = «esce una figura o una carta di coppe»;

E = «esce una carta di bastoni».

$\left[\frac{3}{10}; \frac{2}{5}; \frac{1}{10}; \frac{19}{40}; \frac{1}{4}\right]$

TEST

10 Si estrae una carta da un mazzo di 52 carte. La probabilità che essa sia una figura o una carta nera è:

A $\frac{11}{13}$.
B $\frac{19}{26}$.
C $\frac{1}{2}$.
D $\frac{7}{26}$.
E $\frac{8}{13}$.

11 Un'impresa sottopone a due controlli consecutivi i propri prodotti. La probabilità che un difetto sia rilevato al primo controllo è del 90% e che sia rilevato solo al secondo controllo è del 99%. La probabilità che un pezzo difettoso sfugga a entrambi i controlli è:

A 10,9%.
B 9,9%.
C 1%.
D 0,1%.
E 0,01%.

12 Dati gli eventi E_1 ed E_2, che sono indipendenti, se $p(E_1) = \frac{2}{5}$ e $p(E_2) = \frac{1}{4}$, quale delle seguenti affermazioni è *esatta*?

A $p(E_1 | E_2) = \frac{1}{4}$
B $p(E_2 | E_1) = \frac{2}{5}$
C $p(E_2 - E_1) = \frac{3}{20}$
D $p(E_1 \cup E_2) = \frac{1}{2}$
E $p(E_1 \cap E_2) = \frac{3}{10}$

13 Si deve inserire nel sistema antifurto di una casa un codice formato da quattro lettere, scelte in un insieme che contiene le cinque vocali e cinque consonanti. Si estraggono le quattro lettere consecutivamente, senza reimmissione delle lettere estratte. Calcola la probabilità che il codice:

a. contenga almeno una vocale;
b. contenga vocali e consonanti alternate tra loro.

$\left[\text{a) } \frac{41}{42}; \text{ b) } \frac{10}{63}\right]$

14 Su un vassoio di un bar ci sono 12 brioche, di cui 7 con la crema e 5 con la marmellata, e 8 krapfen, di cui 5 con la crema e 3 con la marmellata. Si sceglie a caso un dolce. Calcola la probabilità di prendere una brioche oppure un dolce con la marmellata.

15 Calcola la probabilità che lanciando un dado due volte la somma delle facce sia:

a. maggiore di 8 o minore di 10;
b. maggiore di 8 e minore di 10;
c. maggiore di 8 sapendo che è minore di 10.

$\left[\text{a) } 1; \text{ b) } \frac{1}{9}; \text{ c) } \frac{2}{15}\right]$

16 Un grande negozio di abbigliamento per giovani ha venduto negli ultimi tre mesi 1500 capi, di cui 825 paia di jeans, 375 T-shirt e 300 felpe. Calcola la probabilità di vendita di ciascun tipo di capo e fai una previsione sul numero di jeans, T-shirt e felpe che si venderanno se, nei prossimi mesi, si vogliono vendere 1700 capi.

17 Calcola la probabilità che una carta estratta da un mazzo di 52 carte sia un cinque, sapendo che è uscita una carta che non è una figura.

$\left[\frac{1}{10}\right]$

18 Abbiamo tre scatole contenenti dei gettoni. Nella prima ci sono 20 gettoni rossi e 10 verdi, nella seconda 0 gettoni rossi e 30 gettoni verdi, nella terza 15 gettoni rossi e 15 verdi. Scegliamo una carta da un mazzo di 40. Se esce una figura estraiamo un gettone dalla prima scatola, se esce un asso estraiamo un gettone dalla seconda, se esce un'altra carta estraiamo un gettone dalla terza. Qual è la probabilità che estraiamo un gettone verde? Se abbiamo estratto un gettone verde, qual è la probabilità che esso fosse nella prima scatola?

$\left[\frac{1}{2}; \frac{1}{5}\right]$

19 **Mazzi di fiori aleatori** Un fiorista ha tre vasi che contengono rispettivamente 14 rose, 10 gerbere e 12 tulipani. Prendendo due fiori a caso, calcola la probabilità che siano:

a. due rose;
b. una gerbera e un tulipano.

$\left[\text{a) } \frac{13}{90}; \text{ b) } \frac{4}{21}\right]$

20 **In ritardo?** Un pullman di linea arriva in ritardo 4 volte su 10. Calcola la probabilità che in una settimana (6 giorni) sia:

a. sempre puntuale;
b. sempre in ritardo;
c. almeno una volta in ritardo;
d. almeno 5 volte in ritardo.

$\left[\text{a)}\ \frac{729}{15\,625};\ \text{b)}\ \frac{64}{15\,625};\ \text{c)}\ \frac{14\,896}{15\,625};\ \text{d)}\ \frac{128}{3125}\right]$

21 **Mazzini o Garibaldi?** Giorgio durante la settimana si reca al lavoro 3 volte su 5 in automobile e parcheggia indifferentemente in via Mazzini o in via Garibaldi. Quando Giorgio non va in automobile, usa la moto e parcheggia sempre in via Galilei. Il suo collega Mario si reca al lavoro tutti i giorni in bicicletta, legandola 8 volte su 10 alle rastrelliere di via Garibaldi e le altre 2 volte in via Mazzini. Se Giorgio e Mario scelgono il parcheggio indipendentemente l'uno dall'altro, qual è la probabilità che oggi parcheggino entrambi in via Mazzini? [0,06]

22 **Automobiline difettose** Una fabbrica di giocattoli ha rilevato che il 9% delle automobiline prodotte di un certo tipo ha il contatto delle pile difettoso e il 4% ha le ruote poco scorrevoli.

Sapendo che le automobiline che hanno entrambi i difetti sono il 2%, calcola la probabilità che un'automobilina:

a. abbia un difetto o l'altro;
b. sia difettosa nel contatto con le pile sapendo che è poco scorrevole;
c. abbia solo il difetto del contatto elettrico;
d. non abbia difetti.

[a) 0,11; b) 0,5; c) 0,07; d) 0,89]

23 **Inglesi, italiani, cinesi** Su un aereo viaggiano 130 passeggeri italiani, 45 inglesi, 25 cinesi. Si estraggono a sorte tre nomi per assegnare tre buoni premio. Calcola la probabilità che siano:

a. due italiani e un cinese o un italiano e due cinesi;
b. un italiano, un inglese e un cinese.

[a) 19% ; b) 11%]

24 **Tiro al bersaglio** Due giocatori tirano a un bersaglio. Per il primo giocatore la probabilità che ha di fare centro è 0,7, mentre per il secondo è 0,5. Calcola la probabilità che:

a. entrambi colpiscano il bersaglio;
b. nessuno colpisca il bersaglio;
c. solo uno colpisca il bersaglio.

[a) 0,35; b) 0,15; c) 0,5]

25 **Classi a confronto** Sono state messe a confronto due classi con uguale numero di alunni e lo stesso problema di matematica nella prima classe è stato risolto dall'80%, mentre nella seconda classe dal 60%. Scelto a caso un alunno che ha risolto il problema, calcola qual è la probabilità che sia un alunno della seconda classe. $\left[\frac{3}{7}\right]$

26 **Vendita all'ingrosso e difetti** Un'impresa costruisce frullatori che possono presentare difetti nel circuito elettrico con probabilità del 5%, nella parte meccanica con probabilità del 7% ed entrambi i difetti con probabilità del 2%. I frullatori vengono venduti all'ingrosso in lotti da 10. Come garanzia l'impresa assicura il ritiro di tutto il lotto in caso vi siano più di due frullatori con almeno un difetto. Un commerciante acquista tre lotti. Qual è la probabilità che debba restituirli tutti e tre? [0,000 346]

27 **Linee di produzione e qualità** Il reparto A di una fabbrica di ceramiche produce il 60% di piastrelle, il reparto B il 40%. La qualità della produzione del reparto A è: il 60% di prima, il 35% di seconda, il 5% da scartare. La qualità della produzione del reparto B è: il 66% di prima, il 30% di seconda, il 4% da scartare.
Qual è la percentuale di produzione di piastrelle, rispettivamente di prima, di seconda qualità e da scartare, della fabbrica? Se prendiamo una piastrella a caso di prima qualità, qual è la probabilità che essa sia stata prodotta dal reparto A?

$\left[62,40\%;\ 33,00\%;\ 4,60\%;\ \frac{15}{26}\right]$

COSTRUIRE E UTILIZZARE MODELLI

RISOLVIAMO UN PROBLEMA

Caffè Brasile

L'impresa di torrefazione Brasile vuole pubblicizzare un nuovo tipo di caffè e decide di procedere utilizzando degustazioni nei supermercati e spot televisivi.
In base a valutazioni statistiche per campagne pubblicitarie svolte in passato, queste modalità non hanno lo stesso peso sui potenziali clienti. Si ritiene che le degustazioni raggiungano il 60% dei clienti potenziali e gli spot televisivi il 30%.
La probabilità che una persona in seguito alla pubblicità acquisti il prodotto è del 45% e la probabilità che acquisti il prodotto avendo visto lo spot è del 4%. Si ritiene inoltre che il 5% delle persone che non hanno avuto modo di essere raggiunte dalla pubblicità acquisti comunque il nuovo prodotto.
Calcola:

- la probabilità che una persona sia stata influenzata dalle degustazioni e acquisti il prodotto;
- la probabilità di vendita del prodotto;
- la probabilità che una persona che ha acquistato il nuovo prodotto lo abbia fatto in seguito alla degustazione.

► Diamo un peso alle due campagne pubblicitarie.

Il peso delle due modalità di campagna pubblicitaria sono le probabilità che un cliente potenziale venga a conoscenza del nuovo prodotto per mezzo di esse.
Abbiamo gli eventi:

A = «conoscere il prodotto per mezzo di degustazioni promozionali»,

B = «conoscere il prodotto per mezzo di spot televisivi»,

dove $p(A) = 0{,}6$ e $p(B) = 0{,}3$.
Esiste come conseguenza l'evento $C = \overline{A \cup B}$ = «non conoscere il prodotto attraverso la pubblicità», cioè né attraverso degustazioni né attraverso spot televisivi, $\overline{A} \cap \overline{B}\,(= \overline{A \cup B})$:

$$p(C) = 1 - 0{,}6 - 0{,}3 = 0{,}1.$$

Consideriamo infine l'evento E = «acquistare il prodotto».

► Calcoliamo la probabilità di acquisto del prodotto.

Indichiamo con $p(E \mid (A \cup B)) = 0{,}45$ la probabilità che si acquisti il prodotto in seguito alle degustazioni o avendo visto gli spot televisivi.
Tenendo presente che la probabilità che il prodotto sia acquistato dopo la visione degli spot televisivi è $p(E \mid B) = 0{,}04$, abbiamo:

$$p(E \mid (A \cup B)) = p(A) \cdot p(E \mid A) + p(B) \cdot p(E \mid B),$$

$$0{,}45 = 0{,}6 \cdot p(E \mid A) + 0{,}3 \cdot 0{,}04.$$

Si ottiene $p(E \mid A) = 0{,}73$.

► Calcoliamo la probabilità di vendita del prodotto.

Dobbiamo calcolare $p(E)$:

$$p(E) = p(A) \cdot p(E \mid A) + p(B) \cdot p(E \mid B) + p(C) \cdot p(E \mid C).$$

Sappiamo che la probabilità che una persona acquisti il prodotto senza avere avuto contatto con la campagna pubblicitaria è $p(E \mid C) = 0{,}05$, e quindi

$$p(E) = 0{,}45 + 0{,}1 \cdot 0{,}05 = 0{,}455.$$

► Determiniamo l'influenza della degustazione nella scelta.

Dobbiamo applicare il teorema di Bayes.
La probabilità che una persona acquisti il prodotto è $p(E) = 0{,}455$; la probabilità che sia stata influenzata dalla vendita promozionale con degustazione e abbia acquistato il prodotto è $p(E \mid A) = 0{,}55$.

$$p(A \mid E) = \frac{p(A \cap E)}{p(E)} =$$

$$\frac{p(A) \cdot p(E \mid A)}{p(A) \cdot p(E \mid A) + p(B) \cdot p(E \mid B) + p(C) \cdot p(E \mid C)} =$$

$$\frac{0{,}6 \cdot 0{,}73}{0{,}455} = \frac{0{,}438}{0{,}455} \simeq 0{,}963.$$

28 **Università o lavoro?** Samira deve decidere se iscriversi all'università o se cominciare a lavorare. Sa che tra i giovani che lavorano il 30% è laureato, mentre tra i disoccupati è il 20% a essere laureato. Secondo le statistiche nazionali, inoltre, la probabilità che un giovane trovi lavoro entro un breve periodo è pari all'80%. Quale scelta conviene a Samira su basi puramente statistiche? [laurearsi]

29 Calcola la probabilità che in una famiglia con tre figli, supponendo equiprobabile la nascita di un maschio o di una femmina, i figli:

a. siano tutte femmine;
b. siano tutti maschi, sapendo che il primo è un maschio;
c. siano tutti maschi, sapendo che almeno uno è maschio.

$\left[a)\ \frac{1}{8};\ b)\ \frac{1}{4};\ c)\ \frac{1}{7} \right]$

30 **Trofeo Città di Schio** Al Trofeo di nuoto Città di Schio 2016 hanno partecipato atleti di età compresa fra i 13 e i 26 anni. La seguente tabella riporta la sintesi dei tempi stabiliti dagli atleti nei 50 stile libero.

	22″00 - 27″00	27″01 - 32″00	32″01 - 37″00
Maschi	80	84	1
Femmine	4	136	20

Si sceglie un atleta a caso.

a. Calcola la probabilità degli eventi:

A = «l'atleta ha nuotato in un tempo tra 22″00 e 27″00»;

M = «l'atleta è un maschio».

Si tratta di eventi indipendenti? Motiva la tua affermazione.

b. Calcola la probabilità che l'atleta abbia nuotato in un tempo tra 27″01 e 32″00, sapendo che è una ragazza; calcola inoltre la probabilità che l'atleta abbia nuotato in più di 32″, sapendo che è un ragazzo.

c. Calcola la probabilità che l'atleta sia una ragazza, sapendo che ha nuotato in un tempo compreso tra 22″00 e 27″00.

[a) 0,2585; 0,5077; no; b) 0,85; 0,0061; c) 0,0476]

31 **Quale porta aprire?** In un gioco televisivo americano al concorrente vengono mostrate tre porte chiuse. Dietro a una c'è un'automobile, dietro alle altre una capra: il giocatore vincerà il contenuto della porta prescelta. Dopo che il giocatore ha fatto la sua scelta, il presentatore, che sa dove si trova l'automobile, apre una delle altre porte e mostra una capra; a questo punto chiede al concorrente se vuole cambiare la sua scelta. Se il concorrente decide di cambiare la scelta, migliora la probabilità di vincere l'automobile? [sì]

32 **Chi vincerà?** Carlo, Michael e Feng estraggono a turno una pallina, senza reimmissione, da un'urna che ne contiene 3 bianche e 4 rosse. Vince colui che per primo estrae una pallina bianca e il gioco continua finché uno vince. Calcola le probabilità di vittoria di ciascuno.

$\left[\frac{18}{35};\ \frac{11}{35};\ \frac{6}{35} \right]$

33 **Previsioni meteo e vacanze** Per decidere la meta del fine settimana, Mario lancia un dado regolare a sei facce: se esce 1 o 3, sceglierà la località A, altrimenti la località B. Le previsioni meteo per il fine settimana indicano cielo nuvoloso con probabilità 30% nella località A e 40% nella località B. Al suo ritorno, Mario incontra Lucia e le dice di aver trascorso un bel weekend di sole. Qual è la probabilità che Mario abbia trascorso il fine settimana nella località A? [36,84%]

VERIFICA DELLE COMPETENZE PROVE

1 ora

PROVA A

1 In una partita di calcio che termina ai rigori i cinque calciatori A, B, C, D, E sono scelti per i tiri. Si sa che essi hanno le seguenti probabilità di segnare: $p(A) = 0{,}6$, $p(B) = 0{,}7$, $p(C) = 0{,}5$, $p(D) = 0{,}9$, $p(E) = 0{,}8$. Calcola la probabilità che:

a. uno solo segni; **b.** tutti e cinque segnino; **c.** nessuno segni; **d.** due segnino.

2 Calcola la probabilità che, estraendo consecutivamente due carte da un mazzo da 40, senza rimettere la carta estratta nel mazzo, esse siano due carte di bastoni o due figure. Calcola la probabilità anche nel caso in cui la prima carta estratta venga rimessa nel mazzo.

3 Una macchina produce il 10% di merce con difetti. Tutta la merce viene sottoposta a un controllo e si è rilevato che, se la merce non è difettosa, comunque il 2% viene scartato nel controllo, mentre se è difettosa viene scartato il 99%. Calcola la probabilità che:

a. una merce sia scartata;

b. una merce difettosa sia accettata;

c. una merce non difettosa sia scartata;

d. avendo appurato che una merce è accettata, essa sia priva di difetti.

4 Durante un GP del motomondiale, un tifoso sarebbe disposto a scommettere 21 euro per riceverne 24 in caso di vincita del suo pilota preferito. Un sondaggio tra un gruppo di tifosi dà la vittoria di tale pilota 3 su 4. Calcola la probabilità di vittoria secondo il tifoso e secondo il sondaggio.

PROVA B

1 I maglioni confezionati dalla ditta Monti Sport sono tutti sottoposti a due controlli indipendenti; vengono messi in vendita solo quelli che li superano entrambi. I maglioni difettosi superano il primo e il secondo controllo rispettivamente nel 5% e nel 4% dei casi. I maglioni che superano solo un controllo sono posti in vendita come fallati a un prezzo scontato. Gli altri vengono scartati. Calcola la probabilità che un maglione difettoso:

a. superi entrambi i controlli;

b. venga posto in vendita come fallato;

c. venga scartato.

Se il 6% della produzione è difettoso e un maglione supera i due controlli, qual è la probabilità che sia comunque difettoso?

2 La ditta di serramenti Security ha a disposizione dei suoi clienti due tipi di serrature di sicurezza. Ogni cliente può acquistare una serratura del primo tipo, una del secondo tipo, entrambe o nessuna. La probabilità di venderne almeno un tipo è del 55%. La ditta vende anche ganci di sicurezza; il gancio è venduto con una probabilità del 32%. La probabilità che un cliente acquisti il primo tipo di serratura e il gancio è del 15%, mentre l'acquisto del gancio e l'acquisto del secondo tipo di serratura sono due eventi indipendenti. Sapendo che fra le due serrature la più richiesta è la prima, venduta con una probabilità del 40%, determina la probabilità:

a. di vendere la seconda serratura;

b. di vendere la seconda serratura o il gancio;

c. di vendere il gancio sapendo che è stata venduta la prima serratura;

d. di non vendere né la prima serratura né il gancio.

T

CAPITOLO

28 DISTRIBUZIONI DI PROBABILITÀ

1 Variabili casuali discrete e distribuzioni di probabilità

Variabili casuali discrete

Esercizi a p. 1508

Abbiamo un'urna contenente 6 palline verdi e 4 gialle. Estraiamo senza reimmissione 3 palline e valutiamo quante volte potrebbe uscire la pallina verde. Essa può non uscire mai, oppure una volta, o due, o tre volte.

Indichiamo con X una funzione, definita sullo spazio dei campioni dell'esperimento, che indica il numero di palline verdi estratte.

Se si verifica l'evento E = «non escono palline verdi», la funzione X vale 0. Quindi possiamo scrivere

$$E = «X = 0».$$

Analogamente possiamo scrivere l'evento «escono 2 palline verdi» come «$X = 2$», dato che in tal caso la funzione X vale 2. Per ogni valore assunto da X possiamo calcolare, perciò, la probabilità che X assuma quel valore. Avremo:

$$p_0 = p(X = 0) = p\text{ (non escono palline verdi)} = \frac{4}{10} \cdot \frac{3}{9} \cdot \frac{2}{8} = \frac{1}{30};$$

$$p_1 = p(X = 1) = p\text{ (esce una pallina verde)} = 3 \cdot \frac{6}{10} \cdot \frac{4}{9} \cdot \frac{3}{8} = \frac{3}{10};$$

$$p_2 = p(X = 2) = p\text{ (escono due palline verdi)} = 3 \cdot \frac{6}{10} \cdot \frac{5}{9} \cdot \frac{4}{8} = \frac{1}{2};$$

$$p_3 = p(X = 3) = p\text{ (escono tre palline verdi)} = \frac{6}{10} \cdot \frac{5}{9} \cdot \frac{4}{8} = \frac{1}{6}.$$

Valori assunti da *X*	0	1	2	3
Evento	$X = 0$	$X = 1$	$X = 2$	$X = 3$
Probabilità	$\frac{1}{30}$	$\frac{3}{10}$	$\frac{1}{2}$	$\frac{1}{6}$

Osserviamo che per qualunque valore x diverso da 0, 1, 2 e 3,

$$p(X = x) = p(\varnothing) = 0.$$

La funzione X è una *variabile casuale discreta*: *variabile* perché assume valori diversi, *casuale* perché i valori dipendono da un esperimento aleatorio, *discreta* perché assume un numero finito di valori.

DEFINIZIONE

Una **variabile casuale** (o **aleatoria**) **discreta** X è una funzione, definita sullo spazio dei campioni di un esperimento aleatorio, che assume un numero finito, o al più un'infinità numerabile, di valori.

Listen to it

A **random variable** is a function whose value depends on the outcome of a random experiment; it is said **discrete** if the set of all possible values it can take is finite or countably infinite.

Indichiamo con «$X = x$» l'evento «la variabile casuale X assume il valore x», e con $p(X = x)$ la probabilità di tale evento.
La variabile aleatoria X che descrive il numero di palline verdi estratte dall'urna del nostro esempio è una variabile **teorica**, perché la probabilità degli eventi associati ai valori che essa assume è calcolata teoricamente o in senso classico.

Consideriamo un'altra situazione.
Nel corso di un mese rileviamo ogni giorno il prezzo al kilogrammo di un certo prodotto venduto al banco in un supermercato. Su indicazioni della direzione il prezzo può variare ogni giorno, mantenendosi però sempre tra 4,60 e 5,40 €/kg.
Suddividiamo l'intervallo [4,60; 5,40] in quattro intervalli uguali e riassumiamo i valori rilevati per il prezzo nella seguente tabella di frequenza.

Prezzo al kg in euro	4,60-4,80	4,80-5,00	5,00-5,20	5,20-5,40
Frequenza	9	3	12	6

Consideriamo una funzione Y che assume il valore 4,70 se il prezzo appartiene al primo intervallo, 4,90 se appartiene al secondo, 5,10 nel caso del terzo e 5,30 nel caso del quarto. Secondo la definizione, Y è una variabile casuale discreta, ed è **empirica**, in quanto attribuiamo le probabilità ai diversi valori dopo che l'esperimento è stato condotto, utilizzando la probabilità statistica.

Valori assunti da *Y*	4,70	4,90	5,10	5,30
Frequenza relativa (Probabilità statistica)	$\frac{3}{10}$	$\frac{1}{10}$	$\frac{2}{5}$	$\frac{1}{5}$

Distribuzioni di probabilità

Esercizi a p. 1508

Torniamo alle tre estrazioni dell'urna. Consideriamo la funzione $f(x) = p(X = x)$.
Abbiamo che:

$$f(0) = \frac{1}{30}, \qquad f(1) = \frac{3}{10}, \qquad f(2) = \frac{1}{2}, \qquad f(3) = \frac{1}{6}.$$

Possiamo osservare che:

- $0 \leq f(x) \leq 1$;
- $f(0) + f(1) + f(2) + f(3) = 1$.

La funzione f si chiama *distribuzione di probabilità* della variabile aleatoria X.

DEFINIZIONE

Data una variabile casuale discreta X, la **distribuzione di probabilità** di X è la funzione $f(x)$ che associa a ogni valore $x \in \mathbb{R}$ la probabilità che questo sia assunto:

$$f(x) = p(X = x).$$

► Stabilisci per quale valore di c la funzione

$$f(x)=\begin{cases}0{,}3 & \text{se } x=-1\\ 0{,}1 & \text{se } x=2\\ c & \text{se } x=4\\ 0 & \text{altrimenti}\end{cases}$$

è una distribuzione di probabilità e quali sono i valori assunti dalla variabile X di cui f è distribuzione. [0,6]

MATEMATICA ED ECONOMIA

Matematica antifrode

Nel 1992 il matematico statunitense Mark Nigrini propose un metodo, utilizzato ancora oggi, per stanare gli evasori fiscali.

► Come si può riconoscere se una dichiarazione dei redditi non è veritiera?

La risposta

► In una classe ci sono 15 maschi e 10 femmine. Vengono interrogati due alunni. Se X è la variabile casuale che indica il numero di maschi interrogati, determina la distribuzione della variabile X.

Animazione

Spesso indicheremo con f_X la distribuzione di probabilità di una variabile casuale discreta X.

Se X è una variabile casuale discreta che assume i valori $x_1, x_2, \dots x_n$ e f è la sua distribuzione di probabilità, allora:

- $0 \le f(x) \le 1$;
- $f(x_1)+f(x_2)+\dots+f(x_n)=1$.

Possiamo rappresentare la distribuzione di probabilità di una variabile casuale discreta per mezzo di un istogramma o di un diagramma cartesiano.

ESEMPIO

Abbiamo un'urna con tre palline numerate da 1 a 3. Estraiamo consecutivamente due palline, rimettendo ogni volta la pallina estratta nell'urna. Costruiamo la distribuzione di probabilità della variabile casuale X = «somma dei due numeri estratti». Le coppie di palline che possiamo estrarre sono:

	somma dei numeri estratti
(1, 1)	2
(1, 2); (2, 1)	3
(1, 3); (3, 1); (2, 2)	4
(2, 3); (3, 2)	5
(3, 3)	6

dove per ogni coppia la probabilità di estrazione è $\frac{1}{9}$.

Quindi la variabile casuale X può assumere i valori 2, 3, 4, 5, 6, a cui corrispondono le probabilità:

$$p(X=2)=p(X=6)=\frac{1}{9};\quad p(X=3)=p(X=5)=\frac{2}{9};$$

$$p(X=4)=\frac{3}{9}=\frac{1}{3}.$$

La variabile casuale X ha la seguente distribuzione di probabilità.

X	2	3	4	5	6
f	$\frac{1}{9}$	$\frac{2}{9}$	$\frac{1}{3}$	$\frac{2}{9}$	$\frac{1}{9}$

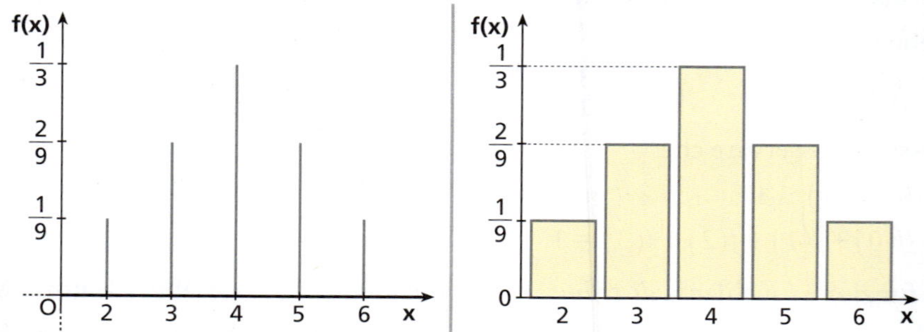

a. Diagramma cartesiano della distribuzione di probabilità di X.

b. Istogramma della distribuzione di probabilità di X.

Funzione di ripartizione

► Esercizi a p. 1509

Riprendiamo il problema in cui estraiamo senza reimmissione 3 palline da un'urna contenente 6 palline verdi e 4 gialle e consideriamo la distribuzione di probabilità relativa al numero di palline verdi uscite.

X	0	1	2	3
f	$\frac{1}{30}$	$\frac{3}{10}$	$\frac{1}{2}$	$\frac{1}{6}$

Ci domandiamo qual è la probabilità che le palline verdi escano al massimo una volta, oppure al massimo due volte ecc.
Per il teorema della probabilità totale, a questa domanda possiamo rispondere associando a ciascun valore della variabile casuale la somma delle probabilità dei valori che lo precedono e della probabilità del valore stesso.

Per esempio, indicando con F la funzione che a ogni $x = 0, 1, 2, 3$ associa $F(x) = p(X \leq x)$, abbiamo quanto segue.

X	0	1	2	3
f	$\frac{1}{30}$	$\frac{3}{10}$	$\frac{1}{2}$	$\frac{1}{6}$
F	$\frac{1}{30}$	$\frac{1}{30}+\frac{3}{10}=\frac{1}{3}$	$\frac{1}{3}+\frac{1}{2}=\frac{5}{6}$	$\frac{5}{6}+\frac{1}{6}=1$

Possiamo definire la funzione F su tutto $\mathbb{R}$, infatti:

- se $x < 0$, $F(x) = p(X \leq x) = 0$: la probabilità che esca un numero negativo di palline verdi è 0;
- se $x > 3$, $F(x) = p(X \leq x) = 1$: al massimo X può valere 3, quindi è certo che X vale meno di un numero maggiore di 3;
- se per esempio $x = 1{,}5$, $F(1{,}5) = F(1)$: la probabilità che X non sia superiore a 1,5 si ottiene sommando le probabilità che X assuma il valore 0 oppure 1:

$$F(1{,}5) = p(X \leq 1{,}5) = p((X=0) \cup (X=1)) = p(X=0) + p(X=1) = \frac{1}{3}.$$

Otteniamo il grafico della funzione F in figura.

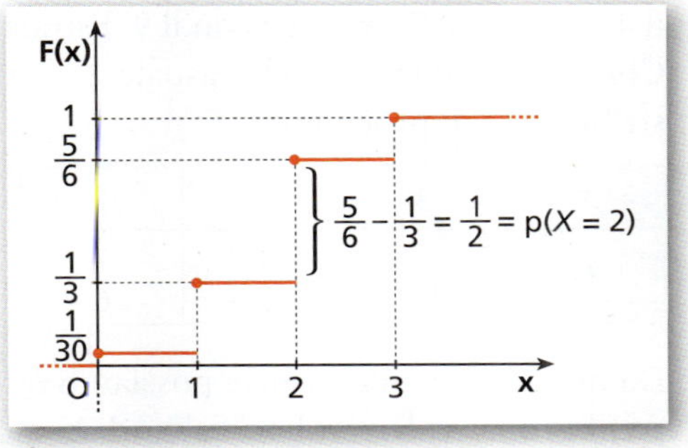

Osserviamo che la funzione F ha i punti di discontinuità in corrispondenza dei valori assunti dalla X e l'ampiezza del salto in ognuno di questi punti è uguale alla probabilità che X assuma quel valore.

La funzione F è detta *funzione di ripartizione* di X.

DEFINIZIONE

La **funzione di ripartizione** di una variabile casuale X è la funzione $F(x)$ che, per ogni $x \in \mathbb{R}$, fornisce la probabilità che X assuma un valore non superiore a x:

$$F(x) = p(X \leq x),$$

dove con «$X \leq x$» indichiamo l'evento «la variabile casuale X assume un valore minore o uguale a x».

TEORIA

Se la variabile casuale discreta X assume i valori $x_1 < x_2 < \ldots < x_n$ con probabilità $p_1, p_2, \ldots, p_n$, si ha

$$F(x_i) = p(X \leq x_i) = p_1 + p_2 + \ldots + p_i = \sum_{k=1}^{i} p_k, \quad \text{con } i = 1, 2, \ldots, n,$$

e in generale:

$$F(x) = \begin{cases} 0 & \text{se } x < x_1 \\ \sum_{k=1}^{i} p_k & \text{se } x_i \leq x < x_{i+1} \\ 1 & \text{se } x \geq x_n \end{cases}.$$

Nel caso dell'esempio delle palline verdi e gialle, la funzione di ripartizione è:

$$F(x) = \begin{cases} 0 & \text{se } x < 0 \\ \frac{1}{30} & \text{se } 0 \leq x < 1 \\ \frac{1}{3} & \text{se } 1 \leq x < 2 \\ \frac{5}{6} & \text{se } 2 \leq x < 3 \\ 1 & \text{se } x \geq 3 \end{cases}.$$

Possiamo utilizzare la funzione di ripartizione per calcolare, per esempio, la probabilità che le palline verdi si presentino più di una volta, cioè la probabilità dell'evento «$X > 1$». Questo è l'evento contrario di «$X \leq 1$», quindi:

$$p(X > 1) = 1 - p(X \leq 1) = 1 - F(1) = 1 - \frac{1}{3} = \frac{2}{3}.$$

► Determina la funzione di ripartizione della variabile casuale X che indica il numero di maschi interrogati dell'esercizio precedente.

Operazioni sulle variabili casuali

► Esercizi a p. 1510

Operazioni tra una variabile e delle costanti

Un'urna contiene 12 palline, di cui una pallina con il numero 3, quattro palline con il 4, due con il 7 e cinque con il 9. Estraiamo una pallina.
Consideriamo la variabile casuale X = «numero della pallina estratta» e la sua distribuzione di probabilità.

X	3	4	7	9
f_X	$\frac{1}{12}$	$\frac{1}{3}$	$\frac{1}{6}$	$\frac{5}{12}$

Da questa variabile casuale possiamo ottenerne altre, i cui valori sono distribuiti con *le stesse probabilità* dei valori di X, moltiplicando e/o sommando delle costanti ai suoi valori.

Per esempio, se moltiplichiamo i valori di X per 5, otteniamo la variabile casuale, indicata con $5X$, avente la seguente distribuzione di probabilità.

$5X$	15	20	35	45
f_{5X}	$\frac{1}{12}$	$\frac{1}{3}$	$\frac{1}{6}$	$\frac{5}{12}$

Se invece ai valori della variabile X aggiungiamo 3, otteniamo la variabile casuale, indicata con $X + 3$, avente la seguente distribuzione di probabilità.

► Una variabile casuale X ha distribuzione di probabilità:

$$f(x) = \begin{cases} 0,1 & \text{se } x = -5 \\ 0,2 & \text{se } x = -3 \\ 0,4 & \text{se } x = 0 \\ 0,3 & \text{se } x = 1 \\ 0 & \text{altrimenti} \end{cases}.$$

Determina la distribuzione di $3X$ e di $X + 5$.

$X+3$	6	7	10	12
f_{X+3}	$\frac{1}{12}$	$\frac{1}{3}$	$\frac{1}{6}$	$\frac{5}{12}$

In generale, date una variabile casuale discreta X e una costante h, si denota con:

- hX la variabile casuale i cui valori sono dati dal prodotto di h per i valori della variabile X;
- $X+h$ la variabile casuale i cui valori sono dati dalla somma dei valori della variabile X con h.

Per entrambe queste variabili, i valori assunti hanno le **stesse probabilità dei corrispondenti valori di X.**

Somma di due variabili

I) Prendiamo ora anche una seconda urna. Questa contiene due palline con il numero 1 e tre con il 2. Estraiamo una pallina.
Consideriamo la variabile casuale Y = «numero della pallina estratta dalla seconda urna» e la sua distribuzione di probabilità.

Y	1	2
f_Y	$\frac{2}{5}$	$\frac{3}{5}$

Estraiamo una pallina dalla prima urna e una pallina dalla seconda.

Consideriamo la variabile casuale «somma dei due numeri estratti». Indichiamo questa variabile con la notazione $X+Y$ e diciamo che è la **somma delle variabili casuali** X e Y.

Per determinare la distribuzione di probabilità di $X+Y$, costruiamo la tabella della **distribuzione congiunta** di X e Y in cui le righe corrispondono ai valori della X e le colonne corrispondono a quelli della Y.

X \ Y	1	2
3	$\frac{1}{30}$	$\frac{1}{20}$
4	$\frac{2}{15}$	$\frac{1}{5}$
7	$\frac{1}{15}$	$\frac{1}{10}$
9	$\frac{1}{6}$	$\frac{1}{4}$

All'interno della tabella, ogni casella contiene la probabilità di estrazione di due palline aventi rispettivamente il valore x_i e y_j, corrispondenti alla riga i-esima e alla colonna j-esima che individuano la casella.

Tale probabilità è la **probabilità congiunta** del prodotto dei due eventi:

«$X=x_i$» = «estrazione del numero x_i dalla prima urna», $i=1, 2, 3, 4$;

«$Y=y_j$» = «estrazione del numero y_j dalla seconda urna», $j=1, 2$.

In questo caso tutte le coppie di eventi sono indipendenti, quindi la probabilità dell'intersezione è uguale al prodotto delle probabilità.
Abbiamo, per esempio:

$$p((X=3)\cap(Y=1))=p(X=3)\cdot p(Y=1)=\frac{1}{12}\cdot\frac{2}{5}=\frac{1}{30}.$$

La variabile casuale $Z=X+Y$ ha per valori le possibili somme tra i valori delle due variabili X e Y. Per ogni valore z_i assunto da Z, la probabilità che Z sia uguale a z_i è uguale alla somma delle probabilità (contenute nella tabella) delle possibili coppie di numeri la cui somma è uguale a z_i; infatti tali coppie corrispondono a eventi incompatibili e $Z=z_i$ corrisponde al loro evento unione.

► In un'urna ci sono 4 palline verdi e 2 rosse, in un'altra 3 verdi e 4 rosse. Da ogni urna si estraggono due palline. Dette X e Y le variabili che indicano, rispettivamente, il numero di palline verdi estratte dalla prima urna e quello delle palline verdi estratte dalla seconda, trova la distribuzione di $X+Y$.

TEORIA

Per esempio, la somma 5 si ottiene con 4 e 1 o con 3 e 2, quindi:

$$p(Z=5)=p(((X=4)\cap(Y=1))\cup((X=3)\cap(Y=2)))=\frac{2}{15}+\frac{1}{20}=\frac{11}{60}.$$

X + Y	4	5	6	8	9	10	11
f_{X+Y}	$\frac{1}{30}$	$\frac{11}{60}$	$\frac{1}{5}$	$\frac{1}{15}$	$\frac{1}{10}$	$\frac{1}{6}$	$\frac{1}{4}$

Se, come in questo caso, le coppie di eventi «$X = x_i$» e «$Y = y_j$» sono indipendenti per ogni coppia x_i e y_j, si dice che le variabili casuali X e Y sono **indipendenti**.

Osserviamo che:

- la distribuzione di X e la distribuzione di Y sono date, rispettivamente, dalla somma dei valori sulle righe e dalla somma dei valori sulle colonne; queste vengono dette **distribuzioni marginali** della X e della Y;
- nel caso di indipendenza delle variabili casuali, **le probabilità congiunte sono uguali al prodotto di quelle marginali**.

X \ Y	1	2	f_X
3	$\frac{1}{30}$	$\frac{1}{20}$	$\frac{1}{12}$
4	$\frac{2}{15}$	$\frac{1}{5}$	$\frac{1}{3}$
7	$\frac{1}{15}$	$\frac{1}{10}$	$\frac{1}{6}$
9	$\frac{1}{6}$	$\frac{1}{4}$	$\frac{5}{12}$
f_Y	$\frac{2}{5}$	$\frac{3}{5}$	1

II) Consideriamo ancora l'urna contenente una pallina con il numero 3, quattro con il 4, due con il 7 e cinque palline con il 9 e la variabile casuale X = «numero della pallina estratta».

X	3	4	7	9
f_X	$\frac{1}{12}$	$\frac{1}{3}$	$\frac{1}{6}$	$\frac{5}{12}$

Estraiamo consecutivamente due numeri senza reimmissione.
Indichiamo con Y la variabile casuale corrispondente al numero della pallina estratta nella seconda estrazione.

Vogliamo determinare la distribuzione di probabilità della variabile casuale $X + Y$ = «somma dei due numeri estratti».

Questa volta gli eventi

«$X = x_i$» = «estrazione del numero x_i come prima pallina»,

«$Y = y_j$» = «estrazione del numero y_j come seconda pallina»

sono dipendenti: diremo che le variabili casuali X e Y sono **dipendenti**.

Per calcolare le probabilità congiunte dobbiamo, perciò, usare la probabilità condizionata.

Per esempio:

$$p((X=3)\cap(Y=3))=p(X=3)\cdot p(Y=3\,|\,X=3)=0;$$

$$p((X=3)\cap(Y=4))=p(X=3)\cdot p(Y=4\,|\,X=3)=\frac{1}{12}\cdot\frac{4}{11}=\frac{1}{33}.$$

Proseguendo nello stesso modo otteniamo la distribuzione congiunta di X e Y.

X \ Y	3	4	7	9
3	0	$\frac{1}{33}$	$\frac{1}{66}$	$\frac{5}{132}$
4	$\frac{1}{33}$	$\frac{1}{11}$	$\frac{2}{33}$	$\frac{5}{33}$
7	$\frac{1}{66}$	$\frac{2}{33}$	$\frac{1}{66}$	$\frac{5}{66}$
9	$\frac{5}{132}$	$\frac{5}{33}$	$\frac{5}{66}$	$\frac{5}{33}$

La distribuzione di probabilità della variabile casuale $X + Y$ si ottiene procedendo in modo analogo al caso precedente.

$X + Y$	7	8	10	11	12	13	14	16	18
f_{X+Y}	$\frac{2}{33}$	$\frac{1}{11}$	$\frac{1}{33}$	$\frac{4}{33}$	$\frac{5}{66}$	$\frac{10}{33}$	$\frac{1}{66}$	$\frac{5}{33}$	$\frac{5}{33}$

Anche in questo caso, se di due variabili casuali X e Y conosciamo la distribuzione congiunta, addizionando righe e colonne possiamo ottenere le distribuzioni marginali di X e di Y. Nel caso di variabili dipendenti, però, si può osservare che **le probabilità congiunte *non* sono il prodotto delle probabilità marginali**.

X \ Y	3	4	7	9	f_X
3	0	$\frac{1}{33}$	$\frac{1}{66}$	$\frac{5}{132}$	$\frac{1}{12}$
4	$\frac{1}{33}$	$\frac{1}{11}$	$\frac{2}{33}$	$\frac{5}{33}$	$\frac{1}{3}$
7	$\frac{1}{66}$	$\frac{2}{33}$	$\frac{1}{66}$	$\frac{5}{66}$	$\frac{1}{6}$
9	$\frac{5}{132}$	$\frac{5}{33}$	$\frac{5}{66}$	$\frac{5}{33}$	$\frac{5}{12}$
f_Y	$\frac{1}{12}$	$\frac{1}{3}$	$\frac{1}{6}$	$\frac{5}{12}$	1

► In un'urna ci sono 4 palline numerate da 1 a 4. Se ne estraggono 2 contemporaneamente. Indichiamo con X la variabile che indica il numero minore e con Y quella che indica il numero maggiore. Stabilisci se X e Y sono indipendenti e trova la distribuzione di $X + Y$.

Animazione

Quadrato di una variabile

Consideriamo una variabile casuale X con la seguente distribuzione di probabilità.

X	-1	0	1	2
f_X	$\frac{1}{8}$	$\frac{1}{4}$	$\frac{1}{2}$	$\frac{1}{8}$

A partire da X possiamo costruire la variabile casuale X^2, **quadrato della variabile casuale** X, elevando al quadrato i valori di X. Le probabilità associate ai valori di X^2 si ottengono dalle probabilità dei rispettivi valori di X, facendo attenzione al fatto che uno stesso valore di X^2 si può ottenere da due diversi valori di X. Nel nostro esempio:

$$p(X^2 = 0) = p(X = 0) = \frac{1}{4};$$

$$p(X^2 = 1) = p((X = -1) \cup (X = 1)) = \frac{1}{8} + \frac{1}{2} = \frac{5}{8};$$

$$p(X^2 = 4) = p(X = 2) = \frac{1}{8}.$$

Dunque X^2 ha la seguente distribuzione di probabilità.

X^2	0	1	4
f_{X^2}	$\frac{1}{4}$	$\frac{5}{8}$	$\frac{1}{8}$

2 Valori caratterizzanti una variabile casuale discreta

▶ Esercizi a p. 1512

Valore medio

Un'urna contiene 4 palline con il numero 50, 5 palline con il 54, 8 con il 58 e 3 con il 62.
Effettuiamo 50 estrazioni di una pallina nelle stesse condizioni, cioè rimettendo ogni volta la pallina estratta nell'urna. Otteniamo la seguente tabella.

Valore	Frequenza assoluta
50	10
54	12
58	24
62	4

Se calcoliamo la media aritmetica, otteniamo:

$$M = \frac{50 \cdot 10 + 54 \cdot 12 + 58 \cdot 24 + 62 \cdot 4}{50} = 55{,}76.$$

Avremmo anche potuto scrivere la media nella forma:

$$M = 50 \cdot \frac{10}{50} + 54 \cdot \frac{12}{50} + 58 \cdot \frac{24}{50} + 62 \cdot \frac{4}{50} = 55{,}76,$$

dove compaiono le frequenze relative.
Consideriamo la variabile casuale X che indica il numero ottenuto in un'estrazione. Calcolando teoricamente la probabilità, abbiamo la seguente distribuzione.

X	50	54	58	62
f	$\frac{1}{5}$	$\frac{1}{4}$	$\frac{2}{5}$	$\frac{3}{20}$

La somma dei prodotti di ogni valore per la sua probabilità dà il *valore medio* di X:

$$M(X) = 50 \cdot \frac{1}{5} + 54 \cdot \frac{1}{4} + 58 \cdot \frac{2}{5} + 62 \cdot \frac{3}{20} = 56.$$

Il valore ottenuto, $\mu = 56$, esprime in modo sintetico la variabile casuale ed è un **valore teorico** che, come in questo caso, può non essere mai assunto dalla variabile casuale.

DEFINIZIONE

Data una variabile casuale discreta X che assume i valori $x_1, x_2, \ldots, x_n$ con probabilità $p_1, p_2, \ldots, p_n$, il **valore medio** (o **speranza**) $M(X)$ di X è la somma dei prodotti di ogni valore assunto dalla variabile casuale per la corrispondente probabilità:

$$M(X) = x_1p_1 + x_2p_2 + \ldots + x_np_n = \sum_{i=1}^{n} x_ip_i.$$

Listen to it

The **expected value** of a discrete random variable is the sum of every possible value weighted by its probability.

Significato del valore medio

Se consideriamo un numero elevato di prove relative a un esperimento aleatorio, per la legge empirica del caso la frequenza relativa di un evento approssima la sua probabilità teorica. Pertanto, se consideriamo le frequenze relative degli eventi corrispondenti ai valori della variabile casuale discreta X che descrive l'esperimento, abbiamo che la media aritmetica ponderata approssima il valore medio di X.

Riferendoci all'esempio precedente, notiamo che la media aritmetica ottenuta nell'esperimento delle 50 estrazioni, cioè il valore 55,76, è molto vicino al valore medio 56. All'aumentare del numero di estrazioni, la media aritmetica tenderà al valore medio teorico.

Quindi possiamo dire che *il valore medio permette di fare una previsione teorica* sul risultato dell'esperimento aleatorio quando il numero di prove è molto grande.

► La variabile casuale X assume i valori -5, 3, 10 rispettivamente con probabilità 0,3, 0,5 e 0,2. Determina il valore medio di X. [2]

Esaminiamo un esempio.
Una ditta produce sedie da giardino e deve stabilire la quantità da produrre per la prossima stagione estiva, in relazione alla probabilità di vendita. La distribuzione di probabilità che esprime il numero di sedie che si venderanno è la seguente.

X	1500	1800	2000	2100	2500
f	0,30	0,35	0,15	0,12	0,08

Il numero di sedie che si prevede di vendere durante la prossima stagione estiva è:

$$M(X) = 1500 \cdot 0,30 + 1800 \cdot 0,35 + 2000 \cdot 0,15 + 2100 \cdot 0,12 + 2500 \cdot 0,08 =$$
$$450 + 630 + 300 + 252 + 200 = 1832.$$

Proprietà del valore medio

PROPRIETÀ

Siano X e Y due variabili casuali discrete e k, h due costanti numeriche.

1. Se X è *costante*, cioè assume sempre uno stesso valore a, allora $M(X) = a$;
2. $M(k \cdot X) = k \cdot M(X)$;
3. $M(X + h) = M(X) + h$;
4. $M(X + Y) = M(X) + M(Y)$;
5. Se X assume i valori $x_1, x_2, \ldots, x_n$ con probabilità $p_1, p_2, \ldots, p_n$:

$$M(X^2) = x_1^2p_1 + x_2^2p_2 + \ldots + x_n^2p_n = \sum_{i=1}^{n} x_i^2p_i.$$

Combinando la seconda e la terza proprietà, otteniamo:

$$M(k \cdot X + h) = k \cdot M(X) + h.$$

Varianza e deviazione standard

Sono date le seguenti variabili discrete e le relative distribuzioni di probabilità.

X	9	12	15	18	21
f_X	0,1	0,2	0,4	0,2	0,1

Y	3	9	15	21	27
f_Y	0,15	0,2	0,3	0,2	0,15

Esse hanno la stessa media $M(X) = M(Y) = \mu = 15$. Tuttavia, osserviamo le rappresentazioni grafiche delle distribuzioni di probabilità.

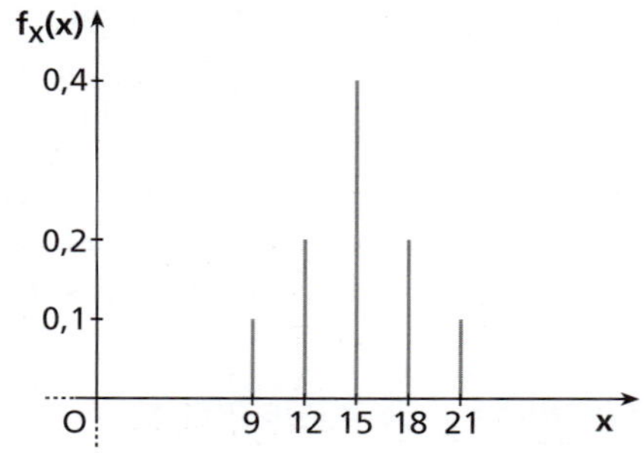

a. Grafico della distribuzione di probabilità di X.

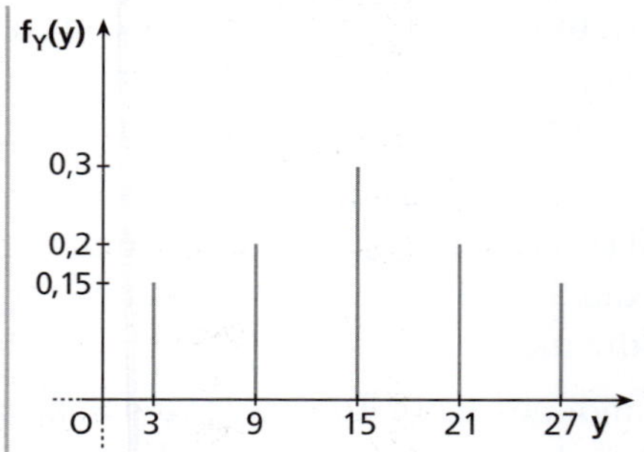

b. Grafico della distribuzione di probabilità di Y.

Vediamo che nel primo caso i valori risultano più vicini al valore medio, pertanto c'è una minore *dispersione*.
Per misurare questa dispersione possiamo considerare gli scarti di ogni valore dal valore medio, creando così la variabile casuale $X - \mu$, che chiamiamo *variabile casuale scarto*, con la seguente distribuzione di probabilità.

$X - \mu$	-6	-3	0	3	6
$f_{X-\mu}$	0,1	0,2	0,4	0,2	0,1

Osserviamo che il valore medio della variabile casuale scarto è nullo:

$$M(X - \mu) = -6 \cdot 0{,}1 - 3 \cdot 0{,}2 + 3 \cdot 0{,}2 + 6 \cdot 0{,}1 = 0.$$

Nello stesso modo $M(Y - \mu) = 0$. Il valore medio dello scarto non è quindi adatto per esprimere la dispersione. Consideriamo allora i *quadrati degli scarti dal valore medio*, cioè la variabile $(X - \mu)^2$.

Assumiamo come indice della dispersione il valore medio di questa variabile casuale, che chiamiamo *varianza* e indichiamo con $var(X)$:

$$var(X) = M\left[(X - \mu)^2\right] = (-6)^2 \cdot 0{,}1 + (-3)^2 \cdot 0{,}2 + 0^2 \cdot 0{,}4 +$$

$$+ 3^2 \cdot 0{,}2 + 6^2 \cdot 0{,}1 = 10{,}8.$$

Possiamo anche considerare, come indice della dispersione, la radice quadrata della varianza, detta *deviazione standard* $\sigma(X)$:

$\sigma(X) = \sqrt{var(X)} = \sqrt{10,8} \simeq 3,29.$

La variabile casuale scarto di *Y* ha la seguente distribuzione di probabilità.

$Y - \mu$	-12	-6	0	6	12
$f_{Y-\mu}$	0,15	0,2	0,3	0,2	0,15

$$var(Y) = M\left[(Y-\mu)^2\right] = (-12)^2 \cdot 0,15 + (-6)^2 \cdot 0,2 + 0^2 \cdot 0,3 + 6^2 \cdot 0,2 + $$
$$+ 12^2 \cdot 0,15 = 57,6; \qquad \sigma(Y) = \sqrt{57,6} \simeq 7,59.$$

Questi valori confermano la maggiore dispersione della variabile *Y* che avevamo rilevato confrontando i grafici di *X* e *Y*.
Generalizziamo.

DEFINIZIONE
Data una variabile casuale discreta *X*, si chiama **variabile casuale scarto** di *X* la variabile casuale che ha per valori le differenze fra i valori di *X* e il valore medio $M(X)$, cioè la variabile $X - M(X)$.

Questa variabile non è molto significativa perché **il suo valore medio è sempre nullo**. Per avere informazioni riguardo alla dispersione dei valori di una variabile *X*, si considera allora la variabile casuale quadrato dello scarto di *X*.

DEFINIZIONE
Data una variabile casuale discreta *X* che assume i valori $x_1, x_2, \ldots, x_n$ con probabilità $p_1, p_2, \ldots, p_n$, e con valore medio $M(X) = \mu$, si chiama **varianza** di *X*, e si indica con $var(X)$, il valore medio della variabile casuale quadrato dello scarto di *X*:

$$var(X) = M[(X-\mu)^2] = \sum_{i=1}^{n} (x_i - \mu)^2 \cdot p_i = (x_1 - \mu)^2 \cdot p_1 +$$
$$+ (x_2 - \mu)^2 \cdot p_2 + \ldots + (x_n - \mu)^2 \cdot p_n.$$

Listen to it

The **variance** of a discrete random variable is the expected value of the squared differences between the possible values and the expected value of the random variable.

La varianza ci dice quanto sono concentrati i valori della variabile *X* attorno al valore medio μ. La varianza si può anche indicare con $\sigma^2(X)$.

DEFINIZIONE
La **deviazione standard** (o **scarto quadratico medio**) $\sigma(X)$ di una variabile casuale *X* è la radice quadrata della varianza di *X*:

$$\sigma(X) = \sqrt{var(X)}.$$

Attraverso il **valore di sintesi** μ e **il valore di dispersione** σ^2, possiamo, individuare le **caratteristiche di una variabile casuale**.

Si può inoltre dimostrare che vale il seguente teorema.

TEOREMA
Sia *X* una variabile casuale. La varianza di *X* è uguale alla differenza tra il valore medio della variabile X^2 e il quadrato del valore medio di *X*:

$$var(X) = M(X^2) - [M(X)]^2.$$

► Verifica l'uguaglianza $var(X) = M(X^2) - [M(X)]^2$ nel caso particolare della variabile casuale *X* con la seguente distribuzione e poi nel caso generale.

X	-3	1	2	3
f	0,1	0,15	0,3	0,45

Animazione

Proprietà della varianza

PROPRIETÀ

Siano X e Y due variabili casuali discrete e k, h due costanti numeriche:

1. $var(k \cdot X) = k^2 \cdot var(X)$;
2. $var(X + h) = var(X)$;
3. se le variabili sono *indipendenti*, $var(X + Y) = var(X) + var(Y)$.

Combinando le prime due proprietà, otteniamo:

$$var(k \cdot X + h) = k^2 \cdot var(X).$$

La semidifferenza tra $var(X + Y)$ e $[var(X) + var(Y)]$ viene detta **covarianza** di X e Y e si indica con $cov(X, Y)$:

$$\boldsymbol{cov(X, Y) = \frac{var(X + Y) - [var(X) + var(Y)]}{2}}.$$

La covarianza è un indice di variabilità che lega le due variabili.
Sappiamo che, se le variabili sono indipendenti, $var(X + Y) = var(X) + var(Y)$, quindi in tal caso $cov(X, Y) = 0$.

► Si estraggono consecutivamente senza reimmissione due palline da un'urna che contiene quattro palline numerate da 1 a 4. Indica con X il primo numero estratto e con Y il secondo numero estratto. Calcola $var(X + Y)$ e $cov(X, Y)$.

Animazione

La covarianza può anche essere calcolata direttamente (senza conoscere le varianze) nel seguente modo:

- si determinano gli scarti dei valori della variabile X;
- si determinano gli scarti dei valori della variabile Y;
- si calcola la somma dei prodotti degli scarti per le rispettive probabilità congiunte.

Notiamo che, quando conosciamo la covarianza di due variabili casuali X e Y, possiamo ricavare la varianza della loro somma dalla formula precedente:

$$var(X + Y) = var(X) + var(Y) + 2cov(X, Y).$$

3 Distribuzioni di probabilità di uso frequente

Per ogni fenomeno specifico si può costruire una sua variabile casuale. Lo statistico ha il compito di esaminare i fenomeni e di classificarli, andando oltre l'apparente diversità, per ricondurli a quelle «regolarità» che li descrivono.

Distribuzione uniforme discreta

► Esercizi a p. 1517

Un'urna contiene cinque palline con i numeri 3, 5, 7, 9 e 11. Si estrae una pallina. Indichiamo con X_1 la variabile casuale che rappresenta l'esito dell'estrazione. Ogni pallina ha la stessa probabilità delle altre di essere estratta, quindi, indicando con f la distribuzione di probabilità di X_1, abbiamo:

$$f(3) = f(5) = f(7) = f(9) = f(11).$$

Poiché

$$f(3) + f(5) + f(7) + f(9) + f(11) = 1,$$

deve essere:

$$f(3) = f(5) = f(7) = f(9) = f(11) = \frac{1}{5}.$$

Pertanto, la distribuzione di X_1 e la sua funzione di ripartizione sono le seguenti.

X_1	3	5	7	9	11
f	$\frac{1}{5}$	$\frac{1}{5}$	$\frac{1}{5}$	$\frac{1}{5}$	$\frac{1}{5}$
F	$\frac{1}{5}$	$\frac{2}{5}$	$\frac{3}{5}$	$\frac{4}{5}$	1

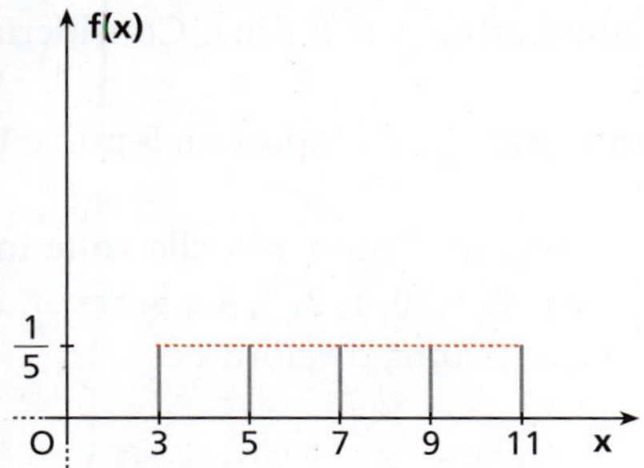

a. Grafico della distribuzione di probabilità di X_1.

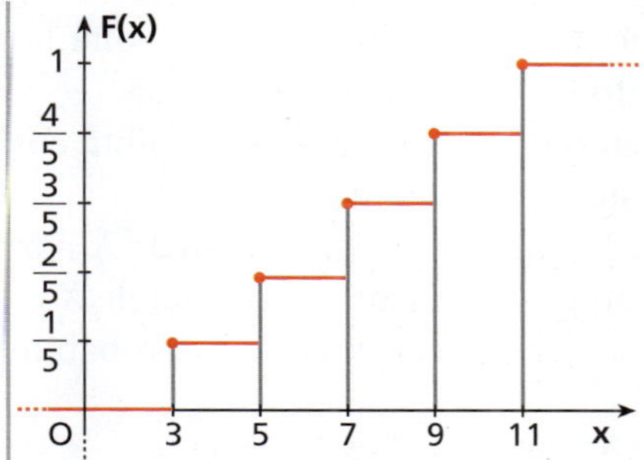

b. Grafico della funzione di ripartizione di X_1.

In questo caso la distribuzione di probabilità è detta *uniforme*. Il grafico della sua distribuzione di probabilità ha un andamento rettilineo orizzontale. Il grafico della funzione di ripartizione è a gradini, con tutti i salti uguali e di ampiezza $\frac{1}{5}$.

DEFINIZIONE

Una variabile casuale discreta X ha una **distribuzione di probabilità uniforme** se tutti i suoi valori hanno la stessa probabilità, cioè, se X assume i valori $x_1, x_2, \ldots, x_n$ e la probabilità è data da:

$$p(X = x_i) = \frac{1}{n}, \qquad i = 1, 2, \ldots, n.$$

Listen to it

If a discrete random variable follows a **discrete uniform distribution**, then $p(X = x) = \frac{1}{n}$.

Più semplicemente diremo che una variabile casuale è *uniforme* o *distribuita uniformemente* se ha una distribuzione di probabilità uniforme.

Per calcolare il valore medio e la varianza di una distribuzione uniforme, in genere bisogna usare le solite formule, ma se i valori di una variabile casuale X sono 1, 2, 3, …, n e tutti hanno probabilità $p = \frac{1}{n}$, si può dimostrare che:

$$\boldsymbol{M(X) = \frac{n+1}{2}} \quad \text{e} \quad \boldsymbol{var(X) = \frac{n^2-1}{12}}.$$

Per esempio, se la variabile casuale X assume i valori 1, 2, 3, 4, 5, tutti con probabilità $\frac{1}{5}$, abbiamo:

$$\mu = \frac{5+1}{2} = 3, \quad \sigma^2 = \frac{5^2-1}{12} = 2, \quad \sigma = \sqrt{2}.$$

TEORIA

▶ Quattro libri hanno rispettivamente i seguenti numeri di pagine: 57, 117, 177 e 237. Se ne sceglie uno a caso. Se X è la variabile che indica il numero di pagine del libro scelto, trova la distribuzione, il valore medio e la varianza di X.

Animazione

Consideriamo di nuovo X_1. I suoi valori si possono ottenere dai valori 1, 2, 3, 4, 5 di una variabile X moltiplicando questi ultimi per 2 e aggiungendo 1 al prodotto. Pertanto X_1 è la variabile casuale $2 \cdot X + 1$ e quindi applicando le proprietà del valore medio e della varianza otteniamo:

$$\mu_1 = M(2X+1) = 2M(X) + 1 = 2 \cdot 3 + 1 = 7;$$
$$\sigma_1^2 = var\,(2X+1) = 2^2\,var\,(X) = 2^2 \cdot 2 = 8;$$
$$\sigma_1 = 2\sqrt{2}.$$

Distribuzione binomiale

▶ Esercizi a p. 1518

Un'urna contiene 8 palline nere e 24 bianche. Si estraggono consecutivamente cinque palline rimettendo ogni volta la pallina estratta nell'urna. Consideriamo l'evento «uscita della pallina nera».
Abbiamo un evento, con probabilità costante $p = \frac{1}{4}$, sottoposto a 5 prove tutte nelle stesse condizioni.
Consideriamo la variabile casuale X corrispondente al numero delle volte in cui l'evento può verificarsi. La variabile X assume i valori 0, 1, 2, 3, 4 e 5. Secondo lo schema delle prove ripetute, la probabilità che X assuma il valore x è:

$$p(X = x) = \binom{5}{x}\left(\frac{1}{4}\right)^x\left(\frac{3}{4}\right)^{5-x}.$$

La distribuzione e la funzione di ripartizione di X quindi sono le seguenti.

X	0	1	2	3	4	5
f	0,237305	0,395508	0,263672	0,087891	0,014648	0,000977
F	0,237305	0,632813	0,896484	0,984375	0,999023	1

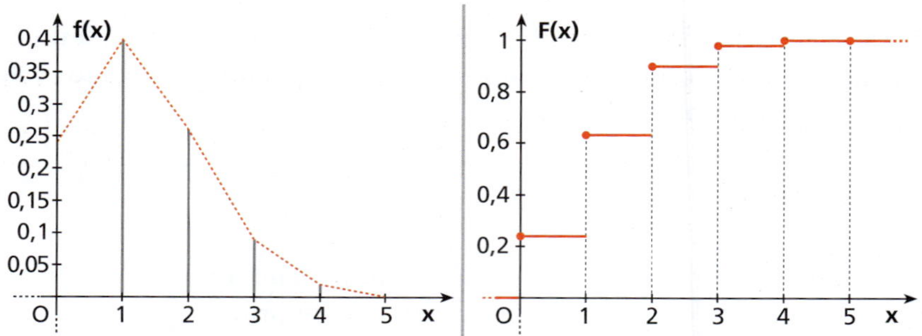

a. Grafico della distribuzione di probabilità di X.

b. Grafico della funzione di ripartizione di X.

In questo caso la distribuzione è detta *binomiale* di parametri 5 e $\frac{1}{4}$.

DEFINIZIONE

Una variabile casuale discreta X, con valori $x = 0, 1, 2, \ldots, n$, ha una **distribuzione di probabilità binomiale** di *parametri* n e p (con $0 < p < 1$) se:

$$p(X = x) = \binom{n}{x} p^x (1-p)^{n-x}.$$

Listen to it

If a discrete random variable follows a **binomial distribution**, then $p(X = x) = \binom{n}{x} p^x (1-p)^{n-x}$.

Una variabile casuale con distribuzione binomiale, detta *variabile binomiale*, de-

scrive il numero di volte in cui si può verificare un evento aleatorio di probabilità p su n prove indipendenti.
Supponiamo di effettuare una sola prova. Abbiamo la seguente distribuzione di probabilità.

X_1	0	1
f	$1-p$	p

Questa particolare variabile binomiale di parametri 1 e p è detta **di Bernoulli** (o **bernoulliana**).

Il valore medio di X_1 è

$$M(X_1) = 0 \cdot (1-p) + 1 \cdot p = p$$

e la varianza vale:

$$var(X_1) = M(X_1^2) - [M(X_1)]^2 = p - p^2 = p(1-p).$$

In generale, per una variabile binomiale X di parametri n e p, si può dimostrare che:

$$\boldsymbol{M(X) = np} \quad \text{e} \quad \boldsymbol{var(X) = np(1-p)}.$$

ESEMPIO
Una macchina di precisione produce pezzi di ricambio per elettrodomestici con una percentuale del 2% di pezzi difettosi.
Calcoliamo il numero medio di pezzi difettosi che si possono prevedere su una produzione giornaliera di 400 pezzi e la deviazione standard.

Essendo $n = 400$, $p = 0{,}02$ e $1 - p = 0{,}98$, otteniamo:

$$\mu = 400 \cdot 0{,}02 = 8 \quad \text{e} \quad \sigma = \sqrt{400 \cdot 0{,}02 \cdot 0{,}98} = 2{,}8.$$

Distribuzione di Poisson

▶ Esercizi a p. 1520

Un evento ha probabilità $p = 0{,}005$. Calcoliamo la probabilità che su 800 prove, *effettuate nelle stesse condizioni*, l'evento si verifichi 6 volte.
Possiamo considerare una variabile casuale X binomiale di parametri $n = 800$ e $p = 0{,}005$ e calcolare:

$$p(X=6) = \binom{800}{6} \cdot 0{,}005^6 \cdot 0{,}995^{794} \simeq 0{,}10433.$$

Si può dimostrare che se, come in questo caso, n è grande e p è piccolo, allora posto $np = \lambda$, la quantità $\binom{n}{x} p^x (1-p)^{n-x}$ si può approssimare con $\frac{\lambda^x}{x!} \cdot e^{-\lambda}$.

Nel nostro caso, per esempio, osservato che $\lambda = n \cdot p = 800 \cdot 0{,}005 = 4$, possiamo calcolare:

$$p(X=6) = \frac{4^6}{6!} e^{-4} \simeq 0{,}104196,$$

che è una buona approssimazione del valore precedente.
Si può provare che l'approssimazione diventa migliore al crescere di n.

Possiamo costruire, quindi, una variabile casuale X immaginando che il numero di prove sia infinito. La variabile X perciò può assumere un qualunque valore x intero non negativo, e la probabilità che assuma tale valore è:

▶ Al poligono di tiro Andrea colpisce il bersaglio una volta su dieci. Fa 6 tiri. Qual è la probabilità che colpisca il bersaglio almeno 4 volte?
[0,00127]

Video

Roulette e distribuzioni di probabilità
Alla roulette si può puntare su un gruppo di numeri.

▶ Qual è la probabilità di vincere almeno 40 volte se puntiamo 100 volte sulla prima dozzina di numeri?

▶ Usando i dati dell'esercizio precedente, qual è il numero medio di bersagli colpiti da Andrea?
[0,6]

TEORIA

$$p(X = x) = \frac{\lambda^x}{x!} \cdot e^{-\lambda}.$$

Questa distribuzione si chiama *distribuzione di Poisson*.

Listen to it

If a discrete random variable follows a **Poisson distribution** with parameter λ, then $p(X = x) = \frac{\lambda^x}{x!} \cdot e^{-\lambda}$.

DEFINIZIONE

Una variabile casuale discreta X, che assume valori $x = 0, 1, 2, \ldots$, ha una **distribuzione di probabilità di Poisson** di *parametro* λ (con $\lambda > 0$) se:

$$p(X = x) = \frac{\lambda^x}{x!} \cdot e^{-\lambda}.$$

La distribuzione di Poisson approssima quella binomiale quando il numero delle prove n è elevato e la probabilità di successo p è piccola, ponendo $\lambda = np$. Per questo si usa indicare la distribuzione di Poisson come *distribuzione degli eventi rari*. Una *variabile di Poisson*, cioè una variabile che ha una distribuzione di Poisson, può assumere tutti i **valori interi non negativi**.
Le variabili di Poisson sono utilizzate, per esempio, per modellizzare importanti fenomeni in fisica (decadimento radioattivo), in medicina (malattie rare) o in campo economico (file di attesa).

Il parametro λ di una distribuzione di Poisson assume particolare interesse perché si può dimostrare che, per una variabile casuale discreta X con questa distribuzione di probabilità, esso coincide con il valore medio e la varianza della variabile:

$$M(X) = var(X) = \lambda.$$

Confrontiamo i grafici di quattro distribuzioni di Poisson con $\lambda = 0{,}5$, 1, 4, 10.

Osserviamo che all'aumentare del valore di λ la distribuzione della probabilità tende a diventare simmetrica attorno al valore medio.

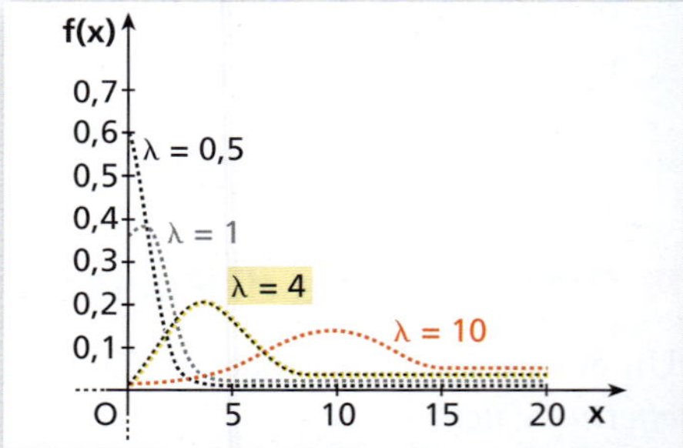

ESEMPIO

A uno sportello bancario arrivano in media 30 persone all'ora.
Calcoliamo la probabilità che in 5 minuti:

- arrivino 4 persone;
- arrivino meno di 3 persone.

Calcoliamo in media quante persone arrivano in 5 minuti; essendo 30 le persone e 60 i minuti in un'ora, indicando con λ il valore medio cercato, abbiamo:

$$30 : 60 = \lambda : 5 \rightarrow \lambda = 2{,}5.$$

Modellizziamo gli arrivi con una variabile di Poisson X di parametro $\lambda = 2{,}5$. Per ogni $x \in \mathbb{N}$,

$$p(X = x) = \frac{2{,}5^x}{x!} e^{-2{,}5},$$

pertanto $p(X = 4) = \frac{2{,}5^4}{4!} e^{-2{,}5} \simeq 0{,}133602.$

La probabilità che arrivino meno di 3 persone è

$$p(X \leq 2) = F(2) = p(X = 0) + p(X = 1) + p(X = 2) \simeq 0{,}543813.$$

▶ A un distributore di benzina arrivano ogni ora mediamente 5 auto per fare rifornimento. Calcola la probabilità che in un'ora arrivino 6 auto al distributore. [$\simeq 0{,}15$]

4 Giochi aleatori

▶ Esercizi a p. 1522

Una persona decide di partecipare al seguente gioco. Viene lanciato un dado. Se esce il numero 1 essa riceve € 7, se esce un numero pari riceve € 4, altrimenti deve pagare € 2.

Consideriamo la variabile casuale X che rappresenta i guadagni (positivi e negativi) e la sua distribuzione di probabilità.

X	7	4	−2
f_X	$\frac{1}{6}$	$\frac{1}{2}$	$\frac{1}{3}$

Calcoliamo il valore medio di X.

$$M(X) = 7 \cdot \frac{1}{6} + 4 \cdot \frac{1}{2} - 2 \cdot \frac{1}{3} = 2{,}5.$$

Il valore ottenuto rappresenta non la vincita di una partita, ma quello che il giocatore può sperare di realizzare in media giocando un numero elevato di volte. Dal momento che la speranza di guadagno è positiva, possiamo pensare che il gioco sia favorevole per il giocatore.

In generale, se:

- $M(X) = 0$, si ha un **gioco equo**;
- $M(X) > 0$, il **gioco è favorevole**;
- $M(X) < 0$, il **gioco è sfavorevole**.

Consideriamo il caso di due giocatori, A e B, che giocano uno contro l'altro. Indichiamo con S_A e S_B le somme che essi pagano in caso di vincita dell'avversario e siano p la probabilità di vincita di B e $q = 1 - p$ la probabilità di vincita di A. Quindi, pensando al giocatore B, egli vince S_A con probabilità p e perde S_B con probabilità q. La speranza di vincita per B è $S_A \cdot p - S_B \cdot q$. Il gioco è equo se $S_A \cdot p - S_B \cdot q = 0$. Possiamo anche scrivere: $S_A \cdot p = S_B \cdot q$, cioè $S_A : S_B = q : p$.

Quindi *in un gioco equo le poste dei due giocatori sono proporzionali alla probabilità di vincita.*

Applicando la proprietà del comporre, si ha $(S_A + S_B) : S_B = (q + p) : p$; essendo $(S_A + S_B) = V$, dove V è il piatto, cioè la somma delle poste, e $(p + q) = 1$, si ha:

$$V : S_B = 1 : p, \quad \text{cioè} \quad S_B = V \cdot p.$$

Riprendiamo l'esempio precedente. La speranza di vincita del giocatore è 2,5, quindi possiamo dire che il gioco gli è favorevole.

Calcoliamo quanto dovrebbe essere la somma P (cioè la posta) che il giocatore dovrebbe pagare, se esce un numero dispari diverso da 1, affinché il gioco sia equo. Scriviamo la relazione $M(X) = 0$ come equazione con incognita P:

$$7 \cdot \frac{1}{6} + 4 \cdot \frac{1}{2} - P \cdot \frac{1}{3} = 0 \rightarrow P = 9{,}5.$$

Quindi la distribuzione di X, in caso di equità, dovrebbe essere la seguente.

X	7	4	$-9,5$
f_X	$\frac{1}{6}$	$\frac{1}{2}$	$\frac{1}{3}$

guadagni (positivi o negativi) in caso di gioco equo

Consideriamo ora lo stesso gioco con un'altra «organizzazione».
Al giocatore viene chiesto un *prezzo* di € 9,5 per partecipare al gioco gestito da un *banco*. Questo prezzo non è altro che la posta da pagare prima che il gioco inizi.

Per la condizione di equità, a fronte di una posta di € 9,5 pagata prima di iniziare il gioco, il giocatore dovrebbe ricevere:

- € 7 + € 9,5 = € 16,5 se esce la faccia 1;
- € 4 + € 9,5 = € 13,5 se esce un numero pari;
- € − 9,5 + € 9,5 = € 0 altrimenti.

Il gioco è lo stesso, solo che qui stiamo considerando le vincite lorde.

Consideriamo una nuova variabile, $V = X + 9,5$, che indica la vincita lorda del giocatore, cioè la somma della vincita netta e della posta.
In questo modo la distribuzione di V è la seguente.

V	16,5	13,5	0
f_V	$\frac{1}{6}$	$\frac{1}{2}$	$\frac{1}{3}$

Osserviamo che $M(V) = 16,5 \cdot \frac{1}{6} + 13,6 \cdot \frac{1}{3} = 9,5$, che potevamo calcolare usando le proprietà della media:

$$M(V) = M(X + 9,5) = M(X) + 9,5 = 9,5.$$

Ciò vuol dire, affinché il gioco sia equo, la posta deve essere uguale al valore medio delle vincite lorde del giocatore contro il banco.

In generale, se V è la variabile casuale che rappresenta le vincite lorde che si possono ottenere in un gioco, si ha equità se la posta P è uguale al valore medio di V:

$$P = M(V).$$

ESEMPIO

In un gioco con un mazzo di 40 carte si estraggono contemporaneamente 2 carte. Se sono due figure, si vincono 52 euro, e se è una sola figura, si vincono 26 euro. Per partecipare al gioco viene richiesta una posta di 20 euro.

Le probabilità di vincita sono $\frac{11}{130}$ e $\frac{28}{65}$, quindi la distribuzione delle vincite lorde è la seguente.

V	52	26	0
f_V	$\frac{11}{130}$	$\frac{28}{65}$	$\frac{63}{130}$

Affiché il gioco sia equo, la posta dovrebbe essere uguale al valore medio di V. Poiché

$$M(V) = 52 \cdot \frac{11}{130} + 26 \cdot \frac{28}{65} = 15,6,$$

il gioco è sfavorevole essendo la posta richiesta superiore.

Possiamo anche verificare che la speranza dei guadagni $X = V - 20$, in base alla posta richiesta di 20 euro, è negativa, e il risultato è proprio la differenza fra la posta in caso di equità e la posta richiesta:

$$M(X) = (52 - 20) \cdot \frac{11}{130} + (26 - 20) \cdot \frac{28}{65} - 20 \cdot \frac{63}{130} = -4,4.$$

► In una piccola lotteria, su 100 biglietti venduti ce n'è uno che permette di vincere € 200, 2 che permettono di vincere € 100 e 3 che permettono di vincere € 50. Ogni biglietto costa € 10. Il gioco è equo? Se non lo è, determina il prezzo del biglietto affinché la lotteria sia equa. [€ 5,5]

TEORIA

5 Variabili casuali standardizzate

► Esercizi a p. 1525

Le seguenti variabili casuali discrete mostrano il punteggio di due test sottoposti ai 23 alunni di una classe, in momenti successivi. I test si differenziano per il numero dei quesiti, e quindi per il punteggio massimo ottenibile, e per la difficoltà.

X_1	0	1	2	3	4	5	6	7	8
f_{X_1}	$\frac{2}{23}$	$\frac{2}{23}$	$\frac{2}{23}$	$\frac{6}{23}$	$\frac{3}{23}$	$\frac{3}{23}$	$\frac{2}{23}$	$\frac{1}{23}$	$\frac{1}{23}$

X_2	0	1	2	3	4	5
f_{X_2}	$\frac{2}{23}$	$\frac{4}{23}$	$\frac{5}{23}$	$\frac{5}{23}$	$\frac{4}{23}$	$\frac{3}{23}$

I valori assunti dalle variabili corrispondono ai punteggi possibili, mentre le distribuzioni di probabilità sono determinate dalle frequenze relative dei punteggi nella classe (per esempio, nel secondo test 5 alunni su 23 hanno ottenuto 3 punti).

Le due variabili casuali hanno rispettivamente valori medi:

$\mu_1 \simeq 3{,}478$ e $\mu_2 \simeq 2{,}609$.

Consideriamo un alunno che ha conseguito 4 punti nel primo test e 3 nel secondo e calcoliamo gli scarti dalle medie dei suoi punteggi:

$4 - \mu_1 \simeq 0{,}522;$

$3 - \mu_2 \simeq 0{,}391.$

Potremmo concludere che l'alunno ha avuto un peggioramento, in quanto con il primo test ha uno scarto positivo, rispetto alla media della classe, maggiore di quello del secondo test.

La differenza con la media non è però sufficiente a valutare la situazione, in quanto non tiene conto della diversa difficoltà dei test.
La difficoltà è misurata dalla variabilità dei risultati, e pertanto rapportiamo le differenze dal valore medio con le deviazioni standard, cioè misuriamo gli scarti dai valori medi in unità di σ.

Essendo $\sigma_1 \simeq 2{,}061$ e $\sigma_2 \simeq 1{,}496$,

abbiamo: $\frac{4 - \mu_1}{\sigma_1} \simeq 0{,}253$ e $\frac{3 - \mu_2}{\sigma_2} \simeq 0{,}261$.

Dobbiamo concludere che, per il secondo test, l'alunno ha conseguito un miglioramento rispetto alla situazione complessiva della classe.

TEORIA

Se operiamo la stessa trasformazione per tutti i valori della variabile casuale X_1, otteniamo una **nuova variabile casuale Z_1**, detta *standardizzata*, **che ha la stessa distribuzione di probabilità**:

$$Z_1 = \frac{X_1 - \mu_1}{\sigma_1} \simeq \frac{X_1 - 3,478}{2,061}.$$

Z_1	$-1,688$	$-1,202$	$-0,717$	$-0,232$	0,253	0,738	1,224	1,709	2,194
f_{Z_1}	$\frac{2}{23}$	$\frac{2}{23}$	$\frac{3}{23}$	$\frac{6}{23}$	$\frac{3}{23}$	$\frac{3}{23}$	$\frac{2}{23}$	$\frac{1}{23}$	$\frac{1}{23}$

Listen to it

Given a random variable X whose expected value and **standard deviation** are respectively μ and σ, the **standardized random variable** associated with X is given by: $Z = \frac{X-\mu}{\sigma}$.

DEFINIZIONE

Data una variabile casuale X con valore medio μ e deviazione standard σ, la **variabile casuale standardizzata di X** è la variabile casuale:

$$Z = \frac{X - \mu}{\sigma}.$$

Effettuando la standardizzazione di una variabile casuale si possono fare confronti tra fenomeni descritti da grandezze diverse, cioè da variabili aventi unità di misura diverse, in quanto la variabile Z è indipendente dall'unità di misura.

I valori assunti dalla variabile standardizzata Z di una variabile casuale X vengono chiamati **punti zeta** e hanno la stessa distribuzione di probabilità di X.

Applicando le proprietà del valore medio e della varianza osserviamo che

$$M(Z) = M\left(\frac{X-\mu}{\sigma}\right) = \frac{1}{\sigma}M(X-\mu) = \frac{1}{\sigma}[M(X) - \mu] = \frac{1}{\sigma}(\mu - \mu) = 0$$

e

$$var(Z) = M(Z^2) - [M(Z)]^2 = M\left[\left(\frac{X-\mu}{\sigma}\right)^2\right] - 0 = \frac{1}{\sigma^2}M[(X-\mu)^2] =$$

$$\frac{1}{\sigma^2}\cdot\sigma^2 = 1.$$

Pertanto vale la seguente proprietà.

▶ Una variabile casuale X assume i valori -3, 2 e 5, e ha valore medio 1,5 e varianza 4. Trova i punti zeta della variabile standardizzata.
[$-2,25; 0,25; 1,75$]

PROPRIETÀ

Una variabile standardizzata Z ha valore medio nullo e varianza e deviazione standard unitarie:

$$M(Z) = 0, \quad var(Z) = \sigma(Z) = 1.$$

6 Variabili casuali continue

Consideriamo un esperimento in cui abbiamo un cronometro che fermiamo, in modo casuale, premendo un pulsante. Vogliamo determinare la probabilità che venga fermato, per esempio, esattamente dopo 8 secondi. La grandezza legata al fenomeno aleatorio è il tempo, che varia con continuità: a seconda della sensibilità del cronometro, possiamo pensare di considerare, oltre ai secondi, i decimi di secondo, i centesimi e così via. Se consideriamo un intervallo di tempo, per esempio fra 0 e 10 secondi, a ogni istante possiamo far corrispondere un numero reale e viceversa. In generale, diamo la seguente definizione.

DEFINIZIONE

Una **variabile casuale** (o **aleatoria**) **continua** X è una funzione, definita sullo spazio dei campioni di un esperimento aleatorio, che può assumere tutti i valori reali contenuti in un intervallo (limitato o illimitato).

Listen to it

A random variable is said to be **continuous** if it can take any value in a finite or infinite interval of real values.

Riprendiamo il nostro esempio.

La possibilità di fermare il cronometro dopo 8 secondi esatti è praticamente nulla, in quanto si tratta di «centrare» un istante preciso fra gli infiniti istanti possibili. Questo è vero anche per qualsiasi altro istante.

Il modello matematico che serve per descrivere le probabilità associate a una variabile casuale continua X che varia entro un intervallo $I = [a; b]$, dove $I \subseteq \mathbb{R}$, non si basa quindi sulle probabilità dei singoli valori di X, bensì sulla probabilità che X assuma valori compresi fra due estremi $x_1, x_2 \in I$.

Per esempio, nel caso del cronometro, potremmo chiederci qual è la probabilità di fermarlo in un istante compreso fra 7 e 9 secondi.

Per il calcolo della probabilità utilizziamo una funzione $f(x) \geq 0$, definita punto per punto in $\mathbb{R}$, chiamata *funzione densità di probabilità di X*: il valore della probabilità $p(x_1 \leq X \leq x_2)$ **è uguale all'area compresa fra il grafico di** $f(x)$ **e l'asse delle ascisse nell'intervallo** $[x_1; x_2]$.

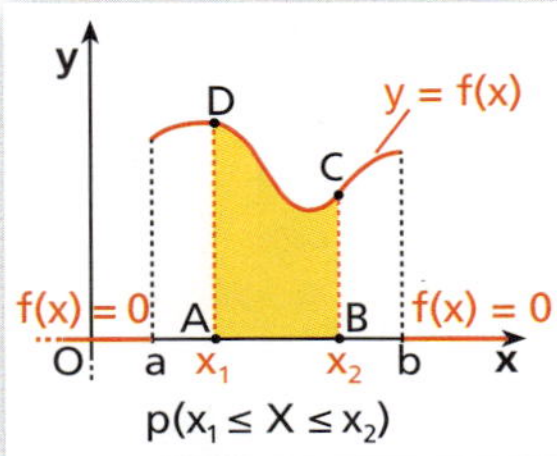

DEFINIZIONE

La **funzione densità di probabilità** di una variabile casuale continua X è una funzione $f(x)$ tale che:

$$f(x) \geq 0, \quad \forall x \in \mathbb{R}; \qquad \int_{-\infty}^{+\infty} f(x)\,dx = 1;$$

$$p(x_1 \leq X \leq x_2) = \int_{x_1}^{x_2} f(x)\,dx, \qquad \forall x_1 < x_2.$$

► Verifica che la funzione

$$f(x) = \begin{cases} 3e^{-3x} & x \geq 0 \\ 0 & x < 0 \end{cases}$$

è la densità di probabilità di una variabile casuale X e calcola $p(-3 \leq X < 4)$.

$[1 - e^{-12}]$

Il fatto che $f(x) \geq 0$ ci assicura che, per ogni $x_1 < x_2$, effettivamente

$$p(x_1 \leq X \leq x_2) \geq 0.$$

La condizione $\int_{-\infty}^{+\infty} f(x)dx = 1$ corrisponde alla condizione che l'evento «$X \in \mathbb{R}$» sia un evento certo, ed è l'analoga della condizione $f(x_1) + f(x_2) + \ldots + f(x_n) = 1$ per le variabili casuali discrete.

Con questa definizione si verifica facilmente che, per ogni $x \in \mathbb{R}$,

$$p(X = x) = p(x \leq X \leq x) = \int_x^x f(t)dt = 0,$$

cioè la probabilità che una variabile casuale continua X assuma un certo valore x è nulla.

Per questo motivo abbiamo anche che

$$p(x_1 \leq X \leq x_2) = p(x_1 < X \leq x_2) = p(x_1 \leq X < x_2) = p(x_1 < X < x_2).$$

Osserviamo che, quando l'intervallo I in cui varia X ha estremi finiti a e b, la funzione densità di probabilità ha valore $f(x) = 0$, per $x < a$ e per $x > b$. L'area complessiva compresa tra il grafico di $f(x)$ e l'asse x coincide con quella relativa all'intervallo $I = [a; b]$.

Analogamente al caso discreto, introduciamo il concetto di funzione di ripartizione.

DEFINIZIONE

La **funzione di ripartizione** di una variabile casuale continua X con densità di probabilità $f(x)$ è la funzione $F(x)$ che, per ogni $x \in \mathbb{R}$, fornisce la probabilità che X assuma un valore non superiore a x:

$$F(x) = p(X \leq x) = \int_{-\infty}^{x} f(t)\,dt.$$

- $F(x)$ è uguale all'area compresa tra il grafico della funzione densità di probabilità $f(x)$ e l'asse delle ascisse nell'intervallo $]-\infty; x]$.
- Essa è una **primitiva della funzione densità di probabilità** $f(x)$, cioè:

$$F'(x) = \frac{dF(x)}{dx} = f(x).$$

- Possiamo utilizzare $F(x)$ per calcolare $p(x_1 \leq X \leq x_2)$ applicando la relazione

$$p(x_1 \leq X \leq x_2) = F(x_2) - F(x_1).$$

Anche per le variabili casuali continue possiamo parlare di valore medio, varianza e deviazione standard. Le formule sono l'estensione nel continuo di quelle per le variabili casuali discrete; l'integrale sostituisce la sommatoria.

Valore medio: $\boldsymbol{M(X) = \int_{-\infty}^{+\infty} x \cdot f(x)\,dx}$.

Varianza: $\boldsymbol{var(X) = \int_{-\infty}^{+\infty} [x - M(X)]^2 f(x)\,dx}$.

Deviazione standard: $\boldsymbol{\sigma(X) = \sqrt{var(X)}}$.

Possiamo inoltre definire la somma e il prodotto tra una variabile casuale continua e una costante.
Continuano a valere le proprietà:

$$M(X+h) = M(X) + h; \qquad M(kX) = kM(X);$$
$$var(X+h) = var(X); \qquad var(kX) = k^2 var(X).$$

La standardizzata di una variabile casuale continua X con media μ e deviazione standard σ è

$$Z = \frac{X - \mu}{\sigma},$$

per la quale $M(Z) = 0$ e $var(Z) = 1$.

La probabilità che X assuma un valore compreso tra x_1 e x_2 coincide con la probabilità che la sua standardizzata Z assuma un valore compreso tra i relativi punti zeta, cioè, se $z_1 = \frac{x_1 - \mu}{\sigma}$ e $z_2 = \frac{x_2 - \mu}{\sigma}$, allora:

$$p(x_1 \leq X \leq x_2) = p(z_1 \leq Z \leq z_2).$$

Listen to it

The **probability density function** associated with a continuous random variable X is the function which computes the probability that X will assume some value within a given interval, while the **cumulative distribution function** gives the probability that X will assume a value smaller than or equal to a given value.

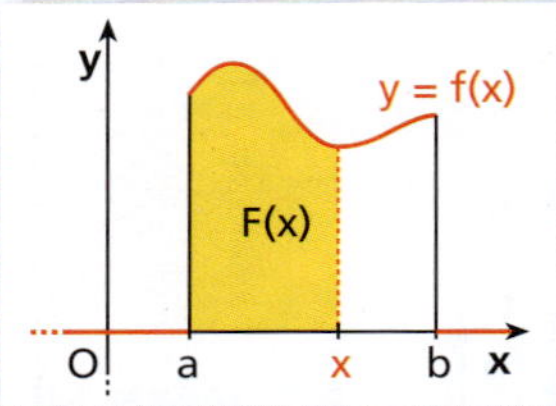

È anche possibile definire la variabile casuale X^2, che ha media

$$M(X^2) = \int_{-\infty}^{+\infty} x^2 f(x)\, dx.$$

Come per le variabili casuali discrete, vale il teorema:

$$var(X) = M(X^2) - [M(X)]^2.$$

ESEMPIO

Una variabile casuale continua X varia nell'intervallo [0; 2] e la sua funzione densità di probabilità è:

$$f(x) = \begin{cases} \dfrac{x^3}{4} & \text{se } 0 \leq x \leq 2 \\ 0 & \text{se } x < 0 \text{ o } x > 2 \end{cases}.$$

Determiniamo la funzione di ripartizione:

$$F(x) = \begin{cases} 0 & \text{se } x < 0 \\ \displaystyle\int_0^x \frac{t^3}{4}\, dt = \left[\frac{t^4}{16}\right]_0^x = \frac{1}{16}x^4 & \text{se } 0 \leq x \leq 2. \\ 1 & \text{se } x > 2 \end{cases}$$

Calcoliamo la probabilità che X assuma un valore compreso tra 1 e 1,5,

$$p(1 \leq X \leq 1{,}5) = \int_1^{1{,}5} \frac{x^3}{4}\, dx = \left[\frac{x^4}{16}\right]_1^{1{,}5} = \frac{1}{16}(5{,}0625 - 1) \simeq 0{,}2539.$$

Il valore medio è $M(X) = \int_0^2 x \cdot \frac{x^3}{4}\, dx = \frac{8}{5}$.

La varianza è:

$$var(X) = \int_0^2 \left(x - \frac{8}{5}\right)^2 \frac{x^3}{4}\, dx = \frac{8}{75}.$$

Più semplicemente, applicando la proprietà $var(X) = M(X^2) - [M(X)]^2$:

$$var(X) = \int_0^2 x^2 \cdot \frac{x^3}{4}\, dx - \left(\frac{8}{5}\right)^2 = \int_0^2 \frac{x^5}{4}\, dx - \frac{64}{25} = \frac{8}{3} - \frac{64}{25} = \frac{8}{75}.$$

▶ Una variabile casuale X ha la seguente funzione di ripartizione:

$$F(x) = \begin{cases} 0 & \text{se } x < 1 \\ \ln x & \text{se } 1 \leq x \leq e. \\ 1 & \text{se } x > e \end{cases}$$

Calcola:
- $p(0 \leq X \leq \sqrt{e})$;
- $M(X)$;
- $var(X)$.

Animazione

Distribuzione uniforme continua

▶ Esercizi a p. 1528

Consideriamo una variabile casuale continua X a valori nell'intervallo [0; 10], che abbia una funzione densità di probabilità del tipo:

$$f(x) = \begin{cases} 0 & \text{se } x < 0 \\ c & \text{se } 0 \leq x \leq 10, \\ 0 & \text{se } x > 10 \end{cases} \quad \text{con } c \text{ un numero reale positivo costante.}$$

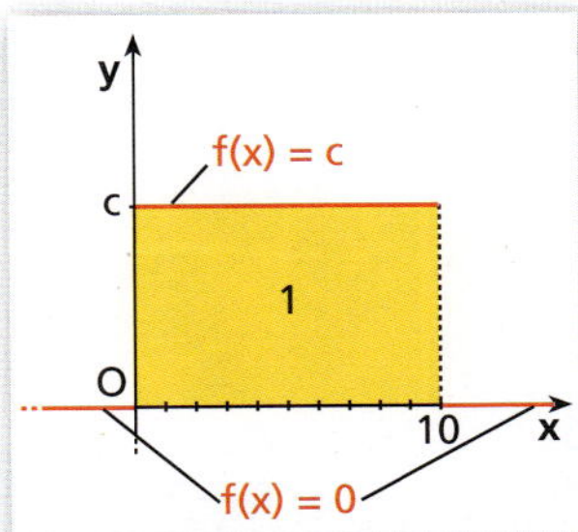

Il grafico di $f(x)$ è rappresentato nella figura a lato.

Per la definizione di funzione densità di probabilità, l'area nell'intervallo [0; 10] compresa tra questa retta e l'asse delle ascisse, cioè l'area del rettangolo di base 10 e altezza c, deve essere uguale a 1, pertanto:

$$10 \cdot c = 1 \rightarrow c = \frac{1}{10}, \quad f(x) = \frac{1}{10} \text{ per } 0 \leq x \leq 10.$$

Una distribuzione di questo tipo è detta *uniforme*.

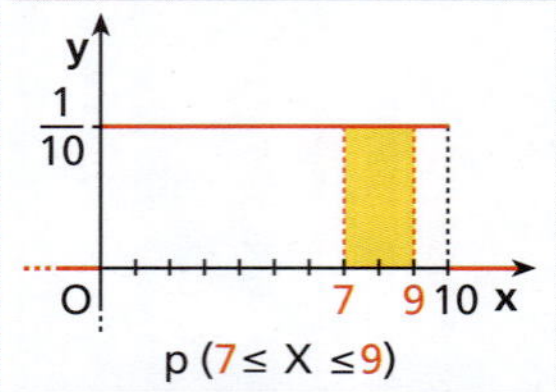

La probabilità che la variabile X assuma valori contenuti in un intervallo $[x_1; x_2]$, per esempio $x_1 = 7$ e $x_2 = 9$, è:

$$p(7 \leq X \leq 9) = \int_7^9 \frac{1}{10}\,dx = \left[\frac{x}{10}\right]_7^9 = \frac{1}{5}.$$

Determiniamo la funzione di ripartizione $F(x) = p(X \leq x) = \int_{-\infty}^{x} f(t)\,dt$.

Se $x < 0$ integriamo f su un intervallo in cui essa è nulla, quindi $F(x) = 0$.
Se $0 \leq x \leq 10$, allora:

$$F(x) = p(X \leq x) = \int_0^x \frac{1}{10}\,dt = \left[\frac{t}{10}\right]_0^x = \frac{x}{10}.$$

Se $x > 10$ integriamo f su un intervallo in cui essa è non nulla solo tra 0 e 10, quindi:

$$F(x) = \int_{-\infty}^{x} f(t)\,dt = \int_0^{10} \frac{1}{10}\,dt = 1.$$

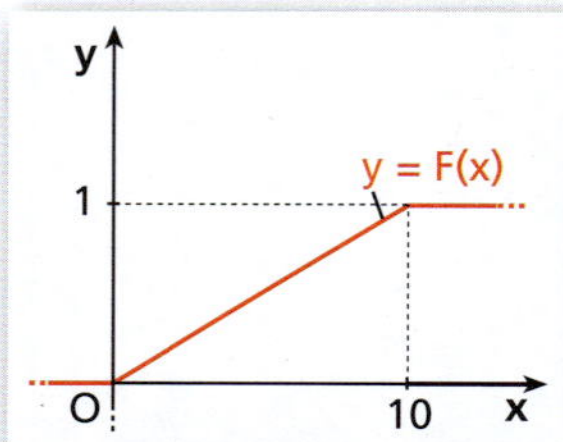

Il grafico della funzione di ripartizione è rappresentato nella figura a lato.

Utilizzando la funzione di ripartizione, possiamo calcolare in modo alternativo la probabilità che X assuma un valore compreso fra 7 e 9:

$$p(7 \leq X \leq 9) = F(9) - F(7) = \frac{9}{10} - \frac{7}{10} = \frac{1}{5}.$$

In generale abbiamo la seguente definizione.

DEFINIZIONE
Si dice che una variabile casuale continua X, a valori in $[a; b]$, ha una **distribuzione uniforme** se la sua funzione densità di probabilità è:

$$f(x) = \begin{cases} 0 & \text{se } x < a \\ \dfrac{1}{b-a} & \text{se } a \leq x \leq b. \\ 0 & \text{se } x > b \end{cases}$$

La probabilità che X assuma valori contenuti nell'intervallo $[x_1; x_2]$ (con $a \leq x_1 \leq x_2 \leq b$) è:

$$p(x_1 \leq X \leq x_2) = \int_{x_1}^{x_2} \frac{1}{b-a}\,dx = \left[\frac{x}{b-a}\right]_{x_1}^{x_2} = \frac{x_2 - x_1}{b-a}.$$

La funzione di ripartizione di X è:

$$F(x) = \begin{cases} 0 & \text{se } x < a \\ \displaystyle\int_a^x \frac{1}{b-a}\,dt = \frac{x-a}{b-a} & \text{se } a \leq x \leq b. \\ 1 & \text{se } x > b \end{cases}$$

Inoltre si può dimostrare che:

$$\boldsymbol{M(X) = \frac{a+b}{2}} \quad \text{e} \quad \boldsymbol{var(X) = \frac{(b-a)^2}{12}}.$$

► Una variabile casuale X è uniformemente distribuita sull'intervallo $[-3; 5]$. Determina: $p(-2 \leq X \leq 4)$, $p(X \geq 0)$, $M(X)$ e $var(X)$.

Animazione

Distribuzione normale o gaussiana

► Esercizi a p. 1529

La *distribuzione normale* è una funzione densità di probabilità che è stata individuata come il modo con il quale si distribuiscono le misure ripetute, che differiscono fra loro per motivi accidentali, di una stessa grandezza X.

DEFINIZIONE

Si dice che una variabile casuale continua X ha una **distribuzione normale** (o **gaussiana**) se la sua funzione densità di probabilità è definita in $\mathbb{R}$ e ha espressione:

$$f(x) = \frac{1}{\sigma\sqrt{2\pi}} \cdot e^{-\frac{(x-\mu)^2}{2\sigma^2}},$$

dove μ e σ sono parametri reali e $\sigma > 0$.
Indichiamo questa distribuzione con

$$N(\mu; \sigma^2).$$

Sono molto frequenti i fenomeni collettivi naturali, sociali e produttivi i cui valori si possono rappresentare con una *variabile casuale normale*, cioè una variabile casuale continua con distribuzione normale.

Per una variabile casuale normale, i parametri μ e σ coincidono con il valore medio e la deviazione standard. Vale a dire, se X ha distribuzione $N(\mu; \sigma^2)$:

$$M(X) = \mu, \quad var(X) = \sigma^2, \quad \sigma(X) = \sigma.$$

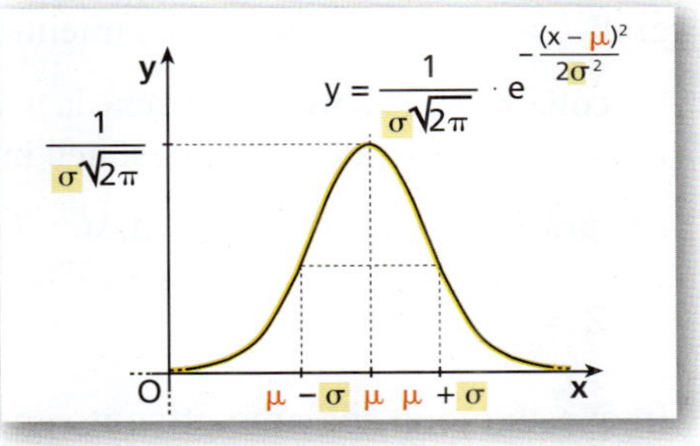

La curva che rappresenta il grafico di una densità gaussiana è chiamata *curva degli errori accidentali* o, dalla sua forma dovuta alla simmetria, *curva a campana*.

Sottolineiamo alcune caratteristiche di questa curva:

- è simmetrica rispetto all'asse di equazione $x = \mu$;
- la curva ha un massimo in corrispondenza del punto $\left(\mu; \frac{1}{\sigma\sqrt{2\pi}}\right)$;
- ha l'asse delle ascisse come asintoto orizzontale;
- presenta due punti di flesso in corrispondenza di $\mu - \sigma$ e $\mu + \sigma$.

Se consideriamo più variabili casuali normali con uguale valore medio μ, ma diverso valore di σ, vediamo che *la curva si appiattisce all'aumentare della deviazione standard* (figura a lato).

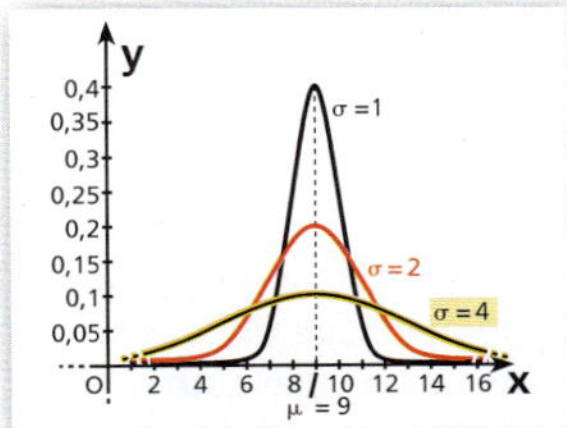

Consideriamo una variabile casuale Z con distribuzione $N(0; 1)$. Per calcolare, per esempio, $p(0 \leq Z \leq 1{,}35)$, dovremmo calcolare $\int_0^{1{,}35} \frac{1}{\sqrt{2\pi}} e^{-\frac{x^2}{2}} dx$.

Non esiste però una primitiva esplicita della funzione densità di probabilità gaussiana. Con metodi di approssimazione, tuttavia, è stata costruita la **tavola di Sheppard**, che fornisce i valori approssimati delle aree sotto la curva di una distribuzione $N(0; 1)$ nell'intervallo $[0; z]$, cioè i valori di

$$p(0 \leq Z \leq z) = \int_0^z \frac{1}{\sqrt{2\pi}} e^{-\frac{x^2}{2}} dx.$$

Riportiamo la tavola di Sheppard alla fine del volume.

TEORIA

In questa tavola, le righe corrispondono alla parte intera e alla prima cifra decimale del valore z e le colonne alla cifra dei centesimi.

Per esempio, per trovare $p(0 \leq Z \leq 1{,}35)$, occorre individuare la riga in cui compare il numero 1,3 e scorrerla fino alla colonna corrispondente a 0,05. La casella così individuata contiene il valore cercato:

$$p(0 \leq Z \leq 1{,}35) \simeq 0{,}4115.$$

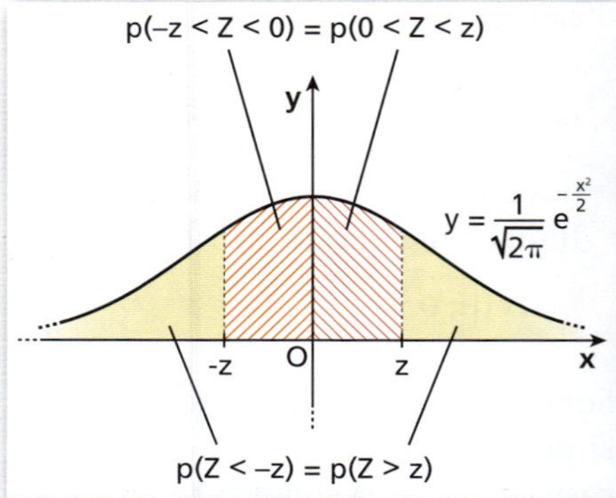

La simmetria della curva gaussiana rispetto all'asse y comporta che *la stessa tavola possa essere utilizzata anche per valori negativi della variabile Z*:

$$\boldsymbol{p(-z < Z < 0) = p(0 < Z < z).}$$

Osservato che $p(Z > 0)$ corrisponde alla metà dell'area totale sottostante la curva gaussiana (che vale 1), abbiamo anche:

$$\boldsymbol{p(Z < -z)} = p(Z > z) = p(Z > 0) - p(0 < Z < z) = \boldsymbol{0{,}5 - p(0 < Z < z)}.$$

Vedremo alcuni esempi negli esercizi.
Osserviamo che nella tavola non compaiono numeri z maggiori di 3,99 e che l'area sotto il grafico nell'intervallo [0; 3,99] è circa 0,5. Ciò vuol dire che l'area sotto il grafico a destra di 3,99 è praticamente nulla.

Calcoliamo ora la probabilità che la variabile casuale normale X con distribuzione $N(3; 4)$ assuma valori compresi nell'intervallo [4; 6].

Per usare la tavola di Sheppard, *standardizziamo* la variabile X nella variabile Z:

$$Z = \frac{X - \mu}{\sigma} = \frac{X - 3}{2}.$$

In questo modo abbiamo ottenuto ancora una *variabile casuale normale*, ma con valore medio $\mu = 0$ e deviazione standard $\sigma = 1$, quindi con distribuzione $N(0; 1)$.

I punti zeta corrispondenti ai valori $x_1 = 4$ e $x_2 = 6$ sono:

$$z_1 = \frac{4-3}{2} = 0{,}5 \quad \text{e} \quad z_2 = \frac{6-3}{2} = 1{,}5.$$

Quindi, utilizzando la tavola di Sheppard:

$$p(4 \leq X \leq 6) = p(0{,}5 \leq Z \leq 1{,}5) = p(0 \leq Z \leq 1{,}5) - p(0 \leq Z \leq 0{,}5) \simeq 0{,}4332 - 0{,}1915 = 0{,}2417.$$

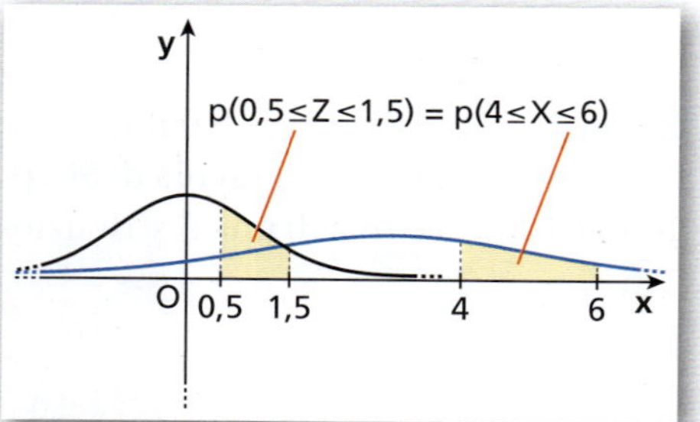

Video

Pacchetti di caffè
Un'azienda confeziona pacchetti di caffè il cui peso è una grandezza distribuita normalmente, con valore medio di 250 g e deviazione standard di 14 g.

- Qual è la probabilità che un pacchetto pesi fra 245 e 255 grammi?
- Su 100 pacchetti, quanti avranno un peso inferiore a 230 grammi?

► Il tempo necessario per eseguire un test diagnostico sulle auto si distribuisce come una variabile normale X con media di 2 ore e deviazione standard di 15 minuti. Calcola la probabilità che per eseguire un test occorrano:
- più di 2 ore;
- più di un'ora e mezza;
- più di un'ora e meno di 3 ore.

Animazione

IN SINTESI
Distribuzioni di probabilità

Variabili casuali discrete

- **Variabile casuale discreta**: funzione definita sullo spazio dei campioni di un esperimento aleatorio, che assume un numero finito o al più un'infinità numerabile di valori.

- **Distribuzione di probabilità** di una variabile casuale discreta X: funzione $f(x)$ che associa a ogni valore $x \in \mathbb{R}$ la probabilità che questo sia assunto, cioè:

  $$f(x) = p(X = x).$$

- **Funzione di ripartizione** di una variabile casuale discreta X: la funzione $F(x)$ che, per ogni $x \in \mathbb{R}$, fornisce la probabilità che X assuma un valore non superiore a x, cioè:

  $$F(x) = p(X \leq x).$$

- **Operazioni tra una variabile casuale discreta X e una costante h**
  - hX: variabile casuale i cui valori sono dati dal prodotto di h per i valori della variabile X.
  - $X + h$: variabile casuale i cui valori sono dati dalla somma dei valori della variabile X con h.

  I valori assunti da hX e $X + h$ hanno le stesse probabilità dei corrispondenti valori di X.

- La **distribuzione congiunta** di due variabili X e Y è formata dalle **probabilità congiunte**

  $$p[(X = x_i) \cap (Y = y_j)]$$

  al variare dei valori x_i e y_j assunti da X e da Y.

- **Somma di due variabili casuali discrete** X e Y: la variabile $X + Y$ che ha come valori tutte le possibili somme di un valore di X con un valore di Y.
  Dato un valore z assunto da $X + Y$, il valore $p(X + Y = z)$ si trova sommando le probabilità congiunte $p[(X = x_i) \cap (Y = y_j)]$ per ogni coppia di valori x_i e y_j tali che $x_i + y_j = z$.

- X e Y sono variabili casuali **indipendenti** se le coppie di eventi «$X = x_i$» e «$Y = y_j$» sono indipendenti per ogni coppia di valori x_i e y_j assunti rispettivamente da X e Y. In questo caso, le probabilità congiunte sono uguali al prodotto delle **probabilità marginali**:

  $$p[(X = x_i) \cap (Y = y_j)] = p(X = x_i) \cdot p(Y = y_j).$$

Variabili casuali continue

- **Variabile casuale continua**: funzione definita sullo spazio dei campioni di un esperimento aleatorio, che assume tutti i valori reali compresi in un intervallo I (limitato o illimitato).

- **Funzione densità di probabilità** di una variabile casuale continua X: funzione $f(x)$ tale che

  $$f(x) \geq 0, \quad \forall x \in \mathbb{R}; \qquad \int_{-\infty}^{+\infty} f(x)\,dx = 1; \qquad p(x_1 \leq X \leq x_2) = \int_{x_1}^{x_2} f(x)\,dx, \qquad \forall x_1 < x_2.$$

- **Funzione di ripartizione** di una variabile casuale continua X con densità $f(x)$: la funzione $F(x)$ che, per ogni $x \in \mathbb{R}$, fornisce la probabilità che X assuma un valore non superiore a x, cioè

  $$F(x) = p(X \leq x) = \int_{-\infty}^{x} f(t)\,dt.$$

TEORIA

Valori caratterizzanti una variabile casuale

	Variabile casuale discreta X che assume i valori $x_1, x_2, \ldots, x_n$, con probabilità $p_1, p_2, \ldots, p_n$	Variabile casuale continua X con densità di probabilità $f(x)$
Valore medio di X	$M(X) = \sum_{i=1}^{n} x_i p_i$	$M(X) = \int_{-\infty}^{+\infty} x f(x) dx$
Varianza di X	$var(X) = \sum_{i=1}^{n} [x_i - M(X)]^2 p_i$	$var(X) = \int_{-\infty}^{+\infty} [x - M(X)]^2 f(x) dx$
Deviazione standard di X	$\sigma(X) = \sqrt{var(X)}$	

- **Proprietà del valore medio**

  $M(kX) = kM(X);$ $\qquad M(X+k) = M(X) + k;$ $\qquad M(X+Y) = M(X) + M(Y).$

- **Proprietà della varianza**

  $var(kX) = k^2 var(X);$ $\qquad var(X+k) = var(X);$

  se X e Y sono indipendenti, $var(X+Y) = var(X) + var(Y)$.
  La varianza si può calcolare con la formula

  $var(X) = M(X^2) - [M(X)]^2,$

  dove $M(X^2) = \sum_{i=1}^{n} x_i^2 p_i$ se X è discreta e $M(X^2) = \int_{-\infty}^{+\infty} x^2 f(x) dx$ se X è continua.

  La covarianza di due variabili casuali X e Y è

  $$cov(X, Y) = \frac{var(X+Y) - [var(X) + var(Y)]}{2}.$$

Giochi aleatori

- Un gioco in cui le vincite nette (positive o negative) sono rappresentate dalla variabile casuale X è **equo** se $M(X) = 0$, **favorevole** se $M(X) > 0$ e **sfavorevole** se $M(X) < 0$.
- In un gioco in cui si conseguono vincite lorde rappresentate dalla variabile casuale V, la posta P da pagare affinché il gioco sia equo è uguale al valore medio di V: $P = M(V)$.

Variabili casuali standardizzate

Standardizzata di una variabile casuale X con valore medio μ e deviazione standard σ: la variabile casuale $Z = \frac{X - \mu}{\sigma}$. Valgono le proprietà $M(Z) = 0$ e $var(Z) = \sigma(Z) = 1$.

I **punti zeta** sono i valori assunti dalla variabile standardizzata Z.
Se X è una variabile casuale discreta, la probabilità dei punti zeta è uguale alla probabilità dei relativi punti di X, cioè se $z = \frac{x - \mu}{\sigma}$ allora $p(Z = z) = p(X = x)$.

Se X è una variabile casuale continua, la probabilità che X assuma un valore compreso tra x_1 e x_2 coincide con la probabilità che Z assuma un valore compreso tra i relativi punti zeta, cioè se $z_1 = \frac{x_1 - \mu}{\sigma}$ e $z_2 = \frac{x_2 - \mu}{\sigma}$ allora $p(x_1 \leq X \leq x_2) = p(z_1 \leq Z \leq z_2)$.

Distribuzioni di probabilità di uso frequente

- Una variabile casuale *discreta* ha una distribuzione di probabilità **uniforme** se tutti i suoi valori hanno la stessa probabilità.
  Se X è distribuita uniformemente e assume i valori 1, 2, ..., n, ognuno con probabilità $\frac{1}{n}$:

  $$M(X) = \frac{n+1}{2}; \qquad var(X) = \frac{n^2-1}{12}.$$

- Una variabile casuale *discreta* X che assume i valori $x = 0, 1, 2, \ldots, n$ ha una distribuzione di probabilità **binomiale** di parametri n e p (con $0 < p < 1$) se

  $$p(X = x) = \binom{n}{x} p^x (1-p)^{n-x}.$$

  I valori assunti dalla variabile rappresentano il numero di successi di un evento di probabilità p in n prove indipendenti.

  $$M(X) = np; \qquad var(X) = np(1-p).$$

- Una variabile casuale *discreta* X che assume i valori $x = 0, 1, 2, \ldots$ ha una distribuzione di probabilità **di Poisson** di parametro $\lambda > 0$ se

  $$p(X = x) = \frac{\lambda^x}{x!} e^{-\lambda}.$$

  È un'approssimazione della distribuzione binomiale, ottenuta ponendo $\lambda = np$ quando il numero delle prove n è elevato e il valore della probabilita p è piccolo.

  $$M(X) = \lambda; \qquad var(X) = \lambda.$$

- Una variabile casuale *continua* X che assume valori in un intervallo $[a; b]$ ha una distribuzione di probabilità **uniforme** se la sua funzione densità di probabilità è

  $$f(x) = \begin{cases} 0 & \text{se } x < a \vee x > b \\ \frac{1}{b-a} & \text{se } a \leq x \leq b \end{cases};$$

  $$M(X) = \frac{a+b}{2}; \qquad var(X) = \frac{(b-a)^2}{12}.$$

- Una variabile casuale continua X che assume valori in tutto $\mathbb{R}$ ha una distribuzione di probabilità **normale** (o **di Gauss**) di parametri $\mu \in \mathbb{R}$ e $\sigma > 0$ se la sua funzione densità di probabilità è

  $$f(x) = \frac{1}{\sigma\sqrt{2\pi}} \cdot e^{-\frac{(x-\mu)^2}{2\sigma^2}};$$

  $$M(X) = \mu; \qquad var(X) = \sigma^2; \qquad \sigma(X) = \sigma.$$

  La standardizzata Z di una variabile casuale normale ha distribuzione normale di parametri 0 e 1. La **tavola di Sheppard** fornisce i valori approssimati dell'area sottostante alla distribuzione normale standardizzata nell'intervallo $[0; z]$, cioè i valori $p(0 \leq Z \leq z) = \int_0^z \frac{1}{\sqrt{2\pi}} e^{-\frac{x^2}{2}} dx$. Valgono le proprietà:

  $$p(-z < Z < 0) = p(0 < Z < z); \qquad p(Z < -z) = p(Z > z) = 0{,}5 - p(0 < Z < z).$$

  Se X è una variabile casuale normale con media μ e deviazione standard σ, per calcolare $p(x_1 \leq X \leq x_2)$ si calcolano i punti zeta relativi a x_1 e x_2, cioè $z_1 = \frac{x_1-\mu}{\sigma}$ e $z_2 = \frac{x_2-\mu}{\sigma}$, e si calcola $p(z_1 \leq Z \leq z_2)$ utilizzando la tavola di Sheppard e le proprietà precedenti.

CAPITOLO 28
ESERCIZI

1 Variabili casuali discrete e distribuzioni di probabilità

Variabili casuali discrete

▶ Teoria a p. 1478

1 TEST Si premono due tasti a caso su un tastierino numerico (numeri da 0 a 9). Quale delle seguenti frasi descrive una variabile casuale?

A Si premono due 9.

B La probabilità che si premano due nove è $\frac{2}{81}$.

C La funzione che indica la somma dei due numeri premuti.

D La funzione che associa a ogni coppia di numeri la probabilità che essi siano premuti.

E Si preme un 1 e un 9.

2 ASSOCIA Su 20 ragazzi 6 non hanno fratelli, 10 hanno un fratello e 4 hanno due fratelli. Indica con X la funzione che indica il numero di fratelli di un ragazzo scelto a caso tra i 20. Associa a ogni elemento l'oggetto matematico che rappresenta.

X

«$X = 1$»

$p(X = 1) = \frac{1}{2}$

probabilità

variabile casuale

evento

3 FAI UN ESEMPIO Considera una o più estrazioni da un'urna che contiene 6 palline rosse, 5 bianche e 4 nere. Fai un esempio di una variabile casuale teorica e un esempio di una variabile casuale empirica.

Distribuzioni di probabilità

▶ Teoria a p. 1479

Nei seguenti esercizi determina la distribuzione di probabilità della variabile casuale indicata e rappresentala graficamente.

4 Si lancia un dado regolare. Variabile casuale: X = «valore della faccia del dado che è uscita».

$\left[1, 2, \dots; \frac{1}{6}, \frac{1}{6}, \dots\right]$

5 Si lancia tre volte una moneta regolare. Variabile casuale: X = «numero delle facce testa uscito».

$\left[0, 1, \dots; \frac{1}{8}, \frac{3}{8}, \dots\right]$

6 Si lanciano contemporaneamente due dadi regolari. Variabile casuale: X = «somma dei due punteggi usciti».

$\left[2, 3, 4, \dots; \frac{1}{36}, \frac{2}{36}, \frac{3}{36}, \dots\right]$

7 Da un'urna contenente 4 palline nere e 5 rosse si estraggono consecutivamente senza reimmissione 4 palline. Variabile casuale: X = «numero delle palline nere uscite».

$\left[0, 1, 2, \dots; \frac{5}{126}, \frac{20}{63}, \frac{10}{21}, \dots\right]$

8 Da un'urna contenente 2 palline nere e 1 rossa si estraggono consecutivamente, con reimmissione della pallina estratta, 4 palline. Variabile casuale: X = «numero delle palline nere uscite».

$\left[0, 1, 2, \dots; \frac{1}{81}, \frac{8}{81}, \frac{8}{27}, \dots\right]$

Funzione di ripartizione

▶ Teoria a p. 1480

9 COMPLETA Considera la seguente distribuzione di probabilità.

X	4	6	11	15
f	0,3	0,1	0,2	0,4

Completa la sua funzione di ripartizione.

$$F(x) = \begin{cases} 0 & \text{se } x < 4 \\ \square & \text{se } 4 \leq x < 6 \\ 0,4 & \text{se } \square \leq x < \square \\ \square & \text{se } 11 \leq x < 15 \\ 1 & \text{se } x \geq \square \end{cases}$$

10 LEGGI IL GRAFICO Osserva il grafico della funzione di ripartizione di una variabile casuale X. Stabilisci i valori assunti da X e la sua distribuzione di probabilità.

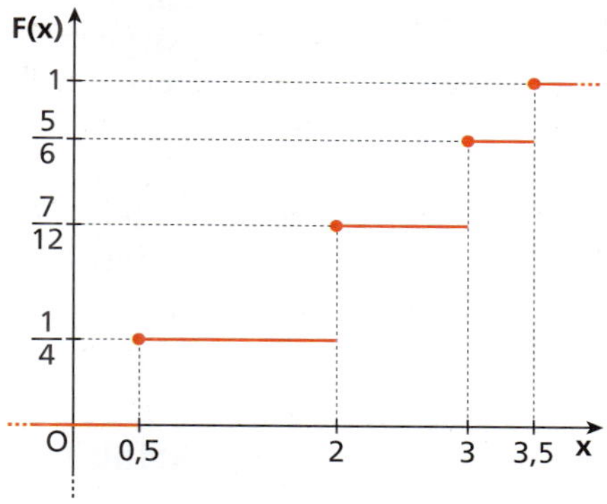

11 Rappresenta la funzione di ripartizione dell'esercizio 9 e rispondi.

a. In quali valori di ascissa la funzione è discontinua? Che cosa rappresentano rispetto alla variabile casuale?

b. Quanto vale l'ampiezza di ciascun salto nei punti di discontinuità?

12 ESERCIZIO GUIDA Da un'urna contenente 5 palline numerate da 1 a 5 se ne estraggono contemporaneamente due. Detta X la variabile casuale che indica il numero maggiore estratto, determiniamo la relativa distribuzione di probabilità, la funzione di ripartizione e calcoliamo la probabilità di avere un valore minore di 5.

La variabile casuale X può assumere i valori 2, 3, 4, 5.

L'evento «$X = 2$» corrisponde all'evento «escono 1 e 2», cioè alla coppia non ordinata $\{1; 2\}$:

$$p(X=2) = \frac{1}{\binom{5}{2}} = \frac{1}{\frac{5!}{3!2!}} = \frac{1}{\frac{5 \cdot 4}{2}} = \frac{1}{10}.$$

L'evento «$X = 3$» corrisponde all'evento «escono un 3 e un 1 o un 3 e un 2» cioè alle coppie non ordinate $\{1; 3\}$ e $\{2; 3\}$:

$$p(X=3) = \frac{2}{10} = \frac{1}{5}.$$

Analogamente:

$$p(X=4) = \frac{3}{10}; \qquad p(X=5) = \frac{4}{10} = \frac{2}{5}.$$

La funzione di ripartizione è

$$F(x) = \begin{cases} 0 & \text{se } x < 2 \\ \frac{1}{10} & \text{se } 2 \leq x < 3 \\ \frac{1}{10} + \frac{1}{5} = \frac{3}{10} & \text{se } 3 \leq x < 4 \\ \frac{3}{10} + \frac{3}{10} = \frac{6}{10} = \frac{3}{5} & \text{se } 4 \leq x < 5 \\ \frac{3}{5} + \frac{2}{5} = 1 & \text{se } x \geq 5 \end{cases}.$$

La probabilità che X assuma un valore minore di 5 è

$$p(X < 5) = p(X \leq 4) = F(4) = \frac{3}{5}.$$

13 Un'urna contiene 4 palline rosse, 2 gialle e 3 nere. Si estraggono contemporaneamente due palline. Considera la variabile casuale X = «escono due palline con uguale colore», assegnando valore 1 se l'evento si verifica e valore 0 in caso contrario. Determina la distribuzione di probabilità e la funzione di ripartizione.

$$\left[0, 1; \frac{13}{18}, \frac{5}{18}; \frac{13}{18}, 1\right]$$

ESERCIZI

14 Preso un campione di 1000 famiglie, si rileva che la spesa media mensile per gli alimentari è la seguente: 450 famiglie spendono € 600, 300 famiglie € 700, 150 famiglie € 850 e 100 famiglie € 1100. Costruisci la distribuzione di probabilità e la funzione di ripartizione della variabile che indica la spesa media alimentare e calcola qual è la probabilità che si spendano non più di € 850. [600, 700, ...; 0,45, 0,3, ...; 0,45, 0,75, ...; 0,9]

15 Un'urna contiene i 90 numeri del lotto. Si estrae una pallina. Considera la variabile casuale $X =$ «esce un numero multiplo di 6», assegnando valore 1 se l'evento si verifica e valore 0 in caso contrario. Determina la distribuzione di probabilità e la funzione di ripartizione. $\left[0, 1; \frac{5}{6}, \frac{1}{6}; \frac{5}{6}, 1\right]$

16 Due concorrenti tirano contemporaneamente a un bersaglio. Il primo ha la probabilità di colpirlo del 90% e il secondo del 70%. Determina la distribuzione di probabilità della variabile casuale relativa a quante volte viene colpito il bersaglio. [0, 1, 2; 0,03, 0,34, 0,63]

Operazioni sulle variabili casuali

▶ Teoria a p. 1482

17 COMPLETA Data la variabile casuale:

X	10	20	30	40
f_X	0,25	0,18	0,44	0,13

completa le seguenti tabelle.

$X+15$	25			
f_{X+15}				

$\frac{1}{2}X$	5			
$f_{\frac{1}{2}X}$				

18 ESERCIZIO GUIDA La variabile casuale X indica il numero delle giornate di assenza per malattia degli impiegati di un'azienda in una settimana e ha la seguente distribuzione di probabilità rilevata statisticamente.

X	0	1	2	3	4	5
f_X	0,49	0,18	0,12	0,1	0,09	0,02

a. Determiniamo le distribuzioni di probabilità delle variabili $2X$, $X - 3$ e $5X + 1$.

b. Consideriamo la variabile casuale Y che indica il numero delle giornate di assenza degli impiegati per motivi diversi dalla malattia, avente la seguente distribuzione di probabilità.

Y	0	1	2
f_Y	0,9	0,08	0,02

Determiniamo la distribuzione di probabilità della somma $X + Y$ supponendo che le variabili X e Y siano indipendenti.

a. La variabile casuale $2X$ assume i valori di X moltiplicati per 2, con le stesse probabilità.

$2X$	0	2	4	6	8	10
f_{2X}	0,49	0,18	0,12	0,1	0,09	0,02

La variabile casuale $X - 3$ assume i valori di X sommati alla costante -3, con la stessa distribuzione delle probabilità.

$X-3$	-3	-2	-1	0	1	2
f_{X-3}	0,49	0,18	0,12	0,1	0,09	0,02

La variabile casuale $5X + 1$ assume i valori di X moltiplicati per 5 e sommati a 1; le probabilità non cambiano.

$5X+1$	1	6	11	16	21	26
f_{5X+1}	0,49	0,18	0,12	0,1	0,09	0,02

b. Costruiamo la tabella della distribuzione congiunta. Poiché le variabili sono indipendenti, le coppie di eventi «$X = i$» e «$Y = j$» sono indipendenti per ogni $i = 0, 1, \ldots, 5$ e $j = 0, 1, 2$, quindi la probabilità dell'intersezione dei due eventi è uguale al prodotto delle probabilità.

X \ Y	0	1	2	f_X
0	0,441	0,0392	0,0098	0,49
1	0,162	0,0144	0,0036	0,18
2	0,108	0,0096	0,0024	0,12
3	0,09	0,008	0,002	0,1
4	0,081	0,0072	0,0018	0,09
5	0,018	0,0016	0,0004	0,02
f_Y	0,9	0,08	0,02	1

$p((X=0)\cap(Y=2)) = p(X=0)\cdot p(Y=2)$

$p(X=0)$

$p(Y=2)$

Abbiamo perciò per esempio:

$$p(X+Y=0) = p((X=0)\cap(Y=0)) = 0{,}441;$$

$$p(X+Y=1) = p((X=1)\cap(Y=0)) + p((X=0)\cap(Y=1)) = 0{,}162 + 0{,}0392 = 0{,}2012.$$

Proseguendo in questo modo otteniamo la distribuzione di $X + Y$.

$X+Y$	0	1	2	3	4	5	6	7
f_{X+Y}	0,441	0,2012	0,1322	0,1032	0,0914	0,0272	0,0034	0,0004

Considera la variabile casuale *X* avente la seguente distribuzione di probabilità.

X	1	2	5	8	9	12
f_X	0,42	0,08	0,15	0,02	0,23	0,1

Determina le distribuzioni di probabilità delle variabili indicate.

19 **a.** $4X$ **b.** $X + 6$ **c.** $X - 2$

20 **a.** $3X + 8$ **b.** $-2X + 1$ **c.** $4X + 2$

21 Considera le variabili casuali indipendenti X e Y aventi le seguenti distribuzioni di probabilità.

X	2	3	4
f_X	0,2	0,3	0,5

Y	1	2	3	5
f_Y	0,1	0,2	0,4	0,3

Costruisci la tabella delle probabilità congiunte e quindi la distribuzione di probabilità della variabile casuale $X+Y$.
[$3, 4, \ldots, 9$; $0{,}02$, $0{,}07$, ..., $0{,}15$]

22 **COMPLETA** la seguente tabella determinando la distribuzione congiunta, sapendo che le variabili X e Y sono indipendenti.

X \ Y	2	3	6	f_X
3				0,3
4				0,6
5				0,1
f_Y	0,2	0,1	0,7	1

Determina la distribuzione di probabilità della variabile casuale $X+Y$.
[$5, 6, \ldots, 11$; $0{,}06$, $0{,}15$, ..., $0{,}07$]

23 **COMPLETA** la tabella della seguente distribuzione congiunta di X e Y.

X \ Y	0	1	4	f_X
1	0,35	0,1	0,05	
2	0,21	0,06	0,03	
3	0,14	0,04	0,02	
f_Y				1

Stabilisci se X e Y sono indipendenti e determina la distribuzione di probabilità della loro somma.
[indip.; $1, 2, \ldots, 7$; $0{,}35$, $0{,}31$, ..., $0{,}02$]

2 Valori caratterizzanti una variabile casuale discreta

▶ Teoria a p. 1486

Valore medio, varianza e deviazione standard

24 **VERO O FALSO?**

a. Il valore medio permette di fare una previsione teorica sul risultato di un esperimento aleatorio. V F

b. Il valore medio coincide sempre con uno dei valori assunti dalla variabile X. V F

c. La varianza è un valore che indica il grado di dispersione dei valori di una variabile X rispetto al suo valore medio. V F

d. Date due variabili X e Y con uguale valore medio, ha valori più vicini al valore medio quella con varianza maggiore. V F

e. Il valore medio della variabile scarto è sempre uguale a 0. V F

25 **ESERCIZIO GUIDA** Un'urna contiene 5 palline che portano i numeri 1, 2, 3, 6 e 7. Estraiamo consecutivamente due palline senza rimettere nell'urna la pallina estratta per prima, e consideriamo come variabile casuale X il valore del minore tra i due numeri estratti. Calcoliamo il valore medio, la varianza e la deviazione standard di X.

Troviamo la distribuzione di probabilità della variabile casuale X.
La variabile X può assumere i valori 1, 2, 3, 6.
L'evento «$X = 1$» si verifica se una delle due palline estratte ha il numero 1; quindi:

$$p(X=1) = \frac{\binom{1}{1}\binom{4}{1}}{\binom{5}{2}} = \frac{4}{10} = \frac{2}{5}.$$

Procedendo allo stesso modo abbiamo la seguente distribuzione.

X	1	2	3	6
f_X	$\frac{2}{5}$	$\frac{3}{10}$	$\frac{1}{5}$	$\frac{1}{10}$

Il valore medio di X è:

$$M(X) = 1 \cdot \frac{2}{5} + 2 \cdot \frac{3}{10} + 3 \cdot \frac{1}{5} + 6 \cdot \frac{1}{10} = \frac{11}{5} = 2{,}2.$$

$M(X) = x_1p_1 + x_2p_2 + \ldots + x_np_n$

Per determinare la varianza, consideriamo la variabile casuale degli scarti dalla media.

$X - M(X)$	$-1{,}2$	$-0{,}2$	$0{,}8$	$3{,}8$
$f_{X-M(X)}$	$\frac{2}{5}$	$\frac{3}{10}$	$\frac{1}{5}$	$\frac{1}{10}$

$var(X) = [x_1 - M(X)]^2p_1 + [x_2 - M(X)]^2p_2 + \ldots + [x_n - M(X)]^2p_n$

Il valore medio dei *quadrati* degli scarti è la varianza di X:

$$var(X) = 1{,}44 \cdot \frac{2}{5} + 0{,}04 \cdot \frac{3}{10} + 0{,}64 \cdot \frac{1}{5} + 14{,}44 \cdot \frac{1}{10} = 2{,}16.$$

Dalla varianza si ottiene la deviazione standard:

$$\sigma(X) = \sqrt{var(X)} = \sqrt{2{,}16} \simeq 1{,}47.$$

La variabile casuale considerata è caratterizzata dal valore di sintesi $\mu = 2{,}2$ e dal valore di dispersione $\sigma^2 = 2{,}16$.

Per ognuno dei seguenti esercizi determina il valore medio μ e la deviazione standard σ che caratterizzano la variabile casuale.

26 Si lancia un dado regolare. Variabile casuale: X = «valore della faccia del dado che è uscita». $[3{,}5; 1{,}708]$

27 Si lancia tre volte una moneta regolare. Variabile casuale: X = «numero delle facce testa uscito». $[1{,}5; 0{,}866]$

28 Si lanciano contemporaneamente due dadi regolari. Variabile casuale: X = «somma dei due punteggi usciti». $[7; 2{,}415]$

29 In una lista di candidati all'elezione nel consiglio di istituto di una scuola ci sono cinque ragazzi aventi le seguenti età: uno di 14 anni, uno di 15, uno di 16, uno di 17, uno di 18. Per scegliere il capolista, si estraggono contemporaneamente due nomi, ma si tiene conto solo di quello con età maggiore. Variabile casuale: X = «età maggiore ottenuta». $[17; 1]$

30 In una classe ci sono 13 maschi e 15 femmine. Si estraggono a caso e contemporaneamente i nomi di due ragazzi. Variabile casuale: X = «valore 1 se escono due femmine e valore 0 in caso contrario». $[0{,}278; 0{,}4478]$

31 Le vendite di un prodotto espresse in kg sono previste secondo la seguente distribuzione di probabilità.

Quantità venduta (kg)	60	80	100	120
Probabilità	0,2	0,3	0,35	0,15

Determina la quantità media, in kilogrammi, che si prevede di vendere e la deviazione standard. $[89; 19{,}47]$

ESERCIZI

32 ●● Una macchina durante un ciclo di lavorazione produce pezzi in 5 lotti da 10. Se durante la produzione di un lotto ci sono problemi, tutti i 10 pezzi risultano difettosi. Il numero di pezzi difettosi per ciclo ha la seguente distribuzione di probabilità.

Pezzi difettosi	10	20	30	40	50
Probabilità	0,4	0,3	0,2	0,05	0,05

Determina il numero medio dei pezzi difettosi, la deviazione standard e la probabilità che la macchina produca non più di 20 pezzi difettosi. [20,5; 11,17 circa; 0,7]

33 ●● In un'impresa i dipendenti hanno la facoltà di entrare con una flessibilità oraria di mezz'ora. Una rilevazione statistica ha mostrato la seguente distribuzione di probabilità.

Numero minuti	5	10	15	20	25	30
Probabilità	$\frac{2}{25}$	$\frac{7}{50}$	$\frac{9}{25}$	$\frac{1}{10}$	$\frac{3}{25}$	$\frac{1}{5}$

Determina il tempo medio e la deviazione standard. [$18,2; 7,795$]

REALTÀ E MODELLI

34 ●● **Investimenti rischiosi** Un investimento in Borsa determina guadagni o perdite con diverse probabilità. Sono considerati interessanti sia i guadagni medi, sia il rischio dell'investimento. Un indicatore di rischio è la varianza: maggiore è la varianza, più rischioso è l'investimento.

Anita può scegliere tra i due seguenti investimenti.

INVESTIMENTO A

Guadagno (€)	3000	6000	9000	−2000	−1500
Probabilità	0,3	0,25	0,1	0,25	0,1

INVESTIMENTO B

Guadagno (€)	2000	7000	10 000	−5000	−400
Probabilità	0,2	0,3	0,1	0,15	0,25

a. Qual è il guadagno medio per ciascun investimento?

b. Se Anita ha una bassa propensione al rischio, quale dei due investimenti deve scegliere?

[a) € 2650; b) A]

35 ●○ **Qualità media** Da un controllo sulle magliette prodotte da un'azienda, risulta che il 2% delle magliette contiene due difetti, il 3,5% un solo difetto e le rimanenti nessun difetto. Si decide di rivedere il ciclo produttivo nel caso in cui la deviazione standard del numero di difetti risulti maggiore di 0,5. In base all'ultimo controllo, sarà necessario rivedere il ciclo produttivo? [no, $\sigma = 0,331$]

36 ●○ Un'urna contiene i 90 numeri del lotto. Si estrae una pallina. Samuel vince € 4 nel caso esca un multiplo di 8 e perde € 1 in caso contrario. Indicando con X la variabile che rappresenta i guadagni di Samuel, quali sono la vincita media di Samuel e la deviazione standard delle vincite? [$\simeq$ € $-0,4$; $\simeq$ € $1,64$]

37 ●● Un'urna contiene 24 palline di cui 12 con il numero uno, 6 con il numero due, 3 con il numero tre, 2 con il numero quattro e 1 con il numero cinque. Quando si estrae una pallina, si vince o si perde una somma (in euro) corrispondente al numero indicato sulla pallina: se il numero è pari si vince, se il numero è dispari si perde. Quali sono la vincita media e la deviazione standard? [€ $-0,25$; $\simeq$ € $2,22$]

38 ●● YOU & MATHS Two fair dice are thrown. If the scores are unequal, the larger of the two scores is recorded. If the scores are equal, then that score is recorded. Let X be the number recorded.

a. Draw up a table showing the probability distribution of X and show that $p(X = 3) = \frac{5}{36}$.

b. Find the mean and the variance of X.

[b) 4.472; 1.97]

Proprietà del valore medio e della varianza

39 ●○ TEST Una variabile casuale X ha valore medio $\mu = 2$ e varianza $\sigma^2 = 0{,}09$. La variabile casuale $2 \cdot X + 3$ ha valore medio e varianza:

A 4 e 0,36. B 4 e 0,12. C 7 e 0,09. D 7 e 0,36. E 4 e 0,39.

40 ●○ Considera la seguente distribuzione di probabilità di una variabile casuale X.

$M(hX + k) = hM(X) + k$

$var(hX + k) = h^2 var(X)$

X	−4	−2	5	8	10
f	0,25	0,10	0,20	0,15	0,30

Calcola il valore medio e la varianza delle variabili casuali $X_1 = 2X$ e $X_2 = 2X + 8$. [X_1: 8; 132; X_2: 16; 132]

41 ●● Calcola il valore medio e la varianza della variabile casuale X avente la seguente distribuzione di probabilità.

X	4	6	11	18	25
f	0,25	0,10	0,20	0,15	0,30

Determina, applicando le relative proprietà, il valore medio e la varianza delle seguenti variabili casuali aventi la stessa distribuzione di probabilità.

a.

Y	0	2	7	14	21

b.

T	0	4	14	28	42

c.

W	2	3	5,5	9	12,5

[a) 10; 71,9; b) 20; 287,6; c) 7; 17,975]

42 ●● Un'urna contiene 5 palline con il numero due, 3 palline con l'otto e 2 con il venti. Dopo aver costruito la variabile casuale X = «numero della pallina che si ottiene dopo un'estrazione», calcola il valore medio e la varianza di X e della variabile casuale $X + X$ = «somma dei numeri di due palline estratte consecutivamente *con* reimmissione della prima estratta nell'urna». [7,4; 46,44; 14,8; 92,88]

43 ●● REALTÀ E MODELLI **Fotocopiatrici e affari** Andrea è rappresentante di un'azienda che vende macchine fotocopiatrici. Dall'analisi dello storico delle vendite, Andrea nota che nel mese di agosto gli affari calano sensibilmente rispetto al resto dell'anno. La variabile aleatoria che rappresenta il numero di fotocopiatrici vendute in agosto ha la distribuzione di probabilità rappresentata in tabella.

X	0	1	2	3	4	5	6
f	0,03	0,14	0,22	0,26	0,17	0,12	0,06

a. Considerando che, con le stesse probabilità, Andrea nel mese di settembre pensa di triplicare il numero di fotocopiatrici vendute, determina il numero medio e la deviazione standard delle vendite nel mese di settembre.

b. Sapendo che il guadagno di Andrea dipende dal numero X di fotocopiatrici vendute secondo la relazione $G = 750 + 150X$, stima il guadagno atteso da Andrea nel mese di settembre.

[a) 9; $\simeq$ 4,49; b) € 2100]

ESERCIZI

44 **ESERCIZIO GUIDA** Date due variabili casuali dipendenti X e Y aventi le probabilità congiunte indicate in tabella, calcoliamo il valore medio e la varianza della somma $X+Y$ e la covarianza di X e Y.

X \ Y	3	4	7	9
3	0	$\frac{1}{33}$	$\frac{1}{66}$	$\frac{5}{132}$
4	$\frac{1}{33}$	$\frac{1}{11}$	$\frac{2}{33}$	$\frac{5}{33}$
7	$\frac{1}{66}$	$\frac{2}{33}$	$\frac{1}{66}$	$\frac{5}{66}$
9	$\frac{5}{132}$	$\frac{5}{33}$	$\frac{5}{66}$	$\frac{5}{33}$

Troviamo la distribuzione di X:

$$p(X=3)=0+\frac{1}{33}+\frac{1}{66}+\frac{5}{132}=\frac{1}{12};\qquad p(X=4)=\frac{1}{33}+\frac{1}{11}+\frac{2}{33}+\frac{5}{33}=\frac{1}{3};$$

$$p(X=7)=\frac{1}{66}+\frac{2}{33}+\frac{1}{66}+\frac{5}{66}=\frac{1}{6};\qquad p(X=9)=\frac{5}{132}+\frac{5}{33}+\frac{5}{66}+\frac{5}{33}=\frac{5}{12}.$$

Poiché Y assume gli stessi valori di X e le colonne sono uguali alle righe corrispondenti, Y ha la stessa distribuzione di X.
Il valore medio e la varianza delle due variabili sono: $\mu_X=\mu_Y=6,5$ e $\sigma^2{}_X=\sigma^2{}_Y=5,75$.
Calcoliamo la media μ della variabile casuale $X+Y$:

$$\mu=M(X+Y)=\mu_X+\mu_Y=6,5+6,5=13.$$

$M(X+Y)=M(X)+M(Y)$

Poiché X e Y sono dipendenti, la varianza di $X+Y$ non è la somma delle varianze. Utilizziamo la distribuzione congiunta per determinare $cov(X,Y)$ e poi usiamo la covarianza per trovare $var(X+Y)$.
Troviamo la covarianza calcolando:

- gli scarti dei valori della variabile X;
- gli scarti dei valori della variabile Y;
- la somma dei prodotti degli scarti per le rispettive probabilità congiunte.

Nella tabella seguente sono esposti i calcoli effettuati.

$X-\mu_X$ \ $Y-\mu_Y$	−3,5	−2,5	0,5	2,5	Σ
−3,5	0	0,2652	−0,0265	−0,3314	−0,0927
−2,5	0,2652	0,5682	−0,0758	−0,9470	−0,1894
0,5	−0,0265	−0,0758	0,0038	0,0947	−0,0038
2,5	−0,3314	−0,9470	0,0947	0,9470	−0,2367
					−0,5226

$(-3,5)\cdot(-2,5)\cdot\frac{1}{33}$

$0+0,2652-0,0265-0,3314$

$cov(X,Y)$

$-0,0927-0,1894-0,0038-0,2367$

Troviamo la varianza della somma $X+Y$:

$var(X+Y)=var(X)+var(Y)+2\cdot cov(X,Y)$

$$var(X+Y)=5,75+5,75+2\cdot(-0,5226)=10,4548.$$

45 •• **COMPLETA** la seguente tabella delle probabilità congiunte e marginali di due variabili casuali X e Y.

$X \backslash Y$	1	2	3	5	f_X
2	0,01	0,03	0,07	0,09	☐
3	0,02	0,07	0,03	0,18	☐
4	0,07	0,10	0,30	0,03	☐
f_Y	☐	☐	☐	☐	1

Determina la distribuzione di probabilità della variabile casuale $X + Y$. Verifica che X e Y sono dipendenti. Calcola il valore medio e la varianza di X, Y e $X + Y$. Determina la covarianza di X e Y in due modi diversi.
[3, 4, …, 9; 0,01, 0,05, …, 0,03; 3,3, 0,61; 3,2, 1,76; 6,5, 1,63; − 0,37]

46 •• **COMPLETA** la seguente tabella delle probabilità congiunte e marginali di due variabili casuali X e Y.

$X \backslash Y$	0	1	2	f_X
0	0,45	0,03	0,01	☐
1	0,16	0,015	0,005	☐
2	0,11	0,008	0,002	☐
3	0,08	0,018	0,002	☐
4	0,0812	0,008	0,0008	☐
5	0,0188	0,001	0,0002	☐
f_Y	☐	☐	☐	1

Stabilisci se le variabili sono dipendenti. Calcola il valore medio e la varianza di X, Y e $X + Y$. Calcola la covarianza di X e Y.
[dipendenti; 1,18, 2,1076; 0,12, 0,1456; 1,3, 2,2908; 0,0188]

EUREKA!

47 •• Si lanciano due dadi. Indichiamo con X la variabile che rappresenta l'esito sul primo dado e con Y la variabile che rappresenta la somma degli esiti sui due dadi. Determina la media e la varianza di $X + Y$ e la covarianza di X e Y.
[10,5; 14,6; 2,92]

48 •• La variabile casuale X ha valore medio 1 e varianza 16. La variabile Y ha valore medio −3 e varianza 9. Inoltre si ha che $cov(X, Y) = 3$. Calcola $var(X + Y)$ e $M[(X + Y)^2]$.

3 Distribuzioni di probabilità di uso frequente

Distribuzione uniforme discreta

▶ Teoria a p. 1490

49 **ESERCIZIO GUIDA** Un'urna contiene 30 palline numerate da 1 a 30. Consideriamo la variabile casuale X che rappresenta il resto della divisione tra il numero presente sulla pallina estratta e il numero 6.
Determiniamo la distribuzione di probabilità, la funzione di ripartizione, il valore medio, la varianza e la deviazione standard di X.

I possibili resti della divisione con divisore 6 sono 0, 1, 2, 3, 4, 5 e ognuno di questi valori ha probabilità costante di verificarsi pari a $p = \frac{5}{30} = \frac{1}{6}$. Infatti i numeri sulle palline che divisi per 6 danno resto 1 sono: 1, 7, 13, 19, 25; i numeri che divisi per 6 danno resto 2 sono: 2, 8, 14, 20, 26; e così via.

ESERCIZI

Abbiamo una **distribuzione uniforme**

X	0	1	2	3	4	5
f	$\frac{1}{6}$	$\frac{1}{6}$	$\frac{1}{6}$	$\frac{1}{6}$	$\frac{1}{6}$	$\frac{1}{6}$
F	$\frac{1}{6}$	$\frac{1}{3}$	$\frac{1}{2}$	$\frac{2}{3}$	$\frac{5}{6}$	1

con i seguenti valori di media, varianza e deviazione standard:

$$\mu = \frac{0+1+2+3+4+5}{6} = \frac{15}{6} = 2{,}5;$$

$$\sigma^2 = \frac{(0-2{,}5)^2+(1-2{,}5)^2+(2-2{,}5)^2+(3-2{,}5)^2+(4-2{,}5)^2+(5-2{,}5)^2}{6} = \frac{17{,}5}{6} = 2{,}91\bar{6};$$

$$\sigma = \sqrt{2{,}91\bar{6}} \simeq 1{,}708.$$

50 Viene lanciato un dado regolare. Determina la distribuzione di probabilità della variabile casuale X = «valore della faccia» e calcola il valore medio, la varianza e la deviazione standard. Determina la probabilità di ottenere un numero inferiore a 4. [3,5; 2,917; 1,708; 0,5]

51 AL VOLO Una variabile casuale X può assumere tutti i valori naturali da 1 a 1000 e ha distribuzione uniforme. Trova il valore medio e la varianza della variabile $\frac{X}{4}$.

52 RIFLETTI SULLA TEORIA È possibile che una variabile casuale discreta X con distribuzione uniforme assuma come valori tutti i numeri naturali pari? Perché?

53 LEGGI IL GRAFICO Considera il grafico della funzione di ripartizione della variabile casuale X. Stabilisci i valori assunti da X e la sua distribuzione di probabilità.

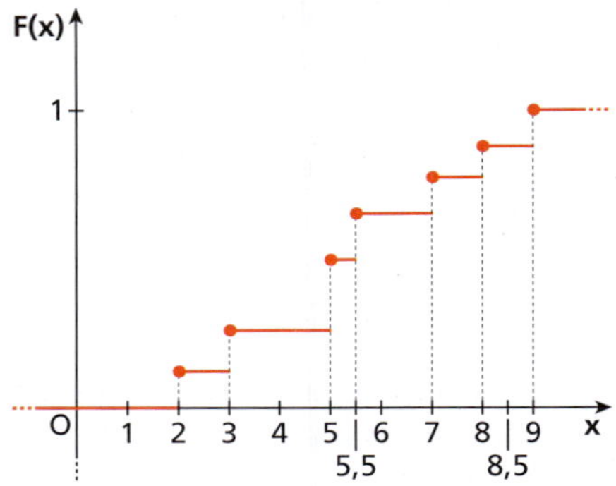

Distribuzione binomiale

▶ Teoria a p. 1492

54 ESERCIZIO GUIDA Vengono lanciate contemporaneamente quattro monete non regolari. La probabilità di uscita della faccia testa è $\frac{2}{3}$ e quella di uscita della faccia croce è $\frac{1}{3}$.

a. Determiniamo la distribuzione di probabilità e la funzione di ripartizione della variabile casuale X che esprime il numero di croci uscite.

b. Calcoliamo la probabilità che il valore della variabile casuale X non superi il valore 2.

c. Calcoliamo la probabilità che il valore della variabile casuale X superi il valore 1.

d. Troviamo il valore medio e la varianza di X.

a. Il numero di volte che la faccia croce può comparire varia da 0 a 4. La probabilità che esca croce, che consideriamo il successo, è $p = \frac{1}{3}$, quindi:

$$p(X=x) = \binom{n}{x} p^x (1-p)^{n-x}$$

$p(X=0) = \binom{4}{0}\left(\frac{1}{3}\right)^0\left(\frac{2}{3}\right)^4 = \frac{16}{81}$ → nessuna croce (e quattro teste);

$p(X=1) = \binom{4}{1}\left(\frac{1}{3}\right)\left(\frac{2}{3}\right)^3 = \frac{32}{81}$ → una croce (e tre teste);

$p(X=2) = \binom{4}{2}\left(\frac{1}{3}\right)^2\left(\frac{2}{3}\right)^2 = \frac{8}{27}$ → due croci (e due teste);

$p(X=3) = \binom{4}{3}\left(\frac{1}{3}\right)^3\left(\frac{2}{3}\right) = \frac{8}{81}$ → tre croci (e una testa);

$p(X=4) = \binom{4}{4}\left(\frac{1}{3}\right)^4\left(\frac{2}{3}\right)^0 = \frac{1}{81}$ → quattro croci (e nessuna testa).

La distribuzione di probabilità e la funzione di ripartizione della variabile casuale X sono le seguenti.

X	0	1	2	3	4
f	$\frac{16}{81}$	$\frac{32}{81}$	$\frac{8}{27}$	$\frac{8}{81}$	$\frac{1}{81}$
F	$\frac{16}{81}$	$\frac{16}{27}$	$\frac{8}{9}$	$\frac{80}{81}$	1

b. $p(X \leq 2) = F(2) = \frac{8}{9}$.

c. $p(X > 1) = 1 - F(1) = 1 - \frac{16}{27} = \frac{11}{27}$.

d. La variabile casuale X è binomiale di parametri $n = 4$ e $p = \frac{1}{3}$, quindi:

$M(X) = \frac{4}{3}$;

$var(X) = 4 \cdot \frac{1}{3} \cdot \frac{2}{3} = \frac{8}{9}$.

$M(X) = np$
$var(X) = np(1-p)$

55 Supponendo equiprobabile la nascita di un maschio e di una femmina, considera la variabile casuale X = «numero dei figli maschi» in famiglie aventi quattro figli. Calcola il valore medio, la varianza e la deviazione standard di X e la probabilità che in una famiglia vi sia almeno un figlio maschio. [2; 1; 1; 0,9375]

56 Da un'analisi di mercato è risultato che il 32% della popolazione usa il prodotto A. In un gruppo di 12 persone considera la variabile casuale X = «numero di persone che usa il prodotto A» e determina il valore medio, la varianza e la deviazione standard. Calcola la probabilità che le persone che usano detto prodotto sia un numero compreso tra 2 e 5. [3,84; 2,611; 1,616; 0,783]

57 REALTÀ E MODELLI **Tiratore alla prova** Gianni è un appassionato di tiro a segno che ha la probabilità di colpire un bersaglio del 98%. A una gara di qualificazione ha a disposizione 8 tiri.

a. Quali sono il valore medio e la varianza del numero dei bersagli colpiti durante la gara?

b. Per qualificarsi non deve fare alcun errore, cioè deve colpire sempre il bersaglio. Qual è la probabilità che Gianni si qualifichi?

[a) 7,84; 0,1568; b) 0,8508]

58 Da una statistica è risultato che lo 0,32% della popolazione possiede un terrario con rettili. In un gruppo di 12 persone qual è la probabilità che ci siano più di 2 e meno di 5 proprietari di rettili? [0,000007]

59 REALTÀ E MODELLI **Assicurati** Un'agenzia di una compagnia di assicurazione ha rilevato che, su 300 assicurati nel corso dell'anno precedente, 120 hanno denunciato un sinistro. Nel primo mese dell'anno nuovo si sono avuti 25 nuovi assicurati.

a. Qual è il valore medio del numero dei nuovi assicurati che denunceranno un sinistro?

b. Qual è la probabilità che al più 4 dei nuovi assicurati denuncino un sinistro?

[a) 10; b) 0,0095]

60 Si lancia un dado regolare 6 volte. Determina la distribuzione di probabilità della variabile casuale X = «numero delle volte di uscita di una faccia con un numero dispari» e calcola il valore medio, la varianza, la deviazione standard. Rappresenta graficamente la distribuzione e calcola la probabilità che un numero dispari si presenti al massimo 4 volte. [3; 1,5; 1,225; 0,89]

61 Un produttore di bulbi garantisce la fioritura al 90% avendo constatato sperimentalmente che il 5% di essi non germoglia. I bulbi che pone in commercio sono confezionati in scatole da 40 unità. Quali sono il valore medio e la deviazione standard del numero di bulbi non fioriti in una scatola e qual è la probabilità che una confezione non raggiunga il livello garantito? [2; 1,378; 0,048]

62 REALTÀ E MODELLI **Bianco o nero?** Alberto e Beatrice si sfidano al seguente gioco. Beatrice ha davanti a sé una normale scacchiera di $8 \times 8 = 64$ caselle bianche e nere e una sola pedina; a ogni turno di gioco Beatrice colloca la pedina in una casella a suo piacimento e chiede ad Alberto, che non può vedere la scacchiera, di indovinare il colore della casella occupata. Ogni turno di gioco dura esattamente 10 secondi. Il gioco prosegue per 5 minuti.

a. Qual è la probabilità, in percentuale approssimata al primo decimale, che Alberto indovini il colore *esattamente* 20 volte?

b. Qual è, in percentuale, la probabilità che Alberto lo indovini *almeno* 10 volte?

c. Qual è la probabilità, espressa in frazione dell'unità, che Alberto non indovini mai il colore della casella?

$\left[\text{a) } 2{,}8\%; \text{ b) } 97{,}9\%; \text{ c) } \frac{1}{2^{30}} = \frac{1}{1073741824}\right]$

MATEMATICA E STORIA

999 palline bianche e nere L'astronomo e statistico belga Lambert-Adolphe-Jacques Quetelet (1796-1874), in una sua pubblicazione del 1846, esaminò la situazione di un'urna contenente un gran numero di palline, metà delle quali bianche, le altre nere. Considerò l'estrazione casuale di 999 palline e determinò la probabilità di ottenere 500 palline nere (e 499 bianche), 501 nere, 502 nere e così via. Dato che la distribuzione è simmetrica, calcolò effettivamente solo i valori corrispondenti ai casi con più palline nere che bianche.

a. Esprimi la probabilità $P(n)$ di ottenere n palline nere, supponendo di estrarre in tutto 999 palline, con reinserimento della pallina estratta.

La determinazione di $P(n)$ per ogni n avrebbe richiesto calcoli davvero gravosi, così Quetelet abbreviò la procedura calcolando le probabilità relative, cioè pose il valore di $P(500)$ uguale a 1.

b. Esprimi $P(n+1)$ in funzione di $P(n)$ e verifica che $P(501) = \frac{499}{501} \cdot P(500)$.

c. Considerando l'ipotesi $P(500) = 1$, determina, come fece Quetelet, i valori approssimati alla sesta cifra decimale di $P(501)$ e $P(502)$.

Risoluzione – Esercizio in più

Distribuzione di Poisson

▶ Teoria a p. 1493

63 ESERCIZIO GUIDA Un'edizione di *Guerra e pace* di Tolstoj è composta da 2500 pagine. Si è constatato che la probabilità che una pagina contenga almeno un refuso, e quindi vada ristampata, è dello 0,002. Determiniamo il numero medio di pagine da ristampare in tutto il libro e la probabilità di dover ristampare un numero di pagine superiore o uguale alla media.

La variabile X che conta il numero delle pagine da ristampare è, a priori, una binomiale di parametri $n = 2500$ e $p = 0{,}002$.

Il numero medio di pagine da ristampare è quindi:

$$M(X) = 2500 \cdot 0{,}002 = 5.$$

Poiché n è molto grande e p è molto piccolo, possiamo considerare la variabile X con distribuzione di Poisson di parametro $\lambda = 5$.

Pertanto:

$$p(X = x) = \frac{\lambda^x}{x!} e^{-\lambda}$$

$$p(X \geq 5) = 1 - p(X < 5) = 1 - [p(X=0) + p(X=1) + p(X=2) + p(X=3) + p(X=4)] =$$

$$1 - \left[e^{-5} + 5e^{-5} + \frac{5^2}{2} e^{-5} + \frac{5^3}{3!} e^{-5} + 5^4 \frac{e^{-5}}{4!}\right] \simeq 1 - 0{,}44 = 0{,}56.$$

64 ●○ Un esame di laboratorio, effettuato su 20 000 campioni, fornisce un risultato non attendibile nello 0,01% dei casi. Considera la variabile casuale X = «numero dei risultati non corretti» e determina il numero medio degli esami con risultato non corretto, la varianza e la deviazione standard. Calcola la probabilità che il risultato non sia corretto per non più del numero medio determinato. $[2; 2; 1{,}414; 0{,}677]$

65 ●○ Un'azienda che produce bulloni ha osservato che l'1% dei bulloni prodotti è fuori standard per misura o peso. L'azienda vende i bulloni in lotti da 500 pezzi. Qual è il numero medio di pezzi fuori standard in un lotto? Usando la distribuzione di Poisson calcola la probabilità che in un lotto ci siano:

a. un numero di bulloni difettosi superiore a metà del numero medio (estremi esclusi);

b. un numero di bulloni difettosi inferiore al numero medio (estremi esclusi). $[\text{a) } 0{,}88; \text{ b) } \simeq 0{,}44]$

REALTÀ E MODELLI

66 ●● **Overbooking** Una compagnia aerea ha valutato che il 4% di coloro che prenotano un volo non si presenta o non riesce ad arrivare in tempo al check-in. Perciò decide di praticare l'*overbooking*, cioè di accettare un numero di prenotazioni superiore a quello dei posti disponibili.

a. Su 450 prenotazioni accettate, quante persone mediamente non si presenteranno?

b. Usando la distribuzione di Poisson, calcola la probabilità, su 450 prenotazioni, che la compagnia debba far restare a terra almeno 8 passeggeri per un volo con 440 posti a disposizione.
(SUGGERIMENTO Vuol dire che si sono presentate almeno 448 persone.) $[\text{a) } 18; \text{ b) } \simeq 2{,}76 \cdot 10^{-6}]$

67 ●●

Le ferrovie vicentine La stazione di Vicenza è aperta dalle 6:00 alle 24:00; in questa fascia oraria arrivano 216 treni.

a. Utilizzando una variabile di Poisson, calcola la probabilità che tra le 16:00 e le 16:30 arrivino almeno 3 treni.

b. In realtà, per agevolare la mobilità degli studenti, nella fascia oraria compresa tra le 6:00 e le 8:00 arrivano a Vicenza 15 treni l'ora. Questa nuova informazione modifica la probabilità calcolata precedentemente? $[\text{a) } \simeq 0{,}938; \text{ b) sì: } \simeq 0{,}929]$

68 ●○ A un call center arrivano mediamente 20 telefonate all'ora. Modellizzando il numero di telefonate in entrata con una variabile di Poisson, calcola la probabilità che in 15 minuti arrivino più di 4 telefonate e meno di 6. $[\simeq 0{,}18]$

69 ●● A un servizio di autolavaggio automatico, aperto 24 ore su 24, arrivano in media 42 macchine ogni giorno.

a. Determina il valore medio e la varianza della distribuzione relativa al numero di auto all'ora.

Calcola la probabilità che in un'ora:

b. non arrivi alcun veicolo;

c. ne arrivino 2;

d. ne arrivino almeno 2.

$[\text{a) } 1{,}75; 1{,}75; \text{ b) } 0{,}174; \text{ c) } 0{,}266; \text{ d) } 0{,}522]$

ESERCIZI

4 Giochi aleatori

▶ Teoria a p. 1495

70 ESERCIZIO GUIDA Un giocatore partecipa a un gioco organizzato e paga un prezzo di 4 euro. Il gioco consiste nell'estrarre consecutivamente senza reimmissione due carte da un mazzo di 40: se sono due figure dello stesso seme, il giocatore vince 45 euro, mentre se hanno lo stesso valore vince 17 euro.

a. Verifichiamo che il gioco non è equo e determiniamo la posta corretta affinché lo sia.

b. Lasciando immutata la posta modifichiamo l'importo della prima vincita affinché il gioco sia equo.

---

a. La variabile V che rappresenta le vincite lorde assume i valori 45 e 17 con probabilità, rispettivamente, $\frac{2}{130}$ e $\frac{10}{130}$. Determiniamo il valore della posta in caso di gioco equo calcolando la speranza di V:

$$P = 45 \cdot \frac{2}{130} + 17 \cdot \frac{10}{130} = 2.$$

in caso di gioco equo: $P = p_1v_1 + p_2v_2 + \ldots + p_nv_n$

Essendo il prezzo inferiore alla posta richiesta, il gioco è sfavorevole.

b. Per rispondere al secondo quesito impostiamo la seguente equazione, sempre relativa alla speranza della vincita lorda

$$x \cdot \frac{2}{130} + 17 \cdot \frac{10}{130} = 4 \quad \rightarrow \quad x = 175.$$

71 ●○ Si partecipa a un gioco estraendo contemporaneamente tre carte da un mazzo di 52 carte. Se le carte estratte sono dello stesso seme, viene corrisposta la somma di 78 euro. Determina la posta da pagare affinché il gioco sia equo. [4,26 euro circa]

72 ●○ Per partecipare a un gioco si pagano 20 euro. Si vince se vengono estratte contemporaneamente tre palline di colore uguale da un'urna che ne contiene 7 bianche e 3 nere. Calcola la somma corrisposta in caso di vincita se il gioco è equo. [66,67 euro circa]

73 ●○ Nel gioco delle 3 campanelle ci sono tre campanelle rovesciate. Sotto una è nascosta una pallina, sotto le altre due non c'è niente. Chi tiene il banco mescola le campanelle e chiede al giocatore di indovinare sotto quale campanella c'è la pallina. Per giocare bisogna pagare una posta P. In caso di vittoria del giocatore il banco paga il doppio della posta. Il gioco è equo? Se non lo è, quanto dovrebbe pagare il banco perché il gioco sia equo? [no; $3P$]

74 ●● Matteo partecipa a un gioco. Paga € 10 per tirare 5 volte di seguito una coppia di dadi regolari e, a ogni lancio, vince € 4 se su entrambi i dadi escono numeri pari. Sia X la variabile aleatoria che rappresenta il numero di «mani» vinte da Matteo.

a. Determina la distribuzione di probabilità di X.

b. Stabilisci quale tra i seguenti eventi è il più probabile:

E_1: «Matteo non vince più di due mani»;

E_2: «Matteo vince almeno quattro mani».

c. $Y = 4X - 10$ è la variabile che rappresenta la vincita di Matteo. Calcola la *vincita attesa*, cioè il valore medio di Y. Si tratta di un gioco equo?

$\left[\text{a) } \frac{243}{1024}, \frac{405}{1024}, \frac{270}{1024}, \ldots; \text{ b) } p(E_1) \simeq 0{,}9;\ p(E_2) \simeq 0{,}02; \text{ c) } -5\right]$

RISOLVIAMO UN PROBLEMA

Conviene giocare?

Esistono tanti tipi di slot machine, le cosiddette *macchinette mangiasoldi*. Si inseriscono i soldi, i rulli iniziano a ruotare e si fermano in modo casuale e indipendente l'uno dall'altro. Immaginiamo una slot semplificata, con 3 rulli. In ogni rullo compaiono 25 simboli di 6 tipi diversi nelle quantità indicate sotto.

x 1 x 2 x 4 x 5 x 6 x 7

Per giocare bisogna inserire 1 euro.

Indicando con x la vincita minima, la tabella delle possibili vincite è la seguente.

	$10x$
	$8x$
	$4x$
	$3x$
	$2x$
	x

- Qual è la vincita minima affinché il gioco sia equo?

In realtà questi giochi non sono equi. Sono nati per far guadagnare chi li propone! In base alle nostre leggi, le vincite (ossia la speranza di vincita), su un ciclo di non più di 140 000 partite, devono essere almeno pari al 74% della posta giocata.

- Se la nostra slot machine pone come vincita minima x 10 euro, è a norma di legge? Quanto vincerà mediamente un giocatore a ogni partita?

Una persona inizia a giocare inserendo 1 euro a ogni partita.

- Qual è la probabilità che dopo 10 partite il giocatore abbia perso 10 euro?
- Qual è la vincita netta media che può ottenere in 11 partite, se nelle prime 10 non è uscita alcuna combinazione vincente?

► Troviamo la distribuzione delle vincite.

Indichiamo con V la variabile aleatoria che rappresenta le vincite lorde. Abbiamo, perciò, per esempio:

$$p(V=x)=p(\text{escono 3 diamanti})=\frac{7^3}{25^3}; \qquad p(V=2x)=p(\text{escono 3 grappoli})=\frac{6^3}{25^3}.$$

La distribuzione di V è la seguente.

V	x	$2x$	$3x$	$4x$	$8x$	$10x$	0
f	$\frac{7^3}{25^3}$	$\frac{6^3}{25^3}$	$\frac{1}{5^3}$	$\frac{4^3}{25^3}$	$\frac{2^3}{25^3}$	$\frac{1^3}{25^3}$	$1-\frac{757}{25^3}$

► Impostiamo la condizione di equità.

Il gioco è equo se il valore medio delle vincite lorde di V è uguale alla posta, cioè a 1 euro.

$$x\cdot\frac{7^3}{25^3}+2x\cdot\frac{6^3}{25^3}+3x\cdot\frac{5^3}{25^3}+4x\cdot\frac{4^3}{25^3}+8x\cdot\frac{2^3}{25^3}+10x\cdot\frac{1}{25^3}=1$$

Risolviamo l'equazione:

$$\frac{x}{25^3}(7^3+2\cdot 6^3+3\cdot 5^3+4\cdot 4^3+8\cdot 2^3+10)=1 \quad \to \quad \frac{1480}{25^3}x=1 \quad \to \quad x\simeq 10{,}56.$$

La vincita minima dovrebbe essere di 10,56 euro.

► **Troviamo la vincita minima in modo da essere a norma di legge.**

Il valore medio di V deve essere almeno pari al 74% della posta giocata, cioè al 74% di 1 euro:

$$\frac{1480}{25^3}x=0{,}74 \quad \to \quad x\simeq 7{,}81.$$

La nostra slot è a norma di legge. La speranza di vincita del giocatore è data dalla differenza tra la posta richiesta e la posta in caso di equità, cioè $10-10{,}56=-0{,}56$: il giocatore perde, in media, 0,56 euro a partita.

► **Calcoliamo la probabilità di non vincere nulla in una partita.**

Non si vince nulla, anzi si perde 1 euro, se non si ha alcuna combinazione vincente, quindi la probabilità richiesta è:

$$p=1-\frac{1}{25^3}(7^3+6^3+5^3+4^3+2^3+1)=1-\frac{757}{25^3}\simeq 0{,}95.$$

► **Troviamo la probabilità di perdere 10 euro in 10 partite.**

Se il giocatore perde 10 euro in 10 partite, vuol dire in che in ognuna delle dieci partite non ha avuto alcuna combinazione vincente. Quindi la probabilità cercata è:

$$p(\text{perdere 10 euro in 10 partite})=p^{10}\simeq 0{,}61.$$

A pensarci bene c'è più del 50% delle possibilità di perdere 10 euro in pochi minuti.

► **Troviamo la vincita netta media dopo 10 partite perse.**

Il giocatore ha già perso 10 partite, quindi ha già perso 10 euro, e per giocare l'undicesima partita deve inserire un altro euro.
L'undicesima partita è indipendente da quelle precedenti, cioè la probabilità che esca una combinazione vincente non dipende dal fatto che sia uscita oppure no nelle partite precedenti.
La variabile casuale X che rappresenta le vincite nette all'undicesima partita, dopo le prime dieci perse, ha perciò la seguente distribuzione.

X	-11	-1	9	19	29	69	89
f	$\frac{14868}{25^3}$	$\frac{7^3}{25^3}$	$\frac{6^3}{25^3}$	$\frac{1}{5^3}$	$\frac{4^3}{25^3}$	$\frac{2^3}{25^3}$	$\frac{1^3}{25^3}$

Abbiamo perciò:

$$M(X)=\frac{1}{25^3}(-11\cdot 14868-1\cdot 7^3+9\cdot 6^3+19\cdot 5^3+29\cdot 4^3+69\cdot 2^3+89)\simeq -10{,}05.$$

La speranza di vincita è negativa! Comunemente si pensa che, dopo 10 partite sfortunate, sia maggiore la probabilità che l'undicesima sia fortunata e in questo modo si possano recuperare i soldi giocati. In realtà, non è proprio così, nemmeno con una slot machine che dà una speranza di vincita ben più alta di quella minima imposta dallo Stato.

Problemi REALTÀ E MODELLI

75 ●○ **Lotto e numeri ritardatari** Salvo è solito giocare al lotto. Ogni volta gioca 1 euro sul numero 45 sulla ruota di Bari. Sa che puntando sull'estrazione di un solo numero vincerà € 11,23 nel caso in cui venga estratto quel numero.

a. Il gioco è equo? Se no, quale dovrebbe essere il premio in caso di gioco equo?

b. Decide di giocare per 8 settimane. Qual è la probabilità che vinca almeno una volta? Qual è la probabilità che non vinca nemmeno una volta?

c. Qual è la vincita netta media considerando le giocate di 8 settimane?

d. Come cambia la risposta precedente se si sa che nelle prime 7 settimane non ha vinto nulla?

[a) no; € 18; b) 0,37; 0,63; c) € −3; d) € −7,59]

76 ●○ **Gratta e vinci** Quando si acquista un «gratta e vinci» sarebbe opportuno informarsi sulle probabilità di vincita. Sia sul retro del biglietto, sia sul sito dell'AAMS (Amministrazione autonoma dei monopoli di Stato, ora assorbita dall'Agenzia delle dogane e dei monopoli - Area monopoli) sono disponibili i dati sul numero di biglietti vincenti per ogni tipo di vincita. Prendiamo per esempio il gioco «Turista per sempre». Ogni biglietto costa 5 euro. Sul sito dell'AAMS puoi trovare la tabella a fianco.

a. Qual è la vincita lorda media?

b. Il gioco è equo? Quale dovrebbe essere il costo del biglietto perché il gioco sia equo?

[a) € 3,63; b)no; € 3,63]

Importo vincita (€)	N. biglietti vincenti per lotto iniziale di biglietti (N. 100 800 000)	Probabilità di vincita
1 450 000	35	1 ogni 2 880 000,00 biglietti
50 000,00	35	1 ogni 2 880 000,00 biglietti
10 000,00	210	1 ogni 480 000,00 biglietti
5000,00	420	1 ogni 240 000,00 biglietti
1000,00	8400	1 ogni 12 000,00 biglietti
500,00	16 800	1 ogni 6000,00 biglietti
200,00	117 600	1 ogni 857,14 biglietti
100,00	231 000	1 ogni 436,36 biglietti
50,00	420 000	1 ogni 240,00 biglietti
20,00	1 785 000	1 ogni 56,47 biglietti
15,00	2 520 000	1 ogni 40,00 biglietti
10,00	8 400 000	1 ogni 12,00 biglietti
5,00	13 440 000	1 ogni 7,50 biglietti

5 Variabili casuali standardizzate

▶ Teoria a p. 1497

77 ●○ TEST Una variabile aleatoria X ha valore medio 12,3 con deviazione standard 1,8. Al valore $x = 8,3$ corrisponde il valore della variabile standardizzata Z:

A $-2,2$. B 4,25. C 0,53. D 0,45. E 11,44.

78 ESERCIZIO GUIDA La variabile casuale X ha la seguente distribuzione.

X	0	1	2
f_X	0,25	0,5	0,25

Determiniamo la distribuzione della variabile standardizzata Z.

Troviamo il valore medio e la deviazione standard di X.

$$\mu = M(X) = 0 \cdot 0,25 + 1 \cdot 0,5 + 2 \cdot 0,25 = 1$$

$$\sigma = \sqrt{var(X)} = \sqrt{0 \cdot 0,25 + 1 \cdot 0,5 + 4 \cdot 0,25 - 1^2} = \sqrt{0,5}$$

La standardizzata di X è:

$$Z = \frac{X - 1}{\sqrt{0,5}}.$$

standardizzata di X: $Z = \frac{X - \mu}{\sigma}$

Quindi:

$$z_1 = \frac{x_1 - 1}{\sqrt{0,5}} = \frac{0 - 1}{\sqrt{0,5}} = -\sqrt{2}; \qquad z_2 = \frac{x_2 - 1}{\sqrt{0,5}} = 0; \qquad z_3 = \frac{2 - 1}{\sqrt{0,5}} = \sqrt{2}.$$

La distribuzione di Z è la seguente.

Z	$-\sqrt{2}$	0	$\sqrt{2}$
f_Z	0,25	0,5	0,25

Si verifica che:

$$M(Z) = -\sqrt{2} \cdot 0,25 + 0 \cdot 0,5 + \sqrt{2} \cdot 0,25 = 0;$$

$$\sigma(Z) = \sqrt{2 \cdot 0,25 + 0 \cdot 0,5 + 2 \cdot 0,25} = 1.$$

79 Trasforma la seguente variabile casuale X nella variabile casuale standardizzata Z e verifica che il valore medio è 0 e la deviazione standard è 1.

X	5	10	15	20	25
f	0,1	0,2	0,2	0,2	0,3

[Z: − 1,769; − 1,032; ...]

80 Una variabile aleatoria X ha media 6,3 e deviazione standard 2,1. Calcola i punti zeta per i seguenti valori della variabile: $x = 5{,}2$ e $x = 8{,}8$. [− 0,52; 1,19]

81 Una variabile casuale X ha valore medio 12,5 e varianza 4,41. Calcola i valori della variabile X a cui corrispondono i punti zeta −2 e 2,4. [8,3; 17,54]

82 Una variabile casuale X ha valore medio 9,8 e per il valore $x = 6{,}3$ il punto zeta corrispondente è $z = -2{,}5$. Calcola la varianza di X. [1,96]

REALTÀ E MODELLI

83 **Studenti a confronto** In terza A il voto medio degli alunni in matematica è stato 7,3, con una deviazione standard di 2,8, e in terza B il voto medio è stato 6,8, con una deviazione standard di 1,2. Cristina, che è in terza A, ha come voto 6, mentre Sandro, in terza B, ha come voto 6,2. Rispetto all'andamento della classe, chi dei due ha il rendimento migliore? [Cristina]

84 **Stesso film, località diverse** Il venerdì sera, il numero medio di spettatori nella sala cinematografica di una cittadina è di 80 con una deviazione standard di 30, mentre in una seconda località è di 130 con una deviazione standard di 45. Viene proiettato lo stesso film e il numero degli spettatori è rispettivamente di 105 e 160. Determina in quale località il film ha avuto maggiore successo. [$z_1 = 0{,}83$; $z_2 = 0{,}67$]

6 Variabili casuali continue

85 ESERCIZIO GUIDA Dopo aver verificato che la seguente funzione è una funzione densità di probabilità, consideriamo in [0; 4] una variabile casuale continua X avente tale funzione densità.

$$f(x) = \begin{cases} 0 & \text{se } x < 0 \\ \frac{1}{8}x & \text{se } 0 \le x \le 4 \\ 0 & \text{se } x > 4 \end{cases}$$

a. Determiniamo la funzione di ripartizione $F(x)$ di X.

b. Rappresentiamo graficamente $f(x)$ e $F(x)$.

c. Calcoliamo $p(1 \le X \le 3)$.

d. Calcoliamo il valore medio e la varianza di X.

Verifichiamo che la funzione $f(x)$ è una funzione densità di probabilità:

$$f(x) \ge 0 \text{ in } \mathbb{R} \quad \text{e} \quad \int_{-\infty}^{+\infty} f(x)\,dx = \int_0^4 \frac{1}{8}x\,dx = \left[\frac{1}{8}\cdot\frac{x^2}{2}\right]_0^4 = 1.$$

a. Determiniamo la funzione di ripartizione $F(x)$:

$$F(x) = \int_{-\infty}^{x} f(t)\,dt = \int_0^x f(t)\,dt = \int_0^x \frac{1}{8}t\,dt = \left[\frac{1}{8}\cdot\frac{t^2}{2}\right]_0^x = \frac{x^2}{16}, \quad \text{per} \quad 0 \le x \le 4;$$

$$F(x) = 0, \quad \text{per} \quad x < 0; \qquad F(x) = 1, \quad \text{per} \quad x > 4.$$

b. Rappresentiamo graficamente le funzioni $f(x)$ e $F(x)$:

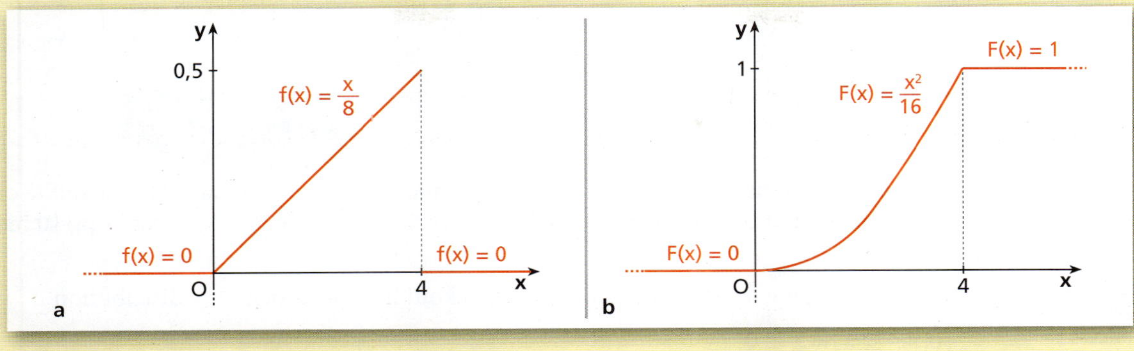

c. Calcoliamo $p(1 \le X \le 3)$ in due modi, cioè mediante la funzione densità di probabilità o mediante la funzione di ripartizione:

$$p(1 \le X \le 3) = \int_1^3 \frac{1}{8}x\,dx = \left[\frac{x^2}{16}\right]_1^3 = \frac{9}{16} - \frac{1}{16} = \frac{1}{2};$$

$$p(1 \le X \le 3) = F(3) - F(1) = \frac{9}{16} - \frac{1}{16} = \frac{1}{2}.$$

d. Calcoliamo il valore medio di X:

$$M(X) = \int_{-\infty}^{+\infty} x \cdot f(x)\,dx = \int_0^4 x \cdot f(x)\,dx = \int_0^4 x \cdot \frac{1}{8}x\,dx = \left[\frac{1}{8} \cdot \frac{x^3}{3}\right]_0^4 = \frac{8}{3}.$$

Calcoliamo la varianza:

$$var(X) = M(X^2) - [M(X)]^2 = \int_0^4 x^2 \cdot \frac{1}{8}x\,dx - \left(\frac{8}{3}\right)^2 = \left[\frac{1}{8} \cdot \frac{x^4}{4}\right]_0^4 - \frac{64}{9} = 8 - \frac{64}{9} = \frac{8}{9}.$$

Negli esercizi che seguono indichiamo le funzioni $f(x)$, definite in $\mathbb{R}$, solo negli intervalli in cui non si annullano. Verifica che esse sono funzioni densità di probabilità. Determina la funzione di ripartizione $F(x)$, il valore medio e la varianza della variabile casuale continua X avente $f(x)$ come funzione densità di probabilità. Rappresenta graficamente $f(x)$ e $F(x)$ e calcola la probabilità che X assuma valori compresi tra i due valori x_1 e x_2 indicati. (La funzione di ripartizione è indicata soltanto per gli intervalli in cui non vale 0 o 1.)

86 $f(x) = \frac{1}{5}$, $[0; 5]$; $x_1 = 1$, $x_2 = 4$. $\left[F(x) = \frac{1}{5}x; 2,5; \frac{25}{12}; 0,6\right]$

87 $f(x) = \frac{2}{9}x$, $[0; 3]$; $x_1 = 1,3$, $x_2 = 2,3$. $\left[F(x) = \frac{x^2}{9}; 2; \frac{1}{2}; 0,4\right]$

88 **AL VOLO** La variabile casuale X ha la seguente funzione di ripartizione. Calcola i valori di p indicati.

$$F(x) = \begin{cases} 0 & \text{se } x < -2 \\ \frac{x^3}{35} + \frac{8}{35} & \text{se } -2 \le x < 3 \\ 1 & \text{se } x \ge 3 \end{cases}$$

$p(16 < X < 128)$ $p(X > -3)$ $p(-3 < X < 4)$

Negli esercizi che seguono indichiamo le funzioni $f(x)$, definite in $\mathbb{R}$, solo negli intervalli in cui non si annullano. Verifica che esse sono funzioni densità di probabilità. Determina la funzione di ripartizione $F(x)$ della variabile casuale continua X avente $f(x)$ come funzione densità di probabilità. Rappresenta graficamente $f(x)$ e $F(x)$ e calcola la probabilità che X assuma valori compresi tra i due valori x_1 e x_2 indicati.

89 $f(x) = \frac{2}{x^2}$, $[2; +\infty[$; $x_1 = 2$, $x_2 = 4$. $\left[F(x) = 1 - \frac{2}{x}; \frac{1}{2}\right]$

90 $f(x) = e^{-x}$, $[0; +\infty[$; $x_1 = 0$, $x_2 = 2$. $[F(x) = 1 - e^{-x}; 1 - e^{-2}]$

91 Data la funzione di ripartizione $F(x) = \frac{x^4}{16}$ di una variabile casuale continua X che può assumere valori nell'intervallo $[0; 2]$, determina la funzione densità di probabilità di X. Calcola $P(0,5 \le X \le 1,5)$ e rappresenta graficamente $F(x)$ e $f(x)$. $\left[f(x) = \frac{1}{4}x^3; 0,31\right]$

92 ●● REALTÀ E MODELLI **Quanto durerà?** La durata di un componente elettronico per il settore navale si può misurare in mesi e si può modellizzare come una variabile casuale X con la seguente densità di probabilità.

$$f(x) = \begin{cases} \frac{1}{10} e^{-\frac{1}{10}x} & \text{se } x \geq 0 \\ 0 & \text{se } x < 0 \end{cases}$$

$$M(X) = \int_{-\infty}^{+\infty} x f(x)\, dx$$

a. Qual è la durata media del componente elettronico?

b. Il componente viene montato su una nave che sarà in mare per 10 mesi. Qual è la probabilità che il componente duri almeno per tutta la navigazione?

[a) 10 mesi; b) e^{-1}]

93 ●● YOU & MATHS The wait time for starting service at a checkout line has probability distribution

$$f(x) = \begin{cases} 0{,}5e^{-0{,}5x} & \text{if } x \geq 0 \\ 0 & \text{otherwise} \end{cases}$$

(x is measured in minutes). What is the probability that the wait time will be between 1 and 3 minutes?

(USA *Arkansas Council of Teachers of Mathematics Regional Contest*)

[$\simeq 0{,}38$]

Distribuzione uniforme continua

▶ Teoria a p. 1501

94 ●○ TEST Una variabile casuale continua ha funzione di densità $f(x) = \frac{1}{6}$ nell'intervallo [2; 8]. Il valore medio e la varianza sono rispettivamente:

A 3 e 8,3. B 5 e 3. C 4 e 1,3. D 5 e 2. E 3 e 3.

95 ●○ LEGGI IL GRAFICO Osserva il grafico che rappresenta la densità di una variabile casuale X uniformemente distribuita.

a. Calcola il valore medio e la varianza di X.

b. Trova la probabilità che X sia maggiore di 13,5.

[a) $12{,}5$; $\frac{25}{12}$; b) $0{,}3$]

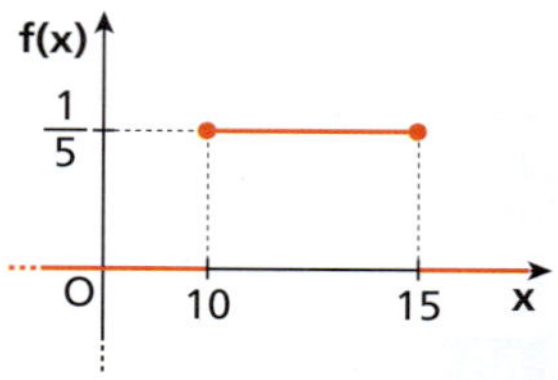

96 ESERCIZIO GUIDA Consideriamo una variabile casuale continua X che si distribuisce uniformemente nell'intervallo [2; 7].

a. Calcoliamo la funzione di ripartizione, il valore medio, la varianza e la deviazione standard di X.

b. Calcoliamo la probabilità che X assuma valori compresi tra 2,5 e 3.

La funzione densità di probabilità di X è $f(x) = \frac{1}{7-2} = \frac{1}{5}$ se $x \in [2; 7]$, altrimenti $f(x) = 0$.

a. La funzione di ripartizione è:

$$F(x) = \int_2^x \frac{1}{5}\, dt = \left[\frac{t}{5}\right]_2^x = \frac{x-2}{5} \text{ se } 2 \leq x < 7,\ F(x) = 0 \text{ se } x < 2,\ F(x) = 1 \text{ se } x \geq 7.$$

I valori di media, varianza e deviazione standard di X sono:

$$\mu = \frac{7+2}{2} = \frac{9}{2}; \quad \sigma^2 = \frac{(7-2)^2}{12} = \frac{25}{12}; \quad \sigma = \frac{5}{2\sqrt{3}}.$$

b. $p(2{,}5 \leq X \leq 3) = \int_{2,5}^{3} \frac{1}{5}\, dx = \left[\frac{x}{5}\right]_{2,5}^{3} = \frac{3}{5} - \frac{1}{2} = 0{,}1$, oppure, con la funzione di ripartizione,

$$p(2{,}5 \leq X \leq 3) = F(3) - F(2{,}5) = \frac{1}{5} - \frac{0{,}5}{5} = \frac{0{,}5}{5} = 0{,}1.$$

Calcola la funzione densità di probabilità e la funzione di ripartizione di una variabile casuale continua, con una distribuzione uniforme, che assume valori nell'intervallo indicato. Determina inoltre il valore medio, la varianza e la deviazione standard di tale variabile. Calcola $P(x_1 \leq X \leq x_2)$.

97 $[1; 5]$, $x_1 = 0,5$, $x_2 = 0,75$. $\left[f(x) = \frac{1}{4}; F(x) = \frac{x}{4} - \frac{1}{4}; 3; \frac{4}{3}; \frac{2}{\sqrt{3}}; 0,0625\right]$

98 $[-3; 5]$, $x_1 = -1$, $x_2 = 0,2$. $\left[f(x) = \frac{1}{8}; F(x) = \frac{x+3}{8}; 1; \frac{16}{3}; \frac{4}{\sqrt{3}}; 0,15\right]$

99 $[4; 11]$, $x_1 = 5$, $x_2 = 6,5$. $\left[f(x) = \frac{1}{7}; F(x) = \frac{x-4}{7}; 7,5; \frac{49}{12}; \frac{7}{2\sqrt{3}}; 0,21\right]$

100 Determina l'ampiezza massima dell'intervallo di valori che può assumere una variabile casuale continua X affinché abbia $f(x) = 8$ come funzione densità di probabilità. [0,125]

REALTÀ E MODELLI

101 **Velocisti** Durante gli allenamenti Carl ha visto che il tempo che impiega per correre i 100 metri si comporta come una variabile casuale uniformemente distribuita tra gli 11,5 e i 12,3 secondi.

a. Qual è il tempo medio in cui Carl corre i 100 metri?

b. Qual è la probabilità che in gara Carl impieghi meno di 12 secondi per correre i 100 metri?

[a) 11,9 secondi; b) 0,625]

102 **Tagliare la corda!** Carlotta lavora in un negozio di ferramenta. Un cliente le chiede un pezzo di corda lungo 1 m. Carlotta si avvicina al rotolo da 10 m e, fidandosi della sua esperienza, srotola un po' di corda e taglia in un punto a caso. Supponendo che la lunghezza del pezzo di corda che ottiene tagliando a caso abbia una lunghezza distribuita uniformemente, indica qual è la probabilità che Carlotta sia riuscita a tagliare un pezzo di corda:

a. della lunghezza esatta di 1 m.

b. di lunghezza compresa tra 0,90 m e 1,10 m. [a) 0; b) 0,02]

Distribuzione normale o gaussiana

Teoria a p. 1502

103 ESERCIZIO GUIDA Un'impresa costruisce rasoi elettrici la cui durata è una grandezza che si distribuisce normalmente. La durata media è di 6 anni, con una deviazione standard di 1,5 anni. Calcoliamo:

a. la probabilità che un rasoio abbia una durata fino a 8 anni;

b. la probabilità che abbia una durata di almeno 7 anni;

c. il numero di rasoi, su una produzione di 400, con una durata compresa tra 4 e 9 anni.

Indichiamo con X la variabile casuale che indica la durata dei rasoi e che, quindi, ha una distribuzione normale $N(6; 2,25)$, con una funzione densità di probabilità che ha il grafico riportato nella figura.

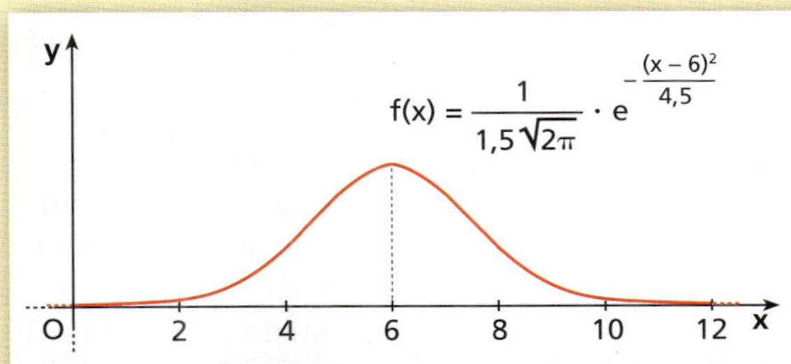

Utilizziamo la variabile standardizzata $Z = N(0; 1)$, che si ottiene con la trasformazione $Z = \frac{X-6}{1,5}$, in modo da usare la tavola di Sheppard.

a. Il punto zeta corrispondente a $x = 8$ è $z = \frac{8-6}{1,5} \simeq 1,33$. Sfruttiamo la simmetria di $f(z)$ e utilizziamo la tavola:

$$p(X \leq 8) \simeq p(Z \leq 1,33) = p(Z < 0) + p(0 \leq Z \leq 1,33) \simeq 0,5 + 0,4082 = 0,9082.$$

b. Il punto zeta corrispondente a $x = 7$ è $z = \frac{7-6}{1,5} \simeq 0,67$:

$$p(X \geq 7) \simeq p(Z \geq 0,67) = 0,5 - p(0 < Z < 0,67) \simeq$$
$$0,5 - 0,2486 = 0,2514.$$

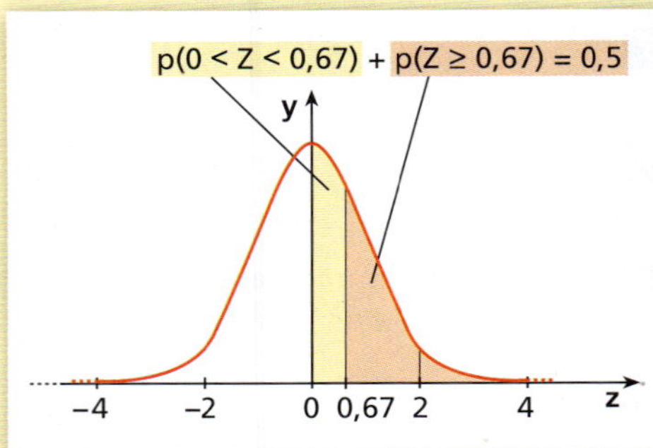

c. Calcoliamo la probabilità che un rasoio abbia una durata compresa tra 4 e 9 anni.
Trasformando $x_1 = 4$ e $x_2 = 9$ otteniamo $z_1 \simeq -1,33$ e $z_2 = 2$:

$$p(4 \leq X \leq 9) \simeq p(-1,33 \leq Z \leq 2) =$$
$$p(0 \leq Z \leq 1,33) + p(0 \leq Z \leq 2) \simeq$$
$$0,4082 + 0,4772 = 0,8854.$$

Possiamo valutare il numero di rasoi che, su una produzione di 400, avranno una durata compresa tra 4 e 9 anni. Otteniamo: $400 \cdot 0,8854 \simeq 354$.

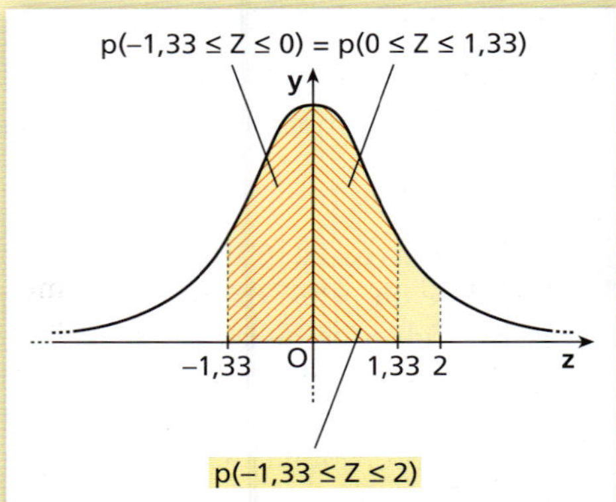

104 ●○ TEST Il valore medio del numero dei visitatori di una fiera campionaria che si svolge ogni anno è di 850 persone al giorno con una deviazione standard di 34 visitatori. Essendo la distribuzione del numero dei visitatori normale, la probabilità che in un certo giorno il numero dei visitatori superi il valore medio del 10% è:

A 0,7462. B 0,2469. C 0,0062. D 0,9938. E 0,4938.

105 ●○ Il tempo per rispondere a un test con quesiti a risposta multipla ha una distribuzione gaussiana con un tempo medio di 20 minuti e una varianza pari a 16 minuti. Qual è la probabilità che un test venga restituito entro 15 minuti? [0,1056]

106 ●○ La misura del diametro interno di alcuni tubi di plastica ha un andamento che si distribuisce secondo la curva di Gauss con una media di 8,5 cm e una deviazione standard di 0,08 cm. Calcola la percentuale di tubi che potrebbero avere un diametro:

a. maggiore di 8,7 cm; **b.** minore di 8,4 cm; **c.** compreso tra 8,48 cm e 8,52 cm.

[a) 0,62%; b) 10,56%; c) 19,74%]

107 ●○ Un'industria dolciaria che produce canditi compra cedri dolci sempre dallo stesso coltivatore in Calabria. I frutti di cui si rifornisce possono essere considerati uguali nelle dimensioni e la quantità di buccia che si ottiene da ogni frutto ha una distribuzione che si ritiene normale, con un valore medio di 1,2 kg e una deviazione standard di 0,2 kg. Determina qual è la probabilità che un frutto preso a caso abbia una scorza che pesa:

a. meno di 1 kg; **b.** tra 0,9 kg e 1,2 kg; **c.** più di 1,4 kg.

[a) 0,1587; b) 0,4332; c) 0,1587]

108 Una macchina confeziona sacchetti di cioccolatini e il loro peso si distribuisce normalmente. Sapendo che il peso medio è di 250 grammi e la deviazione standard è di 15 grammi, calcola la probabilità che un sacchetto abbia un peso compreso tra 240 e 260 grammi. [0,4972]

109 La durata media delle pile prodotte da un'impresa è di 400 ore (h), con una varianza di 225 h^2. Sapendo che la durata è una grandezza di tipo gaussiano, determina la percentuale di pile che avranno una durata compresa tra 380 e 420 ore. [81,65%]

110 REALTÀ E MODELLI **Data di scadenza** Un'azienda produce burro in confezioni da 250 grammi, la cui durata dalla data di confezionamento si distribuisce normalmente con una media di 30 giorni e una deviazione standard di 8 giorni. La data di scadenza di un lotto prodotto viene fissata 38 giorni dopo la data di confezionamento. Calcola la percentuale di confezioni che andranno a male prima della data di scadenza. [0,1587]

111 Una macchina produce sfere di acciaio il cui diametro è una grandezza distribuita normalmente, con valore medio di 18 mm e deviazione standard di 0,5 mm. Calcola la probabilità di produrre sfere con diametro nell'intervallo indicato; calcola il corrispondente numero di sfere su un lotto di 400:

a. $[18 - \sigma; 18 + \sigma]$; **b.** $[18 - 2\sigma; 18 + 2\sigma]$; **c.** $[18 - 3\sigma; 18 + 3\sigma]$.

[a) 0,6826; 273; b) 0,9544; 381; c) 0,9974; 398]

REALTÀ E MODELLI

112 **Durata delle lampadine** La vita media di una lampadina a lunga durata è di 1500 ore con una deviazione standard di 200 ore. Sapendo che la durata è una grandezza normale, calcola la probabilità che sia:

a. di almeno 1300 ore;

b. al massimo di 1700 ore;

c. al massimo di 1300 ore. [a) 0,8413; b) 0,8413; c) 0,1587]

113 **Tolleranza per i diametri dei dadi** In una fase di assemblaggio di biciclette per bambini si devono montare su viti dei dadi con un foro avente un diametro di 1,80 cm. Sono ammessi anche dadi che hanno un foro con un diametro compreso tra 1,75 cm e 1,85 cm. I dadi utilizzati hanno fori con diametri la cui misura si distribuisce normalmente con una media di 1,82 cm e con una deviazione standard di 0,02 cm.

a. Qual è la probabilità che un dado abbia un diametro compreso nei limiti di accettabilità?

b. Prendendo due dadi, qual è la probabilità che almeno un dado abbia un diametro inferiore a 1,75 cm?

c. Qual è il valore del diametro per cui l'1% dei dadi ha un valore maggiore? [a) 0,9330; b) 0,0004; c) 1,87]

MATEMATICA AL COMPUTER

Le distribuzioni di probabilità Una fabbrica produce rasoi la cui durata si distribuisce normalmente. Costruiamo un foglio elettronico che determini la probabilità che un rasoio duri
a. sino a m anni, **b.** almeno n anni, **c.** un tempo compreso fra p e q anni,
e calcoli il numero dei rasoi corrispondenti, dopo aver ricevuto la durata media μ, la deviazione standard σ, i numeri m, n, p, q espressi in anni e il numero r dei rasoi prodotti.
Proviamo con $\mu = 6$, $\sigma = 1{,}5$, $m = 8$, $n = 7$, $p = 4$, $q = 9$ e $r = 10000$.

Risoluzione – 16 esercizi in più

VERIFICA DELLE COMPETENZE ALLENAMENTO

ARGOMENTARE

1 Definisci la distribuzione di probabilità e la funzione di ripartizione di una variabile casuale discreta. Spiega poi come si può ricavare il grafico della distribuzione da quello della funzione di ripartizione e viceversa, usando come esempio la seguente variabile casuale.

X	2	5	7
f	0,45	0,15	0,4

2 Considera una variabile casuale X con valore medio μ e deviazione standard σ. Spiega come ottenere la variabile standardizzata e il vantaggio dell'analisi dei punti z rispetto ai valori di X, usando come spunto il confronto tra le due seguenti distribuzioni.

Prezzi ad agosto	1,9	2	2,1	2,5
Numero giorni	6	5	4	5

Prezzi a settembre	1,2	1,1	1,3	1
Numero giorni	8	2	6	4

3 Spiega che cosa vuol dire che un gioco è equo ed esamina la relazione che collega le vincite x_i, le probabilità di vincita p_i e la posta in caso di equità. Trova quindi la posta equa nel caso in cui si lancino due dadi e si vincano € 10 se escono due 6 ed € 5 se escono due numeri dispari.

4 Descrivi la distribuzione binomiale e la distribuzione di Poisson, soffermandoti sulle analogie e sulle differenze tra le due distribuzioni. Considera poi 4 tiri al bersaglio consecutivi, con probabilità di fare centro di 0,27 a ogni tiro, e indica quale variabile casuale utilizzeresti per indicare il numero di centri ottenuti in 4 tiri, motivando la tua scelta.

5 Spiega perché, nel caso di una distribuzione normale, è conveniente ricondursi alla gaussiana standardizzata e descrivi il procedimento da seguire per calcolare $p(3 < X < 5)$ nel caso in cui X sia una variabile casuale normale con media 4 e varianza 2,25.

UTILIZZARE TECNICHE E PROCEDURE DI CALCOLO

6 TEST X e Y sono due variabili casuali indipendenti. X ha deviazione standard 3 e Y ha deviazione standard 4. La varianza di $X + Y$ è:

A 5. B 12. C 7. D 25. E 1.

7 VERO O FALSO?

a. In una distribuzione uniforme e discreta i valori di X hanno probabilità crescenti. V F

b. Una variabile casuale binomiale di parametri n e p descrive i risultati di n prove indipendenti di un evento con probabilità costante p. V F

c. Nella distribuzione di Poisson la variabile casuale X assume sempre un numero limitato di valori. V F

d. Per calcolare le probabilità della distribuzione binomiale, si può sempre utilizzare la distribuzione di Poisson. V F

8 TEST È data la seguente variabile casuale X.

X	3	8	11	16
f	0,1	0,4	0,3	0,2

La variabile casuale standardizzata Z assume i valori:

A $-1{,}87$, $-0{,}53$, $0{,}27$, $1{,}60$.

B $-0{,}50$, $-0{,}14$, $0{,}07$, $0{,}43$.

C $1{,}87$, $0{,}53$, $-0{,}27$, $-1{,}60$.

D $0{,}50$, $0{,}14$, $-0{,}07$, $-0{,}43$.

E $0{,}50$, $0{,}14$, $0{,}07$, $0{,}43$.

RISOLVERE PROBLEMI

9 TEST Nel laboratorio linguistico di una scuola vi sono 24 postazioni che funzionano in modo indipendente. La probabilità che un apparecchio audio si guasti in un mese è del 12,5%. In media, gli apparecchi che si guastano in un mese sono:

A 0. B 20,5. C 3. D 1,2. E 12,5.

10 Da un mazzo di 40 carte si estraggono quattro carte consecutivamente e senza reimmissione. Considera la variabile $X =$ «numero di carte estratte con un numero minore di 3». Determina la distribuzione di probabilità e la funzione di ripartizione. [$0, 1, 2, 3, 4; 0{,}39, 0{,}43, \dots; 0{,}39, 0{,}82, \dots$]

11 Dai risultati delle verifiche di matematica e italiano, sono risultate le seguenti tabelle, in cui le variabili sono: $X =$ «numero insufficienze in matematica» e $Y =$ «numero insufficienze in italiano». Determina la distribuzione di probabilità della variabile $X + Y$, che rappresenta il numero di insufficienze complessive.

X	0	1	2	3	4	5
f_X	0,15	0,05	0,10	0,15	0,35	0,20

Y	0	1	2	3
f_Y	0,30	0,25	0,25	0,20

[$0, 1, \dots; 0{,}045, 0{,}0525, \dots$]

12 Un'urna contiene 8 palline numerate da 1 a 8 e si estrae una pallina. Costruisci la variabile casuale che indica il numero della pallina estratta e determina il valore medio e la varianza. [$4{,}5; 5{,}25$]

13 Da un mazzo di 40 carte si estrae per 5 volte una carta rimettendo ogni volta la carta estratta nel mazzo. Data la variabile casuale $X =$ «numero delle volte di uscita dell'asso di coppe», calcola, applicando la distribuzione binomiale e quella di Poisson:

a. il valore medio, la varianza e la deviazione standard;

b. la probabilità che l'asso di coppe esca al massimo una volta;

c. la probabilità che l'asso di coppe esca almeno una volta.

[binomiale: a) $0{,}125; 0{,}122; 0{,}349$; b) $0{,}994$; c) $0{,}119$; Poisson: a) $0{,}125; 0{,}125; 0{,}354$; b) $0{,}993$; c) $0{,}118$]

14 L'ora di arrivo in ufficio degli impiegati di un'azienda varia dalle ore 8 alle ore 8:30 a causa del traffico. La funzione densità di probabilità, che misura la probabilità di arrivo a una certa ora, è stata individuata nella funzione $f(x) = \frac{65}{32} - (x-8)^3$. Determina:

a. la funzione di ripartizione $F(x)$;

b. il valore medio e la varianza;

c. la probabilità che ha un impiegato di arrivare fra le 8:12 e le 8:24;

d. la probabilità che ha un impiegato di arrivare negli ultimi 15 minuti.

[a) $F(x) = \frac{65}{32}x - \frac{(x-8)^4}{4} - \frac{65}{4}$; b) 8:15; 1 min e 15 s; c) $0{,}400$; d) $0{,}493$]

15 Il tempo impiegato per effettuare la rifinitura di pezzi meccanici ha una distribuzione normale con una media di 60 minuti e una deviazione standard di 12 minuti. Determina la probabilità che il tempo impiegato:

a. sia di almeno 50 minuti;
b. sia compreso tra 50 e 70 minuti;
c. sia al massimo di 50 minuti;
d. sia di almeno 70 minuti;
e. sia di almeno 60 minuti;
f. sia al massimo di 60 minuti.

[a) 0,7967; b) 0,5934; c) 0,2033; d) 0,2033; e) 0,5; f) 0,5]

COSTRUIRE E UTILIZZARE MODELLI

16 Le pile di una certa marca hanno la probabilità del 60% di superare 2000 ore. Un negozio compra 400 pile di tale marca. Calcola il valore medio, la varianza e la deviazione standard della variabile casuale X = «numero delle pile che potrebbero superare le 2000 ore». Determina la probabilità che tutte le pile superino le 2000 ore.
[240; 96; 9,798; $1,8 \cdot 10^{-89}$]

17 In un sistema produttivo formato da 15 elementi funzionanti in modo indipendente, la probabilità che ha ciascuno di guastarsi è del 2%. Determina il valore medio del numero di elementi non funzionanti e la deviazione standard. Il sistema è funzionante se almeno 12 elementi lo sono. Determina la probabilità che il sistema si blocchi e quella che il sistema funzioni. [binomiale 0,3; 0,5422; 0,000183; 0,999817]

18 **Scarti per peso eccessivo** Il peso di una piccola sbarra costruita automaticamente da una macchina è una grandezza con distribuzione normale avente un valore medio di 0,8 kg e una varianza di 0,0004 kg^2.

a. Se il peso accettabile di una sbarra è compreso tra 0,77 kg e 0,83 kg, qual è la probabilità che una sbarra sia nell'intervallo fissato?
b. Qual è la probabilità che una sbarra sia scartata a causa del suo peso maggiore del limite superiore?
c. Su 100 sbarre costruite, qual è la probabilità che solo due siano scartate perché superano il limite superiore consentito? [a) 0,8664; b) 0,0668; c) 0,03]

19 **Prima e seconda mano** Il tempo che impiega una vernice ad asciugarsi ha andamento normale, con un valore medio di 20 minuti e una deviazione standard di 4 minuti. Quattro imbianchini finiscono contemporaneamente di imbiancare le quattro stanze a loro assegnate. Qual è la probabilità che almeno uno di essi possa iniziare la seconda mano dopo meno di 12 minuti? [0,09]

20 **La giusta quantità** Una macchina riempie brik da 1 L di latte fresco. La quantità di latte è una grandezza che si distribuisce normalmente con una deviazione standard di 0,02 L. Se le confezioni contengono meno di 0,95 L, devono essere ritirate dalla distribuzione in quanto non conformi allo standard stabilito, e se contengono più di 1,05 L, potrebbero esserci fuoriuscite.

a. Quali sono gli estremi dell'intervallo centrato sul valore medio contenente il 95% delle confezioni?
b. Qual è la percentuale delle confezioni che contiene più del limite superiore tollerato?
c. Qual è la percentuale delle confezioni che rispettano i limiti stabiliti?

[a) [0,9608; 1,0392]; b) 0,62%; c) 98,76%]

21 **Al tornio** Il tempo di lavorazione per la rifinitura di un pezzo al tornio ha una distribuzione normale con una media di 300 secondi e una deviazione standard di 50 secondi.

a. Quale durata di lavorazione non viene superata nel 5% dei casi?

Dopo la rifinitura al tornio il pezzo passa a un'altra macchina che ha un tempo di lavorazione distribuito normalmente con una media di 240 secondi e una deviazione standard di 25 secondi.

b. Quali sono la media e la deviazione standard del tempo totale di lavorazione del pezzo, considerando il tempo del tornio e quello dell'altra macchina indipendenti? [a) 218 secondi; b) 540 secondi; $\simeq$ 56 secondi]

VERIFICA DELLE COMPETENZE PROVE

1 ora

PROVA A

1 Per sei mesi si sono rilevati i tempi di percorrenza di un treno in un determinato tragitto. Nella seguente distribuzione di probabilità la variabile casuale X rappresenta i minuti di ritardo. Calcola il valore medio e la deviazione standard del ritardo. Qual è la probabilità che il treno abbia non più di 10 minuti di ritardo?

X	0	5	10	15	20
f	$\frac{1}{20}$	$\frac{9}{20}$	$\frac{5}{20}$	$\frac{3}{20}$	$\frac{2}{20}$

2 A uno sportello la probabilità che il disbrigo di una pratica duri più di 10 minuti è del 2%. Usando la distribuzione di Poisson determina la probabilità che su 60 pratiche ve ne siano 3 che comportano tale durata.

3 Dopo aver verificato che la funzione

$$f(x) = \begin{cases} \frac{1}{9}x^2 & \text{se } 0 \leq x \leq 3 \\ 0 & \text{se } x < 0 \text{ o } x > 3 \end{cases}$$

rappresenta la funzione densità di probabilità di una variabile casuale continua X, calcola $p(0 \leq X \leq 2)$, $M(X)$ e $var(X)$.

4 **Monolocale** In una città, capoluogo di provincia, l'importo dell'affitto di un monolocale arredato di 40 m^2 è distribuito normalmente con un valore medio di € 600 mensili e una deviazione standard di € 80. Determina qual è la probabilità che venga pagato un affitto:

a. compreso tra € 560 e € 600;

b. maggiore di € 650.

c. Quale valore massimo sarebbe disposto a pagare il 90% degli affittuari?

PROVA B

1 **Fusibili** Un settore di un'impresa di materiale elettrico produce fusibili e, su un campione di 100 elementi, 8 si sono rivelati difettosi. I fusibili vengono venduti in confezioni di 50. Calcola il valore medio, la varianza e la deviazione standard della variabile casuale X = «numero di fusibili difettosi in una confezione». Determina la probabilità che vi siano al massimo due fusibili difettosi.

2 **Tre anelli** Al luna park Alessandra osserva un gioco in cui bisogna lanciare degli anelli in modo che si infilino in un'asta verticale. In ogni partita, il cui costo è di 1 euro, si hanno a disposizione tre anelli, e per ogni anello infilato nell'asta si vincono 2 euro. Dopo aver esaminato molti tiri da parte di diversi giocatori, Alessandra valuta che la probabilità di infilare un anello nell'asta è del 15%.

a. Se X indica la variabile casuale che rappresenta la vincita netta per ogni partita (cioè tre anelli), quali valori assume e qual è la sua distribuzione di probabilità?

b. Qual è la vincita netta media? Il gioco è equo?

c. Quale dovrebbe essere la posta in caso di equità?

d. Tenendo fissa la posta di 1 euro, quale dovrebbe essere la vincita per ogni anello infilato?

CAPITOLO

29 STATISTICA INFERENZIALE

1 Popolazione e campione

Esercizi a p. 1576

Listen to it

In a **statistical survey**, the *population* is the total membership of the class of objects or people that we observe. Each object or person is called a *statistical unit*.

Un'indagine statistica consiste nell'osservare un *carattere* su un insieme di oggetti o persone. L'insieme su cui viene effettuata l'indagine è detto *popolazione*.
Consideriamo, per esempio, l'insieme dei dipendenti di un'azienda e il tempo impiegato da ciascuno di essi per recarsi al luogo di lavoro. Avremo che:

- l'insieme dei dipendenti costituisce la **popolazione** (o **universo**) dell'indagine;
- ciascun dipendente è detto **unità statistica** e il totale delle unità statistiche, N, è detto **numerosità** (o **ampiezza**) della popolazione;
- il tempo X impiegato per recarsi al luogo di lavoro è il **carattere** osservato nell'indagine.

Poiché, in questo esempio, ci occupiamo di tutte le unità statistiche, cioè di tutti i dipendenti, parliamo anche di **rilevazione totale** sulla popolazione.
Da questi valori, determinati sull'intera **popolazione**, possiamo calcolare gli indici che descrivono meglio il fenomeno, cioè la **media aritmetica**

$$M(X) = \mu = \frac{\sum_{i=1}^{N} x_i}{N}$$

come indice di sintesi e la **varianza** $var(X) = \sigma^2 = \frac{\sum_{i=1}^{N} (x_i - \mu)^2}{N}$ e la **deviazione standard** $\sigma = \sqrt{var(X)}$ come indici di variabilità.

Nell'esempio che abbiamo considerato, è stato possibile effettuare la rilevazione totale, ma avremmo potuto benissimo analizzare solo una parte della popolazione, cioè un **campione**.

Le ragioni che, in genere, spingono ad analizzare non l'intero universo ma un suo campione sono:

- riduzione dei costi da sostenere;
- risparmio di tempo nell'elaborazione e possibilità quindi di utilizzare subito i risultati;
- impossibilità di rilevare tutte le unità statistiche in quanto troppo numerose.

Per mezzo della **rilevazione campionaria** otteniamo informazioni che permettono di *inferire* (cioè dedurre) il valore di elementi dell'intera popolazione.

I metodi matematici che vengono applicati costituiscono l'**inferenza statistica**.

La numerosità di un campione n determina metodi diversi di inferenza. Se $n \leq 30$ si parla di *piccoli campioni*, altrimenti di *grandi campioni*.

Il rapporto di n con la numerosità dell'universo N, $\frac{n}{N}$, è il **tasso di campionamento**.

I piccoli campioni sono utilizzati in campo fisico, medico e in genere in tutte le scienze aventi carattere sperimentale, mentre i grandi campioni per ricerche in campo economico o sociale.

È evidente che campioni diversi possono portare a conclusioni diverse. Uno dei problemi dell'inferenza è proprio valutare fino a che punto un valore ricavato da un campione può essere una stima valida per l'intera popolazione.

► Il numero degli alunni del liceo classico Dante di Villabella è 320. Si decide di estrarre un campione di 40 alunni. Determina il tasso di campionamento.

[0,125]

Scelta del campione

La scelta del campione deve essere oculata e in essa non devono influire elementi soggettivi.
Il campione che viene scelto dovrebbe essere un campione **rappresentativo**, cioè deve riprodurre in scala ridotta la popolazione. Se si conosce la distribuzione nella popolazione del fenomeno indagato, un campione che rispecchia tale distribuzione si dice **stratificato**. Nel caso di un campione stratificato, la popolazione viene suddivisa in sottoinsiemi disgiunti, detti *strati*; una volta determinati gli strati, gli elementi del campione devono essere scelti casualmente al loro interno.

La scelta che avviene *casualmente* è la migliore in senso probabilistico. Infatti, se gli elementi del campione vengono scelti casualmente:

- ogni unità della popolazione ha la stessa probabilità di essere scelta;
- ogni campione di ampiezza n ha la stessa probabilità di essere formato.

Queste due caratteristiche sono le condizioni che definiscono il **campionamento casuale semplice**. Un procedimento di campionamento casuale semplice si può realizzare mediante l'estrazione a sorte di palline da un'urna.

Un metodo può essere quello di assegnare un numero progressivo a ciascuna unità statistica, inserire in un'urna altrettante palline numerate ed estrarre successivamente un numero di palline uguale alla numerosità del campione. Abbiamo due possibilità:

1. estrazione con reimmissione: la pallina estratta viene rimessa dopo ogni estrazione nell'urna;
2. estrazione senza reimmissione: la pallina estratta non viene rimessa dopo ogni estrazione nell'urna.

Nel caso di estrazione con reimmissione, siamo nella situazione di **campionamento con ripetizione** o **bernoulliano**. Le estrazioni sono eventi indipendenti e il numero dei campioni è dato dal numero delle disposizioni con ripetizione di N elementi di classe n:

$$D'_{N,n} = N^n.$$

Nel caso di estrazione senza reimmissione, siamo nella situazione di **campionamento senza ripetizione** o **in blocco**, le estrazioni sono eventi dipendenti e il numero dei campioni è dato dalle combinazioni di N elementi di classe n:

$$C_{N,n} = \binom{N}{n} = \frac{N(N-1)(N-2)\ldots(N-n+1)}{n!} = \frac{N!}{n!(N-n)!}.$$

Nel primo caso un'unità statistica può essere chiamata a far parte nuovamente dello stesso campione, mentre nel secondo caso questa possibilità è esclusa.

L'insieme di tutti i possibili campioni di dimensione n costituisce lo **spazio dei campioni** (o **campionario**) **di dimensione** $\boldsymbol{n}$.

L'estrazione a sorte di palline da un'urna, dove ogni pallina rappresenta un'unità della popolazione, non è l'unico procedimento del campionamento casuale semplice.

Un procedimento diverso è quello di utilizzare una tavola dei numeri casuali, dopo aver dato un numero progressivo a tutti gli elementi della popolazione.
Si parte da un numero della tavola estratto a caso e procedendo in una direzione qualunque si determinano i numeri delle unità dell'universo che diventano elementi del campione.
Nell'estrazione bernoulliana, se uno stesso numero si ripete esso viene accettato; nell'estrazione in blocco esso viene saltato.

Tavole di numeri casuali sono state create dall'Istituto Centrale di Statistica.
Una tavola dei numeri casuali viene oggi creata con un calcolatore elettronico e sono stati abbandonati metodi empirici.

Nell'eBook trovi una tavola di numeri casuali di 4 cifre.

ESEMPIO
Una popolazione è formata da 60 unità statistiche. Si estraggono campioni da 4 elementi ciascuno.
Lo spazio dei campioni nel caso di estrazione con ripetizione è costituito da un numero di elementi pari a

$$D'_{60,4} = 60^4 = 12\,960\,000;$$

nel caso di estrazione in blocco, il numero di elementi è:

$$C_{60,4} = \binom{60}{4} = \frac{60!}{4!56!} = 487\,635.$$

Determiniamo gli elementi di un campione casuale.
Numeriamo tutte le unità della popolazione formando un sacchetto contenente 60 palline numerate da 1 a 60.
Estraiamo successivamente 4 palline rimettendo ogni volta la pallina estratta nel sacchetto. Nell'ipotesi che siano usciti i numeri

3, 15, 52, 15,

gli elementi che hanno questi numeri formeranno il campione. Poiché si tratta di un campionamento con ripetizione, ogni unità statistica della popolazione ha uguale probabilità di far parte del campione pari a

$$p = \frac{1}{60}$$

e ogni campione ha probabilità di essere formato $\frac{1}{12\,960\,000}$.

► Un ristorante in un giorno ha avuto 30 clienti. Utilizzando gli scontrini fiscali si vuole esaminare un campione di 5 elementi per determinare il costo medio di un pasto. Determina la numerosità dello spazio dei campioni nel caso di estrazione con ripetizione e di estrazione in blocco. [24 300 000; 142 506]

Estraiamo ora successivamente 4 palline, senza rimettere la pallina estratta nell'urna. La probabilità di ogni unità di far parte del campione varia nel corso della formazione del campione stesso, e ogni campione ha la probabilità di essere formato pari a $\frac{1}{487635}$.

Usando la tavola dei numeri casuali che trovi nell'eBook, partiamo a caso dalla quinta colonna in alto e consideriamo solo le ultime due cifre. Riportiamo nella tabella a fianco le unità dell'universo che entreranno a far parte del campione (la sigla nc sta per *non si considera*).

Numero casuale	Numero unità universo
7271	nc
4300	nc
4924	24
7034	34
0937	37
6074	nc
2038	38

► Per individuare i 6 elementi di un campione estratto in blocco da una popolazione di 50 unità utilizza le ultime due cifre dei numeri della quarta colonna della tavola dei numeri casuali. Elenca il numero delle unità preventivamente numerate che saranno scelte.
[3, 9, 11, 32, 41, 49]

2 Parametri della popolazione e del campione

► Esercizi a p. 1578

Consideriamo come popolazione (o universo) l'insieme formato dagli alunni di una classe. Queste unità statistiche possono fornirci informazioni di vario tipo che si traducono nella valutazione di un carattere della popolazione.
Alcuni esempi sono:

- altezza;
- voto in scienze motorie alla fine dell'anno scolastico;
- numero dei componenti della famiglia;
- Comune di residenza.

Per ognuno dei caratteri considerati esistono dei valori caratteristici della popolazione che la sintetizzano e sono chiamati **parametri della popolazione**. Essi sono genericamente indicati con la lettera ϑ («theta»). Possiamo per esempio sintetizzare i primi tre caratteri con la loro media e la loro variabilità, e questi valori diventano così i parametri che contraddistinguono la popolazione considerata.

Abbiamo rilevato le 28 altezze in centimetri degli alunni della classe:

163	167	171	175	164	180	176
175	178	169	159	171	176	181
178	179	169	176	177	178	168
167	171	168	176	177	176	179.

Calcoliamo la media aritmetica dell'altezza:

$$M(X) = \mu = \frac{\sum_{i=1}^{N} x_i}{N} = \frac{4844}{28} = 173.$$

Per calcolare la varianza calcoliamo la media aritmetica del quadrato degli scarti dalla media:

$$var(X) = \sigma^2 = \frac{\sum_{i=1}^{N} (x_i - \mu)^2}{N} = \frac{888}{28} \simeq 31{,}71,$$

MATEMATICA E SOCIETÀ

Sentirsi rappresentati

► È possibile selezionare i giurati di una corte in modo che i loro pareri non siano influenzati dalla predominanza di un solo genere (maschi o femmine), una sola etnia o una sola opinione politica?

La risposta

TEORIA

con la conseguente deviazione standard $\sigma = \sqrt{31,71} \simeq 5,63$.

È possibile raggruppare i valori del carattere della popolazione in classi di frequenza e usare, per il calcolo di μ, σ^2 e σ, i valori centrali delle classi e le frequenze di ogni classe:

$$M(X) = \frac{\sum_{i=1}^{n} x_i f_i}{N} = \mu, \qquad var(X) = \frac{\sum_{i=1}^{n} (x_i - \mu)^2 f_i}{N} = \sigma^2,$$

con $N = \sum_{i=1}^{n} f_i$.

Altezza x_i	Numero alunni f_i
155-160	1
160-165	2
165-170	6
170-175	5
175-180	13
180-185	1
	$N = 28$

x_i	f_i	$x_i f_i$	$(x_i - \mu)^2 f_i$
157,5	1	157,5	235,9
162,5	2	325,0	214,7
167,5	6	1005,0	172,4
172,5	5	862,5	0,6
177,5	13	2307,5	279,9
182,5	1	182,5	92,9
Totale	28	4840,0	996,4

Otteniamo:

$$\mu = \frac{4840}{28} \simeq 172,86, \qquad \sigma^2 = \frac{996,4}{28} \simeq 35,59, \qquad \sigma \simeq 5,97.$$

Per calcolare la varianza avremmo potuto anche applicare la relazione:

$$var(X) = M(X^2) - [M(X)]^2 = \frac{\sum_{i=1}^{n} x_i^2 f_i}{N} - \left[\frac{\sum_{i=1}^{n} x_i f_i}{N}\right]^2,$$

che evita il calcolo degli scarti.
La lieve differenza rispetto ai valori calcolati in precedenza è dovuta al fatto che i raggruppamenti in classi permettono una conoscenza più generale del fenomeno a scapito di una conoscenza più analitica dei valori.

Prendiamo ora in considerazione la modalità qualitativa relativa al Comune di residenza degli studenti. Il parametro della popolazione ϑ in questo caso è la **percentuale** (o **proporzione**) degli elementi che possiedono una certa caratteristica o un certo attributo.
Classifichiamo la popolazione X degli studenti a seconda che sia residente nello stesso Comune dove si trova la scuola frequentata, oppure in altro Comune.

Comune di residenza	Numero alunni (S)
residenti nello stesso Comune della scuola	21
residenti in altro Comune	7

Se indichiamo con S il numero degli elementi di N che possiedono la proprietà considerata, il parametro della popolazione

$$p = \frac{S}{N}$$

per gli studenti residenti nello stesso Comune sede della scuola è:

$$p = \frac{21}{28} = 0{,}75 = 75\%.$$

Parametri sul campione

Consideriamo di nuovo le altezze dei 28 alunni e un campione formato da 5 elementi. Le altezze degli alunni che formano il campione sono:

178, 171, 177, 177, 167.

Calcoliamo il valore medio e la varianza dell'altezza. I procedimenti di calcolo non cambiano, ma usiamo simboli diversi per non confondere la media aritmetica e la varianza del campione con la media aritmetica e la varianza dell'universo:

$$\bar{x} = \frac{178 + 171 + 177 + 177 + 167}{5} = \frac{870}{5} = 174;$$

$$s^2 = \frac{(178 - 174)^2 + (171 - 174)^2 + \ldots + (167 - 174)^2}{5} = \frac{92}{5} = 18{,}4.$$

Consideriamo un altro campione formato da 5 elementi.

163 176 181 167 171

Determiniamo anche su questo campione la media e la varianza.

$$\bar{x} = \frac{163 + 176 + 181 + 167 + 171}{5} = \frac{858}{5} = 171{,}6$$

$$s^2 = \frac{(163 - 171{,}6)^2 + (176 - 171{,}6)^2 + \ldots + (171 - 171{,}6)^3}{5} =$$

$$\frac{203{,}2}{5} = 40{,}64$$

Possiamo osservare che, mentre i parametri della popolazione μ e σ^2 sono valori costanti, i valori della media $\bar{x}$ e della varianza s^2 variano da campione a campione e vengono detti **stime** della popolazione.

Analogamente, se ora classifichiamo gli elementi del campione estratto a seconda del Comune di residenza, coincidente o no con la sede della scuola, otteniamo la **frequenza del campione** indicata con f. Se nel campione considerato tre dei cinque alunni hanno la residenza nel Comune sede della scuola:

$$f = \frac{3}{5} = 0{,}6 = 60\%.$$

Anche in questo caso, se cambiamo campione, otterremo una frequenza differente. L'importante è non confondere i parametri della popolazione con le corrispondenti stime ricavate dal campione. Per questo riassumiamo i simboli in una tabella.

	Numerosità	**Media**	**Varianza**	**Percentuale**
Popolazione	N	μ	σ^2	p
Campione	n	$\bar{x}$	s^2	f

► Nel reparto maternità dell'ospedale «Italia» nel corso di una settimana si sono avute 12 nascite. I pesi rilevati in kg sono: 2,8; 3,2; 3,9; 3,1; 2,9; 3,7; 3,9; 3,4; 4,2; 3,0; 3,4; 3,3. Un campione di 5 unità ha fornito i seguenti valori: 3,2; 3,7; 3,0; 3,2; 3,4. Determina la media aritmetica, la varianza e la deviazione standard della popolazione e del campione.

► Su una popolazione di 800 gatti, 650 sono grigi. Dalla popolazione vengono estratti 400 gatti e si osserva che la frequenza dei gatti grigi sul campione è la stessa di quella sulla popolazione. Quanti sono i gatti grigi sul campione?

[325]

Gli elementi di sintesi ricavati dal campione sono una stima dei parametri della popolazione. L'inferenza statistica fornisce gli strumenti per determinare fino a che punto sono validi come stima.

3 Distribuzione della media campionaria

▶ Esercizi a p. 1580

Nel paragrafo precedente abbiamo considerato le altezze di 28 alunni e ne abbiamo calcolato la media $\mu = 173$ e la varianza $\sigma^2 = 31,71$.

Media e varianza della media campionaria

MATEMATICA E MEDICINA

Testare un farmaco

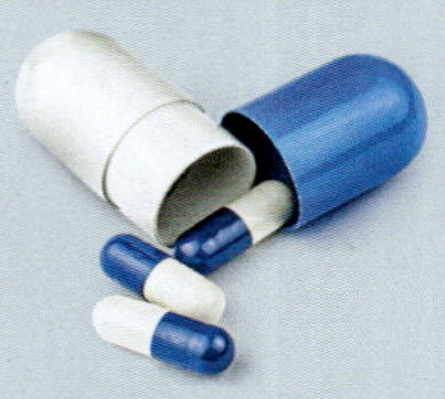

In che modo la statistica inferenziale ci permette di stabilire se un nuovo farmaco è efficace o meno?

La risposta

Consideriamo dei campioni di numerosità 4.
Indichiamo con X_1, X_2, X_3 e X_4 quattro variabili casuali: ciascuna rappresenta l'altezza di un elemento del campione. Sono variabili casuali perché, ogni volta che cambiamo il campione, cambiano gli elementi che lo compongono e quindi cambiano le altezze misurate su quel campione.
Supponiamo, per esempio di aver usato il campionamento bernoulliano. Avremo $28^4 = 614\,656$ possibili campioni. Non è pensabile poterli scrivere tutti, ma possiamo pensare di averlo fatto utilizzando uno schema come il seguente.

Numero campione	Valore X_1	Valore X_2	Valore X_3	Valore X_4
1	159	159	159	159
2	159	159	159	163
3	159	159	159	164
4	159	159	159	167
...	...	...	...	...
614 656	181	181	181	181

Nella prima colonna è riportato il numero del campione. Nelle successive sono riportati tutti i possibili valori delle variabili casuali X_1, X_2, X_3, X_4, dette **variabili casuali campionarie**.
Queste variabili sono indipendenti e tutte con la stessa distribuzione, dal momento che ciascuna può assumere uno qualunque dei valori rilevati sulla popolazione. La media di ciascuna variabile casuale è la media μ dell'universo:

$$M(X_1) = M(X_2) = M(X_3) = M(X_4) = \mu = 173.$$

Aggiungiamo allo schema precedente una colonna che riporta le medie aritmetiche dei valori di ciascun campione:

$$\overline{x}_1, \quad \overline{x}_2, \quad \overline{x}_3, \quad \overline{x}_4, \quad \ldots, \quad \overline{x}_{614656}.$$

I valori che compaiono nell'ultima colonna sono i valori che può assumere la variabile casuale chiamata **media campionaria**, indicata col simbolo $\overline{X}$.

Numero campione	Valore X_1	Valore X_2	ValoreX_3	Valore X_4	Valore $\overline{X}$
1	159	159	159	159	159
2	159	159	159	163	160
3	159	159	159	164	160,25
4	159	159	159	167	161
...	...	...	...	...	...
614656	181	181	181	181	181

Fondamentale è il fatto che **il valore medio della variabile media campionaria è uguale al valore della media della popolazione**. Nel nostro caso, cioè, vale:

$$M(\overline{X}) = 173.$$

Infatti, in generale la variabile media campionaria è la somma delle variabili campionarie divisa per la numerosità n del campione,

$$\overline{X} = \frac{X_1 + X_2 + \ldots + X_n}{n},$$

e pertanto, per le proprietà della media delle variabili casuali:

$$M(\overline{X}) = \frac{M(X_1 + X_2 + \ldots + X_n)}{n} = \frac{M(X_1) + M(X_2) + \ldots + M(X_n)}{n}.$$

Essendo le medie delle variabili casuali campionarie tutte uguali alla media μ dell'universo, adottando il simbolo $\mu_{\overline{X}}$ per indicare il valore medio della variabile media campionaria, si ha:

$$\mu_{\overline{X}} = M(\overline{X}) = \frac{n \cdot \mu}{n} = \mu.$$

Il valore $\sigma^2_{\overline{X}}$ della **varianza della variabile casuale media campionaria** è invece:

$$\sigma^2_{\overline{X}} = var(\overline{X}) = \frac{31,71}{4} \simeq 7,93 = \frac{\sigma^2}{4}.$$

Più in generale, su un campione di numerosità n si ha:

$$\sigma^2_{\overline{X}} = var(\overline{X}) = \frac{\sigma^2}{n},$$

un valore che è legato al valore della varianza della popolazione e che varia a seconda della numerosità del campione.

Possiamo verificare facilmente la relazione indicata.
Le variabili casuali campionarie hanno tutte varianza uguale alla varianza dell'universo:

$$var(X_1) = var(X_2) = \ldots = var(X_n) = \sigma^2.$$

Possiamo scrivere la variabile casuale media campionaria nel modo seguente,

TEORIA

► Su una popolazione di 4 unità sono stati rilevati i seguenti redditi annui (in migliaia di euro): 13, 15, 26, 28. Calcola la media μ e la varianza σ^2 dei redditi sulla popolazione. Considerando poi tutti i campioni di ampiezza 2 estraibili, scrivi i valori che assume la variabile casuale media campionaria e verifica che il suo valore medio è μ e la sua varianza è $\frac{\sigma^2}{2}$.

Animazione

$$\overline{X} = \frac{X_1}{n} + \frac{X_2}{n} + \ldots + \frac{X_n}{n},$$

e quindi, applicando le proprietà della varianza per variabili casuali indipendenti:

$$var(\overline{X}) = var\left(\frac{X_1}{n}\right) + var\left(\frac{X_2}{n}\right) + \ldots + var\left(\frac{X_n}{n}\right) =$$

$$\frac{1}{n^2} var(X_1) + \frac{1}{n^2} var(X_2) + \ldots + \frac{1}{n^2} var(X_n) = \frac{1}{n^2}(n \cdot \sigma^2) = \frac{\sigma^2}{n}.$$

Consideriamo ora la situazione in cui i campioni sono **estratti in blocco**.

In questo caso, lo spazio dei campioni è costituito da

$$C_{28,4} = \binom{28}{4} = 20\,475$$

campioni.

Costruiamo di nuovo 4 variabili casuali X_1, X_2, X_3, X_4 e una tabella analoga alla precedente.

Numero campione	Valore X_1	Valore X_2	Valore X_3	Valore X_4	Valore $\overline{X}$
1	159	163	164	167	163,25
2	159	163	164	167	163,25
3	159	163	164	168	163,50
4	159	163	164	168	163,50
…	…	…	…	…	…
20 475	179	179	180	181	179,75

Le variabili campionarie questa volta sono dipendenti in quanto un valore di un elemento dipende dai valori usciti in precedenza e condiziona i successivi.
Ogni variabile casuale campionaria X_1, X_2, X_3, X_4 ha una sua distribuzione di probabilità e un suo valore medio.
Ma anche in questo caso si verifica che la media della variabile media campionaria è uguale alla media dell'universo:

$$M(\overline{X}) = \frac{M(X_1) + M(X_2) + M(X_3) + M(X_4)}{4} = \mu_{\overline{X}} = 173 = \mu.$$

Si dimostra che il valore $\sigma^2_{\overline{X}}$ della varianza della **variabile casuale media campionaria** $var(\overline{X})$ è invece

$$var(\overline{X}) = \sigma^2_{\overline{X}} = \frac{\sigma^2}{n} \cdot \frac{N-n}{N-1} = \frac{31,71}{4}\left(\frac{28-4}{28-1}\right) \simeq 7,93 \cdot \frac{24}{27} \simeq 7,05,$$

cioè è *un valore che è legato a quello della varianza della popolazione e che varia a seconda della sua numerosità e di quella del campione.*

Generalizziamo i risultati trovati con il teorema seguente.

TEOREMA

Data una popolazione avente parametri μ e σ^2, n variabili campionarie X_1, X_2, …, X_n derivanti da un campionamento di tipo bernoulliano o con estrazione in blocco e indicata con

$$\overline{X} = \frac{X_1 + X_2 + \ldots + X_n}{n}$$

la variabile media campionaria, si ha che:

- la media $\mu_{\overline{X}}$ di $\overline{X}$ è uguale alla media della popolazione $\mu_{\overline{X}} = M(\overline{X}) = \mu$;
- la varianza $\sigma^2_{\overline{X}}$ di $\overline{X}$:
  - nel caso di estrazione bernoulliana è $\sigma^2_{\overline{X}} = var(\overline{X}) = \dfrac{\sigma^2}{n}$;
  - nel caso di estrazione in blocco è $\sigma^2_{\overline{X}} = var(\overline{X}) = \dfrac{\sigma^2}{n} \cdot \dfrac{N-n}{N-1}$.

► I voti in matematica di Chiara sono stati: 8, 6, 4, 10, 6. Calcola la media, la varianza e la deviazione standard sulla popolazione e gli stessi valori per la variabile media campionaria $\overline{X}$ per campioni di numerosità 4 estratti con ripetizione e in blocco.
[$\mu = 6{,}8$; $\sigma^2 = 4{,}16$; $\sigma = 2{,}04$; $\mu_{\overline{X}} = 6{,}8$; $\sigma^2_{\overline{X}} = 0{,}26$; $\sigma_{\overline{X}} = 0{,}51$]

Le relazioni del teorema hanno carattere generale e sono valide qualunque sia il tipo di distribuzione originaria della popolazione. Esse esprimono il legame tra la media e la varianza della variabile media campionaria con la media e la varianza della popolazione originaria.

Per una stessa popolazione, la varianza della media campionaria nel caso di estrazione in blocco ha sempre un valore inferiore al valore per un'estrazione bernoulliana.

Osserviamo inoltre che:

- nel campionamento bernoulliano, quando aumenta la numerosità n del campione, il valore di $\sigma^2_{\overline{X}}$ diminuisce e, nel caso di estrazione in blocco, quando $n = N$ si ha $\sigma^2_{\overline{X}} = 0$;
- quando N è molto elevato ($N \to +\infty$), allora $\dfrac{N-n}{N-1} \to 1$ e cade la distinzione fra i due tipi di campionamento.

In virtù di questa osservazione e considerando che la necessità di indagare su un campione è tanto più motivata quanto maggiore è la numerosità della popolazione, è sensato, al fine di semplificare i calcoli e di utilizzare alcuni risultati di probabilità, considerare solo il campionamento di tipo bernoulliano.
Questo infatti ci assicura che le variabili campionarie sono indipendenti e tutte con la stessa distribuzione. Tale supposizione è ragionevole. Se consideriamo, per esempio, un'indagine sull'altezza della popolazione italiana, ci aspettiamo che l'altezza di una persona non influenzi e non sia influenzata dall'altezza di un'altra e perciò che le variabili aleatorie che rappresentano le altezze di queste due persone siano indipendenti e con la stessa distribuzione di probabilità.

Nel seguito, quindi, ipotizzeremo sempre che le variabili campionarie X_1, X_2, …, X_n siano **indipendenti** e **con la stessa distribuzione di probabilità**, uguale a quella del carattere sulla popolazione. L'insieme delle variabili campionarie con queste caratteristiche si chiama **campione casuale** di numerosità n.

Distribuzione di probabilità della media campionaria

Un risultato della probabilità ci assicura che se X e Y sono variabili casuali indipendenti e con distribuzione normale e a e b sono due numeri reali, allora anche $aX + bY$ è una variabile casuale con distribuzione normale.

Quando la distribuzione del carattere sulla popolazione è normale, allora anche la distribuzione delle variabili $X_1, X_2, \dots, X_n$ del campione casuale è normale. Poiché queste sono indipendenti e

$$\overline{X} = \frac{1}{n}X_1 + \frac{1}{n}X_2 + \dots + \frac{1}{n}X_n$$

per il risultato precedente, possiamo concludere che anche la distribuzione della media campionaria $\overline{X}$ è normale.

Ma abbiamo un risultato ancora più importante. La distribuzione della media campionaria $\overline{X}$ tende a diventare una distribuzione normale, qualunque sia il tipo di distribuzione della popolazione X, al crescere della dimensione n del campione. Vale infatti il seguente teorema.

TEOREMA

Teorema del limite centrale

Date n variabili aleatorie $X_1, X_2, \dots, X_n$, indipendenti, tutte con la stessa distribuzione e aventi media μ e varianza σ^2 finite, al crescere di n, la distribuzione della media campionaria $\overline{X} = \frac{X_1 + X_2 + \dots + X_n}{n}$ tende a una distribuzione normale con media μ e varianza $\frac{\sigma^2}{n}$.

Questo teorema è importante in quanto ci permette di considerare come normali tutte le distribuzioni della media campionaria quando $n > 30$.

Infatti, qualunque sia la distribuzione del carattere oggetto di studio sulla popolazione, le variabili casuali $X_1, X_2, \dots, X_n$ che costituiscono il campione casuale sono indipendenti e tutte con la stessa distribuzione, hanno tutte media e varianza finite e quindi soddisfano le ipotesi del teorema del limite centrale. A patto di prendere un campione abbastanza numeroso, possiamo considerare perciò la media campionaria sempre con distribuzione normale.

► Una popolazione formata da 300 confezioni di biscotti ha come peso medio $\mu = 380$ g e una deviazione standard $\sigma = 8$ g. Determina il peso medio e la deviazione standard della media campionaria considerando un campionamento di numerosità 40 nel caso di estrazione bernoulliana. Qual è la distribuzione di $\overline{X}$?

[380 g; 1,26 g]

Possiamo vedere nel grafico a fianco la distribuzione (rappresentata in nero) del carattere X sulla popolazione. Con il tratteggio, invece, abbiamo rappresentato le distribuzioni di due medie campionarie $\overline{X_1}$ (in rosso) e $\overline{X_2}$ (in giallo) su campioni di numerosità rispettivamente n_1 e n_2, con $n_1 < n_2$. Possiamo osservare che le tre distribuzioni hanno la stessa media μ.

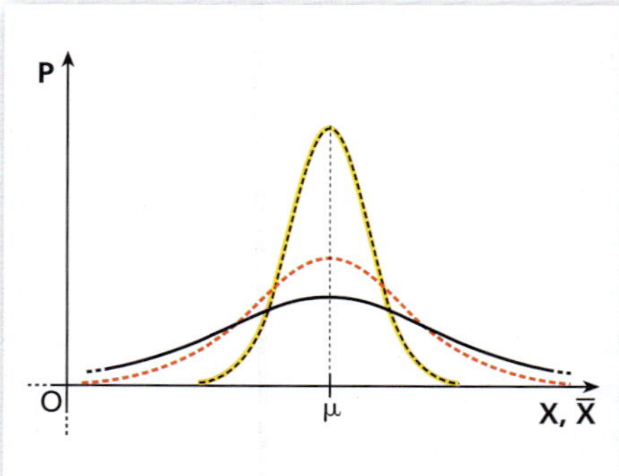

Inoltre, aumentando la numerosità del campione, la varianza della variabile media campionaria, che è sempre inferiore alla varianza della popolazione, tende a diminuire. Questo significa che le medie campionarie hanno una minore dispersione e diventano più «strette» intorno al valore medio.

La conclusione è interessante in quanto possiamo affermare che, aumentando la numerosità del campione, aumenta la probabilità che la media di un campione differisca di poco dalla media della popolazione.

4 Particolari distribuzioni campionarie

Distribuzione della varianza campionaria

▶ Esercizi a p. 1582

Per descrivere un fenomeno, oltre all'indice di sintesi fornito dalla media aritmetica, assume rilevanza anche la variabilità.

Consideriamo sempre la nostra popolazione di 28 alunni e il nostro campione statistico X_1, X_2, X_3, X_4, con il quale avevamo costruito la variabile casuale media campionaria $\overline{X}$, e prendiamo nuovamente in esame la tabella che elencava tutti i campioni di numerosità $n = 4$ estratti secondo lo schema bernoulliano o con ripetizione. Aggiungiamo una colonna che riporta il valore della varianza su ogni campione.

Numero campione	Valore X_1	Valore X_2	Valore X_3	Valore X_4	Valore $\overline{X}$	Varianza su ogni campione
1	159	159	159	159	159	0
2	159	159	159	163	160	3
3	159	159	159	164	160,25	4,6875
4	159	159	159	167	161	13
...	...	...	...	...	...	...
614656	181	181	181	181	181	0

Definiamo la variabile casuale **varianza campionaria S^2** nel seguente modo:

$$S^2 = \frac{\sum_{i=1}^{n} (X_i - \overline{X})^2}{n}.$$

I valori che essa assume nel nostro esempio sono quelli dell'ultima colonna della tabella precedente.
Osserviamo che in questo caso il **valore medio** $M(S^2)$ **non coincide** con il valore della varianza della popolazione. Indicando col simbolo μ_{S^2} il valore numerico della media della varianza campionaria, cioè $M(S^2)$, si ha quindi:

$$\mu_{S^2} \neq \sigma^2.$$

Infatti, per la popolazione che stiamo considerando, $\sigma^2 = 31,71$, mentre $\mu_{S^2} = 23,79$.

Il valore μ_{S^2} della media della variabile casuale S^2 è legato al valore di σ^2 secondo la relazione del seguente teorema, che per semplicità non dimostriamo.

▶ Una popolazione di 10 persone ha sostenuto presso un'edicola i seguenti costi in euro per l'acquisto di quotidiani nel corso di una settimana: 10,5; 9; 18; 15; 6; 4,5; 10,5; 7,5; 6; 9. Avendo effettuato un campionamento di numerosità $n = 4$, determina il valore medio della variabile varianza campionaria S^2. [11,88]

TEOREMA

Data una popolazione avente parametri μ e σ^2 e un campione statistico X_1, X_2, ..., X_n, la media della variabile casuale varianza campionaria S^2 per un'estrazione bernoulliana è

$$\mu_{S^2} = M(S^2) = \frac{n-1}{n}\sigma^2.$$

Distribuzione della differenza fra due medie campionarie

▶ Esercizi a p. 1583

Dobbiamo studiare la differenza fra la durata di pezzi meccanici soggetti a usura, prodotti da due distinte macchine aventi caratteristiche tecniche diverse.

Abbiamo quindi due caratteri uguali e **due distinte popolazioni**. Indichiamo con X e Y i caratteri sulle due popolazioni e con N e M le rispettive numerosità.
Sulle due popolazioni considerate i caratteri hanno rispettivamente media μ_X e μ_Y e varianza σ_X^2 e σ_Y^2.

Per fissare le idee, attribuiamo a questi parametri i seguenti valori:

$$N = 500, \qquad \mu_X = 36, \qquad \sigma_X^2 = 16;$$
$$M = 400, \qquad \mu_Y = 40, \qquad \sigma_Y^2 = 27.$$

Estraiamo $n = 20$ elementi dalla popolazione X, $m = 30$ elementi dalla popolazione Y e costruiamo le due variabili medie campionarie $\overline{X}$ e $\overline{Y}$. Esse avranno, rispettivamente, medie

$$\mu_{\overline{X}} = \mu_X = 36 \qquad \text{e} \qquad \mu_{\overline{Y}} = \mu_Y = 40,$$

e varianze

$$\sigma_{\overline{X}}^2 = \frac{\sigma_X^2}{n} = \frac{16}{20} = 0{,}8 \qquad \text{e} \qquad \sigma_{\overline{Y}}^2 = \frac{\sigma_Y^2}{m} = \frac{27}{30} = 0{,}9.$$

La variabile casuale i cui valori sono le differenze fra il valore medio $\overline{x}$ di ogni campione di X e il valore medio $\overline{y}$ di ogni campione di Y si chiama **differenza fra medie campionarie** e viene indicata con l'espressione $(\overline{X} - \overline{Y})$.
Il suo valore medio è

$$M(\overline{X} - \overline{Y}) = M(\overline{X}) - M(\overline{Y}) = \mu_{\overline{X}} - \mu_{\overline{Y}} = \mu_X - \mu_Y$$

e la varianza è

$$\sigma_{(\overline{X}-\overline{Y})}^2 = var(\overline{X} - \overline{Y}) = var(\overline{X}) + var(\overline{Y}) = \frac{\sigma_X^2}{n} + \frac{\sigma_Y^2}{m}.$$

Nel nostro esempio abbiamo per la media

$$M(\overline{X} - \overline{Y}) = \mu_X - \mu_Y = 36 - 40 = -4$$

e per la varianza

$$\sigma_{(\overline{X}-\overline{Y})}^2 = 0{,}8 + 0{,}9 = 1{,}7.$$

Osserviamo che, se i caratteri X e Y sulle due popolazioni hanno distribuzioni normali, anche le variabili casuali campionarie X_1, ..., X_n e Y_1, ..., Y_m hanno distribuzioni normali. Ne segue che anche $\overline{X}$ e $\overline{Y}$ sono normali e quindi lo è anche la loro differenza $\overline{X} - \overline{Y}$.

▶ Confronta i clienti di due agenzie bancarie che usano fare operazioni online. Nella prima agenzia si sono rilevate in un mese in media 25 operazioni, con una varianza di 12; nella seconda agenzia le operazioni nello stesso mese in media sono state 23, con una varianza di 8. Determina la media e la varianza della variabile casuale differenza fra medie, avendo estratto due campioni rispettivamente di 140 e 160 clienti. [2; 0,14]

▶ Considera due popolazioni di famiglie formate da tre persone, per confrontare il consumo di acqua in un mese. Le due popolazioni hanno numerosità 120 e 80, le medie sono 20 m^3 e 28 m^3 e le varianze 14 (m^3)^2 e 16 (m^3)^2. Avendo estratto due campioni rispettivamente di 36 e 24 unità, puoi affermare che la variabile differenza fra medie campionarie è normale? Perché?

Nel caso in cui i due caratteri X e Y non abbiano distribuzione normale o la loro distribuzione sia sconosciuta, e quindi non siano normali nemmeno le distribuzioni delle variabili casuali campionarie dei due caratteri, a patto di prendere sia n sia m maggiori di 30, possiamo concludere, grazie al teorema del limite centrale, che sia $\overline{X}$ sia $\overline{Y}$ possono essere considerate variabili casuali normali e perciò anche la loro differenza.

Distribuzione della frequenza campionaria

▶ Esercizi a p. 1584

Uno dei parametri della popolazione è la *percentuale* (o *proporzione*) p degli elementi che possiedono una determinata caratteristica.
Nell'esempio considerato nel secondo paragrafo, 21 studenti su 28 risiedevano nello stesso Comune in cui era situata la scuola e pertanto:

$$p = \frac{21}{28} = 0{,}75.$$

Abbiamo indicato, invece, con f la percentuale degli elementi del campione che possiedono questa caratteristica che varia a seconda del campione.
Nel nostro esempio, in un campione di $n = 5$ studenti, 3 risiedevano nello stesso Comune sede della scuola e pertanto:

$$f = \frac{3}{5} = 0{,}6.$$

Questo è il valore su uno dei tanti campioni di numerosità 5 che possiamo estrarre dalla nostra popolazione.
In generale, se siamo interessati a campioni di numerosità n, costruiamo n variabili casuali $X_1, \ldots, X_n$.
Ogni variabile vale 1 se il corrispondente elemento del campione ha la proprietà richiesta, altrimenti 0.
Ogni X_i ha la stessa distribuzione del carattere sulla popolazione ed è perciò bernoulliana di parametro p, dove p è la proporzione sulla popolazione.

Definiamo la variabile casuale **frequenza campionaria** nel seguente modo:

$$F = \frac{X_1 + \ldots + X_n}{n}.$$

Questa può assumere valori

$$\frac{0}{n}, \quad \frac{1}{n}, \quad \frac{2}{n}, \quad \ldots, \quad \frac{n}{n},$$

a seconda di quanti elementi del campione considerato soddisfano la caratteristica richiesta.
Se nessun elemento del campione, soddisfa la caratteristica, allora tutte le variabili aleatorie a numeratore valgono 0 e quindi anche la somma. Se tutti soddisfano la caratteristica, allora tutte le variabili casuali valgono 1 e quindi la somma vale n e così via.
In altri termini, il valore, su un campione, della variabile casuale F, è dato dalla frequenza degli elementi che soddisfano la proprietà richiesta divisa per la numerosità del campione.
Per esempio, per $n = 5$ e sul campione considerato in precedenza F vale 0,6.

TEORIA

Ricordando che una variabile casuale bernoulliana di parametro p ha media p e varianza $p(1-p)$, possiamo trovare la media e la varianza della frequenza campionaria:

$$M(F) = M\left(\frac{X_1 + \ldots + X_n}{n}\right) = \frac{1}{n}[M(X_1) + \ldots + M(X_n)] = \frac{np}{n} = p$$

e

$$\sigma_F^2 = var\left(\frac{X_1 + \ldots + X_n}{n}\right) = \frac{1}{n^2}[var(X_1) + \ldots + var(X_n)] =$$
$$\frac{np(1-p)}{n^2} = \frac{p(1-p)}{n}.$$

Inoltre, la variabile F ha una distribuzione binomiale in quanto la probabilità che F assuma un certo valore x è uguale alla probabilità che su n elementi del campione x presentino la caratteristica richiesta.

Possiamo perciò calcolare direttamente la probabilità che F assuma un valore x con la formula

$$p(F = x) = \binom{n}{x} p^x (1-p)^{n-x}.$$

ESEMPIO

Abbiamo un universo formato da $N = 4$ elementi. Di questi 3 possiedono una determinata caratteristica che indichiamo con 1 (0 indica l'assenza della caratteristica).

Elementi della popolazione	A	B	C	D
Caratteristica	1	0	1	1

Esaminando l'universo rileviamo che $p = \frac{3}{4}$.

La distribuzione di X sulla popolazione è rappresentata in tabella.
La variabile X è perciò bernoulliana di parametro p e quindi

X	0	1
$p(x)$	$\frac{1}{4}$	$\frac{3}{4}$

$$\mu = M(X) = 0 \cdot \frac{1}{4} + 1 \cdot \frac{3}{4} = \frac{3}{4} = p,$$

$$\sigma^2 = var(X) = \left(0 - \frac{3}{4}\right)^2 \cdot \frac{1}{4} + \left(1 - \frac{3}{4}\right)^2 + \frac{3}{4} = \frac{9}{16} \cdot \frac{1}{4} + \frac{1}{16} \cdot \frac{3}{4} =$$
$$\frac{3}{4} \cdot \frac{1}{4} = p(1-p).$$

Consideriamo tutti i campioni con numerosità $n = 3$ che sono $4^3 = 64$. Calcoliamo su ognuno il valore della variabile frequenza campionaria F. Essa può assumere i valori

$$0, \frac{1}{3}, \frac{2}{3}, 1.$$

Raggruppiamo i campioni su cui F assume lo stesso valore in modo da dedurre la distribuzione di F.

Spazio dei campioni	F	Numero campioni	$p(F)$
BBB	0	1	$\frac{1}{64}$
ABB BAB BBA BBC BBD BCB BDB CBB DBB	$\frac{1}{3}$	9	$\frac{9}{64}$
AAB ABA ABC ABD ACB ADB BAA BAC BAD BCA BCC BCD BDA BDC BDD CAB CBA CBC CBD CCB CDB DAB DBA DBC DBD DCB DDB	$\frac{2}{3}$	27	$\frac{27}{64}$
AAA AAC AAD ACA ACC ACD ADA ADC ADD CAA CAC CAD CCA CCC CCD CDA CDC CDD DAA DAC DAD DCA DCC DCD DDA DDC DDD	1	27	$\frac{27}{64}$

Potevamo determinare la distribuzione di questa variabile casuale direttamente osservando che in un campione di tre elementi la caratteristica può presentarsi 0, 1, 2 o 3 volte, cioè con $F = 0, \frac{1}{3}, \frac{2}{3}, 1$.

Applicando lo schema delle prove ripetute con $p = \frac{3}{4}$ e $1 - p = \frac{1}{4}$, determiniamo:

$$p(F=0) = \binom{3}{0}\left(\frac{3}{4}\right)^0\left(\frac{1}{4}\right)^3 = \frac{1}{64}, \quad p\left(F=\frac{1}{3}\right) = \binom{3}{1}\left(\frac{3}{4}\right)^1\left(\frac{1}{4}\right)^2 = \frac{9}{64},$$

$$p\left(F=\frac{2}{3}\right) = \binom{3}{2}\left(\frac{3}{4}\right)^2\left(\frac{1}{4}\right)^1 = \frac{27}{64}, \quad p(F=1) = \binom{3}{3}\left(\frac{3}{4}\right)^3\left(\frac{1}{4}\right)^0 = \frac{27}{64}.$$

Ritroviamo che:

$$\mu_F = M(F) = 0 \cdot \frac{1}{64} + \frac{1}{3} \cdot \frac{9}{64} + \frac{2}{3} \cdot \frac{27}{64} + 1 \cdot \frac{27}{64} = \frac{3}{4} = p;$$

$$\sigma_F^2 = var(F) = \left(0 - \frac{3}{4}\right)^2 \cdot \frac{1}{64} + \left(\frac{1}{3} - \frac{3}{4}\right)^2 \cdot \frac{9}{64} + \left(\frac{2}{3} - \frac{3}{4}\right)^2 \cdot \frac{27}{64} +$$

$$+\left(1 - \frac{3}{4}\right)^2 \cdot \frac{27}{64} = \frac{1}{16} = \frac{\frac{3}{4} \cdot \frac{1}{4}}{3} = \frac{p \cdot (1-p)}{n}.$$

► In un gruppo di 6 persone, 5 posseggono la bicicletta. Determina la proporzione della popolazione e la distribuzione della frequenza campionaria F nel caso di un campionamento di numerosità 4.

Animazione

5 Stimatori e loro proprietà

► Esercizi a p. 1585

L'esame delle caratteristiche delle distribuzioni campionarie ha permesso di stabilire quali legami sussistono tra le loro medie e varianze e quelle della popolazione. Quando non possiamo determinare un **parametro** ϑ della popolazione, per l'impossibilità di effettuare una rilevazione completa, dobbiamo adottare uno **stimatore** ***T*** che utilizzando i valori rilevati su un campione fornisca una **stima** del parametro ϑ.
Lo stimatore risulta quindi essere una funzione di più variabili e queste sono le variabili casuali $X_1, X_2, \ldots, X_n$ che formano il campione statistico.

Indichiamo genericamente lo stimatore così:

$$T = f(X_1, X_2, \ldots, X_n).$$

Listen to it

An **estimator** *T* can be used to give an *estimate* of a parameter ϑ of a statistical population. The parameter to be estimated is called the *estimand*.

Se per esempio vogliamo stimare la media dell'universo, la formula della funzione dello *stimatore* è

$$\overline{X} = \frac{X_1 + X_2 + \ldots + X_n}{n},$$

e, sostituendo i valori rilevati sul campione estratto, otteniamo il valore della stima:

$$\overline{x} = \frac{x_1 + x_2 + \ldots + x_n}{n}.$$

L'attendibilità di una stima dipende dalla cura con cui è stato formato il campione, ma soprattutto dallo stimatore che deve essere:

- *corretto*;
- *consistente*;
- *efficiente*.

Lo stimatore T si dice **corretto** quando il suo valore medio è uguale al parametro della popolazione:

$$M(T) = \vartheta.$$

Lo stimatore media campionaria $\overline{X}$ è corretto; infatti, come abbiamo rilevato nello studio delle distribuzioni campionarie:

$$M(\overline{X}) = M(X) \text{ e pertanto } \mu_{\overline{X}} = \mu.$$

La *mediana* è uno *stimatore corretto della media* μ della popolazione nel caso in cui questa abbia una distribuzione simmetrica.
Anche F è uno stimatore corretto, mentre S^2 fornisce una stima distorta.

Lo stimatore T è **consistente** (o coerente) se al tendere della numerosità del campione all'infinito, cioè $n \to \infty$, il suo valore tende al valore del parametro della popolazione, cioè

$$\lim_{n \to \infty} p(|T - \vartheta| < \varepsilon) = 1,$$

ovvero la probabilità che la differenza in valore assoluto fra la stima e il parametro dell'universo sia minore di un valore ε *piccolo a piacere* tende alla certezza.

Lo stimatore è **efficiente** se la sua varianza è piccola, quindi se le stime fornite dallo stimatore T, a parità di n, sono valori che si concentrano maggiormente intorno al suo valore medio, che è il parametro ϑ.
In modo più rigoroso si dice che T è uno stimatore più efficiente di T' se:

$$var(T) < var(T').$$

► S e T sono due stimatori di un parametro ϑ su campioni della stessa numerosità e sono tali che $6M(S) = 2\vartheta$ e $var(S) = 3$; $M(T) = \vartheta$ e $var(T) = 8$. Stabilisci quale stimatore è corretto e quale stimatore è più efficiente.

Varianza corretta

Sappiamo che in caso di estrazione bernoulliana la varianza campionaria S^2 ha media:

$$\mu_{S^2} = M(S^2) = \frac{n-1}{n}\sigma^2 \neq \sigma^2.$$

Dunque S^2 non è uno stimatore corretto.

Per eliminare questa distorsione introduciamo la **varianza campionaria corretta**:

$$S_c^2 = \frac{n}{n-1} \cdot S^2 = \frac{n}{n-1} \cdot \frac{\sum_{i=1}^{n} (X_i - \overline{X})^2}{n} = \frac{\sum_{i=1}^{n} (X_i - \overline{X})^2}{n-1}.$$

Questo stimatore è corretto. Infatti, il valore medio di questa distribuzione campionaria risulta uguale alla varianza della popolazione:

$$\mu_{S_c^2} = M(S_c^2) = M\left(\frac{n}{n-1} \cdot S^2\right) = \frac{n}{n-1} M(S^2) = \frac{n}{n-1} \cdot \frac{n-1}{n} \cdot \sigma^2 = \sigma^2.$$

6 Stima puntuale

▶ Esercizi a p. 1588

Stima puntuale di una media

Da una popolazione costituita da 800 candidati al concorso di ammissione dell'Accademia militare abbiamo estratto un campione di $n = 100$ elementi e abbiamo calcolato l'altezza media $\overline{x}$, che è risultata di 173 cm. Da osservazioni precedenti sappiamo che la varianza σ^2 delle altezze dei candidati è 49 cm^2.
Il valore ricavato dal campione costituisce la stima dell'altezza media della popolazione.
È una **stima puntuale della media** in quanto il calcolo che abbiamo effettuato sui valori del campione ha fornito un solo valore numerico.
Non conoscendo la media su tutta la popolazione, possiamo assumere che questa sia uguale a quella trovata al campione, ma con un margine di errore.
Per associare a questa stima un valore che indichi il suo grado di incertezza, utilizziamo $\sigma_{\overline{X}}$, deviazione standard della distribuzione media campionaria, che indica la variabilità dello stimatore $\overline{X}$ intorno al suo valore medio e viene chiamata **errore standard**.
Tenendo presente che $\sigma_{\overline{X}} = \sqrt{\sigma^2_{\overline{X}}}$, abbiamo che:

$$\sigma_{\overline{X}} = \frac{\sigma}{\sqrt{n}}.$$

Quindi per la popolazione considerata possiamo assumere come altezza media della popolazione $\overline{x} = 173$ cm, con un errore standard

$$\sigma_{\overline{X}} = \frac{7}{\sqrt{100}} = 0{,}7 \text{ cm}.$$

Nella maggior parte dei casi il valore della varianza della popolazione σ^2 non è conosciuto. Al posto della varianza σ^2 possiamo usare una sua stima corretta calcolando il valore dello stimatore corretto s_c^2 sul campione. Otteniamo così:

$$s_c = s \cdot \sqrt{\frac{n}{n-1}}.$$

Indicando l'errore standard stimato con $s_{\overline{X}}$, ricaviamo:

$$s_{\overline{X}} = \frac{s}{\sqrt{n-1}}.$$

► Un universo di 2000 confezioni di patatine fritte ha peso medio $\mu = 250$ g e varianza $\sigma^2 = 40$ g^2. Un campione di 100 confezioni ha peso medio $\overline{x} = 245$ g. Determina una stima, con relativo errore standard, del peso medio della popolazione.
[245 g; 0,63 g]

▶ Un campione di 40 bambini di dieci anni, estratto da una popolazione di 500 unità, presenta un'altezza media $\overline{x} = 136$ cm con una varianza $s^2 = 25\ \text{cm}^2$. Determina una stima con relativo errore standard dell'altezza media dei bambini della popolazione. [136 cm; 0,80 cm]

Possiamo osservare che in ogni caso l'errore standard diminuisce all'aumentare della numerosità del campione.
Per esempio, se è nota σ l'errore dimezza quadruplicando n.

Consideriamo di nuovo la popolazione iniziale e supponiamo di non conoscere la varianza della popolazione e di aver rilevato la varianza del campione $s^2 = 36\ \text{cm}^2$.
In questo caso il valore dell'errore standard è:

$$s_{\overline{X}} = \frac{6}{\sqrt{99}} \simeq 0{,}60.$$

ESEMPIO

Una macchina confeziona ogni giorno 800 sacchetti di caramelle, e un campione casuale di 50 sacchetti ha rivelato un peso medio per sacchetto di 405 g con una deviazione standard di 12 g.

Determiniamo:

a. il peso medio di un sacchetto della produzione;

b. l'errore standard;

c. il peso totale delle caramelle prodotte con il relativo errore standard;

d. quale deve essere la numerosità del campione bernoulliano nel caso si voglia ridurre l'errore del 30%.

a. Assumiamo come peso medio di un sacchetto della produzione $\overline{x} = 405$ g.

b. L'errore standard è

$$s_{\overline{X}} = \frac{12}{\sqrt{49}}\ \text{g} \simeq 1{,}71\ \text{g}.$$

c. Il peso totale delle caramelle prodotte risulta

$$\overline{x} \cdot N = 405\ \text{g} \cdot 800 = 324\,000\ \text{g} = 324\ \text{kg},$$

con errore standard:

$$s_{\overline{X}} \cdot N = 800 \cdot \frac{12}{\sqrt{49}}\ \text{g} \simeq 1371\ \text{g} = 1{,}371\ \text{kg}.$$

d. La numerosità del campione nel caso si voglia ridurre l'errore del 30% è:

$$1{,}71 \cdot 0{,}7 = \frac{12}{\sqrt{n-1}} \rightarrow \sqrt{n-1} \simeq 10{,}03 \rightarrow n \simeq 102.$$

▶ Un campione di 26 forme di formaggio pecorino, estratto da una popolazione di 200 unità, ha peso medio di 2,5 kg, con una deviazione standard di 0,3 kg. Determina una stima del peso medio di ogni forma della popolazione con l'errore standard e calcola il peso totale stimato della popolazione accompagnato dal relativo errore standard. [2,5 kg; 0,06 kg; 500 kg; 12 kg]

Stima puntuale della differenza tra due medie

Se vogliamo valutare la differenza fra le medie di due popolazioni X e Y, dobbiamo effettuare questa stima utilizzando la differenza fra le medie di due campioni.

Indichiamo i parametri della popolazione e del campione con i simboli seguenti:

- N e M rappresentano la numerosità delle due popolazioni;
- n e m rappresentano la numerosità dei due campioni;
- $\overline{x}$ e $\overline{y}$ rappresentano le medie sui due campioni;
- σ_X^2 e σ_Y^2 rappresentano le varianze sulle due popolazioni.

Stimiamo la differenza fra le medie delle due popolazioni $(\mu_X - \mu_Y)$ con la differenza fra le medie dei due campioni $(\bar{x} - \bar{y})$.
L'errore standard è:

$$\sigma_{(\bar{X}-\bar{Y})} = \sqrt{\frac{\sigma_X^2}{n} + \frac{\sigma_Y^2}{m}}.$$

Se non sono note le varianze delle due popolazioni, possiamo stimarle con le varianze corrette sui due campioni estratti. Facendo riferimento a quanto abbiamo visto per la stima puntuale della media, e indicando rispettivamente con s_X^2 e s_Y^2 i valori degli stimatori della varianza calcolati sui campioni otteniamo:

$$s_{(\bar{X}-\bar{Y})} = \sqrt{\frac{s_X^2}{n-1} + \frac{s_Y^2}{m-1}}.$$

ESEMPIO

Due macchine confezionano scatole contenenti cemento rapido. Da un lotto di 1500 scatole della prima macchina e da un lotto di 1000 scatole della seconda macchina vengono estratti due campioni, rispettivamente di 120 e 80 unità. I due campioni hanno peso medio di 1020 g e 1014 g, con deviazioni standard rispettivamente di 15 g e 18 g.

La stima puntuale della differenza fra il peso medio delle due popolazioni risulta:

$$\bar{x} - \bar{y} = 1020 \text{ g} - 1014 \text{ g} = 6 \text{ g}.$$

L'errore standard è

$$s_{(\bar{X}-\bar{Y})} = \sqrt{\frac{225}{119} + \frac{324}{79}} \text{ g} = 2{,}45 \text{ g}.$$

► Sono state confrontate due popolazioni formate rispettivamente da 600 e da 500 fusibili confrontando due campioni rispettivamente di 40 e di 50 unità. La resistenza media del primo campione è di $0,4\ \Omega$, con deviazione standard di $0,03\ \Omega$, e quella del secondo è di $0,38\ \Omega$, con deviazione standard di $0,02\ \Omega$.
Effettua la stima della differenza dei valori medi delle resistenze delle due popolazioni con l'errore standard.
[$0,02\ \Omega; 0,0056\ \Omega$]

Stima puntuale di una percentuale

Possiamo effettuare osservazioni analoghe a quelle effettuate per la stima puntuale di una media.
Consideriamo di nuovo la popolazione degli 800 aspiranti cadetti e, volendo determinare la percentuale di essi che hanno una vista perfetta, usiamo i dati forniti dal nostro campione di 100 elementi. Se, fra questi, 77 hanno la vista perfetta, assumiamo come percentuale della popolazione p la frequenza sul campione:

$$f = \frac{77}{100} = 77\%.$$

Alla stima puntuale viene associato l'errore standard e, tenendo presenti le relazioni della varianza della distribuzione campionaria F, abbiamo l'errore standard:

$$s_F = \sqrt{\frac{f \cdot (1-f)}{n}}.$$

Per la popolazione da noi considerata avremo:

$$s_F = \sqrt{\frac{0{,}77 \cdot 0{,}23}{100}} \simeq 0{,}0421 = 4{,}21\%.$$

ESEMPIO

Si vuole stimare la percentuale delle persone che posseggono un cellulare in un Comune di 125 000 abitanti. Si estrae un campione di 4000 unità e da esso si rileva che 3456 persone posseggono un telefono cellulare.

TEORIA

► Una mostra di fotografie del periodo postbellico ha avuto 8450 visitatori. Un'indagine campionaria ha messo in evidenza che 96 visitatori su 120 hanno espresso un giudizio positivo. Calcola la stima puntuale della percentuale di gradimento della popolazione associandole l'errore standard e la stima del numero totale dei visitatori che hanno espresso un giudizio positivo con i relativi errori. [80%; 3,65%; 6760; 308]

Assumiamo come percentuale della popolazione la frequenza sul campione:

$$f = \frac{3456}{4000} = 0{,}864 = 86{,}4\%.$$

Valutiamo l'errore standard:

$$s_F = \sqrt{\frac{0{,}864 \cdot (1-0{,}864)}{4000}} \simeq 0{,}0054 = 0{,}54\%.$$

Possiamo stimare il numero delle persone che posseggono un cellulare,

$$N \cdot f = 125\,000 \cdot 0{,}864 = 108\,000,$$

con errore standard:

$$N \cdot s_F \simeq 125\,000 \cdot 0{,}0054 = 675.$$

Riassumendo.

Stima della	**Errore standard (nota σ)**	**Errore standard (σ non nota sostituita da s_c)**
media $\mu = \overline{x}$	$\sigma_{\overline{X}} = \frac{\sigma}{\sqrt{n}}$	$s_{\overline{X}} = \frac{s}{\sqrt{n-1}}$
differenza tra medie $\mu_X - \mu_Y = \overline{x} - \overline{y}$	$\sigma_{(\overline{X}-\overline{Y})} = \sqrt{\frac{\sigma_X^2}{n} + \frac{\sigma_Y^2}{m}}$	$s_{(\overline{X}-\overline{Y})} = \sqrt{\frac{s_X^2}{n-1} + \frac{s_Y^2}{m-1}}$
percentuale $p = f$		$s_F = \sqrt{\frac{f \cdot (1-f)}{n}}$

7 Stima per intervallo della media

▶ Esercizi a p. 1589

La stima puntuale della media della popolazione μ, anche se accompagnata dall'errore standard $\sigma_{\overline{X}}$ o $s_{\overline{X}}$, fornisce un valore del quale non conosciamo l'attendibilità. Risulta più opportuno determinare un intervallo, indicato come **intervallo di confidenza** o **di fiducia**, che contenga con una determinata probabilità il valore di μ ignoto.

Per il teorema del limite centrale, quando $n > 30$ la media campionaria $\overline{X}$ ha sempre distribuzione normale, qualunque sia la distribuzione della popolazione di cui si vuole stimare il parametro.

Pertanto, per effettuare la ricerca dell'intervallo di confidenza occorre distinguere tra grandi campioni ($n > 30$) e piccoli campioni.

Stima per intervallo della media di grandi campioni

Per comprendere il significato della stima per intervallo della media è necessario partire da un problema non inferenziale.

Abbiamo su una popolazione un carattere la cui distribuzione ha media $\mu = 35$ e

varianza $\sigma^2 = 16$. Consideriamo un campione statistico di numerosità $n = 50$, X_1, X_2, ..., X_{50} e la variabile casuale media campionaria $\overline{X}$.
Determiniamo la probabilità che $\overline{X}$ appartenga all'intervallo]34,5; 35,5[.
La variabile media campionaria $\overline{X}$ con media $\mu_{\overline{X}} = \mu = 35$ e varianza $\sigma^2_{\overline{X}} = \frac{16}{50} = 0,32$ ha distribuzione normale $N(35; 0,32)$.

Per calcolare la probabilità $p(34,5 < \overline{X} < 35,5)$ dobbiamo standardizzare la variabile media campionaria $\overline{X}$,

$$Z = \frac{\overline{X} - \mu}{\sigma_{\overline{X}}} = \frac{\overline{X} - \mu}{\frac{\sigma}{\sqrt{n}}},$$

ottenendo la distribuzione normale standardizzata $N(0; 1)$. Possiamo così utilizzare la tavola di Sheppard che riporta i valori dell'area sottesa alla curva tra 0 e un valore di z.

Nel caso che stiamo esaminando, essendo $\sigma_{\overline{X}} = \frac{4}{\sqrt{50}} \simeq 0,566$, abbiamo i due valori

$$z_1 = \frac{34,5 - 35}{0,566} \simeq -0,88, \qquad z_2 = \frac{35,5 - 35}{0,566} \simeq +0,88,$$

e pertanto:

$$p(34,5 < \overline{X} < 35,5) = p(-0,88 < Z < 0,88) = 2 \cdot p(0 < Z < 0,88) = 2 \cdot 0,3106 = 0,6212.$$

Possiamo quindi aspettarci che nel 62,12% dei casi, estraendo un campione, questo abbia una media compresa fra 34,5 e 35,5.

Risolviamo ora il problema inverso. Fissiamo il valore della probabilità, cioè fissiamo il **livello di confidenza** (o **di fiducia**) e come conseguenza determiniamo i limiti dell'intervallo.
Il livello di confidenza viene indicato con $(1 - \alpha)$, mentre α è **il livello di significatività** che rappresenta il rischio dell'indagine campionaria.
Per esempio, poniamo $(1 - \alpha) = 0,95$. Cerchiamo gli estremi z e $-z$ di un intervallo simmetrico rispetto allo 0 in modo che

$$p(-z < Z < z) = 1 - \alpha,$$

dove $Z = \frac{\overline{X} - \mu}{\frac{\sigma}{\sqrt{n}}}$.

Osservando la figura si vede che il numero z che cerchiamo è quello per cui l'area sotto il grafico di $F(z)$ tra 0 e z è

$$(1 - \alpha) : 2 = 0,95 : 2 = 0,4750.$$

Sulla tavola troviamo che deve essere $z = 1,96$.
Questo valore di z è chiamato **punto critico** o **limite di confidenza**.
Abbiamo perciò

$$p(0 < Z < 1,96) = 0,4750,$$

e quindi:

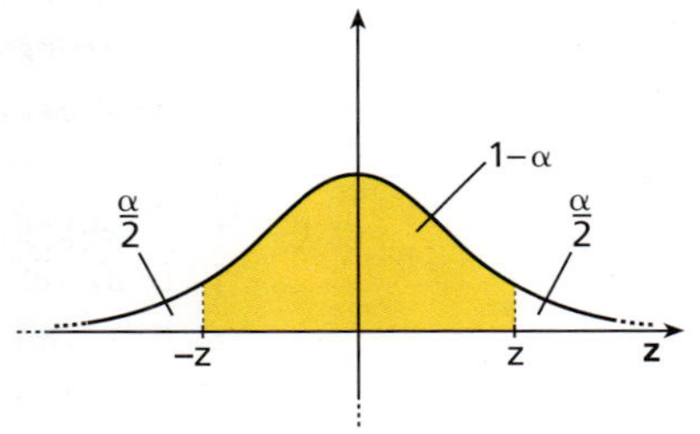

► Sulla popolazione dei pesci di un allevamento ittico si è trovato un peso medio $\mu = 7,6$ hg e una deviazione standard di 16 hg. Considerando campioni di numerosità 100, determina la probabilità che la variabile peso medio campionario sia maggiore di 6,6 hg e minore di 8,6 hg.
[0,4681]

$$p(-1{,}96 < Z < 1{,}96) = 0{,}95.$$

Sempre procedendo a ritroso, ricordando la definizione di Z, abbiamo

$$p\left(-1{,}96 < \frac{\overline{X}-\mu}{\frac{\sigma}{\sqrt{n}}} < 1{,}96\right) = 0{,}95,$$

da cui

$$p\left(-1{,}96 \cdot \frac{\sigma}{\sqrt{n}} < \overline{X}-\mu < 1{,}96 \cdot \frac{\sigma}{\sqrt{n}}\right) = 0{,}95,$$

e infine:

$$p\left(\mu - 1{,}96 \cdot \frac{\sigma}{\sqrt{n}} < \overline{X} < \mu + 1{,}96 \cdot \frac{\sigma}{\sqrt{n}}\right) = 0{,}95.$$

Sostituendo i valori numerici si ottiene:

$$p(33{,}891 < \overline{X} < 36{,}109) = 0{,}95.$$

Quindi ci aspettiamo che la media su un campione cada in detto intervallo nel 95% dei casi.

Evidentemente l'intervallo cambia a seconda dei valori del livello di confidenza e quindi dei valori dei punti critici di Z.
Utilizzando la tavola di Sheppard possiamo individuare i punti critici di Z relativi ai livelli di confidenza $(1-\alpha)$ che sono maggiormente usati.

Poiché l'area al di sotto della curva normale standardizzata è uguale a 1, per indicare un valore di z avente un'ascissa tale che l'area fino a quel punto esclude una zona di area pari ad $\frac{\alpha}{2}$ (cioè una *coda* della gaussiana), si utilizza il simbolo $+z_{1-\frac{\alpha}{2}}$ (con il segno meno si indica il suo simmetrico).

$(1-\alpha)$	$z_{1-\frac{\alpha}{2}}$
68,27%	1
80%	1,28
90%	1,645
95%	1,96
95,45%	2
99%	2,576
99,74%	3
99,99%	3,29

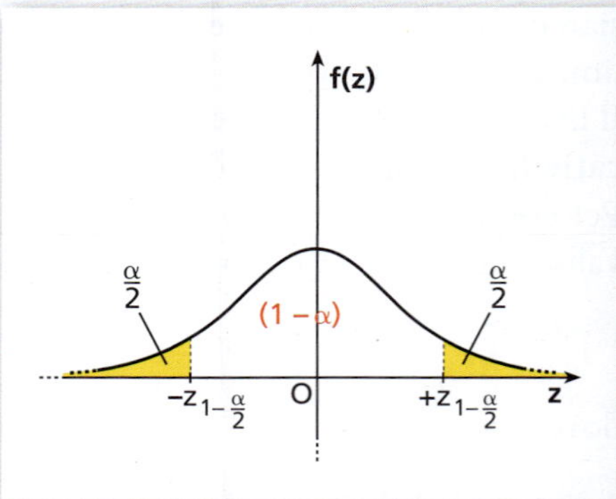

Video

Teoria degli errori
In fisica, utilizziamo la teoria degli errori per calcolare gli errori da associare alle misure effettuate durante un esperimento.

► Qual è il legame tra questa teoria e la statistica? Vediamo un esempio.

Ricordiamo il problema che ci eravamo posti inizialmente. Dobbiamo determinare un intervallo che, con un certo grado di fiducia, contenga la media μ della popolazione, che è incognita. Conosciamo invece la media $\overline{x}$ rilevata su un campione. Partiamo da questa per costruire l'intervallo.
Supponiamo prima che sia nota la varianza σ^2 sulla popolazione e partiamo dalla relazione che indica che un campione ha probabilità $(1-\alpha)$ di trovarsi in un detto intervallo:

$$p\left(\mu - z_{1-\frac{\alpha}{2}} \cdot \frac{\sigma}{\sqrt{n}} < \overline{X} < \mu + z_{1-\frac{\alpha}{2}} \cdot \frac{\sigma}{\sqrt{n}}\right) = 1-\alpha.$$

Sommiamo a ogni termine della disuguaglianza $-\mu - \overline{X}$ e otteniamo:

$$p\left(-\overline{X} - z_{1-\frac{\alpha}{2}} \cdot \frac{\sigma}{\sqrt{n}} < -\mu < -\overline{X} + z_{1-\frac{\alpha}{2}} \cdot \frac{\sigma}{\sqrt{n}}\right) = 1 - \alpha.$$

Cambiamo segno a tutti i termini della disuguaglianza e, tenendo conto del cambiamento dei versi, abbiamo la seguente espressione della stima dell'intervallo di μ a livello di confidenza $(1 - \alpha)$:

$$p\left(\overline{X} - z_{1-\frac{\alpha}{2}} \cdot \frac{\sigma}{\sqrt{n}} < \mu < \overline{X} + z_{1-\frac{\alpha}{2}} \cdot \frac{\sigma}{\sqrt{n}}\right) = 1 - \alpha.$$

Sostituendo a $\overline{X}$ la media $\overline{x}$ rilevata su un campione otteniamo un **intervallo di confidenza** della μ a livello $1 - \alpha$:

$$\left]\overline{x} - z_{1-\frac{\alpha}{2}} \cdot \frac{\sigma}{\sqrt{n}}; \overline{x} + z_{1-\frac{\alpha}{2}} \cdot \frac{\sigma}{\sqrt{n}}\right[.$$

Minore è l'ampiezza dell'intervallo, maggiore è la precisione della stima.
L'ampiezza dell'intervallo è

$$\overline{x} + z_{1-\frac{\alpha}{2}} \cdot \frac{\sigma}{\sqrt{n}} - x + z_{1-\frac{\alpha}{2}} \cdot \frac{\sigma}{\sqrt{n}} = 2z_{1-\frac{\alpha}{2}} \cdot \frac{\sigma}{\sqrt{n}}$$

e dipende solo da $z_{1-\frac{\alpha}{2}}$ e quindi dal livello di confidenza desiderato e dalla numerosità n del campione.

Avendo fissato $(1 - \alpha)$, l'unica possibilità per migliorare la precisione è aumentare la numerosità del campione n.

Supponiamo di avere estratto, dalla popolazione che stiamo esaminando avente $\mu = 35$ e $\sigma^2 = 16$, un campione di numerosità $n = 60$ con media $\overline{x} = 34$.
Avendo fissato un livello di confidenza al 99% ($z_{1-\frac{\alpha}{2}} = 2{,}576$), otteniamo il seguente intervallo di confidenza:

$$\left]34 - 2{,}576 \cdot \frac{4}{\sqrt{60}}; 34 + 2{,}576 \cdot \frac{4}{\sqrt{60}}\right[=]32{,}7; 35{,}3[.$$

Si usa anche la notazione: $\mu = 34 \pm 1{,}3$.
Cambiando campione, con una media $\overline{x}$ diversa, avremo un diverso intervallo di confidenza. Ogni campione dà origine a un suo intervallo di confidenza e in media $100 \cdot (1 - \alpha)$ intervalli su 100 contengono il valore del parametro ignoto μ.
In altri termini, dato un certo intervallo di confidenza, non possiamo affermare con certezza che contenga la media μ della popolazione, ma possiamo affermare che *l'intervallo contiene il valore medio* μ *con probabilità* $(1 - \alpha)$.
Se non è nota la varianza σ^2 della popolazione, dobbiamo utilizzare la varianza campionaria corretta. L'intervallo si costruisce sempre a partire dalla relazione

$$p\left(-z < \frac{\overline{X} - \mu}{\frac{S_c}{\sqrt{n}}} < z\right) = 1 - \alpha.$$

La variabile casuale $\dfrac{\overline{X} - \mu}{\frac{S_c}{\sqrt{n}}} = \dfrac{\overline{X} - \mu}{\sqrt{\frac{n}{n-1}} \cdot \frac{S}{\sqrt{n}}} = \dfrac{\overline{X} - \mu}{\frac{S}{\sqrt{n-1}}}$ si può considerare normale standard solo nel caso di grandi campioni, cioè solo se $n > 30$.
Poiché siamo sotto questa ipotesi, ripercorrendo il procedimento precedente ot-

▶ Da un lotto di 500 bottiglie di birra scura Nerix, con gradazione di 6 gradi e deviazione standard di 0,5 gradi, è stato estratto un campione di 50 bottiglie che ha rilevato un grado alcolico medio di 5,8, con una deviazione standard di 0,4 gradi. A un livello di confidenza del 95% determina se l'intervallo di fiducia comprende la media sulla popolazione.

teniamo l'intervallo di fiducia per la media a varianza non nota e a livello di confidenza $1 - \alpha$, che per un campione estratto ha la seguente forma:

$$\left]\overline{x} - z_{1-\frac{\alpha}{2}} \cdot \frac{s}{\sqrt{n-1}}; \overline{x} + z_{1-\frac{\alpha}{2}} \cdot \frac{s}{\sqrt{n-1}}\right[.$$

▶ Si vuole determinare il tempo medio che impiegano i dipendenti di un'impresa per giungere sul posto di lavoro. Esaminando un campione di 50 unità si è rilevato un tempo medio di 40 minuti con una varianza di 625 minuti^2. Effettua la stima del tempo medio di tutta la popolazione, con l'intervallo di confidenza al 90%. []34,18; 45,82[]

ESEMPIO

Da una popolazione di 4000 famiglie si estrae un campione di 100 elementi per indagare sul consumo medio mensile di energia elettrica. La media sul campione è 148 kWh mensili con una deviazione standard di 40 kWh. Stima con un intervallo di confidenza al 90% il consumo medio della popolazione.

Essendo $(1 - \alpha) = 0,9$ si rileva dalla tabella che il punto critico è

$$z_{1-\frac{\alpha}{2}} = 1,645.$$

Poiché non abbiamo la varianza sulla popolazione, usiamo la sua stima sul campione; otteniamo:

$$\left]148 - 1,645 \cdot \frac{40}{\sqrt{99}}; 148 + 1,645 \cdot \frac{40}{\sqrt{99}}\right[=]141,4; 154,6[.$$

Stima per intervallo della media di piccoli campioni

Quando la numerosità del campione è $n \leq 30$, si può effettuare una stima per intervallo della media *solo nel caso in cui la popolazione da cui si estrae il campione abbia una distribuzione normale*. In caso contrario i risultati della stima sarebbero troppo incerti. Se è conosciuta la varianza σ^2 della popolazione possiamo tranquillamente applicare il procedimento esposto per i grandi campioni. Infatti, se il carattere sulla popolazione è normale, il campione casuale è formato da variabili normali e abbiamo già osservato che allora $\overline{X}$ è normale.

ESEMPIO

Da una popolazione con distribuzione normale si estrae un campione di 16 elementi e si rileva una media di 108. Sapendo che la deviazione standard della popolazione è 10, determiniamo l'intervallo di confidenza a un livello del 95%. Essendo il punto critico $z_{1-\frac{\alpha}{2}} = 1,96$, abbiamo l'intervallo di fiducia

$$\left]108 - 1,96 \cdot \frac{10}{4}; 108 + 1,96 \cdot \frac{10}{4}\right[=]103,1; 112,9[.$$

Ciò vuol dire che, con fiducia di 0,95, possiamo stimare che la media μ sulla popolazione sia un numero compreso tra 103,1 e 112,9.

Se la popolazione ha distribuzione normale ma la varianza della popolazione σ^2 non è conosciuta, la sua sostituzione con lo stimatore corretto della varianza S_c^2 ha come conseguenza che la variabile standardizzata della media campionaria non ha andamento normale ma simile alla normale, risultando più «piatta» e con maggior dispersione.

La distribuzione della variabile

$$t = \frac{\overline{X} - \mu}{\frac{S}{\sqrt{n-1}}}$$

si chiama ***t* di Student**.

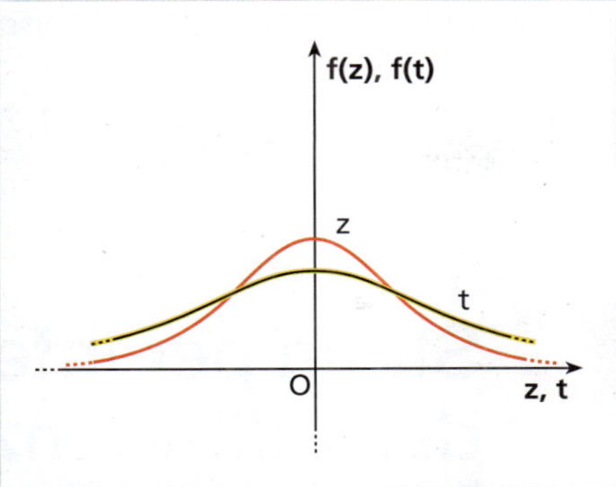

Contrariamente alla distribuzione di Z, che è unica, abbiamo varie distribuzioni di t. Esse hanno la stessa forma ma sono caratterizzate da un «elemento», indicato con il termine *gradi di libertà* e con il simbolo ν (si legge «ni»), lettera n dell'alfabeto greco.
In generale i *gradi di libertà* sono dati dalla differenza fra il numero di variabili e il numero di vincoli. Se, per esempio, la somma di cinque variabili deve essere 80, i gradi di libertà ν sono 4, cioè sono 4 i valori che possono essere arbitrari, essendo uno dei valori vincolato in modo tale che il totale sia 80.
Nei problemi di stima per piccoli campioni i gradi di libertà sono:

$$\nu = n - 1.$$

Infatti, n è la numerosità di un campione ed essendo n le variabili campionarie:

$$X_1, X_2, \ldots, X_n,$$

$(n - 1)$ sono indipendenti, ma l'ultima necessariamente è una conseguenza dei valori assunti dalle precedenti.
In termini ancora più generali, i gradi di libertà sono il numero delle variabili campionarie meno il numero dei parametri della popolazione che si vogliono valutare.
Abbiamo a disposizione una tavola nell'eBook che per successivi valori dei gradi di libertà ν fornisce, per un determinato livello di confidenza $(1 - \alpha)$, i valori critici di t, che in analogia con i valori critici della variabile Z indichiamo con il simbolo $t_{1-\frac{\alpha}{2}}$. Volendo essere rigorosi, tutte le volte che viene sostituita la varianza della popolazione σ^2 con la varianza corretta S_c^2 occorrerebbe utilizzare la variabile t. Tutto viene superato dal fatto che quando $n \to \infty$ la distribuzione t si avvicina a quella normale.

Ripetendo il procedimento già usato per i grandi campioni, otteniamo che un intervallo di fiducia a livello $1 - \alpha$, con varianza non nota e per piccoli campioni, è tale che

$$p\left(\overline{X} - t_{1-\frac{\alpha}{2}} \cdot \frac{S}{\sqrt{n-1}} < \mu < \overline{X} + t_{1-\frac{\alpha}{2}} \cdot \frac{S}{\sqrt{n-1}}\right) = 1 - \alpha,$$

e quindi su un campione estratto è della forma

$$\left]\overline{x} - t_{1-\frac{\alpha}{2}} \cdot \frac{s}{\sqrt{n-1}}; \overline{x} + t_{1-\frac{\alpha}{2}} \cdot \frac{s}{\sqrt{n-1}}\right[.$$

ESEMPIO

Da un campione bernoulliano di 20 autovetture è stato rilevato un consumo in città di 12,8 L di benzina per 100 km, con una deviazione standard di 1,2 L. Stimiamo con un intervallo di confidenza al 90% il consumo medio di benzina della popolazione.

Essendo $\nu = 19$, dalla tavola apposita leggiamo per

$$(1 - \alpha) = 0{,}9$$

► Un campione di 20 flaconi del parafarmaco acido folico ha fornito un valore medio di 60 cL con una deviazione standard di 8 cL. Effettua una stima per intervallo a un livello di confidenza del 95%, sapendo che la distribuzione del carattere sulla popolazione da cui è stato estratto il campione è normale.]56,16; 63,84[

► Da una popolazione di 360 imprese di costruzione si è estratto un campione di 26 imprese per determinare il numero medio di giorni di assenza per malattia in un anno. Il campione ha fornito una media di 18 giorni, con una deviazione standard di 36 giorni. Determina l'intervallo di confidenza al 90% supponendo una distribuzione normale del carattere sulla popolazione. [5,70; 30,30]

TEORIA

il valore critico $t_{1-\frac{\alpha}{2}} = 1{,}729$. Otteniamo l'intervallo di confidenza

$$\left]12{,}8 - 1{,}729 \cdot \frac{1{,}2}{\sqrt{19}}; 12{,}8 + 1{,}729 \cdot \frac{1{,}2}{\sqrt{19}}\right[=]12{,}3; 13{,}3[.$$

8 Stima per intervallo della differenza fra due medie

► Esercizi a p. 1590

Abbiamo già affrontato il problema del confronto fra le medie di due popolazioni X e Y. In particolare, abbiamo visto che la differenza fra le due medie $\mu_X - \mu_Y$ viene stimata con la differenza delle medie $\bar{x} - \bar{y}$ di due campioni estratti ciascuno in modo indipendente da una delle due popolazioni.

Ricordiamo che la variabile casuale $(\overline{X} - \overline{Y})$ ha media $\mu_{(\overline{X}-\overline{Y})} = \mu_X - \mu_Y$ e varianza $\sigma^2_{(\overline{X}-\overline{Y})} = \frac{\sigma^2_X}{n} + \frac{\sigma^2_Y}{m}$.

Se i **campioni** sono **grandi**, grazie al teorema del limite centrale, la variabile differenza fra medie campionarie $(\overline{X} - \overline{Y})$ ha distribuzione normale e, ripercorrendo lo stesso procedimento applicato per la media, otteniamo che l'intervallo a un livello di confidenza $(1 - \alpha)$ risulta essere:

$$\left](\bar{x} - \bar{y}) - z_{1-\frac{\alpha}{2}} \cdot \sigma_{(\overline{X}-\overline{Y})}; (\bar{x} - \bar{y}) + z_{1-\frac{\alpha}{2}} \cdot \sigma_{(\overline{X}-\overline{Y})}\right[.$$

Se, come succede quasi sempre, le varianze delle due popolazioni non sono note, occorre utilizzare le varianze campionarie corrette. Abbiamo pertanto la seguente formulazione per l'intervallo di confidenza:

$$\left](\bar{x}-\bar{y}) - z_{1-\frac{\alpha}{2}} \cdot \sqrt{\frac{s_x^2}{n-1} + \frac{s_y^2}{m-1}}; (\bar{x}-\bar{y}) + z_{1-\frac{\alpha}{2}} \cdot \sqrt{\frac{s_x^2}{n-1} + \frac{s_y^2}{m-1}}\right[.$$

Occorre tenere presente che ogni coppia di campioni genera un intervallo della differenza tra medie e, su 100 intervalli di differenze fra due medie campionarie, $100 \cdot (1 - \alpha)$ contengono la differenza fra le medie ignote delle due popolazioni. In altre parole un intervallo di una differenza tra medie conterrà il valore cercato con una «probabilità» $(1 - \alpha)$.

ESEMPIO

Da popolazioni di 400 e 300 sacchetti di cioccolatini, confezionati quotidianamente da due macchine, si estraggono due campioni aventi numerosità 50 e 40. Si determina che il peso medio è di 210 g e 203 g, con deviazioni standard di 8 g e 3 g. Determiniamo l'intervallo di confidenza a livello del 95% della differenza fra le due medie.

Essendo $z_{1-\frac{\alpha}{2}} = 1{,}96$, avremo:

$$\left](210 - 203) - 1{,}96 \cdot \sqrt{\frac{8^2}{49} + \frac{3^2}{39}}; (210 - 203) + 1{,}96 \cdot \sqrt{\frac{8^2}{49} + \frac{3^2}{39}}\right[=$$

$$]4{,}57; 9{,}43[.$$

► In un campione di 40 studenti in un istituto di 380 alunni si è rilevato che il tempo medio per rispondere a una serie di quiz è stato di 21 minuti, con una deviazione standard di 5 minuti. In un altro campione di 38 studenti di un istituto con 460 alunni il tempo medio è stato di 18 minuti, con una deviazione standard di 8 minuti. Determina l'intervallo di confidenza della differenza fra le due medie a un livello del 90%. []0,47; 5,53[]

Per **piccoli campioni**, cioè con numerosità fino a 30, il problema risulta molto complesso. Possiamo indicare il metodo da seguire nel caso di campionamento bernoulliano con estrazione di due campioni dalla stessa popolazione, avente distribuzione normale. Con questa condizione $\sigma_{\overline{X}}^2 = \sigma_{\overline{Y}}^2 = \sigma^2$ e pertanto:

$$\sigma_{(\overline{X}-\overline{Y})} = \sqrt{\frac{\sigma_{\overline{X}}^2}{n} + \frac{\sigma_{\overline{Y}}^2}{m}} = \sqrt{\frac{\sigma^2}{n} + \frac{\sigma^2}{m}} = \sigma\sqrt{\frac{1}{n} + \frac{1}{m}}.$$

Estrarre due campioni dalla stessa popolazione è un procedimento molto usato quando uno dei due campioni serve come campione di riferimento e l'altro per valutare differenze che possono verificarsi in tempi successivi.

Se è necessario stimare σ^2 con le varianze campionarie, occorre utilizzare la varianza comune campionaria:

$$s_p^2 = \frac{n \cdot s_x^2 + m \cdot s_y^2}{n + m - 2}.$$

La varianza corretta s_p^2 è ottenuta raggruppando gli scarti dalla media, elevati al quadrato, dei due campioni,

$$\frac{\Sigma(x_i - \overline{x})^2 + \Sigma(y_i - \overline{y})^2}{(n-1) + (m-1)};$$

tenendo presente che

$$\Sigma(x_i - \overline{x})^2 = n \cdot s_x^2,$$

$$\Sigma(y_i - \overline{y})^2 = m \cdot s_y^2,$$

si ottiene la formula indicata.

L'intervallo di confidenza a un livello di confidenza $(1 - \alpha)$, avendo stabilito il punto critico t di Student per $\nu = n + m - 2$ gradi di libertà, sarà:

$$\left](\overline{x} - \overline{y}) - t_{1-\frac{\alpha}{2}} \cdot s_p \cdot \sqrt{\frac{1}{n} + \frac{1}{m}}; (\overline{x} - \overline{y}) + t_{1-\frac{\alpha}{2}} \cdot s_p \cdot \sqrt{\frac{1}{n} + \frac{1}{m}}\right[.$$

ESEMPIO

In un campione di 10 agnelli si è rilevato un peso medio di 10 kg con una deviazione standard di 1,6 kg. Un secondo campione di 16 agnelli prelevato in un altro allevamento ha peso medio di 6 kg con una deviazione standard di 1,3 kg. Si considerino le due popolazioni distribuite normalmente con uguale varianza e si determini l'intervallo di confidenza al 99% della differenza fra le due medie campionarie.

La differenza fra le medie è $\overline{x} - \overline{y} = 10 - 6 = 4$; la varianza comune campionaria è:

$$s_p^2 = \frac{10 \cdot 1{,}6^2 + 16 \cdot 1{,}3^2}{10 + 16 - 2} = 2{,}19,$$

e dalla tavola della t di Student per $\nu = 10 + 16 - 2 = 24$, a un livello di confidenza del 99%, abbiamo $t_{1-\frac{\alpha}{2}} = 2{,}797$.

Otteniamo il seguente intervallo di confidenza:

$$\left]4 - 2{,}797 \cdot \sqrt{2{,}19} \cdot \sqrt{\frac{1}{10} + \frac{1}{16}}; 4 + 2{,}797 \cdot \sqrt{2{,}19} \cdot \sqrt{\frac{1}{10} + \frac{1}{16}}\right[=$$

$$]2{,}33; 5{,}67[.$$

► Due campioni rispettivamente di 15 e di 12 piante sono stati coltivati con due diversi fertilizzanti. Nel primo campione sono state rilevate un'altezza media di 30 cm e una deviazione standard di 1,5 cm; nel secondo campione l'altezza media è stata invece di 34 cm, con una deviazione standard di 2 cm. Si ritiene che i due campioni derivino da popolazioni distribuite normalmente e aventi uguale varianza. Determina l'intervallo della differenza fra le due diverse medie campionarie a un livello di confidenza del 90%.

[]−5,20; −2,80[]

9 Stima per intervallo di una percentuale

▶ Esercizi a p. 1592

Consideriamo la distribuzione F della frequenza campionaria e determiniamo la probabilità che la percentuale di una modalità qualitativa di un campione sia compresa entro certi limiti.

La frequenza campionaria F presenta valore medio $\mu_F = p$ e varianza $\sigma_F^2 = \frac{p \cdot (1-p)}{n}$.

Ricordiamo che per stimare la percentuale abbiamo costruito un campione casuale $X_1, X_2, \ldots, X_n$ formato da variabili casuali bernoulliane di parametro p e che la frequenza campionaria F è della forma

$$F = \frac{X_1 + X_2 + \ldots + X_n}{n}.$$

Abbiamo visto che F ha una distribuzione binomiale, ma, grazie al teorema del limite centrale, purché n sia sufficientemente grande, possiamo supporre che la distribuzione di F sia normale con media $\mu_F = p$ e varianza $\sigma_F^2 = \frac{p(1-p)}{n}$.

Possiamo perciò ripetere per la frequenza campionaria gli stessi procedimenti già seguiti per la media campionaria.
Se fissiamo un livello $1 - \alpha$ ed è nota la proporzione del carattere sulla popolazione possiamo scrivere

$$p\left(z_{1-\frac{\alpha}{2}} < \frac{F-p}{\sqrt{\frac{p(1-p)}{n}}} < z_{1-\frac{\alpha}{2}}\right) = 1 - \alpha.$$

Dovendo però risolvere il problema inverso, cioè determinare un intervallo di stima di p, ci troviamo di fronte alla difficoltà di risolvere delle disuguaglianze non semplici, dato che p compare anche nella formula di σ_F.

Ciò che si fa, quindi, è stimare $\sigma_F = \sqrt{\frac{p(1-p)}{n}}$ con il valore assunto sul campione estratto usando la frequenza f sul campione al posto della proporzione p sulla popolazione ottenendo:

$$s_F = \sqrt{\frac{f \cdot (1-f)}{n}}.$$

L'intervallo di confidenza a un livello di fiducia $(1 - \alpha)$ è:

$$\left]f - z_{1-\frac{\alpha}{2}} \cdot \sqrt{\frac{f \cdot (1-f)}{n}};\, f + z_{1-\frac{\alpha}{2}} \cdot \sqrt{\frac{f \cdot (1-f)}{n}}\right[.$$

Osserviamo che l'ampiezza dell'intervallo è

$$2z_{1-\frac{\alpha}{2}} \cdot \sqrt{\frac{f(1-f)}{n}},$$

che dipende dal campione e non solo dalla numerosità di questo, dal momento che f varia da campione a campione.

Fissato α possiamo anche trovare l'ampiezza massima dell'intervallo di confidenza, calcolando il massimo valore che può assumere l'errore standard:

$$\sqrt{\frac{f \cdot (1-f)}{n}}.$$

Il numeratore $f \cdot (1-f)$ del radicando, pari a $f - f^2$, è massimo quando $f = 0{,}5$ e quindi: $\sqrt{\frac{0{,}5 \cdot 0{,}5}{n}} = \frac{0{,}5}{\sqrt{n}} = \frac{1}{2\sqrt{n}}$.

Abbiamo pertanto il seguente intervallo di confidenza di massima ampiezza:

$$\left]f - z_{1-\frac{\alpha}{2}} \cdot \frac{1}{2\sqrt{n}}; f + z_{1-\frac{\alpha}{2}} \cdot \frac{1}{2\sqrt{n}}\right[.$$

ESEMPIO

In un'indagine sui consumatori si è rilevato che, su 2500 famiglie, 575 intendono acquistare una nuova auto. Costruiamo un intervallo di confidenza a un livello $1 - \alpha = 0{,}95$ della percentuale delle famiglie.

Essendo $f = \frac{575}{2500} = 0{,}23$:

$$\left]0{,}23 - 1{,}96 \cdot \sqrt{\frac{0{,}23 \cdot 0{,}77}{2500}}; 0{,}23 + 1{,}96 \cdot \sqrt{\frac{0{,}23 \cdot 0{,}77}{2500}}\right[= \left]0{,}2135; 0{,}2465\right[.$$

Con il metodo del massimo errore standard l'intervallo diventa:

$$\left]0{,}23 - 1{,}96 \cdot \frac{1}{2\sqrt{2500}}; 0{,}23 + 1{,}96 \cdot \frac{1}{2\sqrt{2500}}\right[= \left]0{,}2104; 0{,}2496\right[.$$

► Da una popolazione di 600 ciclisti che hanno acquistato biciclette di marca Forzus è stato estratto un campione di 80 persone; di queste, 68 hanno avuto problemi al cambio. Determina l'intervallo di confidenza a un livello del 99%, l'intervallo con il massimo errore standard e quale deve essere la numerosità del campione affinché l'errore massimo tollerato sia del 10%.

Animazione

Dimensione del campione

Prima di effettuare qualunque rilevazione campionaria è necessario determinare la numerosità n del campione e la sua dimensione minima dipende dall'errore massimo che siamo disposti a sopportare.

Dobbiamo quindi confrontare l'errore standard a un certo livello di confidenza con l'errore massimo tollerato, che indichiamo con ε:

$$z_{1-\frac{\alpha}{2}} \cdot \frac{\sigma}{\sqrt{n}} \leq \varepsilon \rightarrow n \geq \frac{\left(z_{1-\frac{\alpha}{2}}\right)^2 \cdot \sigma^2}{\varepsilon^2}.$$

In generale è necessario conoscere la varianza della popolazione, che di solito è nota da precedenti indagini. In caso contrario è necessario valutare σ^2 con un'indagine preventiva indicata come «pilota» e usare la varianza campionaria corretta s_c^2. Se consideriamo la proporzione del carattere sulla popolazione, ottieniamo:

$$n \geq \frac{\left(z_{1-\frac{\alpha}{2}}\right)^2 \cdot p \cdot (1-p)}{\varepsilon^2}.$$

Poiché abbiamo visto che $z_{1-\frac{\alpha}{2}}\sqrt{\frac{f(1-f)}{n}} \leq z_{1-\frac{\alpha}{2}} \cdot \frac{1}{2\sqrt{n}}$, possiamo richiedere, più semplicemente,

► Volendo fare un campionamento per determinare il costo medio dei pastelli offerti ai supermercati, determina il numero minimo degli elementi del campione, sapendo da precedenti indagini che la varianza è €² 49, l'errore massimo tollerato è di € 1,5 e che il livello di confidenza che verrà adottato è il 95,45%. [88]

$$z_{1-\frac{\alpha}{2}} \cdot \frac{1}{2\sqrt{n}} \leq \varepsilon \rightarrow n \geq \frac{z^2_{1-\frac{\alpha}{2}}}{4\varepsilon^2}$$

per controllare l'errore.

10 Verifica delle ipotesi

Verifica delle ipotesi su una media

▶ Esercizi a p. 1593

Listen to it

A **statistical hypothesis** can be **tested** by using a relevant *test statistic* and selecting an appropriate *significance level*.

Un'**ipotesi statistica** è un'affermazione su un parametro o una distribuzione di valori della popolazione basata su considerazioni teoriche o esperienze precedenti. Qui ci occuperemo solo di ipotesi su parametri sulla popolazione.

Una macchina confeziona scatole contenenti puntine da disegno e, in base a quanto garantito dalla ditta che ha fornito detta macchina, ogni scatola contiene 200 puntine con una deviazione standard di 8 puntine.
Assumiamo il valore 200, *numero medio* di puntine per scatola, come **ipotesi del parametro sulla popolazione**.
Estraiamo un campione di 50 scatole e rileviamo che il numero medio di puntine contenute nelle scatole è 197. Ci domandiamo se l'ipotesi che abbiamo formulato è vera o falsa. Infatti, le decisioni che dovremo prendere dipendono proprio dalla verifica di detta ipotesi (per esempio, effettuare o no una manutenzione della macchina). L'ipotesi che abbiamo formulato viene indicata con

$$H_0\text{: } \mu = 200,$$

e assume il nome di **ipotesi nulla**. Intendiamo con questo indicare che *non è significativa* la differenza tra il valore ipotizzato 200 e il valore stimato con il campione 197.
L'ipotesi nulla si contrappone all'**ipotesi alternativa**:

$$H_1\text{: } \mu \neq 200.$$

Rifiutare l'ipotesi nulla significa assumere che il valore stimato con il campione è *significativamente diverso*, e pertanto accettare l'ipotesi alternativa.
Le **regole di decisione** si basano sulla distribuzione di probabilità di uno stimatore. Nel nostro caso, poiché stiamo verificando un'ipotesi sulla media, lo stimatore da usare è $\overline{X}$. Trattandosi di un *grande campione*, la distribuzione di $\overline{X}$ è normale. Trasformiamo la variabile $\overline{X}$ nella variabile standardizzata Z.

Essendo $Z = \dfrac{\overline{X} - \mu}{\frac{\sigma}{\sqrt{n}}}$, il suo valore sul campione è $z = \dfrac{197 - 200}{\frac{8}{\sqrt{50}}} \simeq -2{,}65$.

Individuiamo i limiti entro i quali deve essere compreso il valore di z calcolato per accettare l'ipotesi nulla.
Per determinare questi limiti dobbiamo fissare un livello di significatività α e quindi un livello di fiducia $(1 - \alpha)$. Poniamo $\alpha = 0{,}05$ e, di conseguenza, avremo $(1 - \alpha) = 0{,}95$.

Individuiamo i valori di $\pm z_{1-\frac{\alpha}{2}}$ corrispondenti al livello. Se $z = -2{,}65$ è compreso in questo intervallo accetteremo l'ipotesi nulla, se è fuori non accetteremo l'ipotesi nulla. In altre parole, l'intervallo di confidenza può essere considerato come l'insieme delle ipotesi accettabili.

A un livello di fiducia del 95% abbiamo, consultando l'apposita tavola, i valori $\pm 1{,}96$, e poiché il valore $-2{,}65$ è fuori dall'intervallo

$$]-1{,}96; 1{,}96[,$$

dobbiamo rifiutare l'ipotesi nulla.
In modo più veloce è sufficiente confrontare il valore assoluto di z con il valore di $z_{1-\frac{\alpha}{2}}$:

se $|z| < z_{1-\frac{\alpha}{2}}$, si accetta H_0, altrimenti

se $|z| \geq z_{1-\frac{\alpha}{2}}$, si rifiuta H_0.

Nel nostro caso $|z| > 1{,}96$.

Possiamo affermare che, supponendo sia vera, l'ipotesi nulla è accettata (o «non è rifiutata») con probabilità $(1 - \alpha)$, mentre non è accettata con probabilità α.

La *regola di decisione* che abbiamo esaminato è un **test di significatività bilaterale** o **a due code**, in quanto viene rifiutata l'ipotesi nulla nel caso in cui il valore di z cada nelle zone degli estremi della curva normale limitate da $\pm z_{1-\frac{\alpha}{2}}$. Infatti nel grafico possiamo distinguere una zona di accettazione e due zone di rifiuto.

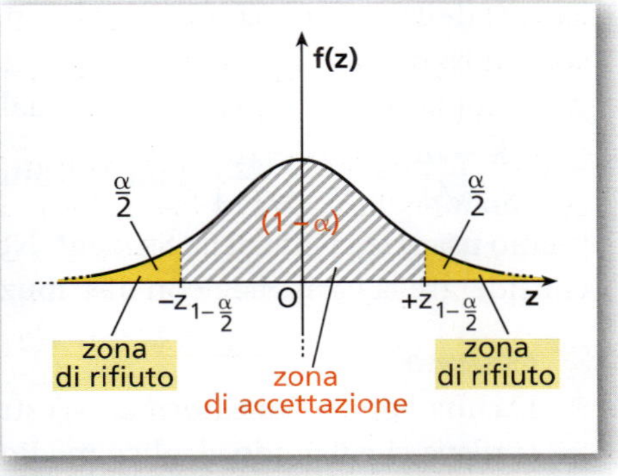

Nell'esempio che stiamo considerando, avremmo potuto modificare le ipotesi e applicare non un test bilaterale ma un **test unilaterale a una coda a sinistra**.

L'ipotesi nulla non cambia e resta: H_0: $\mu = 200$,
mentre l'ipotesi alternativa assume la forma: H_1: $\mu < 200$.

Il valore di z non cambia e resta $-2{,}65$, ma cambiano il valore critico che viene ora indicato con $-z_{1-\alpha}$ e la zona di accettazione e di rifiuto. Avremo che

se $z \leq -z_{1-\alpha}$, si rifiuta H_0,

se $z > -z_{1-\alpha}$, si accetta H_0.

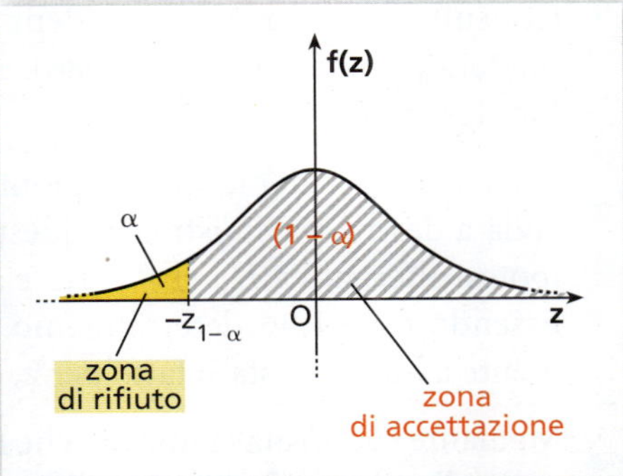

Dobbiamo determinare $z_{1-\alpha}$. Tenendo presente la natura della tavola di Sheppard, occorre cercare all'interno di essa $(0{,}5 - \alpha)$, cioè la probabilità tabulata corrispondente al valore di z critico.
Per $(1 - \alpha) = 0{,}95$ cerchiamo $(0{,}5 - 0{,}05)$ e troviamo $-z_{1-\alpha} = -1{,}64$, e pertanto, dato $z = -2{,}65$, si conferma il rifiuto dell'ipotesi nulla, essendo $z \leq -1{,}64$.

Se il campione estratto avesse dato una media di 201, sarebbe stato più sensato utilizzare un **test unilaterale a una coda a destra**.

Data l'ipotesi nulla: H_0: $\mu = 200$

Video

Marmellata
Una macchina confeziona barattoli di marmellata di peso medio di 320 g con deviazione standard 40 g. Sappiamo che il peso medio delle confezioni si distribuisce in modo gaussiano. Estraiamo un campione di 50 barattoli. Il loro peso medio risulta 330 g.

► A un livello di significatività del 5%, la macchina è sotto controllo?

TEORIA

e l'ipotesi alternativa: H_1: $\mu > 200$,

abbiamo: $$z = \frac{201 - 200}{\frac{8}{\sqrt{50}}} \simeq 0,88.$$

Scegliendo un livello di significatività $\alpha = 0,10$, cerchiamo nella tavola (0,5 − 0,1) e troviamo $z_{1-\alpha} = 1,28$. Poiché $z < 1,28$, accettiamo l'ipotesi nulla.

Graficamente abbiamo la situazione illustrata.

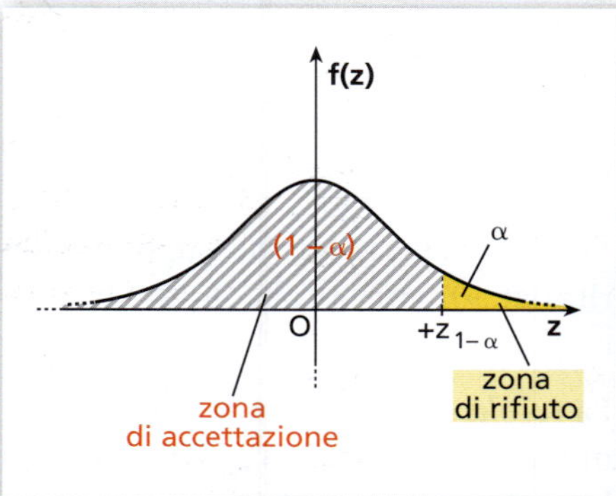

Per poter ottenere dei risultati attendibili nel caso di **piccoli campioni**, sappiamo che, anche se σ^2 è nota, la popolazione iniziale deve avere distribuzione normale.

Nel caso in cui non sia nota la varianza σ^2 della popolazione, dobbiamo sostituire σ^2 con la sua stima corretta s_c^2. Sappiamo che la variabile casuale $t = \frac{\overline{X} - \mu}{S_c/\sqrt{n}} = \frac{\overline{X} - \mu}{S/\sqrt{n-1}}$ è una t di Student, quindi nel caso di piccoli campioni dovremo usare le tavole della Student. Nel caso di grandi campioni, invece possiamo considerare la variabile t con distribuzione normale e usare i risultati visti fin qui.

► Una macchina di un'industria alimentare che serve per impastare la pizza ha un consumo di energia elettrica di 100 kWh per ogni ciclo di lavorazione. Viene proposta la sostituzione con un'altra che comporterebbe un consumo minore. La nuova macchina è stata testata mediante un campionamento di 50 unità e il risultato è stato un consumo di 94 kWh, con una deviazione standard di 25. Verifica a un livello di significatività del 5% se possiamo accettare l'ipotesi nulla con un test bilaterale o con un test unilaterale.

ESEMPIO

Da una popolazione normale si estrae un campione di $n = 20$ bottiglie di vino e si rileva che il grado alcolico medio è 11,5% con una deviazione standard dello 0,3%. Si vuole verificare a un livello di significatività dell'1% se si può ritenere il grado alcolico di tutte le bottiglie pari a 11,5%.

L'ipotesi nulla è H_0: $\mu = 11,5$ e l'ipotesi alternativa è H_1: $\mu \neq 11,5$.

Essendo $t = \frac{\overline{X} - \mu}{\frac{S}{\sqrt{n-1}}}$, abbiamo $|t| = \left| \frac{11,4 - 11,5}{\frac{0,3}{\sqrt{19}}} \right| \simeq 1,45.$

Consultando la tavola di Student per $\nu = 19$ gradi di libertà, essendo il test bilaterale abbiamo $t_{1-\frac{\alpha}{2}} = 2,861$ ed essendo $|t| < 2,861$ possiamo accettare l'ipotesi nulla.

Anche nel caso di piccoli campioni possiamo considerare test unilaterali a una coda a destra o a sinistra. In questo caso avremmo potuto considerare come ipotesi alternativa H_1: $\mu < 11,5$ e applicare un test unilaterale a sinistra.
Essendo $t = -1,45$ determiniamo il valore critico di t, indicandolo, analogamente a quanto è stato fatto per z, con $-t_{1-\alpha}$.

Mediante l'apposita tavola di t che fornisce i valori critici per i test unilaterali, a un livello di significatività dell'1% e per $\nu = 19$ gradi di libertà, leggiamo

$$t_{1-\alpha} = 2,539, \text{ quindi } -t_{1-\alpha} = -2,539,$$

ed essendo

$$t > -2,539$$

accettiamo l'ipotesi nulla.

Supponiamo invece che la media sul campione sia 12,1% con una deviazione standard dello 0,8%. Verifichiamo a un livello di significatività del 5% se si può ritenere il grado alcolico di tutte le bottiglie pari a 11,5%.

L'ipotesi nulla è sempre H_0: $\mu = 11,5$ mentre l'ipotesi alternativa è

H_1: $\mu > 11,5$.

Il test ora è unilaterale a una coda a destra. Abbiamo:

$$t = \frac{12,1 - 11,5}{\frac{0,8}{\sqrt{19}}} \simeq 3,27.$$

Usando la tavola che dà i valori di t per il test unilaterale a una coda, rileviamo che $t_{1-\alpha} = 1,729$ ed essendo $t > 1,729$ non accettiamo l'ipotesi nulla e quindi il grado alcolico delle bottiglie che costituiscono la popolazione è maggiore di 11,5%.

► Nelle confezioni di pane bianco per tramezzini della marca Bonpan viene dichiarato un peso di 400 g. Un campione di 26 confezioni ha un peso medio di 410 g, con una deviazione standard di 20 g. Determina, a un livello di significatività del 10%, se si può accettare l'ipotesi nulla con un test bilaterale o con un test unilaterale, e quindi se è necessario controllare la produzione.

Riassumendo, abbiamo il seguente schema per la verifica delle ipotesi.

1. Campioni grandi

$z = \frac{\bar{x} - \mu}{\frac{\sigma}{\sqrt{n}}}$ oppure, se σ non è nota, $z = \frac{\bar{x} - \mu}{\frac{s}{\sqrt{n-1}}}$.

Test bilaterali	$\lvert z \rvert < z_{1-\frac{\alpha}{2}}$ si accetta H_0,	$\lvert z \rvert \geq z_{1-\frac{\alpha}{2}}$ non si accetta H_0.
Test unilaterale a una coda a destra	$z < z_{1-\alpha}$ si accetta H_0,	$z \geq z_{1-\alpha}$ non si accetta H_0.
Test unilaterale a una coda a sinistra	$z > -z_{1-\alpha}$ si accetta H_0,	$z \leq -z_{1-\alpha}$ non si accetta H_0.

2. Campioni piccoli (popolazione con distribuzione normale)

Se σ è nota, si applica lo stesso procedimento dei campioni grandi.

Se σ non è nota, si calcola $t = \frac{\bar{x} - \mu}{\frac{s}{\sqrt{n-1}}}$.

Test bilaterali	$\lvert t \rvert < t_{1-\frac{\alpha}{2}}$ si accetta H_0,	$\lvert t \rvert \geq t_{1-\frac{\alpha}{2}}$ non si accetta H_0.
Test unilaterale a una coda a destra	$t < t_{1-\alpha}$ si accetta H_0,	$t \geq t_{1-\alpha}$ non si accetta H_0.
Test unilaterale a una coda a sinistra	$t > -t_{1-\alpha}$ si accetta H_0,	$t \leq -t_{1-\alpha}$ non si accetta H_0.

Verifica delle ipotesi sulla differenza fra due medie

► Esercizi a p. 1596

Un'industria dolciaria decide di completare la gamma dei suoi prodotti con un nuovo tipo di biscotti e deve stabilire se due processi di confezionamento alternativi sono da considerarsi equivalenti o no.
I pesi delle confezioni realizzate dalle due macchine sono le variabili indipendenti X e Y, e si deve determinare, a un livello di significatività del 5%, se vi è differenza

tra i due processi attraverso l'analisi della differenza delle medie dei pesi.
Un campione di $n = 50$ sacchetti, prelevato dalla produzione della macchina A, ha peso medio $\overline{x} = 520$ g con deviazione standard $s_x = 30$ grammi. Un secondo campione di $m = 60$ sacchetti, prelevato dalla produzione della macchina B, ha peso medio $\overline{y} = 510$ g con deviazione standard $s_y = 25$ grammi.

L'ipotesi nulla che formuliamo è H_0: $\mu_X - \mu_Y = 0$,
contro l'ipotesi alternativa H_1: $\mu_X - \mu_Y \neq 0$.

Seguendo il procedimento già utilizzato nel caso di *grandi campioni*, per la verifica delle ipotesi con un test bilaterale su una media, determiniamo:

$$|z| = \left| \frac{\overline{x} - \overline{y} - 0}{s_{(\overline{X} - \overline{Y})}} \right| = \left| \frac{520 - 510 - 0}{\sqrt{\frac{900}{49} + \frac{625}{59}}} \right| = 1{,}86.$$

Non essendo a conoscenza delle varianze delle due popolazioni, abbiamo utilizzato le varianze campionarie.

Il valore critico è $z_{1-\frac{\alpha}{2}} = 1{,}96$ e pertanto, essendo $|z| < 1{,}96$, accettiamo l'ipotesi nulla H_0.
Anche per la verifica delle ipotesi sulla differenza fra medie possiamo utilizzare test unilaterali a una coda. Per esempio, nel caso considerato, l'ipotesi alternativa è H_1: $\mu_X > \mu_Y$.
A un livello di significatività del 5% risulta $z_{1-\alpha} = 1{,}645$ e in questo caso, essendo $z > 1{,}645$, non accettiamo l'ipotesi nulla.

Per *piccoli campioni* consideriamo solo il caso di campioni estratti dalla stessa popolazione con distribuzione normale e varianza σ^2.
Nel caso in cui σ^2 non è nota, dobbiamo utilizzare la varianza comune campionaria s_p^2 e la distribuzione t di Student.

ESEMPIO

Due campioni, rispettivamente di 10 e 15 pani di burro, hanno rispettivamente una percentuale media di grassi dell'82% e del 79% con deviazioni standard del 3% e del 2,5%. Verifichiamo a un livello di significatività del 10% se si può accettare l'ipotesi che non vi sia differenza fra la percentuale media di grassi nei due campioni.

L'ipotesi nulla è H_0: $\mu_X - \mu_Y = 0$
e l'ipotesi alternativa H_1: $\mu_X - \mu_Y \neq 0$.

Calcoliamo:

$$s_p = \sqrt{\frac{n \cdot s_x^2 + m \cdot s_y^2}{n + m - 2}} = \sqrt{\frac{10 \cdot 9 + 15 \cdot 6{,}25}{10 + 15 - 2}} = 2{,}83,$$

da cui, essendo $s_{(\overline{X}-\overline{Y})} = s_p \cdot \sqrt{\frac{1}{n} + \frac{1}{m}}$, otteniamo

$$|t| = \left| \frac{82 - 79 - 0}{2{,}83 \cdot \sqrt{\frac{1}{10} + \frac{1}{15}}} \right| = 2{,}60.$$

A un livello di significatività del 10% per 23 gradi di libertà abbiamo

$$t_{1-\frac{\alpha}{2}} = 1{,}714,$$

► In un campionato di calcio dilettantistico l'età media in un campione di 40 giocatori è risultata di 24 anni, con una varianza di 60. L'anno successivo l'età media in un campione di 36 giocatori è risultata di 22 anni, con una varianza di 48. Determina a un livello di significatività del 10% se vi è differenza fra le età medie nei due anni con un test unilaterale.

► Si confrontano due marche di ricotta dello stesso peso. In un campione della prima marca, formato da 18 confezioni, è stato rilevato un contenuto medio di calcio di 260 mg, con una deviazione standard di 25 mg; invece un campione di 12 confezioni della seconda marca ha fatto rilevare un contenuto medio di 285 mg, con una deviazione standard di 40 mg. Verifica a un livello di significatività del 5% se vi è differenza fra il contenuto medio di calcio, prima con un test bilaterale e poi con un test unilaterale, supponendo che le popolazioni da cui provengono i due campioni abbiano uguale varianza.

Animazione

ed essendo $|t| > 1,714$ non accettiamo l'ipotesi nulla.

Un test unilaterale a destra con H_1: $\mu_X > \mu_Y$, sempre a un livello di significatività del 10%, porta anch'esso a non accettare l'ipotesi nulla.
Infatti $t_{1-\alpha} = 1,319$ e quindi $t > 1,31$.

Verifica delle ipotesi su una percentuale

▶ Esercizi a p. 1598

Consideriamo solo campioni sufficientemente grandi ($n > 50$).

In un Comune l'assessore ai trasporti dichiara che il 60% dei cittadini utilizza quotidianamente i mezzi pubblici per recarsi al posto di lavoro.
Vogliamo verificare se la percentuale è vera a un livello di significatività del 10%.
Mediante un campionamento di 100 persone si rileva che sono 55 le persone che usufruiscono del mezzo pubblico.

L'ipotesi nulla è H_0: $p = 0,6$, contro l'ipotesi alternativa H_1: $p \neq 0,6$.

La stima campionaria di p è $f = 0,55$ e pertanto abbiamo:

$$|z| = \left| \frac{f-p}{\sqrt{\frac{p \cdot (1-p)}{n}}} \right| = \left| \frac{0,55 - 0,60}{\sqrt{\frac{0,6 \cdot 0,4}{100}}} \right| \simeq 1,02.$$

Ricordando che anche in questo caso abbiamo visto che la variabile casuale

$$\frac{F-p}{\sqrt{\frac{p(1-p)}{n}}}$$

è distribuita normalmente con media 0 e varianza 1, a un livello di significatività del 10% abbiamo $z_{1-\frac{\alpha}{2}} = 1,645$.

Essendo $|z| < 1,645$, accettiamo l'ipotesi nulla.

Anche nel caso di verifica di ipotesi su una percentuale possiamo utilizzare test unilaterali a una coda a destra e a sinistra.
Consideriamo l'ipotesi alternativa,

H_1: $p < 0,6$,

ed essendo ora $z = -1,02$ e $z_{1-\alpha} = -1,28$, accettiamo l'ipotesi nulla in quanto $z > -1,28$.

Se il campione avesse fornito una frequenza $f = 0,70$, l'ipotesi alternativa sensata sarebbe stata

H_1: $p > 0,6$.

Il valore di z sarebbe risultato 2,04 ed essendo $z_{1-\alpha} = 1,28$ l'ipotesi nulla non avrebbe potuto essere accettata.

▶ Il Comune di Belsito ha da poco introdotto un nuovo regolamento per la raccolta dei rifiuti. Un'inchiesta ha stabilito che il 77% dei residenti ha accolto favorevolmente la nuova situazione. Un anno dopo, per effettuare una verifica, sono stati intervistati 325 residenti; di questi, 234 hanno espresso parere positivo. Verifica a un livello di significatività dell'1%, sia con un test bilaterale sia con un test unilaterale, se il regolamento stilato può essere ancora valido.

Animazione

TEORIA

IN SINTESI
Statistica inferenziale

Popolazione e il campione

- Per ottenere informazioni su una **popolazione** (o un **universo**), invece di una **rilevazione totale** su tutti gli N elementi si può effettuare una **rilevazione parziale** o **campionaria** su n elementi che costituiscono un **campione**.
- Se N è la numerosità dell'universo e n la numerosità del campione, possiamo avere due tipi di **campionamento**:
  - **con ripetizione** o **bernoulliano** con $D'_{N,n} = N^n$ campioni;
  - **senza ripetizione** o **in blocco** con $C_{N,n} = \binom{N}{n} = \frac{N!}{n!(N-n)!}$ campioni.

  L'insieme di tutti i possibili campioni si chiama **spazio dei campioni**.

Parametri della popolazione e del campione

- Si chiamano **parametri della popolazione** gli elementi che caratterizzano la distribuzione del carattere X oggetto di studio e quindi la media $M(X) = \mu$ e la varianza $var(X) = \sigma^2$.
- Sono **parametri del campione** la media sul campione $\overline{x}$, la sua varianza s^2 e la frequenza campionaria f. Essi sono calcolati sui valori rilevati sulle unità statistiche che formano il campione.

Distribuzione della media campionaria

Data una popolazione di numerosità N su cui osserviamo il carattere X che ha media μ e varianza σ^2, consideriamo i campioni di numerosità n e le variabili campionarie casuali $X_1, X_2, \ldots, X_n$.

Possiamo costruire la variabile $X = \frac{X_1 + X_2 + \ldots + X_n}{n}$ che si chiama **media campionaria** e ha le seguenti caratteristiche:

- media $\mu_{\overline{X}}$ uguale alla media della popolazione $\mu_{\overline{X}} = M(\overline{X}) = \mu$;
- varianza $\sigma^2_{\overline{X}} = \frac{\sigma^2}{n}$ se il campionamento avviene con ripetizione e $\sigma^2_{\overline{X}} = \frac{\sigma^2}{n} \cdot \frac{N-n}{N-1}$ se il campionamento avviene in blocco.

Supponendo che $X_1, X_2, \ldots, X_n$ siano un campione casuale, cioè che le X_i siano indipendenti e con la stessa distribuzione di X, allora $\overline{X}$:

- ha distribuzione normale se la popolazione X ha una distribuzione normale;
- tende a una distribuzione normale con media μ e varianza $\frac{\sigma^2}{n}$, qualunque sia la distribuzione di X, al crescere della numerosità n dei campioni, se μ e σ^2 sono finiti.

Particolari distribuzioni campionarie

- Dato un carattere x con media μ e varianza σ^2 su una popolazione di numerosità n e considerato un campione casuale $X_1, X_2, \ldots, X_n$, possiamo costruire la variabile **varianza campionaria**

  $$S^2 = \sum_{i=1}^{n} \frac{(X_i - \overline{X})^2}{n}$$

  che ha media μ_{S^2} diversa dalla varianza della popolazione σ^2 e precisamente essa è:

  $$\mu_{S^2} = M(S^2) = \frac{n-1}{n}\sigma^2.$$

- Se su due popolazioni osserviamo due caratteri X e Y aventi rispettivamente media μ_X e μ_Y e varianza σ_X e σ_Y, possiamo studiare la differenza delle medie campionarie attraverso la variabile casuale $(\overline{X}-\overline{Y})$, che si chiama **differenza tra le medie campionarie**.

  Questa variabile casuale ha:
  - media $\mu_{(\overline{X}-\overline{Y})} = M(\overline{X}-\overline{Y}) = M(\overline{X}) - M(\overline{Y}) = \mu_{\overline{X}} - \mu_{\overline{Y}} = \mu_X - \mu_Y$;
  - varianza $\sigma^2_{(\overline{X}-\overline{Y})} = var(\overline{X}-\overline{Y}) = \dfrac{\sigma_X^2}{n} + \dfrac{\sigma_Y^2}{m}$.

- Se di una popolazione siamo interessati alla **percentuale** o **proporzione** p di una modalità qualitativa, possiamo costruire una variabile casuale F, detta **frequenza campionaria**, che rappresenta la frequenza relativa della modalità sui campioni di numerosità n.
  Questa variabile casuale ha:
  - media $\mu_F = p$ che coincide con la proporzione della popolazione;
  - varianza $\sigma_F^2 = \dfrac{p\cdot(1-p)}{n}$.

Stimatori e loro proprietà

- Lo **stimatore** T di ϑ, parametro di un carattere della popolazione, è una variabile casuale che permette di ottenere una stima del valore del parametro ϑ sulla base dei valori rilevati con un campione.
- Lo stimatore deve essere **corretto**, **consistente** ed **efficiente**.
  $\overline{X}$ e F, stimatori della media e della frequenza, rispondono a queste caratteristiche. Lo stimatore della varianza S^2, invece, non è corretto. Si utilizza la **varianza campionaria corretta** S_c^2, il cui valore medio è uguale alla varianza della popolazione. Essa è legata alla varianza campionaria S^2 dalla relazione:

  $$S_c^2 = \frac{n}{n-1}\cdot S^2.$$

Stima puntuale

- La **stima puntuale** di un parametro ϑ di un carattere della popolazione viene effettuata considerando il corrispondente stimatore e calcolandone il valore usando i dati rilevati sul campione. Alla stima puntuale viene associato l'**errore standard**, che è dato dalla deviazione standard della distribuzione campionaria relativa al parametro che viene stimato.

Parametro	Stimatore	Stima	Errore standard
μ	$\overline{X}$	$\overline{x}$	$\sigma_{\overline{x}} = \dfrac{\sigma_x}{\sqrt{n}}$
$\mu_X - \mu_Y$	$\overline{X}-\overline{Y}$	$\overline{x}-\overline{y}$	$\sigma_{(\overline{X}-\overline{Y})} = \sqrt{\dfrac{\sigma_x^2}{n}+\dfrac{\sigma_y^2}{m}}$
p	F	f	$\sigma_F = \sqrt{\dfrac{p(1-p)}{n}}$

- Quando non è noto il valore della varianza del parametro della popolazione, occorre utilizzare la varianza campionaria corretta. Si hanno le seguenti formule dell'errore standard che utilizzano la deviazione standard del campione:

  $$s_{\overline{X}} = \frac{s}{\sqrt{n-1}}, \qquad s_{(\overline{X}-\overline{Y})} = \sqrt{\frac{s_X^2}{n-1}+\frac{s_Y^2}{m-1}}, \qquad s_F = \sqrt{\frac{f\cdot(1-f)}{n}}.$$

Stima per intervallo della media

- La **stima per mezzo di un intervallo** (detto **di confidenza**) **della media n della popolazione** viene effettuata fissando un **livello di confidenza** o **di fiducia** $(1-\alpha)$ che influenza l'ampiezza dell'intervallo.

- **Grandi campioni** ($n > 30$). Utilizzando la tavola della variabile standardizzata **Z** (tavola di Sheppard), per ogni valore di $(1 - \alpha)$ individuiamo i valori critici $z_{1-\frac{\alpha}{2}}$ che permettono di determinare i limiti dell'intervallo di confidenza:

$$\left]\overline{x} - z_{1-\frac{\alpha}{2}} \cdot \frac{\sigma}{\sqrt{n}}; \overline{x} + z_{1-\frac{\alpha}{2}} \cdot \frac{\sigma}{\sqrt{n}}\right[.$$

Se non è nota σ^2, occorre utilizzare la varianza corretta s_c^2 del campione e quindi, essendo s la deviazione standard del campione, l'intervallo risulta essere:

$$\left]\overline{x} - z_{1-\frac{\alpha}{2}} \cdot \frac{s}{\sqrt{n-1}}; \overline{x} + z_{1-\frac{\alpha}{2}} \cdot \frac{s}{\sqrt{n-1}}\right[.$$

- **Piccoli campioni** ($n \leq 30$). La popolazione deve avere distribuzione normale e se è nota σ^2, varianza della popolazione, si applica lo stesso procedimento dei grandi campioni.
Se la varianza σ^2 non è nota, occorre determinare i limiti dell'intervallo, utilizzando la tavola dei valori critici della distribuzione t di Student. I valori dipendono dal numero dei gradi di libertà $\nu = n - 1$ e dal livello di fiducia $(1 - \alpha)$:

$$\left]\overline{x} - t_{1-\frac{\alpha}{2}} \cdot \frac{s}{\sqrt{n-1}}; \overline{x} + t_{1-\frac{\alpha}{2}} \cdot \frac{s}{\sqrt{n-1}}\right[.$$

Stima per intervallo della differenza fra due medie

- La **stima per intervallo della differenza fra due medie di grandi campioni** ha la seguente formulazione:

$$\left](\overline{x} - \overline{y}) - z_{1-\frac{\alpha}{2}} \cdot s_{(\overline{X}-\overline{Y})}; (\overline{x} - \overline{y}) + z_{1-\frac{\alpha}{2}} \cdot s_{(\overline{X}-\overline{Y})}\right[,$$

dove $s_{(\overline{X}-\overline{Y})} = \sqrt{\frac{s_X^2}{n-1} + \frac{s_Y^2}{m-1}}$, e sostituisce l'errore standard $\sigma_{(\overline{X}-\overline{Y})}$, quasi sempre non noto.

- Per **piccoli campioni** l'intervallo di confidenza assume la seguente formulazione nell'ipotesi di estrazione di campioni da una stessa popolazione, avente distribuzione normale con varianza σ^2:

$$\left](\overline{x} - \overline{y}) - t_{1-\frac{\alpha}{2}} \cdot \sigma \cdot \sqrt{\frac{1}{n} + \frac{1}{m}}; (\overline{x} - \overline{y}) + t_{1-\frac{\alpha}{2}} \cdot \sigma \cdot \sqrt{\frac{1}{n} + \frac{1}{m}}\right[,$$

Se σ^2 non è nota, si sostituisce con $s_p^2 = \frac{n \cdot s_x^2 + m \cdot s_y^2}{n + m - 2}$ e il valore critico di t è determinato mediante l'apposita tavola al livello di fiducia $(1 - \alpha)$, con $\nu = n + m - 2$ gradi di libertà.

Stima per intervallo di una percentuale

La **stima per intervallo della percentuale della popolazione** di un carattere qualitativo, quando è nota la frequenza campionaria e la numerosità del campione è superiore a 50, si esegue applicando la seguente formula:

$$\left]f - z_{1-\frac{\alpha}{2}} \cdot \sqrt{\frac{f \cdot (1-f)}{n}}; f + z_{1-\frac{\alpha}{2}} \cdot \sqrt{\frac{f \cdot (1-f)}{n}}\right[.$$

Si può utilizzare anche il seguente metodo, chiamato *del massimo errore standard*:

$$\left]f - z_{1-\frac{\alpha}{2}} \cdot \frac{1}{2\sqrt{n}}; f + z_{1-\frac{\alpha}{2}} \cdot \frac{1}{2\sqrt{n}}\right[.$$

Verifica delle ipotesi

- Nella verifica delle ipotesi su una media l'**ipotesi nulla** afferma che la media della popolazione assume un determinato valore: H_0: $\mu = \mu_0$. L'ipotesi nulla è contrapposta all'**ipotesi alternativa**, che afferma una delle seguenti tre possibilità: H_1: $\mu \neq \mu_0$, H_1: $\mu > \mu_0$ e H_1: $\mu < \mu_0$.

- Per accettare l'ipotesi nulla o non accettarla (e quindi accettare l'ipotesi alternativa) vi sono **regole di decisione** che, avendo fissato un **livello di significatività** α, sono basate su test.
- Nel caso di **grandi campioni** si deve determinare il valore $z = \frac{\overline{x} - \mu_0}{\sigma_{\overline{X}}}$, dove $\sigma_{\overline{X}}$ può essere stimato da $s_{\overline{X}}$.
  - Se H_1: $\mu \neq \mu_0$, si applica il **test bilaterale a due code**. Si confronta $|z|$ con il valore critico $z_{1-\frac{\alpha}{2}}$, ottenuto dalla tavola di Sheppard cercando il valore di z a cui corrisponde la probabilità nota $p = 0{,}5 - \frac{\alpha}{2}$ e se $|z| < z_{1-\frac{\alpha}{2}}$ si accetta l'ipotesi nulla.
  - Se H_1: $\mu < \mu_0$, si applica il **test unilaterale a sinistra a una coda**. Si confronta z con il valore critico $-z_{1-\alpha}$ e se $z > -z_{1-\alpha}$ si accetta l'ipotesi nulla.
  - Se H_1: $\mu > \mu_0$, si applica il **test unilaterale a destra a una coda**. Si confronta z con il valore critico $z_{1-\alpha}$ a cui corrisponde la probabilità nota $p = 0{,}5 - \alpha$ e se $z < z_{1-\alpha}$ si accetta l'ipotesi nulla.
- Per i **piccoli campioni**, nel caso sia nota σ, si applica il procedimento dei grandi campioni.

  Nel caso in cui si debba usare la varianza campionaria corretta, occorre usare la distribuzione t di Student, che calcolata sul campione diventa $t = \frac{\overline{x} - \mu_0}{\frac{s}{\sqrt{n-1}}}$.

  È necessario confrontare il valore di t calcolato con i valori critici di t determinati per il livello di fiducia fissato e i gradi di libertà utilizzando le apposite tavole.

  Se $|t| < \left|t_{1-\frac{\alpha}{2}}\right|$, o $t < t_{1-\alpha}$ o $t > -t_{1-\alpha}$ si accetta l'ipotesi nulla.
- L'ipotesi nulla della **differenza tra le medie di due grandi campioni** H_0: $\mu_X - \mu_Y = 0$ si verifica calcolando:

  $$z = \frac{\overline{x} - \overline{y} - 0}{\sigma_{(\overline{X}-\overline{Y})}}$$

  $$\left(\sigma^2_{(\overline{X}-\overline{Y})} = \frac{\sigma^2_{\overline{X}}}{n} + \frac{\sigma^2_{\overline{Y}}}{m} \text{ eventualmente sostituito da } s^2_{(\overline{X}-\overline{Y})} = \frac{s^2_x}{n-1} + \frac{s^2_y}{m-1}\right)$$

  e accettando H_0 se:
  - $|z| < z_{1-\frac{\alpha}{2}}$ per il test bilaterale;
  - $z < +z_{1-\alpha}$ per il test unilaterale a destra a una coda;
  - $z > -z_{1-\alpha}$ per il test unilaterale a sinistra a una coda.
- Per **piccoli campioni** si considerano campioni estratti dalla medesima popolazione normale e si applica il procedimento dei grandi campioni. Se σ^2 non è nota, si deve ricorrere alla distribuzione t di Student utilizzando la varianza comune campionaria:

  $$s^2_p = \frac{n \cdot s^2_x + m \cdot s^2_y}{n + m - 2}.$$

  Le relazioni sono uguali a quelle per i grandi campioni, ma si utilizzano i valori di t per $\nu = n + m - 2$ gradi di libertà.
- La verifica dell'**ipotesi nulla su una percentuale** si applica solo su grandi campioni. Si determina il valore di:

  $$z = \frac{f - p}{\sqrt{\frac{p \cdot (1-p)}{n}}}$$

  e mediante il confronto con i valori critici di z si determina l'accettazione o non accettazione dell'ipotesi nulla.

ESERCIZI

CAPITOLO 29
ESERCIZI

1 Popolazione e campione

▶ Teoria a p. 1536

1 ESERCIZIO GUIDA Vogliamo effettuare un sondaggio prima delle elezioni. Esaminiamo i seguenti caratteri e costruiamo un campione stratificato di numerosità $n = 500$.

a. età; **b.** sesso; **c.** titolo di studio.

Utilizziamo la seguente tabella che fornisce la composizione dell'universo che ha numerosità $N = 28\,148$.

Classe di età	Maschi	Femmine	Assolto obbligo scolastico	Diploma	Laurea
18-25	1320	1412	2631	97	4
25-35	1314	1950	2794	414	56
35-50	3452	4543	7503	420	72
50-60	2517	2514	4648	315	68
60-70	2315	2570	4658	214	13
70 e oltre	1924	2317	4201	32	8
Totale	12 842	15 306	26 435	1492	221

La numerosità di ogni strato è determinata in modo proporzionale alla numerosità del corrispondente strato nella popolazione. Per esempio il numero totale dei maschi che devono appartenere al campione deve essere tale che $\frac{x}{500} = \frac{12\,842}{28\,148}$, per cui $x \simeq 228$. Abbiamo la seguente tabella circa la composizione secondo il sesso.

Classe di età	Maschi	Femmine
18-25	24	25
25-35	23	35
35-50	61	81
50-60	45	45
60-70	41	46
70 e oltre	34	41
Totale	228	273

Se invece vogliamo effettuare la stratificazione in base al titolo di studio abbiamo la seguente tabella.

Classe di età	Assolto obbligo scolastico	Diploma	Laurea
18-25	47	2	0
25-35	50	7	1
35-50	133	7	1
50-60	82	6	1
60-70	83	4	0
70 e oltre	75	1	0
Totale	470	27	3

Non possiamo stratificare il campione in base al titolo di studio e al sesso in quanto non siamo a conoscenza della composizione di questo elemento dell'universo. I valori indicati sono stati arrotondati all'unità.

2 **ESERCIZIO GUIDA** È data la seguente distribuzione di 40 famiglie secondo il numero dei componenti.

Numero componenti	1	2	3	4	5
Numero famiglie	4	10	18	6	2

Determiniamo:

a. quanti sono i campioni di 3 elementi dello spazio campionario nel caso di campionamento con ripetizione;

b. quanti sono i campioni di 4 elementi dello spazio campionario nel caso di campionamento con estrazione in blocco;

c. il tasso di campionamento;

d. assegnando un numero progressivo alle famiglie (1, 2, 3, ...) e utilizzando le ultime due cifre dei numeri casuali della tavola allegata nell'eBook, due campioni di 9 elementi (con ripetizione e senza ripetizione) partendo dal primo numero casuale e dall'ultimo tornando indietro.

---

a. Essendo $N = 40$ e $n = 3$, il numero dei campioni di numerosità 3 è $D'_{40,3} = 40^3 = 64000$.

b. Essendo $N = 40$ e $n = 4$, il numero dei campioni è $C_{40,4} = \binom{40}{4} = \frac{40!}{4!36!} = 91390$.

c. Il tasso di campionamento è $\frac{3}{40}$ per il primo tipo di campionamento e $\frac{4}{40} = \frac{1}{10}$ per il secondo tipo di campionamento.

d. Utilizzando la tavola dei numeri casuali abbiamo i seguenti campioni formati dalle famiglie che hanno i seguenti numeri:

1° campione (con ripetizione):	16,	11,	34,	9,	24,	17,	36,	18,	34;
1° campione (in blocco):	16,	11,	34,	9,	24,	17,	36,	18,	20;
2° campione (con ripetizione):	9,	6 ,	23,	16,	9,	36,	22,	22,	30;
2° campione (in blocco):	9,	6,	23,	16,	36,	22,	30,	11,	12.

3 Vogliamo effettuare un sondaggio sulle preferenze musicali dei giovani dai 16 ai 18 anni. Esamina quali potrebbero essere i difetti dei seguenti campioni formati ciascuno da 50 ragazzi o ragazze aventi l'età considerata:

a. fermati casualmente all'uscita di una scuola;

b. intervistati all'uscita di negozi di CD;

c. intervistati casualmente per telefono;

d. intervistati un pomeriggio in punti diversi della città.

Prova a proporre un criterio per la formazione di un campione per effettuare il sondaggio indicato.

4 Un sacchetto contiene 5 palline numerate da 1 a 5. Scrivi lo spazio dei campioni per $n = 2$, sia nel caso di estrazione con ripetizione sia nel caso di estrazione in blocco. [25; 10]

5 In una fabbrica di lampadine, tre macchine producono lo stesso tipo di prodotto. La prima produce il 30% del quantitativo totale, la seconda il 20% e la terza il 50%. Vogliamo controllare se è tuttora valida la durata indicata sulla confezione e decidiamo di esaminare un campione formato da 40 lampadine. Scrivi come procedi per determinare un campione rappresentativo della produzione.

6 **TEST** Una circoscrizione comunale di una città vuole fare un sondaggio sul problema del traffico in alcune vie e proporre delle soluzioni. Quale dei seguenti criteri ritieni sia valido per la formazione di un campione?

A Intervistare persone a caso incontrate nella zona.

B Intervistare persone residenti nella zona.

C Intervistare persone che abitualmente sono in zona per motivi personali o di lavoro.

Prova a elaborare un criterio per giungere a un campione rappresentativo.

7 Le seguenti misure di sbarrette metalliche espresse in centimetri,

10,1, 10,4, 9,9, 9,8, 10,1, 10,3, 10,0, 9,9,

sono gli elementi di un campione di una popolazione sulla quale è stato effettuato un campionamento con un tasso del 40%. Determina la numerosità della popolazione e il numero dei campioni che possono essere costruiti con un campionamento in blocco. [20; 125 970]

8 Vogliamo indagare la spesa media pro capite che un gruppo di dipendenti di un'impresa sostiene per divertimenti. Prova a elencare i criteri che ritieni indispensabili per la formazione di un campione.

9 Un sacchetto contiene un numero elevato di palline, non distinguibili al tatto, di vari colori. Si vuole conoscere la sua composizione. Quale pensi sia il metodo più opportuno per determinare un campione che permetta di effettuare questa valutazione?

2 Parametri della popolazione e del campione

Teoria a p. 1539

10 **ESERCIZIO GUIDA** L'età degli iscritti a un circolo sportivo è distribuita secondo la tabella 1. Estraiamo un campione di 30 iscritti le cui età hanno la distribuzione della tabella 2.

Età	Numero iscritti
12-16	20
16-20	40
20-30	110
30-40	80
40-60	40
oltre 60	10
Totale	300

Tabella 1

Età	Numero iscritti
12-16	6
16-20	4
20-30	8
30-40	6
40-60	4
oltre 60	2
Totale	30

Tabella 2

Determiniamo: **a.** i parametri del carattere «Età» dell'universo (la media μ, la varianza σ^2 e la proporzione degli iscritti sopra i 40 anni); **b.** i parametri sul campione (la media $\overline{x}$, la varianza s^2 e la frequenza).

I risultati sono arrotondati.

x_i	f_i	$x_i f_i$	$(x_i - \mu)^2 f_i$
14	20	280	5557,78
18	40	720	6421,16
25	110	2750	3536,38
35	80	2800	1499,91
50	40	2000	14 945,96
65	10	650	11 785,49
Totale	300	9200	43 746,68

$$\mu = \frac{9200}{300} = 30,67,$$

$$\sigma^2 = \frac{43\,746,68}{300} = 145,82,$$

$$p = \frac{50}{300} = 0,167.$$

(Nell'ultima classe è stato considerato 70 come limite superiore.)
Utilizziamo il campione estratto e determiniamo la media $\overline{x}$, la varianza s^2 e la frequenza.

x_i	f_i	$x_i f_i$	$(x_i - \mu)^2 f_i$
14	6	84	1511,14
18	4	72	563,59
25	8	200	189,74
35	6	210	157,90
50	4	200	1620,87
65	2	130	2468,23
Totale	30	896	6511,47

$$\bar{x} = \frac{896}{30} = 29,87,$$

$$s^2 = \frac{6511,47}{30} = 217,05,$$

$$f = \frac{6}{30} = 0,2.$$

11 Una popolazione è formata da 40 alunni della scuola della fascia dell'obbligo. È stato rilevato che, in un determinato giorno, hanno guardato programmi televisivi per i tempi sotto indicati (espressi in ore):

2	2,5	3	1,5	3	2,5	2,5	3	1	0,5	2	3	1	0
1,5	2	4	1	0,5	2	1	1,5	2	1	0	1	2	1
0,5	1	2	2,5	2,5	1	0,5	2	1	3	3	1		

Calcola i parametri della popolazione: media aritmetica, varianza e deviazione standard. [1,7; 0,91; 0,954]

12 A una popolazione formata da 2000 individui è stato chiesto il nome del detersivo preferito fra tre marche. Le preferenze sono riportate in tabella.
Calcola la percentuale o proporzione sull'universo fra le tre marche. [57%; 35,6%; 7,4%]

Marca detersivo	Numero consumatori
A	1140
B	712
C	148
Totale	2000

13 Una macchina produce lamine di metallo e si è rilevato che la lunghezza su una popolazione di 1000 unità ha la seguente distribuzione.

Lunghezza (cm)	Numero lamine
10-12	130
12-14	730
14-16	120
oltre 16	20
Totale	1000

Determina la media e la varianza della lunghezza sulla popolazione (considerando l'ultima classe chiusa a 18) e la media e la varianza sul seguente campione.

Lunghezza (cm)	Numero lamine
10-12	7
12-14	25
14-16	6
oltre 16	2
Totale	40

[13,06, 1,3164; 13,15, 2,0775]

14 Considera l'universo formato da 100 famiglie delle quali si è rilevato il reddito e determina i parametri media aritmetica, varianza e deviazione standard del reddito sulla popolazione.
Determina un campione stratificato di numerosità 30 e calcola su questo la media, la varianza e la deviazione standard.

Reddito mensile (€)	Numero famiglie
600-800	6
800-1000	24
1000-1200	36
1200-1400	14
1400-1600	12
1600-1800	8
Totale	100

[1152; 70 096; 264,756; numero famiglie 2, 7, 11, 4, 4, 2; $1146,\bar{6}$; 68 488,89; 261,70]

3 Distribuzione della media campionaria

▶ Teoria a p. 1542

15 ESERCIZIO GUIDA Una popolazione è formata da $N = 4$ amici che hanno preparato insieme l'esame universitario di Statistica e hanno conseguito i seguenti voti: Claudia 28, Lorenzo 27, Mara 30 e Pietro 27.
La popolazione ha media $\mu = 28$ e varianza $\sigma^2 = 1,5$.
Calcoliamo la media e la varianza della media per campioni di numerosità $n = 2$ estratti nei seguenti modi:
a. con ripetizione; **b.** in blocco.

a. Costruiamo la variabile media campionaria $\overline{X}$ nel caso di estrazione con ripetizione di campioni con numerosità $n = 2$ (indichiamo con la lettera iniziale del nome gli elementi del campione).

Spazio dei campioni	Valore $\overline{X}$	$f_{\overline{X}}$
LL LP PL PP	27	$\frac{1}{4}$
CL CP LC PC	27,5	$\frac{1}{4}$
CC	28	$\frac{1}{16}$
LM MP ML PM	28,5	$\frac{1}{4}$
CM MC	29	$\frac{1}{8}$
MM	30	$\frac{1}{16}$

Calcoliamo la media e la varianza della variabile casuale media campionaria $\overline{X}$:

$$\mu_{\overline{X}} = M(\overline{X}) = 27 \cdot \frac{1}{4} + 27,5 \cdot \frac{1}{4} + 28 \cdot \frac{1}{16} + 28,5 \cdot \frac{1}{4} + 29 \cdot \frac{1}{8} + 30 \cdot \frac{1}{16} = 28 = \mu;$$

$$\sigma^2_{\overline{X}} = var(\overline{X}) = (27-28)^2 \cdot \frac{1}{4} + (27,5-28)^2 \cdot \frac{1}{4} + \ldots + (30-28)^2 \cdot \frac{1}{16} = 0,75 = \frac{\sigma^2}{n}.$$

b. Costruiamo la variabile media campionaria $\overline{X}$ nel caso di estrazione in blocco di campioni con numerosità $n = 2$:

Spazio dei campioni	Valore $\overline{X}$	$f_{\overline{X}}$
LP	27	$\frac{1}{6}$
CL CP	27,5	$\frac{1}{3}$
LM MP	28,5	$\frac{1}{3}$
CM	29	$\frac{1}{6}$

Calcoliamo la media e la varianza della variabile casuale media campionaria $\overline{X}$:

$$\mu_{\overline{X}} = M(\overline{X}) = 27 \cdot \frac{1}{6} + 27,5 \cdot \frac{1}{3} + 28,5 \cdot \frac{1}{3} + 29 \cdot \frac{1}{6} = 28 = \mu;$$

$$\sigma^2_{\overline{X}} = var(\overline{X}) = (27-28)^2 \cdot \frac{1}{6} + (27,5-28)^2 \cdot \frac{1}{3} + (28,5-28)^2 \cdot \frac{1}{3} + (29-28)^2 \cdot \frac{1}{6} =$$
$$0,5 = \frac{\sigma^2}{n} \cdot \frac{N-n}{N-1}.$$

16 Tre bambini sono stati sottoposti a un test di lettura. I tempi espressi in minuti sono stati i seguenti: 11, 15 e 10.
Determina lo spazio dei campioni con numerosità $n = 2$ nel caso di estrazione con ripetizione e senza ripetizione e verifica le relazioni che legano i parametri della popolazione con le medie e le varianze della variabile casuale media campionaria. $[12; 4,\overline{6}; 2,\overline{3}; 1,1\overline{6}]$

17 Il peso sgocciolato in grammi di quattro scatolette di tonno è 58, 59, 61, 62. Scrivi lo spazio dei campioni con numerosità $n = 3$ sia nel caso di estrazione con ripetizione sia in caso di estrazione in blocco e verifica le relazioni che legano i parametri della popolazione con quelli della variabile casuale media campionaria. $[60; 2,5; 0,8\overline{3}; 0,2\overline{7}]$

18 La spesa alimentare mensile di cinque famiglie tutte composte da tre persone è la seguente.

Famiglie	*A*	*B*	*C*	*D*	*E*
Spesa alimentare (€)	450	420	490	480	460

Dopo aver determinato la media e la varianza della popolazione, scrivi lo spazio dei campioni di 2 elementi nel caso di estrazione con ripetizione e nel caso di estrazione in blocco e verifica le relazioni tra i parametri della popolazione e la media e la varianza della variabile casuale media campionaria. [460; 600; 300; 225]

19 TEST La distribuzione della durata delle lampadine prodotte da una ditta può considerarsi gaussiana con media 13 mesi e varianza 1 mese^2. Con il campione casuale $X_1, X_2, \ldots, X_{10}$, che rappresenta la durata sui campioni di numerosità 10, si costruisce $\overline{X}$ la cui distribuzione è:

A normale con media 13 e varianza 1.
B normale con media 130 e varianza $\frac{1}{10}$.
C normale con media 13 e varianza $\frac{1}{10}$.
D con distribuzione non nota.
E con media 13 e varianza $\frac{1}{10}$ ma con distribuzione non nota.

20 ESERCIZIO GUIDA Una popolazione è costituita da 500 anelli di acciaio aventi la misura del diametro distribuita normalmente con media $\mu = 32$ mm e varianza $\sigma^2 = 9$ mm^2. Si estraggono 12 campioni composti ciascuno da 16 anelli. Determina quanti campioni si può prevedere abbiano un diametro la cui media è compresa tra 30,5 mm e 33 mm, supponendo che il campionamento avvenga con ripetizione.

Dai parametri sulla popolazione otteniamo i valori della variabile casuale media campionaria $\overline{X}$:

$$\mu_{\overline{X}} = \mu = 32 \text{ mm}, \qquad \sigma^2_{\overline{X}} = \frac{\sigma^2}{n} = \frac{9}{16} = 0,5625.$$

Poiché la misura sulla popolazione è normalmente distribuita, anche $\overline{X}$ ha distribuzione normale.

Standardizziamo la variabile con la relazione $Z = \dfrac{\overline{X} - \mu}{\sigma_{\overline{X}}}$ e i valori $x_1 = 30{,}5$ e $x_2 = 33$.

Essendo $\sigma_{\overline{X}} = \sqrt{0,5625} = 0,75$, otteniamo:

$$z_1 = \frac{30,5 - 32}{0,75} = -2, \qquad z_2 = \frac{33 - 32}{0,75} = 1,33.$$

Utilizzando la tavola di Sheppard, determiniamo la probabilità di avere $z_1 < Z < z_2$:

$$p(-2 < Z < 1,33) = p(0 < Z < 2) + p(0 < Z < 1,33) = 0,4772 + 0,4082 = 0,8854.$$

Il numero dei campioni che possiamo prevedere abbiano la media entro i limiti indicati è:

$$12 \cdot 0,8854 \simeq 11.$$

21 Le altezze di un gruppo di 300 ragazzi si distribuiscono normalmente e l'altezza media è di 178 cm con una varianza di 49 cm^2. Si effettua un campionamento con ripetizione estraendo 10 campioni formati ciascuno da 20 ragazzi. Determina il numero dei campioni che ci aspettiamo abbiano un'altezza media compresa tra 175 e 181 cm. [9]

22 Una macchina confeziona scatole di cacao in polvere del peso medio di 200 g con una deviazione standard di 8 g. Sapendo che il peso delle scatole è una grandezza che si distribuisce normalmente, determina:

a. quanti campioni su 80, formati ciascuno da 25 scatole, hanno un peso medio inferiore a 197 g;

b. quanti campioni su 80, formati ciascuno da 25 scatole, hanno un peso medio compreso tra 197 e 203 g;

c. la probabilità che, presa una scatola dalla produzione, essa abbia un peso compreso tra 197 e 203 g.

[a) 2; b) 75; c) 29,6%]

4 Particolari distribuzioni campionarie

Distribuzione della varianza campionaria

▶ Teoria a p. 1547

23 ESERCIZIO GUIDA Facciamo riferimento all'esercizio 15 di pagina 1508, nel quale avevamo determinato la variabile media campionaria della seguente popolazione: Claudia 28, Lorenzo 27, Mara 30, Pietro 27. La media è $\mu = 28$ e la varianza $\sigma^2 = 1{,}5$.
Calcoliamo la media della varianza campionaria per campioni di numerosità $n = 2$.

Troviamo i valori della variabile varianza campionaria e la frequenza relativa di ogni valore.

Spazio dei campioni	Valori s^2	f_{s^2}
CC LL MM PP LP PL	0	$\frac{6}{16}$
CL CP LC PC	0,25	$\frac{4}{16}$
CM MC	1	$\frac{2}{16}$
LM ML MP PM	2,25	$\frac{4}{16}$

Calcoliamo la media della distribuzione trovata e verifichiamo la relazione con la varianza della popolazione:

$$\mu_{S^2} = M(s^2) = 0 \cdot \frac{6}{16} + 0,25 \cdot \frac{4}{16} + 1 \cdot \frac{2}{16} + 2,25 \cdot \frac{4}{16} = 0,75, \quad \mu_{S^2} = \frac{n-1}{n}\sigma^2 = \frac{2-1}{2} \cdot 1,5 = 0,75.$$

24 Una popolazione è formata da 5 consumatori *A*, *B*, *C*, *D* ed *E* e il consumo di latte settimanale (espresso in litri) è rispettivamente 2, 3, 4,5, 5, 7,5. Determina:

a. la media e la varianza della popolazione;

b. lo spazio dei campioni di due elementi con campionamento bernoulliano;

c. il valore medio della variabile casuale varianza campionaria.

Verifica la relazione tra il valore medio della variabile varianza campionaria con la varianza della popolazione. [a) 4,4, 3,54; c) 1,77]

25 Una popolazione è formata da 4000 sbarrette meccaniche che hanno una lunghezza media di 25 cm con una varianza di 9 cm^2. Considerando sia il campionamento bernoulliano sia quello in blocco con un tasso di campionamento dell'1%, calcola:

a. la media e la varianza della variabile casuale media campionaria;

b. la media della variabile casuale varianza campionaria. [a) 25, 0,225, 25, 0,223; b) 8,775; 8,777]

26 Una popolazione è formata da quattro gattini di una stessa cucciolata che dopo due mesi hanno i seguenti pesi in grammi: 310, 340, 180, 210.
Determina:

a. la media e la varianza della popolazione;

b. lo spazio dei campioni di due elementi con campionamento bernoulliano;

c. la variabile casuale media campionaria, il suo valore medio e la varianza;

d. la variabile varianza campionaria e il suo valore medio.

Verifica le relazioni tra i valori ottenuti dalle variabili campionarie con il valore medio e la varianza della popolazione. [a) 260, 4450; c) 260, 2225; d) 2225]

Distribuzione della differenza fra due medie campionarie

▶ Teoria a p. 1548

27 ESERCIZIO GUIDA Dati su due popolazioni i caratteri $X = \{2, 4, 6, 12\}$ e $Y = \{1, 3, 5\}$, consideriamo un campionamento con numerosità 2 e costruiamo la variabile casuale differenza fra due medie campionarie. Determiniamo il suo valore medio e la sua varianza.

I parametri sulle due popolazioni sono rispettivamente: $\mu_X = 6$, $\sigma_X^2 = 14$; $\mu_Y = 3$, $\sigma_Y^2 = 2,\overline{6}$.

Le due variabili casuali medie campionarie $\overline{X}$ e $\overline{Y}$ hanno i seguenti valori e le seguenti distribuzioni.

Valori di $\overline{X}$	2	3	4	5	6	7	8	9	12
$f_{\overline{X}}$	$\frac{1}{16}$	$\frac{2}{16}$	$\frac{3}{16}$	$\frac{2}{16}$	$\frac{1}{16}$	$\frac{2}{16}$	$\frac{2}{16}$	$\frac{2}{16}$	$\frac{1}{16}$

Valori di $\overline{Y}$	1	2	3	4	5
$f_{\overline{Y}}$	$\frac{1}{9}$	$\frac{2}{9}$	$\frac{3}{9}$	$\frac{2}{9}$	$\frac{1}{9}$

Siamo in grado ora di determinare la distribuzione di $(\overline{X} - \overline{Y})$.

Valori di $\overline{X} - \overline{Y}$	−3	−2	−1	0	1	2	3	4	5	6	7	8	9	10	11
$f_{\overline{X}-\overline{Y}}$	$\frac{1}{144}$	$\frac{4}{144}$	$\frac{10}{144}$	$\frac{16}{144}$	$\frac{19}{144}$	$\frac{18}{144}$	$\frac{16}{144}$	$\frac{16}{144}$	$\frac{15}{144}$	$\frac{12}{144}$	$\frac{7}{144}$	$\frac{4}{144}$	$\frac{3}{144}$	$\frac{2}{144}$	$\frac{1}{144}$

Da cui:

$$M(\overline{X} - \overline{Y}) = -3 \cdot \frac{1}{144} - 2 \cdot \frac{4}{144} - 1 \cdot \frac{10}{144} + 0 \cdot \frac{16}{144} + 1 \cdot \frac{19}{144} + \ldots + 11 \cdot \frac{1}{144} = 3 = \mu_X - \mu_Y,$$

$$var(\overline{X} - \overline{Y}) = (-3-3)^2 \cdot \frac{1}{144} + (-2-3)^2 \cdot \frac{4}{144} + \ldots + (11-3)^2 \cdot \frac{1}{144} = 8,\overline{3} = \frac{14}{2} + \frac{2,\overline{6}}{2} =$$

$$\frac{\sigma_X^2}{n} + \frac{\sigma_Y^2}{m} = \sigma^2_{(\overline{X}-\overline{Y})}.$$

La media è la differenza delle medie delle due popolazioni X e Y (uguali alle medie delle variabili medie campionarie $\overline{X}$ e $\overline{Y}$) e la varianza è la somma delle varianze delle due variabili casuali medie campionarie.

28 Due macchine indipendenti producono anelli da tenda. La produzione della prima macchina è stata di 4000 anelli aventi un diametro medio di 75 mm con una varianza di 49 mm^2, mentre quella della seconda è stata di 2000 anelli aventi sempre un diametro di 75 mm ma con una varianza di 16 mm^2.
Su un campionamento di numerosità 50 calcola:

a. il valore medio e la varianza delle due variabili casuali medie campionarie;

b. il valore medio e la varianza della variabile casuale differenza campionaria.

[a) 75, 0,98; 75, 0,32; b) 0, 1,3]

29 Due reparti montano lo stesso componente elettronico, ma mentre il tempo medio di installazione nel primo è di 20 minuti, nel secondo è di 30 minuti. Le due varianze sono rispettivamente 25 e 16. Si effettua un campionamento di numerosità 40. Calcola il valore medio e la varianza della variabile casuale differenza fra medie campionarie. [− 10; 1,025]

30 Due gruppi di studenti appartenenti a due classi diverse, il primo formato da 3 alunni e il secondo da 4, hanno conseguito su uno stesso argomento di storia i seguenti voti in un test a risposte multiple.
Primo gruppo: 4, 7, 7. Secondo gruppo: 5, 6, 6, 9. Calcola la media e la varianza delle due popolazioni.
Effettua un campionamento di numerosità 2. Determina:

a. le due variabili campionarie $\overline{X}$ e $\overline{Y}$, la loro media e la loro varianza;

b. la variabile campionaria $(\overline{X} - \overline{Y})$, il suo valore medio e la varianza.

[6, 2, 6,5, 2,25; a) 6, 1, 6,5, 1,125; b) − 0,5, 2, 125]

Distribuzione della frequenza campionaria

▶ Teoria a p. 1549

31 ESERCIZIO GUIDA Una popolazione è formata da 5 bambini, dei quali 4 praticano abitualmente uno sport. Considera un campionamento con ripetizione di numerosità $n = 3$ e determina la variabile casuale frequenza campionaria F, la sua media e la sua varianza.

La percentuale (o proporzione) della popolazione è $p = \frac{4}{5}$ e la varianza è $p \cdot 1 - p = \frac{4}{5} \cdot \frac{1}{5} = \frac{4}{25}$.

Determiniamo la variabile frequenza campionaria F considerando che in un campione di 3 elementi la caratteristica di praticare uno sport può presentarsi $x = 0, 1, 2, 3$ volte. La frequenza assume i valori $0, \frac{1}{3}, \frac{2}{3}, 1$.

I valori delle probabilità sono determinati direttamente mediante lo schema delle prove ripetute:

$$p(F = x) = \binom{3}{x} \cdot \left(\frac{4}{5}\right)^x \cdot \left(\frac{1}{5}\right)^{3-x}.$$

I valori sono: $\frac{1}{125}, \frac{12}{125}, \frac{48}{125}, \frac{64}{125}$. La variabile frequenza campionaria F è la seguente.

Valori di F	0	$\frac{1}{3}$	$\frac{2}{3}$	1
f_F	$\frac{1}{125}$	$\frac{12}{125}$	$\frac{48}{125}$	$\frac{64}{125}$

$$M(F) = \mu_F = 0 \cdot \frac{1}{125} + \frac{1}{3} \cdot \frac{12}{125} + \frac{2}{3} \cdot \frac{48}{125} + 1 \cdot \frac{64}{125} = \frac{4}{5} = p;$$

$$var(F) = \sigma_F^2 = \left(0 - \frac{4}{5}\right)^2 \cdot \frac{1}{125} + \left(\frac{1}{3} - \frac{4}{5}\right)^2 \cdot \frac{12}{125} + \left(\frac{2}{3} - \frac{4}{5}\right)^2 \cdot \frac{48}{125} + \left(1 - \frac{4}{5}\right)^2 \cdot \frac{64}{125} = \frac{4}{75} = \frac{p \cdot q}{n}.$$

32 Su 400 telespettatori, 280 hanno dichiarato di gradire spettacoli televisivi impostati sui quiz. Determina la proporzione e la varianza della popolazione. Quindi supponendo un campionamento di 35 elementi, determina la media e la varianza della variabile frequenza campionaria.

$\left[\frac{7}{10}; \frac{21}{100}; \frac{7}{10}; \frac{3}{500}\right]$

33 Su 5 dipendenti di un'azienda, 2 hanno dichiarato che voteranno il sig. Alfieri come rappresentante sindacale. Supponendo di effettuare un campionamento di numerosità 2, determina:

a. la proporzione dell'universo e la sua varianza;

b. lo spazio dei campioni e la variabile frequenza campionaria;

c. la media e la varianza della variabile frequenza campionaria.

$\left[\text{a) } \frac{2}{5}; \frac{6}{25}; \text{c) } \frac{2}{5}; \frac{3}{25}\right]$

34 Considera la popolazione formata da un mazzo di 40 carte e la proprietà «essere una figura». Calcola la proporzione e la varianza della popolazione. Considera un campionamento con ripetizione di numerosità $n = 5$ e, dopo aver determinato direttamente la variabile frequenza campionaria, calcola il valore medio e la varianza.

$\left[\frac{3}{10}; \frac{21}{100}; \frac{3}{10}; \frac{21}{500}\right]$

5 Stimatori e loro proprietà

Teoria a p. 1551

35 **ESERCIZIO GUIDA** Una popolazione è formata da $N = 4$ aziende (A, B, C, D) che producono lo stesso articolo, ma con costi unitari che sono diversi, rispettivamente 48, 50, 52 e 54 euro.
La popolazione ha media $\mu = 51$ e varianza $\sigma^2 = 5$. Verifichiamo che:

a. la media campionaria è uno stimatore corretto e più efficiente della mediana;

b. la varianza campionaria non è uno stimatore corretto, mentre è tale la varianza campionaria corretta.

a. Sappiamo che lo stimatore media campionaria $\overline{X}$ è uno stimatore *corretto*. Infatti si può verificare (e lo lasciamo per esercizio) che, sia nel caso di campionamento bernoulliano sia in quello di campionamento in blocco:

$$\mu_{\overline{X}} = \mu = 51.$$

Verifichiamo ora che lo stimatore $\overline{X}$ è più *efficiente* della mediana. Consideriamo come stimatore la variabile campionaria mediana e costruiamo la relativa variabile casuale $\overline{Me}$. Nel caso di estrazioni con ripetizione di campioni con numerosità $n = 3$ abbiamo i seguenti valori.

Spazio dei campioni	Valori di $\overline{Me}$	$f_{\overline{Me}}$
AAA AAB AAC AAD ABA ACA ADA BAA CAA DAA	48	$\frac{10}{64}$
ABB ABC ABD ACB ADB BAB BAC BAD BBA BBB BBC BBD BCA BCB BDA BDB CAB CBA CBB DAB DBA DBB	50	$\frac{22}{64}$
ACC ACD ADC BCC BCD BDC CAC CAD CBC CBD CCA CCB CCC CCD CDA CDB CDC DAC DBC DCA DCB DCC	52	$\frac{22}{64}$
ADD BDD CDD DAD DBD DCD DDA DDB DDC DDD	54	$\frac{10}{64}$

Calcoliamo la media e la varianza della variabile casuale campionaria mediana $\overline{Me}$.

$$\mu_{\overline{Me}} = 48 \cdot \frac{10}{64} + 50 \cdot \frac{22}{64} + 52 \cdot \frac{22}{64} + 54 \cdot \frac{10}{64} = 51;$$

$$\sigma^2_{\overline{Me}} = (48-51)^2 \cdot \frac{10}{64} + (50-51)^2 \cdot \frac{22}{64} + (52-51)^2 \cdot \frac{22}{64} + (54-51)^2 \cdot \frac{10}{64} = 3{,}5.$$

Rileviamo come lo stimatore mediana, essendo la popolazione simmetrica, è corretto ma è meno efficiente di $\overline{X}$ in quanto per $n = 3$, $\sigma^2_{\overline{X}} = 1{,}\overline{6} < \sigma^2_{\overline{Me}} = 3{,}5$.

b. Costruiamo la variabile varianza campionaria considerando il campionamento per $n = 2$ e la variabile s^2_c.

Spazio dei campioni	**Valori di s^2**	**Valori di s^2_c**	$f_{s^2} = f_{s^2_c}$
AA BB CC DD	0	0	$\frac{1}{4}$
AB BA BC CB DC CD	1	2	$\frac{3}{8}$
AC CA DB BD	4	8	$\frac{1}{4}$
AD DA	9	18	$\frac{1}{8}$

Si verifica facilmente che

$$\mu_{s^2} = M(s^2) = 0 \cdot \frac{1}{4} + 1 \cdot \frac{3}{8} + 4 \cdot \frac{1}{4} + 9 \cdot \frac{1}{8} = 2{,}5,$$

e

$$\mu_{s^2_c} = M(s^2_c) = 0 \cdot \frac{1}{4} + 2 \cdot \frac{3}{8} + 8 \cdot \frac{1}{4} + 18 \cdot \frac{1}{8} = 5 = \sigma^2,$$

confermando che s^2 non è uno stimatore corretto, mentre lo è s^2_c.

36 Abbiamo rilevato il numero di spettacoli cinematografici a cui hanno assistito in un mese 5 persone: Alessia 4, Bruno 0, Camilla 2, Davide 1, Elisa 3. Dopo aver determinato la media e la varianza della popolazione, effettuando un campionamento bernoulliano:

a. scrivi lo spazio campionario $n = 2$;

b. determina la distribuzione della varianza campionaria S^2 verificando che non è uno stimatore corretto;

c. determina la distribuzione della varianza campionaria corretta S^2_c e verifica che è uno stimatore corretto.

[$\mu = 2$; $\sigma^2 = 2$; $\mu_{S^2} = 1$; $\mu_{S^2_c} = 2$]

RISOLVIAMO UN PROBLEMA

Latte è bello

Un'azienda agricola ha acquistato un nuovo macchinario per imbottigliare il latte pastorizzato in sede. In base alle impostazioni effettuate al momento del collaudo, la quantità di latte immessa in ogni bottiglia deve essere pari a 1 litro; una volta messa in funzione la macchina, un addetto estrae, con reimmissione, 3 bottiglie tra quelle riempite nella prima ora di funzionamento per verificare il livello medio del contenuto.

Si assume che le 3 unità campionarie X_i, $i = 1, 2, 3$, siano indipendenti tra loro e che la loro distribuzione abbia media $M(X_i) = \mu$ e varianza $var(X_i) = \sigma^2$ per $i = 1, 2, 3$; entrambi i parametri sono, per ora, ignoti. Considera i 4 stimatori seguenti per μ:

$$T_1 = \frac{2X_1 + X_2 + 2X_3}{5};$$

$$T_2 = \overline{X};$$

$$T_3 = \frac{3X_1 + X_2 + X_3}{6};$$

$$T_4 = \frac{3X_1 + 2X_2 + X_3}{6}.$$

- Identifica quale, tra essi, non è corretto per μ.
- Come modificheresti lo stimatore identificato al primo punto per fare in modo che sia corretto?
- Qual è il più efficiente dei tre stimatori corretti?

▶ **Controlliamo la correttezza.**

Per verificare la correttezza degli stimatori per il parametro è necessario calcolare i rispettivi valori attesi:

$$M(T_1) = \frac{2}{5}\mu + \frac{1}{5}\mu + \frac{2}{5}\mu = \mu;$$

$$M(T_2) = M(\overline{X}) = \mu;$$

$$M(T_3) = \frac{1}{2}\mu + \frac{1}{6}\mu + \frac{1}{6}\mu = \frac{5}{6}\mu;$$

$$M(T_4) = \frac{1}{2}\mu + \frac{1}{3}\mu + \frac{1}{6}\mu = \mu.$$

Quindi T_3 non è corretto per μ perché il suo valore atteso non coincide con tale parametro.

▶ **Correggiamo lo stimatore non corretto.**

Dalla relazione che emerge al punto precedente si può notare che

$$\frac{6}{5}M(T_3) = \mu.$$

Inoltre, per le proprietà del valore atteso,

$$\frac{6}{5}M(T_3) = M\left(\frac{6}{5}T_3\right) = \mu.$$

Quindi, moltiplicando T_3 per $\frac{6}{5}$, si ottiene uno stimatore corretto:

$$T_3' = \frac{3X_1 + X_2 + X_3}{5}.$$

▶ **Confrontiamo l'efficienza.**

Lo stimatore più efficiente dei tre è quello che ha la varianza minore:

$$var(T_1) = \frac{4}{25}\sigma^2 + \frac{1}{25}\sigma^2 + \frac{4}{25}\sigma^2 = \frac{9}{25}\sigma^2 = 0{,}36\sigma^2;$$

$$var(T_2) = var(\overline{X}) = \frac{\sigma^2}{3} = 0{,}33\sigma^2;$$

$$var(T_4) = \frac{1}{4}\sigma^2 + \frac{1}{9}\sigma^2 + \frac{1}{36}\sigma^2 = \frac{14}{36}\sigma^2 = 0{,}39\sigma^2.$$

Lo stimatore più efficiente dei tre è la media campionaria T_2.

37 ●● Data una popolazione di 5 persone alle quali è stato chiesto se abitualmente acquistano un quotidiano, si sono rilevate le seguenti risposte: A no, B sì, C no, D no, E sì. Dopo aver determinato la percentuale e la varianza della popolazione, dato un campionamento bernoulliano con $n = 3$, determina la distribuzione campionaria F e verifica che è uno stimatore corretto.

$\left[\mu_F = \frac{2}{5}; \sigma_F^2 = \frac{2}{25}\right]$

38 ●● Un universo di 2000 unità presenta una media di 40 e una varianza di 12.
Dato un campione bernoulliano di dimensione 50 con media 43 e varianza 15, calcola:

a. il valore medio della variabile casuale media campionaria e la sua varianza;

b. il valore medio della variabile casuale varianza campionaria;

c. il valore della varianza corretta del campione.

[a) $\mu_{\overline{X}} = 40$, $\sigma^2_{\overline{X}} = 0{,}24$; b) $\mu_{s^2} = 11{,}76$; c) $s_c^2 = 15{,}306$]

6 Stima puntuale

▶ Teoria a p. 1553

39 ESERCIZIO GUIDA

a. Data una popolazione di 4000 persone stimiamo il consumo medio giornaliero di zucchero, il consumo totale della popolazione e la percentuale di persone che usa dolcificanti.
Estratto un campione di 150 persone si rileva che il consumo medio giornaliero di zucchero è 30 g con una deviazione standard di 12 g. Si rileva inoltre che il numero delle persone che usa dolcificanti è 48.

b. Consideriamo sempre la popolazione data di 4000 persone e stimiamo la differenza fra il suo consumo medio di zucchero e quello di una seconda popolazione formata da 3000 persone, per la quale, sulla base di un campione di 100 persone, si è rilevato un consumo giornaliero di 32 g con una deviazione standard di 10 g.

---

a. Consideriamo il campionamento bernoulliano:
- stimiamo il consumo medio di zucchero della popolazione $\overline{X} = 30$ g con un errore standard $s_{\overline{X}} = \frac{12}{\sqrt{149}} = 0,98$ g;
- stimiamo il consumo totale di zucchero della popolazione $\overline{X} \cdot N = 30 \cdot 4000 = 120\,000$ g $= 120$ kg con un errore standard $s_{\overline{X}} \cdot N = \frac{12}{\sqrt{149}} \cdot 4000 = 3932,31$ g;
- stimiamo la percentuale di persone che usa dolcificanti con $f = \frac{48}{150} = 0,32 = 32\%$ con un errore standard $s_F = \sqrt{\frac{0,32 \cdot (1-0,32)}{150}} = 0,038 = 3,8\%$.

b. Valutiamo la differenza fra medie $\overline{X} - \overline{Y} = 30 - 32 = -2$ g con un errore standard valutato sempre sul campione $s_{(\overline{X}-\overline{Y})} = \sqrt{\frac{12^2}{149} + \frac{10^2}{99}} = 1,41$ g.

40 Si vuole stimare il peso medio di una popolazione formata da 2500 adulti di sesso femminile. Viene estratto un campione di 250 elementi e il peso medio risulta di 62 kg. Si conosce la deviazione standard della popolazione da precedenti rilevazioni: 14 kg. Determina la stima puntuale della popolazione con l'errore standard. [62; 0,89]

41 Ripeti l'esercizio precedente supponendo di non conoscere la deviazione standard della popolazione e di aver rilevato che la deviazione standard del campione è di 12 kg. [62; 0,76]

42 In vista di un referendum abrogativo è stato chiesto a un campione di 800 elettori di anticipare il tipo di scelta che effettueranno e 350 votanti hanno dichiarato che voteranno «no». Effettua una stima puntuale della percentuale con il relativo errore standard. [43,75%; 1,75%]

43 Un sondaggio su un campione di 500 famiglie estratto da una popolazione di 10 000 famiglie ha rilevato che 280 utilizzano Internet per fare acquisti online. Stima la percentuale della popolazione e il numero di famiglie che hanno questa caratteristica con i relativi errori standard. [0,56; 5600; 2,22%; 222]

MATEMATICA AL COMPUTER

Le distribuzioni campionarie con il foglio di calcolo Costruiamo un foglio elettronico che:

a. permetta di inserire i consumi A, B, C, D ed E di una popolazione di $N = 5$ elementi;
b. contenga lo spazio dei campioni con numerosità $n = 3$ senza ripetizione;
c. calcoli la media e la varianza della popolazione e di ogni campione.

Risoluzione – 4 esercizi in più

7 Stima per intervallo della media

▶ Teoria a p. 1556

44 ESERCIZIO GUIDA

a. In una popolazione il consumo medio mensile di vino da pasto è di 0,3 L con una varianza di 0,16 L^2. Viene estratto un campione di 60 elementi da cui si rileva un consumo medio di 0,28 L. Determiniamo se la media sul campione è compresa nell'intervallo della media della popolazione a un livello di confidenza del 99%.

b. Dobbiamo stimare il consumo medio di vino da pasto in una popolazione di 60 000 persone di età superiore ai 40 anni e ne abbiamo intervistate 400 rilevando un consumo medio mensile di 0,4 L. Effettuiamo una stima per intervallo a un livello di confidenza del 99,5% considerando le seguenti ipotesi:

1. conosciamo da rilevazioni precedenti che la varianza della popolazione è 0,49 L^2;

2. il campione presenta una varianza di 0,36 L^2.

c. Ripetiamo il punto precedente, a un livello di confidenza del 95%, supponendo che la popolazione abbia distribuzione normale e il campione abbia numerosità 25.

---

a. Per il valore $(1-\alpha) = 0,99$ abbiamo $z_{1-\frac{\alpha}{2}} = 2,576$ e pertanto l'intervallo della media della popolazione risulta:

$$\left]0,3 - 2,576 \cdot \frac{0,4}{\sqrt{60}}; 0,3 + 2,576 \cdot \frac{0,4}{\sqrt{60}}\right[=]0,17; 0,43[.$$

La media rilevata sul campione, cioè 0,28 L, cade nell'intervallo per la media della popolazione.

b. Essendo $(1-\alpha) = 0,995$, cerchiamo all'interno della tavola di Sheppard il valore $\frac{0,995}{2} = 0,4975$ e troviamo
il valore critico $z_{1-\frac{\alpha}{2}} = 2,81$.

Consideriamo il campione bernoulliano. Troviamo:

1. $\left]0,4 - 2,81 \cdot \frac{0,7}{\sqrt{400}}; 0,4 + 2,81 \cdot \frac{0,7}{\sqrt{400}}\right[=]0,30; 0,50[;$

2. $\left]0,4 - 2,81 \cdot \frac{0,6}{\sqrt{399}}; 0,4 + 2,81 \cdot \frac{0,6}{\sqrt{399}}\right[=]0,32; 0,48[.$

c. Applichiamo nell'ipotesi 1 lo stesso procedimento dei grandi campioni:

$$\left]0,4 - 1,96 \cdot \frac{0,7}{\sqrt{25}}; 0,4 + 1,96 \cdot \frac{0,7}{\sqrt{25}}\right[=]0,13; 0,67[.$$

Nell'ipotesi 2 dobbiamo utilizzare la variabile t di Student. Sulla tavola nella colonna dello 0,95 rileviamo per $\nu = 24$ gradi di libertà $t_{1-\frac{\alpha}{2}} = 2,064$ e pertanto:

$$\left]0,4 - 2,064 \cdot \frac{0,6}{\sqrt{24}}; 0,4 + 2,064 \cdot \frac{0,6}{\sqrt{24}}\right[=]0,15; 0,65[.$$

45 ●○ Un campione di 40 pile ha fornito una durata media di 293 ore. Sapendo che la ditta fornitrice garantisce una durata media di 300 ore con una deviazione standard di 10 ore, determina se il campione può essere considerato nell'intervallo della media a un livello di confidenza del 90%.

[no; l'intervallo della media è] 297,40; 302,60 [ ]

46 ●○ Viene estratto un campione di 400 persone di sesso femminile da una popolazione di 2000 unità per determinare l'età del matrimonio. Si è rilevato che l'età media è di 28 anni con una deviazione standard di 3,5 anni. Trova l'intervallo di confidenza della media per l'età popolazione a un livello del 99%. [ ] 27,55; 28,45 [ ]

47 ●○ Il peso medio di un certo tipo di piastrelle di ceramica prodotte dalla ditta Ceramlux è di 0,4 kg con una deviazione standard di 0,02 kg. Determina se un campione di 100 piastrelle del peso di 0,41 kg è contenuto a un livello di confidenza del 90% entro l'intervallo della media della popolazione. [no;] 0,397; 0,403 [ ]

ESERCIZI

48 Il peso medio di 24 bambini di 4 anni iscritti a una scuola materna è di 16 kg con una deviazione standard di 2,5 kg. Supponendo che il peso abbia una distribuzione normale, determina l'intervallo medio del peso della popolazione a un livello di confidenza dell'80%, del 90% e del 99%.

[ ] 15,3; 16,7 [;] 15,1; 16,9 [;] 14,5; 17,5 [ ]

49 Si è effettuata un'indagine per determinare il tempo medio dedicato alla lettura di quotidiani da parte di studenti universitari. Il campione bernoulliano ha interessato 120 studenti e ha fornito un tempo medio di 20 minuti con una deviazione standard di 8 minuti.

a. Determina l'intervallo di confidenza del tempo medio a un livello del 90% e del 99%.

b. Determina il livello dell'intervallo di confidenza] 18,5; 21,5 [.

[a)] 18,8; 21,2 [;] 18,1; 21,9 [; b) 95,92%]

50 Una pasticceria produce crostatine del peso medio di 80 g con una varianza di 25 g^2. Esaminando un campione di 16 unità si rileva un peso medio di 78 g con una deviazione standard di 6 g. Sapendo che la distribuzione del peso ha andamento normale, determina al livello di confidenza del 90%:

a. se si può ritenere compreso nell'intervallo della media della popolazione il peso medio del campione;

b. l'intervallo di confidenza del peso medio della popolazione che si ottiene dai valori rilevati dal campione.

[a) sì;] 77,9; 82,1 [; b)] 75,3; 80,7 [ ]

51 Viene estratto un campione di 25 flaconi, ciascuno di 0,250 L, di un detergente per superfici plastiche da una popolazione con distribuzione normale e si rileva che il contenuto medio di alcol è di 0,020 L. Sapendo che la deviazione standard del campione relativamente al contenuto di alcol è di 0,004 L, determina la stima per intervallo della media della popolazione a un livello di confidenza dell'80%.

[ ] 0,019; 0,021 [ ]

8 Stima per intervallo della differenza fra due medie

▶ Teoria a p. 1562

52 **ESERCIZIO GUIDA** Si vuole confrontare la spesa media per l'acquisto di libri di narrativa fra due popolazioni di studenti di due diverse città. Nella prima, su una popolazione di 4000 studenti, un campione di 300 presenta una spesa media annua di € 42 con una deviazione standard di € 8, mentre nella seconda città, su una popolazione di 3500 studenti, un campione di 250 presenta una spesa media annua di € 38 con una deviazione standard di € 6. Effettuiamo una stima per intervallo della differenza delle due spese a un livello di confidenza del 95% anche nel caso in cui siano note le deviazioni standard delle due popolazioni: rispettivamente € 5 e € 4.

Stimiamo la differenza fra le spese: $\mu_X - \mu_Y = \bar{x} - \bar{y} = 42 - 38 = 4$.

A un livello di confidenza del 95% abbiamo $z_{1-\frac{\alpha}{2}} = 1,96$ e

$$s_{(\bar{X}-\bar{Y})} = \sqrt{\frac{s_x^2}{n-1} + \frac{s_y^2}{m-1}} = \sqrt{\frac{64}{299} + \frac{36}{249}} = 0,60.$$

La stima della differenza fra le due medie risulta: $]4 - 1,96 \cdot 0,60; 4 + 1,96 \cdot 0,60[\ = \ ]2,82; 5,18[$.

Se sono note le deviazioni standard delle due popolazioni:

$$\sigma_{(\bar{X}-\bar{Y})} = \sqrt{\frac{\sigma_X^2}{n} + \frac{\sigma_Y^2}{m}} = \sqrt{\frac{25}{300} + \frac{16}{250}} = 0,38,$$

e quindi: $]4 - 1,96 \cdot 0,38; 4 + 1,96 \cdot 0,38[\ = \ ]3,26; 4,74[$.

53 ESERCIZIO GUIDA La durata media di due campioni di 8 e 12 lampadine di classe energetica C è stata di 2050 e 1920 ore. Sapendo che la distribuzione della durata è normale e il campionamento è bernoulliano, stimiamo la differenza delle durate a un livello di confidenza del 95% nel caso in cui:

1. sia nota la varianza della popolazione da cui provengono i due campioni $\sigma^2 = 110\ \mathrm{h}^2$;
2. siano conosciute soltanto le varianze dei due campioni, rispettivamente di $180\ \mathrm{h}^2$ e $140\ \mathrm{h}^2$.

Stimiamo la differenza fra le durate: $\mu_X - \mu_Y = \bar{x} - \bar{y} = 2050 - 1920 = 130$.

1. **È nota la varianza della popolazione**:

$$\sigma_{(\bar{X}-\bar{Y})} = \sigma\sqrt{\frac{1}{n}+\frac{1}{m}} = \sqrt{110}\cdot\sqrt{\frac{1}{8}+\frac{1}{12}} = 4{,}79,$$

ed essendo $z_{1-\frac{\alpha}{2}} = 1{,}96$, abbiamo: $]130 - 1{,}96 \cdot 4{,}79; 130 + 1{,}96 \cdot 4{,}79[\ =\ ]120{,}61; 139{,}39[$.

2. **Non è nota la varianza della popolazione**:

La varianza comune campionaria è: $s_p^2 = \dfrac{n \cdot s_x^2 + m \cdot s_y^2}{n+m-2} = \dfrac{8 \cdot 180 + 12 \cdot 140}{8+12-2} = 173{,}\bar{3}$.

A un livello di confidenza con $\nu = 8 + 12 - 2 = 18$ gradi di libertà, abbiamo

$$t_{1-\frac{\alpha}{2}} = 2{,}101, \quad s_{(\bar{X}-\bar{Y})} = s_p \cdot \sqrt{\frac{1}{n}+\frac{1}{m}} = \sqrt{173{,}\bar{3}} \cdot \sqrt{\frac{1}{8}+\frac{1}{12}} = 6{,}01,$$

e quindi: $]130 - 2{,}101 \cdot 6{,}01; 130 + 2{,}101 \cdot 6{,}01[\ =\ ]117{,}37; 142{,}63[$.

54 •• Due macchine producono lamine con una varianza dello spessore di $0{,}0144\ \mathrm{mm}^2$ e di $0{,}01\ \mathrm{mm}^2$. Per un campione di 100 lamine dalla produzione della prima macchina si è rilevato uno spessore medio di 8,2 mm, mentre un campione di 120 lamine estratto dalla produzione della seconda macchina ha uno spessore medio di 8 mm. Valuta a un livello di confidenza del 99,74% la differenza fra le medie delle due popolazioni.

[ ]0,155; 0,245[ ]

55 •• Si confronta il peso dei pacchetti di caramelle confezionati da due diverse macchine. Dalle due produzioni sono stati estratti un campione di 60 confezioni e uno di 80, e i pesi medi sono stati rispettivamente di 204 g e 198 g. Si sa, da precedenti indagini, che le deviazioni standard delle due produzioni sono rispettivamente di 8 g e 7 g. Determina a un livello di confidenza del 90% l'intervallo per la differenza dei pesi medi dei sacchetti confezionati dalle due macchine.

[ ]3,87; 8,13[ ]

56 •• Un campione di 12 vasetti di crema per le mani ha un peso medio di 126 g, con una deviazione standard di 3 g. Un secondo campione di 15 vasetti dello stesso prodotto ha fornito un peso medio di 122 g, con una deviazione standard di 6 g. Determina:

a. gli intervalli di confidenza del peso medio della popolazione, a un livello del 95%, che si ottengono dai due campioni sapendo che la produzione dei vasetti è normale;

b. l'intervallo di confidenza della differenza dei pesi medi dei due campioni a un livello di confidenza dell'80%.

[a)]124; 128[;]118,6; 125,4[; b)]1,4; 6,6[]

9 Stima per intervallo di una percentuale

▶ Teoria a p. 1564

57 ESERCIZIO GUIDA Si vuole controllare la qualità della produzione di piatti di porcellana. Su un campione di 140 pezzi, 21 sono risultati difettosi. Determina a un livello di confidenza del 90%:

a. una stima per intervallo della percentuale dei pezzi difettosi della popolazione;

b. una stima per intervallo della percentuale con l'errore standard massimo.

La frequenza campionaria è $f = \frac{21}{140} = 0{,}15 = 15\%$.

a. Abbiamo $s_F = \sqrt{\frac{f \cdot (1-f)}{n}} = \sqrt{\frac{0{,}15 \cdot (1-0{,}15)}{140}} = 0{,}030$ e $z_{1-\frac{\alpha}{2}} = 1{,}645$.

L'intervallo risulta essere $]0{,}15 - 1{,}645 \cdot 0{,}030; 0{,}15 + 1{,}645 \cdot 0{,}030[=]0{,}1007; 0{,}1994[$.

b. Valutiamo $s_F = \frac{1}{2\sqrt{n}} = \frac{1}{2\sqrt{140}} = 0{,}042$, ed essendo $z_{1-\frac{\alpha}{2}} = 1{,}645$, abbiamo il seguente intervallo:

$]0{,}15 - 1{,}645 \cdot 0{,}042; 0{,}15 + 1{,}645 \cdot 0{,}042[=]0{,}081; 0{,}219[$.

58 ●○ La percentuale di pezzi difettosi prodotti da una macchina è del 9%. Si estrae un campione e si riscontra che su 60 pezzi 7 sono difettosi. Determina se il campione estratto si può ritenere compreso nell'intervallo della percentuale della popolazione a un livello di confidenza del 90%. Determina l'intervallo di confidenza della popolazione utilizzando la frequenza del campione.

[sì;]0,029; 0,151[;]0,0485; 0,184[]

59 ●○ È stato estratto un campione di 200 studenti ed è risultato che 84 sono stati promossi con una media superiore a sette decimi. Determina l'intervallo di confidenza della percentuale della popolazione a un livello di confidenza del 99% e l'intervallo di confidenza della percentuale con l'errore standard massimo.

[]0,330; 0,510[;]0,329; 0,511[]

60 ●○ Su una produzione di 2000 bicchieri di cristallo, un campione ha rilevato una frequenza di pezzi difettosi del 15%. Determina l'intervallo di confidenza a un livello del 90% della percentuale dei bicchieri difettosi della popolazione e il loro numero nel caso di un campione con numerosità 60 e 120 pezzi.

[]0,0742; 0,2258[;]148; 452[;]0,0964; 0,2036[;]193; 407[]

61 ●● Fra gli 800 alunni di una scuola media è stato estratto un campione di 200 alunni e si è riscontrato che, fra questi, 125 possiedono un tablet. Determina l'intervallo di confidenza a un livello del 99% della percentuale della popolazione e del corrispondente numero di alunni della scuola che possiedono un tablet.

[]0,5368; 0,7132[;]429; 571[]

62 ●● REALTÀ E MODELLI **Il referendum abrogativo** Prima di un referendum abrogativo vengono intervistate 1800 persone aventi diritto al voto e 873 dichiarano che non andranno a votare.

- In base ai dati di questo campione, a un livello di confidenza del 99%, il quorum del 50% degli aventi diritto potrebbe essere raggiunto?
- Sempre in base ai dati del campione, a un livello di confidenza del 90%, possiamo affermare che l'ipotesi di raggiungere il quorum sia realistica?
- Qual è il numero minimo di persone che dovrebbe dichiarare di andare a votare affinché il campione, a un livello di confidenza del 95%, possa indicare il sicuro raggiungimento del quorum?

63 ESERCIZIO GUIDA Data una popolazione di sacchetti di biscotti, per un'indagine sul loro peso, si vuole determinare la dimensione del campione, a livello di confidenza del 95% e in modo che l'errore massimo sia di 4 g. Sappiamo da precedenti rilevazioni che la varianza della popolazione è 166,4 g^2. Determiniamo la dimensione minima del campione.

$n \geq \frac{(1{,}96)^2 \cdot 166{,}4}{(4)^2}$, $n \geq 39{,}95$, quindi $n = 40$.

64 •• Determina la dimensione minima di un campione a un livello di fiducia del 95,45% per un'indagine sulla spesa pro capite mensile per divertimento di una popolazione di giovani fino a 19 anni. La deviazione standard della popolazione è di € 28 e si è disposti ad accettare un errore massimo di € 4. $[n = 196]$

65 •• Si vuole estrarre un campione da una popolazione di temporizzatori per forni elettrici. Determina la dimensione minima del campione sapendo che il livello di fiducia è il 95% e che l'errore massimo accettato è 0,2 secondi ogni ora. Un campione pilota su 40 temporizzatori ha fornito una deviazione standard di 3 secondi. (SUGGERIMENTO Determina la varianza corretta e quindi...) $[n = 887]$

66 •• Determina il numero minimo di persone che è necessario intervistare, a un livello di confidenza del 90%, accettando un errore massimo dell'1%, per determinare la percentuale della popolazione favorevole a un provvedimento legislativo. (SUGGERIMENTO Dobbiamo valutare p in modo che $p(1-p)$ sia massimo, quindi...) $[n = 6765]$

10 Verifica delle ipotesi

Verifica delle ipotesi su una media

▶ Teoria a p. 1566

67 ESERCIZIO GUIDA Una macchina confeziona bustine di lievito istantaneo per dolci del peso di 16 g con una deviazione standard di 1,6 g. Sapendo che il peso delle bustine è una grandezza che si distribuisce normalmente, esaminiamo se a un livello di significatività dell'1% la macchina è sotto controllo nei seguenti casi:

a. si estrae un campione di 60 bustine e il peso medio risulta di 16,5 g;
b. si estrae un campione di 60 bustine e il peso medio risulta di 15,7 g;
c. si estrae un campione di 25 bustine e il peso medio risulta di 16,5 g;
d. si estrae un campione di 25 bustine e il peso medio risulta di 15,7 g.

a. Test bilaterale a due code:
La macchina è sotto controllo se H_0: $\mu = 16$ contro l'ipotesi alternativa H_1: $\mu \neq 16$.

Poiché $\overline{X}$ è normale e dobbiamo standardizzarla, arrivando a $Z = \dfrac{\overline{X} - 16}{\dfrac{1,6}{\sqrt{60}}}$, facciamo lo stesso con il valore trovato sul campione:

$$z = \frac{16,5 - 16}{\dfrac{1,6}{\sqrt{60}}} = 2,421.$$

A livello $\alpha = 0,01$, $z_{1-\frac{\alpha}{2}} = 2,576$ e quindi $|z| = 2,421$. Poiché $|z| < 2,576$, accettiamo l'ipotesi nulla.

Test unilaterale a destra a una coda:

H_0: $\mu = 16$ contro l'ipotesi alternativa H_1: $\mu > 16$.

Per $\alpha = 0,01$ si ha $z_{1-\alpha} = 2,326$ e quindi, poiché $z = 2,421$ e $2,421 > 2,326$, non accettiamo l'ipotesi nulla.

b. Test bilaterale a due code:

$$z = \frac{15,7 - 16}{\dfrac{1,6}{\sqrt{60}}} = -1,452.$$

La macchina è sotto controllo se H_0: $\mu = 16$ contro l'ipotesi alternativa H_1: $\mu \neq 16$.

A livello $\alpha = 0,01$ si ha $z_{1-\frac{\alpha}{2}} = 2,576$ e quindi, poiché $|z| = 1,452$ e $1,452 < 2,576$, accettiamo l'ipotesi nulla.

Test unilaterale a sinistra a una coda:

H_0: $\mu = 16$ contro l'ipotesi alternativa H_1: $\mu < 16$.

Per $\alpha = 0,01$ si ha $-z_{1-\alpha} = -2,326$ e quindi, poiché $z = -1,452$ e $-1,452 > -2,326$, accettiamo l'ipotesi nulla. ▶

c. Si tratta di un piccolo campione e il procedimento non cambia in quanto è nota la varianza della popolazione e la grandezza ha distribuzione normale:

$$z = \frac{16{,}5 - 16}{\frac{1{,}6}{5}} = 1{,}5625, \qquad H_0\colon \mu = 16 \text{ contro l'ipotesi alternativa } H_1\colon \mu \neq 16.$$

$|z| = 1{,}5625 < 2{,}576$, pertanto si accetta l'ipotesi nulla nel test bilaterale a due code.

$H_0\colon \mu = 16$ contro l'ipotesi alternativa $H_1\colon \mu > 16$.

$z = 1{,}5625 < 2{,}326$, pertanto si accetta l'ipotesi nulla nel test unilaterale a destra a una coda.

d. Si tratta di un piccolo campione e il procedimento non cambia in quanto è nota la varianza della popolazione e la grandezza ha distribuzione normale:

$$z = \frac{15{,}7 - 16}{\frac{1{,}6}{5}} = -0{,}9375, \qquad H_0\colon \mu = 16 \text{ contro l'ipotesi alternativa } H_1\colon \mu \neq 16.$$

$|z| = 0{,}9375 < 2{,}576$, pertanto accettiamo l'ipotesi nulla nel test bilaterale a due code.

$H_0\colon \mu = 16$ contro l'ipotesi alternativa $H_1\colon \mu < 16$.

$z = -0{,}9375 > -2{,}326$, pertanto accettiamo l'ipotesi nulla nel test unilaterale a sinistra a una coda.

68 ESERCIZIO GUIDA Consideriamo nuovamente i casi **c** e **d** dell'esercizio precedente relativi a piccoli campioni. Supponiamo di non conoscere la varianza della popolazione e di aver rilevato che la deviazione standard del campione è di 0,9 grammi.

In entrambi i casi dobbiamo applicare la variabile t di Student.

c. $t = \dfrac{16{,}5 - 16}{\frac{0{,}9}{\sqrt{24}}} = 2{,}722.$

Test bilaterale a due code:

$H_0\colon \mu = 16$ contro l'ipotesi alternativa $H_1\colon \mu \neq 16$.

A livello $\alpha = 0{,}01$ per $\nu = 24$ gradi di libertà $t_{1-\frac{\alpha}{2}} = 2{,}797$ e quindi, essendo $|t| = 2{,}722 < 2{,}797$, accettiamo l'ipotesi nulla.

Test unilaterale a destra a una coda:

$H_0\colon \mu = 16$ contro l'ipotesi alternativa $H_1\colon \mu > 16$.

A livello $\alpha = 0{,}01$ per $\nu = 24$ gradi di libertà $t_{1-\alpha} = 2{,}492$ e quindi, essendo $t = 2{,}722 > 2{,}492$, non accettiamo l'ipotesi nulla nel test unilaterale a destra a una coda.

d. $t = \dfrac{15{,}7 - 16}{\frac{0{,}9}{\sqrt{24}}} = -1{,}633.$

Test bilaterale a due code:

$H_0\colon \mu = 16$ contro l'ipotesi alternativa $H_1\colon \mu \neq 16$.

A livello $\alpha = 0{,}01$ per $\nu = 24$ gradi di libertà $t_{1-\frac{\alpha}{2}} = 2{,}797$ e quindi, essendo $|t| = 1{,}633 < 2{,}797$, accettiamo l'ipotesi nulla.

Test unilaterale a sinistra a una coda:

$H_0\colon \mu = 16$ contro l'ipotesi alternativa $H_1\colon \mu < 16$.

A livello $\alpha = 0{,}01$ per $\nu = 24$ gradi di libertà $-t_{1-\alpha} = -2{,}492$ e quindi, essendo $t = -1{,}633 > -2{,}492$, accettiamo l'ipotesi nulla.

69 ●● Un'industria alimentare produce mais in scatola del peso sgocciolato di 150 g con una deviazione standard di 15 g. Un campione formato da 40 scatole ha dato un peso medio sgocciolato di 147 g.
Verifica a un livello di significatività del 5% se la produzione è sotto controllo esaminando:

a. l'ipotesi nulla H_0: $\mu = 150$ contro l'ipotesi alternativa H_1: $\mu \neq 150$;
b. l'ipotesi nulla H_0: $\mu = 150$ contro l'ipotesi alternativa H_1: $\mu < 150$.

[$z = -1,26$, si accetta H_0 per **a** e **b**]

70 ●● Il tempo medio di lucidatura di un pezzo meccanico è di 60 minuti con una deviazione standard di 9 minuti. Si estrae un campione di 100 rilevazioni e si è rilevato che il tempo medio è stato di 62 minuti.
Verifica a un livello di significatività dell'1% se il tempo medio ha subito una variazione esaminando:

a. l'ipotesi nulla H_0: $\mu = 60$ contro l'ipotesi alternativa H_1: $\mu \neq 60$;
b. l'ipotesi nulla H_0: $\mu = 60$ contro l'ipotesi alternativa H_1: $\mu > 60$.

[$z = 2,\overline{2}$, si accetta H_0 per **a** e per **b**]

71 ●● Una persona è stata sottoposta a un test di reazione visiva che consiste nel premere un pulsante all'accensione di un punto luminoso, e i tempi di reazione su 120 prove hanno dato come valore medio 1,72 s con una deviazione standard di 0,6 s. Determina se il tempo ottenuto corrisponde, a un livello di significatività dell'1%, al valore normale che, date l'età e le capacità visive della persona, è fissato a 1,6 s.

[$z = 2,18$, si accetta H_0 per entrambi i test]

72 ●● Si ritiene che i ferri da stiro elettrici prodotti da un'impresa di piccoli elettrodomestici abbiano una durata media di 5 anni. Si è rilevato da un campione di 15 unità che la vita media è di 4,8 anni con una deviazione standard di 0,6 anni. Verifica a un livello di significatività dello 0,1% se la durata è minore di quella che la ditta ritiene effettiva.

[$t = -1,247$; la durata non è inferiore, si accetta H_0, $t_{1-\alpha} = +3,787$]

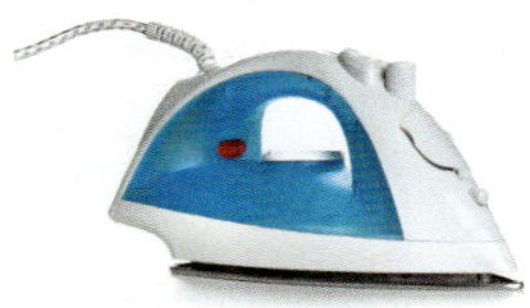

73 ●● Viene estratto un campione di 50 bulloni che presentano un peso medio di 9,65 g con una varianza di 0,16 g^2. Determina con un test bilaterale, a un livello di significatività del 5%, quali dei seguenti pesi della popolazione si devono accettare e quali si devono rifiutare:

a. $\mu = 9,58$; **b.** $\mu = 9,79$; **c.** $\mu = 9,81$; **d.** $\mu = 9,71$.

Verifica le tue conclusioni calcolando al livello di confidenza l'intervallo dalla media.

[a) $z = 1,225$; b) $z = -2,45$; c) $z = -2,8$; d) $z = -1,05$, si accetta H_0 per **a** e **d**;]9,538; 9,762[ ]

74 ●● REALTÀ E MODELLI **Le piogge artificiali** Una rivista specializzata in agraria riporta che in un esperimento effettuato in Australia sono state considerate 52 nuvole, e di queste la metà, scelte casualmente, sono state inseminate con nitrato d'argento per verificare un eventuale aumento della quantità di pioggia.
La quantità media, rilevata con pluviometri, di pioggia caduta dalle nuvole inseminate è stata di 242 mm, mentre per quelle senza inseminazione è stata di 128 mm.

- L'incremento è immediatamente percepibile, ma per un'analisi dell'incremento della quantità di pioggia di quali altri dati dovremmo disporre?
- Quale condizione dovremmo porre per affermare che l'incremento è significativo al livello del 5%?

Verifica delle ipotesi sulla differenza fra due medie

▶ Teoria a p. 1569

75 ESERCIZIO GUIDA Due macchine producono caramelle di zucchero alle erbe. Si estraggono dalle due macchine campioni bernoulliani di 40 e 50 caramelle e si rileva che i pesi medi sono rispettivamente 6,5 g e 6,6 g. A un livello di significatività del 5% verifichiamo l'ipotesi nulla e le ipotesi alternative nel caso in cui:

a. siano note le varianze delle produzioni delle due macchine di 0,04 g^2 e 0,09 g^2;

b. non siano note le varianze delle popolazioni, ma solo quelle campionarie: 0,05 g^2 e 0,10 g^2;

c. la numerosità dei campioni sia rispettivamente di 12 e 15 unità e la varianza delle produzioni sia 0,09 g^2 per entrambe le macchine.

d. la numerosità dei campioni sia rispettivamente di 12 e 15 unità con varianza 0,05 g^2 e 0,10 g^2.

---

a. $$z = \frac{6,5 - 6,6 - 0}{\sqrt{\frac{0,04}{40} + \frac{0,09}{50}}} = -1,89.$$

Test bilaterale a due code: H_0: $\mu_X - \mu_Y = 0$ è contro l'ipotesi H_1: $\mu_X - \mu_Y \neq 0$.
A livello $\alpha = 0,05$ e quindi $z_{1-\frac{\alpha}{2}} = 1,96$, essendo $|z| = 1,89 < 1,96$ accettiamo l'ipotesi nulla.

Test unilaterale a sinistra a una coda: H_0: $\mu_X - \mu_Y = 0$ è contro l'ipotesi H_1: $\mu_X < \mu_Y$.
A livello $\alpha = 0,05$ e quindi $-z_{1-\alpha} = -1,645$, essendo $z = -1,89 < -1,645$ non accettiamo l'ipotesi nulla.

b. $$z = \frac{6,5 - 6,6 - 0}{\sqrt{\frac{0,05}{39} + \frac{0,1}{49}}} = -1,735.$$

Il valore di z che abbiamo determinato porta alle medesime conclusioni del caso a) in quanto $|z| = 1,735 < 1,96$ e $z = -1,735 < -1,645$.

Risolviamo i punti c) e d) utilizzando la tecnica per piccoli campioni estratti da un'unica popolazione.

c. Nel caso di **piccoli campioni**, se utilizziamo la **varianza delle due produzioni**, applichiamo sempre la variabile z,

$$z = \frac{6,5 - 6,6 - 0}{0,3 \cdot \sqrt{\frac{1}{12} + \frac{1}{15}}} = -0,86,$$

e accettiamo l'ipotesi nulla sia con il test bilaterale a due code sia con il test unilaterale a sinistra a una coda, essendo soddisfatti entrambi i confronti: $|z| = 0,86 < 1,96$ e $z = -0,86 > -1,645$.

d. Se non conosciamo le varianze delle due popolazioni, dobbiamo applicare la variabile t di Student. Calcoliamo la **varianza comune campionaria** utilizzando le varianze del campione:

$$s_p^2 = \frac{n \cdot s_x^2 + m \cdot s_y^2}{n + m - 2} = \frac{12 \cdot 0,05 + 15 \cdot 0,1}{12 + 15 - 2} = 0,084,$$

$$t = \frac{6,5 - 6,6 - 0}{\sqrt{\frac{0,084}{12} + \frac{0,084}{15}}} = \frac{-0,1}{\sqrt{0,084} \cdot \sqrt{\frac{1}{12} + \frac{1}{15}}} = -0,891.$$

A un livello di significatività $\alpha = 0,05$ abbiamo per $\nu = 25$ gradi di libertà:

test bilaterale a due code: $t_{1-\frac{\alpha}{2}} = 2,060$, ed essendo $|t| = 0,891 < 2,060$ accettiamo l'ipotesi nulla;

test unilaterale a sinistra a una coda: $-t_{1-\alpha} = -1,708$, ed essendo $t = -0,891 > -1,708$ accettiamo l'ipotesi nulla.

RISOLVIAMO UN PROBLEMA

Lo speck dell'Alto Adige

Le confezioni di speck di un'industria alimentare di Bolzano hanno un peso netto dichiarato di 250 g e il peso viene periodicamente controllato per garantire i clienti. I controlli effettuati mediante campioni hanno portato a fissare la variabilità della produzione a 80 g^2.

Due campioni di 30 e 25 confezioni hanno rispettivamente un peso medio di 247 g e 256 g.

Determina, a un livello di significatività del 5%, se:

- i due campioni confermano che la produzione è sotto controllo;
- la differenza fra le due medie campionarie è casuale o significativa.

► Vediamo le caratteristiche dei campioni.

Sono noti il valore medio della popolazione e la sua varianza, rispettivamente $\mu = 250$ e $\sigma^2 = 80$.

La numerosità della popolazione si considera infinita e come conseguenza si ritiene la distribuzione del peso delle confezioni normale.

I due campioni hanno numerosità $n_1 = 30$ e $n_2 = 25$, e pertanto sono piccoli campioni, ma essendo conosciuta la varianza della popolazione si può applicare la procedura dei grandi campioni.

► Studiamo i due campioni separatamente.

Consideriamo per entrambi i campioni prima il test bilaterale a due code:

$$H_0: \mu = 250$$

e come ipotesi alternativa

$$H_1: \mu \neq 250.$$

Calcoliamo il valore standardizzato z per il primo campione,

$$z_1 = \frac{\overline{x} - \mu}{\frac{\sigma}{\sqrt{n_1}}} = \frac{247 - 250}{\frac{\sqrt{80}}{\sqrt{30}}} = -1,84,$$

e per il secondo campione,

$$z_2 = \frac{\overline{x} - \mu}{\frac{\sigma}{\sqrt{n_2}}} = \frac{256 - 250}{\frac{\sqrt{80}}{\sqrt{25}}} = 3,35.$$

A un livello di significatività $\alpha = 0,05$,

$$(1 - \alpha) = 0,95,$$

e si ha $z_{1-\frac{\alpha}{2}} = 1,96$.

Per il primo campione,

$$|z_1| = 1,84, \quad 1,84 < 1,96,$$

si accetta H_0.

Per il secondo campione,

$$|z_2| = 3,35, \quad 3,35 < 1,96,$$

non si accetta H_0.

Conviene a questo punto approfondire i risultati del primo campione con un test unilaterale a una coda a sinistra.

$$H_0: \mu = 250, \quad H_1: \mu < 250,$$

$$\alpha = 0,05, \quad (1 - \alpha) = 0,95, \quad -z_{1-\alpha} = -1,645,$$

$$-1,84 < -1,645,$$

non si accetta H_0.

Si può concludere che la produzione non è sotto controllo.

► Studiamo la differenza sui due campioni.

Le due medie campionarie sono

$$\overline{x}_1 = 247 \text{ e } \overline{x}_2 = 256.$$

Consideriamo il test bilaterale

$$H_0: \mu_1 - \mu_2 = 0$$

contro l'ipotesi alternativa

$$H_0: \mu_1 - \mu_2 \neq 0.$$

Calcoliamo il valore standardizzato z della differenza fra le medie.

$$|z| = \left| \frac{\overline{x}_1 - \overline{x}_2 - 0}{\sqrt{\frac{\sigma^2}{n_1} + \frac{\sigma^2}{n_2}}} \right| = \left| \frac{247 - 256 - 0}{\sqrt{\frac{80}{30} + \frac{80}{25}}} \right| = 3,71.$$

Essendo $z_{1-\frac{\alpha}{2}} = 1,96 < 3,71$, non si accetta l'ipotesi nulla.

Questo conferma che i due campioni appartengono a due popolazioni diverse, e quindi è come se ci fossero due processi produttivi diversi: la produzione è fuori controllo.

76 •• Una ditta di floricoltura confronta l'altezza di due coltivazioni di abeti nani e da esperienze precedenti sa che le deviazioni standard sono di 4,5 cm e 6 cm. Da un campione di 60 esemplari della prima coltivazione e 50 della seconda si rileva che le altezze medie sono di 43 cm e 41 cm. Determina a un livello di significatività del 5% se esiste una differenza fra le due coltivazioni usando il test bilaterale e quello unilaterale.

[$z = 1{,}94$, si accetta H_0 per il test bilaterale, non per quello unilaterale]

77 •• Ripeti l'esercizio precedente supponendo che non siano note le deviazioni standard della popolazione e che i due campioni abbiano fornito come deviazioni standard rispettivamente 6,5 cm e 7 cm.

[$z = 1{,}53$, si accetta H_0 per entrambi i test]

78 •• Due campioni di 10 confezioni di acqua demineralizzata presentano rispettivamente un contenuto medio di 5,1 L e 4,9 L con deviazioni standard rispettivamente di 0,1 L e 0,2 L. Verifica a un livello di significatività del 5% se è significativamente diversa la quantità contenuta.

[$t = 2{,}68$, non si accetta H_0; $t_{1-\frac{\alpha}{2}} = 2{,}101$, $t_{1-\alpha} = 1{,}734$]

79 •• Si confronta il contenuto di zucchero di due marche diverse di marmellata utilizzando due campioni di 10 e 15 vasetti. Dal primo campione si rileva un contenuto del 64% con una varianza del 2% e dal campione della seconda marca un contenuto del 65% con una varianza del 3%. Verifica a un livello di significatività dell'1% se è diversa la quantità di zucchero contenuta.

[$t = -1{,}457$, si accetta H_0, $t_{1-\frac{\alpha}{2}} = 2{,}807$, $t_{1-\alpha} = 2{,}5$]

Verifica delle ipotesi su una percentuale

▶ Teoria a p. 1571

80 **ESERCIZIO GUIDA** In una cittadina di provincia il quotidiano locale afferma che il 25% degli uomini in pensione ama il gioco delle bocce. Un campione casuale di 400 di questi uomini rileva che 90 hanno questa passione. Verifichiamo l'affermazione del quotidiano a un livello di significatività del 5%.

La frequenza del campione è: $f = \dfrac{90}{400} = 0{,}225$.

Test bilaterale a due code: H_0: $p = 0{,}25$ contro l'ipotesi alternativa H_1: $p \neq 0{,}25$:

$$z = \frac{0{,}225 - 0{,}25}{\sqrt{\dfrac{0{,}25 \cdot (1 - 0{,}25)}{400}}} = -1{,}15.$$

A un livello di significatività $\alpha = 0{,}05$ abbiamo $z_{1-\frac{\alpha}{2}} = 1{,}96$, ed essendo $|z| = 1{,}15 < 1{,}96$ accettiamo l'ipotesi nulla.

Test unilaterale a sinistra a una coda: H_0: $p = 0{,}25$ contro l'ipotesi alternativa H_1: $p < 0{,}25$.

Essendo $\alpha = 0{,}05$ abbiamo $z_{1-\alpha} = 1{,}645$ ed essendo $z = -1{,}15 > -1{,}645$ accettiamo l'ipotesi nulla.

81 •• Un quotidiano ha affermato che il 60% degli elettori non si recherà alle urne per un referendum abrogativo. Intervistando 500 persone si è rilevato che 280 diserteranno le votazioni. Verifica a un livello di significatività del 5% l'affermazione del quotidiano.

[$z = -1{,}826$, si accetta H_0 con il test bilaterale, non con il test unilaterale]

82 •• Si ritiene che il 30% dei consumatori utilizzi abitualmente un determinato prodotto per lavare i piatti. Da un'indagine su 80 persone si è rilevato che detto prodotto viene usato da 17 persone. Verifica la percentuale ipotizzata a un livello di significatività del 10%. [$z = -1{,}71$, non si accetta H_0, $z_{1-\frac{\alpha}{2}} = 1{,}645$ e $z_{1-\alpha} = 1{,}28$]

83 ●● REALTÀ E MODELLI **Il guidatore migliore** Una compagnia di assicurazioni di Milano ha analizzato le cause di incidenti stradali in cui erano stati coinvolti i propri assicurati e ha rilevato che su 150 incidenti 72 erano da imputare al guidatore. Facendo poi riferimento all'American Automobile Association, secondo la quale negli USA la percentuale di incidenti dovuti al guidatore è del 54%, ha comunicato che i guidatori italiani sono migliori, in quanto la percentuale è inferiore al 50%.

- Perché possiamo dire subito che questa affermazione non è corretta?
- I dati della compagnia escludono che la percentuale degli incidenti sia inferiore a quella degli USA?
- Possiamo accettare l'affermazione che non vi sono differenze fra le capacità degli automobilisti italiani e quelle degli americani?

Riepilogo: Statistica inferenziale

84 ●○ È data la seguente distribuzione di 200 persone in base al titolo di studio.

Titolo di studio	Numero persone
laurea	20
diploma	100
assolto obbligo	80

a. Determina la stratificazione di un campione di 10 elementi.

b. Individua quali elementi dell'universo, numerati successivamente dai laureati in poi, sono individuati nel caso di campionamento in blocco utilizzando la tavola dei numeri casuali (nell'eBook) a partire dal primo numero della prima colonna. [a) 1; 5; 4; b) 009; 124; 135; 036; 094; 030; 169; 033; 078; 190]

85 ●○ Un grossista colloca lo stesso detersivo Ultrabianco confezionato in fustini in due località diverse. Nella prima esaminando 18 negozi rileva una richiesta media di 22 fustini alla settimana e nella seconda località nei 20 negozi esaminati una richiesta media di 16 fustini alla settimana. Essendo il consumo una grandezza normale e sapendo che la deviazione standard della vendita dei fustini della popolazione è 2, determina al livello di confidenza del 99,8% l'intervallo della differenza del consumo del prodotto. []4; 8[]

86 ●○ Da un universo formato da 10 unità si estraggono campioni formati da 4 elementi. Determina la numerosità dello spazio campionario nel caso di:

a. campionamento con ripetizione;

b. campionamento con estrazione in blocco;

c. campionamento senza ripetizione in cui si tiene conto dell'ordine di uscita;

d. campionamento con ripetizione in cui non si tiene conto dell'ordine.

[a) 10 000; b) 210; c) 5040; d) 715]

87 ●○ Determina quale errore al massimo siamo disposti ad accettare se a un livello di significatività del 5%, con una varianza della popolazione di 36, abbiamo fissato che il numero minimo delle unità di un campione deve essere 120. [1,07]

88 ●○ Consideriamo come popolazione i dipendenti di un'impresa, dei quali abbiamo rilevato il numero dei figli.

Numero figli	Numero dipendenti
0	11
1	20
2	11
3	7
4	1
Totale	50

Calcola i parametri media aritmetica, varianza e deviazione standard. [1,34; 1,0644; 1,0317]

89 ●○ Abbiamo effettuato un campionamento relativamente all'altezza delle persone, in una popolazione di numerosità 8000, e abbiamo rilevato i seguenti elementi:

- il tasso di campionamento è stato del 15%;
- la media e la varianza della media campionaria sono 168 cm e 256 cm^2;
- la media della varianza campionaria è 361 110 cm^2.

Determina i parametri della popolazione supponendo il campionamento in blocco.

[$\mu = 168$; $\sigma^2 = 361\,367$]

90 Di un carattere su una popolazione di 2000 elementi sono note la media $\mu = 25$ e la varianza $\sigma^2 = 9$.
Calcola la media e la varianza della variabile casuale media campionaria supponendo un campionamento di numerosità 30, sia con ripetizione sia in blocco. Calcola inoltre la media della variabile varianza campionaria, considerando il campionamento con ripetizione.

[25; 0,3; 25; 0,2956; 8,7]

91 Considera le facce di un dado. Determina il valore medio e la varianza della popolazione formata dai valori delle facce.
Considera tutti i possibili risultati che si possono ottenere lanciando il dado tre volte e determina il valore medio e la varianza della variabile media campionaria. Esamina quindi la proporzione di uscita di un numero inferiore o uguale a 5 e determina la proporzione e la varianza della popolazione, il valore medio e la varianza della variabile frequenza campionaria.

$\left[3,5, 2,91\overline{6}, 3,5, 0,97\overline{2}; \frac{5}{6}; \frac{5}{36}; \frac{5}{6}; \frac{5}{108}\right]$

92 Una popolazione è formata da $N = 5000$ persone per le quali è stato determinato un consumo medio di gelati di 12 kg all'anno con una varianza di 9 kg^2 e una percentuale del 40% per i gusti classici (panna, cioccolato, crema ecc). Determina, nell'ipotesi di un campionamento di numerosità $n = 80$:

a. il tasso di campionamento;

b. la media e la varianza della variabile della media campionaria;

c. la media della variabile della varianza campionaria;

d. la media e la varianza della distribuzione frequenza campionaria.

[a) 1,6%; b) $\mu_{\overline{X}} = 12$; $\sigma^2_{\overline{X}} = 0,1125$; c) $\mu_{S^2} = 8,8875$; d) $\mu_F = 0,4$; $\sigma^2_F = 0,003$]

93 Si vuole fare un'indagine per determinare se abitualmente viene acquistato un giornale sportivo, e in questo caso quale è acquistato. Per formare un campione rappresentativo quali di questi caratteri ritieni di dover prendere in considerazione?

a. Il sesso.

b. L'età.

c. La professione.

d. La pratica di almeno uno sport.

e. Il luogo di residenza.

94 Su una popolazione di 500 persone, 180 hanno problemi alla vista. Determina i valori che, in caso di campionamento di numerosità 8, assumono la media e la varianza della distribuzione della frequenza campionaria.

[0,36; 0,0288]

95 Una popolazione formata da 40 persone abbonate a una biblioteca presenta la seguente distribuzione circa un'indagine sul numero di libri letti negli ultimi due mesi.
Dopo aver determinato i parametri media e varianza della popolazione, numera progressivamente da 1 a 40 gli abbonati ed estrai, utilizzando la tavola dei numeri casuali (nell'eBook), un campione con ripetizione e un campione senza ripetizione con numerosità 10 partendo dall'ultimo numero e tornando indietro per colonna.

Numero libri letti	Numero abbonati
0	5
1	12
2	9
3	6
4	8

Determina i parametri del campione.

[$\mu = 2$; $\sigma^2 = 1,75$; $\overline{x} = 1,8$; $s^2 = 0,96$; $\overline{x} = 1,9$; $s^2 = 1,09$]

96 Un'impresa colloca mensilmente nei suoi punti di vendita merce per un quantitativo medio di 144 q. In seguito a una campagna pubblicitaria e promozionale si sono rilevati i seguenti quantitativi presso dieci punti di vendita:

150, 160, 145, 150, 160,
155, 135, 140, 155, 170.

Valuta a quale livello di significatività, con un test bilaterale, si può ritenere che la campagna pubblicitaria sia stata efficace.

[non si accetta H_0 a un livello di significatività $\leq$ 2,5%]

97 Su un campione di 400 anziani di età superiore ai 70 anni è stato rilevato che 230 sono impegnati nei giorni feriali ad aiutare i figli occupandosi dei nipotini. Effettua una stima per intervallo, a un livello di significatività del 5%, della percentuale di queste persone e sempre allo stesso livello la percentuale delle persone che non hanno questo impegno.

[ ]0,5266; 0,6234[;]0,3766; 0,4734[ ]

98 ●● Una popolazione è formata da 6 uova delle quali si sono rilevati i seguenti pesi in grammi: 66, 57, 54, 63, 63, 57.

Determina il peso medio e la varianza del peso della popolazione. Considerando un campionamento di numerosità 3, verifica che:

- la distribuzione della media campionaria $\overline{X}$ è uno stimatore corretto e consistente;
- la distribuzione della varianza campionaria non è uno stimatore corretto;
- la distribuzione della varianza campionaria corretta è uno stimatore corretto.

99 ●● Dalla produzione di tavolette di cioccolato fondente di un'industria dolciaria viene estratto un campione di 15 tavolette che presenta un peso medio di 256 g con una deviazione standard di 8 g. Sapendo che il peso è una grandezza con distribuzione normale, determina un intervallo per media della popolazione a livello di significatività del 10%. [ ]252,23; 259,77[ ]

100 ●● Si vuole estrarre un campione dalla produzione di un medicinale. Sapendo che la quantità di principio attivo contenuto nella medicina ha una deviazione standard di 2,3 grammi e che si è disposti a tollerare un errore massimo di 0,2 grammi, trova a un livello di fiducia del 99,99% la dimensione minima del campione. [1432]

101 ●● Una popolazione è formata da 4 fratelli che in una settimana hanno speso rispettivamente 15, 9, 12 e 6 euro nell'acquisto di riviste di informatica. Determina la spesa media, la varianza per la popolazione e la mediana. Considerando un campionamento bernoulliano di numerosità 3:

- verifica che $\overline{X}$ e $\overline{Me}$ sono stimatori corretti della media della popolazione, ma che il primo è più efficiente del secondo;
- verifica che S^2 non è uno stimatore corretto della popolazione, ma che invece lo è S_c^2.

[$\mu = 10{,}5, \sigma^2 = 11{,}25; \overline{Me} = 10{,}5, \sigma^2_{\overline{X}} = 3{,}75;$
$\sigma^2_{\overline{Me}} = 7{,}875, \mu_{S^2} = 7{,}5$]

102 ●● Da un lotto di candele si è estratto un campione di 8 unità e si è rilevato che il tempo medio nel quale si consumano è di 2 ore e 15 minuti. Sapendo che la durata è una grandezza con distribuzione normale e che da esperienze precedenti si è rilevata una deviazione standard di 10 minuti, determina la stima dell'intervallo della media della popolazione a un livello di confidenza del 97,5%. [ ]2 h 7 min; 2 h 23 min[ ]

103 ●● Ripeti l'esercizio precedente supponendo che la varianza indicata non sia quella della popolazione, ma quella del campione.
[ ]2 h 4 min; 2 h 26 min[ ]

104 ●● Le stature di un campione bernoulliano di 100 maschi di una popolazione dell'Amazzonia, rilevate da un antropologo e aventi andamento normale, hanno fornito una media di 158 cm con una varianza di 59 cm². Determina una stima dell'altezza della popolazione con l'errore standard.
Effettua una stima con un intervallo di confidenza al 99%.
Effettua una stima con un intervallo di confidenza al 99% nell'ipotesi che il campione abbia numerosità 25. [$\mu = 158$, $s_{\overline{X}} = 0{,}77$;
]156,02; 159,98[,]153,61; 162,39[ ]

105 ●● In un campione casuale di penne a sfera prodotte da un'azienda si è osservato che il 10% non soddisfaceva gli standard dell'azienda. Effettua una stima puntuale della percentuale e costruisci un intervallo di confidenza al livello del 95% nel caso in cui il campione abbia numerosità 50 e 500.
[stima puntuale $p = 0{,}1$, $s_F = 0{,}042$, $s_F = 0{,}013$;
]0,01768; 0,18232[,]0,07452; 0,12548[ ]

106 ●● È stata effettuata un'indagine fra le casalinghe di una città considerando un campione bernoulliano avente numerosità 100 e si è appurato che il costo medio mensile per l'acquisto di ammorbidenti per il bucato è stato di € 4,58 con una deviazione standard di € 2,35. Determina:

a. la stima della media della spesa sostenuta con il relativo errore standard;

b. l'intervallo di confidenza a livello del 99% della spesa media sostenuta.

[a) 4,58, 0,236; b)]3,97; 5,19[ ]

107 ●● Si vuole stabilire se la produzione di lampadine a risparmio energetico, che hanno una durata media di 12 400 ore con una deviazione standard di 500 ore, è sotto controllo. Si estrae un campione di 6 lampadine e si rileva che hanno una durata media di 12 180 ore. Sapendo che la durata ha andamento normale, a un livello di significatività del 5% puoi affermare che il campione non differisce dalla durata media della produzione usando un test unilaterale? [sì]

ESERCIZI

108 Una fabbrica di automobili usa guarnizioni per freni con una distanza di arresto di 28 metri. La ditta sta valutando se sostituirle con altre simili ma che hanno una distanza di arresto più breve. In una prova su 65 nuove auto, la distanza di arresto risulta essere di 27 m con una deviazione standard di 5 m.
Valuta a un livello di significatività del 10% e del 5% con un test unilaterale la decisione dell'impresa di cambiare le guarnizioni.
[al 10% non si accetta l'ipotesi nulla, al 5% si accetta l'ipotesi nulla]

109 Un albergo in una località lacustre ha rilevato nel corso di due anni consecutivi che il numero dei clienti è stato rispettivamente di 3000 e 4000 ospiti. Mediante una rilevazione campionaria di numerosità 200, è stato calcolato che il numero medio di giorni di permanenza è stato rispettivamente di 8 e 5 giorni con deviazioni standard di 3 e 2. Determina la stima puntuale della differenza fra medie con il relativo errore standard.

[3; 0,256]

110 Un campione estratto in blocco di 30 famiglie da una popolazione di 400 unità ha dato la seguente distribuzione relativamente al numero dei componenti.

Numero dei componenti	1	2	3	4	5
Numero delle famiglie	2	4	12	10	2

Stima la media dei componenti di una famiglia della popolazione e l'errore standard. [3,2; 0,175]

111 Su una popolazione di 1500 uomini è stato estratto un campione di 300 unità ed è stato rilevato che 245 utilizzano un rasoio elettrico. Supponendo un campionamento bernoulliano, dai una stima per intervallo della percentuale della popolazione che utilizza il rasoio elettrico e determina l'intervallo per la proporzione sulla popolazione:

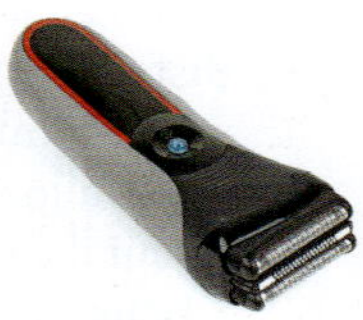

a. a un livello di confidenza del 95,45%;

b. considerando l'errore massimo di campionamento.

[a)]0,7720; 0,8613[,]1158; 1292[; b)]0,7589; 0,8744[,]1138; 1312[]

112 Da una popolazione di 2000 bottiglie di olio di semi si è estratto in blocco un campione di 90 bottiglie e si è rilevato un contenuto medio di 1,01 L. Sapendo che la deviazione standard della macchina imbottigliatrice è di 0,2 L, determina un intervallo per la media sulla popolazione a un livello di confidenza del 99,3%.
Determina il livello di confidenza che corrisponde al seguente intervallo per la media:]0,9484; 1,0716[.
[]0,954; 1,066[; 99,72%]

113 Da un lotto di gomitoli di lana si è rilevato il peso di 20 gomitoli ottenendo la seguente distribuzione.

Peso	Numero gomitoli
49	2
50	6
51	8
52	4

Essendo il peso una grandezza distribuita normalmente, determina l'intervallo per la media per la popolazione a un livello di significatività del 10% nel caso sia nota la varianza della popolazione di 4 g^2 e nel caso in cui non sia nota.

[]50,0; 51,4[;]50,3; 51,1[]

114 Si ritiene che in una popolazione la spesa media per l'acquisto di quotidiani e riviste sia di € 2,54 la settimana con una deviazione standard di € 1,2. Si estrae un campione di 80 persone e si rileva una spesa media di € 2,93. Verifica a un livello di confidenza del 99,74% se la spesa media è cambiata sia con il test bilaterale sia con un test unilaterale.
[$z = 2,91$, test bilaterale, si accetta H_0; test unilaterale destro, la spesa media è cambiata $z_{1-\alpha} = 2,79$]

RISOLVIAMO UN PROBLEMA

Una mela al giorno

In un frutteto annesso a un'azienda agricola si coltivano mele della varietà Golden destinate alla vendita a peso. Si vogliono raccogliere informazioni sul peso medio di una mela Golden e, a questo scopo, viene estratto un campione bernoulliano di 100 mele. Il loro peso complessivo è di 17 kg; inoltre, si conosce la deviazione standard del peso della varietà di mele in esame, pari a 30 grammi.

- Considerando un livello di confidenza del 90%, entro quali estremi si trova il peso medio in grammi di una mela Golden?

Le mele con peso superiore o uguale a 165 g sono acquistate dai grossisti a un prezzo maggiore. In particolare, essi sono disposti a pagare un prezzo più alto in base ai dati di sintesi raccolti presso gli agricoltori.

- Verifica, con un livello di confidenza del 90%, se un grossista è disposto ad accettare una maggiorazione di prezzo da parte del produttore.
- Qual è l'ampiezza campionaria minima che garantisce l'esito di cui al punto precedente?

▶ Stimiamo il peso di una mela.

Poiché 1 kg = 1000 g, in totale le mele del campione pesano 17 000 g. Il peso medio è dato da

$$\overline{X} = \frac{\sum_{i=1}^{100} X_i}{100} = \frac{17\,000}{100} = 170 \text{ g}.$$

Il peso medio di una mela Golden, con un livello di confidenza del 90%, si trova tra

$$\overline{X} - z_{1-\frac{\alpha}{2}} \cdot \frac{\sigma}{\sqrt{n}} < \mu < \overline{X} + z_{1-\frac{\alpha}{2}} \cdot \frac{\sigma}{\sqrt{n}}.$$

Quindi

$$170 - 1{,}645 \cdot \frac{30}{\sqrt{100}} < \mu < 170 + 1{,}645 \cdot \frac{30}{\sqrt{100}},$$

da cui si deduce che $\mu \in (165{,}065; 174{,}935)$.

▶ Verifichiamo l'ipotesi che il peso medio sia uguale a 165 g.

Si vuole verificare l'ipotesi nulla

$$H_0: \mu = 165$$

contro l'alternativa

$$H_1: \mu > 165.$$

Il valore di $\dfrac{\overline{X} - \mu}{\frac{\sigma}{\sqrt{n}}}$ sul campione è

$$z = \frac{170 - 165}{\frac{30}{\sqrt{100}}} = 1{,}67$$

Poiché $z_{0,90} = 1{,}28$, essendo $z > z_{0,90}$ si rifiuta H_0: al produttore sarà garantita la maggiorazione di prezzo.

▶ Calcoliamo l'ampiezza campionaria minima.

Affinché H_0 risulti rifiutata, la statistica osservata z deve superare il valore critico $z_{0,90}$.

$$z = \frac{170 - 165}{\frac{30}{\sqrt{n}}} > 1{,}28,$$

da cui $\sqrt{n} > 1{,}28 \cdot \dfrac{30}{170 - 165}$. Quindi $n \geq 60$.

115 ●● Un test sottoposto a 12 persone ha dato come risultati i seguenti punteggi in ventesimi:

12, 14, 16, 11, 15, 5, 9, 13, 18, 18, 15, 16.

Supponendo una distribuzione normale dei punteggi, determina a un livello di confidenza del 90%, con un test bilaterale, se si può valutare la media della popolazione pari rispettivamente a 14, 12 o 12,8. Verifica anche i risultati mediante il relativo intervallo di confidenza.

[$t = -0{,}456$; $t = 1{,}367$; $t = 0{,}638$, si accetta H_0 in quanto $t_{1-\frac{\alpha}{2}} = 1{,}796$;]11,5; 15,5[ ]

116 ●○ Un'azienda agricola vende pâté di olive e la sua produzione annua è limitata a 1200 vasetti. Dovendo indicare sull'etichetta il peso netto, mediante un campionamento in blocco di 80 vasetti viene determinato che il peso medio è di 210 g con una deviazione standard di 20 g. Determina l'intervallo di confidenza al 95% per il peso dei vasetti.

[ ]205,74; 214,26[ ]

ESERCIZI

117 Consideriamo una popolazione formata da quattro fratelli A, B, C e D che hanno rispettivamente 21, 22, 26 e 27 anni. Determina i parametri dell'universo media e varianza. Scrivi lo spazio campionario nel caso di estrazione in blocco $n = 2$ e calcola le medie e le varianze di tutti i campioni.
[24, 6,5; 21,5, 0,25; 23,5, 6,25; 24, 9; 24, 4; 24,5, 6,25; 26,5, 0,25]

118 Un'impresa produce sacchetti di carta per panifici e la percentuale dei sacchetti difettosi è il 9%. Si prospetta l'acquisto di una nuova macchina che viene sottoposta a una prova. Si accerta così che su 120 sacchetti prodotti quelli difettosi sono 4. Determina a un livello di confidenza del 99%, utilizzando il test bilaterale e quello unilaterale, se la nuova macchina è più efficiente.
[si accetta H_0 per il test bilaterale e per il test unilaterale]

119 Una denuncia dei redditi mostra un reddito imponibile di € 25 900 euro. Un campione casuale di 120 persone che esercitano la stessa professione mostra un reddito di € 26 000 euro con una deviazione standard di € 600. Verifica se a un livello di significatività del 5% la denuncia è da rifiutare o accettare. Utilizza il test bilaterale e quello unilaterale. [si accetta l'ipotesi nulla per il test bilaterale; non si accetta per il test unilaterale]

120 Dalla produzione di pezzi meccanici di una macchina si considera un lotto di 10 000 pezzi e da questo si estrae un campione di 500 pezzi. Esaminato il campione si rileva che 36 sono difettosi. Stima la percentuale di pezzi difettosi del lotto con il relativo errore standard. Determina anche il numero totale dei pezzi difettosi di tutto il lotto con i relativi errori standard. [7,2%; 1,16%; 720; 116]

121 Essendo p la percentuale della popolazione, determina il numero minimo di unità del campione, affinché a un livello di confidenza del 99,74% si sopporti un errore pari a un decimo di p. $\left[900\frac{(1-p)}{p}\right]$

122 Per completare un lavoro, un campione di 15 lavoratori di un'impresa ha impiegato una media di 12 minuti con una deviazione standard di 0,5 minuti. Un campione di 10 lavoratori di una seconda industria ha impiegato una media di 7 minuti con una deviazione standard di 0,8. Costruisci un intervallo di confidenza al 95% per la differenza fra le due medie e verifica l'ipotesi che le due popolazioni abbiano la stessa media con il test bilaterale a due code e il test unilaterale a una coda. [non si accetta l'ipotesi nulla per entrambi i test]

123 È stata esaminata la produzione di uova dell'azienda agricola Tuorlo Giallo in un determinato giorno. Il peso delle 846 uova prodotte ha una distribuzione normale, con media 55 g e varianza 144 g^2. Determina:

a. la percentuale e il numero delle uova che hanno un peso compreso fra 50 g e 60 g;

b. la percentuale dei campioni bernoulliani con numerosità 20, con un peso medio compreso fra 50 g e 60 g.
[a) 32,56%, 281; b) 93,72%]

124 I crackers Silla vengono venduti in confezioni contenenti 25 porzioni da 6. Il peso netto di ogni porzione è di 40 g, con una varianza di 4 g. L'impresa produttrice, in momenti successivi, ha esaminato il peso medio delle porzioni di tre confezioni e ha rilevato che i pesi medi sono stati rispettivamente di 41 g, 36 g e 39 g. Sapendo che il peso delle porzioni è una grandezza con distribuzione normale, determina se possiamo ritenere che i tre campioni, a un livello di confidenza del 90%, indichino che la produzione è sotto controllo.
[ ] 38,68; 41,32 [; il secondo campione ha media fuori dall'intervallo]

RISOLVIAMO UN PROBLEMA

Batteri o virus

Il centro ricerche di una clinica sta effettuando studi sulla persistenza della febbre nei pazienti affetti da infezione batterica e infezione virale. Dalla popolazione dei 70 individui affetti da infezione batterica, guariti nell'ultima settimana, se ne estraggono 7 con reimmissione e, per ciascuno di essi, si registra il numero di giorni in cui la loro temperatura corporea ha presentato alterazioni. La stessa operazione è effettuata su 9 individui estratti dalla popolazione delle 90 persone affette da infezione virale, guarite nell'ultima settimana, ottenendo i seguenti esiti.

Infezione batterica		Infezione virale	
# osservazione	Durata febbre (giorni)	# osservazione	Durata febbre (giorni)
1	2	1	6
2	8	2	5
3	4	3	2
4	3	4	1
5	3	5	4
6	7	6	4
7	5	7	7
		8	3
		9	1

Studi precedenti hanno dimostrato che la durata della febbre ha una distribuzione normale nelle due popolazioni.

- Determina, per ciascuno dei due campioni, uno stimatore corretto per la media e la varianza e i valori di questi sul campione osservato.
- Considerando un livello di confidenza del 95%, calcola gli estremi dell'intervallo entro cui si trova la differenza tra le medie delle due popolazioni.
- Senza effettuare ulteriori calcoli, spiega perché si debba accettare o rifiutare l'ipotesi nulla in base alla quale, con un livello di confidenza del 95%, non ci sia alcuna differenza tra le medie delle due popolazioni.

► Scegliamo uno stimatore corretto per la media.

Lo stimatore corretto per le medie delle due popolazioni è la media campionaria, calcolata per ciascuno dei due campioni. Per gli individui recentemente affetti da infezione batterica (B) essa risulta

$$\bar{x}_B = \frac{2+8+4+3+3+7+5}{7} = 4,57;$$

per quelli affetti da infezione virale (V),

$$\bar{x}_V = \frac{6+5+2+1+4+4+7+3+1}{9} = 3,67.$$

► Calcoliamo la varianza campionaria corretta.

Gli individui vengono estratti con reimmissione, quindi la varianza campionaria corretta, cioè lo stimatore corretto per la varianza delle due popolazioni, è:

$$s^2_{C,B} = \frac{(2-4,57)^2 + \ldots + (5-4,57)^2}{7-1} =$$

$$s^2_B \cdot \frac{7}{7-1} = 4,24 \cdot \frac{7}{6} = 4,95;$$

$$s^2_{C,V} = \frac{(6-3,67)^2 + \ldots + (1-3,67)^2}{9-1} =$$

$$s^2_V \cdot \frac{9}{9-1} = 4 \cdot \frac{9}{8} = 4,5.$$

► Calcoliamo gli estremi dell'intervallo di confidenza.

Dato che si stanno trattando piccoli campioni delle cui popolazioni di riferimento non si conosce la varianza, gli estremi dell'intervallo di confidenza che si vuole ottenere si ottengono applicando la relazione

$$(\overline{X}_B - \overline{X}_V) - t_{1-\frac{\alpha}{2}} \cdot S_p \cdot \sqrt{\frac{1}{7} + \frac{1}{9}} < \mu_B <$$

$$\mu_V < (\overline{X}_B - \overline{X}_V) + t_{1-\frac{\alpha}{2}} \cdot S_p \cdot \sqrt{\frac{1}{7} + \frac{1}{9}},$$

dove $S_p = \sqrt{\frac{7 \cdot S_B^2 + 9 \cdot S_V^2}{7+9-2}} = 2,166$ e, per $\nu = 9+7-2=14$ gradi di libertà, $t_{1-\frac{0,05}{2}} = 2,145$.

Gli estremi dunque risultano $(-1,44; 3,24)$.

► Testiamo l'ipotesi nulla.

Si vuole testare l'ipotesi nulla

H_0: $\mu_B - \mu_V = 0$

contro l'alternativa

H_1: $\mu_B - \mu_V \neq 0$.

Considerando la risposta precedente, si osserva che l'intervallo di confidenza al 95% contiene lo zero; pertanto non si rifiuta l'ipotesi nulla H_0 e si conclude che non c'è alcuna differenza tra la durata media della febbre in caso di infezione virale e in caso di infezione batterica.

ESERCIZI

125 Le confezioni di pinoli marca Vela portano indicato un peso di 250 g. È stato esaminato un campione bernoulliano di 40 unità e si sono rilevati i seguenti pesi netti.

Peso (g)	246	248	249	250	252
Frequenze	5	9	10	12	4

Effettua la stima puntuale della media con il relativo errore standard e determina se può essere accettata l'ipotesi nulla a un livello di significatività del 95%.

[249; 0,26; non si accetta H_0]

126 

Il bar della Polisportiva di Cittavecchia deve stabilire la proporzione fra le bottigliette di acqua minerale gassata e quelle di acqua minerale naturale per far fronte alle richieste dei clienti. Nel corso di una settimana sono state vendute 86 bottigliette di acqua gassata e 123 di acqua naturale. Determina gli intervalli di confidenza della percentuale delle bottigliette di acqua gassata, a un livello del 90% e con il metodo del massimo errore standard.

127 Un'azienda agricola offre confezioni di duroni direttamente ai consumatori, presso la sua tenuta. Un campione casuale bernoulliano di 50 vaschette ha fornito un peso medio di 510 g. Il peso delle vaschette è ritenuto una grandezza con distribuzione normale e si valuta che la deviazione standard della popolazione sia di 40 g.

a. Determina l'intervallo di confidenza a un livello del 95%.

b. Volendo ridurre a questo livello di confidenza l'errore standard di un terzo, quale dovrebbe essere la dimensione del campione?

[a)]498,91; 521,09[; b) 433]

128 Un collirio per il controllo del glaucoma contiene, in 1 ml, 2 mg di timololo. Sono state esaminate 10 confezioni, prelevate dalla produzione, e si sono rilevate le seguenti quantità di mg/ml:

2,1; 2,2; 1,9; 2,2; 2,0; 1,9; 2,1; 2,2; 2,1; 2,3.

Sapendo che la distribuzione delle quantità di mg/ml di timololo è normale, determina:

a. l'intervallo di confidenza a un livello del 95% della media del contenuto del principio attivo;

b. se si può accettare l'ipotesi nulla a un livello di significatività dell'1% con un test bilaterale a due code e con un test unilaterale a una coda.

[a)]2,017; 2,182[; b) si accetta H_0 con entrambi i test]

VERIFICA DELLE COMPETENZE ALLENAMENTO

ARGOMENTARE

1 Spiega la differenza tra la variabile media campionaria $\overline{X}$ e il suo valore $\overline{x}$ su un campione, facendo riferimento, tra l'altro, ai concetti di stimatore e stima. Usando il carattere «altezza» sulla popolazione della tua classe, fai un esempio che espliciti la differenza tra i due oggetti. Ti conviene considerare, per l'esempio campioni numerosi? Perché?

2 Spiega la rilevanza che assume il limite centrale, elencando tutti i risultati e i procedimenti che si avvalgono del teorema.

3 Lo statistico A ha effettuato un test a due code per la media usando i dati ottenuti da un campione. Lo statistico B effettua un test a due code per la media usando i dati ottenuti dallo stesso campione. A accetta l'ipotesi mentre B rifiuta. Dopo aver spiegato perché questa situazione è possibile, esponi gli oggetti che sono coinvolti in un test bilaterale e come variano le regioni di rifiuto e di accettazione al variare di questi.

4 Dopo aver elencato le situazioni in cui è necessario usare la variabile di Student per determinare un intervallo di fiducia, spiega perché in queste situazioni non è possibile usare la variabile normale.

RISOLVERE PROBLEMI, COSTRUIRE E UTILIZZARE MODELLI

TEST

5 Da una popolazione di 400 elementi è stato estratto un campione in blocco con numerosità 50, dal quale si è ottenuto un valore medio $\overline{x} = 12$ e una deviazione standard $s = 6$. Essendo la stima della popolazione $\mu = \overline{x} = 12$, l'errore standard è:

A 6.
B 0,85.
C 5,61.
D 5,25.
E 0,80.

6 Un campione estratto da una popolazione con distribuzione normale di numerosità 140 ha fornito i seguenti valori:

4, 6, 5, 3, 8, 6, 8, 9, 4, 7.

Quale delle seguenti affermazioni è errata?

A La media sul campione è $\overline{x} = 6$.
B La varianza sul campione è $s^2 = 3{,}6$.
C La varianza corretta in caso di estrazione bernoulliana è $s_c^2 = 4$.
D La varianza corretta in caso di estrazione in blocco è $s_c^2 = 3{,}6$.
E La frequenza dei valori inferiori alla media è del 40% con una varianza del 24%.

7 Una macchina confeziona sacchetti di biscotti e dalla produzione, che consideriamo infinita, estraiamo un campione di 50 elementi il cui peso medio è 0,4 kg con una deviazione standard di 0,030 kg.
L'intervallo di confidenza al livello del 95% per la media campionaria è:

A]0,3916; 0,4084[.
B]0,3412; 0,4588[.
C]0,3871; 0,4129[.
D]0,3926; 0,4074[.
E]0,3715; 0,4285[.

8 Una popolazione è formata da 12 elementi e lo spazio dei campioni contiene:

A 20 736 campioni estratti con ripetizione con numerosità 3.
B 495 campioni estratti in blocco con numerosità 5.
C 20 736 campioni estratti con ripetizione con numerosità 5.
D 495 campioni estratti in blocco con numerosità 4.
E 144 campioni di numerosità 2 indipendentemente dal tipo di campionamento.

9 Una popolazione è composta da $N = 800$ unità e ha media $\mu = 25$ con varianza $\sigma^2 = 18$. Viene estratto un campione, con il metodo bernoulliano, di numerosità $n = 50$. Calcola:

a. la media della distribuzione della varianza campionaria S^2;

b. la media della distribuzione della varianza campionaria corretta S_c^2;

c. la varianza campionaria corretta di un campione avente $s^2 = 17{,}5$;

[a) 17,64; b) 18; c) 17,86]

10 Il peso medio di 17 confezioni di mandorle sgusciate è di 125 g. Sapendo che il peso è una grandezza che si distribuisce normalmente, determina un intervallo per la media a un livello di confidenza del 95% quando:

a. la deviazione standard della produzione è di 5 g;

b. si sa solo che la deviazione standard sul campione è di 8 g.

[a)]122,6; 127,4[; b)]120,8; 129,2[]

11 Un'impresa ha acquistato 500 componenti elettronici ed esaminando un campione di 80 elementi ha rilevato che 10 risultano difettosi. Sapendo che è stato effettuato un campionamento bernoulliano, determina a un livello di confidenza del:

a. 90% l'intervallo di fiducia della percentuale dei pezzi difettosi della popolazione;

b. 95% l'intervallo di fiducia del numero dei pezzi difettosi della popolazione;

c. 99,9% l'intervallo di fiducia della percentuale dei pezzi difettosi;

d. 99,9% l'intervallo di fiducia della percentuale con il metodo dell'errore standard massimo.

[a)]0,0642; 0,1858[; b)]26; 99[; c)]0,0034; 0,2466[; d)]0; 0,3089[]

12 Una popolazione è formata da 230 bambini di una scuola materna. Sappiamo che il consumo medio di pane al pranzo di mezzogiorno alla mensa scolastica è di 40 g con una varianza di 20 g^2 e che la percentuale di bambini che consuma più di 40 g è il 30%. Effettuando un campionamento di numerosità 50 determina:

a. la media e la varianza della distribuzione della media campionaria;

b. la media della distribuzione della varianza campionaria;

c. la media e la varianza della distribuzione della frequenza campionaria.

[a) $\mu_{\overline{X}} = 40; \sigma^2_{\overline{X}} = 0,4$; b) $\mu_{S^2} = 19,6$; c) $\mu_F = p = 0,3; \sigma^2_F = 0,0042$]

13 Sedici concessionari di auto sono stati intervistati al fine di rilevare il numero di macchine vendute negli ultimi tre mesi dell'anno. Il numero medio è risultato pari a 4,6 con una deviazione standard di 1,7.

a. Determinare un intervallo di confidenza al 95% per il numero medio di auto vendute negli ultimi 3 mesi.

b. Dalle statistiche ufficiali dell'anno precedente risulta che il numero medio fosse pari a 5,2. Verificare l'ipotesi che le vendite siano state equivalenti contro l'alternativa di una diminuzione delle vendite. Specificare l'ipotesi nulla e l'ipotesi alternativa, il tipo di test da utilizzare e le conclusioni.

[a)]3,66; 5,54[; b) $t = -1,367$, si accetta H_0]

(*Università degli Studi di Modena e Reggio Emilia*, 2004)

14 Un universo è costituito da un sacchetto contenente 5 palline numerate da 1 a 5. Calcola:

a. i parametri dell'universo: media aritmetica, varianza e deviazione standard;

b. la probabilità che effettuando un campionamento con ripetizione di dimensione $n = 3$ gli elementi del campione abbiano uguale valore;

c. la probabilità che, effettuando un campionamento in blocco di dimensione $n = 3$, gli elementi abbiano tutti valore dispari.

$\left[\text{a) } 3; 2; \sqrt{2}; \text{ b) } \frac{1}{25}; \text{ c) } \frac{1}{10}\right]$

15 ●○ Da una popolazione formata da $N = 600$ ragazzi di età compresa fra i 14 e i 19 anni si è estratto un campione bernoulliano di $n = 50$ ragazzi per un'indagine sul consumo di pane e si è rilevata una media $\overline{x}$ di 1,50 kg alla settimana con una deviazione standard s di 0,50 kg. Determina:

a. la stima puntuale della media;

b. la stima per intervallo della media a livello di confidenza $(1 - \alpha)$ del 95%;

c. se è verificata l'ipotesi che la media della popolazione μ sia di 1,60 kg con il test bilaterale e unilaterale a livello di significatività α del 10%.

16 ●○ Un campione estratto da una popolazione di 1000 confezioni di detersivo in polvere ha dato un peso medio di 395 g con una deviazione standard di 10 g. Determina la stima puntuale del peso medio di ogni confezione per un campionamento bernoulliano di 20 e di 80 confezioni. [395, 2,29; 395, 1,13]

17 ●○ Un campione di 40 pile, determinato con estrazione bernoulliana, ha fornito una durata media di 293 ore. Sapendo che la popolazione da cui è stato estratto ha una deviazione standard di 10 ore, determina l'intervallo medio della popolazione a un livello di confidenza del 90%.]290,40; 295,60[

18 ●○ Una macchina riempie flaconi di sapone liquido con il contenuto di 300 mL e una deviazione standard di 5 mL. Un campione formato da 36 flaconi ha fornito una media di 298 mL. Verifica a livello di significatività del 5% se la produzione è sotto controllo esaminando l'ipotesi nulla contro le ipotesi alternative con i test a due code e a una coda. [$z = -2,4$; non si accetta H_0 con entrambi i test]

19 ●○ Da una linea di produzione si ottengono pezzi meccanici che devono avere una lunghezza nominale di 15 cm. Da un campione formato da 65 pezzi si è rilevata una lunghezza media di 15,14 cm con una deviazione standard di 0,7 cm. Verifica a livello di significatività del 10% se la media rilevata dal campione differisce in modo significativo dalla media della popolazione esaminando l'ipotesi nulla con i test a due code e a una coda. [$z = 1,6$; si accetta H_0 solo con il test bilaterale]

20 ●● In un'industria è stato introdotto un programma di sicurezza sul lavoro. Per 8 reparti con caratteristiche simili è stato rilevato il numero delle ore perse in un mese a causa di incidenti, prima e dopo l'introduzione del programma di sicurezza. Le medie sono state rispettivamente 24,4 e 19,3 e le deviazioni standard 4,9 e 4,1. Determina a un livello di significatività dell'1% se il programma è risultato efficace. [$t = -2,11$; $t_{1-\alpha} = 2,624$]

21 ●● Su una stessa macchina si sono rilevati in due momenti diversi due campioni di 40 misurazioni relativamente al tempo in minuti impiegato per riempire di vino piccole damigiane da 10 L. Il primo campione ha fornito un valore medio di 4,9 minuti con una deviazione standard di 0,5 minuti, mentre il secondo campione ha fornito un valore medio di 5,1 minuti con una deviazione standard di 0,8 minuti.
Determina a un livello di confidenza del 99%:

a. le stime puntuali, fornite dai due campioni, della media della popolazione con i relativi errori standard nell'ipotesi che si sappia che la varianza della popolazione è 0,36 minuti^2;

b. gli intervalli di confidenza dei tempi medi usando le deviazioni standard dei campioni;

c. se il tempo medio del secondo campione indica la necessità di una revisione della macchina considerando i dati del primo campione come quelli della popolazione.

[a) 4,9; 0,09; 5,1; 0,09; b)]4,69; 5,11[;]4,77; 5,43[;
c) $z = 2,53$, H_0: $\mu = 4,9$ si accetta per il test bilaterale, non si accetta per il test unilaterale]

VERIFICA DELLE COMPETENZE PROVE

1 ora

PROVA A

1 In un'impresa ci sono 5 dipendenti di sesso maschile e 4 dipendenti di sesso femminile con le stesse mansioni. Le retribuzioni lorde annue in migliaia di euro sono le seguenti.

Uomini	32	30	28	27	29
Donne	26	30	31	27	-

Considerando campioni di numerosità 3, determina:

a. la distribuzione della media campionaria delle retribuzioni degli uomini;

b. la distribuzione della media campionaria delle retribuzioni delle donne;

c. la media e la varianza della differenza tra le due medie campionarie.

2 In un'urna ci sono 5 palline: 3 rosse e 2 blu. Dopo aver determinato la proporzione delle rosse sulla popolazione, considera i campioni di numerosità 3 ottenuti con reimmissione.

a. Determina la distribuzione della variabile frequenza campionaria e verifica che la sua media è uguale alla proporzione determinata sulla popolazione.

b. Quanto vale la varianza della frequenza campionaria trovata?

3 Considera il campione casuale X_1, X_2, X_3 in cui ogni variabile ha media 2 e varianza 0,1.

a. Stabilisci se lo stimatore per la media $\frac{2X_1 - X_2 + 2X_3}{3}$ è corretto oppure no e scrivi, usando il campione casuale dato, uno stimatore corretto per la media della popolazione.

b. Supponendo che su un campione si siano trovati i valori 2, 3, 5, trova una stima per la media e per la varianza sulla popolazione usando il rilevamento sul campione.

PROVA B

1 In una scuola di 650 alunni è stato rilevato, su un campione di numerosità 150, che il tempo medio giornaliero dedicato allo studio è di 2,5 ore con una deviazione standard di 0,8 ore.

a. Determina l'intervallo di confidenza al 95% del tempo medio di studio.

b. Determina allo stesso livello l'intervallo di confidenza, supponendo di sapere da precedenti rilevamenti che la varianza della popolazione è di 0,5 ore.

c. Nel caso della varianza della popolazione di 0,5 ore, mantenendo il livello di confidenza, quanti ragazzi dovrebbe coinvolgere il sondaggio se si volesse dimezzare l'ampiezza dell'intervallo rispetto al precedente?

2 A un campione di 400 persone è stato chiesto se utilizzano abitualmente la carta di credito per i loro pagamenti oppure no. 240 persone hanno risposto di sì.

a. Determina, a un livello del 90%, un intervallo di confidenza per la proporzione sulla popolazione di coloro che utilizzano abitualmente la carta di credito.

b. Qual è l'ampiezza dell'intervallo determinato nel punto precedente?

c. Ammettendo come errore massimo il 2%, qual è il numero minimo di persone da intervistare?

3 Un'azienda confeziona pacchi di farina del peso netto di 500 g. Il confezionamento è automatico, ma negli ultimi periodi si sono registrate variazioni di peso rilevanti nelle confezioni. Su un campione di 40 confezioni si è visto che il peso medio è di 485 g, con una variabilità di 1225 g^2.

a. Qual è una stima, con relativo errore standard, del peso medio dei pacchi confezionati da questa macchina?

b. A un livello di significatività del 10% si può affermare che il peso medio dei pacchi confezionati dalla macchina è di 500 g?

Si vuole acquistare una nuova macchina che è possibile testare. Su un campione di 20 confezioni riempite dalla nuova macchina si sono avuti i seguenti risultati.

Peso (g)	490	495	500	505	510
Numero confezioni	4	5	6	3	2

c. Considerando il campione ottenuto con la macchina che si vuole acquistare, si può affermare, sempre a un livello di significatività del 10%, che questa macchina riempie le confezioni in modo che il loro peso medio sia di 500 g?

PROVA C

I più bravi d'Italia Nel 2015 il Comune di Aosta effettua uno studio sul livello di istruzione degli abitanti della regione, confrontando i dati con le statistiche nazionali.
In particolare, intende ottenere informazioni sulla percentuale di abitanti in possesso di un diploma di scuola superiore e, a tale scopo, estrae in blocco un campione di individui, 1600 dei quali risultano avere questo titolo di studio. Dai dati, emerge che la frequenza campionaria è uguale al 32%.

a. Qual è la dimensione n del campione in esame?

b. Sapendo che la popolazione complessiva della Valle d'Aosta era di 128 298 abitanti al 31 dicembre 2014, quali sono gli stimatori corretti per la percentuale riferita alla popolazione e per la varianza della popolazione?

c. Determina gli estremi dell'intervallo di confidenza al 99% per la percentuale di abitanti della Valle d'Aosta con un diploma di scuola superiore.

d. I dati Istat riferiti all'intera popolazione italiana riportano che la percentuale di italiani in possesso di un diploma di scuola superiore è pari al 36%. L'ufficio regionale è dunque interessato a verificare se, con un livello di confidenza del 99%, la popolazione della Valle d'Aosta presenta una percentuale di diplomati minore rispetto a quella nazionale oppure no.

PROVA D

1 Per controllare la produzione di 2000 scatoline destinate a contenere ganci, si è effettuata un'estrazione bernoulliana di un campione di 50 scatoline e di queste 15 sono risultate difettose. Effettua:

a. una stima della percentuale della popolazione con il relativo errore standard;

b. una stima del numero delle scatoline difettose con il relativo errore;

c. una stima dell'intervallo di confidenza a livello del 99,74% della percentuale della popolazione;

d. una stima dell'intervallo di confidenza della percentuale della popolazione con errore standard massimo.

2 **Un componente del motore** La durata di un componente di un motore, fondamentale per il suo funzionamento, è distribuita normalmente e sulla base di prove effettuate su 15 esemplari si è ottenuto che un intervallo di confidenza al 95% della durata media, espresso in ore, è]5000; 7000[.

a. Possiamo accettare l'ipotesi che il componente funzioni per 8000 ore a un livello di confidenza del 99%?

b. Fino a quante ore possiamo ipotizzare un funzionamento senza guasti a un livello di confidenza del 99%?

T

CAPITOLO C9

STATISTICA, EFFICACIA, EFFICIENZA, QUALITÀ

1 Controllo della gestione di prodotti e servizi

▶ Esercizi a p. C158

In un qualsiasi processo, per verificare il funzionamento di un prodotto o di un servizio ed effettuare opportuni interventi di miglioramento, è necessario indagare il livello di alcuni parametri fondamentali che riguardano l'ambito considerato, quali l'**efficacia**, l'**efficienza** e la **qualità**.

Efficacia

L'**efficacia** è la capacità di raggiungere obiettivi programmati che siano compatibili con le attese dei consumatori del prodotto o dei fruitori del servizio.

Consideriamo come finalità, per esempio, una comunicazione a vantaggio dell'utenza di un'informazione non riservata e senza scadenze temporali; tale comunicazione si può effettuare utilizzando il telefono, la posta, Internet, oppure convocando direttamente il destinatario. Il livello di efficacia di tutti gli strumenti elencati è massimo, in quanto ciascuno di essi permette il raggiungimento dell'obiettivo con pieno soddisfacimento dell'utente, per il quale la conoscenza dell'informazione rappresenta le attese. Viceversa, se effettuiamo la comunicazione attraverso la visita a domicilio di un incaricato o servendoci di un piccione viaggiatore, non è garantito il raggiungimento dell'obiettivo; dunque tali strumenti hanno un livello di efficacia inferiore.
Consideriamo ora la prima tabella della pagina seguente, contenente informazioni relative alla produzione da parte di 4 aziende di un utensile, che si considera perfettamente riuscito se soddisfa le caratteristiche di maneggevolezza, solidità e lucentezza. I dati si riferiscono a un singolo esemplare.

Azienda	Caratteristiche			Tempo di produzione (minuti)
	Maneggevolezza	Solidità	Lucentezza	
A	✓	✓		80
B	✓	✓	✓	230
C		✓	✓	100
D	✓			40

L'obiettivo da raggiungere è la costruzione dell'utensile con tutte e 3 le caratteristiche. Dall'analisi della tabella osserviamo che il livello inferiore di efficacia nel processo produttivo è quello dell'azienda *D* perché il prodotto soddisfa una sola caratteristica, quello intermedio è quello delle aziende *A* e *C*, mentre solo l'azienda *B* soddisfa i pieni requisiti di efficacia. Il parametro tempo in tale contesto non è indicativo.
Il livello di efficacia non dipende dalle modalità con cui si raggiunge l'obiettivo, ma soltanto dalla reale possibilità di raggiungerlo.

Efficienza

L'**efficienza** è la capacità di utilizzare nel modo migliore e con una perfetta integrazione le risorse a disposizione.
Consideriamo come finalità, per esempio, la preparazione a una verifica orale su un dato argomento, con piena comprensione dello stesso. Poniamo a confronto due studenti; per raggiungere l'obiettivo il primo studia 1 ora, mentre il secondo studia 5 ore. Concludiamo che il primo studente è più efficiente del secondo, a patto che il livello di comprensione sia lo stesso. Non si può cioè trascurare la finalità del processo. Non è quindi possibile misurare l'efficienza a prescindere dall'efficacia, in quanto ha senso la misura dell'efficienza solo se si esegue in relazione a processi di cui si è già verificato lo stesso livello di efficacia.
Il livello di efficienza dipende dalle modalità con le quali si effettua un processo; non misura il raggiungimento di un obiettivo ma come si raggiunge.
In generale dunque, il processo più efficiente non è il più breve.

Consideriamo ora la seguente tabella contenente informazioni relative alla fruibilità da parte dell'utenza di un dato servizio, offerto da 3 uffici diversi.

Ufficio	N° addetti	Spesa per addetto (€)	N° pratiche evase (mensile)
A	3	1500	100
B	4	1200	120
C	4	1000	140

L'obiettivo è l'evasione della pratica, cioè il compimento del servizio. Osserviamo che il livello superiore di efficienza è quello dell'ufficio *C*, in quanto esso evade il maggior numero di pratiche con la minore spesa complessiva; le misure dell'efficienza dell'ufficio *A* e dell'ufficio *B*, pur essendo a un livello inferiore di efficienza a confronto con l'ufficio *C*, non sono confrontabili tra loro, dato che l'ufficio *A* spende meno dell'ufficio *B* ma evade anche un minor numero di pratiche. In tal caso per preferire un ufficio all'altro occorre stabilire una gerarchia d'importanza tra i due aspetti, oppure si devono introdurre dati relativi ad altre caratteristiche, fornendo ulteriori criteri di scelta e di distinzione tra i livelli di efficienza.
Osserviamo che in questo caso un livello massimo di efficacia non può essere definito, in quanto il numero di pratiche non ha una limitazione superiore.

Qualità

La **qualità** è la capacità di raggiungere gli obiettivi programmati che siano compatibili con le attese dei consumatori del prodotto o dei fruitori del servizio, utilizzando nel modo migliore e con una perfetta integrazione le risorse a disposizione.
La qualità è dunque l'opportuna sintesi di efficacia e efficienza.

Consideriamo come finalità, per esempio, la produzione di un bene alimentare di consumo da parte di una data impresa. In tal caso, affinché siano raggiunti elevati standard di qualità, è consigliabile monitorare costantemente la provenienza delle materie prime, evitare di utilizzare quantità di ingredienti superflue per il processo di produzione, sottoporre a frequente manutenzione i mezzi tecnologici coinvolti e, non ultimo, impiegare la giusta componente di risorse umane per coordinare il tutto.
L'insieme delle attività, delle tecnologie, delle risorse e delle organizzazioni che concorrono alla creazione di un prodotto o di un servizio è detto **filiera**.
Il livello di qualità dipende dalle reali possibilità di raggiungere un obiettivo ma anche dalle modalità con le quali si effettua il processo.

Consideriamo ora la seguente tabella, contenente informazioni relative a 4 diversi corsi di preparazione a un esame riguardanti 3 argomenti.

Percorso	Argomenti			Ore d'insegnamento	Percentuale esito positivo (%)
	A	*B*	*C*		
1	✓	✓		40	82
2	✓	✓	✓	45	90
3	✓	✓	✓	50	82
4	✓		✓	50	70

L'obiettivo da raggiungere è l'esito positivo dell'esame.
Dall'analisi della tabella osserviamo che il percorso formativo 4 e il percorso 2 hanno rispettivamente il livello di qualità inferiore e superiore; per il percorso 2, infatti, sono più alte l'efficacia e l'efficienza, nonostante il numero di ore di insegnamento sia intermedio. I percorsi 1 e 3 hanno lo stesso livello di efficacia, ma si distinguono in efficienza, anche se per individuare una gerarchia di importanza occorre stabilire se la conoscenza di un argomento in più sia un requisito più che compensativo delle 10 ore inferiori d'insegnamento.

► Una ditta deve scegliere fra tre linee di produzione per un suo prodotto, i cui requisiti fondamentali sono la colorazione e la morbidezza. La tabella riassume le caratteristiche delle tre linee di produzione. L'obiettivo è la produzione del bene con i requisiti richiesti.

Linea	Colorazione	Morbidezza	Tempo di produzione (h)	N° pezzi prodotti
A	✓	✓	28	3600
B		✓	26	4000
C	✓	✓	30	3700

Analizza i livelli di efficacia ed efficienza e definisci una gerarchia per poter confrontare i livelli di qualità.

2 Indicatori di efficacia, efficienza e qualità

► Esercizi a p. C159

Per misurare i livelli di efficacia, efficienza e qualità di un processo, si considerano opportuni **indicatori statistici** che, attraverso un risultato numerico, forniscono una misura quantitativa di tali livelli.

Indicatori di efficacia

Gli **indicatori di efficacia** misurano il livello di efficacia di un processo; in base al contesto possono essere definiti mediante frequenze assolute, differenze o rapporti statistici.

ESEMPIO

Le banche *A*, *B* e *C* introducono ognuna sul mercato un nuovo prodotto finanziario la cui vendita avviene on line e, dopo due mesi, sottopongono gli acquirenti a un questionario. I dati raccolti sono riportati in tabella.

Banca	N° contatti	N° acquisti	N° soddisfatti	N° insoddisfatti
A	4180	152	78	74
B	5025	118	65	53
C	3276	96	47	49

Gli obiettivi da raggiungere sono il contatto, l'acquisto e la soddisfazione. Definiamo quindi 3 indicatori di efficacia:

abilità pubblicitaria = numero dei contatti;

$$\text{quoziente di vendita} = \frac{\text{numero degli acquisti}}{\text{numero dei contatti}};$$

$$\text{grado di soddisfazione} = \frac{\text{numero degli acquirenti soddisfatti}}{\text{numero degli acquirenti insoddisfatti}}.$$

L'abilità pubblicitaria misura il livello di funzionalità della macchina divulgativa del prodotto ed è quindi una frequenza assoluta.
Il quoziente di vendita misura la frequenza relativa degli acquisti sul totale dei contatti, dunque è un rapporto di composizione.
Il grado di soddisfazione misura il livello di gratificazione dell'acquirente ed è perciò un rapporto di coesistenza.

Banca	Abilità pubblicitaria	Quoziente di vendita (%)	Grado di soddisfazione
A	4180	3,64	1,05
B	5025	2,35	1,23
C	3276	2,93	0,96

Dall'analisi della tabella osserviamo che la banca *B* raggiunge il livello di efficacia più alto sia nell'abilità pubblicitaria che nel grado di soddisfazione, mentre l'azienda *A* lo raggiunge nel quoziente di vendita. Non si può dire quale delle due banche abbia effettuato l'intero processo con un livello assoluto di efficacia più alto, in quanto, con i dati a disposizione e in assenza di una gerarchia d'importanza, non si è in grado di definire un indicatore che misuri tale livello.

► Una compagnia telefonica si serve di tre call center per vendere i propri prodotti telefonici. La tabella riassume il numero di contatti e di prodotti venduti dai tre call center.
Quale dei tre call center ha maggior efficacia nella vendita? [*B*]

Call center	N° contatti	N° vendite
A	3285	365
B	3969	567
C	4290	429

Indicatori di efficienza

Gli **indicatori di efficienza** misurano il livello di efficienza di un processo; possono essere definiti mediante frequenze assolute, differenze o rapporti statistici.

ESEMPIO

Un'azienda produce lampadine per le quali all'inizio di ogni biennio si prevede una durata e alla fine del biennio, sulla base di rilevazioni statistiche, si determina la durata media. I dati raccolti sono riportati nella seguente tabella.

Biennio	Numero lampadine prodotte (migliaia)	Numero lampadine difettose (%)	Durata prevista (h)	Durata media (h)	Spesa totale (milioni di €)
2014-2016	2400	3,33	1040	1030	6,52
2012-2014	2000	4,25	950	920	6,18
2010-2012	1300	4,62	875	863	4,26
2008-2010	1000	5	825	830	3,15

L'obiettivo da raggiungere è la vendita. Definiamo alcuni indicatori che non misurano direttamente l'obiettivo, ma che danno informazioni su alcuni aspetti fondamentali per il buon esito del processo produttivo:

scarto di durata = durata media − durata prevista;

$$\text{spesa per lampadina} = \frac{\text{spesa totale}}{\text{numero di lampadine prodotte}};$$

$$\text{tasso migliorativo} = \frac{\text{lampadine difettose del biennio (\%)}}{\text{lampadine difettose del biennio precedente (\%)}}.$$

Lo scarto di durata misura il livello di attendibilità dell'ipotesi sulla durata di ciascuna lampadina, dunque è una differenza.
La spesa per lampadina misura l'incidenza sulla spesa complessiva di ciascuna unità di prodotto, ed è quindi un rapporto di derivazione.
Il tasso migliorativo misura l'affinamento del processo di costruzione della lampadina; poiché è definito come il rapporto tra la percentuale di un carattere statistico relativa a un dato periodo di tempo e quella relativa al periodo precedente, è un numero indice a base mobile.

Biennio	Scarto di durata (h)	Spesa per lampadina (€)	Tasso migliorativo
2014-2016	− 10	2,72	0,78
2012-2014	− 30	3,09	0,98
2010-2012	− 12	3,28	0,92
2008-2010	+ 5	3,15	non definito

Dall'analisi della tabella, osserviamo che il biennio 2014-2016 raggiunge il livello di efficienza più alto sia nella spesa per lampadina sia nel tasso migliorativo, mentre il biennio 2008-2010 lo raggiunge nello scarto di durata. Non è possibile individuare il biennio in cui è stato raggiunto il livello assoluto di efficienza più alto, dato che, con i dati a disposizione e in assenza di una gerarchia di importanza, non si è in grado di definire un indicatore che misuri tale livello.

Alcuni indicatori di efficacia o di efficienza misurano il livello di verifica di una previsione; per questo motivo sono detti **indicatori di previsione**.
Lo scarto di durata ne costituisce un esempio.

▶ Un'azienda che produce smartphone ha l'esigenza che un prodotto abbia una durata di almeno due anni e non più di tre per poterne mettere in commercio una nuova versione. La tabella riporta le informazioni sul prodotto negli ultimi 3 anni.

Anno	N° smartphone prodotti (in migliaia)	Spesa totale (in migliaia di €)	Durata media (in mesi)
2016	6350	65	30
2015	5000	63	23
2014	4728	68	18

In quale anno si è raggiunto il livello più alto di efficienza nella spesa per smartphone? Quando si è raggiunto il livello più alto di efficienza nello scarto dalla durata desiderata?
[2016; 2016]

Indicatori di qualità

Gli **indicatori di qualità** misurano il livello di qualità di un processo; possono essere indicatori di efficacia, indicatori di efficienza, oppure medie ponderate di indicatori di efficacia e efficienza relativi a uno o più ambiti del processo.

ESEMPIO

Un'impresa vuole misurare il livello di attendibilità della programmazione attraverso un indicatore di qualità che tenga conto di tutti gli indicatori di previsione definiti per i diversi ambiti del processo; considera a tal fine un sistema di ponderazione, in modo tale da attribuire a ciascun indicatore di previsione un peso calibrato in base alla gerarchia d'importanza.
Indicatori:

$$I_1 = \frac{\text{numero di vendite effettuate}}{\text{numero di vendite previste}} \cdot 100;$$

$$I_2 = \frac{\text{numero dei nuovi clienti acquisiti}}{\text{numero dei nuovi clienti previsto}};$$

$$I_3 = \frac{\text{tempo di produzione previsto (h)}}{\text{tempo di produzione reale (h)}} \cdot 100.$$

I_1 misura il livello di attendibilità della previsione sulle vendite, I_2 sui nuovi clienti, I_3 sui tempi di produzione. Esprimono i tre indicatori in percentuale.

Anno	I_1 (%)	I_2 (%)	I_3 (%)
2016	90	85	95
2015	94	92	92
2014	86	91	101

I dati relativi ai 3 indicatori negli ultimi 3 anni sono nella tabella.

Le ponderazioni utilizzate sono $p_1 = 0{,}5$, $p_2 = 0{,}3$, $p_3 = 0{,}2$.

L'indicatore di sintesi, detto **indicatore di qualità della previsione**, è:

$$I = p_1 I_1 + p_2 I_2 + p_3 I_3.$$

Dall'analisi della tabella osserviamo che il processo ha raggiunto il livello più alto di qualità della previsione nel 2015.

Anno	I
2016	89,5
2015	93
2014	90,5

▶ Riprendi l'esercizio sui call center e considera le seguenti previsioni c_A, c_B, c_C sul numero dei contatti e v_A, v_B, v_C su quello delle vendite, relative rispettivamente ai call center A, B, C.

$c_A = 5000$, $c_B = 4000$, $c_C = 4000$;

$v_A = 500$, $v_B = 400$, $v_C = 500$.

Dopo aver costruito la relativa tabella e considerando gli indicatori

$$I_1 = \frac{\text{n° vendite}}{\text{n° vendite previste}} \cdot 100$$

e

$$I_2 = \frac{\text{n° contatti}}{\text{n° contatti previsti}} \cdot 100,$$

con pesi $p_1 = 0{,}7$ e $p_2 = 0{,}3$, calcola l'indicatore di sintesi I e stabilisci quale call center ha complessivamente il livello di qualità più alto.

[$I_A = 70{,}81$; $I_B = 128{,}9925$; $I_C = 92{,}235$; B]

ESERCIZI

CAPITOLO C9
ESERCIZI

1 Controllo della gestione di prodotti e servizi

▶ Teoria a p. C152

1 Quali tra i seguenti aspetti di un processo migliorano l'efficacia (A), quali l'efficienza (B) e quali la qualità (C) dello stesso?

a. Guadagno complessivo maggiore.
b. Minore produzione di scorie inquinanti.
c. Conquista di uno scudetto.
d. Conquista di uno scudetto con un gioco brillante.
e. Tempo di attesa inferiore.
f. Massimo numero di studenti maturati.
g. Massimo numero di studenti maturati con piene conoscenze, competenze e abilità.
h. Migliore manutenzione degli strumenti tecnologici.

[a) A; b) B, c) A; d) C; e) B; f) A; g) C; h) B]

---

2 Un corso di formazione a pagamento è impartito da tre scuole A, B e C; ognuna fissa la stessa quota di partecipazione e raggiunge il medesimo numero di iscritti. Sul volantino pubblicitario che ciascuna scuola distribuisce, sono segnalate le seguenti caratteristiche:
scuola A: durata del corso 100 h, ripartite in 40 lezioni serali frontali ognuna di durata 2 h 30 min;
scuola B: durata del corso 150 h, ripartite in 30 lezioni pomeridiane frontali ognuna di durata 3 h;
scuola C: durata del corso 150 h, lezioni web e frontali con docenti qualificati e tutor personalizzati.
Quale scuola ritieni abbia il livello di qualità più alto? Motivane le ragioni. [C, perché...]

3 La seguente tabella riporta alcuni dati di un servizio navetta, riguardanti il numero dei passeggeri e la valutazione in decimi di alcune caratteristiche di viaggio negli ultimi 4 anni.

Anno	N° passeggeri	Puntualità	Comodità	Acustica
2011	40 128	8	8	9
2010	38 756	9	8	9
2009	43 512	10	8	9
2008	41 653	9	8	7

Definisci l'incasso come indicatore di efficacia e stila, in base agli anni, le due graduatorie in ordine decrescente di efficacia ed efficienza, sapendo che il prezzo del biglietto:

a. rimasto invariato;
b. nel 2008 ammontava a € 2 e successivamente ogni anno ha subito un incremento del 10%.

[a) efficacia: 2009-2008-2011-2010, efficienza: 2009-2010-2011-2008;
b) efficacia: 2011-2009-2010-2008, efficienza: 2009-2010-2011-2008]

4 Per ciascuno dei 4 dadi A, B, C, D, si effettuano 3000 lanci e si conteggia il numero delle volte in cui il risultato è 6. L'esito di tale conteggio è riportato in tabella.

Dado	A	B	C	D
Frequenza assoluta del «6»	421	587	433	695

Puoi concludere che il dado B sia il più efficiente? Motivane le ragioni. [no]

2 Indicatori di efficacia, efficienza e qualità

▶ Teoria a p. C154

5 Definisci e individua la tipologia di tutti gli indicatori che riconosci nella tabella e determina le loro misure.

Mese	N° pazienti	Guadagno medio per paziente (€)	Tempo di attesa (min)
novembre 2015	1040	52	49 920

[I_1 = Guadagno totale sui pazienti = (Guadagno medio per paziente) · (N° pazienti) = € 54 080;
I_2 = Tempo di attesa per paziente = $\frac{\text{Tempo di attesa}}{\text{N° pazienti}}$ = 48 min]

6 Da un'indagine riguardante gli ultimi 4 mesi del 2010, emergono i dati relativi al processo produttivo di un'impresa che costruisce un oggetto in serie, riportati nella seguente tabella.

Mese	Migliaia di esemplari	Spesa complessiva (migliaia di €)	Ore di produzione
dicembre	1053	831	160
novembre	921	815	150
ottobre	844	827	150
settembre	820	810	140

Definisci i due indicatori I_1 = spesa per esemplare e I_2 = tempo per migliaia di esemplari, specificandone la tipologia; determina, infine, i valori dei due indicatori associati ai 4 mesi di riferimento.

[$I_1 = \frac{\text{Spesa complessiva}}{\text{Migliaia di esemplari}}$; indicatore di efficacia; € 0,79; € 0,88; € 0,98; € 0,99;
$I_2 = \frac{\text{Ore di produzione}}{\text{Migliaia di esemplari}}$; indicatore di efficienza; 0,15 h; 0,16 h; 0,18 h; 0,17 h]

---

7 La tabella riporta i valori in percentuale di un indicatore di efficacia I_1 e di due indicatori di efficienza I_2 e I_3, relativi a 3 strutture sportive *A*, *B* e *C*.

Struttura sportiva	I_1	I_2	I_3
A	90	72	65
B	84	78	69
C	92	83	78

Tenendo conto che I_2 e I_3 hanno lo stesso peso e che I_1 ha peso doppio, definisci l'indicatore *I* della media ponderata di I_1, I_2 e I_3, specificane la tipologia e determina i suoi valori. Quale tra le 3 strutture sportive è preferibile?

[$I = 0{,}5I_1 + 0{,}25I_2 + 0{,}25I_3$; indicatore di qualità; 79,25; 78,75; 86,25; *C*]

8 In tabella sono riportati alcuni dati riguardanti un'azienda, relativi agli anni 2011, 2012 e 2013.

Anno	N° utenti	Spesa per utente	Ricavo per utente
2013	5024	187	215
2012	4687	193	208
2011	4691	189	199

Definisci l'indicatore *I* = guadagno sull'utenza, specificandone la tipologia, e determina le misure dell'indicatore associate ai 3 anni di riferimento. Puoi affermare che è in atto un trend di crescita nel tempo?

[*I* = (Ricavo per utente − Spesa per utente) · (N° utenti); indicatore di efficacia; € 140 672; € 70 305; € 46 910; trend di crescita]

VERSO L'INVALSI

120 minuti

► Su http://online.scuola.zanichelli.it/invalsi trovi tante simulazioni interattive in più per fare pratica in vista della prova INVALSI.

1 Associa a ognuna delle funzioni nella prima colonna il suo dominio naturale nella seconda colonna.

a. $y = \ln(x^2 - 2x)$ 1. $x < 0 \vee x > 2$

b. $y = \ln \frac{x}{x+2}$ 2. $x > 0$

c. $y = \ln x + \ln(x+2)$ 3. $x < -2 \vee x > 0$

2 Il dominio naturale di $f(x) = \ln(\cos x)$ è:

A $-\frac{\pi}{2} + 2k\pi < x < \frac{\pi}{2} + 2k\pi, k \in \mathbb{Z}$.

B $x \neq \frac{\pi}{2} + k\pi, k \in \mathbb{Z}$.

C $x > 0$.

D $x \in \mathbb{R}$.

3 Quale tra le seguenti equazioni *non* rappresenta una circonferenza nel piano cartesiano?

A $x^2 + y^2 = 4$

B $2x^2 + 2y^2 = 1$

C $\frac{x^2}{9} + \frac{y^2}{9} = 1$

D $x^2 + y^2 + 1 = 0$

4 **5** La pendenza media di una strada si calcola come il rapporto (solitamente espresso in percentuale) $\frac{\Delta h}{\Delta x}$, dove Δh è il dislivello verticale tra il punto iniziale e il punto finale e Δx è la distanza orizzontale (cioè la lunghezza della proiezione sul piano dell'orizzonte).

■ Se un tratto di strada con una pendenza costante dell'8% sale di 220 m, qual è la lunghezza, in metri, della strada? (Approssima il risultato all'unità.)

A 2750 m C 276 m

B 2759 m D 176 m

■ Baldwin Street (a Dunedin, in Nuova Zelanda) è una strada con una pendenza media del 35%. Qual è l'ampiezza dell'angolo che la strada forma con l'orizzonte? Esprimi il risultato in gradi sessagesimali, approssimando il risultato all'unità.

6 **7** Dopo la morte di un organismo, il numero N di atomi di carbonio-14 (un isotopo radioattivo del carbonio) presenti in esso diminuisce secondo la legge

$$N(t) = N_0 e^{-\frac{t}{\tau}},$$

dove il tempo t è misurato in anni, N_0 è il numero iniziale di atomi presenti e τ è una costante detta *vita media* del carbonio-14.

■ Sapendo che il *tempo di dimezzamento* del carbonio-14 (ovvero il tempo necessario affinché la quantità di atomi si riduca della metà) è di 5730 anni, qual è il valore della costante τ? Approssima il risultato all'unità.

■ In un esperimento effettuato per datare un reperto fossile si stima che il rapporto $\frac{N}{N_0}$ sia del 9%. Che età si può attribuire al reperto? Esprimi il risultato in migliaia di anni, approssimando all'unità.

8 Quale tra le seguenti è una funzione biunivoca da $\mathbb{R}$ in $\mathbb{R}$?

A $y = x^5 - 1$ C $y = \frac{1}{x-2}$

B $y = x^2 + 3$ D $y = x^4$

9 Per abbattere un albero, un boscaiolo effettua inizialmente i due tagli schematizzati in figura.

Se vuole che la profondità p sia 12 cm, quanto deve misurare, in cm, la distanza d tra i due tagli? (Approssima il risultato all'unità.)

10 **11** Piazza Primo Maggio a Udine (detta anche *Giardin Grande*) è a forma di ellisse, con gli assi lunghi 190 m e 146 m.

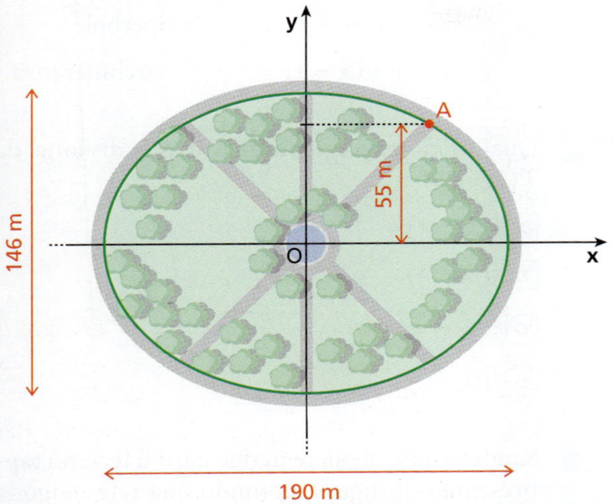

■ Usando il sistema di riferimento in figura, trova l'equazione del bordo della piazza.

A $\frac{x^2}{146^2} - \frac{y^2}{190^2} = 1$

B $\frac{x^2}{95^2} - \frac{y^2}{73^2} = 1$

C $\frac{x^2}{95^2} + \frac{y^2}{73^2} = 1$

D $\frac{x^2}{190^2} + \frac{y^2}{146^2} = 1$

■ Flavio si trova nel punto A della figura, sul bordo della piazza, a 55 metri di distanza dall'asse maggiore. Quanto dista Flavio dal centro della piazza? Esprimi il risultato in metri, approssimando all'unità.

12 **a.** L'equazione $\ln x^2 = 1$ è equivalente a $2\ln x = 1$. V F

b. L'equazione $\log_2(-x^2) = 4$ è impossibile. V F

c. L'insieme delle soluzioni di $\log_{10}(x^2 - 3x) = 1$ è $\{-2, 5\}$. V F

d. L'equazione $\log_2(-x) = 3$ ha come soluzione $x = -8$. V F

13 Quale delle seguenti è la soluzione della disequazione $\frac{x^2-1}{(x-1)^2} \geq 0$?

A $x \leq -1 \vee x \geq 1$

B $x \leq -1 \vee x > 1$

C $-1 \leq x \leq 1$

D $-1 \leq x < 1$

14 Considera la funzione $f(x) = \sqrt{x}\, e^{-x}$.

a. Il dominio di f è $x \geq 0$. V F

b. L'asse x è un asintoto orizzontale per f. V F

c. L'asse y è un asintoto verticale per f. V F

d. f ha un minimo in $x = \frac{1}{2}$. V F

15 Considera la seguente funzione.

$$f(x) = \begin{cases} -x+2 & \text{se } x < 0 \\ 3x+a & \text{se } x \geq 0 \end{cases}$$

Per quale valore di $a \in \mathbb{R}$ la funzione è continua in $x = 0$?

A -1

B 0

C 2

D 3

16 Considera la figura.

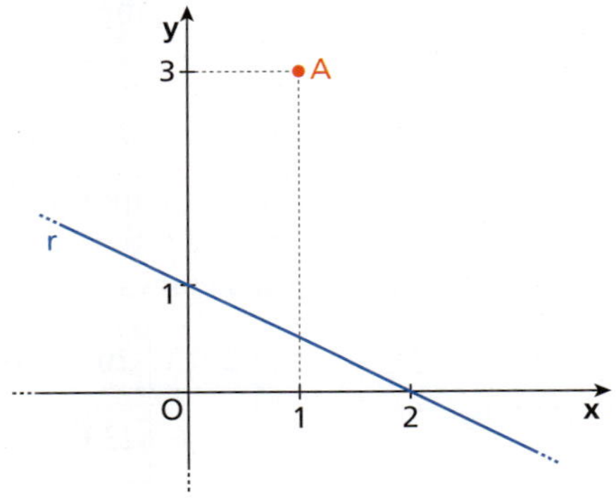

a. La retta r ha equazione $y = \frac{1}{2}x + 1$. V F

b. Il punto A dista $\frac{5}{2}$ da r. V F

c. La perpendicolare a r passante per A interseca l'asse y in $(0; 1)$. V F

d. Il simmetrico del punto A rispetto a r è il punto $(-1; -1)$. V F

17 Se $f(x) = 2x^2 - 1$ e $g(x) = 5x^3$, quanto vale $\lim_{x \to +\infty} \frac{f(x)}{g(x)}$?

A $\frac{2}{5}$

B $+\infty$

C $-\infty$

D 0

18 Una parabola con asse parallelo all'asse y ha vertice nel punto $(1; -9)$ e interseca l'asse x nel punto $(-2; 0)$. Determina l'ascissa del secondo punto di intersezione tra la parabola e l'asse x.

19 $f(x)$ è una funzione da $\mathbb{R}$ in $\mathbb{R}$ derivabile. La retta di equazione $y = 4x - 1$ è tangente al grafico di $f(x)$ nel punto $(2; f(2))$. Quanto vale $f'(2)$?

20 Considera il polinomio

$$p(x) = x^4 + 2x^3 - 3x^2 - 8x - 4.$$

a. $p(x)$ è un polinomio di quarto grado. V F
b. $p(0) = 0$. V F
c. $p(x)$ è divisibile per $x + 1$. V F
d. $p(x)$ è divisibile per $x - 1$. V F

21 La funzione $f(x) = \sin^2 x$:
a. è periodica. V F
b. ha come dominio $\mathbb{R}$. V F
c. ha come insieme immagine l'intervallo $[-1; 1]$. V F
d. è pari. V F

22 **23** Nella seguente tabella sono riportati i dati relativi ai millimetri di pioggia caduti in una certa località negli ultimi 5 anni, nel mese di agosto.

Anno	2012	2013	2014	2015	2016
Precipitazioni (mm)	94,0	94,6	238,4	168,0	68,7

- Qual è la media delle precipitazioni? (Approssima il risultato al decimo di mm.)
- Calcola la deviazione standard, approssimando il risultato al decimo di mm.

24 Determina i punti di intersezione tra l'iperbole di equazione $x^2 - y^2 = 2$ e la circonferenza con centro nell'origine e raggio 2.

25 Sia a un numero reale positivo. Se $a^{\sqrt{2}} > a^{\sqrt{3}}$, puoi concludere che:

A $a > 1$.
B $a < 1$.
C $\sqrt{2} < a < \sqrt{3}$.
D $\sqrt{2} > \sqrt{3}$.

26 Associa a ogni equazione la conica che rappresenta.

a. $(x-1)^2 = 1 - y^2$ — 1. parabola
b. $x^2 = y^2 + 1$ — 2. iperbole
c. $x - 1 = y + (x-1)^2$ — 3. circonferenza

27 Quale dei seguenti punti è il più distante da $P(2; -3)$?

A $(2; -1)$
B $(0; -3)$
C $\left(\frac{3}{2}; -\frac{1}{2}\right)$
D $(0; -2)$

28 **29** Sandro vuole dividere in due parti il terreno rappresentato in figura, posando una rete lungo la linea tratteggiata rossa.

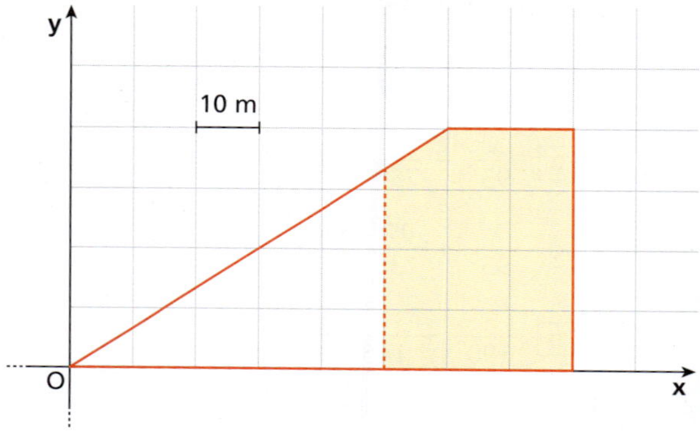

- Quale sarà, in metri, la lunghezza della rete? (Approssima il risultato alla prima cifra decimale.)
- Qual è, in metri quadri, l'area della parte colorata in giallo? (Approssima il risultato all'unità.)

30 Togliendo alla metà di 2^{-2} il triplo di 3^{-3}, ottieni:

A $\frac{1}{72}$.
B $-\frac{7}{17}$.
C $\frac{17}{72}$.
D $\frac{8}{9}$.

---

31 Nel piano cartesiano, quanto misura il raggio della circonferenza di equazione $9x^2 + 9y^2 - 10 = 0$?

32 La soluzione dell'equazione $2\cos(2x)+1=0$ nell'intervallo $\left[\pi; \frac{3}{2}\pi\right]$ è:

A $\frac{-2\pi}{3}$.

B $\frac{2\pi}{3}$.

C $\frac{4\pi}{3}$.

D $\frac{7\pi}{6}$.

33 Giada vuole calcolare il logaritmo in base 2 di un numero reale positivo a. Con la calcolatrice che ha a disposizione, però, può calcolare solo il logaritmo naturale. Cosa deve digitare Giada per ottenere il risultato corretto?

A $\ln a : \ln 2$

B $\ln 2 : \ln a$

C $\ln(a : 2)$

D $\ln a : 2$

34 Nel laboratorio di fisica Johnny sta facendo un esperimento con un pendolo di lunghezza $l = 0{,}8$ m. Vuole studiare le oscillazioni per piccoli angoli, quindi l'angolo di apertura α non deve superare i 15°.

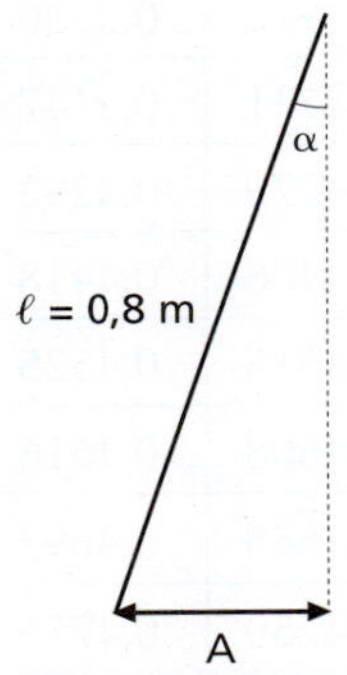

Qual è la massima ampiezza A dalla quale Johnny può far partire l'oscillazione? Esprimi il risultato in centimetri, approssimando al decimo.

35 Quale delle seguenti terne rappresenta le misure dei lati di un triangolo rettangolo?

A 3, 4, 7.

B 10, 24, 26.

C 7, 25, 25.

D 1, 1, 2.

36 Il grafico riporta la ripartizione (in percentuale) delle modalità di gestione dei rifiuti urbani in quattro Paesi dell'Unione europea nel 2013 (fonte: Ispra).

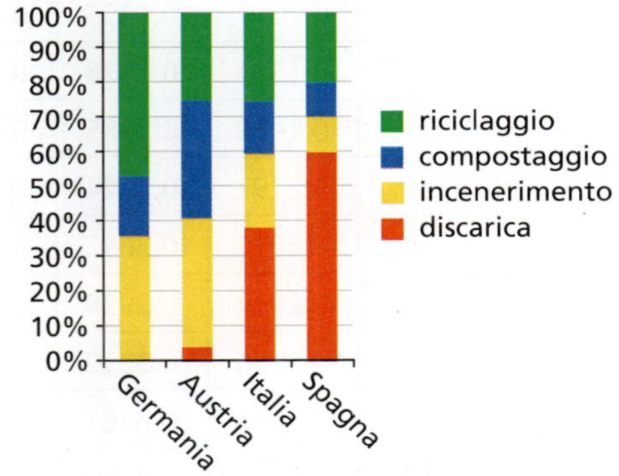

a. L'Austria e la Germania conferiscono in discarica meno del 5% dei rifiuti. V F

b. L'Italia incenerisce una quota percentuale maggiore di rifiuti rispetto alla Germania. V F

c. La Spagna ricicla circa il 20% dei rifiuti. V F

d. La quota di rifiuti italiani avviati al riciclaggio o al compostaggio è maggiore del 40%. V F

37 Quanto vale $\int_0^1 2x\,dx$?

A 0

B $\frac{1}{2}$

C 1

D 2

38 Qual è il grafico della parabola di equazione

$y = 3x^2 - 12x + 11$?

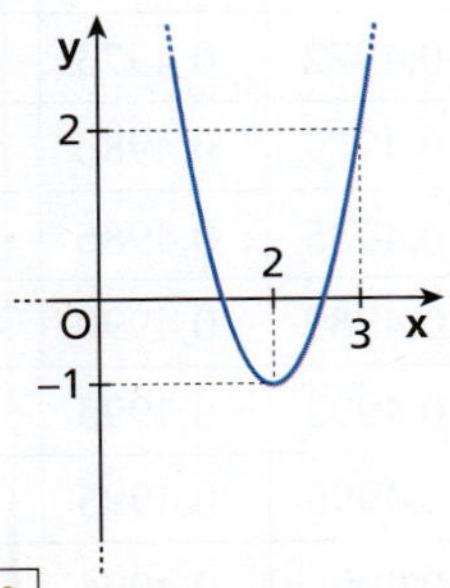

A

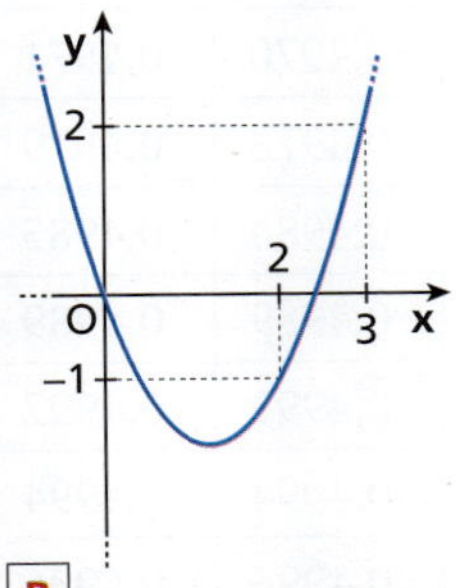

B

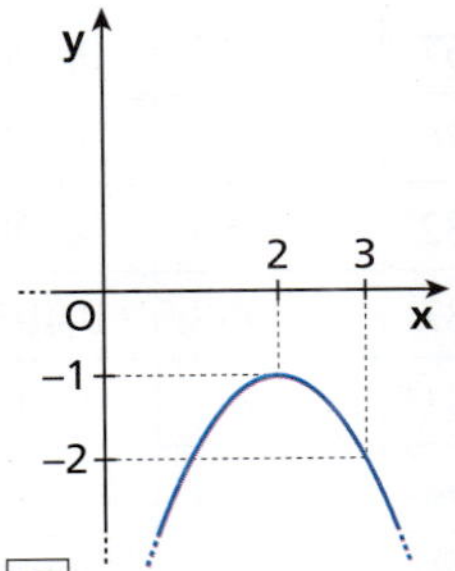

C

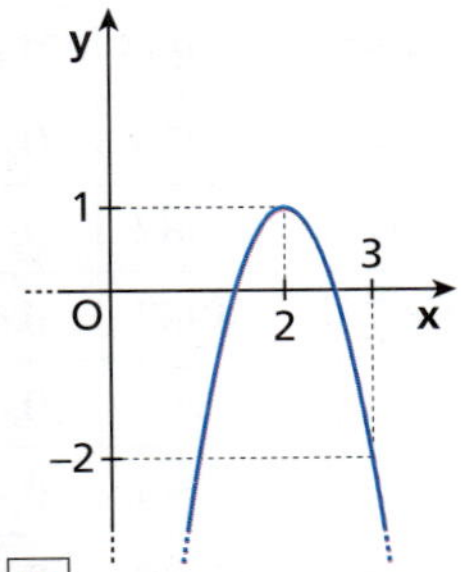

D

TAVOLA DI SHEPPARD

Aree sotto la curva normale standardizzata da 0 a z.

z	0,00	0,01	0,02	0,03	0,04	0,05	0,06	0,07	0,08	0,09
0,0	0,0000	0,0040	0,0080	0,0120	0,0160	0,0199	0,0239	0,0279	0,0319	0,0359
0,1	0,0398	0,0438	0,0478	0,0517	0,0557	0,0596	0,0636	0,0675	0,0714	0,0753
0,2	0,0793	0,0832	0,0871	0,0910	0,0948	0,0987	0,1026	0,1064	0,1103	0,1141
0,3	0,1179	0,1217	0,1255	0,1293	0,1331	0,1368	0,1406	0,1443	0,1480	0,1517
0,4	0,1554	0,1591	0,1628	0,1664	0,1700	0,1736	0,1772	0,1808	0,1844	0,1879
0,5	0,1915	0,1950	0,1985	0,2019	0,2054	0,2088	0,2123	0,2157	0,2190	0,2224
0,6	0,2257	0,2291	0,2324	0,2357	0,2389	0,2422	0,2454	0,2486	0,2517	0,2549
0,7	0,2580	0,2611	0,2642	0,2673	0,2704	0,2734	0,2764	0,2794	0,2823	0,2852
0,8	0,2881	0,2910	0,2939	0,2967	0,2995	0,3023	0,3051	0,3078	0,3106	0,3133
0,9	0,3159	0,3186	0,3212	0,3238	0,3264	0,3289	0,3315	0,3340	0,3365	0,3389
1,0	0,3413	0,3438	0,3461	0,3485	0,3508	0,3531	0,3554	0,3577	0,3599	0,3621
1,1	0,3643	0,3665	0,3686	0,3708	0,3729	0,3749	0,3770	0,3790	0,3810	0,3830
1,2	0,3849	0,3869	0,3888	0,3907	0,3925	0,3944	0,3962	0,3980	0,3997	0,4015
1,3	0,4032	0,4049	0,4066	0,4082	0,4099	0,4115	0,4131	0,4147	0,4162	0,4177
1,4	0,4192	0,4207	0,4222	0,4236	0,4251	0,4265	0,4279	0,4292	0,4306	0,4319
1,5	0,4332	0,4345	0,4357	0,4370	0,4382	0,4394	0,4406	0,4418	0,4429	0,4441
1,6	0,4452	0,4463	0,4474	0,4484	0,4495	0,4505	0,4515	0,4525	0,4535	0,4545
1,7	0,4554	0,4564	0,4573	0,4582	0,4591	0,4599	0,4608	0,4616	0,4625	0,4633
1,8	0,4641	0,4649	0,4656	0,4664	0,4671	0,4678	0,4686	0,4693	0,4699	0,4706
1,9	0,4713	0,4719	0,4726	0,4732	0,4738	0,4744	0,4750	0,4756	0,4761	0,4767
2,0	0,4772	0,4778	0,4783	0,4788	0,4793	0,4798	0,4803	0,4808	0,4812	0,4817
2,1	0,4821	0,4826	0,4830	0,4834	0,4838	0,4842	0,4846	0,4850	0,4854	0,4857
2,2	0,4861	0,4864	0,4868	0,4871	0,4875	0,4878	0,4881	0,4884	0,4887	0,4890
2,3	0,4893	0,4896	0,4898	0,4901	0,4904	0,4906	0,4909	0,4911	0,4913	0,4916
2,4	0,4918	0,4920	0,4922	0,4925	0,4927	0,4929	0,4931	0,4932	0,4934	0,4936
2,5	0,4938	0,4940	0,4941	0,4943	0,4945	0,4946	0,4948	0,4949	0,4951	0,4952
2,6	0,4953	0,4955	0,4956	0,4957	0,4959	0,4960	0,4961	0,4962	0,4963	0,4964
2,7	0,4965	0,4966	0,4967	0,4968	0,4969	0,4970	0,4971	0,4972	0,4973	0,4974
2,8	0,4974	0,4975	0,4976	0,4977	0,4977	0,4978	0,4979	0,4979	0,4980	0,4981
2,9	0,4981	0,4982	0,4982	0,4983	0,4984	0,4984	0,4985	0,4985	0,4986	0,4986
3,0	0,4987	0,4987	0,4987	0,4988	0,4988	0,4989	0,4989	0,4989	0,4990	0,4990
3,1	0,4990	0,4991	0,4991	0,4991	0,4992	0,4992	0,4992	0,4992	0,4993	0,4993
3,2	0,4993	0,4993	0,4994	0,4994	0,4994	0,4994	0,4994	0,4995	0,4995	0,4995
3,3	0,4995	0,4995	0,4995	0,4996	0,4996	0,4996	0,4996	0,4996	0,4996	0,4997